MATEMÁTICA
ciência e aplicações

VOLUME 1

ENSINO MÉDIO

■ **GELSON IEZZI**
Engenheiro metalúrgico pela Escola Politécnica da Universidade de São Paulo
Professor licenciado pelo Instituto de Matemática e Estatística da Universidade de São Paulo

■ **OSVALDO DOLCE**
Engenheiro civil pela Escola Politécnica da Universidade de São Paulo
Professor da rede pública estadual de São Paulo

■ **DAVID DEGENSZAJN**
Licenciado em Matemática pelo Instituto de Matemática e Estatística da Universidade de São Paulo
Professor da rede particular de ensino de São Paulo

■ **ROBERTO PÉRIGO**
Licenciado e bacharel em Matemática pela Pontifícia Universidade Católica de São Paulo
Professor da rede particular de ensino e de cursos pré-vestibulares de São Paulo

■ **NILZE DE ALMEIDA**
Mestre em Ensino de Matemática pela Pontifícia Universidade Católica de São Paulo
Licenciada em Matemática pelo Instituto de Matemática e Estatística da Universidade de São Paulo
Professora da rede pública estadual de São Paulo

Matemática ciência e aplicações – 1º ano (Ensino Médio)
© Gelson Iezzi, Osvaldo Dolce, David Degenszajn, Roberto Périgo, Nilze de Almeida, 2014

Direitos desta edição:
Atual Editora, São Paulo, 2014
Todos os direitos reservados

Dados Internacionais de Catalogação na Publicação (CIP)
(Câmara Brasileira do Livro, SP, Brasil)

Matemática : ciência e aplicações, 1 : ensino médio / Gelson Iezzi...[et al.].
-- 8. ed. -- São Paulo : Atual, 2014.

Outros autores: Osvaldo Dolce, David Degenszajn, Roberto Périgo, Nilze de Almeida
Suplementado pelo manual do professor.
Bibliografia.
ISBN 978-85-357-1959-8 (aluno)
ISBN 978-85-357-1960-4 (professor)

1. Matemática (Ensino médio) I. Iezzi, Gelson.
II. Dolce, Osvaldo. III. Degenszajn, David.
IV. Périgo, Roberto. V. Almeida, Nilze de.

14-07004   CDD-510.7

Índices para catálogo sistemático :

1. Matemática : Ensino Médio   510.07

Gerente editorial	M. Esther Nejm
Editor responsável	Viviane de Lima Carpegiani Tarraf
Editores	Fernando Manenti Santos; Julio Cesar Augustus de Paula Santos
Auxiliares de serviços editoriais	Felipe Ferreira Gonçalves (estagiário), Rafael Rabaçallo Ramos
Coordenador de revisão	Camila Christi Gazzani
Revisores	Fausto Barreira, Gustavo de Moura, Luciana Abud, Raquel Alves Taveira
Coordenador de iconografia	Cristina Akisino
Pesquisa iconográfica	Mariana S. Valeiro, Danielle de Alcântara
Gerente de artes	Ricardo Borges
Coordenador de artes	José Maria de Oliveira
Capa	Homem de Melo & Troia Design, com imagem de E+/Getty Images
Diagramação	Setup
Assistentes	Jacqueline Ortolan e Paula Regina Costa de Oliveira
Ilustrações	Ari Nicolosi, Casa Paulistana de Comunicação, CJT/Zapt, Ilustra Cartoon, Luigi Rocco, Milton Rodrigues, Setup, [SIC] Comunicação Wilson Jorge Filho/Zapt
Tratamento de imagens	Emerson de Lima
Produtor gráfico	Robson Cacau Alves
732.351.008.001 **Impressão e acabamento**	PSP Digital

Rua Henrique Schaumann, 270 – Cerqueira César – São Paulo/SP – 05413-909

APRESENTAÇÃO

Caros alunos,

É sempre um grande desafio para um autor definir o conteúdo a ser ministrado no Ensino Médio, distribuindo-o pelos três anos. Por isso, depois de consultar as mais recentes sugestões da Secretaria de Educação Básica (entidade pertencente ao Ministério da Educação) e de ouvir a opinião de inúmeros professores, optamos pelo seguinte programa:

Volume 1: noções de conjuntos, conjuntos numéricos, noções gerais sobre funções, função afim, função quadrática, função modular, função exponencial, função logarítmica, complemento sobre funções, progressões, matemática comercial e financeira, semelhança e triângulos retângulos e trigonometria no triângulo retângulo.

Volume 2: trigonometria na circunferência, funções circulares, trigonometria num triângulo qualquer, geometria espacial de posição, áreas das principais figuras planas, áreas e volumes dos principais sólidos, matrizes, sistemas lineares, determinantes, análise combinatória, binômio de Newton e probabilidades.

Volume 3: geometria analítica plana, estatística descritiva, números complexos, polinômios e equações algébricas.

Ao tratar de alguns assuntos, procuramos apresentar um breve relato histórico sobre o desenvolvimento das descobertas associadas ao tópico em estudo. Já em capítulos como os que tratam de funções, matemática financeira e estatística descritiva, entre outros, recorremos a infográficos e matérias de jornais e revistas, ou mesmo à internet, como forma de mostrar a aplicação da Matemática a outras áreas do conhecimento e ao cotidiano. São textos de fácil leitura, que despertam a curiosidade do leitor e que podem dialogar sobre temas transversais como cidadania e meio ambiente.

No desenvolvimento teórico, procuramos, sempre que possível, apresentar os assuntos de forma contextualizada, empregando uma linguagem simples. Entretanto, ao formalizarmos os conceitos em estudo (os quais são abundantemente exemplificados), optamos por termos com maior rigor matemático.

Tivemos também a preocupação de mostrar as justificativas lógicas das propriedades apresentadas, omitindo apenas demonstrações exageradamente longas, incompatíveis com as abordagens feitas atualmente no Ensino Médio. Cada nova propriedade é seguida de exemplos e exercícios resolvidos, por meio dos quais é explicitada sua utilidade.

Quanto às atividades, tanto os exercícios quanto os problemas estão organizados em ordem crescente de dificuldade.

Cada tema tratado no livro é encerrado com um desafio de raciocínio lógico que não exige conhecimentos matemáticos muito específicos e, propositalmente, não tem relação direta com o assunto abordado no capítulo. É uma ótima oportunidade para o aluno exercitar a reflexão sobre os mais diversos tipos de problemas.

A obra é ainda complementada por um Manual do Professor, no qual são apresentados, de forma detalhada, os objetivos gerais da coleção e os objetivos específicos de cada volume, além dos principais documentos oficiais sobre o ensino médio no nosso país, uma bibliografia comentada para o professor, sugestões de atividades e a resolução de todos os exercícios e problemas do livro.

Mesmo com todo o esforço feito para o aperfeiçoamento desta obra, nós, autores, sabemos que sempre existirão melhorias a fazer. Para isso, é importante conhecermos a opinião de professores e alunos que utilizaram nossa coleção em sala de aula, de forma que receberemos sempre, com muito interesse, qualquer crítica ou sugestão que seja enviada à nossa editora.

Os autores

CONHEÇA SUA OBRA

INÍCIO DO CAPÍTULO

Vários capítulos desta coleção têm início com problemas ou situações contextualizadas com o cotidiano.

OBSERVAÇÕES

Comentários sobre o conteúdo estudado são intercalados em meio ao texto para ajudar o leitor na compreensão de conteúdos.

EXEMPLOS E EXERCÍCIOS RESOLVIDOS

Todos os capítulos da coleção apresentam séries de exercícios intercaladas em meio ao texto. Em geral, cada série é precedida de "exemplos" e "exercícios resolvidos". Caracterizam-se como exercícios que envolvem relações mais simples.

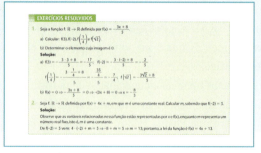

EXERCÍCIOS

As séries de exercícios contemplam uma grande variedade de problemas nos quais se enfatiza a contextualização.

APLICAÇÕES

Incluem artigos que possibilitam empregar os conhecimentos matemáticos a outros campos, estabelecendo, por exemplo, um elo entre a Matemática e a Física ou entre a Matemática e a Economia, por exemplo. Os textos aprofundam alguns conceitos e auxiliam a construção de outros.

DESAFIO

Procura desenvolver o raciocínio lógico e ampliar a visão e a percepção geométrica, bem como o raciocínio quantitativo ou indutivo.

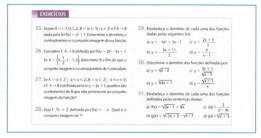

TESTES

Envolvem uma extensa e diversificada seleção de testes de vestibulares e do Enem, de todas as regiões do Brasil. Constituem excelente fonte de preparação para os exames que os alunos farão ao final do Ensino Médio.

INFOGRÁFICOS

Situações de abertura de capítulo e textos das seções *Um pouco de história* e *Aplicações* podem ser apresentados em infográficos, tornando a leitura dinâmica e agradável.

APÊNDICE

Alguns conteúdos podem ser complementados ou aprofundados a partir da leitura de textos adequadamente estruturados e abordados ao final de determinados capítulos.

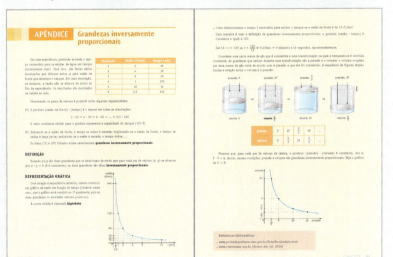

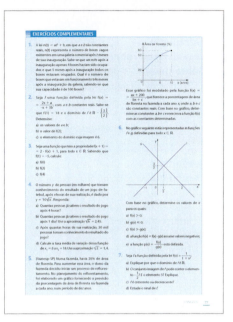

EXERCÍCIOS COMPLEMENTARES

Ao final de cada capítulo há a série *Exercícios complementares*. Geralmente, eles requerem leitura e interpretação mais cuidadosa do enunciado. Com a série se pretende consolidar e aprofundar os conteúdos e conceitos.

UM POUCO DE HISTÓRIA

O recurso à história coloca os alunos em contato com um processo do qual fazem parte o formular e testar hipóteses, o raciocínio indutivo, a analogia, a intuição e a criatividade na resolução de problemas enfrentados pela humanidade no decorrer do tempo.

SUMÁRIO

1 NOÇÕES DE CONJUNTOS

Introdução	9
Igualdade de conjuntos	9
Subconjuntos – relação de inclusão	11
Propriedades da relação de inclusão	11

Interseção e reunião	14
Propriedades da interseção e da reunião	16
Diferença	18

2 CONJUNTOS NUMÉRICOS

O conjunto $\mathbb{N}$	25
O conjunto $\mathbb{Z}$	26
Números inteiros opostos	27
Módulo de um número inteiro	27
Interpretação geométrica	27
O conjunto $\mathbb{Q}$	29
Representação decimal das frações	30
Representação fracionária das dízimas periódicas	30

Representação geométrica do conjunto dos números racionais	31
Oposto, módulo e inverso de um número racional	32
O conjunto $\mathbb{I}$	33
O conjunto $\mathbb{R}$ dos números reais	34
Representação geométrica do conjunto dos números reais	34
Intervalos reais	36
Um pouco de História – O número de ouro	38

3 FUNÇÕES

Introdução: a noção intuitiva de função	46
A noção de função como relação entre conjuntos	49
Definição	50
Notação	51
Funções definidas por fórmulas	51
Domínio e contradomínio	54
Determinação do domínio	54
Conjunto imagem	55
Um pouco de História – O desenvolvimento do conceito de função	56
Leitura informal de gráficos	56
Noções básicas de plano cartesiano	59

Nomenclatura	59
Construção de gráficos	60
Análise de gráficos	64
Conceitos	66
O sinal da função	66
Crescimento/decrescimento	67
Máximos/mínimos	67
Simetrias	68
Taxa média de variação de uma função	71
Introdução	71
Aplicações – A velocidade escalar média e a aceleração escalar média	74

4 FUNÇÃO AFIM

Introdução	88
Definição	89
Função linear	90
Gráfico	90
Função constante	92
Função linear e grandezas diretamente proporcionais	94
Razão	94
Proporção	95
Grandezas diretamente proporcionais	95
Raiz. Equação do 1º grau	98
Taxa média de variação da função afim	99

Aplicações – Movimento uniforme e movimento uniformemente variado	101
Função afim crescente e decrescente	102
O coeficiente angular	102
O coeficiente linear	104
Sinal	105
Inequações	107
Introdução	107
Inequações-produto	109
Inequações-quociente	110
Aplicações – Funções custo, receita e lucro	112
Apêndice: grandezas inversamente proporcionais	114

5 FUNÇÃO QUADRÁTICA

Introdução	127
Definição	128
Gráfico	129
Raízes. Equação do 2º grau	131

Quantidade de raízes	132
Soma e produto das raízes	133
Forma fatorada	134
Coordenadas do vértice da parábola	135

Imagem	136
Aplicações – A receita máxima	138
Construção da parábola	139
Sinal	142
$\Delta > 0$	142
$\Delta = 0$	143
$\Delta < 0$	143
Inequações	144
Introdução	144
Inequações-produto. Inequações-quociente	148
Apêndice: eixo de simetria da parábola	151

6 FUNÇÃO MODULAR

Função definida por mais de uma sentença	162
Introdução	162
Gráfico	165
Módulo de um número real	166
Introdução	166
Definição	166
Interpretação geométrica	167
Propriedades	167
Função modular	169
Gráfico	169
Outros gráficos	170
Equações modulares	172
Inequações modulares	173

7 FUNÇÃO EXPONENCIAL

Introdução	187
Potência de expoente natural	188
Definição	188
Propriedades	189
Potência de expoente inteiro negativo	190
Definição	190
Propriedades	191
Aplicações – Notação científica	192
Raiz n-ésima (enésima) aritmética	193
Propriedades	193
Potência de expoente racional	195
Definição	195
Propriedades	195
Potência de expoente irracional	197
Potência de expoente real	197
Função exponencial	197
Definição	197
Gráfico	198
O número e	199
Propriedades	200
Gráficos com translação	202
Aplicações – Mundo do trabalho e as curvas de aprendizagem	204
Equação exponencial	205
Introdução	205
Definição	205
Aplicações – Meia-vida, radioatividade e medicamentos	208
Inequações exponenciais	212

8 FUNÇÃO LOGARÍTMICA

Logaritmos	225
Introdução	225
Definição	225
Convenção importante	226
Consequências	227
Um pouco de História – A invenção dos logaritmos	229
Sistemas de logaritmos	230
Propriedades operatórias	230
Logaritmo do produto	230
Logaritmo do quociente	231
Logaritmo da potência	231
Aplicações – A escala de acidez e os logaritmos	234
Mudança de base	235
Propriedade	236
Aplicação importante	237
Função logarítmica	238
Introdução	238
Definição	238
Gráfico da função logarítmica	239
Função exponencial e função logarítmica	240
Propriedades do gráfico da função logarítmica	243
Aplicações – Os terremotos e os logaritmos	245
Equações exponenciais	247
Equações logarítmicas	249
Equações redutíveis a uma igualdade entre dois logaritmos de mesma base	249
Equações redutíveis a uma igualdade entre um logaritmo e um número real	249
Equações que envolvem utilização de propriedades	249
Equações que envolvem mudança de base	250
Inequações logarítmicas	250
Inequações redutíveis a uma desigualdade entre logaritmos de mesma base	251
Inequações redutíveis a uma desigualdade entre um logaritmo e um número real	251

9 COMPLEMENTO SOBRE FUNÇÕES

Introdução ... 265
Funções sobrejetoras ... 266
Funções injetoras ... 267
Funções bijetoras ... 268
Função inversa ... 269
Introdução ... 269
Definição ... 270
Inversas de algumas funções ... 271
Composição de funções ... 274
Introdução ... 274
Definição ... 275

10 PROGRESSÕES

Sequências numéricas ... 284
Introdução ... 284
Formação dos elementos de uma sequência ... 285
Progressões aritméticas ... 287
Introdução ... 287
Definição ... 287
Classificação ... 287
Termo geral da P.A. ... 288
Soma dos n primeiros termos de uma P.A. ... 291
Progressão aritmética e função afim ... 294
Progressões geométricas ... 295
Introdução ... 295
Definição ... 296
Classificação ... 296
Termo geral da P.G. ... 297
Soma dos n primeiros termos de uma P.G. ... 301
Soma dos termos de uma P.G. infinita ... 303
Produto dos n primeiros termos de uma P.G. ... 306
Progressão geométrica e função exponencial ... 307
Um pouco de História – A sequência de Fibonacci ... 309

11 MATEMÁTICA COMERCIAL E FINANCEIRA

Matemática comercial ... 325
Porcentagem ... 326
Aumentos e descontos ... 329
Variação percentual ... 330
Matemática financeira ... 333
Juros ... 334
Juros simples ... 335
Conceito ... 336
Aplicações – Compras à vista ou a prazo (I) ... 339
Juros compostos ... 340
Juros compostos com taxa de juros variável ... 342
Aplicações – Compras à vista ou a prazo (II) – Financiamentos ... 344
Juros e funções ... 346
Juros simples ... 347
Juros compostos ... 347
Aplicações – Trabalhando, poupando e planejando o futuro ... 349

12 SEMELHANÇA E TRIÂNGULOS RETÂNGULOS

Semelhança entre figuras ... 367
Introdução ... 367
Semelhança de triângulos ... 370
Introdução ... 370
Razão de semelhança ... 371
Critérios de semelhança ... 374
AA (ângulo – ângulo) ... 374
LAL (lado – ângulo – lado) ... 375
LLL (lado – lado – lado) ... 375
Consequências da semelhança de triângulos ... 378
Primeira consequência ... 378
Segunda consequência ... 378
Terceira consequência ... 379
O triângulo retângulo ... 380
Semelhanças no triângulo retângulo ... 380
Relações métricas ... 380
Aplicações notáveis do teorema de Pitágoras ... 382
Um pouco de História – Pitágoras de Samos ... 383

13 TRIGONOMETRIA NO TRIÂNGULO RETÂNGULO

Um pouco de História – A trigonometria ... 393
Razões trigonométricas ... 394
Introdução ... 394
Tangente de um ângulo agudo ... 395
Tabela de razões trigonométricas ... 396
Seno e cosseno de um ângulo agudo ... 397
Definição ... 397
Relações entre razões trigonométricas ... 403
Ângulos notáveis ... 406

Respostas ... 419
Significado das siglas dos vestibulares ... 448

NOÇÕES DE CONJUNTOS

INTRODUÇÃO

De uso corrente em Matemática, a noção básica de conjunto não é definida, ou seja, é aceita intuitivamente e, por isso, chamada **noção primitiva**. Ela foi utilizada primeiramente por Georg Cantor (1845-1918), matemático nascido em São Petersburgo, mas que passou a maior parte da vida na Alemanha. Segundo Cantor, a noção de conjunto designa uma coleção de objetos bem definidos e discerníveis, chamados elementos do conjunto.

Pretendemos aqui introduzir alguns conceitos que também consideramos primitivos:

- **conjunto:** designado, em geral, por uma letra latina maiúscula (A, B, C, ..., X, Y, Z);
- **elemento:** designado, em geral, por uma letra latina minúscula (a, b, c, ..., x, y, z);
- **pertinência:** a relação entre elemento e conjunto, denotada pelo símbolo $\in$, que se lê "pertence a".

Assim, por exemplo, se A é o conjunto das cores da bandeira do Brasil, designadas por v (verde), a (amarelo), z (azul) e b (branco), podemos falar que v, a, z, b são elementos de A, o qual pode ser representado colocando-se os elementos entre chaves, como segue:

$$A = \{v, a, z, b\}$$

Dizemos, então, que $v \in A$, $a \in A$, $z \in A$ e $b \in A$.

> **Observações**
>
> - Os símbolos $\notin$ e $\neq$ são usados para expressar as negações de $\in$ e $=$, respectivamente.
>   No exemplo acima, temos $v \neq a$, $v \neq z$, $v \neq b$, $a \neq z$, $a \neq b$, $b \neq z$ e, se designarmos a cor preta por p, temos que $p \notin A$.
> - Além de poder ser descrito enumerando-se um a um seus elementos, como mostrado no exemplo anterior, um conjunto pode ser designado por uma propriedade característica de seus elementos. Nesse caso, podemos representá-lo da seguinte forma:
> $$A = \{x \mid x \text{ é cor da bandeira do Brasil}\}$$
> $$\downarrow$$
>   (lê-se: tal que)

IGUALDADE DE CONJUNTOS

Dois conjuntos A e B são iguais quando todo elemento de A pertence a B e, reciprocamente, todo elemento de B pertence a A.

Assim, por exemplo:
- se A = {a, b, c} e B = {b, c, a}, temos que A = B;
- se A = {x | x − 2 = 5} e B = {7}, temos que A = B;
- se A é conjunto das letras da palavra *garra* e B é conjunto das letras da palavra *agarrar*, temos A = B. Note que, apesar de a palavra *garra* ter cinco letras e a palavra *agarrar* ter sete, temos {g, a, r, r, a} = = {a, g, a, r, r, a, r} = {a, g, r}, ou seja, dentro de um mesmo conjunto não precisamos repetir elementos.

Observações

- Há conjuntos que possuem um único elemento — chamados **conjuntos unitários** — e há um conjunto que não possui elementos — chamado **conjunto vazio** e indicado por { } ou $\varnothing$.
Exemplos:
1. São conjuntos unitários:
$$A = \{5\}$$
$$B = \{x \mid x \text{ é capital da França}\} = \{Paris\}$$
2. São conjuntos vazios:
$$C = \text{conjunto das cidades de Goiás banhadas pelo oceano Atlântico} = \varnothing$$
$$D = \{x \mid x \neq x\} = \varnothing$$

- Há conjuntos cujos elementos são conjuntos, como, por exemplo:
$$F = \{\varnothing, \{a\}, \{c\}, \{a, b\}, \{a, c\}, \{a, b, c\}\}$$
Assim, temos: $\varnothing \in F$; $\{a\} \in F$; $\{c\} \in F$; $\{a, b\} \in F$; $\{a, c\} \in F$ e $\{a, b, c\} \in F$.
Observe que $a \notin F$ e $c \notin F$, pois *a* e *c* não são elementos do conjunto F.
Logo, $a \neq \{a\}$ e $c \neq \{c\}$.

EXERCÍCIOS

1. Indique se cada um dos elementos $-4; \frac{1}{3}; 3$ e $0{,}25$ pertence ou não a cada um destes conjuntos:

A = {x | x é um número inteiro}

B = {x | x < 1}

C = {x | 15x − 5 = 0}

D = $\left\{x \mid -2 \leq x \leq \frac{1}{4}\right\}$

2. Considerando que F = {x | x é estado do Sudeste brasileiro} e G = {x | x é capital de um país sul-americano}, quais das sentenças seguintes são verdadeiras?

a) Rio de Janeiro ∈ F
b) México ∈ G
c) Lima ∉ G
d) Montevidéu ∈ G
e) Espírito Santo ∉ F
f) São Paulo ∈ F

3. Se H = {−1, 0, 2, 4, 9}, reescreva cada um dos conjuntos seguintes enumerando seus elementos.

A = {x | x ∈ H e x < 1}

B = $\left\{x \mid x \in H \text{ e } \frac{2x-1}{3} = 1\right\}$

C = {x | x ∈ H e x é um quadrado perfeito}

D = {x | x ∈ H e x < 0}

E = {x | x ∈ H e 3x + 1 = 10}

4. Em cada caso, identifique os conjuntos unitários e os vazios.

A = {x | x = 1 e x = 3}

B = {x | x é um número primo positivo e par}

C = $\left\{x \mid 0 < x < 5 \text{ e } \frac{3x+5}{2} = 4\right\}$

D = {x | x é capital da Bahia}

E = {x | x é um mês cuja letra inicial do nome é *p*}

F = $\left\{x \mid \frac{2}{x} = 0\right\}$

Observação

John Venn (1834-1923), matemático e lógico inglês, usou uma região plana limitada por uma linha fechada e não entrelaçada para representar, em seu interior, os elementos de um conjunto. Essa representação é conhecida como **diagrama de Venn**.

Assim, por exemplo, temos a figura ao lado, que mostra a representação do conjunto A = {0, 2, 4, 6, 8} por meio de um diagrama de Venn.

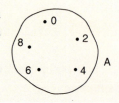

SUBCONJUNTOS – RELAÇÃO DE INCLUSÃO

Consideremos os conjuntos A = {x | x é letra da palavra *ralar*} e B = {x | x é letra da palavra *algazarra*}; ou seja:

$$A = \{r, a, l\} \text{ e } B = \{a, l, g, z, r\}$$

Note que todo elemento de A é também elemento de B. Nesse caso, dizemos que A é um **subconjunto** ou uma **parte** de B, o que é indicado por:

A ⊂ B (lê-se: A está contido em B, ou A é um subconjunto de B, ou A é uma parte de B), ou, ainda: B ⊃ A (lê-se: B contém A)

De modo geral, temos:

A ⊂ B se todo elemento de A é também elemento de B.

Observações

- O símbolo ⊂ é chamado **sinal de inclusão** e estabelece uma relação entre dois conjuntos.
  A relação de inclusão entre dois conjuntos, A e B, pode ser ilustrada por meio de um diagrama de Venn:

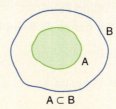

A ⊂ B

- Os símbolos ⊄ e ⊅ são as negações de ⊂ e ⊃, respectivamente.
  Assim sendo, temos:

  A ⊄ B se pelo menos um elemento de A não pertence a B.

Propriedades da relação de inclusão

Quaisquer que sejam os conjuntos A, B e C, temos:

- ∅ ⊂ A
  Vamos supor, por absurdo, que ∅ ⊄ A. Isso significa que existe um elemento do conjunto ∅ que não pertence ao conjunto A. Como ∅ não possui elementos, chegamos a uma contradição que advém do fato de supormos que ∅ ⊄ A. Daí concluímos que ∅ ⊂ A.
- **Reflexiva:** A ⊂ A.
  A validade dessa propriedade é uma consequência direta da definição de subconjunto.
- **Transitiva:** Se A ⊂ B e B ⊂ C, então A ⊂ C.
  Pelo diagrama ao lado vê-se que, qualquer que seja x ∈ A, então x ∈ B, pois A ⊂ B. Como B ⊂ C, consequentemente temos x ∈ C.
  Logo, A ⊂ C.
- **Antissimétrica:** Se A ⊂ B e B ⊂ A, então A = B.
  Sabe-se que:
  • se A ⊂ B, então todo elemento de A é elemento de B;
  • se B ⊂ A, então todo elemento de B é elemento de A.
  Assim, como A ⊂ B e B ⊂ A, conclui-se que A = B.

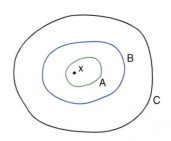

Exemplo 1

Dados os conjuntos A = {0, 1, 2, 3}, B = {0, 1, 2, 3, 4, 5} e C = {0, 2, 5}, temos:
a) A ⊂ B, pois todo elemento de A pertence a B;
   C ⊄ A, pois 5 ∈ C e 5 ∉ A;
   B ⊃ C, pois todo elemento de C pertence a B;
   B ⊄ A, pois 4 ∈ B e 4 ∉ A, e também 5 ∈ B e 5 ∉ A.
b) Um diagrama de Venn que representa os conjuntos A, B e C é o seguinte:

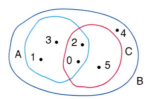

Exemplo 2

Sejam B o conjunto de todos os brasileiros, A o conjunto dos brasileiros que dirigem automóveis e N o conjunto das pessoas que nasceram no Sul do Brasil.
Como mostra o diagrama ao lado, N e A são partes de B, ou seja, N ⊂ B e A ⊂ B.
Note que:
- N ⊄ A, porque existem brasileiros que nasceram no Sul e não dirigem automóveis;
- A ⊄ N, porque existem brasileiros que dirigem automóveis e não nasceram no Sul do país;
- N ⊂ B e A ⊂ B, porque tanto os elementos de N como os de A são brasileiros.

Exemplo 3

Dados os conjuntos F = ∅, G = {a}, H = {a, b} e J = {a, b, c}:
- o único subconjunto de F é o conjunto ∅;
- são subconjuntos de G os conjuntos ∅ e {a};
- são subconjuntos de H os conjuntos ∅, {a}, {b} e {a, b};
- são subconjuntos de J os conjuntos ∅, {a}, {b}, {c}, {a, b}, {a, c}, {b, c} e {a, b, c}.

Você deve ter notado que:
- F tem 0 elemento, e o número de seus subconjuntos é $1 = 2^0$;
- G tem 1 elemento, e o número de seus subconjuntos é $2 = 2^1$;
- H tem 2 elementos, e o número de seus subconjuntos é $4 = 2^2$;
- J tem 3 elementos, e o número de seus subconjuntos é $8 = 2^3$.

Observação

Dado um conjunto A, podemos formar um conjunto cujos elementos são todos os subconjuntos de A. Esse conjunto é chamado **conjunto das partes de A** e é indicado por $\mathcal{P}$(A).

Assim, por exemplo, se A = {1, 2, 3}, então os seus subconjuntos são ∅, {1}, {2}, {3}, {1, 2}, {1, 3}, {2, 3} e {1, 2, 3}. Logo, o conjunto das partes de A é:

$\mathcal{P}$(A) = {∅, {1}, {2}, {3}, {1, 2}, {1, 3}, {2, 3}, {1, 2, 3}}

Exemplo 4

Considerando que *x* é um animal e dados os conjuntos B = {x | x é bípede}, C = {x | x é carnívoro} e F = {x | x é felino}, temos que:

- a sentença "Todos os felinos são carnívoros" significa dizer que todo elemento de F pertence a C, ou seja, F ⊂ C;

- a sentença "Existem bípedes carnívoros" significa dizer que existem elementos de B que pertencem a C, mas não obrigatoriamente todos;

- a sentença "Existem felinos bípedes" é falsa, então ela significa dizer que nenhum elemento de F pertence a B e nenhum elemento de B pertence a F.

Representando B, C e F em um mesmo diagrama de Venn, temos:

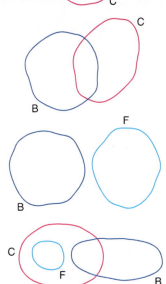

EXERCÍCIOS

5. Sendo M = {0, 3, 5}, classifique as sentenças seguintes em verdadeiras (V) ou falsas (F).

a) 5 ∈ M   c) ∅ ∈ M   e) ∅ ⊂ M   g) 0 ∈ ∅
b) 3 ⊂ M   d) 0 ∈ M   f) 0 = ∅   h) 0 ⊂ M

6. a) Use um diagrama de Venn para representar os conjuntos A e B, tais que A é o conjunto dos países da América do Sul, e B é o conjunto dos países do continente americano.

b) Reproduza o diagrama obtido no item anterior e nele destaque o conjunto dos países do continente americano que não se localizam na América do Sul.

7. Sendo A = {1, 2}, B = {2, 3}, C = {1, 3, 4} e D = {1, 2, 3, 4}, classifique em verdadeiras (V) ou falsas (F) as sentenças abaixo:

a) B ⊂ D   c) A ⊄ C   e) C ⊅ B
b) A ⊂ B   d) D ⊃ A   f) C = D

8. São dados os conjuntos: A = {x | x é um número ímpar positivo} e B = {y | y é um número inteiro e 0 < y ≤ 4}.

Determine o conjunto dos elementos z, tais que z ∈ B e z ∉ A.

9. Dado o conjunto A = {a, b, c}, em quais dos itens seguintes as sentenças são verdadeiras?

a) c ∉ A   c) {a, c} ⊂ A   e) {b} ⊂ A
b) {c} ∈ A   d) {a, b} ∈ A   f) {a, b, c} ⊂ A

10. Dados os conjuntos X = {1, 2, 3, 4}, Y = {0, 2, 4, 6, 8} e Z = {0, 1, 2}:

a) determine todos os subconjuntos de X, cada qual com exatamente três elementos;

b) dê três exemplos de subconjuntos de Y, cada qual com apenas quatro elementos;

c) determine o conjunto $\mathscr{P}$(Z).

11. Considere as sentenças seguintes:

I. ∅ = {x | x ≠ x}   III. ∅ ∈ {∅}
II. ∅ ⊂ {∅}   IV. ∅ ⊂ ∅

Quais dessas sentenças são verdadeiras?

12. Dado o conjunto U = {0, 1, 2, 3}, classifique em verdadeira (V) ou falsa (F) cada uma das seguintes afirmações sobre U:

I. ∅ ∈ U
II. 3 ∈ U e U ⊃ {3}
III. Existem 4 subconjuntos de U que são unitários.
IV. O conjunto $\mathscr{P}$(U) tem 8 elementos.

NOÇÕES DE CONJUNTOS 13

INTERSEÇÃO E REUNIÃO

A partir de dois conjuntos A e B podemos construir novos conjuntos cujos elementos devem obedecer a condições preestabelecidas.

Por exemplo, dados os conjuntos A e B, podemos determinar um conjunto cujos elementos pertencem simultaneamente a A e a B. Esse conjunto é chamado **interseção** de A e B e indicado por A ∩ B, que se lê "A interseção B" ou, simplesmente, "A inter B". Assim, define-se:

$$A \cap B = \{x \mid x \in A \text{ e } x \in B\}$$

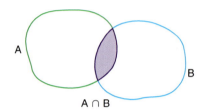

Casos particulares:

1. A ⊂ B

2. A e B não têm elementos comuns.

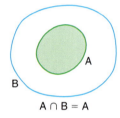

A ∩ B = A

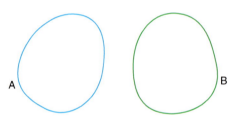

Nesse caso, A ∩ B = ∅ e A e B se dizem disjuntos.

Observação

O conectivo **e**, que na definição é colocado entre as duas sentenças (x ∈ A e x ∈ B), indica que as condições que ambas apresentam devem ser obedecidas. Ele pode ser substituído pelo símbolo ∧.

Exemplo 5

Dados os conjuntos A = {−2, −1, 0, 1, 2}, B = {0, 2, 4, 6, 8, 10} e C = {1, 3, 5, 7}, temos:

A ∩ B = {0, 2}

A ∩ C = {1}

B ∩ C = ∅   (Note que B e C são conjuntos disjuntos.)

Os diagramas de Venn que representam os conjuntos A ∩ B, A ∩ C e B ∩ C são:

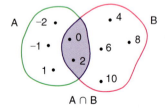
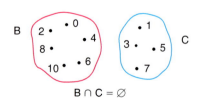

Exemplo 6

De modo geral, indica-se por n(A) o número de elementos de um conjunto A. Assim, por exemplo, se A = {1, 2}, B = {3} e D = {2, 3, 4}, então:
- como A ∩ B = ∅ (A e B são disjuntos), tem-se n(A ∩ B) = 0;
- como A ∩ D = {2}, tem-se n(A ∩ D) = 1.

Exemplo 7

Sendo F o conjunto das pessoas que gostam de suco de laranja e G o conjunto das pessoas que gostam de suco de uva, podemos considerar que F e G são subconjuntos de um mesmo conjunto U, ou seja, todos os elementos de F e G pertencem a U.

Esse conjunto U é chamado **conjunto universo** e, habitualmente, usa-se um retângulo para representá-lo em diagrama. Assim, no caso dos conjuntos F e G considerados, U poderia ser, entre outros, o conjunto das pessoas que moram no estado do Rio de Janeiro. Então, temos:

F = {x ∈ U | x gosta de suco de laranja} e G = {x ∈ U | x gosta de suco de uva}

Uma interpretação do diagrama representativo dos conjuntos considerados é:

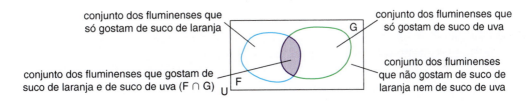

A partir de dois conjuntos, A e B, também se pode obter um novo conjunto cujos elementos pertencem a pelo menos um dos conjuntos dados, ou seja, ou pertencem somente a A, ou somente a B, ou a ambos (A ∩ B). O conjunto assim obtido é chamado **reunião** (ou **união**) de A e B e indicado por A ∪ B, que se lê "A reunião B" ou "A união B". Assim, define-se:

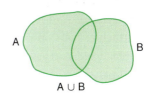

$$A \cup B = \{x \mid x \in A \text{ ou } x \in B\}$$

Casos particulares:

1. A ⊂ B

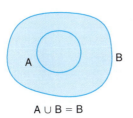

A ∪ B = B

2. A ∩ B = ∅ (A e B disjuntos)

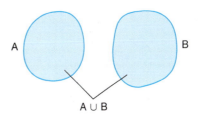

A ∪ B

NOÇÕES DE CONJUNTOS

Exemplo 8

Dados os conjuntos A = {1, 2, 3, 4}, B = {6, 7, 8}, C = {0, 1, 2, 3, 4, 5} e D = {3, 4, 6, 8}, temos:

$$A \cup B = \{1, 2, 3, 4, 6, 7, 8\}$$

$$A \cup C = \{0, 1, 2, 3, 4, 5\}$$

$$B \cup D = \{6, 7, 8, 3, 4\}$$

$$A \cup (C \cup D) = A \cup \{0, 1, 2, 3, 4, 5, 6, 8\} = \{0, 1, 2, 3, 4, 5, 6, 8\}$$

Observações

- O conectivo **ou**, que na definição é colocado entre as duas sentenças (x ∈ A ou x ∈ B), indica que pelo menos uma delas deve ser obedecida. Ele pode ser substituído pelo símbolo ∨.
- Quaisquer que sejam os conjuntos A e B, temos: A ⊂ (A ∪ B) e B ⊂ (A ∪ B).
- Se A ∪ B = ∅, então A = ∅ e B = ∅, e reciprocamente.
- Pelo diagrama ao lado, vê-se que:

    A = X ∪ (A ∩ B) e A ∪ B = X ∪ B

    Como X ∩ (A ∩ B) = ∅, então temos:
    n(A) = n(X) + n(A ∩ B)   ①

    Como X ∩ B = ∅, então temos:
    n(A ∪ B) = n(X∪B) = n(X) + n(B)   ②

    Assim, de ① vem: n(X) = n(A) – n(A ∩ B), que, substituído em ②, resulta em:

$$n(A \cup B) = n(A) + n(B) - n(A \cap B)$$

Em particular, se A e B são disjuntos, ou seja, se A ∩ B = ∅, temos:
n(A ∩ B) = 0 e, nesse caso, n(A ∪ B) = n(A) + n(B).

Propriedades da interseção e da reunião

Vamos admitir, sem demonstração, a validade de cada uma das seguintes propriedades.

Quaisquer que sejam os conjuntos A, B e C:

- **Idempotente:** A ∩ A = A   e   A ∪ A = A
- **Comutativa:** A ∩ B = B ∩ A   e   A ∪ B = B ∪ A
- **Associativa:** A ∩ (B ∩ C) = (A ∩ B) ∩ C   e   A ∪ (B ∪ C) = (A ∪ B) ∪ C
- **Distributiva:** A ∩ (B ∪ C) = (A ∩ B) ∪ (A ∩ C)   e   A ∪ (B ∩ C) = (A ∪ B) ∩ (A ∪ C)

EXERCÍCIOS RESOLVIDOS

1. Sejam A, B e C conjuntos não vazios, representados pelo diagrama de Venn:

Usar o diagrama dado para ilustrar a propriedade: A ∩ (B ∩ C) = (A ∩ B) ∩ C.

Solução:

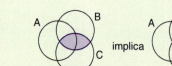

2. São dados os conjuntos A = {a, b, c}, B = {c, d, f} e C = {a, f, g}. Determinar um conjunto X, sabendo que:
- X tem três elementos e X ⊂ {a, b, c, d, f, g};
- A ∩ X = {c}, B ∩ X = {c, f} e C ∩ X = {f, g}.

Solução:

Se A ∩ X = {c}, temos: a ∉ X, b ∉ X e c ∈ X   ①
Se B ∩ X = {c, f}, temos: d ∉ X, c ∈ X e f ∈ X   ②
Se C ∩ X = {f, g}, temos: a ∉ X, f ∈ X e g ∈ X   ③

Como X tem três elementos e X ⊂ {a, b, c, d, f, g}, então, de ①, ② e ③, conclui-se que:
$$X = \{c, f, g\}$$

3. Seja D(x) o conjunto dos divisores positivos do número inteiro *x*. Determinar D(18) ∩ D(24).

Solução:

Como D(18) = {1, 2, 3, 6, 9, 18} e D(24) = {1, 2, 3, 4, 6, 8, 12, 24}, então:
D(18) ∩ D(24) = {1, 2, 3, 6}.

Note que, como o maior elemento do conjunto D(18) ∩ D(24) é o número 6, então dizemos que 6 é o **máximo divisor comum** de 18 e 24 (indica-se: mdc (18, 24) = 6).

4. Dos 650 alunos matriculados em uma escola de idiomas, sabe-se que 420 cursam inglês, 134 cursam espanhol e 150 não cursam inglês nem espanhol. Determinar o número de alunos que:

a) cursam inglês ou espanhol;

b) cursam inglês e espanhol;

c) cursam espanhol e não cursam inglês;

d) cursam apenas inglês ou apenas espanhol.

Solução:

Considerando U o conjunto dos alunos matriculados na escola, I o conjunto dos alunos que cursam inglês e E o conjunto dos alunos que cursam espanhol, temos:
n(U) = 650, n(I) = 420 e n(E) = 134.

Para auxiliar a resolução, vamos visualizar o diagrama de Venn representado ao lado.

a) Calculando n(I ∪ E):

n(I ∪ E) = n(U) − 150 = 650 − 150 = 500

b) Calculando n(I ∩ E):

Como n(I ∪ E) = n(I) + n(E) − n(I ∩ E), então:

$$n(I \cap E) = n(I) + n(E) - n(I \cup E) = 420 + 134 - 500 = 54$$

c) Observe no diagrama que o conjunto E é a reunião de dois conjuntos disjuntos: I ∩ E, dos alunos que cursam inglês e espanhol, e X, dos alunos que cursam somente espanhol.

Como n(E) = n(X) + n(I ∩ E), temos:

n(X) = n(E) − n(I ∩ E) = 134 − 54 = 80

d) Sendo Y o conjunto dos alunos que cursam somente inglês e X o conjunto dos que estudam somente espanhol, devemos calcular n(X ∪ Y).

Do item anterior, temos:

$$n(X) = 80 \quad \text{e} \quad n(Y) = n(I) - n(I \cap E) = 420 - 54 = 366$$

Como X e Y são conjuntos disjuntos, vem:

$$n(X \cup Y) = n(X) + n(Y) = 446$$

EXERCÍCIOS

13. Dados os conjuntos A = {p,q,r}, B = {r,s} e C = {p,s,t}, determine os conjuntos:
a) A ∪ B
b) A ∪ C
c) B ∪ C
d) A ∩ B
e) A ∩ C
f) B ∩ C

14. Sendo A, B e C os conjuntos dados no exercício anterior, determine:
a) (A ∩ B) ∪ C
b) A ∩ B ∩ C
c) (A ∩ C) ∪ (B ∩ C)
d) (A ∪ C) ∩ (B ∪ C)

15. Dado U = {−4, −3, −2, −1, 0, 1, 2, 3, 4}, sejam A = {x ∈ U | x < 0}, B = {x ∈ U | −3 < x < 2} e C = {x ∈ U | x ⩾ −1}. Determine:
a) A ∩ B ∩ C
b) A ∪ B ∪ C
c) C ∪ (B ∩ A)
d) (B ∪ A) ∩ C

16. Dos 36 alunos da primeira série do ensino médio de certa escola, sabe-se que 16 jogam futebol, 12 jogam voleibol e 5 jogam futebol e voleibol. Quantos alunos dessa classe não jogam futebol ou voleibol?

17. Sobre os 48 funcionários de certo escritório, sabe-se que: 30 têm automóvel, $\frac{1}{3}$ são do sexo feminino e $\frac{3}{4}$ do número de homens têm automóvel. Com base nessas informações, responda:
a) Quantos funcionários são do sexo feminino e têm automóvel?
b) Quantos funcionários são homens ou têm automóvel?

18. Se A e B são conjuntos quaisquer, classifique cada uma das sentenças seguintes em verdadeira (V) ou falsa (F):
a) A ∪ ∅ = A
b) B ∩ ∅ = ∅
c) (A ∩ B) ⊂ B
d) (B ∪ A) ⊂ B
e) (A ∩ B) ⊂ (A ∪ B)
f) ∅ ⊄ (A ∩ B)

19. Dados os conjuntos A = {1, 2, 3}, B = {3, 4} e C = {1, 2, 4}, determine o conjunto X sabendo que A ∪ X = {1, 2, 3}, B ∪ X = {3, 4} e C ∪ X = A ∪ B.

20. Na figura abaixo tem-se a representação dos conjuntos A, B e C, não vazios.

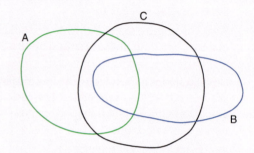

Relativamente a esses conjuntos, quais das afirmações seguintes são verdadeiras?
a) (B ∪ C) ⊂ A
b) (B ∩ C) ⊂ (A ∪ C)
c) (A ∩ B) ⊂ (B ∩ C)
d) (A ∩ B) ∪ B = ∅

DIFERENÇA

Dados os conjuntos A e B, podemos determinar um conjunto cujos elementos pertencem ao conjunto A e não pertencem ao conjunto B. Esse conjunto é chamado **diferença entre A e B** e indicado por A − B, que se lê "A menos B". Assim, define-se:

$$A - B = \{x \mid x \in A \text{ e } x \notin B\}$$

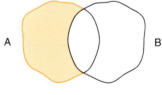

A − B

Casos particulares:

1. A ⊂ B

A − B = ∅

2. A e B disjuntos

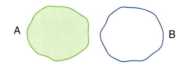

A − B = A

3. B ⊂ A

A − B

Observações

- No caso 3, em que B ⊂ A, o conjunto A − B é chamado **complementar de B em relação a A**. Indica-se: $C_A B = A - B$, se $B \subset A$.
- Sendo A um subconjunto de um conjunto universo U, então $C_U A = U - A$ pode ser representado pelo símbolo $\overline{A}$, que se lê "A barra". Assim, $\overline{A} = C_U A = U - A$.
  Note que para todo elemento x do conjunto universo U, se $x \in \overline{A}$, então $x \notin A$ e, por contraposição, se $x \in A$, então $x \notin \overline{A}$.

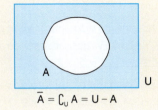

$\overline{A} = C_U A = U - A$

Exemplo 9

Dados os conjuntos A = {1, 2, 3, 4, 5}, B = {3, 4, 5, 6}, C = {2, 3} e D = {0, 7, 8}, temos:

A − B = {1, 2}

A − C = {1, 4, 5} (Nesse caso, $A - C = C_A C$, pois $C \subset A$)

B − A = {6}

C − D = {2, 3}, pois, como $C \cap D = \emptyset$, C − D = C

C − A = ∅, pois $C \subset A$

D − D = ∅

$C_B C$: não se define, pois $C \not\subset B$.

EXERCÍCIO RESOLVIDO

5. Dados os conjuntos A = {1, 2, 3, 4}, B = {3, 4, 5, 6, 7} e U = {0, 1, 2, 3, 4, 5, 6, 7, 8, 9}, em cada caso vamos determinar os elementos do conjunto indicado.

a) $C_U (A \cap B)$

b) $C_U A \cup C_U B$

Solução:

a) Como A ∩ B = {3, 4}, então $C_U (A \cap B) = U - (A \cap B) = \{0, 1, 2, 5, 6, 7, 8, 9\}$.

b) Como $C_U A = U - A = \{0, 5, 6, 7, 8, 9\}$ e $C_U B = U - B = \{0, 1, 2, 8, 9\}$, então:

$$C_U A \cup C_U B = \{0, 1, 2, 5, 6, 7, 8, 9\}$$

Os resultados encontrados nos itens *a* e *b* ilustram a validade da seguinte propriedade:

$$C_U (A \cap B) = C_U A \cup C_U B$$

EXERCÍCIOS

21. Dados os conjuntos A = {a, b, c}, B = {a, c, d, e}, C = {c, d} e D = {a, d, e}, classifique cada uma das sentenças seguintes em verdadeira (V) ou falsa (F).

a) A − B = {b}
b) B − C = {a, e}
c) D − B = {c}
d) $C_A C = \emptyset$
e) $C_B \emptyset = \{a, c, d, e\}$
f) $C_B D = \{c\}$
g) (A ∩ B) − D = {a, d, e}
h) B − (A ∪ C) = {e}
i) $(C_B C) \cup (C_B D) = \{a, c, e\}$

22. Dados os conjuntos A = {2, 4, 8, 12, 14}, B = {5, 10, 15, 20, 25} e C = {1, 2, 3, 18, 20}, determine:

a) A − C
b) B − C
c) (C − A) ∩ (B − C)
d) (A − B) ∩ (C − B)

NOÇÕES DE CONJUNTOS 19

23. Dados os conjuntos A = {1, 2, 3, 4}, B = {4, 5} e C = {3, 4, 5, 6, 7}, determine o número de subconjuntos de (A − B) ∩ C.

24. Desenhe um diagrama de Venn para três conjuntos X, Y e Z, não vazios, satisfazendo as condições: Z ⊂ Y, X ⊄ Y, X ∩ Y ≠ ∅ e Z − X = Z.

25. Considerando o conjunto universo U = {−2, −1, 0, 1, 2, 3, 4, 5} e dados A = {x ∈ U | x ⩽ 3}, B = {x ∈ U | x é ímpar} e C = {x ∈ U | −2 ⩽ x < 1}, determine:
a) A ∩ B
b) A ∪ C
c) A − C
d) C − B
e) $\complement_A C$
f) $\complement_B A$
g) $\overline{B}$
h) (A ∩ C) − B
i) C ∪ (A − B)
j) (A−B)∪(B−A)
k) $\overline{C} \cap \overline{A}$
l) $\overline{B} \cap (C - B)$

26. Sejam A e B subconjuntos de um conjunto universo U. Se U tem 35 elementos, A tem 20 elementos, A ∩ B tem 6 elementos e A ∪ B tem 28 elementos, determine o número de elementos dos conjuntos.
a) B
b) A − B
c) B − A
d) $\overline{A}$
e) $\overline{B}$
f) $\overline{A} \cap \overline{B}$
g) $\overline{A - B}$
h) $\overline{A} \cap \overline{B}$

DESAFIO

(TCE-PB) Um fato curioso ocorreu em uma família no ano de 1936. Nesse ano, Ribamar tinha tantos anos quantos expressavam os dois últimos algarismos do ano em que nascera e, coincidentemente, o mesmo ocorria com a idade de seu pai. Nessas condições, em 1936, quantos anos somavam as idades de Ribamar e de seu pai?

EXERCÍCIOS COMPLEMENTARES

1. Use um diagrama de Venn para representar três conjuntos X, Y e Z que satisfazem as condições:
X ∩ Y ≠ ∅, X ∩ Z ≠ ∅ e Y ∩ Z = ∅

2. Dados dois conjuntos A e B, chama-se **diferença simétrica** entre A e B o conjunto:
$$A \Delta B = (A - B) \cup (B - A)$$
(lê-se: A delta B)

Em cada caso, determine A Δ B:
a) A = {1, 2, 3, 4} e B = {1, 3, 5}
b) A = {0, 2, 4, 6, 8} e B = {4}

3. Se um conjunto X tem 64 subconjuntos, qual é o seu número de elementos?

4. Sabe-se que dois conjuntos A e B são tais que: B tem 50 elementos, A ∩ B tem 24 e A ∪ B tem 85. Qual é o número de elementos do conjunto A?

5. (UF-SE) Utilize os conjuntos A, B e C, representados no diagrama de Venn abaixo, para classificar em verdadeira (V) ou falsa (F) cada uma das afirmações que seguem.

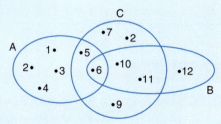

(0-0) A − C = {1, 2, 3, 4, 6}
(1-1) (B ∪ C) − A = {7, 8, 9, 10, 11, 12}
(2-2) (A ∩ B) ⊂ (A ∩ C)
(3-3) (C − A) ∩ (C − B) = {7, 8, 9}
(4-4) O conjunto (B − C) ∪ (B − A) tem exatamente 2 elementos.

6. (UE-CE) Dos 200 professores de uma universidade, 60 dedicam tempo integral a esta instituição e 115 são doutores. Sabendo que, entre os doutores, apenas 33 dedicam tempo integral, qual o número de professores da universidade que não dedicam tempo integral e não são doutores?

7. Considere que todas as pessoas de um grupo gostam das cores vermelha ou branca. Se, dessas pessoas, V é o conjunto das que gostam da cor vermelha e B é o conjunto das que gostam da cor branca, determine o conjunto das que gostam de somente uma dessas cores.

8. Sejam os conjuntos A e B tais que A − B tem 42 elementos, A ∩ B tem 15 elementos e A ∪ B tem 66. Nessas condições, qual é o número de elementos de B − A?

9. Determine os conjuntos X que satisfazem a relação {1} ⊂ X ⊂ {1, 2, 3}.

10. (U. E. Londrina-PR) Uma Universidade está oferecendo três cursos de extensão para a comunidade externa, com a finalidade de melhorar o condicionamento físico de pessoas adultas:

Curso A: natação.

Curso B: alongamento.

Curso C: voleibol.

As inscrições nos cursos se deram de acordo com a tabela seguinte:

Cursos	Nº de alunos
Apenas A	9
Apenas B	20
Apenas C	10
A e B	13
A e C	8
B e C	18
A, B e C	3

Indique quais das afirmações seguintes estão corretas.

I. 33 pessoas se inscreveram em pelo menos dois cursos.

II. 52 pessoas não se inscreveram no curso A.

III. 48 pessoas se inscreveram no curso B.

IV. O total de inscritos nos cursos foi de 88 pessoas.

A afirmativa que contêm todas as afirmativas corretas é:

a) I e II.

b) I e III.

c) III e IV.

d) I, II e III.

e) II, III e IV.

11. (UF-MG) Uma pesquisa foi feita com um grupo de pessoas que frequentam, pelo menos, uma entre três livrarias A, B e C. Foram obtidos os seguintes dados:

- das 90 pessoas que frequentam a livraria A, 28 não frequentam as demais;

- das 84 pessoas que frequentam a livraria B, 26 não frequentam as demais;

- das 86 pessoas que frequentam a livraria C, 24 não frequentam as demais;

- 8 pessoas frequentam as três livrarias.

Determine:

a) o número de pessoas que frequentam apenas uma das livrarias;

b) o número de pessoas que frequentam, pelo menos, duas livrarias;

c) o total de pessoas ouvidas nessa pesquisa.

12. (U.F. São Carlos-SP) Um levantamento realizado pelo departamento de Recursos Humanos de uma empresa mostrou que 18% dos seus funcionários são fumantes. Sabendo-se que 20% dos homens e 15% das mulheres que trabalham nessa empresa fumam, a que porcentagem do total de funcionários dessa empresa correspondem os funcionários do sexo masculino?

13. (PUC-PR) Com o objetivo de melhorar a produtividade das lavouras, um grupo de 600 produtores de uma determinada região resolveu investir no aumento da produção de alimentos nos próximos anos: 350 deles investiram em avanços na área de biotecnologia; 210 em uso correto de produtos para a proteção de plantas e 90 em ambos (avanços na área de biotecnologia e uso correto de produtos para a proteção de plantas). Com base nessas afirmações, quais das seguintes afirmativas estão corretas?

I. 260 produtores investiram apenas em avanços na área de biotecnologia.

II. 120 produtores investiram apenas em uso correto de produtos para a proteção de plantas.

III. 470 produtores investiram em avanços na área de biotecnologia ou uso correto de produtos para a proteção de plantas.

IV. 130 produtores não fizeram qualquer um dos dois investimentos.

14. (UF-PE) Os 200 estudantes de uma escola que praticam esportes escolhem duas dentre as modalidades seguintes: futebol, handebol, basquete e futebol de salão. Entretanto, nenhum estudante da escola escolheu futebol e basquete ou handebol e futebol de salão. Sabendo que 65% dos alunos escolheram futebol, 60% escolheram futebol de salão, 35% escolheram basquete e 25% dos jogadores de handebol também jogam basquete, quantos são os alunos da escola que jogam futebol e futebol de salão?

NOÇÕES DE CONJUNTOS

15. (Udesc-SC)

O que os brasileiros andam lendo?

O brasileiro lê, em média, 4,7 livros por ano. Este é um dos principais resultados da pesquisa *Retratos da Leitura no Brasil*, encomendada pelo Instituto Pró-Livro ao Ibope Inteligência, que também pesquisou o comportamento do leitor brasileiro, as preferências e as motivações dos leitores, bem como os canais e a forma de acesso aos livros.

Fonte: Associação Brasileira de Encadernação e Restauro, adapt.

Supõe-se que em uma pesquisa envolvendo 660 pessoas, cujo objetivo era verificar o que elas estão lendo, obtiveram-se os seguintes resultados: 100 pessoas leem somente revistas, 300 leem somente livros e 150 pessoas leem somente jornais. Supõe-se ainda que, dessas 660 pessoas, 80 leem livros e revistas, 50 leem jornais e revistas, 60 leem livros e jornais e 40 leem revistas, jornais e livros. Com base nos resultados dessa pesquisa, destaque quais das afirmações seguintes são verdadeiras.

I. Apenas 40 pessoas leem pelo menos um dos três meios de comunicação citados.

II. Quarenta pessoas leem somente revistas e livros, e não leem jornais.

III. Apenas 440 pessoas leem revistas ou livros.

16. (Unicamp-SP) Três candidatos, A, B e C, concorrem à presidência de um clube. Uma pesquisa apontou que, dos sócios entrevistados, 150 não pretendem votar. Dentre os entrevistados que estão dispostos a participar da eleição, 40 sócios votariam apenas no candidato A, 70 votariam apenas em B e 100 votariam apenas no candidato C. Além disso, 190 disseram que não votariam em A, 110 disseram que não votariam em C e 10 sócios estão na dúvida e podem votar tanto em A como em C, mas não em B. Finalmente, a pesquisa revelou que 10 entrevistados votariam em qualquer candidato. Com base nesses dados, pergunta-se:

a) Quantos sócios entrevistados estão em dúvida entre votar em B ou em C, mas não votariam em A?

b) Dentre os sócios consultados, que pretendem participar da eleição, quantos não votariam em B?

TESTES

1. (U.E. Londrina-PR) Um instituto de pesquisas entrevistou 1 000 indivíduos, perguntando sobre sua rejeição aos partidos A e B. Verificou-se que 600 pessoas rejeitavam o partido A, 500 pessoas rejeitavam o partido B e que 200 não tinham rejeição alguma. O número de indivíduos que rejeitavam os dois partidos é:

a) 120   d) 300

b) 200   e) 800

c) 250

2. (UF-RN) Num grupo de amigos, 14 pessoas estudam Espanhol e 8 estudam Inglês, sendo que 3 dessas pessoas estudam ambas as línguas. Sabendo que todos do grupo estudam pelo menos uma dessas línguas, o total de pessoas do grupo é:

a) 17   c) 22

b) 19   d) 25

3. O número de elementos de um conjunto X é denotado por n(X). Sejam A e B conjuntos tais que $n(A \cup B) = 30$, $n(A - B) = 12$ e $n(B - A) = 10$. Então, com relação a $n(A) + n(B)$, é correto afirmar que é um número

a) múltiplo de 19.   c) divisível por 17.

b) divisível por 18.   d) múltiplo de 16.

4. (FEI-SP) Uma escola de línguas oferece somente dois cursos: Inglês e Francês. Sabe-se que ela conta com 500 estudantes e que nenhum deles faz os dois cursos simultaneamente. Desses estudantes, 60% são mulheres e destas, 10% cursam Francês. Sabe-se que 30% dos estudantes homens também cursam Francês. Neste caso, o número de estudantes homens que cursam Inglês é:

a) 60   b) 410   c) 140   d) 320   e) 270

5. (Unifor-CE) Considerando o universo das pessoas que responderam a uma pesquisa, sejam: V o conjunto das pessoas que têm mais de 20 anos, A o conjunto das pessoas que têm automóveis e M o conjunto das pessoas que têm motos. Admitindo que $A \subset V$, $M \subset V$ e $A \cap M \neq \varnothing$, é correto afirmar que:

a) Toda pessoa que não tem automóvel tem pelo menos 20 anos.

b) Toda pessoa que não tem moto não tem mais de 20 anos.

c) As pessoas que não têm mais de 20 anos não podem ter automóveis.

d) As pessoas que não têm automóveis não podem ter motos.

e) Algumas pessoas que têm menos de 20 anos podem ter automóveis.

6. (ESPM-SP) Numa empresa multinacional, sabe-se que 60% dos funcionários falam inglês, 45% falam espanhol e 30% não falam inglês e nem espanhol. Se exatamente 49 funcionários falam inglês e espanhol, é correto concluir que o número de funcionários dessa empresa é igual a:

a) 180

d) 165

b) 140

e) 127

c) 210

7. (UF-RJ) Foram enviadas para dois testes em um laboratório 150 caixas de leite de uma determinada marca. No teste de qualidade, 40 caixas foram reprovadas por conterem elevada taxa de concentração de formol. No teste de medida, 60 caixas foram reprovadas por terem volume inferior a 1 litro. Sabendo-se que apenas 65 caixas foram aprovadas nos dois testes, é correto concluir que o número de caixas que foram reprovadas em ambos os testes é igual a:

a) 15

d) 85

b) 20

e) 100

c) 35

8. (UE-CE) Em uma turma de 50 alunos, 30 gostam de azul, 10 gostam igualmente de azul e amarelo, 5 não gostam de azul e nem de amarelo. O número de alunos dessa turma, que gostam de amarelo é:

a) 25

d) 15

b) 20

e) 10

c) 18

9. (UF-RJ) Dentre as espécies ameaçadas de extinção na fauna brasileira, há algumas que vivem somente na Mata Atlântica, outras que vivem somente fora da Mata Atlântica e, há ainda, aquelas que vivem tanto na Mata Atlântica como fora dela. Em 2003, a revista *Terra* publicou alguns dados sobre espécies em extinção na fauna brasileira: havia 160 espécies de aves, 16 de anfíbios, 20 de répteis e 69 de mamíferos, todas ameaçadas de extinção. Dessas espécies, 175 viviam somente na Mata Atlântica e 75 viviam somente fora da Mata Atlântica. Conclui-se que, em 2003, o número de espécies ameaçadas de extinção na fauna brasileira, citadas pela revista *Terra*, que viviam tanto na Mata Atlântica como fora dela, corresponde a:

a) 0

c) 10

e) 20

b) 5

d) 15

10. (UF-PE) Os alunos de uma turma cursam alguma(s) dentre as disciplinas: Matemática, Física e Química. Sabendo que:

- o número de alunos que cursam Matemática e Física excede em 5 o número de alunos que cursam as três disciplinas;

- existem 7 alunos que cursam Matemática e Química, mas não cursam Física;

- existem 6 alunos que cursam Física e Química, mas não cursam Matemática;

- o número de alunos que cursam exatamente uma das disciplinas é 150;

- o número de alunos que cursam pelo menos uma das três disciplinas é 190.

Nessas condições, o número de alunos que cursam as três disciplinas é

a) 11

c) 17

e) 28

b) 14

d) 22

11. (UF-PA) Um professor de Matemática ao lecionar Teoria dos Conjuntos em certa turma, realizou uma pesquisa sobre as preferências clubísticas de seus n alunos, tendo chegado ao seguinte resultado:

- 23 alunos torcem pelo Paysandu Sport Club;

- 23 alunos torcem pelo Clube do Remo;

- 15 alunos torcem pelo Clube de Regatas Vasco da Gama;

- 6 alunos torcem pelo Paysandu e pelo Vasco;

- 5 alunos torcem pelo Vasco e pelo Remo.

Se designarmos por A o conjunto dos torcedores do Paysandu, por B o conjunto dos torcedores do Remo e por C o conjunto dos torcedores do Vasco, todos da referida turma, teremos, evidentemente, $A \cap B = \varnothing$. Assim, é correto concluir que o número n de alunos dessa turma é:

a) 49

d) 45

b) 50

e) 46

c) 47

12. (UF-RN) Uma escola de ensino médio tem 3 600 estudantes, assim distribuídos:

- 1 200 cursam o 1º ano, 1 200 cursam o 2º ano e 1 200 cursam o 3º ano;

- em cada série, metade dos estudantes é do sexo masculino e metade do sexo feminino;

- de cada sexo, metade dos estudantes estuda Inglês e metade estuda Francês;

- em cada série, a quantidade de alunos de Inglês e Francês é a mesma.

O número de estudantes dessa escola que estão cursando o 3º ano ou que não estudam Francês é

a) 3 000

c) 1 200

b) 600

d) 2 400

13. (U.E.Londrina-PR) Um grupo de estudantes resolveu fazer uma pesquisa sobre as preferências dos alunos quanto ao cardápio do Restaurante Universitário. Nove alunos optaram somente por carne de frango, 3 somente por peixe, 7 por carne bovina e frango, 9 por peixe e carne bovina e 4 pelos três tipos de carne. Considerando que 20 alunos manifestaram-se vegetarianos, 36 não optaram por carne bovina e 42 não optaram por peixe, assinale a alternativa que apresenta o número de alunos entrevistados.

a) 38 c) 58 e) 78

b) 42 d) 62

14. (UF-PA) Feita uma pesquisa entre 100 alunos do ensino médio, acerca das disciplinas português, geografia e história, constatou-se que 65 gostam de português, 60 gostam de geografia, 50 gostam de história, 35 gostam de português e geografia, 30 gostam de geografia e história, 20 gostam de história e português e 10 gostam dessas três disciplinas. O número de alunos que não gosta de qualquer uma das três disciplinas é:

a) 0 c) 10 e) 20

b) 5 d) 15

15. (FEI-SP) Em uma comunidade, uma pesquisa a respeito do consumo dos produtos de limpeza A, B e C revelou que 10 pessoas consomem os três produtos, 20 consomem A e C, 40 consomem B e C, 30 consomem A e B, 120 o produto C, 160 o produto B, 90 o produto A e 50 não consomem qualquer um dos três produtos. Se, das pessoas dessa comunidade, X não consomem o produto A, então:

a) X = 250 d) X = 200

b) X = 370 e) X = 330

c) X = 180

16. (ITA-SP) Considere as afirmações abaixo relativas a conjuntos A, B e C quaisquer:

I. A negação de $x \in A \cap B$ é: $x \notin A$ ou $x \notin B$.

II. $A \cap (B \cup C) = (A \cap B) \cup (A \cap C)$

III. $(A - B) \cup (B - A) = (A \cup B) - (A \cap B)$

Destas, é (são) falsa(s):

a) apenas I. d) apenas I e III.

b) apenas II. e) nenhuma.

c) apenas III.

17. (FGV-SP) Uma pesquisa de mercado sobre determinado eletrodoméstico mostrou que 37% dos entrevistados preferem a marca X, 40% preferem a marca Y, 30% preferem a marca Z, 25% preferem X e Y, 8% preferem Y e Z, 3% preferem X e Z e 1% prefere as três marcas. Considerando que há os que não preferem qualquer uma das três marcas, a porcentagem dos que não preferem X e nem Y é:

a) 20% c) 30% e) 48%

b) 23% d) 42%

18. (U.F. Uberlândia-MG) De uma escola de Uberlândia, partiu uma excursão para Caldas Novas com 40 alunos. Ao chegar em Caldas Novas, 2 alunos adoeceram e não frequentaram as piscinas. Todos os demais alunos frequentaram as piscinas, sendo 20 pela manhã e à tarde, 12 somente pela manhã, 3 somente à noite e 8 pela manhã, à tarde e à noite. Se ninguém frequentou as piscinas somente no período da tarde, quantos alunos frequentaram as piscinas à noite?

a) 16 c) 14

b) 12 d) 18

19. (UF-ES) Em um grupo de 93 torcedores:

- todos torcem pelo Flamengo, pelo Cruzeiro ou pelo Palmeiras;

- ninguém torce pelo Flamengo e pelo Cruzeiro ao mesmo tempo;

- exatamente 12 desses torcedores torcem por dois dos três times;

- o número de torcedores que torcem apenas pelo Flamengo é o dobro do número de torcedores que torcem pelo Palmeiras;

- pelo menos 4 torcedores torcem apenas pelo Cruzeiro.

Com base nessas informações, é correto afirmar que o número máximo possível de torcedores do Palmeiras no grupo é

a) 27 d) 33

b) 29 e) 35

c) 31

20. (ITA-SP) Sejam X, Y, Z e W subconjuntos de $\mathbb{N}$ tais que: $(X - Y) \cap Z = \{1, 2, 3, 4\}$, $Y = \{5, 6\}$, $Z \cap Y = \varnothing$, $W \cap (X - Z) = \{7, 8\}$ e $X \cap W \cap Z = \{2, 4\}$. Nessas condições, o conjunto

$$[X \cap (Z \cup W)] - [W \cap (Y \cup Z)]$$

é igual a:

a) $\{1, 2, 3, 4, 5\}$

b) $\{1, 2, 3, 4, 7\}$

c) $\{1, 3, 7, 8\}$

d) $\{1, 3\}$

e) $\{7, 8\}$

CONJUNTOS NUMÉRICOS

Denominamos **conjuntos numéricos** os conjuntos cujos elementos são números que apresentam algumas características comuns entre si.

Fernando Gonsales

Estudaremos os conjuntos dos números **naturais**, dos **inteiros**, dos **racionais** e dos **irracionais**. Por fim, apresentaremos o conjunto dos números **reais**, presente em grande parte do estudo abordado nesta coleção.

O surgimento do conjunto dos números naturais deveu-se à necessidade de se contar objetos. Os outros conjuntos numéricos, em geral, surgiram também por necessidade, como ampliações daqueles até então conhecidos.

O CONJUNTO $\mathbb{N}$

É o conjunto dos **números naturais**:

$\mathbb{N} = \{0, 1, 2, 3, 4, \ldots n, \ldots\}$, em que n representa o elemento genérico do conjunto.

O conjunto $\mathbb{N}$ possui infinitos elementos e pode ser representado por meio da reta numerada.

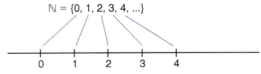

O conjunto dos números naturais possui alguns subconjuntos importantes.

- o conjunto dos números naturais não nulos:
$$\mathbb{N}^* = \{1, 2, 3, 4, \ldots n, \ldots\}; \mathbb{N}^* = \mathbb{N} - \{0\}$$

- o conjunto dos números naturais pares:
$$\mathbb{N}_p = \{0, 2, 4, 6, \ldots, 2n, \ldots\}, \text{ com } n \in \mathbb{N}$$

CONJUNTOS NUMÉRICOS   25

Observe que, para todo $n \in \mathbb{N}$, $2n$ representa um número par qualquer;

- o conjunto dos números naturais ímpares:

$$\mathbb{N}_i = \{1, 3, 5, 7, ..., 2n + 1, ...\}, \text{ com } n \in \mathbb{N}$$

Observe que, para todo $n \in \mathbb{N}$, $2n + 1$ representa um número ímpar qualquer;

- o conjunto dos números naturais primos:

$$P = \{2, 3, 5, 7, 11, 13, ...\}$$

Observe que o símbolo *(asterisco) à direita do nome do conjunto retira dele o elemento **zero**.

No conjunto dos números naturais estão definidas duas operações cujos resultados são sempre números naturais: adição e multiplicação. Note que, adicionando-se dois elementos quaisquer de $\mathbb{N}$, a soma pertence igualmente a $\mathbb{N}$. Observe também que, multiplicando-se dois elementos quaisquer de $\mathbb{N}$, o produto pertence igualmente a $\mathbb{N}$. Em símbolos, temos:

$$\forall m, n \in \mathbb{N}, \quad m + n \in \mathbb{N} \quad e \quad m \cdot n \in \mathbb{N}$$

O símbolo $\forall$ significa qualquer.

Essa característica pode ser assim sintetizada:

> $\mathbb{N}$ é fechado em relação à adição e à multiplicação.

Porém, o mesmo raciocínio não vale em relação à subtração. Por exemplo, embora $5 - 2 = 3 \in \mathbb{N}$, não existe um número natural x tal que $x = 2 - 5$.

Por esse motivo, faz-se necessária uma ampliação do conjunto $\mathbb{N}$, surgindo daí o conjunto dos números inteiros.

O CONJUNTO $\mathbb{Z}$

É o conjunto dos números **inteiros**:

$$\mathbb{Z} = \{..., -4, -3, -2, -1, 0, 1, 2, 3, 4, ...\}$$

Observe que todo número natural é também um número inteiro, isto é, $\mathbb{N}$ é subconjunto de $\mathbb{Z}$ (ou $\mathbb{N} \subset \mathbb{Z}$ ou $\mathbb{Z} \supset \mathbb{N}$).

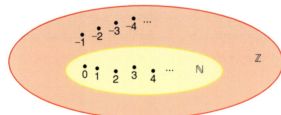

A representação geométrica do conjunto dos inteiros é feita a partir da representação de $\mathbb{N}$ na reta numerada; basta acrescentar os pontos correspondentes aos números negativos:

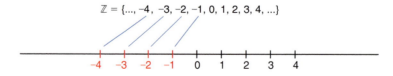

O conjunto dos números inteiros possui alguns subconjuntos notáveis:

- o conjunto dos números inteiros não nulos:

$$\mathbb{Z}^* = \{..., -4, -3, -2, -1, 1, 2, 3, 4, ...\}; \mathbb{Z}^* = \mathbb{Z} - \{0\}$$

- o conjunto dos números inteiros não negativos:

$$\mathbb{Z}_+ = \{0, 1, 2, 3, 4, ...\}$$

- o conjunto dos números inteiros (estritamente) positivos:
$$\mathbb{Z}_+^* = \{1, 2, 3, 4, ...\}$$
- o conjunto dos números inteiros não positivos:
$$\mathbb{Z}_- = \{..., -5, -4, -3, -2, -1, 0\}$$
- o conjunto dos números inteiros (estritamente) negativos:
$$\mathbb{Z}_-^* = \{..., -5, -4, -3, -2, -1\}$$

Observe:
$$\mathbb{Z}_+ = \mathbb{N}$$
$$\mathbb{Z}_+^* = \mathbb{N}^*$$

Números inteiros opostos

Dois números inteiros são ditos **opostos** um ao outro quando sua soma é zero. Assim, geometricamente, são representados na reta por pontos que distam igualmente da origem.

Podemos tomar como exemplo o número 2:

O oposto do número 2 é −2, e o oposto de −2 é 2, pois 2 + (−2) = (−2) + 2 = 0

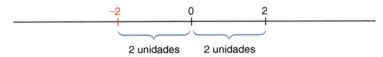

No geral, dizemos que o oposto, ou **simétrico**, de a é $-a$, e vice-versa.

Módulo de um número inteiro

Se $x \in \mathbb{Z}$, o **módulo** ou **valor absoluto** de x (indica-se: $|x|$) é definido pelas seguintes relações:
- Se $x \geq 0$, o módulo de x é igual ao próprio valor de x, isto é, $|x| = x$.
- Se $x < 0$, o módulo de x é igual ao oposto de x, isto é, $|x| = -x$.

Acompanhe os exemplos:

$|\underline{7}| = 7$
↳ positivo

$|\underline{-12}| = -(-12) = 12$
↳ negativo

$|\underline{63}| = 63$
↳ positivo

$|\underline{-3}| = -(-3) = 3$
↳ negativo

$|0| = 0$

Interpretação geométrica

Na reta numerada dos números inteiros, o módulo de x é igual à distância entre x e a origem.

$|7| = 7$

distância = 7
0 1 2 3 4 5 6 7 $\mathbb{Z}$

$|-12| = 12$

distância = 12
−12   0 $\mathbb{Z}$

É fácil notar que dois números inteiros opostos têm mesmo módulo.

Exemplo **1**

Tomando os inteiros $a = -3$ e $b = +2$, calculamos:

- $a + b = -3 + (+2) = -3 + 2 = -1$
- $a \cdot b = -3 \cdot (+2) = -3 \cdot 2 = -6$
- $a - b = -3 - (+2) = -3 - 2 = -5$ ⎫
- $b - a = +2 - (-3) = 2 + 3 = 5$ ⎭ opostos
- $-a = -(-3) = 3$
- $-b = -(+2) = -2$
- $|a| = |-3| = 3$
- $|b| = |+2| = |2| = 2$
- $|a - b| = |-5| = 5 = |b - a|$

EXERCÍCIO RESOLVIDO

Sejam os conjuntos $A = \{x \in \mathbb{Z} \mid -3 < x \leq 2\}$ e $B = \{x \in \mathbb{N} \mid x \leq 4\}$.

Determinar $A \cup B$ e $A \cap B$.

Solução:

Observemos, inicialmente, que:

$$A = \{-2, -1, 0, 1, 2\}$$
$$e$$
$$B = \{0, 1, 2, 3, 4\}$$

Desse modo, temos:

$$A \cup B = \{-2, -1, 0, 1, 2, 3, 4\} = \{x \in \mathbb{Z} \mid -2 \leq x \leq 4\}$$
$$A \cap B = \{0, 1, 2\} = \{x \in \mathbb{N} \mid x \leq 2\}$$

Observe que podemos também escrever:

$$A \cup B = \{x \in \mathbb{Z} \mid -3 < x < 5\};$$
$$A \cap B = \{x \in \mathbb{N} \mid x < 3\}.$$

EXERCÍCIOS

1. Determine $A \cap B$ e $A \cup B$, sendo:

a) $A = \{x \in \mathbb{N} \mid x \geq 5\}$ e $B = \{x \in \mathbb{N} \mid x < 7\}$

b) $A = \{x \in \mathbb{Z} \mid x > 1\}$ e $B = \{x \in \mathbb{Z} \mid x \geq 3\}$

c) $A = \{x \in \mathbb{Z} \mid x < 10\}$ e $B = \{x \in \mathbb{N}^* \mid x < 6\}$

d) $A = \{x \in \mathbb{N} \mid 2 < x \leq 5\}$ e $B = \{x \in \mathbb{Z} \mid 1 \leq x < 4\}$

2. Descreva cada conjunto por meio de uma característica comum a todos os seus elementos.

a) $A = \{0, 1, 2, 3, 4\}$ c) $C = \{-1, 0, 1, 2, 3, 4\}$

b) $B = \{0, 1, 2, 8, 9, 10\}$ d) $D = \{-3, 3\}$

3. Calcule:

a) $-5 - 3 \cdot (-2)$

b) $|-11|$

c) $|7 - 4| + |4 - 7|$

d) $2 + 5 \cdot (-3) - (-4)$

e) $-11 - 2 \cdot (-3) + 3$

f) $-8 + 3 \cdot [2 - (-1)]$

g) $|2 + 3 \cdot (-2)| - |3 + 2 \cdot (-3)|$

h) $|5 - 10| - |10 - (-5)| - |-5 - (-5)|$

4. Responda.

a) O valor absoluto de um número x inteiro é igual a 18. Quais são os possíveis valores de x?

b) Quais são os números inteiros cujos módulos são menores que 3?

5. Um conjunto de números naturais tem x elementos. Dentre estes, sete são pares, três são múltiplos de 3 e apenas um é múltiplo de 6. Qual é o valor de x?

6. Sejam $a = |-8|$, $b = -6$ e $c = |5|$. Calcule:

a) $a + b$ c) $c - a$ e) $b - a \cdot c$ g) $|b - c|$

b) $b \cdot c$ d) $a \cdot b + c$ f) b^2 h) $|a - b|$

7. Quantos algarismos são utilizados para numerar as primeiras 206 páginas de um livro?

8. Classifique no caderno as afirmações seguintes em verdadeiras (V) ou falsas (F).

   a) Se *n* é um número inteiro ímpar, n^2 também é ímpar.
   b) Todo número primo é ímpar.
   c) A soma de três números inteiros e consecutivos é múltiplo de 3.
   d) Se a $\in \mathbb{Z}$ e b $\in \mathbb{Z}$, com *a* e *b* ímpares, então a soma a + b é ímpar.

9. Uma empresa de *call center* comprou 1 200 ingressos de uma peça de teatro e 1 344 ingressos para um filme no cinema para distribuir de brinde de incentivo aos seus operadores de telemarketing. Sabe-se que:

- cada operador deve receber ingressos para somente uma das opções;
- todos os operadores contemplados devem receber a mesma quantidade de ingressos;
- cada operador contemplado receberá ao menos 2 ingressos.

Se todos os ingressos forem distribuídos, determine:

   a) o número máximo de operadores que poderão receber os brindes;
   b) o número mínimo de operadores que poderão receber os brindes e, nesse caso, quantos brindes cada um receberá.

O CONJUNTO $\mathbb{Q}$

O conjunto $\mathbb{Z}$ é fechado em relação às operações de adição, multiplicação e subtração, mas o mesmo não acontece em relação à divisão: embora $(-12) : (+4) = -3 \in \mathbb{Z}$, não existe número inteiro *x* para o qual se tenha $x = (+4) : (-12)$. Por esse motivo, fez-se necessária uma ampliação do conjunto $\mathbb{Z}$, da qual surgiu o conjunto dos números racionais.

O **conjunto dos números racionais**, identificado por $\mathbb{Q}$, é inicialmente descrito como o conjunto dos quocientes entre dois números inteiros. Por exemplo, são números racionais:

$$0, \pm 1, \pm \frac{1}{2}, \pm \frac{1}{3}, \pm 2, \pm \frac{2}{3}, \pm \frac{2}{5}, \text{ etc.}$$

Podemos escrever, de modo mais simplificado:

$$\mathbb{Q} = \left\{ \frac{p}{q} \mid p \in \mathbb{Z} \text{ e } q \in \mathbb{Z}^* \right\}$$

Dessa forma, podemos definir o conjunto $\mathbb{Q}$ como o conjunto das frações $\frac{p}{q}$; assim, um número é racional quando pode ser escrito como uma fração $\frac{p}{q}$, com *p* e *q* inteiros e q $\neq$ 0.

Quando q = 1, temos $\frac{p}{q} = \frac{p}{1} = p \in \mathbb{Z}$, o que mostra que $\mathbb{Z}$ é subconjunto de $\mathbb{Q}$. Assim, podemos construir o diagrama:

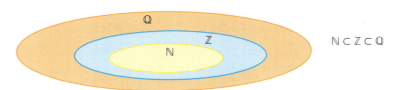

$\mathbb{N} \subset \mathbb{Z} \subset \mathbb{Q}$

No conjunto $\mathbb{Q}$ destacamos os seguintes subconjuntos:

- $\mathbb{Q}^*$: conjunto dos racionais não nulos;
- $\mathbb{Q}_+$: conjunto dos racionais não negativos;
- $\mathbb{Q}_+^*$: conjunto dos racionais positivos;
- $\mathbb{Q}_-$: conjunto dos racionais não positivos; e
- $\mathbb{Q}_-^*$: conjunto dos racionais negativos.

O conjunto $\mathbb{Q}$ é fechado para as operações de adição, multiplicação e subtração.

Como não se define "divisão por zero", o conjunto $\mathbb{Q}$ não é fechado em relação à divisão. No entanto, o conjunto $\mathbb{Q}^*$ é fechado em relação à divisão.

Representação decimal das frações

Tomemos um número racional $\frac{p}{q}$, tal que p não seja múltiplo de q. Para escrevê-lo na forma decimal, basta efetuar a divisão do numerador pelo denominador. Nessa divisão podem ocorrer dois casos:

1º) O quociente obtido tem, após a vírgula, uma quantidade finita de algarismos e o resto da divisão é zero. Exemplos:

$$\frac{2}{5} \rightarrow \begin{array}{r|l} 20 & 5 \\ \hline 0 & 0,4 \end{array}; \quad \frac{2}{5} = 0,4 \qquad \frac{35}{4} \rightarrow \begin{array}{r|l} 35 & 4 \\ 30 & 8,75 \\ 20 & \\ 0 & \end{array}; \quad \frac{35}{4} = 8,75 \qquad \frac{1}{8} \rightarrow \begin{array}{r|l} 10 & 8 \\ 20 & 0,125 \\ 40 & \\ 0 & \end{array}; \quad \frac{1}{8} = 0,125$$

Quando isso ocorrer, os decimais obtidos são chamados **decimais exatos**.

Observe que acrescentar uma quantidade finita ou infinita de algarismos iguais a zero, à direita do último algarismo diferente de zero, não altera o quociente obtido. Veja, no exemplo, algumas representações possíveis para o número racional $\frac{2}{5}$:

$$\frac{2}{5} = 0,4 = 0,40 = 0,400 = 0,400000\ldots$$

Inversamente, a partir do decimal exato 0,4, podemos identificá-lo com a fração $\frac{4}{10}$, que, simplificada, reduz-se a $\frac{2}{5}$. Do mesmo modo: $8,75 = \frac{875}{100} = \frac{35}{4}$; $1,2 = \frac{12}{10} = \frac{6}{5}$.

2º) O quociente obtido tem, após a vírgula, uma infinidade de algarismos, nem todos iguais a zero, e não é possível obter resto igual a zero na divisão. Exemplos:

$$\frac{2}{3} \rightarrow \begin{array}{r|l} 20 & 3 \\ 20 & 0,6666\ldots \\ 20 & \\ 2 & \end{array}; \quad \frac{2}{3} = 0,6666\ldots = 0,\overline{6} \qquad \frac{167}{66} \rightarrow \begin{array}{r|l} 167 & 66 \\ 350 & 2,53030\ldots \\ 200 & \\ 20 & \\ 200 & \\ 20 & \end{array}; \quad \frac{167}{66} = 2,53030\ldots = 2,5\overline{30}$$

$$\frac{11}{9} \rightarrow \begin{array}{r|l} 11 & 9 \\ 20 & 1,222\ldots \\ 20 & \\ 2 & \end{array}; \quad \frac{11}{9} = 1,222\ldots = 1,\overline{2}$$

Observe que, nesses casos, ocorre uma repetição de alguns algarismos. Os decimais obtidos são chamados decimais periódicos ou **dízimas periódicas**; em cada um deles, os algarismos que se repetem formam a parte periódica, ou período da dízima. Para não escrever repetidamente os algarismos de uma dízima, colocamos um traço horizontal sobre seu primeiro período.

Quando uma fração é equivalente a uma dízima periódica, ela é chamada **geratriz** dessa dízima. Nos exemplos anteriores, $\frac{2}{3}$ é a fração geratriz da dízima $0,\overline{6}$; $\frac{11}{9}$ é a fração geratriz da dízima $1,\overline{2}$, etc.

Observe que, para uma fração (irredutível) gerar uma dízima, é necessário que, na decomposição do denominador em fatores primos, haja algum fator diferente de 2 e de 5.

Representação fracionária das dízimas periódicas

Vamos apresentar alguns exemplos de transformação de dízimas periódicas em frações.

Exemplo ②

Seja a dízima $x = 0,\overline{8}$ ①:

Fazemos $10x = 10 \cdot 0,\overline{8} = 8,\overline{8}$ ②

Subtraindo membro a membro ① de ②, vem:

$$10x - x = 8,\overline{8} - 0,\overline{8}$$

$$9x = 8 \Rightarrow x = \frac{8}{9}$$

Exemplo 3

Com a dízima $z = 0,\overline{96}$, fazemos $100z = 96,\overline{96}$ e subtraímos:

$$100z - z = 96,\overline{96} - 0,\overline{96}$$
$$99z = 96$$
$$z = \frac{96}{99} = \frac{32}{33}$$

Exemplo 4

Seja a dízima periódica $t = 2,0454545...$ ①
Temos:
$$\begin{cases} 10 \cdot t = 20,4545... \quad ② \\ 1\,000 \cdot t = 2\,045,4545... \quad ③ \end{cases}$$
Subtraindo ② de ③, vem:
$$990t = 2\,025 \Rightarrow t = \frac{2\,025}{990} = \frac{45}{22}$$

Representação geométrica do conjunto dos números racionais

Daremos exemplos de números racionais e os localizaremos na reta numerada, que já contém alguns números inteiros assinalados:

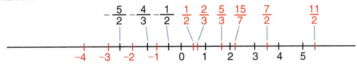

Podemos notar que entre dois inteiros consecutivos existem infinitos números racionais e, também, que entre dois racionais quaisquer há infinitos racionais. Por exemplo, entre os racionais $\frac{1}{2} = 0,5$ e $\frac{2}{3} = 0,\overline{6}$, podemos encontrar os racionais $\frac{5}{9} = 0,\overline{5}$, $\frac{3}{5} = 0,6$ e $\frac{61}{100} = 0,61$, entre outros.

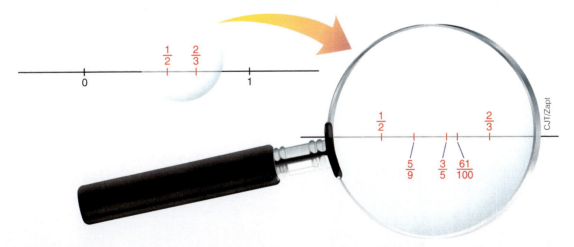

Um procedimento comum para achar um número racional compreendido entre outros dois racionais é calcular a **média aritmética** entre eles; no caso, temos:

$$\frac{\frac{1}{2} + \frac{2}{3}}{2} = \frac{\frac{3+4}{6}}{2} = \frac{\frac{7}{6}}{2} = \frac{7}{12} \quad \text{ou} \quad \frac{0,5 + 0,\overline{6}}{2} = \frac{1,1\overline{6}}{2} = 0,58\overline{3} = \frac{7}{12}$$

Oposto, módulo e inverso de um número racional

Os conceitos de oposto e módulo, já estudados para os números inteiros, também são válidos para um número racional qualquer.

Assim, por exemplo:

- O oposto de $-\dfrac{3}{4}$ é $\dfrac{3}{4}$.

- $\left|-\dfrac{7}{8}\right| = \left|\dfrac{7}{8}\right| = \dfrac{7}{8}$

- O oposto de $\dfrac{17}{11}$ é $-\dfrac{17}{11}$.

- $\left|-\dfrac{1}{3}\right| = \left|\dfrac{1}{3}\right| = \dfrac{1}{3}$

Dois números racionais são ditos **inversos** um do outro quando o produto entre eles é igual a 1.

Por exemplo, $\dfrac{5}{6}$ e $\dfrac{6}{5}$ são inversos um do outro; 2 é o inverso de $\dfrac{1}{2}$, e $-\dfrac{5}{3}$ é o inverso de $-\dfrac{3}{5}$.

Observe que dois números inversos entre si têm necessariamente mesmo sinal.

EXERCÍCIOS

10. Em seu caderno, classifique como verdadeiro (V) ou falso (F):

a) $10 \in \mathbb{Q}$

b) $\dfrac{1}{3} \in \mathbb{Q}$ e $3 \in \mathbb{Q}$

c) $x \in \mathbb{Q} \Rightarrow x \in \mathbb{Z}$ ou $x \in \mathbb{N}$

d) $0,851 \in \mathbb{Q}$

e) $-2,\overline{3} \notin \mathbb{Q}$

f) $-2 \in \mathbb{Q} - \mathbb{N}$

g) $-\dfrac{17}{9} \notin \mathbb{Q}$

h) $-5,16666... \notin \mathbb{Z}$

i) $\mathbb{Q}_+ \cap \mathbb{Q}_- = \{\}$

j) Todo número racional é inteiro.

11. Sabendo que $m = 3 - 2n$ e $n = -\dfrac{2}{3}$, determine os seguintes números racionais:

a) $-m + n$

b) $m + n - \dfrac{13}{4}$

12. Represente, na forma fracionária mais simples:

a) 0,05

d) 0,33

b) 1,05

e) 3,3

c) −10,2

f) −2,25

13. Represente na forma decimal:

a) $\dfrac{4}{5} + \dfrac{8}{5}$

d) $\dfrac{3}{125}$

b) $\dfrac{57}{100}$

e) $\dfrac{5}{16} - \dfrac{16}{5}$

c) $\dfrac{2}{25}$

14. Destaque, em seu caderno, as frações que geram dízimas periódicas:

$$\dfrac{7}{40}, \dfrac{1}{30}, \dfrac{2}{25}, -\dfrac{5}{13}, -\dfrac{13}{8}, \dfrac{6}{30}, \dfrac{4}{11}, \dfrac{83}{100}, \dfrac{3}{1000}, \dfrac{1000}{3}$$

15. Obtenha o valor de y na forma decimal:

$$y = 0,666... + \dfrac{4 - \dfrac{14}{9}}{1 + \dfrac{1}{3}}$$

16. Ache dois racionais entre $-\dfrac{17}{5}$ e $-\dfrac{33}{10}$.

17. Ache a fração geratriz de cada dízima:

a) $0,\overline{4}$ c) $2,\overline{7}$ e) $1,12\overline{3}$ g) $1,\overline{03}$

b) $0,\overline{14}$ d) $1,7\overline{15}$ f) $0,0\overline{23}$ h) $1,0\overline{30}$

18. Determine um racional cujo inverso é igual ao oposto.

19. Se a fração irredutível $\dfrac{p}{z}$ é expressa por

$$\dfrac{p}{z} = \dfrac{1 + \dfrac{1}{5}}{2 - \dfrac{2}{5}}, \text{ quanto vale } z - p?$$

20. Represente na reta numerada os seguintes números racionais:

$$-1; \ -1,76; \ -\dfrac{5}{4}; \ -\dfrac{9}{5}; \ -1,2\overline{3}; \ -\dfrac{3}{2}; \ -\dfrac{7}{5}; \ e \ -2$$

O CONJUNTO 𝕀

Assim como existem números decimais que podem ser escritos como frações — com numerador e denominador inteiros — ou seja, os números racionais que acabamos de estudar, há os que não admitem tal representação. Trata-se dos números decimais que possuem representação infinita não periódica.

Vejamos alguns exemplos:
- O número 0,212112111... não é dízima periódica, pois os algarismos após a vírgula não se repetem periodicamente.
- O número 1,203040... também não comporta representação fracionária, pois não é dízima periódica.
- Os números $\sqrt{2} = 1{,}4142135\ldots$, $\sqrt{3} = 1{,}7320508\ldots$ e $\pi = 3{,}141592\ldots$, por não apresentarem representação infinita periódica, também não são números racionais. Lembre que o número π representa o quociente entre a medida do comprimento de uma circunferência e a medida do seu diâmetro.

Um número cuja representação decimal infinita não é periódica é chamado **número irracional**, e o conjunto desses números é representado por 𝕀.

A representação decimal do número $\sqrt{2}$, apresentada anteriormente, não garante, aparentemente, que $\sqrt{2}$ seja irracional. Apenas como exemplo, vamos demonstrar esse fato.

Demonstração:

Suponhamos, por absurdo, que $\sqrt{2} \in \mathbb{Q}$; nessas condições, teríamos $\sqrt{2} = \dfrac{p}{q}$ ①, com $p \in \mathbb{Z}$ e $q \in \mathbb{Z}^*$.

Vamos supor, ainda, que $\dfrac{p}{q}$ seja fração irredutível, isto é, mdc $(p, q) = 1$. Elevando ao quadrado os dois membros de ①, vem: $2 = \dfrac{p^2}{q^2} \Rightarrow p^2 = 2q^2$ ②.

Como $q \in \mathbb{Z}^*$, $2q^2$ é par, conclui-se que p^2 é par; logo, p é par e $p = 2k$, $k \in \mathbb{Z}$.

Substituindo em ②:

$$(2k)^2 = 2q^2 \Rightarrow 4k^2 = 2q^2 \Rightarrow q^2 = 2k^2 \Rightarrow q^2 \text{ é par}$$

Daí, q é par.

Então, se p e q são pares, a fração $\dfrac{p}{q}$ não é irredutível, o que contraria a hipótese. A contradição veio do fato de termos admitido que $\sqrt{2}$ é um número racional, ou seja, $\sqrt{2}$ não pode ser racional.

Logo, $\sqrt{2}$ é irracional.

Observação

É comum aproximar números irracionais a números racionais. Por exemplo, o número irracional π pode ser aproximado aos números racionais 3,1; 3,14; $\dfrac{22}{7}$; 3,2; 3; etc.

Para o número irracional $\sqrt{2}$ são usuais as seguintes aproximações racionais:
- 1,4 é uma aproximação, por falta, de $\sqrt{2}$, pois $1{,}4^2 = 1{,}96 < 2$;
- 1,41 é uma aproximação, por falta, de $\sqrt{2}$, pois $1{,}41^2 = 1{,}9881 < 2$;
- 1,42 é uma aproximação, por excesso, de $\sqrt{2}$, pois $1{,}42^2 = 2{,}0164 > 2$.

Com o auxílio de uma calculadora, obtenha outras aproximações, por falta e por excesso, de $\sqrt{2}$.

Em vários momentos nesta coleção, principalmente em exercícios, você irá se deparar com aproximações racionais para números irracionais que, em geral, são usadas para facilitar alguns cálculos.

O CONJUNTO ℝ DOS NÚMEROS REAIS

O conjunto formado pela reunião do conjunto dos números racionais com o conjunto dos números irracionais é chamado **conjunto dos números reais** e é representado por ℝ.

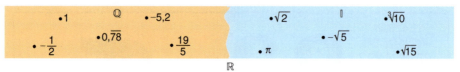

Assim, temos:
$$\mathbb{R} = \mathbb{Q} \cup \mathbb{I}, \text{ sendo } \mathbb{Q} \cap \mathbb{I} = \emptyset$$

Se um número real é racional, não é irracional, e vice-versa.

Temos: $\mathbb{N} \subset \mathbb{Z} \subset \mathbb{Q} \subset \mathbb{R}$ e $\mathbb{I} \subset \mathbb{R}$

Observe: $\mathbb{I} = \mathbb{R} - \mathbb{Q}$

Além desses ($\mathbb{N}, \mathbb{Z}, \mathbb{Q}$ e $\mathbb{I}$), o conjunto dos números reais apresenta outros subconjuntos importantes.

- o conjunto dos números reais não nulos:
$$\mathbb{R}^* = \{x \in \mathbb{R} \mid x \neq 0\} = \mathbb{R} - \{0\}$$

- o conjunto dos números reais não negativos:
$$\mathbb{R}_+ = \{x \in \mathbb{R} \mid x \geq 0\}$$

- o conjunto dos números reais positivos:
$$\mathbb{R}_+^* = \{x \in \mathbb{R} \mid x > 0\}$$

- o conjunto dos números reais não positivos:
$$\mathbb{R}_- = \{x \in \mathbb{R} \mid x \leq 0\}$$

- o conjunto dos números reais negativos:
$$\mathbb{R}_-^* = \{x \in \mathbb{R} \mid x < 0\}$$

Observe que cada um desses cinco conjuntos contém números racionais e números irracionais.

Observação

Se a é um número racional não nulo e b é um número irracional qualquer, temos que:

- $a + b$ é irracional;
- $a \cdot b$ é irracional;
- $\dfrac{a}{b}$ e $\dfrac{b}{a}$ são irracionais.

Por exemplo, sendo $a = 3$ e $b = -\sqrt{2}$, temos:

- $3 + (-\sqrt{2}) = 3 - \sqrt{2} \in \mathbb{I}$
- $-3 \cdot \sqrt{2} \in \mathbb{I}$
- $-\dfrac{3}{\sqrt{2}} \in \mathbb{I}$ e $-\dfrac{\sqrt{2}}{3} \in \mathbb{I}$

Representação geométrica do conjunto dos números reais

Retomemos a reta numerada, com alguns números racionais (inteiros ou não) já assinalados. Vamos marcar nela alguns números irracionais:

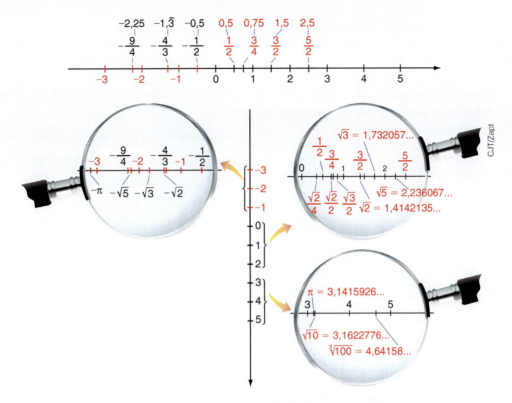

Os conceitos de números opostos, números inversos e módulo de um número foram apresentados nos conjuntos pertinentes. Todos se aplicam (e do mesmo modo) aos números reais, de maneira geral.

Por exemplo:

- O oposto de $\sqrt{5}$ é $-\sqrt{5}$, pois $\sqrt{5} + (-\sqrt{5}) = 0$.

- $|-\pi| = |\pi| = \pi$

- O inverso de $\sqrt{2}$ é $\dfrac{1}{\sqrt{2}} = \dfrac{\sqrt{2}}{2}$, pois $\sqrt{2} \cdot \dfrac{\sqrt{2}}{2} = 1$.

Observação

Os conjuntos numéricos aqui apresentados serão amplamente utilizados nesta obra. Por exemplo, ao resolvermos uma equação, devemos estar atentos ao seu **conjunto universo** (U), pois este define os possíveis valores que a incógnita pode assumir. Por exemplo, a equação $2x - 1 = 0$ não apresenta solução se $U = \mathbb{Z}$; no entanto, se $U = \mathbb{Q}$ (ou $U = \mathbb{R}$), ela apresenta $x = \dfrac{1}{2}$ como solução.

EXERCÍCIOS

21. Represente, na reta numerada, os seguintes números reais:

$\sqrt{20}$, 4, $\dfrac{9}{2}$, $\dfrac{23}{5}$, $\dfrac{\pi^2}{2}$, 5, $\dfrac{17}{4}$

Entre os números acima, quais são irracionais?

22. Classifique cada número real seguinte em racional ou irracional:

a) $\sqrt{50}$
b) $\sqrt{7^2}$
c) $1 + 2\pi$
d) $(\sqrt{3} + 1)^2$
e) $\sqrt{\dfrac{20}{80}}$
f) $0{,}25 : 0{,}\overline{25}$
g) $(\sqrt{2} + 1) \cdot (\sqrt{2} - 1)$
h) $(0{,}\overline{3})^2$
i) $\sqrt{3} \cdot \sqrt{5}$
j) $\sqrt{2} + \sqrt{7}$
k) $\sqrt{2 + 7}$

23. Seja $x \in \mathbb{R}^*$; classifique como verdadeira (V) ou falsa (F) as afirmações seguintes:

a) o oposto de x é sempre negativo.

b) x^2 é sempre maior que x.

c) o dobro de x é sempre menor que o triplo de x.

d) o inverso de x pode ser maior que x.

e) $x + 2$ pode ser menor que x.

24. Classifique, em seu caderno, os conjuntos seguintes em vazios ou unitários:

a) $\{x \in \mathbb{N} \mid x^3 = -8\}$

b) $\{x \in \mathbb{R} \mid x^4 = 16\}$

c) $\left\{x \in \mathbb{Z} \mid -\dfrac{1}{5} \leqslant x \leqslant \dfrac{2}{3}\right\}$

d) $\{x \in \mathbb{R} \mid x^2 < 0\}$

e) $\{x \in \mathbb{R} \mid |x| = -4\}$

f) $\{x \in \mathbb{Q} \mid x^5 = 0\}$

g) $\left\{x \in \mathbb{Q} \mid \dfrac{1}{x} = 2\right\}$

h) $\left\{x \in \mathbb{Z} \mid x^3 = \dfrac{1}{8}\right\}$

25. Sendo $x = 1 : 0,05$ e $y = 2 : 0,2$, classifique os números reais seguintes em racional ou irracional:

$$A = \sqrt{\dfrac{x}{y}}, B = \sqrt{x - \dfrac{x}{y}}, C = A \cdot B, D = \dfrac{B}{A} \text{ e } E = A + B$$

26. Usando uma calculadora, obtenha aproximações racionais, por falta e por excesso (ao menos duas de cada), do número irracional $\sqrt{3}$.

27. Coloque os números reais a, b, c e d abaixo em ordem crescente:

a é o inverso de $-\dfrac{3}{5}$; b é o oposto de $\dfrac{4}{3}$; c é o dobro de $-\dfrac{\sqrt{2}}{3}$ e $d = -|-1|$

Intervalos reais

O conjunto dos números reais possui também subconjuntos denominados **intervalos**, os quais são determinados por meio de desigualdades. Sejam os números reais a e b, com $a < b$.

■ Intervalo aberto de extremos a e b é o conjunto $]a, b[= \{x \in \mathbb{R} \mid a < x < b\}$.

$$]3, 5[= \{x \in \mathbb{R} \mid 3 < x < 5\}$$

Note as "bolinhas vazias"; elas excluem os valores 3 e 5.

■ Intervalo fechado de extremos a e b é o conjunto $[a, b] = \{x \in \mathbb{R} \mid a \leqslant x \leqslant b\}$.

$$[3, 5] = \{x \in \mathbb{R} \mid 3 \leqslant x \leqslant 5\}$$

Note as "bolinhas cheias"; elas incluem os valores 3 e 5.

■ Intervalo aberto à direita e fechado à esquerda de extremos a e b é o conjunto $[a, b[= \{x \in \mathbb{R} \mid a \leqslant x < b\}$.

$$[3, 5[= \{x \in \mathbb{R} \mid 3 \leqslant x < 5\}$$

■ Intervalo aberto à esquerda e fechado à direita de extremos a e b é o conjunto $]a, b] = \{x \in \mathbb{R} \mid a < x \leqslant b\}$.

$$]3, 5] = \{x \in \mathbb{R} \mid 3 < x \leqslant 5\}$$

Existem ainda os seguintes intervalos:

■ $]-\infty, a] = \{x \in \mathbb{R} \mid x \leqslant a\}$

$$]-\infty, 3] = \{x \in \mathbb{R} \mid x \leqslant 3\}$$

■ $]-\infty, a[= \{x \in \mathbb{R} \mid x < a\}$

$$]-\infty, 3[= \{x \in \mathbb{R} \mid x < 3\}$$

- $[a, +\infty[= \{x \in \mathbb{R} \mid x \geq a\}$

  $^{(2)}$ [3, +∞[= {x ∈ ℝ | x ≥ 3}

- $]a, +\infty[= \{x \in \mathbb{R} \mid x > a\}$

  ]3, +∞[= {x ∈ ℝ | x > 3}

$^{(1)}$ Observe que o intervalo determina uma semirreta (à esquerda) com origem em 3.
$^{(2)}$ Observe que o intervalo determina uma semirreta (à direita) com origem em 3.

Na resolução de inequações e de outros problemas em que são necessárias operações como união, interseção, etc. entre intervalos, podemos utilizar a representação gráfica. Vejamos o exemplo a seguir.

Exemplo 5

Dados os intervalos:
$A = \{x \in \mathbb{R} \mid -1 \leq x < 3\}$,
$B = \{x \in \mathbb{R} \mid x > 1\}$ e
$C =]-\infty, 2]$, podemos representá-los como se vê ao lado.

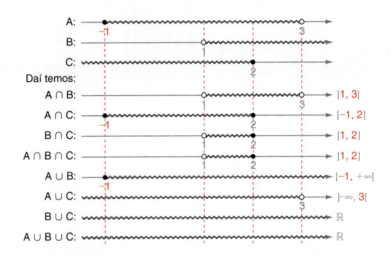

EXERCÍCIOS

28. Represente graficamente cada um dos seguintes intervalos:
a) $]-3, 5]$
b) $\left]-\infty, \dfrac{2}{3}\right[$
c) $\left[\dfrac{7}{5}, +\infty\right[$
d) $]0, 2[$
e) $[-1, 1[$
f) $]\sqrt{2}, 5[$

29. Descreva, por meio de uma propriedade característica, cada um dos conjuntos representados a seguir:

a)  (−2)

b) (3√2)

c) (−1/4 ; 1)

d) (−3/4 ; 0)

30. Sejam $A = \{x \in \mathbb{R} \mid x > -2\}$ e $B = \left]-3, \dfrac{4}{3}\right]$. Determine:
a) $A \cup B$
b) $A \cap B$
c) $A - B$
d) $B - A$

31. Com relação ao exercício anterior, determine a quantidade de números inteiros pertencentes a $A \cap B$.

32. Represente, por meio de uma operação, os intervalos entre os conjuntos abaixo representados:

 (−1 ; 3/2 ; 2)

33. Sejam $A = [-3, 1]$, $B = \left]\dfrac{1}{10}, \dfrac{3}{2}\right]$ e $C = [-1, +\infty[$. Represente cada conjunto abaixo por meio de uma propriedade característica.
a) $A \cap B$
b) $B \cap C$
c) $A - B$
d) $C - A$
e) $A \cup B \cup C$
f) $A - (B \cup C)$
g) $A \cap B \cap C$
h) $B - C$

DESAFIO

Os termos da sequência (75, 15, 25, 5, 15, 3, 13, ...) são obtidos sucessivamente através de uma **lei de formação**. Qual é o valor da soma do oitavo com o nono termo dessa sequência?

Um pouco de História

O número de ouro

Um número irracional bem conhecido por suas inúmeras aplicações e curiosidades é o número de ouro, na maioria das vezes representado pela letra grega ϕ (lê-se: fi).

ϕ = 1,61803...

O crescimento em espiral da concha de Nautilus está relacionado ao número de ouro. Observe a representação dessa espiral nestas páginas.

Na **escola pitagórica** grega (século V a.C.), era bastante difundida a ideia de dividir um segmento em **média** e **extrema razão**.

MÉDIA E EXTREMA RAZÃO (razão áurea):

Para dividir um segmento $\overline{MN}$ de medida μ em média e extrema razão, é preciso determinar o ponto P, tal que:

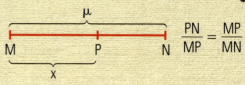

$$\frac{PN}{MP} = \frac{MP}{MN}$$

Fazendo MP = x, segue a proporção:

$$\frac{\mu - x}{x} = \frac{x}{\mu} \Rightarrow x^2 + x\mu - \mu^2 = 0$$

Resolvendo essa equação de 2º grau na incógnita x:

$$x = \frac{-\mu \pm \sqrt{\mu^2 - 4(-\mu^2)}}{2} \xRightarrow{x > 0}$$

$$\Rightarrow x = \frac{\mu(-1 + \sqrt{5})}{2} \Rightarrow$$

$$\Rightarrow \frac{x}{\mu} = \frac{-1 + \sqrt{5}}{2} \Rightarrow$$

$$\Rightarrow \frac{\mu}{x} = \frac{1 + \sqrt{5}}{2} = \Phi \approx 1,618...$$

ESCOLA PITAGÓRICA: Pitágoras (570 a.C.-497 a.C.) foi um filósofo e matemático grego, fundador da escola pitagórica de pensamento.

Referências bibliográficas:
- www.educ.fc.ul.pt/icm/icm99/icm17/ouro.htm (Acesso em: jul. 2014)
- www.mat.uel.br/geometrica (Acesso em: jul. 2014)

A razão áurea e o número ϕ aparecem:

Livros:
- LIBER ABACI (1202) — Fibonacci
- DE DIVINA PROPORTIONE (1509) — Luca Pacioli

Obras:
- MONA LISA (ou La Gioconda) (1503-1506) — Leonardo da Vinci
- O HOMEM VITRUVIANO (1492) — Leonardo da Vinci

Leonardo da Vinci. Mona Lisa (La Gioconda), c.1503-1506/ Museu do Louvre, Paris, França.

Leonardo da Vinci. Homem Vitruviano, c. 1492. Academia de Belas Artes de Veneza, Veneza, Itália.

Os cartões bancários atuais são confeccionados de modo que a razão entre suas medidas seja próxima de 1,6.

O símbolo ϕ é a inicial de Fídias, escultor encarregado da construção do Paternon, na Grécia.

RETÂNGULO ÁUREO:
Um retângulo áureo é aquele em que a razão entre as medidas de suas dimensões é ϕ = 1,61803... . Os gregos usavam essa razão como critério estético. Até hoje é considerada a razão mais harmoniosa.

O Paternon, um dos monumentos mais famosos do mundo, foi construído no século V a.C. em homenagem à deusa Atena. Nele, há um contorno imaginário de um retângulo áureo.

A obra traz as proporções anatômicas de simetria e beleza do corpo humano. Por exemplo, a razão entre a medida da altura do corpo e a medida do umbigo até o chão é, aproximadamente, igual a ϕ.

O retângulo de lados C e ℓ desta página tem medidas próximas de um áureo:

$$\frac{C}{\ell} = 1{,}618$$

CONJUNTOS NUMÉRICOS 39

EXERCÍCIOS COMPLEMENTARES

1. Sejam *x* um número racional qualquer e *y* um número irracional qualquer. Classifique as afirmações em verdadeiras (V) ou falsas (F).
   a) $y \cdot \sqrt{3}$ pode ser racional ou irracional.
   b) $x + y$ é sempre irracional.
   c) $y - x^2$ não pode ser racional.
   d) $x \cdot y$ só é racional se $x = 0$.
   e) $x^3 \cdot y^2$ não pode ser racional.

2. Os números reais *a* e *b* estão representados na reta seguinte:

   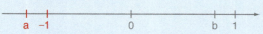

   Em seu caderno, classifique em verdadeiras (V) ou falsas (F) as afirmações seguintes.
   a) O número $\dfrac{a}{b}$ está representado à esquerda de *a*.
   b) O número b^2 está representado à direita de 1.
   c) O número $a + b$ está representado entre -1 e 0.
   d) O número a^2 está representado entre *b* e 1.
   e) O número $b - a$ está representado entre *b* e 1.

3. (Unicamp-SP) A figura a seguir mostra um fragmento de mapa, em que se vê o trecho reto da estrada que liga as cidades de Paraguaçu e Piripiri. Os números apresentados no mapa representam as distâncias, em quilômetros, entre cada cidade e o ponto de início da estrada (que não aparece na figura). Considere que os traços perpendiculares à estrada estão uniformemente espaçados de 1 cm.

   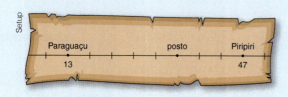

   a) Para representar a escala de um mapa, usamos a notação 1 : X, onde X é a distância real correspondente à distância de 1 unidade do mapa. Usando essa notação, indique a escala do mapa dado acima.
   b) Repare que há um posto exatamente sobre um traço perpendicular à estrada. Em que quilômetro (medido a partir do ponto de início da estrada) encontra-se tal posto?
   c) Imagine que você tenha que reproduzir o mapa dado usando a escala 1 : 500 000. Se você fizer a figura em uma folha de papel, qual será a distância, em centímetros, entre as cidades de Paraguaçu e Piripiri?

4. (UF-BA) Assinale as proposições verdadeiras. Sobre números reais, é correto afirmar:
   (01) O produto de dois números racionais quaisquer é um número racional.
   (02) O produto de qualquer número inteiro não nulo por um número irracional qualquer é um número irracional.
   (04) O quadrado de qualquer número irracional é um número irracional.
   (08) Se o quadrado de um número natural é par, então esse número também é par.
   (16) Todo múltiplo de 17 é um número ímpar ou múltiplo de 34.
   (32) A soma de dois números primos quaisquer é um número primo.
   (64) Se o máximo divisor comum de dois números inteiros positivos é igual a 1, então esses números são primos.

5. Dados os intervalos
   $R = \left]-\infty, -\dfrac{1}{2}\right[$, $S = [-3, 1[$ e $T = \{x \in \mathbb{R} \mid x \geq -1\}$:
   a) represente graficamente os intervalos R, S e T;
   b) determine $R \cup S \cup T$;
   c) determine $R \cap S \cap T$;
   d) determine $(R - S) \cup (S - T)$.

6. Um número natural é um **quadrado perfeito** quando ele for igual ao quadrado de outro número natural. Por exemplo, 49 é um quadrado perfeito, pois $49 = 7^2$; 100 é um quadrado perfeito, pois $100 = 10^2$, etc.

   Qual deve ser o menor valor do número natural *x*, não nulo, de modo que o número $280 \cdot x$ seja um quadrado perfeito?

7. Um número natural é chamado **cubo perfeito** quando ele for igual ao cubo de outro número natural. Por exemplo, 8 é um cubo perfeito, pois $8 = 2^3$.

   Qual é o menor valor possível do número natural *n*, não nulo, de modo que $48 \cdot n^2$ seja um cubo perfeito?

8. (Unifesp-SP) O conhecido quebra-cabeça "Leitor Virtual de Pensamentos" baseia-se no seguinte fato: se $x \neq 0$ é o algarismo das dezenas e *y* é o algarismo das unidades do número inteiro positivo "xy", então o número $z = $ "xy" $- (x + y)$ é sempre múltiplo de 9.
   a) Verifique a veracidade da afirmação para os números 71 e 30.
   b) Prove que a afirmativa é verdadeira para qualquer número inteiro positivo de dois algarismos.

9. Na estrada, um veículo de passeio percorre 12 quilômetros com um litro de combustível. Depois de percorrer 216 quilômetros de uma rodovia, o motorista desse veículo observou que o ponteiro do marcador, que indicava $\frac{7}{8}$ do tanque, passou a indicar $\frac{1}{2}$.

a) Qual é a capacidade desse tanque?

b) Se o carro percorresse 9 quilômetros por litro de combustível, que fração do tanque o ponteiro indicaria?

10. Em uma calculadora, a tecla de divisão não está funcionando. Deseja-se dividir um número x por 40. Isso é possível se multiplicarmos x por qual número? E se quiséssemos dividir o número x por 1,25?

11. Sendo $S = \left]-\frac{\pi}{2}, \frac{\pi}{2}\right[$ e $T = \left[\frac{\pi}{4}, 2\pi\right]$, determine:

a) o(s) número(s) inteiro(s) pertencente(s) a $S \cap T$.

b) $S - T$ e $\complement_S T$, se existir.

c) $T - S$ e $\complement_T S$, se existir.

12. Em um colégio, há 456 alunos matriculados na 1ª série do ensino médio distribuídos entre o período matutino e o noturno. Para participar de uma competição esportiva, inscreveram-se $\frac{15}{17}$ dos alunos do matutino e $\frac{7}{23}$ dos alunos do noturno.

Quantos alunos do noturno *não* irão participar da competição?

13. Sejam a, b e c números reais não nulos. Analise as afirmações seguintes, classificando-as em V ou F:

a) Se $a^2 = b^2$, então $a = b$.

b) Se $a > b$, então $a \cdot c > b \cdot c$.

c) Se $a > b$, então $a^2 > b^2$.

d) Se $a \cdot b = a \cdot c$, então $b = c$.

e) Se $0 < a < b$, então $a^2 < b^2$.

14. (UE-RJ) Admita dois números inteiros positivos, representados por a e b. Os restos das divisões de a e b por 8 são, respectivamente, 7 e 5.

Determine o resto da divisão do produto $a \cdot b$ por 8.

15. (UF-RJ) Nei deseja salvar, em seu *pen drive* de 32 Gb, os filmes que estão gravados em seu computador. Ele notou que os arquivos de seus filmes têm tamanhos que variam de 500 Mb a 700 Mb. Gigabyte (símbolo Gb) é a unidade de medida de informação que equivale a 1 024 Megabytes (Mb). Determine o número máximo de filmes que Nei potencialmente pode salvar em seu *pen drive*.

16. (UnB-DF) O matemático grego Eratóstenes inventou, no século III a.C., um método para determinar os números primos inferiores a dado número. A este método dá-se o nome de crivo de Eratóstenes. Por exemplo, para se determinar os números primos até 100, começa-se construindo o quadro seguinte.

1	2	3	4	5	6	7	8	9	10
11	12	13	14	15	16	17	18	19	20
21	22	23	24	25	26	27	28	29	30
31	32	33	34	35	36	37	38	39	40
41	42	43	44	45	46	47	48	49	50
51	52	53	54	55	56	57	58	59	60
61	62	63	64	65	66	67	68	69	70
71	72	73	74	75	76	77	78	79	80
81	82	83	84	85	86	87	88	89	90
91	92	93	94	95	96	97	98	99	100

No quadro acima, procede-se, então, da seguinte maneira:

1º passo – risca-se o 1, que não é primo;

2º passo – risca-se todo múltiplo de 2, com exceção do próprio 2, que é primo;

3º passo – risca-se todo múltiplo de 3, com exceção do próprio 3, que é primo;

4º passo – risca-se todo múltiplo de 5, com exceção do próprio 5, que é primo.

O procedimento é continuado até que sejam riscados (crivados) todos os números compostos, isto é, múltiplos de algum primo. Os que sobram são os números primos. Determine qual é o vigésimo primeiro número primo, quando os números são listados em ordem crescente de valor.

17. (UF-RJ) Se $x = \sqrt{3 - \sqrt{8}} - \sqrt{3 + \sqrt{8}}$, mostre que x é inteiro e negativo. (Sugestão: calcule x^2.)

18. (UF-RN) Uma instituição pública recebeu n computadores do Governo Federal. A direção pensou em distribuir esses computadores em sete salas colocando a mesma quantidade em cada sala, mas percebeu que não era possível, pois sobrariam três computadores. Tentou, então, distribuir em cinco salas, cada sala com a mesma quantidade de computadores, mas também não foi possível, pois sobrariam quatro computadores.

CONJUNTOS NUMÉRICOS

Sabendo que, na segunda distribuição, cada sala ficou com três computadores a mais que cada sala da primeira distribuição, responda:

a) Quantos computadores a instituição recebeu?

b) É possível distribuir esses computadores em quantidades iguais? Justifique.

19. (UF-CE) Os inteiros não todos nulos m, n, p, q são tais que $45^m \cdot 60^n \cdot 75^p \cdot 90^q = 1$. Pede-se:

a) dar exemplo de um tal quaterno (m, n, p, q).

b) encontrar todos os quaternos (m, n, p, q) como acima, tais que $m + n + p + q = 8$.

20. (UF-BA) Sobre números reais, é correto afirmar:

(01) Se m é um inteiro divisível por 3 e n é um inteiro divisível por 5, então m + n é divisível por 15.

(02) O quadrado de um inteiro divisível por 7 é também divisível por 7.

(04) Se o resto da divisão de um inteiro n por 3 é ímpar, então n é ímpar.

(08) Se x e y são números reais positivos, então existe um número natural n tal que $n > \dfrac{y}{x}$.

(16) Se x é um número real positivo, então $x^2 > x$.

(32) O produto de dois números irracionais distintos é um número irracional.

[Indique a soma correspondente às alternativas verdadeiras.]

21. (Vunesp-SP) O número de quatro algarismos 77XY, onde X é o dígito das dezenas e Y o das unidades, é divisível por 91. Determine os valores dos dígitos X e Y.

TESTES

1. (U.E. Ponta Grossa-PR) Assinale o que for correto. [Indique a soma correspondente às alternativas corretas].

01) O número real representado por 0,5222... é um número racional.

02) O quadrado de qualquer número irracional é um número racional.

04) Se m e n são números irracionais, então m · n pode ser racional.

08) O número real $\sqrt{3}$ pode ser escrito sob a forma $\dfrac{a}{b}$, onde a e b são inteiros e $b \neq 0$.

16) Toda raiz de uma equação algébrica do 2º grau é um número real.

2. (FEI-SP) Sejam os conjuntos $A = \{x \in \mathbb{N} \mid x \text{ é ímpar}\}$, $B = \{x \in \mathbb{Z} \mid -3 < x \leqslant 7\}$ e $C = \{x \in \mathbb{N} \mid x < 7\}$. Considere o conjunto $D = B - (A \cap C)$. A quantidade de elementos de D é um número:

a) múltiplo de 5.

b) divisível por 3.

c) maior do que 10.

d) menor do que 4.

e) ímpar.

3. (Enem-MEC)

Desde 2005, o Banco Central não fabrica mais a nota de R$ 1,00 e, desde então, só produz dinheiro nesse valor em moedas. Apesar de ser mais caro produzir uma moeda, a durabilidade do metal é 30 vezes maior que a do papel. Fabricar uma moeda de R$ 1,00 custa R$ 0,26, enquanto uma nota custa R$ 0,17, entretanto, a cédula dura de oito a onze meses.

Disponível em: <http://noticias.r7.com>. Acesso em: 26 abr. 2010.

Com R$ 1 000,00 destinados a fabricar moedas, o Banco Central conseguiria fabricar, aproximadamente, quantas cédulas a mais?

a) 1 667   d) 4 300

b) 2 036   e) 5 882

c) 3 846

4. (UF-GO) Considere que no primeiro dia do Rock in Rio 2011, em um certo momento, o público presente era de cem mil pessoas e que a Cidade do Rock, local do evento, dispunha de quatro portões por onde podiam sair, no máximo, 1 250 pessoas por minuto, em cada portão. Nestas circunstâncias, o tempo mínimo, em minutos, para esvaziar a Cidade do Rock será de:

a) 80   c) 50   e) 20

b) 60   d) 40

5. (UF-MA) Quantos números inteiros pertencem ao intervalo $\left[-\sqrt{10}, \sqrt{15}\right]$?

a) 6   d) 9

b) 7   e) Nenhum.

c) 8

6. (Enem-MEC) Num projeto da parte elétrica de um edifício residencial a ser construído, consta que as tomadas deverão ser colocadas a 0,20 m acima do piso, enquanto os interruptores de luz deverão ser colocados a 1,47 m acima do piso. Um cadeirante, potencial comprador de um apartamento desse edifício, ao ver tais medidas, alerta para o fato de que elas não contemplarão suas necessidades. Os referenciais de alturas (em metros) para atividades que não exigem o uso de força são mostrados na figura seguinte.

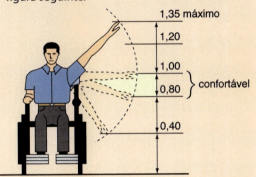

Uma proposta substitutiva, relativa às alturas de tomadas e interruptores, respectivamente, que atenderá àquele potencial comprador é

a) 0,20 m e 1,45 m.
b) 0,20 m e 1,40 m.
c) 0,25 m e 1,35 m.
d) 0,25 m e 1,30 m.
e) 0,45 m e 1,20 m.

7. (UPE-PE) A expressão $\dfrac{1{,}101010\ldots + 0{,}111\ldots}{0{,}09696\ldots}$ é igual a

a) 12,5
b) 10
c) 8,75
d) 5
e) 2,5

8. (U.F. Juiz de Fora-MG) Define-se o comprimento de cada um dos intervalos [a, b],]a, b[,]a, b] e [a, b[como sendo a diferença (b − a). Dados os intervalos M = [3, 10], N =]6, 14[, P = [5, 12[, o comprimento do intervalo resultante de (M ∩ P) ∪ (P − N) é igual a:

a) 1.
b) 3.
c) 5.
d) 7.
e) 9.

9. (UE-RJ) O código de uma inscrição tem 14 algarismos; dois deles e suas respectivas posições estão indicados abaixo.

| 5 | | | 8 | | | x | | | | | | | |

Considere que, nesse código, a soma de três algarismos consecutivos seja sempre igual a 20. O algarismo representado por x será divisor do seguinte número:

a) 49
b) 64
c) 81
d) 125

10. (Cefet-MG) Considere as afirmações abaixo, em que a e b são números reais.

I. $a^2 \geq a$
II. $a^2 = b^2 \Leftrightarrow a = b$
III. $\sqrt{a^2 + b^2} \geq a$
IV. $a < b \Leftrightarrow a < \dfrac{a+b}{2} < b$

Estão corretas apenas as afirmativas

a) I e II.
b) I e III.
c) II e IV.
d) III e IV.

11. (UF-AM) Considere as seguintes afirmações:

I. Se n é um número inteiro ímpar, então n^2 também é ímpar;
II. A soma de dois números inteiros ímpares é sempre um número inteiro ímpar;
III. Nem todo número primo é ímpar;
IV. Todo número inteiro par pode ser escrito na forma $n^2 + 2$, com n inteiro;
V. Todo número inteiro ímpar pode ser escrito na forma $2n - 9$, com n inteiro.

Assinale a alternativa correta:

a) Somente as afirmativas I, III e IV estão corretas.
b) Somente as afirmativas I, III e V estão corretas.
c) Somente as afirmativas II, IV e V estão incorretas.
d) Somente as afirmativas II, III e V estão incorretas.
e) Todas as afirmativas estão corretas.

12. (UFF-RJ) Segundo o matemático Leopold Kronecker (1823-1891),

"Deus fez os números inteiros, o resto é trabalho do homem."

Os conjuntos numéricos são, como afirma o matemático, uma das grandes invenções humanas.

Assim, em relação aos elementos desses conjuntos, é correto afirmar que:

a) o produto de dois números irracionais é sempre um número irracional.
b) a soma de dois números irracionais é sempre um número irracional.
c) entre os números reais 3 e 4 existe apenas um número irracional.
d) entre dois números racionais distintos existe pelo menos um número racional.
e) a diferença entre dois números inteiros negativos é sempre um número inteiro negativo.

13. (UF-RS) Se x = 0,949494... e y = 0,060606..., então x + y é igual a

a) 1,01

c) $\dfrac{10}{9}$

e) $\dfrac{110}{9}$

b) 1,11

d) $\dfrac{100}{99}$

14. (UTF-PR) Indique qual dos conjuntos abaixo é constituído somente de números racionais.

a) $\left\{-1, 2, \sqrt{2}, \pi\right\}$

b) $\left\{-5, 0, \dfrac{1}{2}, \sqrt{9}\right\}$

c) $\left\{-2, 0, \pi, \dfrac{2}{3}\right\}$

d) $\left\{\sqrt{3}, \sqrt{64}, \pi, \sqrt{2}\right\}$

e) $\left\{-1, 0, \sqrt{3}, \dfrac{1}{3}\right\}$

15. (UF-CE) Seja $A = \{x \in N; 1 \leqslant x \leqslant 10^{12}\}$, em que N indica o conjunto dos números naturais. O número de elementos de A que não são quadrados perfeitos ou cubos perfeitos é igual a:

a) 10^6

b) $10^{12} - 10^6 - 10^4 + 10^2$

c) $10^{12} - 10^6 + 10^4 - 10^2$

d) $10^{12} + 10^6 + 10^4 + 10^2$

e) $10^6 + 10^4 + 10^2$

16. (UE-CE) Se x e y são números reais que satisfazem, respectivamente, às desigualdades $2 \leqslant x \leqslant 15$ e $3 \leqslant y \leqslant 18$, então todos os números da forma $\dfrac{x}{y}$ possíveis, pertencem ao intervalo.

a) $[5, 9]$

c) $\left[\dfrac{3}{2}, 6\right]$

b) $\left[\dfrac{2}{3}, \dfrac{5}{6}\right]$

d) $\left[\dfrac{1}{9}, 5\right]$

17. (Fuvest-SP) Um número natural N tem três algarismos. Quando dele subtraímos 396 resulta o número que é obtido invertendo-se a ordem dos algarismos de N. Se, além disso, a soma do algarismo das centenas e do algarismo das unidades de N é igual a 8, então o algarismo das centenas de N é

a) 4

c) 6

e) 8

b) 5

d) 7

18. (EPCAr-MG) Considere os seguintes conjuntos numéricos $\mathbb{N}, \mathbb{Z}, \mathbb{Q}, \mathbb{R}, \mathbb{I} = \mathbb{R} - \mathbb{Q}$ e considere também os seguintes conjuntos:

$A = (\mathbb{N} \cup \mathbb{I}) - (\mathbb{R} \cap \mathbb{Z})$ $D = (\mathbb{N} \cup \mathbb{I}) \cup (\mathbb{Q} - \mathbb{N})$

$B = \mathbb{Q} - (\mathbb{Z} - \mathbb{N})$

Das alternativas abaixo, a que apresenta elementos que pertencem aos conjuntos A, B e D, nesta ordem, é

a) $-3; 0,5$ e $\dfrac{5}{2}$

c) $-\sqrt{10}; -5$ e 2

b) $\sqrt{20}; \sqrt{10}$ e $\sqrt{5}$

d) $\dfrac{\sqrt{3}}{2}; 3$ e $2,\overline{31}$

19. (Vunesp-SP) A soma de quatro números é 100. Três deles são primos e um dos quatro é a soma dos outros três. O número de soluções existentes para este problema é

a) 3

c) 2

e) 6

b) 4

d) 5

20. (U.E. Londrina-PR) Considere os seguintes conjuntos:

I. $A = \{x \in \mathbb{R} \mid 2 < x < 20\}$

II. $B = \{x \in \mathbb{N} \mid x = 2n, n \in \mathbb{N}\}$

III. $C = \left\{x \in \mathbb{N} \mid x = \dfrac{40}{n}, n \in \mathbb{N}^*\right\}$

O conjunto $(A \cap B) \cap C$ tem:

a) Dois elementos.

b) Três elementos.

c) Quatro elementos.

d) Oito elementos.

e) Quatorze elementos.

21. (UF-PE) Analise a veracidade das afirmações seguintes, sobre propriedades aritméticas dos números:

a) ( ) Se n é um número natural, então, o número $n(n + 1)(2n + 1)$ é um natural par.

b) ( ) Se a e b são números reais, e $a - b > 0$, então, $a^4 - b^4 > 0$.

c) ( ) O produto de dois números irracionais é sempre irracional.

d) ( ) Se n é um número natural, então, $n^2 + n + 11$ é um natural primo.

e) ( ) A soma de um número racional com um irracional é sempre um número irracional.

22. (UF-RS) Sendo a, b e c números reais, considere as seguintes afirmações.

I. Se $a \neq 0, b \neq 0$ e $a < b$, então $\dfrac{1}{a} < \dfrac{1}{b}$.

II. Se $c \neq 0$, então $\dfrac{a + b}{c} = \dfrac{a}{c} + \dfrac{b}{c}$.

III. Se $b \neq 0$ e $c \neq 0$, então $(a \div b) \div c = a \div (b \div c)$.

Quais estão corretas?

a) Apenas I.

d) Apenas II e III.

b) Apenas II.

e) I, II e III.

c) Apenas I e II.

23. (Enem-MEC) Para dificultar o trabalho de falsificadores, foi lançada uma nova família de cédulas do real. Com tamanho variável – quanto maior o valor, maior a nota – o dinheiro novo terá vários elementos de segurança. A estreia será entre abril e maio, quando começam a circular as notas de R$ 50,00 e R$ 100,00. As cédulas atuais têm 14 cm de comprimento e 6,5 cm de largura. A maior cédula será a de R$ 100,00, com 1,6 cm a mais no comprimento e 0,5 cm maior na largura.

> Disponível em: <http://br.noticias.yahoo.com>.
> Acesso em: 20 abr. 2010 (adaptado).

Quais serão as dimensões da nova nota de R$ 100,00?

a) 15,6 cm de comprimento e 6 cm de largura.

b) 15,6 cm de comprimento e 6,5 cm de largura.

c) 15,6 cm de comprimento e 7 cm de largura.

d) 15,9 cm de comprimento e 6,5 cm de largura.

e) 15,9 cm de comprimento e 7 cm de largura.

24. (Fuvest-SP) As propriedades aritméticas e as relativas à noção de ordem desempenham um importante papel no estudo dos números reais. Nesse contexto, qual das afirmações abaixo é correta?

a) Quaisquer que sejam os números reais positivos a e b, é verdadeiro que $\sqrt{a + b} = \sqrt{a} + \sqrt{b}$.

b) Quaisquer que sejam os números reais a e b tais que $a^2 - b^2 = 0$, é verdadeiro que $a = b$.

c) Qualquer que seja o número real a, é verdadeiro que $\sqrt{a^2} = a$.

d) Quaisquer que sejam os números reais a e b não nulos tais que $a < b$, é verdadeiro que $\dfrac{1}{b} < \dfrac{1}{a}$.

e) Qualquer que seja o número real a, com $0 < a < 1$, é verdadeiro que $a^2 < \sqrt{a}$.

25. (Enem-MEC) Nos *shopping centers* costumam existir parques com vários brinquedos e jogos. Os usuários colocam créditos em um cartão, que são descontados por cada período de tempo de uso dos jogos. Dependendo da pontuação da criança no jogo, ela recebe um certo número de tíquetes para trocar por produtos nas lojas dos parques.

Suponha que o período de uso de um briquedo em certo *shopping* custa R$ 3,00 e que uma bicicleta custa 9 200 tíquetes.

Para uma criança que recebe 20 tíquetes por período de tempo que joga, o valor, em reais, gasto com créditos para obter a quantidade de tíquetes para trocar pela bicicleta é

a) 153

b) 460

c) 1 218

d) 1 380

e) 3 066

26. (UF-PA) A Orquestra Sinfônica do Theatro da Paz (OSTP) é composta por músicos de quatro naipes de instrumentos distintos: cordas, sopro de metais, sopro de madeiras e percussão. Ela conta com 27 músicos de cordas, 11 de metais, 8 de madeiras e 4 de percussão. No caso de se desejar ampliar a orquestra, de modo que ela passe a ter 150 músicos e tal que os naipes de instrumentos mantenham a mesma proporção entre eles, o número de músicos de cordas e o número de músicos de metais passariam a ser respectivamente:

a) 54 e 22

b) 60 e 30

c) 50 e 20

d) 82 e 40

e) 81 e 33

27. (Enem-MEC) O medidor de energia elétrica de uma residência, conhecido por "relógio de luz", é constituído de quatro pequenos relógios, cujos sentidos de rotação estão indicados conforme a figura:

> Disponível em: <http://www.enersul.com.br>.
> Acesso em: 26 abr. 2010.

A medida é expressa em kWh. O número obtido na leitura é composto por 4 algarismos. Cada posição do número é formada pelo último algarismo ultrapassado pelo ponteiro.

O número obtido pela leitura em kWh, na imagem, é

a) 2 614.

b) 3 624.

c) 2 715.

d) 3 725.

e) 4 162.

28. (Enem-MEC) Um dos grandes problemas enfrentados nas rodovias brasileiras é o excesso de carga transportada pelos caminhões. Dimensionado para o tráfego dentro dos limites legais de carga, o piso das estradas se deteriora com o peso excessivo dos caminhões. Além disso, o excesso de carga interfere na capacidade de frenagem e no funcionamento da suspensão do veículo, causas frequentes de acidentes.

Ciente dessa responsabilidade e com base na experiência adquirida com pesagens, um caminhoneiro sabe que seu caminhão pode carregar, no máximo, 1 500 telhas ou 1 200 tijolos.

Considerando esse caminhão carregado com 900 telhas, quantos tijolos, no máximo, podem ser acrescentados à carga de modo a não ultrapassar a carga máxima do caminhão?

a) 300 tijolos

b) 360 tijolos

c) 400 tijolos

d) 480 tijolos

e) 600 tijolos

CONJUNTOS NUMÉRICOS

FUNÇÕES

INTRODUÇÃO: A NOÇÃO INTUITIVA DE FUNÇÃO

No estudo científico de qualquer fenômeno, sempre procuramos identificar grandezas mensuráveis ligadas a ele e, em seguida, estabelecer as relações existentes entre essas grandezas.

Exemplo

Tempo e espaço

Uma pista de ciclismo tem marcações a cada 600 m. Um ciclista treina para uma prova de resistência, desenvolvendo uma velocidade constante. Enquanto isso, seu técnico anota, de minuto em minuto, a distância já percorrida pelo ciclista.

O resultado pode ser observado na tabela abaixo:

Instante (min)	Distância (m)
0	0
1	600
2	1200
3	1800
4	2400
5	3000
...	...

A cada instante (x) corresponde uma única distância (y). Dizemos, por isso, que a distância é função do instante. A fórmula (ou a lei) que relaciona y com x é:

$$y = 600 \cdot x, \text{ com } y \text{ em metros e } x \text{ em minutos.}$$

Exemplo

Mercadoria e preço

Uma barraca de praia, em Fortaleza, vende água de coco ao preço de R$ 2,20 o copo. Para não ter de fazer contas a toda hora, o proprietário da barraca montou a seguinte tabela:

Número de copos	Preço (R$)
1	2,20
2	4,40
3	6,60
4	8,80
5	11,00
6	13,20
7	15,40
8	17,60
9	19,80
10	22,00

Nesse exemplo, duas grandezas estão relacionadas: o número de copos de água de coco e o respectivo preço. A cada quantidade de copos corresponde um único preço. Dizemos, por isso, que o preço é função do número de copos. A fórmula que estabelece a relação de interdependência entre preço (y), em reais, e o número de copos de água de coco (x) é:

$$y = 2{,}20 \cdot x$$

Exemplo

Passageiros e preço da passagem

Para fretar um ônibus de excursão com 40 lugares paga-se ao todo R$ 360,00. Essa despesa deverá ser igualmente repartida entre os participantes.

Para achar a quantia que cada um deverá desembolsar (y), basta dividir o preço total (R$ 360,00) pelo número de passageiros (x). A fórmula (ou a lei) que relaciona y com x é:

$$y = \frac{360}{x}$$

Observe na tabela alguns valores referentes à correspondência entre x e y:

x	y
4	90,00
12	30,00
15	24,00
18	20,00
20	18,00
24	15,00
36	10,00
40	9,00

FUNÇÕES 47

Exemplo 4

Tempo e temperatura

Um Instituto de Meteorologia, quando quer estudar a variação da temperatura em certa cidade, mede a temperatura a intervalos regulares, por exemplo, a cada 2 horas, e monta uma tabela que relaciona as grandezas hora e temperatura. Vamos supor que a tabela seja assim:

Hora	Temperatura (°C)
0	7
2	4
4	3
6	2
8	5
10	12
12	18
14	20
16	20
18	15
20	12
22	8
24	7

A cada hora corresponde uma única medida de temperatura. Dizemos, por isso, que a medida da temperatura é função da medida de tempo.

Observe, nesse exemplo, que não é possível encontrar uma lei para representar a relação entre as duas grandezas.

EXERCÍCIOS

1. Na tabela é dado o preço pago em função da quantidade de um corte de carne adquirida em um açougue:

Quantidade (em kg)	Preço (R$)
0,5	7,00
1,0	14,00
1,5	21,00
2,0	28,00
3,5	49,00

a) Quanto pagará um cliente que comprar 4,5 quilogramas desse corte de carne?

b) Dispondo-se de R$ 350,00, qual é a quantidade máxima desse corte de carne que pode ser adquirida?

c) Qual é a lei que relaciona o preço (y), em reais, em função da quantidade (x), em quilogramas, comprada?

2. Um veículo de passeio consome, em média, um litro de gasolina a cada 9 quilômetros rodados na cidade.

a) Faça uma tabela que forneça a distância percorrida pelo veículo ao se consumirem: 0,25 ℓ; 0,5 ℓ; 2 ℓ; 3 ℓ; 10 ℓ; 25 ℓ; 40 ℓ de gasolina.

b) Qual é a fórmula que relaciona a distância percorrida (d), em quilômetros, em função do número de litros (ℓ) consumidos?

3. Um moderno avião é capaz de manter uma velocidade média de cruzeiro de aproximadamente 900 km/h.

a) Qual é a distância percorrida pelo avião em 15 minutos, meia hora, 2 horas e 5 horas? Represente essas informações em uma tabela.

b) Em quanto tempo o avião percorre 2 880 km?

c) Relacione, por meio de uma lei, a distância percorrida (d), em quilômetros, em função do tempo (t), em horas.

4. Para prestar serviços domiciliares, um técnico em informática cobra R$ 50,00 a visita e um adicional de *r* reais por hora de trabalho. Veja na tabela seguinte o preço total do serviço de acordo com o número de horas trabalhadas.

Número de horas de trabalho	Preço total de serviço (R$)
2	94
3	116
5	160
8	226

a) Qual é o valor de *r*?
b) Como se exprime matematicamente o total pago (y) por um serviço de *x* horas de trabalho?

5. Em uma atividade, um professor pediu aos alunos que desenhassem uma sequência de cinco quadrados, a partir da medida de seus lados. Para cada quadrado, os alunos deveriam calcular o perímetro e a área, como mostra a tabela:

Medida do lado (cm)	1	3,5	5	8	10
Medida do perímetro (cm)					
Medida da área (cm²)					

a) Complete a tabela acima.
b) Qual é a lei de correspondência entre a medida do perímetro (p) e a medida do lado (ℓ) do quadrado?
c) Qual é a lei de correspondência entre a medida da área (a) e a medida do lado (ℓ) do quadrado?
d) Dobrando-se a medida do lado, dobra-se a medida do perímetro? E a medida da área?

6. Dois pedreiros são capazes de executar a reforma de uma sala comercial em 12 dias.

a) Faça uma tabela para representar o número de dias necessários para a realização dessa reforma, se o serviço for feito por 1, 4, 6, 8 ou 12 pedreiros. Admita que a produtividade de trabalho de cada pedreiro seja a mesma.
b) Qual é a expressão matemática que relaciona o número de dias (d) necessários para a execução da reforma em função do número de pedreiros (n)?

7. Considere um processo de divisão celular em que cada célula se subdivide em outras duas a cada hora.

a) Partindo-se de uma única célula, iniciou-se uma experiência científica. Faça uma tabela para representar a quantidade de células presentes nessa cultura após 1, 2, 3, 4, 5 e 6 horas do início da experiência.
b) Qual é o tempo mínimo de horas (completas) necessárias para que haja mais de 1 000 células na cultura?
c) Qual é a lei que relaciona o número de células (n) encontrado na cultura após *t* horas do início da experiência?

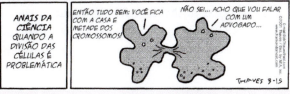

Frank & Ernest, Bob Thaves © 2011 Thaves/Dist. by Universal Uclick for UFS

A NOÇÃO DE FUNÇÃO COMO RELAÇÃO ENTRE CONJUNTOS

Para caracterizar de modo mais preciso a noção de função, devemos recorrer à teoria dos conjuntos.

Vamos considerar, por exemplo, os conjuntos A = {0, 1, 2, 3} e B = {−1, 0, 1, 2, 3} e observar algumas relações entre elementos de A e elementos de B.

1ª) Vamos associar a cada elemento $x \in A$ o elemento $y \in B$ tal que $y = x + 1$:

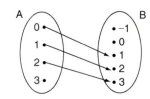

x	y
0	1
1	2
2	3

Para cada elemento $x \in A$, com exceção do 3, existe um só elemento $y \in B$ tal que *y* é o correspondente de *x*.
Para o elemento $3 \in A$ não existe correspondente $y \in B$.

FUNÇÕES 49

2ª) Vamos associar a cada elemento x ∈ A o elemento y ∈ B tal que y² = x²:

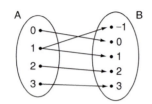

x	y
0	0
1	±1
2	2
3	3

Para cada elemento x ∈ A, com exceção de 1, existe um só elemento y ∈ B tal que *y* é o correspondente de *x*. Para o elemento 1 ∈ A existem dois elementos correspondentes em B: o 1 e o −1.

3ª) Associemos a cada x ∈ A o elemento y ∈ B tal que y = x:

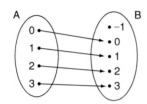

x	y
0	0
1	1
2	2
3	3

Para todo x ∈ A, sem exceção, existe um único y ∈ B tal que *y* é o correspondente de *x*.

4ª) Associemos a cada x ∈ A o elemento y ∈ B tal que y = x² − 2x:

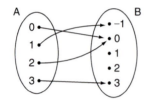

x	y
0	0
1	−1
2	0
3	3

Para todo x ∈ A, sem exceção, existe um único y ∈ B tal que *y* é o correspondente de *x*.

Nos dois últimos casos, para todo x ∈ A existe um só y ∈ B tal que *y* está associado a *x*. Por esse motivo, cada uma dessas relações recebe o nome de **função definida em A com valores em B**.

DEFINIÇÃO

Dados dois conjuntos não vazios A e B, uma relação (ou correspondência) que associa a cada elemento x ∈ A um único elemento y ∈ B recebe o nome de **função de A em B**.

Exemplo 5

Observe a relação ao lado entre os elementos dos conjuntos A = {a, b, c, d, e} e B = {1, 2, 3, 4, 5, 6, 7}.

Essa relação é uma função porque a todo elemento de A corresponde um único elemento em B. Tal relação também poderia ser descrita por uma tabela em que cada x ∈ A tem um único correspondente y ∈ B.

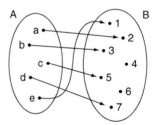

x ∈ A	y ∈ B
a	2
b	3
c	5
d	7
e	1

A mesma relação poderia, ainda, ser descrita por um conjunto *f* de pares ordenados do tipo (x, y) em que x ∈ A, y ∈ B e *y* é o correspondente de *x*:

$$f = \{(a, 2), (b, 3), (c, 5), (d, 7), (e, 1)\}$$

Nessa função, dizemos que:

x = a corresponde a y = 2 ou x = a está associado a y = 2 ou 2 é a imagem de *a*.
Da mesma forma:
3 é a imagem de *b*, 5 é a imagem de *c*, 7 é a imagem de *d* e 1 é a imagem de *e*.
Notemos, mais uma vez, que cada x ∈ A tem uma única imagem y ∈ B.

Notação

De modo geral, se *f* é um conjunto de pares ordenados (x, y) que define uma função de A em B, indicamos:

$$f: A \to B$$

Se, nessa função, y ∈ B é imagem de x ∈ A, indicamos:

$$y = f(x) \text{ (lê-se: "y é igual a f de x")}$$

Retomando o exemplo anterior, temos: f(a) = 2; f(b) = 3; f(c) = 5; f(d) = 7; f(e) = 1.

FUNÇÕES DEFINIDAS POR FÓRMULAS

Existe um interesse especial no estudo de funções em que *y* pode ser calculado a partir de *x* por meio de uma fórmula (ou regra, ou lei).

Exemplo 6

A lei de correspondência que associa cada número racional *x* ao número racional *y*, sendo *y* o dobro de *x*, é uma função *f* definida pela fórmula y = 2x, ou f(x) = 2x.
Nessa função:

- para x = 5, vem y = 2 · 5 = 10. Dizemos que f(5) = 10.
- a imagem de x = −3 é f(−3) = 2 · (−3) = −6.
- x = 11,5 corresponde a y = 2 · (11,5) = 23.
- y = 7 é a imagem de x = $\frac{7}{2}$.
- f(3) = 6

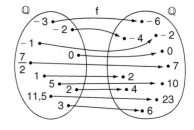

Exemplo 7

A função *f* que associa a cada número natural *x* o número natural *y*, sendo *y* o cubo de *x*, é definida por y = x³, ou f(x) = x³.
Nessa função:

- para x = 2, vem y = 2³ = 8. Dizemos que f(2) = 8.
- para x = 5, vem y = 5³ = 125. Assim, f(5) = 125.
- y = 64 é a imagem de x = 4.

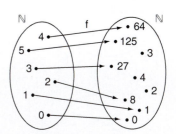

EXERCÍCIOS RESOLVIDOS

1. Seja a função f: $\mathbb{R} \to \mathbb{R}$ definida por $f(x) = -\dfrac{3x + 8}{5}$.

a) Calcular: $f(3)$, $f(-2)$, $f\left(\dfrac{1}{4}\right)$ e $f(\sqrt{2})$.

b) Determinar o elemento cuja imagem é 0.

Solução:

a) $f(3) = -\dfrac{3 \cdot 3 + 8}{5} = -\dfrac{17}{5}$; $f(-2) = -\dfrac{3 \cdot (-2) + 8}{5} = -\dfrac{2}{5}$

$f\left(\dfrac{1}{4}\right) = -\dfrac{3 \cdot \dfrac{1}{4} + 8}{5} = -\dfrac{\dfrac{35}{4}}{5} = -\dfrac{7}{4}$; $f(\sqrt{2}) = -\dfrac{3\sqrt{2} + 8}{5}$

b) $f(x) = 0 \Rightarrow -\dfrac{3x + 8}{5} = 0 \Rightarrow -(3x + 8) = 0 \Rightarrow x = -\dfrac{8}{3}$

2. Seja f: $\mathbb{R} \to \mathbb{R}$ definida por $f(x) = 4x + m$, em que m é uma constante real. Calcular m, sabendo que $f(-2) = 5$.

Solução:

Observe que as variáveis relacionadas nessa função estão representadas por x e $f(x)$, enquanto m representa um número real fixo, isto é, m é uma constante.

De $f(-2) = 5$ vem: $4 \cdot (-2) + m = 5 \Rightarrow -8 + m = 5 \Rightarrow m = 13$; portanto, a lei da função é $f(x) = 4x + 13$.

EXERCÍCIOS

8. Verifique, em cada caso, se o esquema define ou não uma função de A em B; os pontos assinalados representam os elementos dos conjuntos A e B.

a)
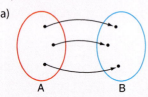

b)
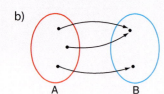

c)
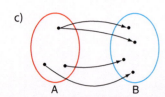

d)
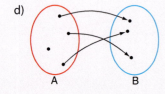

9. Em cada caso, verifique se o esquema representa uma função de A em B, sendo A = {−1, 0, 1} e B = {−2, −1, 0, 1, 2}. Em caso afirmativo, dê uma lei que define tal função.

a)
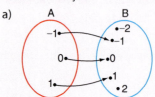

b)
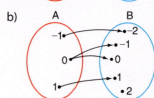

c)
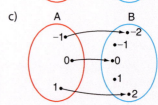

d)
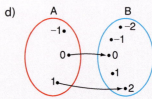

10. Sendo A = {−1, 0, 1, 2} e B = {−2, −1, 0, 1, 2, 3, 4}, verifique em cada caso se a lei dada define uma função de A com valores em B.

a) f(x) = 2x

b) f(x) = x²

c) f(x) = 2x + 1

11. Sejam A = $\mathbb{N}$ e B = $\mathbb{N}$. Responda:

a) a lei que associa cada elemento de A ao seu sucessor em B define uma função?

b) a lei que associa cada elemento de A ao seu quadrado em B define uma função?

c) a lei que associa cada elemento de A ao seu oposto em B define uma função?

12. Considere f uma função de $\mathbb{R}$ em $\mathbb{R}$ dada por f(x) = 3x² − x + 4. Calcule:

a) f(1)

b) f(−1)

c) f(0)

d) $f\left(\dfrac{1}{2}\right)$

e) $f\left(\sqrt{2}\right)$

13. Seja f uma função de $\mathbb{R}$ em $\mathbb{R}$ definida pela lei f(x) = (3 + x) · (2 − x).

a) Calcule f(0), f(−2) e f(1).

b) Seja a ∈ $\mathbb{R}$. Qual é o valor de f(a) − f(−a)?

14. Sendo f: $\mathbb{N}$ → $\mathbb{N}$ dada por f(x) = 2x + (−1)ˣ, calcule:

a) f(0)

b) f(1)

c) f(2)

d) f(−2)

e) f(37)

15. Considerando f e g funções de $\mathbb{Q}$ em $\mathbb{Q}$ dadas por f(x) = 3x² − x + 5 e g(x) = −2x + 9, faça o que se pede:

a) determine o valor de $\dfrac{f(0) + g(-1)}{f(1)}$.

b) resolva a equação: g(x) = f(−3) + g(−4).

16. Seja f uma função de $\mathbb{Z}$ em $\mathbb{Z}$ definida por f(x) = $\dfrac{4x - 2}{3}$.

Em cada caso, determine, se existir, o número inteiro cuja imagem vale:

a) 6

b) −10

c) 0

d) 1

17. A lei seguinte mostra a relação entre a projeção do valor (v), em reais, de um equipamento eletrônico e o seu tempo de uso (t), em anos:

$$v(t) = 1\,800 \cdot \left(1 - \dfrac{t}{20}\right)$$

a) Qual é o valor desse equipamento novo, isto é, sem uso?

b) Qual é a desvalorização, em reais, do equipamento no seu primeiro ano de uso?

c) Com quantos anos de uso o aparelho estará valendo R$ 1 260,00?

18. Seja f: $\mathbb{R}$ → $\mathbb{R}$ definida por f(x) = $-\dfrac{3}{4}$x + m, sendo m uma constante real. Sabendo que f(−8) = −4, determine:

a) o valor de m;

b) f(1);

c) o valor de x tal que f(x) = −12.

19. O gerente de uma casa de espetáculos verificou, durante uma temporada, que o número de pagantes (y) em um musical variou de acordo com o preço (x), em reais, do espetáculo, segundo a lei

$$y = 400 - \dfrac{5}{2}x,\ \text{com } 20 \leqslant x \leqslant 120$$

a) Qual foi o número de pagantes quando o preço do ingresso foi R$ 60,00?

b) Se o número de pagantes em uma noite foi 320, qual o valor cobrado pelo ingresso?

c) Quanto arrecadou a bilheteria quando o preço do ingresso foi R$ 90,00?

20. Uma função f: $\mathbb{R}$ → $\mathbb{R}$ é definida pela lei f(x) = m · 4ˣ, sendo m uma constante real. Sabendo que f(1) = 12, determine o valor de:

a) m

b) f(2)

21. O lucro L (em reais) de um estabelecimento comercial pode ser estimado pela lei L(x) = −x² + 75x + q, sendo x o número de unidades vendidas e q uma constante real. Sabendo que o lucro se anula quando são vendidas 15 peças, determine:

a) o valor de q;

b) o lucro obtido na venda de 20 peças.

22. Um paciente internado no dia 1º, com diagnóstico de infecção, foi submetido a exames de sangue diários para detecção dos níveis de substância X encontrados em seu organismo. A lei seguinte representa a quantidade n(t) da substância X (em mg/dL de sangue) encontrada no exame feito no dia t (t ≥ 1):

$$n(t) = \dfrac{20t + 3}{2(t^2 + 1)}$$

a) Faça uma tabela que represente a quantidade de substância X encontrada no sangue do paciente nos exames realizados nos dias: 1, 2, 3, 5 e 7.

b) O teste indica que é possível dar alta ao paciente caso o nível encontrado da substância X seja menor que 1 mg/dL de sangue. Com base nessa hipótese, determine em que dia o paciente foi liberado. (Sugestão: use uma calculadora para fazer as tentativas.)

23. Uma função real é dada pela lei f(x) = −3x + 5. Determine os valores de a, tais que:

$$f(a) + f(a + 1) = 3 \cdot f(2a)$$

24. Seja a função f: $\mathbb{R}$ → $\mathbb{R}$ definida por f(x) = $-\dfrac{2}{3}$x + 4. Determine o valor de m tal que f(m) = f(1 − m).

DOMÍNIO E CONTRADOMÍNIO

Seja f: A → B uma função.
O conjunto A é chamado **domínio** de *f*, e o conjunto B é chamado **contradomínio** de *f*.

Exemplo 8

Sendo A = {0, 1, 2, 3} e B = {0, 1, 2, 3, 4, 5}, a função f: A → B tal que f(x) = x + 1 tem domínio A e contradomínio B.

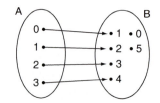

Exemplo 9

Sendo A = $\mathbb{Z}$ e B = $\mathbb{Z}$, a função f: A → B tal que f(x) = 2x tem domínio $\mathbb{Z}$ e contradomínio $\mathbb{Z}$.

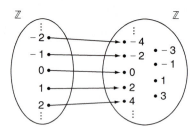

Exemplo 10

Sendo A = $\mathbb{R}$ e B = $\mathbb{R}$, a função f: A → B definida por f(x) = 2x + 1 tem domínio $\mathbb{R}$ e contradomínio $\mathbb{R}$.

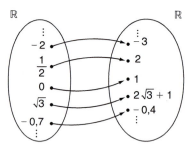

Observe que todo elemento *x* do domínio tem uma única imagem *y* no contradomínio, embora possam existir elementos do contradomínio que não são imagem de nenhum *x* do domínio. Note que: no Exemplo 8, 0 e 5 não são imagens de x ∈ A; no Exemplo 9, os números inteiros ímpares não são imagens de x ∈ $\mathbb{Z}$. No Exemplo 10, todos os números reais são imagens de algum x ∈ $\mathbb{R}$, no domínio, como veremos a seguir.

Determinação do domínio

Muitas vezes se faz referência a uma função *f*, dizendo apenas qual é a lei de correspondência que a define. Quando não é dado explicitamente o domínio D de *f*, deve-se subentender que D é formado por todos os números reais que podem ser colocados no lugar de *x* na lei de correspondência y = f(x), de modo que, efetuados os cálculos, resulte um *y* real. Vejamos alguns exemplos.

Exemplo 11

- O domínio da função definida pela lei y = 3x + 4 é $\mathbb{R}$, pois, qualquer que seja o valor real atribuído a *x*, o número 3x + 4 também é real.
- O domínio da função dada por $y = \frac{x+3}{x-1}$ é $\mathbb{R} - \{1\}$, pois, para todo *x* real diferente de 1, o número $\frac{x+3}{x-1}$ é real.
- O domínio da função dada por $y = \sqrt{x-2}$ é D = {x ∈ $\mathbb{R}$ | x ≥ 2}, pois $\sqrt{x-2}$ só é um número real se x − 2 ≥ 0.
- A função dada por $y = \frac{1}{x-1} + \sqrt{x}$ só é definida para x − 1 ≠ 0 e x ≥ 0; então, seu domínio é D = {x ∈ $\mathbb{R}$ | x ≥ 0 e x ≠ 1}.

Conjunto imagem

Se f: A → B é uma função, chama-se **conjunto imagem de f** o subconjunto (Im) do contradomínio constituído pelos elementos y que são imagens de algum x ∈ A. Retomando os Exemplos 8, 9 e 10 temos:

f(x) = x + 1 (Exemplo 8)   f(x) = 2x (Exemplo 9)   f(x) = 2x + 1 (Exemplo 10)

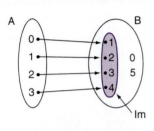
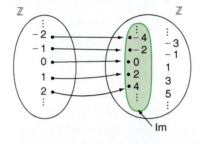
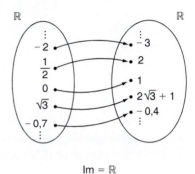

Im = {1, 2, 3, 4}   Im = {..., −4, −2, 0, 2, 4, ...}   Im = ℝ
Podemos também escrever:
Im = {y ∈ ℤ | y = 2z; z ∈ ℤ}

No Exemplo 10, todos os números reais são imagens de algum x ∈ ℝ, no domínio de f. Com efeito, dado um número real qualquer a, ele é imagem de $x = \frac{a-1}{2}$:

$$f\left(\frac{a-1}{2}\right) = 2 \cdot \left(\frac{a-1}{2}\right) + 1 = a - 1 + 1 = a, \forall a \in \mathbb{R}$$

É importante destacar que o procedimento apresentado acima não se aplica facilmente a qualquer função. Na maioria das vezes, a determinação do conjunto imagem de uma função será feita através da leitura de seu gráfico, como veremos adiante.

EXERCÍCIOS

25. Sejam A = {−1, 0, 1, 2}, B = {x ∈ ℕ | x ≤ 5} e f: A → B dada pela lei f(x) = x² + 1. Determine o domínio, o contradomínio e o conjunto imagem dessa função.

26. Considere f: A → B definida por f(x) = 2x² − 3x + 1. Se A = $\left\{0, \frac{1}{2}, 1, -1, 2\right\}$, determine B a fim de que o conjunto imagem e o contradomínio de f coincidam.

27. Se A = {x ∈ ℤ | −2 ≤ x ≤ 2}, B = {x ∈ ℤ | −5 ≤ x ≤ 5} e f: A → B é definida pela lei y = 2x + 1, quantos são os elementos de B que não pertencem ao conjunto imagem da função?

28. Seja f: ℕ → ℤ definida por f(x) = −x. Qual é o conjunto imagem de f?

29. Estabeleça o domínio de cada uma das funções dadas pelas seguintes leis:

a) y = −4x² + 3x − 1   c) $y = \frac{2x+3}{x}$

b) $y = -\frac{3x+11}{2}$ d) $y = \frac{4}{x-1}$

30. Determine o domínio das funções definidas por:

a) $y = \sqrt{x-2}$ c) $y = \frac{3x+1}{\sqrt{x-3}}$

b) $y = \sqrt[3]{4x+1}$ d) $y = \frac{\sqrt{x+1}}{x}$

31. Estabeleça o domínio de cada uma das funções definidas pelas sentenças abaixo:

a) $f(x) = \sqrt{2x-1} + \sqrt{x}$ c) $i(x) = \frac{2}{x^3 - 4x}$

b) $g(x) = \sqrt{-3x+5} - \sqrt{x-1}$ d) $j(x) = \sqrt{x^2 + 5}$

Um pouco de História

O desenvolvimento do conceito de função

A ideia de função que temos hoje em dia foi sendo construída ao longo do tempo por vários matemáticos. Conheça um pouco dessa longa história.

- Na Antiguidade, a ideia de função aparece, implícita, em algumas situações encontradas em tábuas babilônicas.
- Um importante registro sobre funções aparece, não com este nome, na obra do francês Nicole Oresme (1323-1382), que teve a ideia de construir "um gráfico" ou "uma figura" para representar graficamente uma quantidade variável — no caso, a velocidade de um móvel variando no tempo. Oresme teria usado os termos latitude (para representar a velocidade) e longitude (para representar o tempo) no lugar do que hoje chamamos de ordenada e abscissa — era o primeiro grande passo na representação gráfica das funções.
- O matemático alemão G. W. Leibniz (1646-1716) introduziu a palavra *função*, com praticamente o mesmo sentido que conhecemos e usamos hoje.
- A notação f(x) para indicar "função de *x*" foi introduzida pelo matemático suíço L. Euler (1707-1783).
- O matemático alemão P. G. Lejeune Dirichlet (1805-1859) deu uma definição de função muito próxima da que se usa hoje em dia:

"Se uma variável *y* está relacionada com uma variável *x* de tal modo que, sempre que é dado um valor numérico a *x*, existe uma regra segundo a qual um único valor *y* fica determinado, então diz-se que *y* é função da variável independente *x*".

- Por fim, com a criação da teoria dos conjuntos, no fim do século XIX, foi possível definir função como um conjunto de pares ordenados (x, y) em que *x* é elemento de um conjunto A, *y* é elemento de um conjunto B e, para todo x ∈ A, existe um único y ∈ B tal que (x, y) ∈ f.

A ilustração datada dos anos 1700 mostra o matemático suíço Leonhard Euler.

Referência bibliográfica:

Boyer, Carl B. *História da Matemática*. 2. ed. São Paulo: Edgard Blücher, 1995.

LEITURA INFORMAL DE GRÁFICOS

Vamos observar alguns gráficos extraídos de jornais e da internet e, a partir deles, conheceremos algumas propriedades das funções representadas por eles.

Exemplo

O gráfico relaciona duas grandezas: a população brasileira, expressa em milhões de habitantes, e o tempo (período de 1872 a 2010), sendo que os anos indicados correspondem às datas de realização dos censos demográficos.

A população é função do tempo: para cada ano corresponde um único valor do número de habitantes.

É fácil perceber que a população cresce (aumenta) à medida que o tempo avança (aumenta). Dizemos que essa função é **crescente**.

Evolução da população residente no país

EM MILHÕES DE PESSOAS

1872: 9,9; 1890: 14,3; 1900: 17,4; 1920: 30,6; 1940: 41,1; 1950: 51,9; 1960: 70,0; 1970: 93,1; 1980: 119,0; 1991: 146,8; 2000: 169,8; 2010: 190,755

Fonte: Censo 2010/IBGE.
Disponível em: <http://g1.globo.com/brasil/noticia/2011/04/ibge-atualiza-dados-do-censo-e-diz-que-brasil-tem-190755799--habitantes.html>. Acesso em: 11 jul. 2012.

Várias outras informações podem ser obtidas através da leitura do gráfico, por exemplo:
- do primeiro ao último censo (1872 a 2010), a população brasileira ficou quase vinte vezes maior;
- na última década, a população brasileira aumentou de 190 755 000 − 169 800 000 = 20 955 000 pessoas; percentualmente esse aumento é de $\frac{20\,955\,000}{169\,800\,000} \cong 0{,}1234 = 12{,}34\%$;
- a população brasileira atingiu a marca de 100 milhões de habitantes na década de 1970.

Exemplo 13

O gráfico ilustra a relação entre duas grandezas: a taxa de desemprego mensal (nas seis principais regiões metropolitanas do Brasil) e o tempo (considerando-se o período de outubro de 2010 a novembro de 2011). Essa relação define uma função: a cada mês está associada uma única taxa de desemprego.

Observe que:
- a menor taxa do período (5,2%) ocorreu em novembro de 2011 — dizemos que o **valor mínimo** da função no período é 5,2%; a maior taxa ocorreu em março de 2011 — dizemos que 6,5% corresponde ao **valor máximo** da função no período;
- a taxa de desemprego diminuiu (decresceu) de outubro a dezembro (2010); de março a abril (2011); de maio a julho (2011); e de setembro a novembro (2011). Nesses intervalos, dizemos que a função é **decrescente**. De dezembro de 2010 a março de 2011 a taxa de desemprego aumentou (cresceu). Dizemos que, nesse período, a função é **crescente**;
- entre abril e maio de 2011 a taxa de desemprego manteve-se constante (não variou), no patamar de 6,4%. Nesse período, dizemos que a função é **constante**. Fato semelhante ocorreu no período de julho a setembro, com a taxa de desemprego constante em 6%.

EXERCÍCIOS

32. O gráfico ao lado representa a oscilação diária do valor da ação de uma empresa, comercializada em uma bolsa de valores, desde a abertura do pregão, às 10 horas, até o fechamento, às 18 horas.

Convencionaremos que t = 0 corresponde às 10 h; t = 1 corresponde às 11 h; e assim por diante.

Com base no gráfico, responda:
a) Em que horários o valor da ação subiu?
b) Em que horários o valor da ação caiu?
c) Nesse dia, entre quais valores oscilou o preço da ação dessa empresa?
d) Em que horários a ação esteve cotada a R$ 9,70?
e) A ação encerrou o dia em alta, estável, ou em baixa? De quanto por cento?

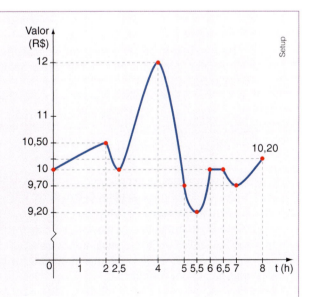

33. O gráfico a seguir mostra o rendimento médio mensal, em reais, de todas as pessoas ocupadas no mercado de trabalho nacional, no período de 1981 a 2007.

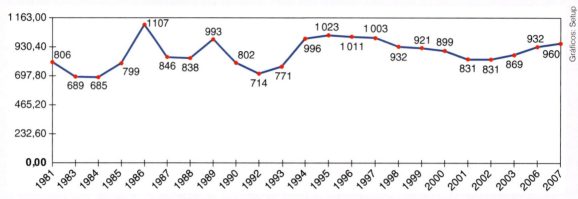

Fonte: IBGE, PNAD, 1981/2007. Disponível em: <http://seriesestatisticas.ibge.gov.br>. Acesso em: 19 mar. 2012.

Com base no gráfico, responda às perguntas seguintes.
a) Em que ano o rendimento médio dos trabalhadores atingiu seu valor máximo? Que valor é esse?
b) Em que ano o rendimento médio dos trabalhadores atingiu seu valor mínimo? Que valor é esse?
c) Em que períodos a renda média decresceu?
d) Considerando dois anos consecutivos, indique aqueles em que o rendimento médio teve maior aumento, em reais.
e) Considerando os anos de 1981 e 2007, é possível dizer que o rendimento médio mensal aumentou mais de 20%?
f) Em que anos o rendimento médio mensal superou R$ 900,00?

34. Os gráficos a seguir mostram o ritmo de produção e vendas (internas e externas) de caminhões no Brasil, de janeiro de 2010 a novembro de 2011.

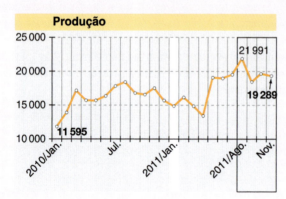

Com base nas informações apresentadas, classifique em verdadeira (V) ou falsa (F) as afirmações seguintes, e corrija as falsas.
a) No mês de agosto de 2011, tanto a produção como as vendas (internas e externas) aumentaram na comparação com o mês anterior.
b) O pico de vendas internas coincide com o pico das exportações.
c) Do início ao final do período considerado, as exportações de caminhões aumentaram mais de 100%.
d) No segundo semestre de 2011, a queda nas vendas internas foi acompanhada pela queda nas exportações.
e) Em novembro de 2011, havia menos de 3 000 caminhões em estoque, isto é, que foram produzidos mas não foram vendidos.

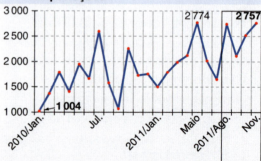

Fonte: *Valor Econômico*, 13 dez. 2011.

35. O gráfico abaixo mostra a queda da mortalidade infantil em todo o Brasil. Os valores indicados no gráfico representam o número de óbitos em cada 1 000 crianças nascidas vivas.

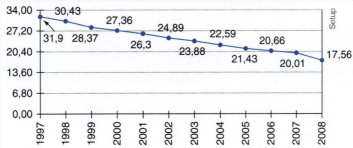

Fonte: Ministério da Saúde. Disponível em: <http://seriesestatisticas.ibge.gov.br>.
Acesso em: 12 jul. 2012.

Classifique em verdadeira (V) ou falsa (F) as sentenças abaixo, de acordo com as informações do gráfico.

a) A função representada no gráfico é decrescente.
b) A média dos valores da mortalidade nos últimos três anos é menor do que 20.
c) De 1997 a 2008, a queda na mortalidade infantil foi maior do que 50%.
d) Em 2006, em um grupo de 50 000 nascidos vivos, mais de 49 000, em média, sobreviviam.
e) Nos últimos dois anos, a queda na mortalidade foi superior a 10%.

NOÇÕES BÁSICAS DE PLANO CARTESIANO

Usaremos a notação (a, b) para indicar o par ordenado em que a é o primeiro elemento e b é o segundo. Vejamos:
- (1, 3) é o par ordenado em que o primeiro elemento é 1 e o segundo é 3.
- (3, 1) é o par ordenado em que o primeiro elemento é 3 e o segundo é 1.

Note que os pares (1, 3) e (3, 1) diferem entre si pela ordem de seus elementos.

Existe uma maneira geométrica de representarmos o par ordenado (a, b).
- 1º passo: desenhamos dois eixos perpendiculares e usamos a sua interseção O como origem para cada um deles;
- 2º passo: marcamos no eixo horizontal o ponto P_1, correspondente ao valor de a;
- 3º passo: marcamos no eixo vertical o ponto P_2, correspondente ao valor de b;
- 4º passo: traçamos por P_1 uma reta r paralela ao eixo vertical;
- 5º passo: traçamos por P_2 uma reta s paralela ao eixo horizontal;
- 6º passo: destacamos a interseção das retas r e s chamando-a de P, que é o ponto que representa graficamente o par ordenado (a, b).

O primeiro elemento do par (a) é chamado **abscissa** de P; o segundo elemento do par (b) é chamado **ordenada** de P; a e b são as **coordenadas** de P(a, b).

Nomenclatura

- O eixo horizontal (Ox) é o eixo das abscissas.
- O eixo vertical (Oy) é o eixo das ordenadas.
- O plano que contém Ox e Oy é o plano cartesiano.
- O ponto O (interseção de Ox com Oy) é a origem do plano cartesiano.

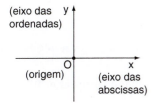
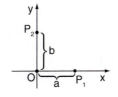
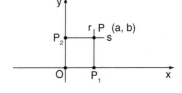

Cada uma das quatro partes em que fica dividido o plano pelos eixos cartesianos chama-se **quadrante**. A numeração dos quadrantes é feita no sentido anti-horário, a contar do quadrante correspondente aos pontos que possuem ambas as coordenadas positivas.

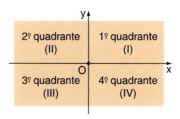

EXERCÍCIOS

36. Distribua em um plano cartesiano os pontos: A(3, 1); B(–4, 2); C(5, –3); D(–1, –1); E(2, 0); F(0, –2); G(0, 0); H(–4, 0); I(0, 4); $J\left(-\dfrac{3}{2}, -4\right)$; $K\left(\sqrt{2}, 2\right)$; $L\left(-2, \dfrac{5}{2}\right)$; $M\left(3, -\dfrac{7}{3}\right)$.

37. Forneça as coordenadas de cada ponto assinalado no plano cartesiano abaixo:

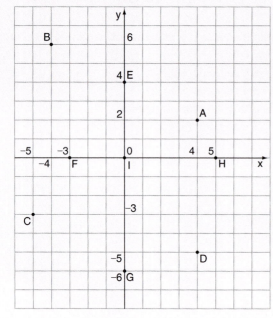

38. Encontre x e y que determinam, em cada caso, a igualdade:

a) $(x, y) = (2, -5)$ c) $(x + y, x - 3y) = (3, 7)$
b) $(x + 4, y - 1) = (5, 3)$

39. Determine m para que $(m^2, m + 4) = (16, 0)$.

40. O ponto P(m – 3, 4) pertence ao eixo y. Qual é o valor de m?

41. O ponto Q(–2, m^2 – 1) pertence ao eixo das abscissas. Qual é o valor de m?

42. O ponto A(m – 5, –2) pertence ao eixo y, e o ponto B(3, 2 – n) pertence ao eixo x. Qual é o valor de m? Qual é o valor de n?

43. O ponto P(a, b) pertence ao 2º quadrante.

a) Quais são os sinais de a e de b?
b) A qual quadrante pertence o ponto Q(–a, b)?

44. O ponto R(–a, b) pertence ao 3º quadrante.

a) Quais são os sinais de a e de b?
b) A qual quadrante pertence o ponto S(a, b)?

CONSTRUÇÃO DE GRÁFICOS

Como podemos construir o gráfico de uma função conhecendo a sua lei de correspondência y = f(x) e seu domínio D?

Quando D é finito, pode-se proceder da forma abaixo:
- 1º passo: construímos uma tabela na qual aparecem os valores de *x* pertencentes a D e os valores do correspondente *y*, calculados por meio da lei y = f(x);
- 2º passo: representamos cada par ordenado (a, b) da tabela por um ponto do plano cartesiano. O conjunto dos pontos obtidos constitui o gráfico da função.

Exemplo 14

Vejamos como construir o gráfico da função dada por y = 2x, com domínio D = {−3, −2, −1, 0, 1, 2, 3}.

1º passo:

x	−3	−2	−1	0	1	2	3
y	−6	−4	−2	0	2	4	6

2º passo:
Representamos os pares ordenados que estão na tabela por pontos, a saber:

A(−3, −6)   E(1, 2)
B(−2, −4)   F(2, 4)
C(−1, −2)   G(3, 6)
D(0, 0)

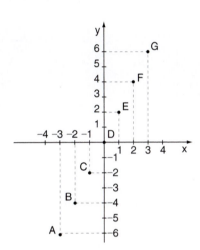

Quando o conjunto D não é finito, podemos construir uma tabela e obter alguns pontos do gráfico; entretanto, o gráfico da função será constituído por infinitos pontos.

Exemplo 15

Veja como são os gráficos da função y = 2x em domínios diferentes do exemplo anterior.

D = [−4, 4]

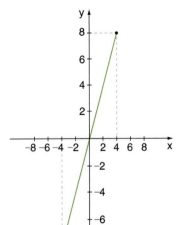

D = ℤ

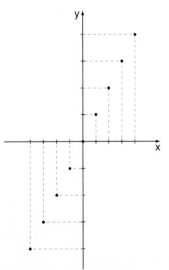

D = ℝ

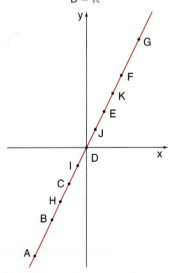

Exemplo 16

Vamos construir o gráfico da função dada por $y = x^2 - 4$ com domínio $\mathbb{R}$:

x	y	Ponto
−3	5	A
−2	0	B
−1	−3	C
0	−4	D
1	−3	E
2	0	F
3	5	G
−1,5	−1,75	H
−0,5	−3,75	I
0,5	−3,75	J
1,5	−1,75	K

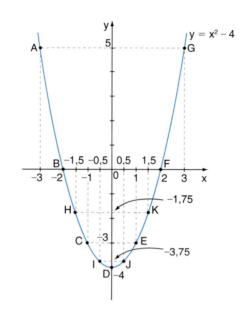

Essa curva é chamada **parábola** e será estudada com mais detalhes no capítulo 5.

Exemplo 17

Vamos construir o gráfico da função dada por $y = \dfrac{12}{x}$ no domínio $\mathbb{R}^*$:

x	y	Ponto
−12	−1	A
−6	−2	B
−4	−3	C
−3	−4	D
−2	−6	E
−1	−12	F
1	12	G
2	6	H
3	4	I
4	3	J
6	2	K
12	1	L

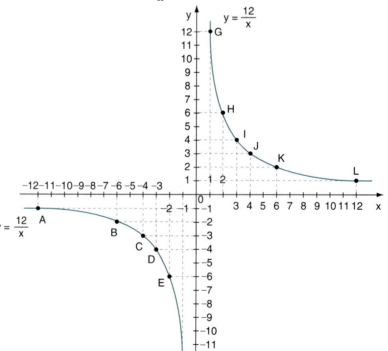

Essa curva é chamada **hipérbole**.

O estudo completo da hipérbole não será feito neste volume da coleção; veja o apêndice do capítulo 4.

EXERCÍCIOS

45. Construa os gráficos das funções f: A → B, sendo B ⊂ ℝ, dadas pela lei y = x + 1 nos seguintes casos:
a) A = {0, 1, 2, 3}
b) A = [0, 3]
c) A = ℤ
d) A = ℝ

46. Construa os gráficos das funções f: A → B com B ⊂ ℝ, dadas pela lei y = x − 2 nos seguintes casos:
a) A = {−2, −1, 0, 1, 2}
b) A = [−2, 2]
c) A = ℝ

47. Construa os gráficos das funções f: A → B, com B ⊂ ℝ definidas por f(x) = x², nos seguintes casos:
a) $A = \left\{-2, -\dfrac{3}{2}, -1, -\dfrac{1}{2}, 0, \dfrac{1}{2}, 1, \dfrac{3}{2}, 2\right\}$
b) A = [−2, 2[
c) A = ℝ

48. Construa os gráficos das funções f: A → B, sendo B ⊂ ℝ, dadas pela lei y = −x² + 1 nos seguintes casos:
a) A = {−3, −2, −1, 0, 1, 2, 3}
b) A = [−3, 3]
c) A = ℝ

49. Construa o gráfico da função f: ℝ* → ℝ* dada por $y = \dfrac{1}{x}$.

50. A função definida por y = 2x + b tem domínio natural, e b é uma constante que pode ser determinada pela leitura do gráfico abaixo. Qual é o valor de b?

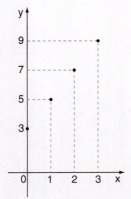

51. O gráfico ao lado representa a função f, de domínio real, cuja lei é y = ax² + b, com a e b constantes. Quais são os valores de a e de b?

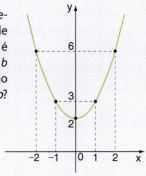

52. O gráfico ao lado representa a função f: D ⊂ ℝ → ℝ, sendo D = [a, b]. Sabendo que f(x) = −3x + 2, determine os valores de a e b.

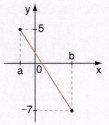

53. Quais dos gráficos seguintes não representam função de domínio real? Explique.

a)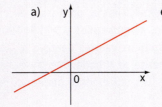

e)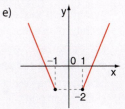

b)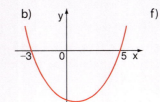

f)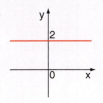

c)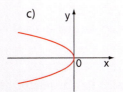

g)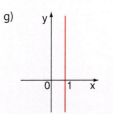

d)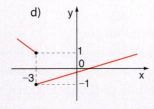

h)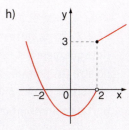

ANÁLISE DE GRÁFICOS

Muitas informações a respeito do comportamento de uma função podem ser obtidas a partir do seu gráfico. Por meio dele, podemos ter uma visão do crescimento (ou decrescimento) da função, dos valores máximos (ou mínimos) que ela assume do seu conjunto imagem, de eventuais simetrias, do comportamento para valores de x muito grandes, ou muito pequenos etc.

Agora vamos analisar os gráficos já apresentados e observar os comportamentos das respectivas funções.

Exemplo 18

Observemos ao lado o gráfico da função de $\mathbb{R}$ em $\mathbb{R}$ dada por $y = 2x$.
Já vimos que esse gráfico é uma reta.
Como a reta corta o eixo 0x no ponto $x = 0$, então $x = 0 \Rightarrow$
$\Rightarrow y = 2x = 2 \cdot 0 = 0$.
O valor de x que anula y é chamado **raiz** ou **zero** da função.
Note que, para $x > 0$, os pontos do gráfico estão acima do eixo 0x, portanto apresentam $y > 0$. Veja também que, para $x < 0$, os pontos do gráfico estão abaixo do eixo 0x, portanto apresentam $y < 0$.
Quanto maior o valor dado a x, maior será o valor do correspondente $y = 2x$. Dizemos, por isso, que essa função é **crescente**.
Quando os valores dados a x são cada vez maiores e positivos, os valores de $y = 2x$ crescem ilimitadamente, e y pode tornar-se maior que qualquer número em que se pense. Basta, para isso, escolher um x suficientemente grande. Por exemplo, se quisermos $y > 1\,000\,000$, basta tomarmos $x > 500\,000$.

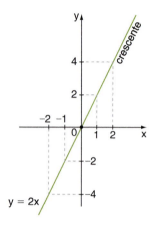

Por outro lado, quando os valores dados a x são cada vez menores e negativos, os valores de $y = 2x$ decrescem ilimitadamente, e y pode tornar-se menor que qualquer número em que se pense. Basta, para isso, escolher um x suficientemente pequeno. Por exemplo, se quisermos $y < -2\,000\,000$, basta tomarmos $x < -1\,000\,000$.
Desse modo, todo número real y é imagem de algum número real x e o conjunto imagem dessa função é Im = $\mathbb{R}$.
Notemos também que $f(1) = 2$ e $f(-1) = -2$; $f(2) = 4$ e $f(-2) = -4$ etc.
De modo geral, $f(x) = 2x$ e $f(-x) = 2 \cdot (-x) = -2x$; portanto, $f(-x) = -f(x)$ para todo x. Isso faz com que o gráfico seja simétrico em relação ao ponto 0 (origem).

Exemplo 19

Observemos ao lado o gráfico da função de $\mathbb{R}$ em $\mathbb{R}$ dada por $y = x^2 - 4$.
Já vimos que esse gráfico é uma parábola.
Como a parábola corta o eixo 0x nos pontos de abscissas 2 e -2, então:
$x = 2 \Rightarrow y = x^2 - 4 = 2^2 - 4 = 0$ e
$x = -2 \Rightarrow y = x^2 - 4 = (-2)^2 - 4 = 0$
-2 e 2 são as raízes dessa função.
Note que, para $x < -2$ ou $x > 2$, os pontos do gráfico estão acima do eixo 0x, portanto apresentam $y > 0$. Veja também que, para $-2 < x < 2$, os pontos do gráfico estão abaixo do eixo 0x, portanto apresentam $y < 0$.

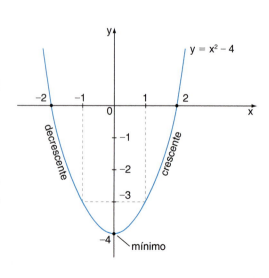

Para x > 0, quanto maior o valor dado a *x*, maior será o valor do correspondente y = x² – 4.
Por outro lado, para x < 0, quanto maior o valor dado a *x*, menor será o valor do correspondente y = x² – 4.
Dizemos, então, que:
- para x > 0, essa função é crescente;
- para x < 0, essa função é decrescente.

Quando x = 0, temos y = –4, e quando x ≠ 0, temos y > –4. Dizemos, por isso, que (0, –4) é um **ponto de mínimo** da função e –4 é o **valor mínimo** que a função assume. Assim, o conjunto imagem dessa função é Im = {y ∈ ℝ | y ⩾ –4}.

Para os valores dados a *x* cada vez maiores e positivos, os valores de y = x² – 4 crescem ilimitadamente, e *y* pode tornar-se maior que qualquer número em que se pense.

Quando os valores dados a *x* são cada vez menores e negativos, os valores de y = x² – 4 crescem ilimitadamente, e *y* pode tornar-se maior que qualquer número em que se pense.

Notemos também que f(1) = –3 e f(–1) = –3; f(2) = 0 e f(–2) = 0; f(3) = 5 e f(–3) = 5; etc.
De modo geral, f(x) = x² – 4 e f(–x) = (–x)² – 4 = x² – 4; portanto, f(x) = f(–x) para todo *x*. Isso faz com que o gráfico seja simétrico em relação ao eixo *y*.

Exemplo 20

Observemos abaixo o gráfico da função dada por $y = \dfrac{12}{x}$, com domínio ℝ*.

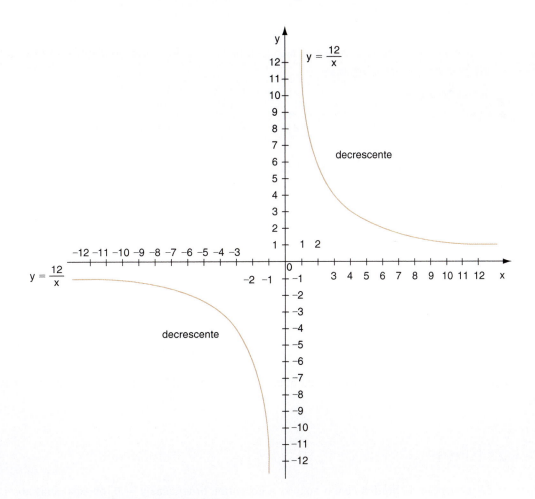

Já vimos que esse gráfico é uma hipérbole.

A função $y = \dfrac{12}{x}$ não apresenta raízes reais, pois não existe $x \in \mathbb{R}$ tal que $0 = \dfrac{12}{x}$; seu gráfico não intercepta o eixo das abscissas.

Note que, para $x > 0$, os pontos do gráfico estão acima do eixo 0x, portanto apresentam $y > 0$. Veja também que, para $x < 0$, os pontos do gráfico estão abaixo do eixo 0x, portanto apresentam $y < 0$. Tanto para $x > 0$ como para $x < 0$ essa função é decrescente: à medida que x aumenta y diminui e vice-versa. Para os valores de x positivos e próximos de zero, os valores dos correspondentes y crescem ilimitadamente. Vejamos:

x	0,1	0,01	0,001	0,0001	0,00001
y	120	1 200	12 000	120 000	1 200 000

Para os valores de x negativos e próximos de zero, os valores dos correspondentes y decrescem ilimitadamente. Vejamos:

x	−0,1	−0,01	−0,001	−0,0001	−0,00001
y	−120	−1 200	−12 000	−120 000	−1 200 000

Quando x assume valores positivos cada vez maiores, os valores dos correspondentes y são positivos e cada vez menores, aproximando-se de zero. Vejamos:

x	10	100	1000	10000	100000
y	1,2	0,12	0,012	0,0012	0,00012

Quando x assume valores negativos cada vez menores, os valores dos correspondentes y são negativos e cada vez mais próximos de zero. Vejamos:

x	−10	−100	−1000	−10000	−100000
y	−1,2	−0,12	−0,012	−0,0012	−0,00012

Os passos anteriores mostram que $\text{Im} = \mathbb{R}^* = \{y \in \mathbb{R} \mid y \neq 0\}$.

Notemos também que $f(1) = 12$ e $f(-1) = -12$; $f(2) = 6$ e $f(-2) = -6$; $f(3) = 4$ e $f(-3) = -4$; etc.

De modo geral, $f(x) = \dfrac{12}{x}$ e $f(-x) = \dfrac{12}{(-x)} = -\dfrac{12}{x} = -f(x)$; logo, $f(x) = -f(-x)$ para todo x; portanto, o gráfico é simétrico em relação à origem.

CONCEITOS

Analisando o gráfico de uma função f qualquer, podemos descobrir algumas propriedades notáveis. Vejamos:

O sinal da função

Os pontos de interseção do gráfico com o eixo 0x apresentam ordenadas $y = 0$, ou seja, suas abscissas x_0 são tais que $f(x_0) = 0$. Essas abscissas x_0 são **zeros** ou **raízes** da função f.

Os pontos do gráfico situados acima do eixo 0x apresentam ordenadas y > 0, ou seja, suas abscissas x_0 acarretam $f(x_0) > 0$.

Já os pontos do gráfico situados abaixo do eixo 0x apresentam ordenadas y < 0, ou seja, suas abscissas x_0 acarretam $f(x_0) < 0$.

Note que o sinal de uma função refere-se ao sinal de y; estudar o sinal de uma função significa determinar para quais valores de *x* tem-se y > 0 e para quais valores de *x* tem-se y < 0.

Observe:

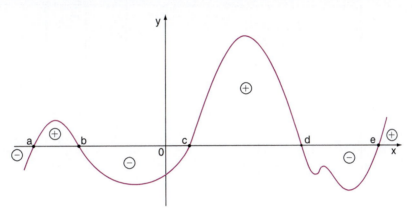

Nesse gráfico, temos:
- $f(a) = 0$, $f(b) = 0$, $f(c) = 0$, $f(d) = 0$ e $f(e) = 0$ (*a*, *b*, *c*, *d* e *e* são raízes);
- o sinal de *f* é:

    y > 0 para a < x < b, para c < x < d ou para x > e;
    y < 0 para x < a, para b < x < c ou para d < x < e.

Crescimento/decrescimento

Se, para quaisquer valores x_1 e x_2 de um subconjunto S (contido no domínio D), com $x_1 < x_2$, temos $f(x_1) < f(x_2)$, então *f* é crescente em S.

Se, para quaisquer valores x_1 e x_2 de um subconjunto S, com $x_1 < x_2$, temos $f(x_1) > f(x_2)$, então *f* é decrescente em S.

Observe ao lado.

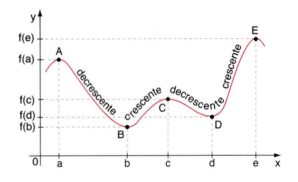

Máximos/mínimos

Seja S um subconjunto do domínio D e seja $x_0 \in S$.

Se, para todo *x* pertencente a S, temos $f(x) \geq f(x_0)$, então $(x_0, f(x_0))$ é o **ponto de mínimo** de *f* em S, e $f(x_0)$ é o **valor mínimo** de *f* em S.

Se, para todo *x* pertencente a S, temos $f(x) \leq f(x_0)$, então $(x_0, f(x_0))$ é o **ponto de máximo** de *f* em S, e $f(x_0)$ é o **valor máximo** de *f* em S.

No gráfico anterior temos:
- considerando o intervalo I = [a, c], temos que B é ponto de mínimo de *f* em I e f(b) é o valor mínimo que a função assume em I;
- considerando o intervalo J = [b, d], observamos que C é um ponto de máximo de *f* em J e f(c) é o valor máximo de *f* em J;
- quando consideramos o intervalo K = [a, e], observamos que B é um ponto de mínimo de *f* em K e E é um ponto de máximo de *f* em K; os valores mínimo e máximo assumidos por *f* em K são, respectivamente, f(b) e f(e).

Simetrias

Se f(−x) = f(x) para todo x ∈ D, então f tem o gráfico simétrico em relação ao eixo y. Nesse caso, dizemos que f é uma **função par**.

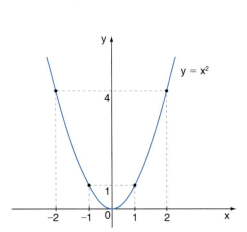
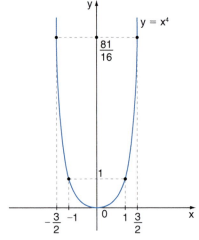

Se f(−x) = −f(x) para todo x ∈ D, então f tem o gráfico simétrico em relação à origem. Nesse caso, dizemos que f é uma **função ímpar**.

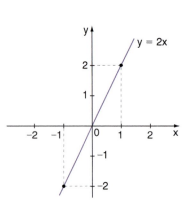
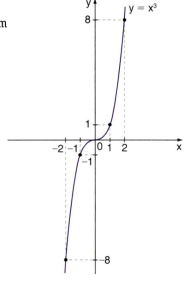

Observação

Existem funções que não são classificadas em nenhuma dessas categorias (par e ímpar) e seus gráficos não apresentam nenhuma das simetrias citadas anteriormente. Veja por exemplo o gráfico abaixo de uma função f que não é nem par nem ímpar:

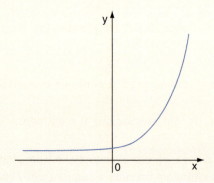

Exemplo 21

Seja f: [−3, 4] → ℝ uma função cujo gráfico está representado abaixo:

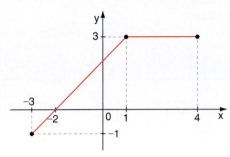

Observe que:

1º) se −3 ≤ x < 1, *f* é crescente; se *x*, 1 ≤ x ≤ 4, temos que f(x) = 3; dizemos que, nesse intervalo, *f* é **constante**, pois a imagem de qualquer *x* desse intervalo é sempre igual a 3;

2º) *f* admite −2 como raiz;

3º) o sinal de *f* é: $\begin{cases} y > 0, \text{ se } -2 < x \leq 4 \\ y < 0, \text{ se } -3 \leq x < -2 \end{cases}$;

4º) O conjunto imagem de *f* é Im = {y ∈ ℝ | −1 ≤ y ≤ 3};

5º) *f* não é par nem ímpar.

EXERCÍCIOS

54. Em cada caso, o gráfico representa uma função de ℝ em ℝ. Especifique os intervalos em que a função é crescente, decrescente ou constante:

a)
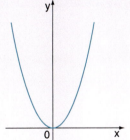

b)
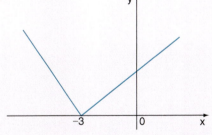

c)
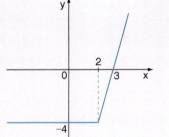

d)
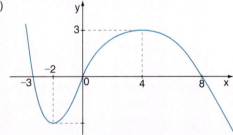

e)
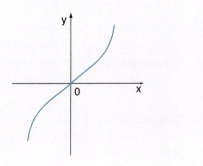

55. Estude o sinal de cada uma das funções de $\mathbb{R}$ em $\mathbb{R}$ cujos gráficos estão representados a seguir. Forneça também a(s) raiz(es), se houver.

a)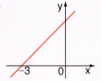

d)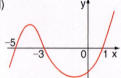

b)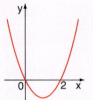

e)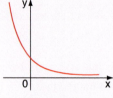

c)

f)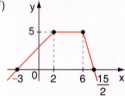

56. O gráfico ao lado representa uma função $f: D \subset \mathbb{R} \to \mathbb{R}$, com $D = \left]-\infty, \dfrac{9}{2}\right[$.

Determine:

a) os valores de $f(-1)$, $f(0)$, $f(-3)$ e $f(3)$;
b) os intervalos em que f é crescente;
c) os intervalos em que f é decrescente;
d) o sinal de f;
e) o conjunto imagem de f;
f) a(s) raiz(es) de f.

57. É dada uma condição sobre a função de domínio real em cada item. Faça um gráfico possível de uma função que verifique tal condição:

a) f é sempre decrescente;
b) f é crescente se $x > 2$ e decrescente se $x < 2$;
c) f é constante se $x < 1$ e decrescente se $x > 1$;
d) f é crescente se $x < 1$, decrescente se $x > 1$ e o sinal de f é $y < 0$ para todo $x \in \mathbb{R}$.

58. Determine, em cada caso, o conjunto imagem das funções de domínio real cujos gráficos estão a seguir representados:

a)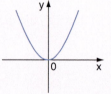

c)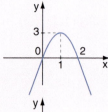

b)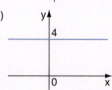

d)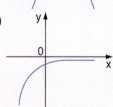

59. Estabeleça P para a função par, I para função ímpar e 0 para função que não é par nem ímpar:

a)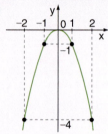

b)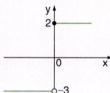

c)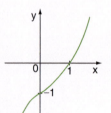

d)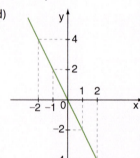

e)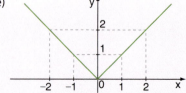

TAXA MÉDIA DE VARIAÇÃO DE UMA FUNÇÃO

Introdução

Seja f: $\mathbb{R} \to \mathbb{R}$ a função definida por $f(x) = x^2$, cujo gráfico está abaixo representado:

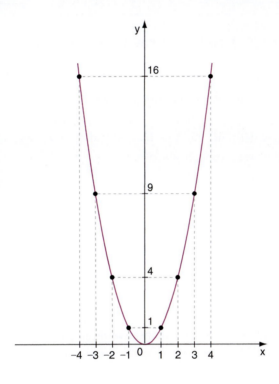

Vamos analisar de que maneira, em um determinado intervalo, os valores da imagem (isto é, da variável *y*) variam à medida que variam os valores do domínio (isto é, da variável *x*). Em outras palavras, à medida que *x* varia de x_1 até x_2, como se dá a variação das imagens, de $f(x_1)$ a $f(x_2)$.

Acompanhe a tabela seguinte, considerando inicialmente o intervalo em que *f* é crescente, isto é, $x \geq 0$:

	x_1	x_2	Δx: variação de *x* $\Delta x = x_2 - x_1$	$y_1 = f(x_1)$	$y_2 = f(x_2)$	Δy: variação de *y* $\Delta y = y_2 - y_1$
(I)	0	1	$\Delta x = 1 - 0 = 1$	0	1	$\Delta y = 1 - 0 = 1$
(II)	1	2	$\Delta x = 2 - 1 = 1$	1	4	$\Delta y = 4 - 1 = 3$
(III)	2	3	$\Delta x = 3 - 2 = 1$	4	9	$\Delta y = 9 - 4 = 5$
(IV)	3	4	$\Delta x = 4 - 3 = 1$	9	16	$\Delta y = 16 - 9 = 7$

Nos itens (I), (II), (III) e (IV), à medida que *x* aumenta de uma unidade, os valores de *y* aumentam de 1, 3, 5 e 7 unidades, respectivamente.

Observe o sinal (positivo) de Δy.

Como podemos ver, o "ritmo" de variação de *y* em relação aos valores de *x* difere de acordo com os pontos (x_1, y_1) e (x_2, y_2) considerados.

FUNÇÕES 71

Considerando agora o intervalo em que f é decrescente ($x \leqslant 0$), montamos a tabela:

	x_1	x_2	$\Delta x = x_2 - x_1$	$y_1 = f(x_1)$	$y_2 = f(x_2)$	$\Delta y = y_2 - y_1$
(I)	-4	-3	$\Delta x = 1$	16	9	$\Delta y = 9 - 16 = -7$
(II)	-3	-2	$\Delta x = 1$	9	4	$\Delta y = 4 - 9 = -5$
(III)	-2	-1	$\Delta x = 1$	4	1	$\Delta y = 1 - 4 = -3$
(IV)	-1	0	$\Delta x = 1$	1	0	$\Delta y = 0 - 1 = -1$

Nos itens (I), (II), (III) e (IV), à medida que x aumenta de uma unidade, os valores de y diminuem de 7, 5, 3 e 1 unidade, respectivamente.

Observe o sinal (negativo) de Δy.

As considerações anteriores motivam a seguinte definição:

> Seja f uma função definida por $y = f(x)$; sejam x_1 e x_2 dois valores do domínio de f, ($x_1 \neq x_2$), cujas imagens são, respectivamente, $f(x_1)$ e $f(x_2)$.
>
> O quociente $\dfrac{f(x_2) - f(x_1)}{x_2 - x_1}$ recebe o nome de **taxa média de variação da função f**, para x variando de x_1 até x_2.

Observações

- A taxa média de variação depende dos pontos (x_1, y_1) e (x_2, y_2) tomados.
- Notemos que $\dfrac{f(x_2) - f(x_1)}{x_2 - x_1} = \dfrac{-[f(x_1) - f(x_2)]}{-(x_1 - x_2)} = \dfrac{f(x_1) - f(x_2)}{x_1 - x_2}$, desse modo, verificamos que é indiferente escolher o sentido em que calculamos a variação (de x_1 para x_2 ou de x_2 para x_1), desde que mantenhamos o sentido escolhido no numerador e no denominador.

Exemplo 22

Vamos retomar a função $f(x) = x^2$ apresentada na introdução desse assunto (página 71) e calcular a taxa média de variação de f, para x variando de:

a) 0 a 1

$$\frac{f(1) - f(0)}{1 - 0} = \frac{1 - 0}{1} = 1$$

b) 2 a 3

$$\frac{f(3) - f(2)}{3 - 2} = \frac{9 - 4}{1} = 5$$

c) 1 a 3

$$\frac{f(3) - f(1)}{3 - 1} = \frac{9 - 1}{2} = 4$$

d) 3 a 1

$$\frac{f(1) - f(3)}{1 - 3} = \frac{1 - 9}{-2} = \frac{-8}{-2} = 4$$

Observe que as taxas médias de variação calculadas nos itens c e d coincidem, como mostra a observação anterior.

e) -4 a -1

$$\frac{f(-1) - f(-4)}{-1 - (-4)} = \frac{1 - 16}{3} = \frac{-15}{3} = -5$$

Exemplo 23

Seja f: ℝ → ℝ a função definida por f(x) = 2x + 3 cujo gráfico está abaixo representado. Vamos calcular a taxa média de variação de *f* para *x* variando de:

a) −2 a 0 b) $\frac{1}{2}$ a 3 c) −1 a 1

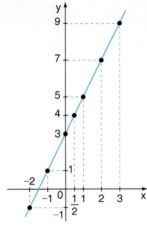

a) $\begin{cases} f(-2) = -1 \\ f(0) = 3 \end{cases} \Rightarrow \frac{f(0) - f(-2)}{0 - (-2)} = \frac{3 - (-1)}{2} = 2$

b) $\begin{cases} f\left(\frac{1}{2}\right) = 4 \\ f(3) = 9 \end{cases} \Rightarrow \frac{f(3) - f\left(\frac{1}{2}\right)}{3 - \frac{1}{2}} = \frac{9 - 4}{\frac{5}{2}} = \frac{5}{\frac{5}{2}} = 2$

c) $\begin{cases} f(1) = 5 \\ f(-1) = 1 \end{cases} \Rightarrow \frac{f(1) - f(-1)}{1 - (-1)} = \frac{5 - 1}{2} = 2$

Observe, nesse exemplo, que o valor encontrado para a taxa média de variação da função *f* é o mesmo, independentemente dos pontos (x₁, y₁) e (x₂, y₂) considerados. No capítulo seguinte, veremos que se trata de uma propriedade particular das funções polinomiais de 1º grau.

Exemplo 24

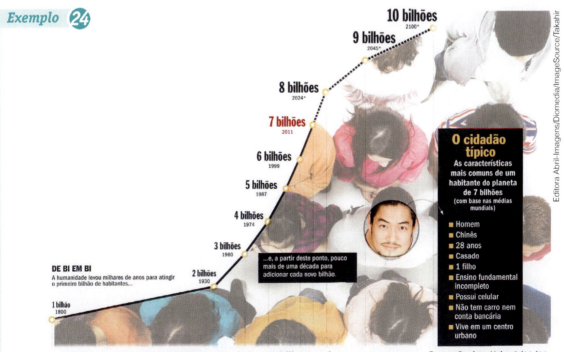

* Projeção segundo a qual, em 2100, a população estabiliza ou cai um pouco.

Fonte: Revista *Veja*, 2/11/11.

O gráfico mostra a evolução da população mundial no decorrer do tempo e sua projeção para o fim deste século (até o ano 2100). Vamos calcular a taxa média de variação da população mundial em três períodos: de 1800 a 1930; de 1987 a 2011 e de 2045 a 2100.

- 1º período: de 1800 a 1930

A taxa média é: $\dfrac{2\,000\,000\,000 - 1\,000\,000\,000}{1930 - 1800} = \dfrac{1\,000\,000\,000}{130} \cong 7\,692\,308 \cong 7{,}69$ milhões/ano

A taxa média encontrada não significa, obrigatoriamente, que a população mundial aumentou em 7,69 milhões ao ano, no período considerado. Podem ter ocorrido variações anuais maiores ou menores que esse valor. Quando analisamos globalmente, todas as variações ocorridas equivalem, em média, a um aumento de 7,69 milhões de pessoas por ano.

É importante ressaltar que a taxa média de variação de uma função nos dá apenas uma ideia geral sobre a variação de uma grandeza em relação à variação de outra grandeza relacionada, em um determinado intervalo.

- 2º período: de 1987 a 2011

A taxa média é: $\dfrac{7\,000\,000\,000 - 5\,000\,000\,000}{2011 - 1987} = \dfrac{2\,000\,000\,000}{24} \cong 83\,333\,334 \cong 83{,}3$ milhões/ano

Dizemos que a população humana, no período considerado (1987 a 2011), aumentou, em média, 83,3 milhões ao ano (valem as mesmas ressalvas e observações feitas para o período anterior).

Observe que esse ritmo de aumento é quase 11 vezes o ritmo de aumento da população humana registrado no 1º período.

- 3º período: de 2045 a 2100 (projeções)

A taxa média de variação é: $\dfrac{10\,000\,000\,000 - 9\,000\,000\,000}{2100 - 2045} = \dfrac{1\,000\,000\,000}{55} \cong 18\,181\,818 \cong$
$\cong 18{,}2$ milhões/ano

Esse valor indica uma tendência de desaceleração do crescimento populacional até o final deste século. Observe que esse valor é pouco maior que a quinta parte da taxa calculada no 2º período.

APLICAÇÕES

A velocidade escalar média e a aceleração escalar média

1ª situação:

Viajando em um ônibus para a praia, Cléber observou que exatamente às 10h o ônibus passou pelo km 56 da rodovia; às 11h30min, o ônibus passava pelo km 191 da mesma rodovia.

Observe que, nesse período de 1,5 h (11,5 h − 10 h), a variação do espaço percorrido pelo ônibus é 191 km − 56 km = 135 km.

O quociente $\dfrac{\Delta s}{\Delta t} = \dfrac{191 - 56}{11{,}5 - 10} = \dfrac{135 \text{ km}}{1{,}5 \text{ h}} = 90$ km/h representa a taxa média de variação da posição ou variação do espaço (Δs) em relação ao intervalo de tempo (Δt) da viagem.

Esse quociente é a conhecida **velocidade escalar média**. Isto não significa, necessariamente, que o ônibus manteve a velocidade de 90 km/h em todo o percurso. Em alguns trechos ele pode ter ido mais rápido ou mais devagar. O valor da velocidade escalar média nos dá apenas uma ideia global sobre o movimento do ônibus nesse período.

2ª situação:

Um carro está viajando em uma via expressa. Em um certo momento, quando o velocímetro apontava a velocidade de 72 km/h, o motorista aciona os freios ao observar um congestionamento à sua frente. Em 4 s, o veículo diminui uniformemente a velocidade até parar.

Vamos calcular a taxa média de variação da velocidade, considerando o intervalo de tempo decorrido do instante em que o motorista aciona os freios até a parada:

$v_1 = 72$ km/h $= \dfrac{72\,000 \text{ m}}{3\,600 \text{ s}} = 20$ m/s

$v_2 = 0$ km/h ou m/s (parada do veículo após 4 segundos)

$\dfrac{v_2 - v_1}{t_2 - t_1} = \dfrac{0 - 20}{4 - 0} = -5$ m/s²

Isso significa que a velocidade do carro variou (diminuiu – veja o sinal negativo obtido), em média, 5 m/s a cada segundo. Esse quociente representa a taxa média de variação da velocidade em relação ao tempo e é conhecido como **aceleração escalar média**.

Podemos avaliar a distância percorrida pelo carro durante a frenagem até parar com base no gráfico da velocidade (v) × tempo (t) abaixo.

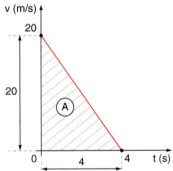

Nas aulas de Física você verá que a distância percorrida é numericamente igual a área **A**, destacada no gráfico.

Como $A = \dfrac{\text{base} \cdot \text{altura}}{2} = \dfrac{20 \cdot 4}{2} = 40$, a distância percorrida foi de 40 m.

Porém, precisamos ter em mente que existe um intervalo de tempo correspondente à transmissão do impulso nervoso entre a parte receptora (olho, que vê um obstáculo) e a parte do corpo correspondente à ação (pés, que acionam os freios): é o chamado **tempo de reação**. Supondo que esse tempo seja da ordem de 1 segundo, podemos estimar que a distância percorrida pelo carro, da frenagem até a parada, é composta pelos 40 metros com os freios acionados, mais a distância percorrida ao longo do tempo de reação, dada por:

20 m/s · 1 s = 20 m

Assim, a distância total de frenagem passa para 60 m (50% maior que no caso anterior). Por isso é importante que o motorista não exceda os limites de velocidade e que mantenha uma distância segura do veículo à sua frente.

> Referências bibliográficas:
> - http://www.cetsp.com.br/media/20608/nt148.pdf (Acesso em: mar. 2013)
> - http://vias-seguras.com/educacao/aulas_de_educacao_no_transito/aula_09_velocidade_e_distancia_de_parada (Acesso em: mar. 2013)
> - Nicolau e Toledo. *Aulas de Física, vol. 1*. São Paulo: Atual, 2003.

EXERCÍCIOS

60. Em cada caso, calcule a taxa média de variação da função cujo gráfico está representado, quando x varia de 1 a 3.

a)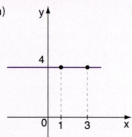
b)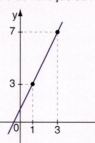
c)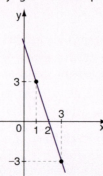
d)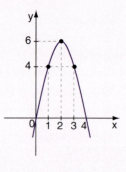

61. O gráfico mostra o lucro (em milhares de reais) de uma pequena empresa, de 2000 a 2015.

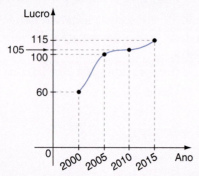

Compare a taxa média de variação do lucro dessa empresa nos 5 primeiros e nos 5 últimos anos do período considerado.

62. Em cada item, calcule a taxa média de variação da função dada quando x varia de:

I) 0 a 2; II) 1 a 4.

a) $f: \mathbb{R} \to \mathbb{R}$ definida por $f(x) = 2^x$.
b) $g: \mathbb{R} \to \mathbb{R}$ definida por $g(x) = 4x$.
c) $h: \mathbb{R} \to \mathbb{R}$ definida por $h(x) = -\dfrac{1}{2}x^2$.
d) $i: \mathbb{R} \to \mathbb{R}$ definida por $i(x) = -3x + 5$.

63. O Índice de Desenvolvimento Humano (IDH), calculado pelas Nações Unidas, é um índice que reflete o bem-estar físico e social de um país e leva em consideração três itens: renda per capita, educação e saúde. Ele varia de 0 a 1, sendo que 1 representa o máximo desenvolvimento humano.

Acompanhe, na tabela abaixo, o IDH brasileiro em alguns anos:

Ano	IDH
2000	0,665
2005	0,692
2011	0,718

Fonte: Relatório de Desenvolvimento Humano de 2011. Disponível em: <www.pnud.org.br>. Acesso em: 3 ago. 2012.

Compare o ritmo de crescimento do IDH nacional em dois períodos: de 2000 a 2005 e de 2005 a 2011. Use como critério a taxa média de variação da função que relaciona o IDH e os anos.

DESAFIO

(OBM) O professor Piraldo aplicou uma prova de 6 questões para 18 estudantes. Cada questão vale 0 ou 1 ponto; não há pontuações parciais. Após a prova, Piraldo elaborou uma tabela como a seguinte para organizar as notas, em que cada linha representa um estudante e cada coluna representa uma questão.

```
Questões →   1  2  3  4  5  6
Estudantes
    ↓
  Arnaldo    0  1  1  1  1  0
  Bernaldo   1  1  1  0  0  1
  Cernaldo   0  1  1  1  1  0
     ⋮
```

Piraldo constatou que cada estudante acertou exatamente 4 questões e que cada questão teve a mesma quantidade m de acertos. Qual é o valor de m?

a) 8   b) 9   c) 10   d) 12   e) 14

EXERCÍCIOS COMPLEMENTARES

1. A lei n(t) = at² + b, em que *a* e *b* são constantes reais, n(t) representa o número de boxes vagos existentes em uma galeria comercial após *t* meses de sua inauguração. Sabe-se que um mês após a inauguração apenas 4 boxes haviam sido ocupados e que 5 meses após a inauguração todos os boxes estavam ocupados. Qual é o número de boxes que estavam em funcionamento três meses após a inauguração da galeria, sabendo-se que sua capacidade é de 100 boxes?

2. Seja *f* uma função definida pela lei f(x) = $\frac{2x + a}{-x + 3b}$, com *a* e *b* constantes reais. Sabe-se que f(1) = 18 e o domínio de *f* é $\mathbb{R} - \left\{\frac{3}{2}\right\}$. Determine:

   a) os valores de *a* e *b*;
   b) o valor de f(2);
   c) o elemento do domínio cuja imagem é 6.

3. Seja uma função que tem a propriedade f(x + 1) = = 2 · f(x) + 1, para todo x ∈ $\mathbb{R}$. Sabendo que f(1) = −5, calcule:

   a) f(0)
   b) f(2)
   c) f(4)

4. O número *y* de pessoas (em milhares) que tomam conhecimento do resultado de um jogo de futebol, após *x* horas de sua realização, é dado por y = 10√x. Responda:

   a) Quantas pessoas já sabem o resultado do jogo após 4 horas?
   b) Quantas pessoas já sabem o resultado do jogo após 1 dia? Use a aproximação √6 = 2,45.
   c) Após quantas horas de sua realização, 30 mil pessoas tomam conhecimento do resultado do jogo?
   d) Calcule a taxa média de variação dessa função de x_1 = 8 a x_2 = 18. Use a aproximação √2 = 1,4.

5. (Vunesp-SP) Numa fazenda, havia 20% de área de floresta. Para aumentar essa área, o dono da fazenda decidiu iniciar um processo de reflorestamento. No planejamento do reflorestamento, foi elaborado um gráfico fornecendo a previsão da porcentagem de área de floresta na fazenda a cada ano, num período de dez anos.

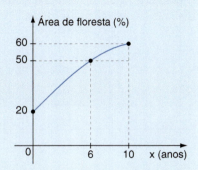

Esse gráfico foi modelado pela função f(x) = = $\frac{ax + 200}{bx + c}$, que fornece a porcentagem de área de floresta na fazenda a cada ano *x*, onde *a*, *b* e *c* são constantes reais. Com base no gráfico, determine as constantes *a*, *b* e *c* e reescreva a função f(x) com as constantes determinadas.

6. No gráfico seguinte estão representadas as funções *f* e *g*, definidas para todo x ∈ $\mathbb{R}$.

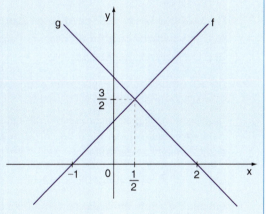

Com base no gráfico, determine os valores de *x* para os quais:

a) f(x) > 0;
b) g(x) ≤ 0;
c) f(x) > g(x);
d) a função h(x) = f(x) · g(x) assume valores negativos;
e) a função p(x) = $\frac{f(x)}{g(x)}$ está definida.

7. Seja *f* a função definida pela lei f(x) = $\frac{1}{1 + x^2}$.

a) Explique por que o domínio de *f* é $\mathbb{R}$.
b) O conjunto imagem de *f* pode conter o elemento $-\frac{1}{2}$? E o elemento 5? Explique.
c) *f* é crescente ou decrescente?
d) Estude o sinal de *f*.

FUNÇÕES 77

8. O gráfico a seguir representa uma função *f*, cujo domínio é [a, b[, sendo *a* e *b* reais.

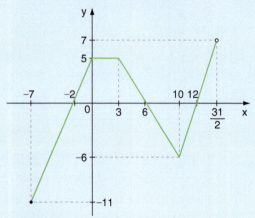

Determine:
a) os valores de *a* e *b*;
b) o conjunto imagem de *f*;
c) o valor de f(2) + f(10) − f(−2);
d) os intervalos em que *f* é crescente;
e) o sinal de *f*;
f) a taxa média de variação de *f* de $x_1 = -2$ a $x_2 = 10$;
g) a taxa média de variação de *f* de $x_1 = -7$ a $x_2 = 0$;
h) o intervalo em que *f* é constante.

9. (UF-RJ) Cíntia, Paulo e Paula leram a seguinte informação numa revista:

"Conhece-se, há mais de um século, uma fórmula para expressar o peso ideal do corpo humano adulto em função da altura:

$$P = (a - 100) - \left(\frac{a - 150}{k}\right)$$

em que P é o peso, em quilo; *a* é a altura, em centímetros; k = 4, para homens, e k = 2, para mulheres."

a) Cíntia, que pesa 54 quilos, fez rapidamente as contas com k = 2 e constatou que, segundo a fórmula, estava 3 quilos abaixo do seu peso ideal. Calcule a altura de Cíntia.
b) Paulo e Paula têm a mesma altura e ficaram felizes em saber que estavam ambos exatamente com seu peso ideal, segundo a informação da revista. Sabendo que Paulo pesa 2 quilos a mais do que Paula, determine o peso de cada um deles.

10. Seja f: ℝ → ℝ uma função que cumpre a seguinte propriedade: para todo x ∈ ℝ, f(3x) = 3 · f(x). Sabendo que f(9) = 45, calcule:
a) f(1)
b) f(27)

11. Sejam *f* e *g* funções de domínio real. Para cada x ∈ ℝ, define-se h(x) = $\sqrt{f(x) - g(x)}$. Obtenha, em cada caso, o domínio da função *h*, sendo dados os gráficos das funções *f* e *g*:

a)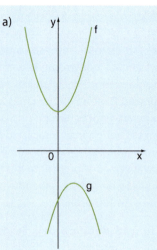

b)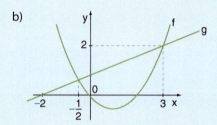

c)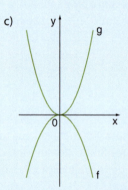

12. Seja *f* uma função definida pela lei:
f(x) = 2x + 3 + $\sqrt{-(x^2 - 2x + 1)}$
a) Obtenha o domínio de *f*.
b) Obtenha o conjunto imagem de *f*.

13. (UF-PR) Sabe-se que a velocidade do som no ar depende da temperatura. Uma equação que relaciona essa velocidade *v* (em metros por segundo) com a temperatura *t* (em graus Celsius) de maneira aproximada é v = $20\sqrt{t + 273}$. Com base nessas informações, responda às seguintes perguntas:

a) Qual é a velocidade do som à temperatura de 27 °C? (Sugestão: use $\sqrt{3}$ = 1,73.)
b) Costuma-se assumir que a velocidade do som é de 340 m/s (metros por segundo). Isso ocorre a que temperatura?

14. (UFF-RJ) Esboce, no sistema de eixos coordenados abaixo, o gráfico de uma função real cujo domínio é o intervalo [1, 2] e cuja imagem é o conjunto [−2, −1] ∪ [2, 3].

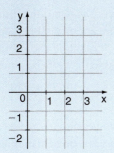

15. (UF-PR) 100 litros de uma solução contêm inicialmente 75% de álcool e 25% de água. Indiquemos por f(x) a concentração de água nessa solução após x litros da água serem removidos, isto é,

$$f(x) = \frac{\text{volume da água na solução após } x \text{ litros da água serem removidos}}{\text{volume da solução após } x \text{ litros da água serem removidos}}$$

a) Qual o valor de f(0)?
b) Obtenha a expressão de f(x) em termos de x.

16. (UF-RN) Dada a função $f(x) = \dfrac{x+2}{x^2-4}$ com $x \neq \pm 2$,

a) simplifique a expressão $\dfrac{x+2}{x^2-4}$.
b) calcule f(0), f(1), f(3) e f(4).
c) use os eixos localizados a seguir para esboçar o gráfico de f.

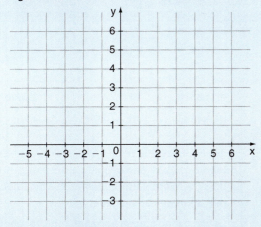

17. (Unifesp-SP) Uma função f: ℝ → ℝ diz-se par quando f(−x) = f(x), para todo x ∈ ℝ, e ímpar quando f(−x) = −f(x), para todo x ∈ ℝ.

a) Quais, dentre os gráficos exibidos a seguir, melhor representam funções pares ou funções ímpares? Justifique sua resposta.

b) Dê dois exemplos de funções, y = f(x) e y = g(x), sendo uma par e outra ímpar, e exiba os seus gráficos.

gráfico I
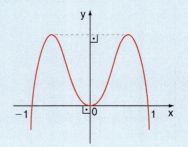

gráfico II
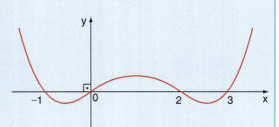

gráfico III
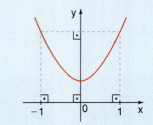

gráfico IV
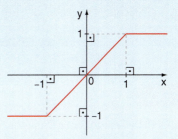

gráfico V
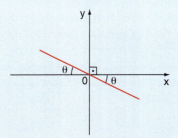

FUNÇÕES 79

18. (Unicamp-SP) Define-se como ponto fixo de uma função f o número real x tal que $f(x) = x$. Seja dada a função $f(x) = \dfrac{1}{\left(x + \dfrac{1}{2}\right)} + 1$.

a) Calcule os pontos fixos de $f(x)$.

b) Na região quadriculada abaixo, represente o gráfico da função $f(x)$ e o gráfico de $g(x) = x$, indicando explicitamente os pontos calculados no item a.

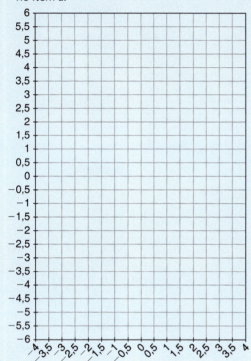

19. (UF-PR) Uma fábrica de produtos químicos possui um sistema de filtragem do ar que é ligado automaticamente toda vez que a quantidade de poluentes no ar atinge certo nível previamente estabelecido. Sabe-se que a quantidade $Q(t)$ de poluentes no ar dessa fábrica, depois de ligado o sistema de filtragem, é dada em função do tempo pela expressão:

$$Q(t) = \dfrac{10t + 750}{t + 15}$$

sendo a quantidade $Q(t)$ medida em partículas por litro de ar e o tempo t em minutos.

a) Qual a quantidade de poluentes existentes no ar no instante inicial $t = 0$ em que o sistema de filtragem foi acionado? E quinze minutos depois da filtragem ter sido iniciada?

b) Esse sistema de filtragem está programado para desligar automaticamente no momento em que a quantidade de poluentes no ar atingir 12 partículas por litro de ar. Quantas horas esse sistema de filtragem precisa funcionar até atingir o ponto de desligamento automático?

c) Encontre constantes a, b, c tais que $Q(t) = a + \dfrac{b}{t + c}$ e, examinando essa expressão, justifique a seguinte afirmação: o sistema de filtragem dessa fábrica não é capaz de reduzir a quantidade de poluentes no ar para valores abaixo de 10 partículas por litro de ar.

TESTES

1. (UF-PR) De acordo com a Organização Mundial de Saúde, um Índice de Massa Corporal inferior a 18,5 pode indicar que uma pessoa está em risco nutricional. Há, inclusive, um projeto de lei tramitando no Senado Federal, e uma lei já aprovada no Estado de Santa Catarina, proibindo a participação em eventos de modelos que apresentem esse índice inferior a 18,5. O Índice de Massa Corporal de uma pessoa, abreviado por IMC, é calculado através da expressão

$$IMC = \dfrac{m}{h^2}$$

em que m representa a massa da pessoa, em quilogramas, e h sua altura, em metros. Dessa forma, uma modelo que possua IMC = 18,5 e massa corporal de 55,5 kg, tem aproximadamente que altura?

a) 1,85 m.   c) 1,77 m.   e) 1,69 m.
b) 1,81 m.   d) 1,73 m.

2. (UF-RN) O jogo da velha tradicional consiste em um tabuleiro quadrado dividido em 9 partes, no qual dois jogadores, alternadamente, vão colocando peças (uma a cada jogada).

Ganha o jogo aquele que alinhar, na horizontal, na vertical ou na diagonal, três de suas peças. Uma versão chamada JOGO DA VELHA DE DESCARTES, em homenagem ao criador da geometria analítica, René Descartes, consiste na construção de um subconjunto do plano cartesiano, no qual cada jogador, alternadamente, anota as coordenadas de um ponto do plano. Ganha o jogo aquele que primeiro alinhar três de seus pontos. A sequência abaixo é o registro da sequência das jogadas de uma partida entre dois jogadores iniciantes, em que um anotava suas jogadas com a cor preta e o outro, com a cor cinza. Eles desistiram da partida sem perceber que um deles havia ganhado.

((1, 1), (2, 3), (2, 2), (3, 3), (4, 3), (1, 3), (2, 1), (3, 1), (3, 2), (4, 2)).

Com base nessas informações, é correto afirmar que o jogador que ganhou a partida foi o que anotava sua jogada com a cor

a) cinza, em sua terceira jogada.
b) preta, em sua terceira jogada.
c) cinza, em sua quarta jogada.
d) preta, em sua quarta jogada.

3. (IF-CE) Sendo $f(x) = 3x - a$, onde a é um número real fixado, a expressão $f(2a) - f(a - 1)$ é equivalente a

a) $2a - 3$.   c) $3(a + 1)$.   e) $1 - a$.
b) $2a$.   d) $2a - 1$.

4. (IF-PE) Para se calcular o consumo mensal, em kWh, de um aparelho elétrico usa-se a seguinte expressão: $C = \dfrac{P \times H \times D}{1\,000}$, em que C é o consumo em kWh; P a potência do aparelho em Watt (W); H é o número de horas de uso por dia, e D é o número de dias de uso por mês. O Prof. Sérgio instalou em seu banheiro um chuveiro elétrico com uma potência de 2 500W. A família do professor é composta por cinco pessoas, e cada uma delas toma dois banhos por dia com uma duração de 10 minutos cada banho. Qual o consumo de energia do chuveiro elétrico após 30 dias?

a) 75   c) 125   e) 175
b) 100   d) 150

5. (Enem-MEC) O gráfico fornece os valores das ações da empresa XPN, no período das 10 às 17 horas, num dia em que elas oscilaram acentuadamente em curtos intervalos de tempo.

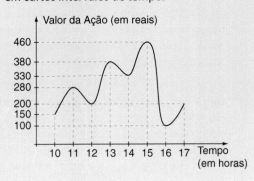

Neste dia, cinco investidores compraram e venderam o mesmo volume de ações, porém em horários diferentes, de acordo com a seguinte tabela.

Investidor	Hora da Compra	Hora da Venda
1	10:00	15:00
2	10:00	17:00
3	13:00	15:00
4	15:00	16:00
5	16:00	17:00

Com relação ao capital adquirido na compra e venda das ações, qual investidor fez o melhor negócio?

a) 1   c) 3   e) 5
b) 2   d) 4

6. (Cefet-MG) Um tradutor cobra R$ 3,00 por página sem ilustração e R$ 2,00 pelas demais. Além disso, para assumir o compromisso do trabalho, ele aplica uma taxa fixa de R$ 50,00, destinada a cobrir prejuízos com eventuais desistências. Para traduzir um texto de 5 páginas com desenhos e n páginas sem ilustração, o preço cobrado é expresso por

a) $p = 50 + 3n$ c) $p = 40 + 5n$
b) $p = 60 + 3n$ d) $p = 60 + 4n$

7. (Enem-MEC) A figura a seguir apresenta dois gráficos com informações sobre as reclamações diárias recebidas e resolvidas pelo Setor de Atendimento ao Cliente (SAC) de uma empresa, em uma dada semana. O gráfico de linha tracejada informa o número de reclamações recebidas no dia, o de linha contínua é o número de reclamações resolvidas no dia. As reclamações podem ser resolvidas no mesmo dia ou demorarem mais de um dia para serem resolvidas.

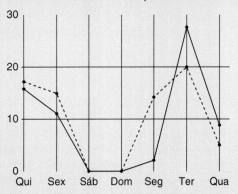

O gerente de atendimento deseja identificar os dias da semana em que o nível de eficiência pode ser considerado muito bom, ou seja, os dias em que o número de reclamações resolvidas excede o número de reclamações recebidas.

Disponível em: <http://bibliotecaunix.org>. Acesso em: 21 jan. 2012 (adaptado).

O gerente de atendimento pôde concluir, baseado no conceito de eficiência utilizado na empresa e nas informações do gráfico, que o nível de eficiência foi muito bom na

a) segunda e na terça-feira.
b) terça e na quarta-feira.
c) terça e na quinta-feira.
d) quinta-feira, no sábado e no domingo.
e) segunda, na quinta e na sexta-feira.

8. (U.E. Ponta Grossa-PR) Sendo f: $\mathbb{N} \to \mathbb{Z}$ uma função definida por $f(0) = 1$, $f(1) = 0$ e $f(n + 1) = 3f(n) - f(n-1)$, assinale o que for correto. [Indique a soma.]
(01) $f(5) < -20$
(02) $f(2) = -1$
(04) $f(6) > -60$
(08) $f(3) = 3$
(16) $f(4) = -10$

9. (Cefet-MG) Sejam a função $f(x) = x^2 - 9$ e n um número natural ímpar, então afirma-se que $f(n)$ é divisível por

a) 3   b) 4   c) 5   d) 6

10. (UF-PB) Paulo é um zoólogo que realiza suas observações em um ponto, o de observação, e guarda seus equipamentos em um outro ponto, o de apoio.

Em certo dia, para realizar seu trabalho, fez o seguinte trajeto:

- Partiu do ponto de apoio com destino ao de observação e, da metade do caminho, voltou ao ponto de apoio, para pegar alguns equipamentos que havia esquecido. Ali demorou apenas o suficiente para encontrar tudo de que necessitava. Em seguida, partiu novamente em direção ao ponto de observação, e lá chegou.

- Depois de fazer algumas observações e anotações, partiu com destino ao ponto de apoio. Após alguns minutos de caminhada, lembrou que havia esquecido o binóculo no ponto de observação e, nesse instante, retornou para pegá-lo. Ao chegar ao ponto de observação, demorou ali um pouco mais, pois avistou uma espécie rara e resolveu observá-la. Depois disso, retornou ao ponto de apoio, para guardar seus equipamentos, encerrando o seu trabalho nesse dia.

O gráfico a seguir mostra a variação da distância do zoólogo ao ponto de apoio, em função do tempo, medido em minutos, a partir do instante em que ele deixou o ponto de apoio pela primeira vez.

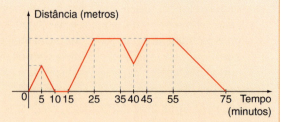

Com base nas informações apresentadas e no gráfico acima, identifique as afirmativas corretas.

a) O zoólogo chegou ao ponto de apoio, para pegar os equipamentos que ali havia esquecido, 10 minutos depois de ter saído desse ponto pela primeira vez.
b) O zoólogo chegou ao ponto de observação, pela primeira vez, 15 minutos depois de ter saído do ponto de apoio, após apanhar os equipamentos que ali havia esquecido.
c) O zoólogo esteve no ponto de observação durante 20 minutos.
d) O zoólogo notou que havia esquecido o binóculo 5 minutos após deixar o ponto de observação.
e) O tempo transcorrido da chegada do zoólogo ao ponto de observação, pela primeira vez, a sua chegada ao ponto de apoio, para encerrar o trabalho, foi de 50 minutos.

11. (PUC-MG) Uma pessoa investiu em papéis de duas empresas no mercado de ações durante 12 meses. O valor das ações da empresa A variou de acordo com a função $A(t) = t + 10$, e o valor das ações da empresa B obedeceu à função $B(t) = t^2 - 4t + 10$. Nessas duas funções, o tempo t é medido em meses, sendo $t = 0$ o momento da compra das ações. Com base nessas informações, é correto afirmar que as ações das empresas A e B têm valores iguais:

a) após 5 meses da compra, quando valem R$ 15,00.
b) após 8 meses da compra, quando valem R$ 18,00.
c) após 10 meses da compra, quando valem R$ 20,00.
d) após 12 meses da compra, quando valem R$ 22,00.

12. (UFGO) Para uma certa espécie de grilo, o número, N, que representa os cricrilados por minuto, depende da temperatura ambiente T. Uma boa aproximação para esta relação é dada pela *lei de Dolbear*, expressa na fórmula

$N = 7 \cdot T - 30$

com T em graus Celsius. Um desses grilos fez sua morada no quarto de um vestibulando às vésperas de suas provas. Com o intuito de diminuir o incômodo causado pelo barulho do inseto, o vestibulando ligou o condicionador de ar, baixando a temperatura do quarto para 15 °C, o que reduziu pela metade o número de cricrilados por minuto. Assim, a temperatura, em graus Celsius, no momento em que o condicionador de ar foi ligado era, aproximadamente, de:

a) 75
b) 36
c) 30
d) 26
e) 20

13. (FGV-SP) Seja f uma função tal que $f(xy) = \dfrac{f(x)}{y}$ para todos os números reais positivos x e y. Se $f(300) = 5$, então, $f(700)$ é igual a

a) $\dfrac{15}{7}$
b) $\dfrac{16}{7}$
c) $\dfrac{17}{7}$
d) $\dfrac{8}{3}$
e) $\dfrac{11}{4}$

14. (Fuvest-SP) Considere a função $f(x) = 1 - \dfrac{4x}{(x+1)^2}$, a qual está definida para $x \neq -1$. Então, para todo $x \neq 1$ e $x \neq -1$, o produto $f(x) \cdot f(-x)$ é igual a

a) -1
b) 1
c) $x + 1$
d) $x^2 + 1$
e) $(x-1)^2$

15. (UF-AM) Qual das representações gráficas abaixo melhor representa a aplicação $f: \mathbb{Z} \to \mathbb{R}$ definida por $f(x) = x - 2$?

a)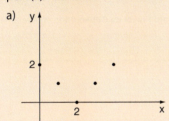

b)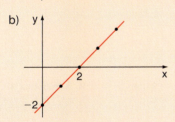

c)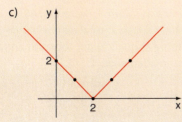

d)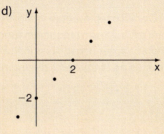

e)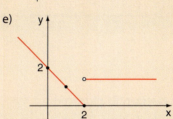

16. (UF-GO) A distância que um automóvel percorre até parar, após ter os freios acionados, depende de inúmeros fatores. Essa distância em metros pode ser calculada aproximadamente pela expressão $D = \dfrac{V^2}{250\,\mu}$, onde V é a velocidade em km/h no momento inicial da frenagem e μ é um coeficiente adimensional que depende das características dos pneus e do asfalto. Considere que o tempo de reação de um condutor é de um segundo, do instante em que vê um obstáculo até acionar os freios. Com base nessas informações, e considerando $\mu = 0{,}8$, qual é a distância aproximada percorrida por um automóvel do instante em que o condutor vê um obstáculo, até parar completamente, se estiver trafegando com velocidade constante de 90 km/h?

a) 25,0 m
b) 40,5 m
c) 65,5 m
d) 72,0 m
e) 105,5 m

17. (PUC-MG) A função f é tal que $f(x) = \sqrt{g(x)}$. Se o gráfico da função g é a parábola abaixo, o domínio de f é o conjunto:

a) $\{x \in \mathbb{R} \mid x \geq 0\}$
b) $\{x \in \mathbb{R} \mid x \leq -2 \text{ ou } x \geq 2\}$
c) $\{x \in \mathbb{R} \mid 0 \leq x \leq 2\}$
d) $\{x \in \mathbb{R} \mid -2 \leq x \leq 2\}$

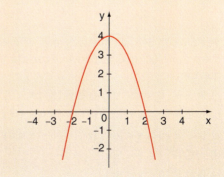

18. (Vunesp-SP) O gráfico representa a vazão resultante de água, em m³/h, em um tanque, em função do tempo, em horas. Vazões negativas significam que o volume de água no tanque está diminuindo.

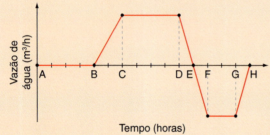

São feitas as seguintes afirmações:

I. No intervalo de A até B, o volume de água no tanque é constante.

II. No intervalo de B até E, o volume de água no tanque está crescendo.

III. No intervalo de E até H, o volume de água no tanque está decrescendo.

IV. No intervalo de C até D, o volume de água no tanque está crescendo mais rapidamente.

V. No intervalo de F até G, o volume de água no tanque está decrescendo mais rapidamente.

É correto o que se afirma em:

a) I, III e V, apenas.
b) II e IV, apenas.
c) I, II e III, apenas.
d) III, IV e V, apenas.
e) I, II, III, IV e V.

19. (U. Passo Fundo-RS) Na figura abaixo estão representadas no plano cartesiano duas funções, $y = f(x)$ e $y = g(x)$, ambas definidas no intervalo $]0, 7[$.

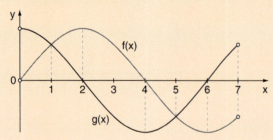

Seja E o conjunto de números reais definido por $E = \{x \in \mathbb{R} \mid f(x) \cdot g(x) > 0\}$. Então, é **correto** afirmar que E é:

a) $\{x \in \mathbb{R} \mid 0 < x < 1\} \cup \{x \in \mathbb{R} \mid 5 < x < 7\}$
b) $\{x \in \mathbb{R} \mid 0 < x < 2\} \cup \{x \in \mathbb{R} \mid 4 < x < 6\}$
c) $\{x \in \mathbb{R} \mid 0 < x < 2\} \cup \{x \in \mathbb{R} \mid 5 < x < 7\}$
d) $\{x \in \mathbb{R} \mid 1 < x < 5\}$
e) $\{x \in \mathbb{R} \mid 0 < x < 6\}$

20. (UF-PB) Segundo dados do "World Urbanization Prospects", publicados na revista *Época* de 6 de junho de 2011, o percentual da população urbana mundial em relação à população total, em 1950, era aproximadamente de 29% e, em 2010, atingiu a marca de 50%. Estima-se que, de acordo com esses dados, o percentual l(t) da população urbana mundial em relação à população total, no ano *t*, para t ≥ 1950, é dado por $l(t) = a(t - 1950) + b$, onde *a* e *b* são constantes reais. Com base nessas informações, conclui-se que o percentual da população urbana mundial em relação à população total, em 2050, será, aproximadamente, de:

a) 60%   d) 66%
b) 62%   e) 68%
c) 64%

21. (UF-GO) Grande parte da arrecadação da Coroa Portuguesa, no século XVIII, provinha de Minas Gerais devido à cobrança do quinto, do dízimo e das entradas (*Revista de História da Biblioteca Nacional*). Desses impostos, o dízimo incidia sobre o valor de todos os bens de um indivíduo, com uma taxa de 10% desse valor. E as entradas incidiam sobre o peso das mercadorias (secos e molhados, entre outros) que entravam em Minas Gerais, com uma taxa de, aproximadamente, 1,125 contos de réis por arroba de peso.

O gráfico a seguir mostra o rendimento das entradas e do dízimo, na capitania, durante o século XVIII.

Revista de História da Biblioteca Nacional, Rio de Janeiro, ano 2, n. 23, ago. 2007. [Adaptado].

Com base nessas informações, em 1760, na capitania de Minas Gerais, o total de arrobas de mercadorias, sobre as quais foram cobradas entradas, foi de aproximadamente:

a) 1 000   d) 100 000
b) 60 000   e) 750 000
c) 80 000

22. (Aman-RJ) O domínio da função real
$f(x) = \dfrac{\sqrt{2-x}}{x^2 - 8x + 12}$ é

a) $]2, \infty[$
b) $]2, 6[$
c) $]-\infty, 6]$
d) $]-2, 2]$
e) $]-\infty, 2[$

23. (ESPM-SP) Numa população de 5 000 alevinos de tambacu, estima-se que o número de elementos com comprimento maior ou igual a x cm seja dado, aproximadamente, pela expressão $n = \dfrac{5\,000}{x^2 + 1}$.

Pode-se concluir que o número aproximado de alevinos com comprimento entre 3 cm e 7 cm é igual a:

a) 600
b) 500
c) 400
d) 200
e) 100

24. (IF-AL) O domínio da função dada por
$f(x) = \dfrac{\sqrt{x-2}}{\sqrt{3-x}}$ é

a) $\{x \in \mathbb{R} \mid -2 \leq x \leq 3\}$.
b) $\{x \in \mathbb{R} \mid -2 \leq x < 3\}$.
c) $\{x \in \mathbb{R} \mid 2 \leq x < 3\}$.
d) $\{x \in \mathbb{R} \mid -2 \leq x \leq 3\}$.
e) $\{x \in \mathbb{R} \mid x \neq 3\}$.

25. (Enem-MEC) O dono de uma farmácia resolveu colocar à vista do público o gráfico mostrado a seguir, que apresenta a evolução do total de vendas (em Reais) de certo medicamento ao longo do ano de 2011.

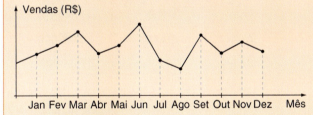

De acordo com o gráfico, os meses em que ocorreram, respectivamente, a maior e a menor venda absolutas em 2011 foram

a) março e abril.
b) março e agosto.
c) agosto e setembro.
d) junho e setembro.
e) junho e agosto.

26. (UF-PR) Num teste de esforço físico, o movimento de um indivíduo caminhando em uma esteira foi registrado por um computador. A partir dos dados coletados, foi gerado o gráfico da distância percorrida, em metros, em função do tempo, em minutos, mostrado a seguir:

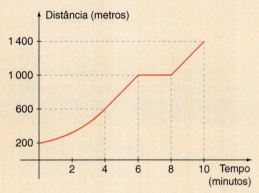

De acordo com esse gráfico, considere as seguintes afirmativas:

1. A velocidade média nos primeiros 4 minutos foi de 6 km/h.
2. Durante o teste, a esteira permaneceu parada durante 2 minutos.
3. Durante o teste, a distância total percorrida foi de 1 200 m.

Assinale a alternativa correta.

a) Somente as afirmativas 1 e 3 são verdadeiras.
b) Somente as afirmativas 2 e 3 são verdadeiras.
c) Somente as afirmativas 1 e 2 são verdadeiras.
d) Somente a afirmativa 3 é verdadeira.
e) As afirmativas 1, 2 e 3 são verdadeiras.

27. (Enem-MEC) O termo *agronegócio* não se refere apenas à agricultura e à pecuária, pois as atividades ligadas a essa produção incluem fornecedores de equipamentos, serviços para a zona rural, industrialização e comercialização dos produtos.

O gráfico seguinte mostra a participação percentual do agronegócio no PIB brasileiro:

Centro de Estudos Avançados em Economia Aplicada (CEPEA). Almanaque Abril 2010, São Paulo: Abril, ano 36 (adaptado).

Esse gráfico foi usado em uma palestra na qual o orador ressaltou uma queda da participação do agronegócio no PIB brasileiro e a posterior recuperação dessa participação, em termos percentuais.

Segundo o gráfico, o período de queda ocorreu entre os anos de

a) 1998 e 2001.
b) 2001 e 2003.
c) 2003 e 2006.
d) 2003 e 2007.
e) 2003 e 2008.

28. (UE-CE) Na semana de 15 a 21 de setembro de 2008 o governo dos Estados Unidos da América divulgou um plano de socorro às instituições financeiras em crise. O Índice da Bolsa de Valores de São Paulo (Ibovespa) teve forte variação e obteve, no fechamento de cada dia da semana, os seguintes valores:

Dia	15	16	17	18	19
Índice	48 909	48 989	47 348	48 484	52 718

O gráfico que representa essa variação é:

a)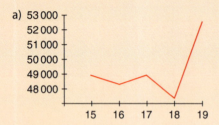

b)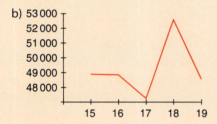

c)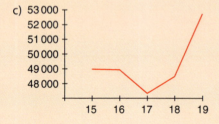

d)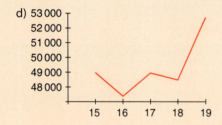

e)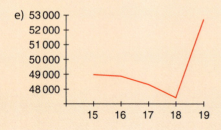

29. (Vunesp-SP) A figura representa a evolução da massa corpórea esperada de bebês ao longo do tempo. A massa corpórea do bebê deve estar na região entre as curvas para que se considere que ele esteja se desenvolvendo bem.

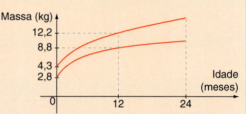

Qual a menor massa corpórea esperada para um bebê que esteja se desenvolvendo bem, com idade de 12 meses?

a) 15 kg   c) 8,8 kg   e) 2,8 kg
b) 12,2 kg   d) 4,3 kg

30. (UF-GO) A tabela abaixo mostra a evolução da área plantada e a produção de cana-de-açúcar no Estado de Goiás, nas safras 2001/2002 a 2008/2009.

Evolução da cana-de-açúcar no Estado de Goiás		
Safra	Área plantada (ha)	Produção (toneladas)
01/02	129 921	10 253 497
02/03	203 865	11 674 140
03/04	168 007	12 907 592
04/05	176 328	14 001 079
05/06	200 048	15 642 125
06/07	237 547	19 049 550
07/08	281 800	20 800 000
08/09	339 200	33 100 000*

* estimativa   Fonte: IBGE/SIFAEG, <www.ibge.gov.br>.

Analisando os dados apresentados, pode-se concluir que o gráfico que representa a produtividade média por hectare de cana-de-açúcar no período considerado é:

a)

b)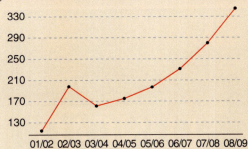

c)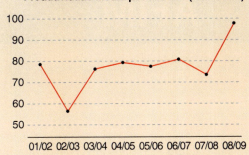

d)

e)

31. (UF-MG) Na figura abaixo, está representado o gráfico da função y = f(x).

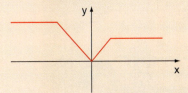

Com base nas informações desse gráfico, assinale a alternativa cuja figura melhor representa o gráfico da função g(x) = f(1 − x).

a)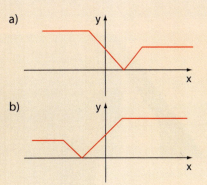

b)

c)

d)

32. (Enem-MEC) O gráfico mostra a variação da extensão média de gelo marítimo, em milhões de quilômetros quadrados, comparando dados dos anos 1995, 1998, 2000, 2005 e 2007. Os dados, correspondem aos meses de junho a setembro. O Ártico começa a recobrar o gelo quando termina o verão, em meados de setembro. O gelo do mar atua como o sistema de resfriamento da Terra, refletindo quase toda a luz solar de volta ao espaço. Águas de oceanos escuros, por sua vez, absorvem a luz solar e reforçam o aquecimento do Ártico, ocasionando derretimento crescente do gelo.

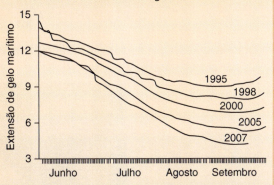

Disponível em: <http://sustentabilidade.allianz.com.br>.
Acesso em: fev. 2012 (adaptado).

Com base no gráfico e nas informações do texto, é possível inferir que houve maior aquecimento global em

a) 1995. c) 2000. e) 2007.
b) 1998. d) 2005.

FUNÇÃO AFIM

INTRODUÇÃO

Antes de apresentarmos o conceito de função afim, vejamos alguns exemplos envolvendo questões do dia a dia.

Exemplo 1

Antônio Carlos pegou um táxi para ir à casa de sua namorada que fica a 15 km de distância.
O valor cobrado engloba o preço da parcela fixa (bandeirada) de R$ 4,00 mais R$ 1,60 por quilômetro rodado (não estamos considerando aqui o tempo em que o táxi ficaria parado em um eventual congestionamento). Ou seja, ele pagou 15 · R$ 1,60 = R$ 24,00 pela distância percorrida mais R$ 4,00 pela bandeirada; isto é: R$ 24,00 + R$ 4,00 = R$ 28,00.
Se a casa da namorada ficasse a 25 km de distância, Antônio Carlos teria pago, pela corrida:
25 · R$ 1,60 + R$ 4,00 = R$ 44,00.
Podemos notar que, para cada distância x percorrida pelo táxi, há certo preço p(x) para a corrida.
A fórmula que expressa p(x) (em reais) em função de x (em quilômetros) é:

$$p(x) = 1{,}60 \cdot x + 4{,}00$$

que é um exemplo de **função afim** ou **função polinomial do 1º grau**.

Exemplo 2

Um corretor de imóveis recebe mensalmente da empresa em que trabalha um salário composto de duas partes:
- uma parte fixa de R$ 500,00;
- outra parte variável, que corresponde a um adicional de 2% sobre o valor das vendas realizadas no mês.

Em certo mês, as vendas somaram R$ 300 000,00.
Para calcular quanto o corretor recebeu de salário, fazemos:

$$500 + 2\% \text{ de } 300\,000 =$$
$$= 500 + \frac{2}{100} \cdot 300\,000 = 500 + 6\,000 = 6\,500$$

Salário: R$ 6 500,00

Em outro mês, as vendas somaram apenas R$ 80 000,00. Nesse mês o corretor recebeu:

$$500 + 2\% \cdot 80\,000 = 500 + 1\,600 = 2\,100$$
salário: R$ 2 100,00

Observamos que, para cada total x de vendas no mês, há um certo salário s(x) pago ao corretor. A fórmula que expressa s(x) em função de x é:

$$s(x) = 500 + 0{,}02 \cdot x$$

que é um exemplo de função afim.

Exemplo 3

Restaurantes *self-service* por quilograma (ou "peso") podem ser encontrados em todas as regiões do Brasil. Em um deles, cobra-se R$ 2,00 por 100 g de comida. Dois amigos serviram-se, nesse restaurante, de 620 g e 410 g. Quanto cada um pagou?

Inicialmente, observe que R$ 2,00 por 100 g equivale a R$ 20,00 por quilograma.

Assim, quem se serviu de 620 g = 0,62 kg, pagou 0,62 · 20 = 12,40 reais; o outro amigo pagou 0,41 · 20 = = 8,20 reais.

Em geral, o valor (y) pago, em reais, varia de acordo com a quantidade de comida (x), em quilogramas. A lei que relaciona y e x é: y = 20 · x, que é outro exemplo de função afim.

DEFINIÇÃO

Chama-se **função afim**, ou **função polinomial do 1º grau,** qualquer função f de $\mathbb{R}$ em $\mathbb{R}$ dada por uma lei da forma f(x) = ax + b, em que *a* e *b* são números reais dados e a ≠ 0.

Na lei f(x) = ax + b, o número *a* é chamado **coeficiente** de x e o número *b* é chamado **termo constante** ou **independente**.

Exemplo 4

- f(x) = 5x − 3, em que a = 5 e b = −3
- f(x) = −2x −7, em que a = −2 e b = −7
- f(x) = $\frac{x}{3} + \frac{2}{5}$, em que a = $\frac{1}{3}$ e b = $\frac{2}{5}$

- f(x) = 11x, em que a = 11 e b = 0
- y = −x + 3, em que a = −1 e b = 3
- y = −2,5x + 1, em que a = −2,5 e b = 1

FUNÇÃO AFIM   89

FUNÇÃO LINEAR

Um caso particular de função afim é aquele em que b = 0. Nesse caso, temos a função afim *f* de ℝ em ℝ dada pela lei f(x) = ax com *a* real e a ≠ 0, que recebe a denominação especial de **função linear**.

Exemplo 5

- f(x) = 3x   (a = 3 e b = 0)
- f(x) = −4x   (a = −4 e b = 0)
- f(x) = x   (a = 1 e b = 0): esta função *f* recebe o nome de **função identidade**.

Veja, na página 94, um texto que relaciona grandezas proporcionais com funções lineares.

Gráfico

O gráfico de uma função polinomial do 1º grau, dada por y = ax + b, com a ≠ 0, é uma reta oblíqua aos eixos Ox e Oy (isto é, é uma reta não paralela a nenhum dos eixos coordenados).

Demonstração:

Tomemos três pontos distintos $A(x_1, y_1)$, $B(x_2, y_2)$ e $C(x_3, y_3)$ pertencentes ao gráfico dessa função. Vamos mostrar que A, B e C estão alinhados, isto é, pertencem a uma mesma reta.

Como A, B e C são pontos do gráfico da função, suas coordenadas satisfazem a lei y = ax + b, com *a* e *b* reais e a ≠ 0. Temos:

$$\begin{cases} y_1 = a \cdot x_1 + b \quad \text{①} \\ y_2 = a \cdot x_2 + b \quad \text{②} \\ y_3 = a \cdot x_3 + b \quad \text{③} \end{cases}$$

Subtraindo membro a membro, encontramos:

③ − ② ⇒ $y_3 - y_2 = a(x_3 - x_2)$

② − ① ⇒ $y_2 - y_1 = a(x_2 - x_1)$

Daí, vem:

$$\frac{y_3 - y_2}{y_2 - y_1} = \frac{x_3 - x_2}{x_2 - x_1} \quad \text{④}$$

Vamos supor que A, B e C não pertencessem a uma mesma reta, como mostra a figura:

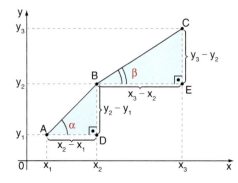

Observemos os triângulos ABD e BCE, que são retângulos ($\hat{D} = \hat{E} = 90°$) e têm lados proporcionais, pois, de acordo com ④, temos:

$$\frac{EC}{DB} = \frac{BE}{AD}$$

Nesse caso, os triângulos ABD e BCE são semelhantes e, portanto, seus ângulos correspondentes são congruentes, donde se conclui que α = β, o que não poderia ocorrer.

A contradição veio do fato de supormos que A, B e C não pertencem a uma mesma reta.

Assim, A, B e C estão alinhados, isto é, pertencem a uma mesma reta.

Desse modo, está provado que o gráfico de uma função polinomial do 1º grau é uma reta.

EXERCÍCIOS RESOLVIDOS

1. Construir o gráfico da função de $\mathbb{R}$ em $\mathbb{R}$ definida por $y = 3x - 1$.
   Solução:
   Como o gráfico é uma reta, basta obter dois de seus pontos e ligá-los com o auxílio de uma régua:
   - Para $x = 0$, temos $y = 3 \cdot 0 - 1 = -1$; portanto, um ponto é $(0, -1)$.
   - Para $y = 0$, temos $0 = 3x - 1$; portanto, $x = \dfrac{1}{3}$ e outro ponto é $\left(\dfrac{1}{3}, 0\right)$.

   Marcamos os pontos $(0, -1)$ e $\left(\dfrac{1}{3}, 0\right)$ no plano cartesiano e ligamos os dois com uma reta (reta *r*).

x	y
0	−1
$\dfrac{1}{3}$	0

   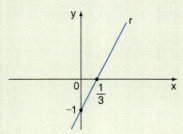

   Podemos dizer que a lei $y = 3x - 1$ é a **equação da reta** *r*.

2. Construir o gráfico da função de $\mathbb{R}$ em $\mathbb{R}$ dada por $y = -2x + 3$.
   Solução:
   - Para $x = 0$, temos $y = -2 \cdot 0 + 3 = 3$; portanto, um ponto é $(0, 3)$.
   - Para $y = 0$, temos $0 = -2x + 3$; portanto, $x = \dfrac{3}{2}$ e outro ponto é $\left(\dfrac{3}{2}, 0\right)$.

x	y
0	3
$\dfrac{3}{2}$	0

   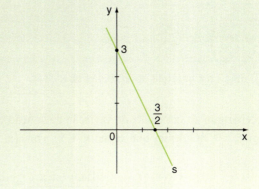

   Também podemos dizer que a lei $y = -2x + 3$ é a **equação da reta** *s*.

3. Obter a equação da reta que passa pelos pontos $P(-1, 3)$ e $Q(1, 1)$.
   Solução:
   A reta $\overleftrightarrow{PQ}$ tem equação $y = ax + b$. Precisamos determinar *a* e *b*.

   Como $(-1, 3)$ pertence à reta, temos:
   $$3 = a(-1) + b, \text{ ou seja}, -a + b = 3$$
   Como $(1, 1)$ pertence à reta, temos:
   $$1 = a \cdot 1 + b, \text{ ou seja}, a + b = 1$$

   Assim, *a* e *b* satisfazem o sistema: $\begin{cases} -a + b = 3 \\ a + b = 1 \end{cases}$,

   cuja solução é $a = -1$ e $b = 2$. Portanto, a equação procurada é $y = -x + 2$.

FUNÇÃO AFIM

FUNÇÃO CONSTANTE

Vimos que a função afim *f* é uma função de $\mathbb{R}$ em $\mathbb{R}$ dada pela lei $y = ax + b$, com $a \neq 0$.

Quando em $y = ax + b$ temos $a = 0$, essa lei não define uma função afim, mas sim outro tipo de função denominada **função constante**.

Portanto, chama-se função constante uma função $f: \mathbb{R} \to \mathbb{R}$ dada pela lei $y = 0x + b$, ou seja, $y = b$ para todo $x \in \mathbb{R}$.

Exemplo 6

Vamos construir o gráfico da função $f: \mathbb{R} \to \mathbb{R}$ dada por $y = 3$ para todo *x* real:

x	y	ponto
−3	3	A
−2	3	B
−1	3	C
$-\frac{1}{2}$	3	D
0	3	E
1	3	F
$\sqrt{2}$	3	G
2	3	H
$\frac{5}{2}$	3	I
3	3	J

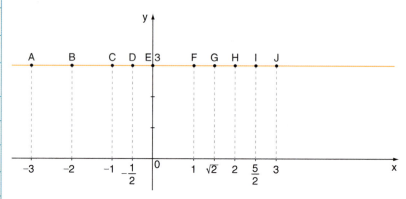

O gráfico é uma reta paralela ao eixo das abscissas.

É fácil perceber que a taxa média de variação da função constante $f(x) = b$, em que $b \in \mathbb{R}$, quando *x* varia de x_1 a x_2, é igual a 0, quaisquer que sejam x_1 e x_2, com $\{x_1, x_2\} \subset \mathbb{R}$ e $x_1 \neq x_2$.

De fato,

$$\frac{f(x_2) - f(x_1)}{x_2 - x_1} = \frac{b - b}{x_2 - x_1} = 0.$$

EXERCÍCIOS

1. Um segurança trabalha em uma empresa e recebe um salário mensal de R$ 780,00. Para aumentar sua renda, ele costuma fazer "extras" em uma casa noturna, onde recebe R$ 70,00 por noite de trabalho.

   a) Qual será sua renda mensal em um mês que ele trabalhar 3 noites na casa noturna?

   b) Em um determinado mês sua renda mensal foi R$ 1 270,00. Quantas noites ele trabalhou na casa noturna?

   c) Expresse o salário mensal total (*y*) do segurança em função do número de noites (*x*) trabalhadas na casa noturna.

2. A um mês de uma competição, um atleta de 75 kg é submetido a um treinamento específico para aumento de massa muscular, em que se anunciam ganhos de 180 gramas por dia. Suponha que isso realmente ocorra.

a) Determine o "peso" do atleta após uma semana de treinamento.
b) Encontre a lei que relaciona o "peso" do atleta (p), em quilogramas, em função do número de dias de treinamento (n). Faça um esboço do seu gráfico.
c) Será possível que o atleta atinja ao menos 80 kg em um mês de treinamento?

3. Em uma cidade, a empresa de telefonia está promovendo a linha econômica. Sua assinatura é R$ 20,00, incluindo 100 minutos a serem gastos em ligações locais para telefone fixo. O tempo de ligação excedente é tarifado em R$ 0,10 por minuto.
a) Calcule o valor da conta mensal de três clientes que gastaram, respectivamente, 80, 120 e 200 minutos em ligações locais.
b) Se x é o número de minutos excedentes, qual é a lei da função que representa o valor (v) mensal da conta?

4. Uma caixa-d'água, de volume 21 m³, inicialmente vazia, começa a receber água de uma fonte à razão de 15 litros por minuto. Lembre que 1 m³ equivale a 1 000 litros.
a) Quantos litros de água haverá na caixa após meia hora?
b) Após x minutos de funcionamento da fonte, qual será o volume (y) de água na caixa, em litros?
c) Após x minutos de funcionamento da fonte, qual será o volume (y) de água (em litros) necessário para preencher completamente a caixa?
d) Em quanto tempo a caixa estará cheia?

5. Faça os gráficos das funções de ℝ em ℝ dadas por:
a) y = x + 1
b) y = −2x + 4
c) y = 3x + 2
d) y = −x − 2
e) y = $\frac{5}{2}$
f) y = −1

6. Construa o gráfico de cada uma das funções lineares, de ℝ em ℝ, dadas pelas leis:
a) y = 2x
b) y = −3x
c) y = $\frac{1}{2}$x
d) y = −x

Após construir os quatro gráficos, é possível identificar uma propriedade comum a todos. Qual é essa propriedade?

7. Uma reta passa pelos pontos (−1, 5) e (2, −4). Qual é a lei da função representada por essa reta?

8. Qual é a equação da reta que passa pelos pontos (−4, 2) e (2, 5)?

9. Obtenha, em cada caso, a lei da função cujo gráfico é mostrado a seguir:

a)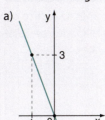
b)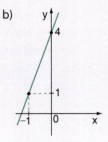
c)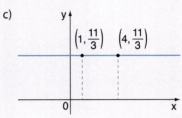

10. Considere uma função f, cujo domínio é [0, 6], a qual está representada no gráfico a seguir:

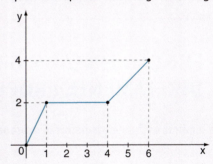

Calcule:
a) $f\left(\frac{1}{2}\right)$
b) f(3)
c) $f\left(\frac{11}{2}\right)$

11. Na figura estão representados os gráficos de duas funções f: ℝ → ℝ e g: ℝ → ℝ definidas por f(x) = 2x + 3 e g(x) = ax + b. Calcule o valor de g(8).

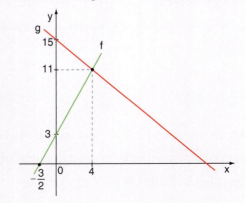

FUNÇÃO AFIM

12. Um vendedor recebe um salário fixo e mais uma parte variável, correspondente à comissão sobre o total vendido em um mês. O gráfico seguinte informa algumas possibilidades de salário em função das vendas.

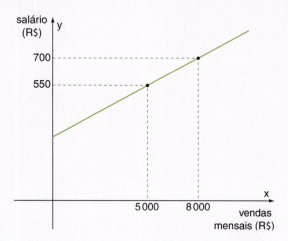

a) Encontre a lei da função cujo gráfico é essa reta.

b) Qual é a parte fixa do salário?

c) Alguém da loja disse ao vendedor que, se ele conseguisse dobrar as vendas, seu salário também dobraria. Isso é verdade? Explique.

13. Uma churrascaria cobra os seguintes preços para os almoços:
- R$ 25,00 por pessoa, de segunda a sexta-feira;
- R$ 38,00 por pessoa, aos finais de semana.

Em uma semana completa, 1 200 clientes almoçaram na churrascaria. O gerente da casa não sabe ao certo quantos deles vieram no fim de semana, mas estima que este número esteja entre 500 e 700. Nessas condições:

a) Qual é o valor máximo que essa churrascaria pode ter arrecadado, nessa semana, considerando apenas os preços dos almoços?

b) Se x é o número desconhecido pelo gerente, qual é a lei da função que representa o valor $v(x)$ arrecadado com os almoços?

FUNÇÃO LINEAR E GRANDEZAS DIRETAMENTE PROPORCIONAIS

Vamos lembrar os conceitos de razão e proporção estudados nos anos anteriores.

Razão

Dados dois números reais a e b, com $b \neq 0$, chama-se **razão de a para b** o quociente $\frac{a}{b}$, que também pode ser indicado por $a : b$.

O número a é chamado **antecedente**, e o número b é chamado **consequente**.

Exemplo 7

Em uma classe de 42 alunos há 18 rapazes e 24 moças. A razão entre o número de rapazes e o número de moças é $\frac{18}{24} = \frac{3}{4}$, o que significa que, "para cada 3 rapazes, há 4 moças". Por outro lado, a razão entre o número de rapazes e o total de alunos é $\frac{18}{42} = \frac{3}{7}$, o que equivale a dizer que, "de cada 7 alunos na classe, 3 são rapazes".

Exemplo 8

Para um concurso público, candidataram-se 24 500 pessoas para concorrer às 20 vagas disponíveis. A razão $\frac{24\,500}{20} = 1\,225$ representa o número de candidatos por vaga, isto é, neste concurso cada vaga estava sendo disputada por 1 225 pessoas.

PROPORÇÃO

Dadas duas razões $\frac{a}{b}$ e $\frac{c}{d}$, chama-se **proporção** a igualdade $\frac{a}{b} = \frac{c}{d}$ (lê-se: *a* está para *b* assim como *c* está para *d*).

Em uma proporção, os números *a* e *d* são chamados **extremos**, e os números *b* e *c* são chamados **meios**.

Dada a proporção $\frac{a}{b} = \frac{c}{d}$, vale a propriedade: $\boxed{a \cdot d = b \cdot c}$

Para demonstrá-la, basta multiplicar os dois membros de $\frac{a}{b} = \frac{c}{d}$ por $b \cdot d \neq 0$:

$$b \cdot d \cdot \frac{a}{b} = b \cdot d \cdot \frac{c}{d} \Rightarrow a \cdot d = b \cdot c$$

Dizemos que o produto dos extremos (*a* e *d*) é igual ao produto dos meios (*b* e *c*).

Por exemplo, na proporção $\frac{2}{3} = \frac{6}{9}$, temos $2 \cdot 9 = 6 \cdot 3 = 18$; em $\frac{1}{4} = \frac{4}{16}$, temos $4 \cdot 4 = 1 \cdot 16 = 16$.

Grandezas diretamente proporcionais

Um técnico, tendo a sua disposição uma balança e alguns recipientes de vidro, mediu a massa de alguns volumes diferentes de azeite de oliva e montou a seguinte tabela:

Experiência nº	Volume (em mililitros)	Massa (em gramas)
1	100	80
2	200	160
3	300	240
4	400	320
5	500	400
6	1 000	800
7	2 000	1 600

Podemos observar que, para cada volume, existe em correspondência uma única massa, ou seja, a massa é função do volume.

Com os resultados obtidos, o técnico construiu o gráfico abaixo.

Técnico pesando azeite em um laboratório.

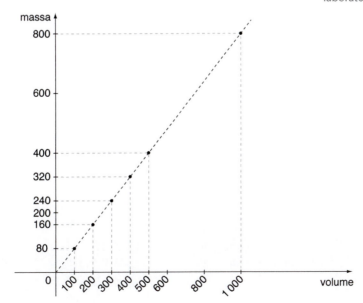

FUNÇÃO AFIM

Ele notou, então, que havia vários pontos em linha reta, a qual passa pela origem do sistema cartesiano, ou seja, tinha obtido o gráfico de uma **função linear**.

Ao observar os pares de valores da tabela, o técnico percebeu que a razão entre a massa e o volume em todas as experiências era 0,8:

$$\frac{80}{100} = 0,8 \qquad \frac{160}{200} = 0,8 \qquad \dots \qquad \frac{400}{500} = 0,8 \qquad \dots$$

Ele ainda constatou que:

- quando o volume dobrava, a massa também dobrava;
- quando o volume triplicava, a massa também triplicava;
- se o volume era multiplicado por 10, a massa também era multiplicada por 10; e assim por diante.

O técnico concluiu, então, que o volume e a massa de certa substância são **grandezas diretamente proporcionais**. Para uma dada substância, o quociente da massa pelo correspondente volume é chamado **densidade**. A densidade do azeite é 0,8 g/mℓ.

Se ele quisesse determinar a massa correspondente a 140 mℓ de azeite, poderia simplesmente fazer:

$$\frac{m}{V} = 0,8 \Rightarrow \frac{m}{140} = 0,8 \Rightarrow m = 112 \text{ g}$$

Outra alternativa seria estabelecer a relação:

$$\begin{cases} 100 \text{ m}\ell - 80 \text{ g} \\ 140 \text{ m}\ell - x \end{cases} \Rightarrow 100 \cdot x = 140 \cdot 80 \Rightarrow x = 112 \text{ g}$$

Esse procedimento é comumente chamado **regra de três simples.**

De modo geral, quando uma grandeza y é função de uma grandeza x e para cada par de valores (x, y) se observa que $\frac{y}{x} = k$ (x $\neq$ 0) é constante, as duas grandezas são ditas diretamente proporcionais. A função y = f(x) é uma função linear, e seu gráfico é uma reta que passa pela origem.

No apêndice deste capítulo, você terá oportunidade de revisar também o conceito de grandezas inversamente proporcionais.

EXERCÍCIOS

14. Determine a razão (na ordem dada) entre:

a) 16 e 5
b) 40 e 120
c) 32 e 8
d) 0,4 e 0,02
e) $\frac{1}{3}$ e $\frac{1}{6}$
f) 2 km e 400 m
g) 10 min e 2 horas
h) 8 kg e 500 g

15. Sobre um projeto de lei que restringe a circulação de cães ferozes nas ruas da cidade, foram ouvidos 80 moradores de um bairro. Os resultados encontram-se na tabela seguinte:

	Contra	A favor	Total
Homens	20	a	b
Mulheres	c	40	48
Total	28	d	80

a) Determine os valores de a, b, c e d.
b) Qual é a razão entre o número de homens e o de mulheres contrários ao projeto?
c) Qual é a razão entre o número de pessoas favoráveis ao projeto e o número de pessoas contrárias a ele?
d) Qual é a razão entre o número de mulheres contrárias ao projeto e o total de mulheres?
e) Quantas mulheres inicialmente favoráveis ao projeto deveriam mudar de opinião para que a razão do item anterior passasse a $\frac{1}{4}$?

16. Calcule o valor real de x em:

a) $\frac{x}{3} = \frac{3}{2}$

b) $\frac{4x}{5} = \frac{x+1}{3}$

c) $\frac{2-x}{x+5} = \frac{3}{4}$

d) $\frac{x-1}{x-2} = \frac{3}{2}$

17. Em uma pesquisa sobre um projeto cultural realizada com a população adulta de um município, verificou-se que para cada 3 pessoas favoráveis havia 7 pessoas contrárias ao projeto. O total de adultos do município é estimado em 20 000.

a) Qual é o número de adultos favoráveis ao projeto?

b) Admita que $\frac{1}{5}$ dos homens e $\frac{2}{5}$ das mulheres sejam favoráveis ao projeto. Qual é o número de homens contrários ao projeto?

18. Em cada tabela seguinte, y é diretamente proporcional a x. Encontre os valores desconhecidos:

a)
x	1,2	1,5	2,1	0,85	c
y	2,4	3	a	b	4

b)
x	3	6	15	60
y	2	4	a	b

19. No seu primeiro mês de atividade, uma pequena empresa lucrou R$ 1 800,00. P e Q, seus sócios, investiram R$ 15 000,00 e R$ 12 000,00, respectivamente. Como deve ser dividido o lucro entre P e Q, uma vez que ele é diretamente proporcional ao valor investido?

20. Em um quadrado, a medida do lado e o perímetro são diretamente proporcionais? E a medida do lado e a área?

21. Considere todos os retângulos cujo comprimento mede 3 metros e a largura x metros, sendo x > 0.

a) O perímetro de cada retângulo é diretamente proporcional a x?

b) A área de cada retângulo é diretamente proporcional a x?

22. A densidade demográfica de uma região (cidade, estado, país, ...) é definida como a razão entre o número de habitantes e a área da região. Qual é a região menos densamente povoada entre as citadas na tabela?

Região	Área (km²)	Número de habitantes
X	30000	1,5 milhão
Y	1500	120 mil
Z	20000	0,8 milhão

23. Um automóvel está percorrendo uma estrada à velocidade constante de 120 km/h, o que equivale a 2 km/min.

a) Faça uma tabela para representar a distância percorrida pelo automóvel em 1 min, 2 min, 3 min, 4 min, 5 min, 10 min e 20 min.

b) As grandezas distância e tempo são diretamente proporcionais? Represente-as graficamente.

24. No gráfico está representada a relação entre a massa e o volume de certo óleo combustível:

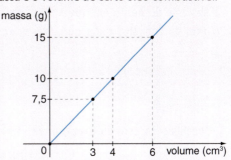

a) As grandezas massa e volume são diretamente proporcionais?

b) Qual é a densidade do óleo?

c) Qual é a lei que relaciona a massa (m) em função do volume (V)?

25. Em uma experiência, três barras idênticas de ferro (B_1, B_2 e B_3), cada qual com 1 m de comprimento e mesma temperatura inicial, foram submetidas a diferentes variações de temperatura. O comprimento final de cada barra e o aumento da temperatura são dados a seguir:

Barra	Aumento da temperatura (°C)	Comprimento final (cm)
B_1	10	100,012
B_2	20	100,024
B_3	30	100,036

a) As grandezas "variação do comprimento da barra (ΔL)" e "variação da temperatura ($\Delta \theta$)" são diretamente proporcionais?

b) Represente, no plano cartesiano, o gráfico de $\Delta L \times \Delta \theta$.

c) Sabemos, da Física, que $\Delta L = \alpha \cdot L_0 \cdot \Delta \theta$, sendo L_0 o comprimento inicial da barra e α uma constante específica de cada material denominada coeficiente de dilatação linear.

Determine o coeficiente de dilatação linear do ferro.

FUNÇÃO AFIM 97

RAIZ. EQUAÇÃO DO 1º GRAU

Chama-se **raiz** ou **zero da função polinomial do 1º grau**, dada por f(x) = ax + b, a ≠ 0, o número real x tal que f(x) = 0.

Temos:

$$f(x) = 0 \Rightarrow ax + b = 0 \Rightarrow x = -\frac{b}{a}$$

Observações

- O ponto $\left(-\frac{b}{a}, 0\right)$ pertence ao eixo das abscissas. Desse modo, a raiz de uma função do 1º grau corresponde à abscissa do ponto em que a reta intercepta o eixo Ox.

- A raiz da função f dada por f(x) = ax + b é a solução da equação do 1º grau ax + b = 0, ou seja, $x = -\frac{b}{a}$.

Exemplo ❾

- Obtenção do zero da função f: $\mathbb{R} \to \mathbb{R}$ dada pela lei f(x) = 2x − 5:
$$f(x) = 0 \Rightarrow 2x - 5 = 0 \Rightarrow x = \frac{5}{2}$$

- Cálculo da raiz da função g: $\mathbb{R} \to \mathbb{R}$ definida pela lei g(x) = 3x + 6:
$$g(x) = 0 \Rightarrow 3x + 6 = 0 \Rightarrow x = -2$$

- A reta que representa a função h: $\mathbb{R} \to \mathbb{R}$, dada por h(x) = −2x + 10 intercepta o eixo Ox no ponto (5,0), pois h(x) = 0 ⇒ −2x + 10 = 0 ⇒ x = 5.

EXERCÍCIOS

26. Determine a raiz de cada uma das funções de $\mathbb{R}$ em $\mathbb{R}$ dadas pelas seguintes leis:

a) y = 3x − 1

b) y = −2x + 1

c) $y = -\dfrac{3x - 5}{2}$

d) y = 4x

e) $y = \dfrac{2x}{5} - \dfrac{1}{3}$

f) y = −x

27. Seja f uma função real definida pela lei f(x) = ax − 3. Se −2 é raiz da função, qual é o valor de f(3)?

28. Resolva, em R, as seguintes equações de 1º grau:

a) 12x + 5 = 2x + 8

b) 5(3 − x) + 2(x + 1) = −x + 5

c) 5x + 20(1 − x) = 5

d) −x + 4(2 − x) = −2x − (10 + 3x)

e) $\dfrac{2x}{3} - \dfrac{1}{2} = \dfrac{5x}{2} + \dfrac{4}{3}$

f) $\dfrac{6x}{5} - \dfrac{x + 3}{2} = \dfrac{x}{3} - 1$

29. Um pai quer distribuir R$ 120,00 entre seus três filhos, aqui denominados A, B e C, de modo que B receba o dobro de C e A receba o dobro de B somado ao que cabe a C. Quanto receberá cada um?

30. Dona Clara, de 52 anos, tem dois filhos: um rapaz de 23 anos e uma moça de 26 anos.

a) Há quanto tempo a soma das idades dos três era 65 anos?

b) Daqui a quanto tempo a soma das idades dos três será igual a 128 anos?

31. André, Bruno e Carlos revisaram um total de 53 computadores da empresa em que trabalham. André revisou 3 equipamentos a menos do que Bruno e este, 2 a menos do que Carlos. Determine o número de computadores revisados por cada um deles.

32. Paulo e Joana recebem a mesma quantia por hora de trabalho. Após Paulo ter trabalhado 4 horas e Joana 3 horas e 20 minutos, Paulo tinha a receber R$ 15,00 a mais que Joana. Quanto recebeu cada um?

TAXA MÉDIA DE VARIAÇÃO DA FUNÇÃO AFIM

Observemos inicialmente dois exemplos.

Exemplo 10

Seja f a função afim dada por $y = 3x + 2$. No gráfico ao lado, destacamos alguns pontos da reta r, que é o gráfico de f.

Vamos calcular a taxa média de variação dessa função nos seguintes intervalos:

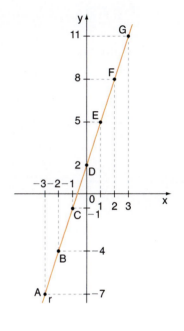

Intervalo	Δx	Δy	Taxa de variação: $\frac{\Delta y}{\Delta x}$
de A a B	$-2 - (-3) = 1$	$-4 - (-7) = 3$	$\frac{3}{1} = 3$
de B a C	$-1 - (-2) = 1$	$-1 - (-4) = 3$	$\frac{3}{1} = 3$
de E a F	$2 - 1 = 1$	$8 - 5 = 3$	$\frac{3}{1} = 3$
de D a G	$3 - 0 = 3$	$11 - 2 = 9$	$\frac{9}{3} = 3$
de B a E	$1 - (-2) = 3$	$5 - (-4) = 9$	$\frac{9}{3} = 3$
de A a F	$2 - (-3) = 5$	$8 - (-7) = 15$	$\frac{15}{5} = 3$

Observe que, independentemente do "ponto de partida" e do intervalo considerado, a taxa de variação da função é constante (igual a 3).

Exemplo 11

Seja f a função afim definida por $y = -2x + 3$. No gráfico abaixo, destacamos alguns pontos da reta s, que é o gráfico de f.

Vamos calcular a taxa média de variação dessa função nos seguintes intervalos:

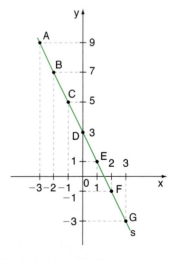

Intervalo	Δx	Δy	Taxa de variação: $\frac{\Delta y}{\Delta x}$
de A a B	$-2 - (-3) = 1$	$7 - 9 = -2$	$\frac{-2}{1} = -2$
de B a C	$-1 - (-2) = 1$	$5 - 7 = -2$	$\frac{-2}{1} = -2$
de E a F	$2 - 1 = 1$	$-1 - 1 = -2$	$\frac{-2}{1} = -2$
de B a E	$1 - (-2) = 3$	$1 - 7 = -6$	$\frac{-6}{3} = -2$
de C a G	$3 - (-1) = 4$	$-3 - 5 = -8$	$\frac{-8}{4} = -2$
de A a G	$3 - (-3) = 6$	$-3 - 9 = -12$	$\frac{-12}{6} = -2$

Observe que, independentemente do "ponto de partida" e do intervalo considerado, a taxa de variação dessa função é constante.

FUNÇÃO AFIM 99

Os exemplos anteriores sugerem que, em uma função afim, a taxa média de variação é constante, isto é, independe do "ponto inicial" e do "ponto final" considerados.

Propriedade:
Seja f: $\mathbb{R} \to \mathbb{R}$ uma função afim dada por f(x) = ax + b.
A taxa média de variação de *f*, quando *x* varia de x_1 a x_2, com $x_1 \neq x_2$, é igual ao coeficiente *a*.

Demonstração:
Se f(x) = ax + b, temos:

$$f(x_1) = ax_1 + b; \qquad f(x_2) = ax_2 + b$$

A taxa média de variação de *f*, para *x* variando de x_1 até x_2 é:

$$\frac{f(x_2) - f(x_1)}{x_2 - x_1} = \frac{(ax_2 + b) - (ax_1 + b)}{x_2 - x_1} = \frac{a \cdot x_2 - a \cdot x_1}{x_2 - x_1} = \frac{a \cdot (x_2 - x_1)}{x_2 - x_1} = a$$

Observação

Note nos exemplos 9 e 10 que, quando a > 0, a taxa de variação de *f* é positiva e *f* é crescente; quando a < 0, a taxa de variação de *f* é negativa e *f* é decrescente.

Exemplo 12

O gráfico mostra a relação entre o número de funcionários de uma empresa e os anos, considerando o período de 1990 a 2015:

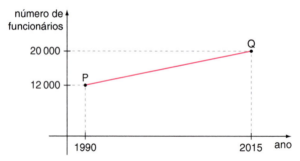

- Quantos funcionários a empresa tinha em 2010?
  Considerando o intervalo do ponto P ao ponto Q do gráfico, temos que a taxa média de variação dessa função é:
  $$\frac{\Delta y}{\Delta x} = \frac{20\,000 - 12\,000}{2\,015 - 1\,990} = \frac{8\,000}{25} = 320$$
  Como se trata de uma função afim (o gráfico é uma reta), sabemos que essa taxa é constante. Isso significa que, a cada ano, o número de funcionários aumenta em 320.
  Assim, em 20 anos (de 1990 a 2010), o aumento foi de 20 × 320 = 6 400 e o número de funcionários em 2010 era 12 000 + 6 400 = 18 400.

- Qual é a lei da função que representa o número de funcionários (n) em relação a *t*, sendo *t* o número de anos transcorridos a partir de 1990, isto é, t ∈ {0,1, ..., 25}.
  Sabemos que a = 320.
  Como n = at + b, escrevemos n = 320t + b. Para determinar o valor de *b*, podemos utilizar um dos pontos (P ou Q) do gráfico:
  ponto P (t = 0; n = 12 000) ⇒ 12 000 = 320 · 0 + b ⇒ b = 12 000
  A lei é, portanto, n = 320t + 12 000.

EXERCÍCIOS

33. Determine a taxa média de variação das seguintes funções de 1º grau:
a) $f(x) = 4x + \dfrac{1}{2}$
b) $g(x) = -3x$
c) $h(x) = x + 2$
d) $i(x) = 4 - x$

34. Durante uma década, verificou-se que um colégio apresentou um decréscimo linear no número de matrículas, como mostra o gráfico seguinte:

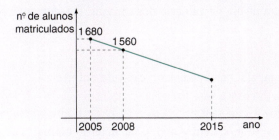

a) Quantos alunos a escola tinha em 2011?
b) Quantos alunos a escola perdeu de 2005 a 2015?
c) Qual é a lei da função que representa o número de matrículas (y) em função do número de anos (x) contados a partir de 2005?
d) Suponha que, a partir de 2015, haja um aumento de 30 matrículas por ano. Quantos alunos terá o colégio em 2020?

35. Durante um dia de verão, constatou-se que o fluxo de turistas que passavam por hora pela entrada de um parque aquático era constante. A entrada no parque poderia ser feita das 9 até às 16 horas. Sabendo que até às 11 horas já haviam entrado no parque 360 pessoas, determine:

a) quantos turistas entraram no parque até às 14 horas;
b) o total de turistas que o parque recebeu naquele dia.

36. A valorização anual do preço (em reais) de um quadro é constante. Seu preço atual é R$ 4 500,00. Há quatro anos, o quadro custava R$ 3 300,00. Qual será o seu preço daqui a cinco anos?

37. O custo C, em milhares de reais, de produção de x litros de certa substância é dado por uma função afim, com $x \geq 0$, cujo gráfico está representado abaixo.

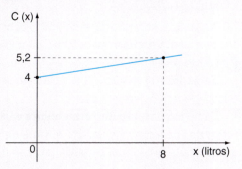

a) Qual é o significado do ponto (0,4) pertencente à reta?
b) Qual é o custo de produção de 1 litro dessa substância?
c) O custo de R$ 7 000,00 corresponde à produção de quantos litros dessa substância?

38. Em uma cidade, verificou-se que, em um dia de verão, a temperatura variou linearmente com o tempo, no período das 8 às 16 horas. Sabendo que às 11h30min a temperatura era de 29,5 °C e às 14h ela atingiu a marca de 33 °C, determine:
a) a temperatura às 9h30min e às 15h;
b) a lei da função que representa a temperatura y (em °C) de acordo com o tempo (t), em horas, transcorrido a partir das 8h; $t \in [0,8]$.

APLICAÇÕES

Movimento uniforme e movimento uniformemente variado

Vamos imaginar que você esteja na estrada em um automóvel no qual o velocímetro se mantém sempre na mesma posição (durante um determinado intervalo de tempo) indicando, por exemplo, 80 km/h.

Nas aulas de Física você já deve ter aprendido que se trata de um movimento uniforme: se considerarmos intervalos de tempo iguais, o automóvel sofre variações de espaço iguais (no exemplo, o automóvel percorre 40 km a cada meia hora ou 20 km a cada 15 minutos e assim por diante).

FUNÇÃO AFIM 101

Decorre daí que a função horária dos espaços, no movimento uniforme, é:

$$s(t) = s_0 + v \cdot t \quad (*)$$

- $s(t)$ representa o espaço correspondente ao tempo t, com $t \geq 0$; observe que s e t são as grandezas relacionadas;
- as constantes s_0 e v representam, respectivamente, o espaço inicial (correspondente a $t = 0$) e a velocidade escalar (velocidade do móvel em cada instante considerado).

Observe que (*) representa a lei de uma função de 1º grau: $y = ax + b$, com x e y representados por t e s, respectivamente. Sabemos que a taxa média de variação dessa função é constante e igual ao coeficiente de x, que vale a. Desse modo, em (*), v representa a taxa média de variação dos espaços, considerando o intervalo de t_1 a t_2:

$$\frac{s_2 - s_1}{t_2 - t_1} = v$$

Note que v representa também a velocidade escalar média, como vimos no capítulo anterior.

Veja estes exemplos:

Na função horária $s(t) = 5 + 10t$, com t em segundos e s em metros, o coeficiente de t, que é igual a 10, representa a velocidade escalar do móvel, isto é, $v = 10$ m/s. Com $v > 0$, o movimento é progressivo ("s cresce com t").

Já na lei $s(t) = 40 - 20t$, com t em segundos e s em metros, temos que $v = -20$ m/s e o movimento é retrógrado ("s decresce com t").

Já no **movimento uniformemente variado**, a velocidade escalar de um móvel sofre variações iguais em intervalos de tempo iguais, isto é, varia de modo uniforme no decorrer do tempo. A função que representa a velocidade (v) em um instante (t), $t \geq 0$, é:

$$v(t) = v_0 + \alpha \cdot t$$

Sendo v_0 e α constantes (para cada movimento) que representam, respectivamente, a velocidade inicial do móvel (correspondente a $t = 0$) e a aceleração escalar.

A taxa média de variação da velocidade no intervalo de t_1 a t_2 é constante e igual ao coeficiente de t, que vale:

$$\alpha = \frac{v_2 - v_1}{t_2 - t_1}$$

Observe que α (aceleração escalar) representa também a aceleração escalar média, como vimos no capítulo 3.

> Referência bibliográfica:
> Nicolau e Toledo. *Aulas de Física, vol. 1*. Atual Editora: 2007.

FUNÇÃO AFIM CRESCENTE E DECRESCENTE

O coeficiente angular

Já vimos que o gráfico da função afim $f: \mathbb{R} \to \mathbb{R}$ dada por $y = ax + b$, $a \neq 0$ é uma reta.

O coeficiente de x, a, é chamado **coeficiente angular** ou **declividade** da reta e está ligado a sua inclinação em relação ao eixo $0x$.

Observe o ângulo α que a reta forma com o eixo **x**, convencionado tal como mostram os dois casos a seguir:

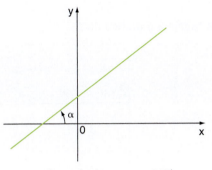
α é agudo (0 < α < 90°)

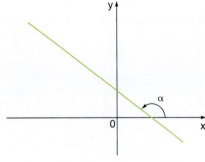
α é obtuso (90° < α < 180°)

Considerando a função afim definida por f(x) = ax + b, temos duas possibilidades.

- para a > 0, se $x_1 < x_2$, então $ax_1 < ax_2$ e, daí, $ax_1 + b < ax_2 + b$; portanto, $f(x_1) < f(x_2)$, e a função é dita **crescente**.

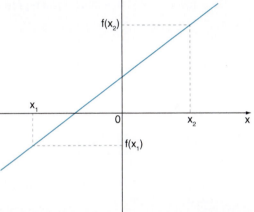

Exemplo 13

Seja f: ℝ → ℝ definida por y = 3x − 1. Observe a tabela e o gráfico de f.

x aumenta →

x	−3	−2	−1	0	1	2	3
y	−10	−7	−4	−1	2	5	8

y aumenta →

Note que a = 3 > 0; lembre que *a* representa também a taxa média de variação de f. A função é crescente.

- para a < 0, se $x_1 < x_2$, então $ax_1 > ax_2$ e, daí, $ax_1 + b > ax_2 + b$; portanto, $f(x_1) > f(x_2)$, e a função é dita **decrescente**.

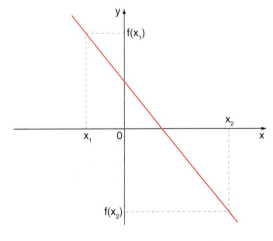

FUNÇÃO AFIM

Exemplo 14

Seja f: ℝ → ℝ definida por y = −2x + 3. Observe a tabela e o gráfico de *f*.

x	−3	−2	−1	0	1	2	3
y	9	7	5	3	1	−1	−3

x aumenta →
y diminui →

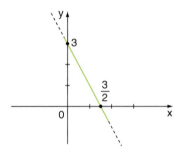

Note que a = −2 < 0; lembre que *a* representa também a taxa média de variação de *f*. A função é decrescente.

Em resumo, as funções *f*, definidas por f(x) = ax + b, com a > 0, são crescentes, e aquelas com a < 0 são decrescentes.

EXERCÍCIO RESOLVIDO

4. Discutir, em função do parâmetro *m*, a variação (decrescente, constante, crescente) da função de ℝ em ℝ, dada por y = (m − 2)x + 3.

Solução:

Se na lei de uma função aparecer outra variável além das duas que estão se relacionando (*x* e *y*), essa variável é chamada **parâmetro**. Na expressão y = (m − 2)x + 3, as variáveis são *x* e *y*, e *m* é um parâmetro.

O coeficiente de *x* nessa equação é m − 2. Assim, temos:

- a função é decrescente se m − 2 < 0, ou seja, se m < 2;
- a função é constante se m − 2 = 0, ou seja, se m = 2;
- a função é crescente se m − 2 > 0, ou seja, se m > 2.

O coeficiente linear

O termo constante *b* é chamado **coeficiente linear** da reta. Para x = 0, temos y = a · 0 + b = b.

O ponto (0, b) pertence ao eixo das ordenadas. Assim, o coeficiente linear é a ordenada do ponto em que a reta corta o eixo 0y.

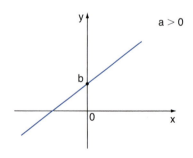
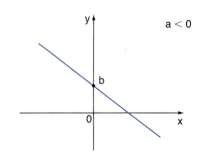

EXERCÍCIOS

39. Classifique cada uma das funções afins dadas pelas leis seguintes em crescente ou decrescente:
  a) $y = 3x - 2$
  b) $y = -x + 3$
  c) $y = \dfrac{5 - 2x}{3}$
  d) $y = 9x$
  e) $y = (x + 3)^2 - (x + 1)^2$
  f) $y = 3 - 5x$

40. Para que valores reais de m a função de $\mathbb{R}$ em $\mathbb{R}$ definida por:
  a) $f(x) = mx - 2$ é crescente?
  b) $g(x) = (m + 3)x + 1$ é decrescente?
  c) $h(x) = (-m + 2)x$ é crescente?

41. Discuta, em função do parâmetro m, a variação (crescente, decrescente ou constante) de cada uma das funções de $\mathbb{R}$ em $\mathbb{R}$ abaixo:
  a) $y = (m + 1)x - 3$
  b) $y = (2m)x - 5$
  c) $y = (3 - 2m)x + 1$

42. Identifique o coeficiente angular (a) e o coeficiente linear (b) de cada uma das funções de $\mathbb{R}$ em $\mathbb{R}$ dadas pelas seguintes leis:
  a) $y = -2x + 5$
  b) $y = 3x - 1$
  c) $y = 4x$
  d) $y = x + 3$
  e) $y = \dfrac{2x - 3}{5}$

43. Determine os valores dos coeficientes angulares e lineares (a e b, respectivamente) das retas seguintes.

  a)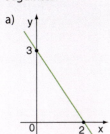
  b)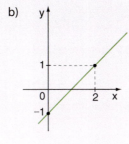

44. Na lei $f(x) = p + 60x$, em que p é uma constante real, está relacionado o valor total $f(x)$, em reais, pago a um técnico de informática, por um serviço de x horas (são permitidos fracionamentos de hora). Sabendo que o técnico recebeu R$ 195,00 por 2,5 horas de trabalho, determine:
  a) os coeficientes angular e linear da reta que representa o gráfico de f; esboce, em seguida, esse gráfico.
  b) o tempo máximo em que o técnico pode fazer um serviço para um cliente que dispõe de R$ 300,00.

45. No gráfico seguinte está representado o volume de petróleo existente em um reservatório de 26 m³ inicialmente vazio.

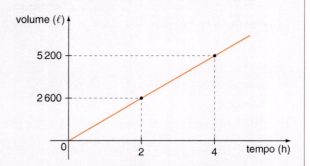

  a) Determine a taxa média de variação do volume em relação ao tempo.
  b) Determine os coeficientes angular e linear dessa reta.
  c) Qual é a equação dessa reta?
  d) Em quanto tempo o reservatório estará cheio?

SINAL

Já vimos que estudar o sinal de uma função f qualquer, definida por $y = f(x)$, é determinar os valores de x para os quais y é positivo ou y é negativo.

Consideremos uma função afim dada por $y = f(x) = ax + b$ e estudemos seu sinal. Já vimos que essa função se anula ($y = 0$) para $x = -\dfrac{b}{a}$ (raiz). Há dois casos possíveis:

- $a > 0$ (a função é crescente)

$y > 0 \Rightarrow ax + b > 0 \Rightarrow x > -\dfrac{b}{a}$

$y < 0 \Rightarrow ax + b < 0 \Rightarrow x < -\dfrac{b}{a}$

Conclusão: y é positivo para valores de x maiores que a raiz; y é negativo para valores de x menores que a raiz.

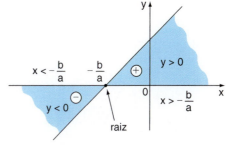

- $a < 0$ (a função é decrescente)

  $y > 0 \Rightarrow ax + b > 0 \Rightarrow x < -\dfrac{b}{a}$

  $y < 0 \Rightarrow ax + b < 0 \Rightarrow x > -\dfrac{b}{a}$

  Conclusão: y é positivo para valores de x menores que a raiz; y é negativo para valores de x maiores que a raiz.

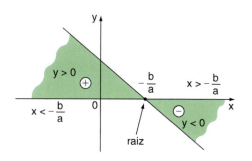

EXERCÍCIOS RESOLVIDOS

5. Estudar o sinal da função afim definida por $y = 2x - 1$.

Solução:

Essa função polinomial do 1º grau apresenta $a = 2 > 0$ e raiz $x = \dfrac{1}{2}$. A função é crescente e a reta corta o eixo 0x no ponto $\dfrac{1}{2}$.

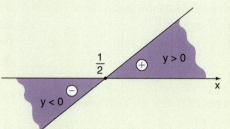

sinal
$y > 0 \Rightarrow x > \dfrac{1}{2}$
$y < 0 \Rightarrow x < \dfrac{1}{2}$

6. Estudar o sinal da função afim dada por $y = -2x + 5$.

Solução:

Essa função do 1º grau apresenta $a = -2 < 0$ e raiz $x = \dfrac{5}{2}$. A função é decrescente e a reta corta o eixo 0x no ponto $\dfrac{5}{2}$.

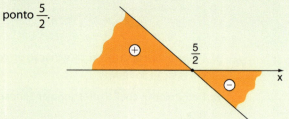

sinal
$y > 0 \Rightarrow x < \dfrac{5}{2}$
$y < 0 \Rightarrow x > \dfrac{5}{2}$

EXERCÍCIOS

46. Em cada caso, estude o sinal da função de $\mathbb{R}$ em $\mathbb{R}$ representada no gráfico:

a)

b)

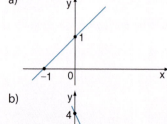

47. Estude o sinal de cada uma das funções de $\mathbb{R}$ em $\mathbb{R}$ seguintes:

a) $y = 4x + 1$

b) $y = -3x + 1$

c) $y = -7x$

d) $y = \dfrac{x - 3}{5}$

e) $y = \dfrac{x}{2}$

f) $y = 3 - x$

48. Faça o estudo do sinal da função de $\mathbb{R}$ em $\mathbb{R}$ representada no gráfico seguinte:

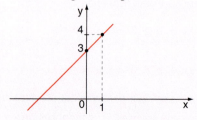

INEQUAÇÕES

Introdução

No Exemplo 2 da página 89 estabelecemos que o salário do corretor é dado por $s(x) = 500 + 0{,}02 \cdot x$, em que x é o total de vendas do mês. Qual deve ser o total de vendas para que o salário do corretor ultrapasse R$ 3 000,00?

Devemos ter:

$$s(x) > 3\,000$$
$$500 + 0{,}02 \cdot x > 3\,000$$
$$0{,}02 \cdot x > 3\,000 - 500$$
$$0{,}02 \cdot x > 2\,500$$
$$x > \frac{2\,500}{0{,}02}$$
$$x > 125\,000$$

Assim, as vendas precisam superar R$ 125 000,00.

Acabamos de resolver uma inequação do 1º grau. Vamos, a seguir, relembrar como se resolvem outras inequações de 1º grau e também relacionar a resolução de inequações ao estudo do sinal da função afim.

Acompanhe os exemplos:

Exemplo 15

Resolver, em $\mathbb{R}$, a inequação $2x + 3 > 0$.

1º modo:
- Deixamos no 1º membro apenas o termo que contém a incógnita x: $2x > -3$.
- Dividimos os dois membros pelo coeficiente de x:

$$\frac{2x}{2} > -\frac{3}{2}, \text{ isto é, } x > -\frac{3}{2}$$

2º modo:
O primeiro membro da inequação pode ser associado à função $y = 2x + 3$; assim, é preciso determinar x tal que $y > 0$.
Temos:
- raiz: $2x + 3 = 0 \Rightarrow x = -\frac{3}{2}$
- A função é crescente, pois a = 2 > 0.

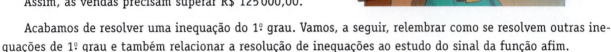

Assim, para que $y > 0$, basta considerar $x > -\frac{3}{2}$.

$$S = \left\{ x \in \mathbb{R} \mid x > -\frac{3}{2} \right\}$$

Exemplo 16

Para resolver a inequação $-3x + 12 \leq 0$, considerando $U = \mathbb{R}$, podemos proceder de dois modos:

1º modo: $-3x + 12 \leq 0 \Rightarrow -3x \leq -12$

Ao dividirmos os dois membros pelo coeficiente de x, que é negativo (-3), é preciso lembrar que o sinal da desigualdade se inverte:

$$\frac{-3x}{-3} \geq \frac{-12}{-3}, \text{ isto é, } x \geq 4$$

2º modo: Seja y = −3x + 12; é preciso determinar para que valores de *x* tem-se y ≤ 0.
- raiz: −3x + 12 = 0 ⇒ x = 4
- a = −3 < 0

Assim, y ≤ 0 quando x ≥ 4.
S = {x ∈ ℝ | x ≥ 4}

Exemplo 17

Resolver, em ℝ, a inequação 4(x + 1) − 5 ≤ 2(x + 3).
- Desenvolvemos os parênteses: 4x + 4 − 5 ≤ 2x + 6.
- Agrupamos os termos semelhantes: 4x − 2x + 4 − 5 − 6 ≤ 0, isto é, 2x − 7 ≤ 0.
- Agora optamos por um dos dois modos apresentados nos exemplos anteriores para chegar à solução:

$$S = \left\{ x \in \mathbb{R} \mid x \leq \frac{7}{2} \right\}$$

EXERCÍCIO RESOLVIDO

7. Resolver, em ℝ, a inequação 1 ≤ 2x + 3 < x + 5.

Solução:

De fato, são duas inequações simultâneas:

1 ≤ 2x + 3 ①   e   2x + 3 < x + 5 ②

Vamos resolver ①: 1 ≤ 2x + 3

Temos:

1 ≤ 2x + 3 ⇒ −2x ≤ 3 − 1 ⇒ −2x − 2 ≤ 0 ⇒ x ≥ −1

Vamos resolver ②: 2x + 3 < x + 5

2x + 3 < x + 5 ⇒ 2x − x < 5 − 3 ⇒ x < 2

Como as condições ① e ② devem ser satisfeitas simultaneamente, procuremos agora a interseção das duas soluções:

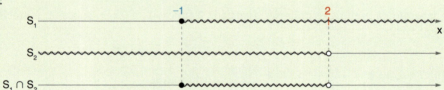

Portanto: −1 ≤ x < 2 ou S = {x ∈ ℝ | −1 ≤ x < 2}.

EXERCÍCIOS

49. Resolva, em ℝ, as inequações seguintes, estudando o sinal das funções envolvidas:
a) 2x − 1 ≥ 0
b) −4x + 3 < 0
c) −2x ≤ 0
d) 3x + 6 > 0
e) x − 3 ≤ −x + 5
f) 3(x − 1) + 4x ≤ −10
g) −2(x − 1) − 5(1 − x) > 0

50. Resolva, em ℝ, as seguintes inequações:
a) $\frac{x-1}{3} - \frac{x-2}{2} \leq 2$
b) $\frac{2(3-x)}{5} + \frac{x}{2} \geq \frac{1}{4} + \frac{2(x-1)}{3}$
c) $\frac{3x-1}{4} - \frac{x-3}{2} \geq \frac{x+7}{4}$
d) $(x-3)^2 - (4-x)^2 \leq \frac{x}{2}$
e) $\frac{4x-3}{5} - \frac{2+x}{3} < \frac{3x}{5} + 1 - \frac{2x}{15}$

51. Para um atendimento domiciliar, um técnico em informática X cobra R$ 60,00 a visita e R$ 45,00 a hora de trabalho; um técnico Y cobra R$ 40,00 a visita e R$ 50,00 a hora de trabalho. A partir de quanto tempo de serviço é mais econômico contratar o técnico X?

52. A diferença entre o dobro de um número e a sua metade é menor que 6. Quais os inteiros positivos que são soluções desse problema?

53. Duas *lan houses*, A e B, localizadas em um mesmo bairro, adotam regimes diferentes de preços, em função do tempo de acesso, como mostra o gráfico seguinte.

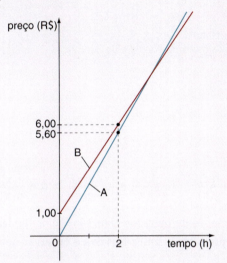

a) Qual das *lan houses* cobra entrada? Qual é o valor cobrado?
b) A partir de quantos minutos de acesso é mais econômico escolher a *lan house* B?

54. A produção de soja em uma região atingiu a safra de 50 toneladas em janeiro de 2010. A partir daí, a produção tem recuado à taxa de 90 kg ao mês. Mantido esse ritmo, a partir de qual data (mês e ano) a produção mensal estará abaixo de 40 toneladas?

55. Resolva as seguintes inequações simultâneas, sendo $U = \mathbb{R}$:

a) $-1 < 2x \leq 4$
b) $3 < x - 1 < 5$
c) $4 > -x > -1$
d) $3 \leq x + 1 \leq -x + 6$
e) $2x \leq -x + 9 \leq 5x + 21$

56. Uma locadora de automóveis oferece três planos a seus clientes:

- plano A: diária a R$ 80,00 com quilometragem livre;
- plano B: diária a R$ 30,00 e mais R$ 0,60 por quilômetro rodado;
- plano C: diária a R$ 40,00 e mais R$ 0,50 por quilômetro rodado.

a) Qual é a opção mais econômica para alguém que deseja rodar 60 km por dia? E 80 km por dia?
b) A partir de quantos quilômetros inteiros rodados em um dia o plano A é mais econômico que os outros dois?

57. Resolva, em $\mathbb{R}$, os seguintes sistemas de inequações:

a) $\begin{cases} -3x < 1 - 2x \\ 4 - 3 \cdot (2 - x) \geq x \end{cases}$
b) $\begin{cases} x + 1 < 5x \\ 8x < -x + 2 \end{cases}$

58. Resolva, em $\mathbb{Z}$, as seguintes inequações:

a) $3 - x < x + 2 < -x + 5$
b) $-2x \leq 1 - x \leq -3x + 2$
c) $\dfrac{x}{3} + 2 < \dfrac{3x}{4} - 1 < \dfrac{x}{2} + 3$

INEQUAÇÕES-PRODUTO

Sejam f e g duas funções de variável x. As inequações $f(x) \cdot g(x) > 0$, $f(x) \cdot g(x) \geq 0$, $f(x) \cdot g(x) < 0$ e $f(x) \cdot g(x) \leq 0$ são chamadas de **inequações-produto**.

Para resolvê-las, vamos usar um processo prático, baseado no estudo do sinal de f, g e do produto $f \cdot g$, descrito no exemplo a seguir.

Exemplo 18

Vamos resolver, em $\mathbb{R}$, a inequação-produto $(4 - 3x) \cdot (2x - 7) > 0$. Inicialmente, reconhecemos as funções f e g envolvidas: $f(x) = 4 - 3x$ e $g(x) = 2x - 7$. Vamos estudar o sinal de f e de g:

- $f(x) = 4 - 3x$;
  Temos $a = -3 < 0$ e raiz $x = \dfrac{4}{3}$. Então:

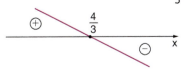

- $g(x) = 2x - 7$;
  Temos $a = 2 > 0$ e raiz $x = \dfrac{7}{2}$. Então:

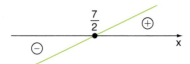

- Vamos estudar agora o sinal do produto $f(x) \cdot g(x)$ (vale a regra de sinais do produto de números reais).

		$\dfrac{4}{3}$		$\dfrac{7}{2}$
y_1	+		−	−
y_2	−		−	+
$y_1 \cdot y_2$	−		+	−

- Determinando os valores de x para os quais $f(x) \cdot g(x) > 0$, temos: $\dfrac{4}{3} < x < \dfrac{7}{2}$.

$S = \left\{ x \in \mathbb{R} \mid \dfrac{4}{3} < x < \dfrac{7}{2} \right\}$

INEQUAÇÕES-QUOCIENTE

Sejam f e g duas funções de variável x. As inequações $\dfrac{f(x)}{g(x)} > 0$, $\dfrac{f(x)}{g(x)} < 0$, $\dfrac{f(x)}{g(x)} \geq 0$ e $\dfrac{f(x)}{g(x)} \leq 0$ são denominadas **inequações-quociente**.

Lembrando que as regras de sinais do produto e do quociente de números reais são iguais, podemos utilizar o mesmo processo descrito na resolução de inequações–produto. A única ressalva é observar que, em uma divisão, o divisor não pode ser nulo.

Exemplo 19

Resolver, em $\mathbb{R}$, a inequação-quociente $\dfrac{10x - 15}{5 - 4x} \leq 0$.

- Estudo do sinal de $f(x) = 10x - 15$

$a = 10 > 0$ e raiz $x = \dfrac{3}{2}$

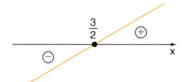

- Estudo do sinal de $g(x) = 5 - 4x$

$a = -4 < 0$ e raiz $x = \dfrac{5}{4}$

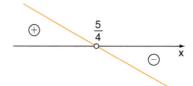

- Estudo do sinal do quociente $\dfrac{f(x)}{g(x)}$

		$\dfrac{5}{4}$		$\dfrac{3}{2}$	
f(x)	−		−		+
g(x)	+		−		−
$\dfrac{f(x)}{g(x)}$	−		+		−

Para resolver esta inequação devemos responder à pergunta: "Para que valores de x temos $\dfrac{f(x)}{g(x)} \leq 0$?".

$$S = \left\{ x \in \mathbb{R} \mid x < \dfrac{5}{4} \text{ ou } x \geq \dfrac{3}{2} \right\}$$

(Notemos que $\dfrac{f(x)}{g(x)} = 0$ ocorre para $f(x) = 0$ e $g(x) \neq 0$. Isso nos obriga a incluir apenas a raiz de f.)

EXERCÍCIO RESOLVIDO

8. Resolver a inequação $\dfrac{x+3}{2-x} \leq 4$ no universo $\mathbb{R}$.

Solução:

Se, simplesmente, multiplicarmos ambos os membros por $2 - x$ (que pode ser positivo ou negativo, dependendo do valor de x), não saberemos se o sinal da desigualdade deverá ser mantido ou invertido. Por isso, utilizaremos o seguinte procedimento:

$$\dfrac{x+3}{2-x} \leq 4 \Rightarrow \dfrac{x+3}{2-x} - 4 \leq 0 \Rightarrow \dfrac{(x+3) - 4(2-x)}{2-x} \leq 0 \Rightarrow \dfrac{5x-5}{2-x} \leq 0$$

$f(x) = 5x - 5$
$5x - 5 = 0 \Rightarrow x = 1$

$g(x) = 2 - x$
$2 - x = 0 \Rightarrow x = 2$

		1		2	
f(x)	−		+		+
g(x)	+		+		−
$\dfrac{f(x)}{g(x)}$	−		+		−

$S = \{x \in \mathbb{R} \mid x \leq 1 \text{ ou } x > 2\}$

EXERCÍCIOS

59. Resolva, em $\mathbb{R}$, as inequações-produto:
  a) $(x - 1) \cdot (x - 2) \geq 0$
  b) $(-2x + 1) \cdot (3x - 6) > 0$
  c) $(5x + 2) \cdot (1 - x) \leq 0$
  d) $(3 - 2x) \cdot (4x + 1) \cdot (5x + 3) \geq 0$

60. Quantos números inteiros satisfazem a inequação $(3x - 5) \cdot (-2x + 7) > 0$?

61. Sejam $y_1 = -x$, $y_2 = 2x - 1$ e $y_3 = x - 3$. Para que valores de x tem-se $y_1 \cdot y_2 \cdot y_3 \geq 0$?

62. Resolva as seguintes inequações em $\mathbb{R}$:

a) $(2 - x) \cdot (x - 2) \geq 0$

b) $(x - 3) \cdot (2x - 6) > 0$

c) $(2x - 1) \cdot (1 - 2x) > 0$

63. Resolva, em $\mathbb{R}$, as inequações-quociente:

a) $\dfrac{x + 1}{2x - 1} \leq 0$

b) $\dfrac{4x - 3}{-2x + 3} < 0$

c) $\dfrac{2x}{-x + 3} \geq 0$

64. Determine o conjunto solução das inequações--quociente seguintes, sendo $U = \mathbb{R}$:

a) $\dfrac{(3 - x)}{(x + 1) \cdot (x - 2)} \geq 0$

b) $\dfrac{-x}{(2 + x) \cdot (-3x - 1)} < 0$

65. Resolva, em $\mathbb{R}$, as inequações:

a) $\dfrac{x - 3}{2x - 1} \geq 4$

b) $\dfrac{-4x + 1}{x - 2} < -2$

c) $\dfrac{x}{x - 1} \leq 1$

66. A partir do gráfico seguinte, resolva as inequações:

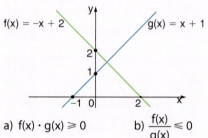

a) $f(x) \cdot g(x) \geq 0$ b) $\dfrac{f(x)}{g(x)} \leq 0$

67. Resolva, em $\mathbb{R}$, as inequações:

a) $\dfrac{2}{x - 1} \geq \dfrac{3}{x + 2}$ b) $-\dfrac{4}{x} + \dfrac{3}{2} \geq -\dfrac{1}{x}$

APLICAÇÕES

Funções custo, receita e lucro

Uma pequena doçaria, instalada em uma galeria comercial, produz e comercializa brigadeiros. Para fabricá-los, há um custo fixo mensal de R$ 1 200,00, representado por C_F, que inclui aluguel, conta de luz, impostos etc. Além desse, há um custo variável (C_V), que depende da quantidade de brigadeiros preparados (x). Estima-se que o custo de produção de cada brigadeiro seja R$ 0,90.

Assim, o custo total mensal, C ($C = C_F + C_V$), é dado por:

$$C(x) = 1\,200 + 0{,}90 \cdot x$$

O preço unitário de venda do brigadeiro é R$ 2,40. Admitiremos, neste momento, que o preço de venda independe de outros fatores.

A receita (faturamento bruto) dessa doçaria é definida por:

$$R(x) = 2{,}40 \cdot x$$

ou seja, é dada pelo produto entre o preço unitário de venda e o número de unidades produzidas e vendidas (x).

Por fim, o lucro mensal, L (faturamento líquido), desse estabelecimento é uma função de 1º grau dada por:

$$L(x) = R(x) - C(x)$$
$$L(x) = 2{,}40x - (0{,}90x + 1\,200) = 1{,}5x - 1\,200$$

Vamos observar, a seguir, o gráfico das funções custo e receita.

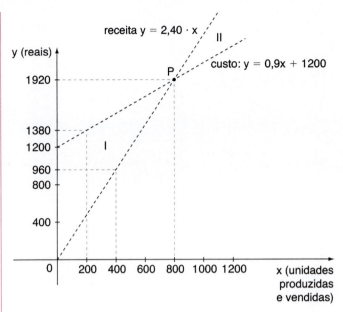

Para determinarmos o ponto P de interseção das duas retas, basta igualar custo e receita:
$$0,9x + 1\,200 = 2,40x \Rightarrow x = 800$$

Substituindo *x* por 800 em qualquer uma das funções (receita ou custo) obtemos a ordenada y = 1 920. Assim, P (800, 1 920).

O ponto P é chamado de **ponto de nivelamento** (ou ponto crítico), pois em P a receita é suficiente para igualar o custo total, fazendo com que a loja deixe de ter prejuízo.

Observe também no gráfico:
- região I: C(x) > R(x) (x < 800) ⇒ L(x) < 0 (prejuízo)
- região II: C(x) < R(x) (x > 800) ⇒ L(x) > 0 (lucro)

Observe, por fim, que a função lucro é uma função afim, dada por y = 1,5x − 1200. Esta função pode assumir tanto valores negativos como valores positivos, como vemos no gráfico seguinte:

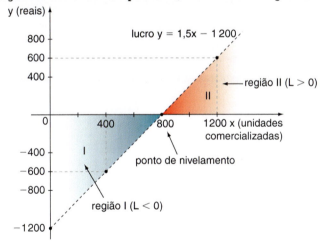

DESAFIO

Uma tira de papel retangular é dobrada ao longo da linha tracejada, conforme indicado, formando a figura plana da direita. Qual o valor do ângulo *x*?

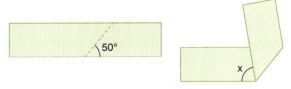

APÊNDICE — Grandezas inversamente proporcionais

Em uma experiência, pretende-se medir o tempo necessário para se encher de água um tanque inicialmente vazio. Para isso, são feitas várias simulações que diferem entre si pela vazão da fonte que abastece o tanque. Em cada simulação, no entanto, a vazão não se alterou do início ao fim da experiência. Os resultados são mostrados na tabela ao lado.

Simulação	Vazão (ℓ/min)	Tempo (min)
1	2	60
2	4	30
3	6	20
4	1	120
5	10	12
6	0,5	240

Observando os pares de valores é possível notar algumas regularidades:

1ª) O produto (vazão da fonte) · (tempo) é o mesmo em todas as simulações:

$$2 \cdot 60 = 4 \cdot 30 = 6 \cdot 20 = \ldots = 0{,}5 \cdot 240$$

O valor constante obtido para o produto representa a capacidade do tanque (120 ℓ).

2ª) Dobrando-se a vazão da fonte, o tempo se reduz à metade; triplicando-se a vazão da fonte, o tempo se reduz à terça parte; reduzindo-se a vazão à metade, o tempo dobra; ...

Os itens (1º) e (2º) listados acima caracterizam **grandezas inversamente proporcionais**.

DEFINIÇÃO

Quando *x* e *y* são duas grandezas que se relacionam de modo que para cada par de valores (x, y) se observa que x · y = k (k é constante), as duas grandezas são ditas **inversamente proporcionais**.

REPRESENTAÇÃO GRÁFICA

Com relação à experiência anterior, vamos construir um gráfico da vazão em função do tempo (observe, neste caso, que o gráfico está contido no 1º quadrante, pois as duas grandezas só assumem valores positivos).

A curva obtida é chamada **hipérbole**.

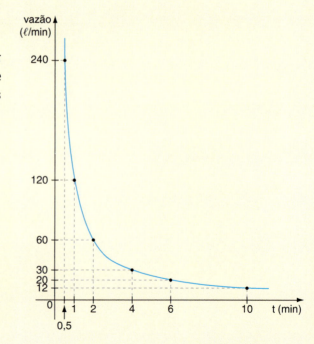

114 CAPÍTULO 4

- Como determinamos o tempo t necessário para encher o tanque se a vazão da fonte é de 13 ℓ/min?

Uma maneira é usar a definição de grandezas inversamente proporcionais: o produto (vazão · tempo) é constante e igual a 120.

Daí $13 \cdot t = 120 \Rightarrow t = \dfrac{120}{13} \cong 9{,}23$min = 9 minutos e 14 segundos, aproximadamente.

Considere uma certa massa de gás que é submetida a uma transformação na qual a temperatura é mantida constante. As grandezas que variam durante essa transformação são a pressão e o volume: o volume ocupado por essa massa de gás varia de acordo com a pressão a que ele foi submetido. A sequência de figuras abaixo ilustra a relação entre o volume e a pressão.

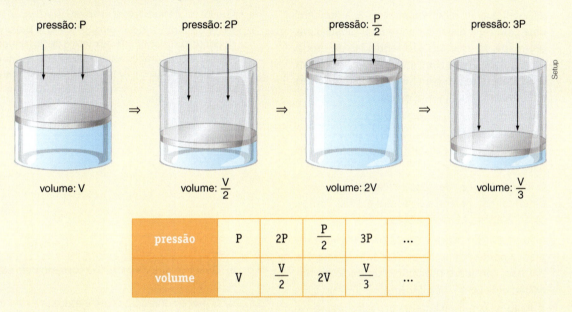

pressão	P	2P	$\dfrac{P}{2}$	3P	...
volume	V	$\dfrac{V}{2}$	2V	$\dfrac{V}{3}$	...

Observe que, para cada par de valores da tabela, o produto: (pressão) · (volume) é constante, isto é, $P \cdot V = k$. Assim, nessas condições, pressão e volume são grandezas inversamente proporcionais. Veja o gráfico de V × P:

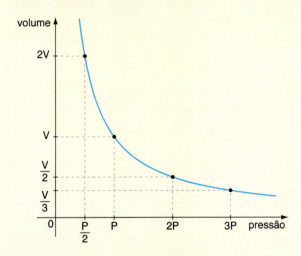

Referências bibliográficas:
- www.portaldoprofessor.mec.gov.br/fichaTecnicaAula.html
- www.cienciamao.usp.br (Acesso em: jul. 2014)

EXERCÍCIOS COMPLEMENTARES

1. As retas correspondentes aos gráficos das funções *f* e *g*, de ℝ em ℝ, definidas por $f(x) = \frac{2x}{3} + 2$ e $g(x) = mx + n$ interceptam-se em P(6,6). Sabendo que 3 é raiz de *g*, determine:

a) os valores de *m* e *n*;

b) a área do triângulo limitado pelo gráfico de *g* e pelos eixos coordenados.

2. (FGV-SP) Quando representamos um apartamento, uma casa ou a distância entre duas cidades em um mapa, as medidas são reduzidas de modo proporcional. As razões entre as distâncias em uma representação plana e as correspondentes medidas reais chamam-se escala.

A Volta da França (Tour de France) é a volta ciclística mais importante do mundo e tem o mesmo significado, para os ciclistas, que a Copa do Mundo para os fãs de futebol.

O Tour de France, com suas 21 etapas de planícies e montanhas, percorreu países além da França, como Espanha, Mônaco e Suíça.

A 18ª etapa, que ocorreu em 23/07/2009, não teve praticamente nenhuma escalada de montanha. Por isso, considere o percurso do início ao fim exatamente como uma linha reta.

A escala da representação plana é 1:400 000, isto é, 1 centímetro na representação plana corresponde a 400 000 centímetros na distância real.

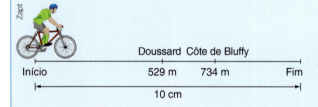

O ciclista que ganhou a etapa manteve uma velocidade média de 48 km/h. Se ele partiu às 10 horas da manhã, a que horas terminou a corrida?

3. O valor de uma máquina agrícola, adquirida por U$ 5 000,00 sofre, nos primeiros anos, depreciação (desvalorização) linear de U$ 240,00 por ano, até atingir 28% do valor de aquisição, estabilizando-se em torno desse valor mínimo.

a) Qual é o tempo transcorrido até a estabilização de seu valor?

b) Qual é o valor mínimo da máquina?

c) Faça um gráfico que represente a situação descrita no problema.

4. Pedro e João acertaram seus relógios às 11h de ontem, mas o de Pedro está adiantando 30 segundos por hora e o de João atrasando 10 segundos por hora. Determine:

a) a diferença entre os horários marcados pelos dois relógios às 20h de ontem;

b) o horário que estarão marcando os dois relógios às 11h de amanhã.

5. O valor total cobrado por um eletricista E inclui uma parte fixa, como visita, transporte etc., e outra que depende da quantidade de metros de fio requerida pelo serviço. O gráfico abaixo representa o valor do serviço efetuado em função do número de metros utilizados.

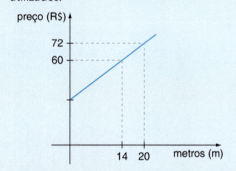

a) Qual é o valor da parte fixa cobrado pelo eletricista?

b) O preço cobrado por um eletricista F depende unicamente do número de metros utilizados, não sendo cobrada a parte fixa. Se o preço do serviço é de R$ 4,50 *por metro* de fio utilizado, a partir de que metragem o consumidor deve preferir E a F?

6. (U.F. São Carlos-SP) O gráfico esboçado representa o peso médio, em quilogramas, de um animal de determinada espécie em função do tempo de vida *t*, em meses.

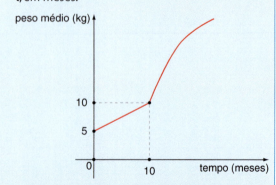

a) Para $0 \leq t \leq 10$ o gráfico é um segmento de reta. Determine a expressão da função cujo gráfico é esse segmento de reta e calcule o peso médio do animal com 6 meses de vida.

b) Para t ≥ 10 meses a expressão da função que representa o peso médio do animal, em quilogramas, é $P(t) = \dfrac{120t - 1\,000}{t + 10}$.

Determine o intervalo de tempo *t* para o qual $10 < P(t) \leq 70$.

7. (UE-GO) Uma pequena empresa foi aberta em sociedade por duas pessoas. O capital inicial aplicado por elas foi de 30 mil reais. Os sócios combinaram que os lucros ou prejuízos que eventualmente viessem a ocorrer seriam divididos em partes proporcionais aos capitais por eles empregados. No momento da apuração dos resultados, verificaram que a empresa apresentou lucro de 5 mil reais. A partir dessa constatação, um dos sócios retirou 14 mil reais, que correspondia à parte do lucro devida a ele e ainda o total do capital por ele empregado na abertura da empresa. Determine o capital que cada sócio empregou na abertura da empresa.

8. Determine a área do triângulo ABC da figura abaixo, sabendo que duas das retas representam as funções definidas pelas leis $y = \dfrac{1}{2}x + 2$ e $y = 3$.

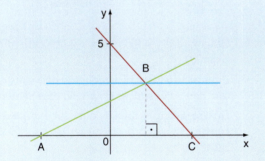

9. (FGV-SP) Nos últimos anos, o salário mínimo tem crescido mais rapidamente que o valor da cesta básica, contribuindo para o aumento do poder aquisitivo da população. O gráfico a seguir ilustra o crescimento do salário mínimo e do valor da cesta básica na região Nordeste, a partir de 2005.

Suponha que, a partir de 2005, as evoluções anuais dos valores do salário mínimo e dos preços da cesta básica, na região Nordeste, possam ser aproximados mediante funções polinomiais do 1º grau, $f(x) = ax + b$, em que *x* representa o número de anos transcorridos após 2005.

a) Determine as funções que expressam os crescimentos anuais dos valores do salário mínimo e dos preços da cesta básica, na região Nordeste.

b) Em que ano, aproximadamente, um salário mínimo poderá adquirir cerca de três cestas básicas, na região Nordeste? Dê a resposta aproximando o número de anos, após 2005, ao inteiro mais próximo.

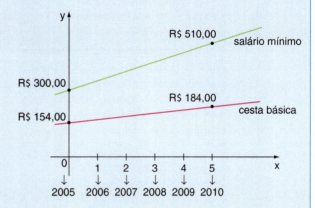

10. (UF-RJ) Um ponto P desloca-se sobre uma reta numerada, e sua posição (em metros) em relação à origem é dada, em função do tempo *t* (em segundos), por $P(t) = 2(1 - t) + 8t$.

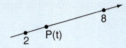

a) Determine a posição do ponto P no instante inicial (t = 0).

b) Determine a medida do segmento de reta correspondente ao conjunto dos pontos obtidos pela variação de *t* no intervalo $\left[0, \dfrac{3}{2}\right]$.

11. Pouco se sabe da vida de Diofante (matemático grego); supõe-se que tenha vivido por volta de 250 d.C. O seguinte quebra-cabeça algébrico nos dá algumas informações sobre sua vida:

Aqui jaz Diofante. Maravilhosa habilidade.

Pela arte da Álgebra, a lápide nos diz sua idade:

"Deus lhe deu um sexto da vida como infante,

Um duodécimo mais como jovem, de barba abundante;

E ainda uma sétima parte antes do casamento;

Em cinco anos nasce-lhe vigoroso rebento.

Lástima! O filho do mestre e sábio do mundo se vai.

Morreu quando da metade da idade final do pai.

Quatro anos mais de estudo consolam-no do pesar;

Para então, deixando a Terra, também ele alívio encontrar."

a) Quantos anos viveu Diofante?

b) Com que idade se casou?

12. Resolva, em ℝ, as inequações:

a) $\dfrac{x+1}{x+2} > \dfrac{x+3}{x+4}$

b) $\dfrac{2}{3x-1} \geq \dfrac{1}{x-1} - \dfrac{1}{x+1}$

c) $(a-3) \cdot x > 4x - 5 + a$, sabendo que $a < 7$

13. (UE-RJ) Em um determinado dia, duas velas foram acesas: a vela A às 15 horas e a vela B, 2 cm menor, às 16 horas. Às 17 horas desse mesmo dia, ambas tinham a mesma altura. Observe o gráfico que representa as alturas de cada uma das velas em função do tempo a partir do qual a vela A foi acesa.

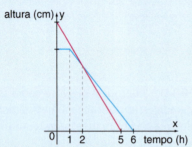

Calcule a altura de cada uma das velas antes de serem acesas.

14. Uma lanchonete produz salgadinhos a um custo unitário médio de R$ 0,25. As despesas fixas mensais dessa lanchonete são de R$ 2 500,00. Sabendo que em um determinado mês o dono da lanchonete teve um lucro líquido de R$ 2 000,00 com a venda de 6 000 salgadinhos, determine o preço médio de venda de um salgadinho naquele mês.

15. Suponha que x, y e z sejam grandezas que assumem apenas valores positivos. Sabe-se que x é diretamente proporcional ao quadrado de y e diretamente proporcional ao inverso de z. Determine os valores de a, b, c e d.

x	y	z
6	$\dfrac{1}{3}$	$\dfrac{1}{2}$
a	2	b
c	d	2

16. (UF-PR) Numa expedição arqueológica em busca de artefatos indígenas, um arqueólogo e seu assistente encontraram um úmero, um dos ossos do braço humano. Sabe-se que o comprimento desse osso permite calcular a altura aproximada de uma pessoa por meio de uma função do primeiro grau.

a) Determine essa função do primeiro grau, sabendo que o úmero do arqueólogo media 40 cm e sua altura era 1,90 m, e o úmero de seu assistente media 30 cm e sua altura era 1,60 m.

b) Se o úmero encontrado no sítio arqueológico media 32 cm, qual era a altura aproximada do indivíduo que possuía esse osso?

17. (U.F. Juiz de Fora-MG) Uma construtora, para construir o novo prédio da biblioteca de uma universidade, cobra um valor fixo para iniciar as obras e mais um valor, que aumenta de acordo com o passar dos meses da obra. O gráfico abaixo descreve o custo da obra, em milhões de reais, em função do número de meses utilizados para a construção da obra.

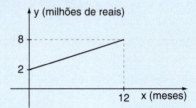

a) Obtenha a lei $y = f(x)$, para $x \geq 0$, que determina o gráfico.

b) Determine o valor inicial cobrado pela construtora para a construção do prédio da biblioteca.

c) Qual será o custo total da obra, sabendo que a construção demorou 10 meses para ser finalizada?

18. (Unicamp-SP) Em 14 de outubro de 2012, Felix Baumgartner quebrou o recorde de velocidade em queda livre. O salto foi monitorado oficialmente e os valores obtidos estão expressos de modo aproximado na tabela e no gráfico a seguir.

a) Supondo que a velocidade continuasse variando de acordo com os dados da tabela, encontre o valor da velocidade, em km/h, no 30º segundo.

Tempo (segundos)	Velocidade (km/h)
0	0
1	35
2	70
3	105
4	140

b) Com base no gráfico, determine o valor aproximado da velocidade máxima atingida e o tempo, em segundos, em que Felix superou a velocidade do som. Considere a velocidade do som igual a 1 100 km/h.

19. (UE-GO) A figura representa no plano cartesiano um triângulo ABC, com coordenadas A (0, 5), B (0, 10) e C (x, 0), em que x é um número real positivo.

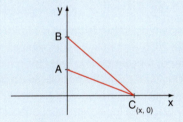

Tendo em vista as informações apresentadas,

a) encontre a função F que representa a área do triângulo ABC, em função de sua altura relativa ao lado AB;

b) esboce o gráfico da função F.

20. (Vunesp-SP) Uma companhia telefônica oferece aos seus clientes dois planos diferentes de tarifas. No plano básico, a assinatura inclui 200 minutos mensais de ligações telefônicas. Acima desse tempo, cobra-se uma tarifa de R$ 0,10 por minuto. No plano alternativo, a assinatura inclui 400 minutos mensais, mas o tempo de cada chamada desse plano é acrescido de 4 minutos, a título de taxa de conexão. Minutos adicionais no plano alternativo custam R$ 0,04. Os custos de assinatura dos dois planos são iguais e não existe taxa de conexão no plano básico. Supondo que todas as ligações durem 3 minutos, qual o número máximo de chamadas para que o plano básico tenha um custo menor ou igual ao do plano alternativo?

21. (UF-MG) A fábula da lebre e da tartaruga, do escritor grego Esopo, foi recontada utilizando-se o gráfico abaixo para descrever os deslocamentos dos animais.

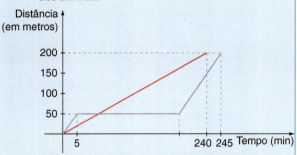

Suponha que na fábula a lebre e a tartaruga apostam uma corrida em uma pista de 200 metros de comprimento. As duas partem do mesmo local no mesmo instante. A tartaruga anda sempre com velocidade constante. A lebre corre por 5 minutos, para, deita e dorme por certo tempo. Quando desperta, volta a correr com a mesma velocidade constante de antes, mas, quando completa o percurso, percebe que chegou 5 minutos depois da tartaruga. Considerando essas informações,

a) determine a velocidade média da tartaruga durante esse percurso, em metros por hora;

b) determine após quanto tempo da largada a tartaruga alcançou a lebre;

c) determine por quanto tempo a lebre ficou dormindo.

22. (FGV-RJ) Você usa a internet?
Observe os resultados de uma pesquisa sobre esse tema.

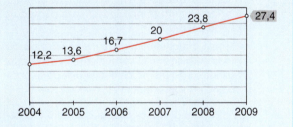

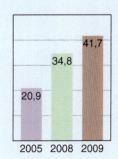

A pesquisa de 2009 foi feita em 500 domicílios e com 2 000 pessoas com 10 anos ou mais de idade.

a) Quantos domicílios pesquisados tinham acesso à internet em 2009?
b) Em 2009, quantas pessoas disseram que usavam a internet?
c) Considere que o gráfico das porcentagens de domicílios com acesso à internet, nos anos 2008, 2009 e 2010, seja formado por pontos aproximadamente alinhados. Faça uma estimativa da porcentagem de domicílios com acesso à internet em 2010.

23. (FGV-SP)

a) Por volta de 1650 a.C., o escriba Ahmes resolvia equações como $x + 0{,}5x = 30$, por meio de uma regra de três, que chamava de "regra do falso". Atribuía um valor falso à variável, por exemplo, $x = 10$, $10 + 0{,}5 \cdot 10 = 15$, e montava a regra de três:

Valor falso	Valor verdadeiro
10	x
15	30

$$\frac{10}{15} = \frac{x}{30} \rightarrow x = 20$$

Resolva este problema do Papiro Ahmes pelo método acima:
"Uma quantidade, sua metade, seus dois terços, todos juntos somam 26. Qual é a quantidade?"

b) O matemático italiano Leonardo de Pisa (1170--1240), mais conhecido hoje como Fibonacci, propunha e resolvia, pela regra do falso, interessantes problemas como este:

"Um leão cai em um poço de $50\frac{1}{7}$ pés de profundidade. Pé é uma unidade de medida de comprimento. Ele sobe um sétimo de um pé durante o dia e cai um nono de um pé durante a noite. Quanto tempo levará para conseguir sair do poço?"

Resolva o problema pela regra do falso ou do modo que julgar mais conveniente. Observe que, quando o leão chegar a um sétimo de pé da boca do poço, no dia seguinte ele consegue sair.

24. (FGV-SP) Uma pesquisa mostra como a transformação demográfica do país, com o aumento da expectativa de vida, vai aumentar o gasto público na área social em centenas de bilhões de reais. Considere que os gráficos dos aumentos com aposentadoria e pensões, educação e saúde sejam, aproximadamente, linhas retas de 2010 a 2050.

a) Faça uma estimativa de qual será o gasto com aposentadorias e pensões em 2050.
b) Calcule o gasto público com educação em 2050.
c) Considerando que os gráficos dos aumentos com aposentadoria e pensões, educação e saúde continuem crescendo mediante linhas retas, existirá algum momento, depois de 2010, em que os gráficos se interceptarão?

25. (UF-GO) Atualmente o planeta Terra vem presenciando um *boom* populacional humano, decorrente de um processo intenso de crescimento iniciado a mais de um século. A Organização das Nações Unidas (ONU) apresenta previsões da população para 2050 de todos os países e do mundo. A tabela abaixo mostra os valores populacionais em 2007 e as previsões para 2050 dos dois países mais populosos do mundo.

País	População total em 2007 (milhões)	População projetada para 2050 (milhões)
China	1 331	1 392
Índia	1 135	1 592

Fonte: State of the World Population – Unleashing the potencial of urban growth – UNFPA (Fundo das Nações Unidas para a População). (Adaptado).

Considere os dados da tabela e admita que, entre 2007 e 2050, as populações de cada país são modeladas por funções do tipo $f(x) = ax + b$, onde a e b são constantes e $f(x)$ é a população do país no ano x, com $x \in \mathbb{N}$. Nessas condições, a partir de que ano a população da Índia será maior que a da China?

26. (Unicamp-SP) O velocímetro é um instrumento que indica a velocidade de um veículo. A figura abaixo mostra o velocímetro de um carro que pode atingir 240 km/h. Observe que o ponteiro no centro do velocímetro gira no sentido horário à medida que a velocidade aumenta.

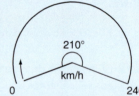

a) Suponha que o ângulo de giro do ponteiro seja diretamente proporcional à velocidade. Nesse caso, qual é o ângulo entre a posição atual do ponteiro (0 km/h) e sua posição quando o velocímetro marca 104 km/h?
b) Determinado velocímetro fornece corretamente a velocidade do veículo quando ele trafega a 20 km/h, mas indica que o veículo está a 70 km/h quando a velocidade real é de 65 km/h. Supondo que o erro de aferição do velocímetro varie linearmente com a velocidade por ele indicada, determine a função v(x) que representa a velocidade real do veículo quando o velocímetro marca uma velocidade de x km/h.

TESTES

1. (Enem-MEC) As curvas de oferta e de demanda de um produto representam, respectivamente, as quantidades que vendedores e consumidores estão dispostos a comercializar em função do preço do produto. Em alguns casos, essas curvas podem ser representadas por retas. Suponha que as quantidades de oferta e de demanda de um produto sejam, respectivamente, representadas pelas equações:

$Q_O = -20 + 4P \qquad Q_D = 46 - 2P$

em que Q_O é a quantidade de oferta, Q_D é a quantidade de demanda e P é o preço do produto. A partir dessas equações, de oferta e de demanda, os economistas encontram o preço de equilíbrio de mercado, ou seja, quando Q_O e Q_D se igualam.

Para a situação descrita, qual o valor do preço de equilíbrio?

a) 5 c) 13 e) 33
b) 11 d) 23

2. (Unicamp-SP) Em uma determinada região do planeta, a temperatura média anual subiu de 13,35 °C em 1995 para 13,8 °C em 2010. Seguindo a tendência de aumento linear observada entre 1995 e 2010, a temperatura média em 2012 deverá ser de

a) 13,83 °C. c) 13,92 °C.
b) 13,86 °C. d) 13,89 °C.

3. (Cefet-MG) O número de soluções inteiras da inequação $x - 1 < 3x - 5 < 2x + 1$ é

a) 4 b) 3 c) 2 d) 1

4. (UE-RN) A soma de todos os números inteiros que satisfazem simultaneamente a inequação-produto $(3x - 7) \cdot (x + 4) < 0$ e a inequação-quociente $\dfrac{2x + 1}{5 - x} > 0$ é

a) 3 c) 6
b) 5 d) 7

5. (Enem-MEC) Há, em virtude da demanda crescente de economia de água, equipamentos e utensílios como, por exemplo, as bacias sanitárias ecológicas, que utilizam 6 litros de água por descarga em vez dos 15 litros utilizados por bacias sanitárias não ecológicas, conforme dados da Associação Brasileira de Normas Técnicas (ABNT).

Qual será a economia diária de água obtida por meio da substituição de uma bacia sanitária não ecológica, que gasta cerca de 60 litros por dia com a descarga, por uma bacia sanitária ecológica?

a) 24 litros d) 42 litros
b) 36 litros e) 50 litros
c) 40 litros

6. (Cefet-SC) O volume de água de um reservatório aumenta em função do tempo, de acordo com o gráfico abaixo:

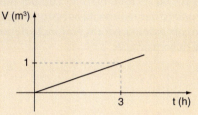

Para encher este reservatório de água com 2 500 litros, uma torneira é aberta. Qual o tempo necessário para que o reservatório fique completamente cheio?

a) 7h d) 7h30min
b) 6h50min e) 7h50min
c) 6h30min

7. (UF-AM) O produto dos números naturais que satisfazem a inequação $\dfrac{x}{x-5} \leq \dfrac{x-5}{x}$ é:

a) 12 d) $-\infty$
b) 2 e) $+\infty$
c) 60

8. (UF-PA) Beber e dirigir é uma combinação perigosa, mas parece que o número de acidentes nas rodovias e estradas não está sendo suficiente para convencer os motoristas a abandonarem o volante depois de umas doses de álcool. Então, para evitar essa combinação perigosa, foi criada a chamada Lei 13, que determina a punição muito mais rigorosa para os condutores bêbados.

Sobre a concentração de álcool (etanol) no organismo, um recente estudo científico concluiu que essa decai linearmente em função do tempo. Em outros termos, a concentração pode ser descrita por uma função do tipo

$C(t) = a \cdot t + b$

Após o consumo de certa quantidade de álcool, verifica-se que a concentração de álcool no sangue de uma pessoa, após uma hora e meia da ingestão, é de 113,9 mg/dℓ, e, após duas horas e meia da ingestão, é de 96,9 mg/dℓ. Sabendo-se que essa pessoa, consciente de suas responsabilidades, só voltará a dirigir quando a concentração de álcool em seu sangue for zero, quanto tempo após o consumo, no mínimo, ela deve esperar para voltar a dirigir?

a) 8,2 horas d) 7,9 horas
b) 2,0 horas e) 8,6 horas
c) 9,7 horas

FUNÇÃO AFIM 121

9. (UF-PA) Um fornecedor A oferece a um supermercado um certo produto com os seguintes custos: R$ 210,00 de frete mais R$ 2,90 por quilograma. Um fornecedor B oferece o mesmo produto, cobrando R$ 200,00 de frete mais R$ 3,00 por quilograma. O gráfico que representa os custos do supermercado com os fornecedores, em função da quantidade de quilogramas, é:

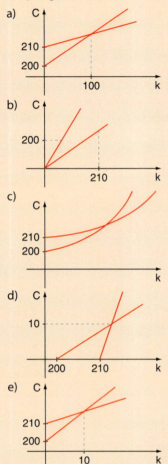

10. (UF-ES) Uma fábrica de papel e celulose possui uma plantação de 100 000 pés de eucalipto em sua área de plantio comercial. A fábrica pretende explorar essa área, derrubando 2 000 pés de eucalipto por dia e, ao mesmo tempo, fazendo o plantio de m pés de eucalipto por dia. Dessa forma, a fábrica espera contar com pelo menos 110 000 pés de eucalipto no prazo de 360 dias. Para atingir essa meta, o valor mínimo de m deverá ser

a) 2 025   c) 2 027   e) 2 029
b) 2 026   d) 2 028

11. (UE-PA) O treinamento físico, na dependência da qualidade e da quantidade de esforço realizado, provoca, ao longo do tempo, aumento do peso do fígado e do volume do coração. De acordo com especialistas, o fígado de uma pessoa treinada tem maior capacidade de armazenar glicogênio, substância utilizada no metabolismo energético durante esforços de longa duração. De acordo com dados experimentais realizados por Thörner e Dummler (1996), existe uma relação linear entre a massa hepática e o volume cardíaco de um indivíduo fisicamente treinado. Nesse sentido, essa relação linear pode ser expressa por $y = ax + b$, onde y representa o volume cardíaco em mililitros (mℓ) e x representa a massa do fígado em gramas (g). A partir da leitura do gráfico abaixo, afirma-se que a lei de formação linear que descreve a relação entre o volume cardíaco e a massa do fígado de uma pessoa treinada é:

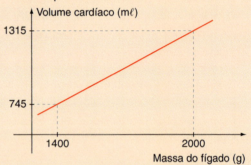

(Fonte: *Cálculo para Ciências Médicas e Biológicas*. Editora Harbra Ltda, São Paulo, 1988 – Texto Adaptado)

a) $y = 0{,}91x - 585$ d) $y = -0{,}94x + 585$
b) $y = 0{,}92x + 585$ e) $y = 0{,}95x - 585$
c) $y = -0{,}93x - 585$

12. (IF-BA) Considere estas desigualdades: $\begin{cases} \dfrac{5x}{2} \leqslant \dfrac{7x+5}{3} \\ \dfrac{-x+6}{4} \leqslant 1 \end{cases}$

A quantidade de números inteiros x que satisfaz simultaneamente às duas desigualdades é:
a) 11   c) 9   e) 7
b) 10   d) 8

13. (U.F. Santa Maria-RS) Os aeroportos brasileiros serão os primeiros locais que muitos dos 600 mil turistas estrangeiros, estimados para a Copa do Mundo FIFA 2014, conhecerão no Brasil. Em grande parte dos aeroportos, estão sendo realizadas obras para melhor receber os visitantes e atender a uma forte demanda decorrente da expansão da classe média brasileira.

Fonte: Disponível em: <http://www.copa2014.gov.br>. Acesso em: 7 jun. 2012 (adaptado).

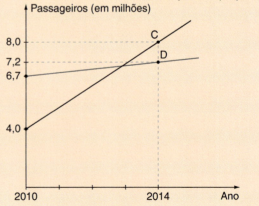

O gráfico mostra a capacidade (C), a demanda (D) de passageiros/ano em 2010 e a expectativa/projeção para 2014 do Aeroporto Salgado Filho (Porto Alegre, RS), segundo dados da Infraero – Empresa Brasileira de Infraestrutura Aeronáutica.

De acordo com os dados fornecidos no gráfico, o número de passageiros/ano, quando a demanda (D) for igual à capacidade (C) do terminal, será, aproximadamente, igual a

a) sete milhões, sessenta mil e seiscentos.
b) sete milhões, oitenta e cinco mil e setecentos.
c) sete milhões, cento e vinte e cinco mil.
d) sete milhões, cento e oitenta mil e setecentos.
e) sete milhões, cento e oitenta e seis mil.

14. (UPE-PE) Um dos reservatórios d'água de um condomínio empresarial apresentou um vazamento a uma taxa constante, às 12 h do dia 1º de outubro. Às 12 h dos dias 11 e 19 do mesmo mês, os volumes d'água no reservatório eram, respectivamente, 315 mil litros e 279 mil litros. Dentre as alternativas seguintes, qual delas indica o dia em que o reservatório esvaziou totalmente?

a) 16 de dezembro
b) 17 de dezembro
c) 18 de dezembro
d) 19 de dezembro
e) 20 de dezembro

15. (UF-PB) Um produtor de soja deseja transportar a produção da sua propriedade até um armazém distante 2 225 km. Sabe-se que 2 000 km devem ser percorridos por via marítima, 200 km por via férrea e 25 km por via rodoviária. Ao fazer um levantamento dos custos, o produtor constatou que, utilizando transporte ferroviário, o custo por quilômetro percorrido é:
- 100 reais mais caro do que utilizando transporte marítimo.
- A metade do custo utilizando transporte rodoviário.

Com base nessas informações e sabendo que o custo total para o produtor transportar toda sua produção será de 700 000 reais, é correto afirmar que o custo, em reais, por quilômetro percorrido, no transporte marítimo é de:

a) 200
b) 250
c) 300
d) 350
e) 400

16. (Enem-MEC) Uma mãe recorreu à bula para verificar a dosagem de um remédio que precisava dar a seu filho. Na bula, recomendava-se a seguinte dosagem: 5 gotas para cada 2 kg de massa corporal a cada 8 horas.

Se a mãe ministrou corretamente 30 gotas do remédio a seu filho a cada 8 horas, então a massa corporal dele é de

a) 12 kg.
b) 16 kg.
c) 24 kg.
d) 36 kg.
e) 75 kg.

17. (UE-RJ) Em um laboratório, duas torneiras enchem dois recipientes, de mesmo volume V, com diferentes soluções aquosas. Observe os dados da tabela:

Recipiente	Solução	Tempo de enchimento (s)
R1	ácido clorídrico	40
R2	hidróxido de sódio	60

O gráfico abaixo mostra a variação do volume do conteúdo em cada recipiente em função do tempo.

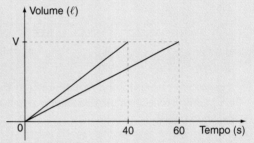

Considere que as duas torneiras foram abertas no mesmo instante a fim de encher um outro recipiente de volume V. O gráfico que ilustra a variação do volume do conteúdo desse recipiente está apresentado em:

a)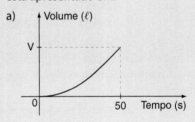

b)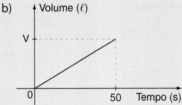

c)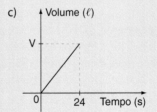

d)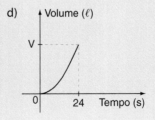

18. (FGV-SP) Os gráficos abaixo representam as funções receita mensal R(x) e custo mensal C(x) de um produto fabricado por uma empresa, em que x é a quantidade produzida e vendida. Qual o lucro obtido ao se produzir e vender 1 350 unidades por mês?

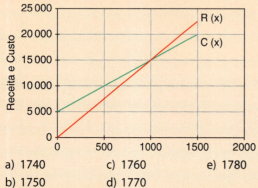

a) 1740
b) 1750
c) 1760
d) 1770
e) 1780

19. (Fuvest-SP) A tabela informa a extensão territorial e a população de cada uma das regiões do Brasil, segundo o IBGE.

Região	Extensão territorial (km²)	População (habitantes)
Centro-Oeste	1.606.371	14.058.094
Nordeste	1.554.257	53.081.950
Norte	3.853.327	15.864.454
Sudeste	924.511	80.364.410
Sul	576.409	27.386.891

IBGE: Sinopse do Censo Demográfico 2010 e Brasil em números, 2011.

Sabendo que a extensão territorial do Brasil é de, aproximadamente, 8,5 milhões de km², é correto afirmar que a

a) densidade demográfica da região sudeste é de, aproximadamente, 87 habitantes por km².
b) região norte corresponde a cerca de 30% do território nacional.
c) região sul é a que tem a maior densidade demográfica.
d) região centro-oeste corresponde a cerca de 40% do território nacional.
e) densidade demográfica da região nordeste é de, aproximadamente, 20 habitantes por km².

20. (Enem-MEC) Um biólogo mediu a altura de cinco árvores distintas e representou-as em uma mesma malha quadriculada, utilizando escalas diferentes, conforme indicações na figura a seguir.

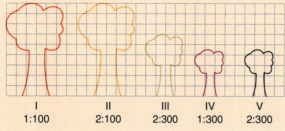

Qual é a árvore que apresenta a maior altura real?
a) I
b) II
c) III
d) IV
e) V

21. (Vunesp-SP) Quando uma partícula de massa m, carregada com carga q, adentra com velocidade v numa região onde existe um campo magnético constante de intensidade B, perpendicular a v, desprezados os efeitos da gravidade, sua trajetória passa a ser circular. O raio de sua curvatura é dado por $r = \dfrac{mv}{qB}$ e sua velocidade angular é dada por $\omega = \dfrac{qB}{m}$.

Os gráficos que melhor representam como r e ω se relacionam com possíveis valores de B são:

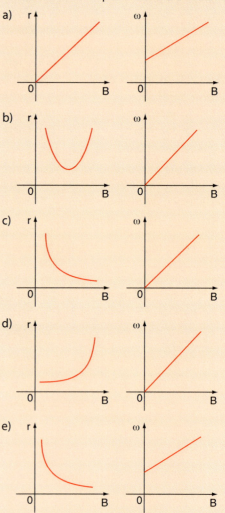

22. (UF-GO) Um comerciante comprou um lote de um produto A por R$ 1 000,00 e outro, de um produto B, por R$ 3 000,00 e planeja vendê-los, durante um certo período de tempo, em *kits* contendo um item de cada produto, descartando o que não for vendido ao final do período. Cada *kit* é vendido ao preço de R$ 25,00, correspondendo a R$ 10,00 do produto A e R$ 15,00 do B. Tendo em vista estas condições, o número mínimo de *kits* que o comerciante precisa vender, para que o lucro obtido com o produto B seja maior do que com o A, é:

a) 398
b) 399
c) 400
d) 401
e) 402

23. (Enem-MEC) O saldo de contratações no mercado formal no setor varejista da região metropolitana de São Paulo registrou alta. Comparando as contratações deste setor no mês de fevereiro com as de janeiro deste ano, houve incremento de 4 300 vagas no setor, totalizando 880 605 trabalhadores com carteira assinada.

Disponível em: <http://www.folha.uol.com.br>.
Acesso em: 26 abr. 2010 (adaptado).

Suponha que o incremento de trabalhadores no setor varejista seja sempre o mesmo nos seis primeiros meses do ano.

Considerando-se que y e x representam, respectivamente, as quantidades de trabalhadores no setor varejista e os meses, janeiro sendo o primeiro, fevereiro, o segundo, e assim por diante, a expressão algébrica que relaciona essas quantidades nesses meses é

a) $y = 4\,300x$
b) $y = 884\,905x$
c) $y = 872\,005 + 4\,300x$
d) $y = 876\,305 + 4\,300x$
e) $y = 880\,605 + 4\,300x$

24. (Cefet-MG) Um experimento da área de Agronomia mostra que a temperatura mínima da superfície do solo t(x), em °C, é determinada em função do resíduo x de planta e biomassa na superfície, em g/m², conforme registrado na tabela seguinte.

x(g/m²)	10	20	30	40	50	60	70
t(x) (°C)	7,24	7,30	7,36	7,42	7,48	7,54	7,60

Analisando os dados acima, é correto concluir que eles satisfazem a função

a) $y = 0,006x + 7,18$.
b) $y = 0,06x + 7,18$.
c) $y = 10x + 0,06$.
d) $y = 10x + 7,14$.

25. (U.E. Londrina-PR) A dendrocronologia é a técnica que possibilita estimar a idade das árvores através da contagem dos anéis de crescimento. Cada anel do tronco corresponde a um ano de vida de uma árvore. Na primavera de 2011, uma árvore que foi plantada na primavera de 1991 apresenta 16 centímetros de raio na base do seu tronco. Considerando uma taxa de crescimento linear, o raio da base desse tronco, na primavera de 2026, será de:

a) 22 cm
b) 25 cm
c) 28 cm
d) 32 cm
e) 44 cm

Anéis de tronco de árvore.

26. (UF-CE) Um dono de mercearia vende doces do tipo A e do tipo B, em unidades inteiras. O arrecadado com a venda dos doces pode ser dado, em função das unidades vendidas, pelas expressões $f(a) = \frac{1}{2}a + 5$ e $g(b) = \frac{3}{5}b$, em que *a* e *b* representam o número de unidades vendidas de cada um dos tipos de doces (A e B, respectivamente). Para a venda de 10 unidades de cada um dos doces, o valor arrecadado com a venda do doce do tipo A é de R$ 10,00 e o valor arrecadado com a do tipo B é R$ 6,00.

Assinale a alternativa que apresenta o menor número de unidades vendidas para o qual o arrecadado com o tipo A é menor do que o arrecadado com o tipo B.

a) 50
b) 51
c) 60
d) 61

27. (UF-MG) Dois nadadores, posicionados em lados opostos de uma piscina retangular e em raias adjacentes, começam a nadar em um mesmo instante, com velocidades constantes. Sabe-se que, nas duas primeiras vezes em que ambos estiveram lado a lado, eles nadavam em sentidos opostos: na primeira vez, a 15 m de uma borda e, na segunda vez, a 12 m da outra borda.

Considerando-se essas informações, é correto afirmar que o comprimento dessa piscina é

a) 21 m.
b) 27 m.
c) 33 m.
d) 54 m.

28. (Enem-MEC) O prefeito de uma cidade deseja construir uma rodovia para dar acesso a outro município. Para isso, foi aberta uma licitação na qual concorreram duas empresas. A primeira cobrou R$ 100 000,00 por km construído (*n*), acrescidos de um valor fixo de R$ 350 000,00, enquanto a segunda cobrou R$ 120 000,00 por km construído (*n*), acrescidos de um valor fixo de R$ 150 000,00. As duas empresas apresentam o mesmo padrão de qualidade dos serviços prestados, mas apenas uma delas poderá ser contratada. Do ponto de vista econômico, qual equação possibilitaria encontrar a extensão da rodovia que tornaria indiferente para a prefeitura escolher qualquer uma das propostas apresentadas?

a) 100n + 350 = 120n + 150
b) 100n + 150 = 120n + 350
c) 100(n + 350) = 120(n + 150)
d) 100(n + 350 000) = 120(n + 150 000)
e) 350(n + 100 000) = 150(n + 120 000)

29. (Enem-MEC) As frutas que antes se compravam por dúzias, hoje em dia, podem ser compradas por quilogramas, existindo também a variação dos preços de acordo com a época de produção. Considere que, independente da época ou variação de preço, certa fruta custa R$ 1,75 o quilograma.

Dos gráficos a seguir, o que representa o preço *m* pago em reais pela compra de *n* quilogramas desse produto é

a)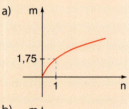

b)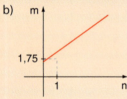

c)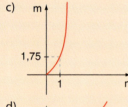

d)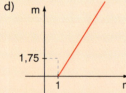

e)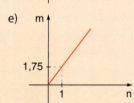

30. (Enem-MEC) Uma indústria tem um reservatório de água com capacidade para 900 m³. Quando há necessidade de limpeza do reservatório, toda a água precisa ser escoada. O escoamento da água é feito por seis ralos, e dura 6 horas quando o reservatório está cheio. Esta indústria construirá um novo reservatório, com capacidade de 500 m³, cujo escoamento da água deverá ser realizado em 4 horas, quando o reservatório estiver cheio. Os ralos utilizados no novo reservatório deverão ser idênticos aos do já existente.

A quantidade de ralos do novo reservatório deverá ser igual a

a) 2.   d) 8.
b) 4.   e) 9.
c) 5.

31. (Enem-MEC) Na aferição de um novo semáforo, os tempos são ajustados de modo que, em cada ciclo completo (verde-amarelo-vermelho), a luz amarela permaneça acesa por 5 segundos, e o tempo em que a luz verde permaneça acesa seja igual a $\frac{2}{3}$ do tempo em que a luz vermelha fique acesa. A luz verde fica acesa, em cada ciclo, durante X segundos e cada ciclo dura Y segundos.

Qual é a expressão que representa a relação entre X e Y?

a) $5X - 3Y + 15 = 0$
b) $5X - 2Y + 10 = 0$
c) $3X - 3Y + 15 = 0$
d) $3X - 2Y + 15 = 0$
e) $3X - 2Y + 10 = 0$

32. (UF-PE) Um carro consome um litro de gasolina para percorrer 10 km. O proprietário do veículo adquiriu um *kit* gás, que permite que o combustível do carro seja gás natural ao invés de gasolina, por R$ 3 000,00, incluindo instalação e taxas. Usando gás natural, o mesmo carro percorre 9 km para cada m³ de gás. Além disso, o preço do litro de gasolina é R$ 2,60, e o m³ de gás custa R$ 1,80. O motorista percorre 100 km por dia. Sob essas condições: (assinale V ou F)

(0-0) usando gasolina, o custo de percorrer 1 km neste carro é de R$ 0,26.

(1-1) usando gás, o custo de percorrer 1 km neste carro é de R$ 0,20.

(2-2) usando gás, ao invés de gasolina, o proprietário economizará o valor do *kit* quando percorrer 500.000 km.

(3-3) usando gás, ao invés de gasolina, o motorista economizará R$ 60,00 por dia.

(4-4) usando gás, ao invés de gasolina, o motorista economizará o valor do *kit* em menos de um ano.

FUNÇÃO QUADRÁTICA

INTRODUÇÃO

Vejamos dois problemas que mostram situações que envolvem a função quadrática.

Problema 1

Um campeonato de futebol vai ser disputado por 10 clubes pelo sistema em que todos jogam contra todos em dois turnos. Vamos verificar quantos jogos serão realizados.

Contamos o número de jogos que cada clube fará "em casa", ou seja, no seu campo: 9 jogos. Como são 10 clubes, o total de jogos será $10 \cdot 9 = 90$.

Se o campeonato fosse disputado por 20 clubes (como é o Campeonato Brasileiro), poderíamos calcular quantos jogos seriam realizados usando o mesmo raciocínio:

$$20 \cdot 19 = 380 \text{ jogos}$$

Enfim, para cada número (x) de clubes, é possível calcular o número (y) de jogos do campeonato. O valor de y é função de x.

A regra que permite calcular y a partir de x é a seguinte:

$$y = x \cdot (x - 1), \text{ ou seja, } y = x^2 - x$$

Esse é um exemplo de **função quadrática** ou **função polinomial do 2º grau**.

Problema 2

Um time de futebol feminino montou um campo de 100 m de comprimento por 70 m de largura e, por medida de segurança, decidiu cercá-lo, deixando entre o campo e a cerca uma pista com 3 m de largura. Qual é a área do terreno limitado pela cerca?

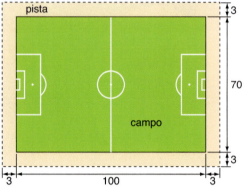

A área da região cercada é:
$$(100 + 2 \cdot 3) \cdot (70 + 2 \cdot 3) = 106 \cdot 76 = 8\,056 \text{ m}^2$$
Se a largura da pista fosse 4 m, a área da região cercada seria:
$$(100 + 2 \cdot 4) \cdot (70 + 2 \cdot 4) = 108 \cdot 78 = 8\,424 \text{ m}^2$$
Enfim, a cada largura x escolhida para a pista há uma área A(x) da região cercada. A área da região cercada é função de x. Procuremos a lei que expressa A(x) em função de x:

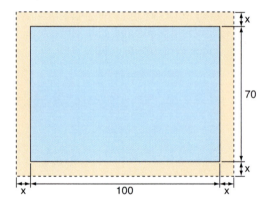

$$A(x) = (100 + 2x) \cdot (70 + 2x)$$
$$A(x) = 7\,000 + 200x + 140x + 4x^2$$
$$A(x) = 4x^2 + 340x + 7\,000$$

Esse é outro exemplo de **função quadrática** ou **função polinominal do 2º grau**.

DEFINIÇÃO

Chama-se **função quadrática**, ou **função polinomial do 2º grau**, qualquer função f de $\mathbb{R}$ em $\mathbb{R}$ dada por uma lei da forma f(x) = ax² + bx + c, em que a, b e c são números reais e a ≠ 0.

Exemplo 1

- f(x) = 2x² + 3x + 5, sendo a = 2, b = 3 e c = 5
- f(x) = 3x² − 4x + 1, sendo a = 3, b = −4 e c = 1
- f(x) = x² − 1, sendo a = 1, b = 0 e c = −1
- f(x) = −x² + 2x, sendo a = −1, b = 2 e c = 0
- f(x) = −4x², sendo a = −4, b = 0 e c = 0

GRÁFICO

Vamos construir os gráficos de algumas funções polinomiais do 2º grau:

Exemplo 2

Para construir o gráfico da função f: $\mathbb{R} \to \mathbb{R}$ dada pela lei $f(x) = x^2 + x$, atribuímos a **x** alguns valores (observe que o domínio de **f** é $\mathbb{R}$), calculamos o valor correspondente de **y** para cada valor de **x** e, em seguida, ligamos os pontos obtidos:

x	$y = x^2 + x$
−3	6
−2	2
−1	0
$-\frac{1}{2}$	$-\frac{1}{4}$
0	0
1	2
$\frac{3}{2}$	$\frac{15}{4}$
2	6

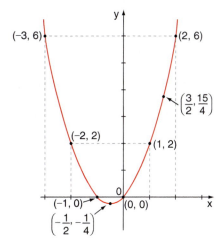

Exemplo 3

Consideremos f: $\mathbb{R} \to \mathbb{R}$ dada por $y = -x^2 + 1$.
Repetindo o procedimento usado no exemplo anterior, temos:

x	$y = -x^2 + 1$
−3	−8
−2	−3
−1	0
0	1
1	0
2	−3
3	−8

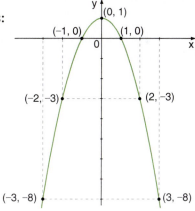

Exemplo 4

Seja f: $\mathbb{R} \to \mathbb{R}$ dada por $f(x) = x^2 - 2x + 4$:

x	$y = x^2 - 2x + 4$
−2	12
−1	7
0	4
1	3
2	4
3	7
4	12

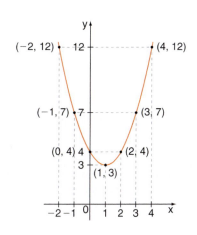

Em cada um dos três exemplos anteriores, a curva obtida é chamada **parábola**. É possível mostrar que o gráfico de qualquer função quadrática dada por y = ax² + bx + c, com a ≠ 0, é uma parábola.

Vamos conhecer agora um pouco mais sobre a parábola.

Sejam um ponto F (foco) e uma reta *d* (diretriz) pertencentes a um mesmo plano, com F ∉ d.

Parábola é o conjunto dos pontos desse plano que estão à mesma distância de F e *d*.

1º caso

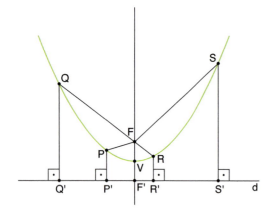

Os pontos Q, P, V, R e S são alguns pontos da parábola. Assim:

QF = QQ'
PF = PP'
VF = VF'
RF = RR'
SF = SS'
...

Observe o ponto Q, por exemplo. A distância de Q à diretriz (d) é igual à distância de Q a Q', sendo Q' a interseção de *d* com a reta perpendicular a *d* por Q. Da mesma forma definimos as distâncias de P, V, R e S à diretriz.

Temos ainda:
- a reta perpendicular à diretriz traçada pelo foco F é chamada **eixo de simetria da parábola**;
- o ponto V é o ponto da parábola mais próximo da diretriz e recebe o nome de **vértice da parábola**.

Com este formato, dizemos que a parábola tem a concavidade voltada para cima.

2º caso

Pode ocorrer também que o ponto F (foco) esteja abaixo da reta *d* (estamos considerando *d* horizontal). Observe o formato da parábola obtida:

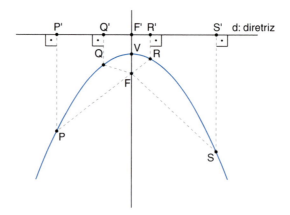

P, Q, V, R e S são alguns pontos da parábola:

PF = PP'; QF = QQ';
VF = VF'; RF = RR'; SF = SS'; ...

Com este formato, dizemos que a parábola tem a concavidade voltada para baixo.

Observação

Ao construir o gráfico de uma função quadrática dada por y = ax² + bx + c, notamos sempre que:
- se a > 0, a parábola tem a concavidade voltada para cima, como no 1º caso; veja os exemplos 2 e 4;
- se a < 0, a parábola tem a concavidade voltada para baixo, como no 2º caso; veja o exemplo 3.

EXERCÍCIOS

1. Esboce o gráfico de cada uma das funções reais dadas pelas leis seguintes:

a) $y = x^2$
b) $y = 2x^2$
c) $y = -x^2$
d) $y = -2x^2$

2. Construa o gráfico de cada uma das funções de $\mathbb{R}$ em $\mathbb{R}$ dadas pelas seguintes leis:

a) $y = x^2 - 2x$
b) $y = -x^2 + 3x$

3. Faça o gráfico de cada uma das funções reais dadas pelas leis seguintes:

a) $y = x^2 - 4x + 5$
b) $y = -x^2 + 2x - 1$
c) $y = x^2 - 2x + 1$

RAÍZES. EQUAÇÃO DO 2º GRAU

Chamam-se **raízes** ou **zeros da função polinomial do 2º grau**, dada por $f(x) = ax^2 + bx + c$, $a \neq 0$, os números reais x tais que $f(x) = 0$.

Em outras palavras, as raízes da função $y = ax^2 + bx + c$ são as soluções (se existirem) da equação de 2º grau $ax^2 + bx + c = 0$.

Vamos deduzir a fórmula que permite obter as raízes de uma função quadrática. Temos:

$$f(x) = 0 \Rightarrow ax^2 + bx + c = 0 \Rightarrow a\left(x^2 + \frac{b}{a}x + \frac{c}{a}\right) = 0 \Rightarrow$$

$$\Rightarrow x^2 + \frac{b}{a}x + \frac{c}{a} = 0 \Rightarrow x^2 + \frac{b}{a}x = -\frac{c}{a} \Rightarrow x^2 + \frac{b}{a}x + \frac{b^2}{4a^2} = \frac{b^2}{4a^2} - \frac{c}{a} \Rightarrow$$

$$\Rightarrow \left(x + \frac{b}{2a}\right)^2 = \frac{b^2 - 4ac}{4a^2} \Rightarrow x + \frac{b}{2a} = \frac{\pm\sqrt{b^2 - 4ac}}{2a} \Rightarrow$$

$$\Rightarrow x = \frac{-b \pm \sqrt{b^2 - 4ac}}{2a}$$

Esta é a fórmula resolutiva de uma equação do 2º grau.

Exemplo 5

Vamos obter os zeros da função de $\mathbb{R}$ em $\mathbb{R}$, definida pela lei $f(x) = x^2 - 5x + 6$.

Temos $a = 1$, $b = -5$ e $c = 6$.

Então:

$$x = \frac{-b \pm \sqrt{b^2 - 4ac}}{2a} = \frac{5 \pm \sqrt{25 - 24}}{2} = \frac{5 \pm 1}{2} \begin{cases} x = 3 \\ x = 2 \end{cases}$$

E as raízes são 2 e 3.

Exemplo 6

Vamos calcular as raízes reais da função dada pela lei $f(x) = 4x^2 - 4x + 1$.

Temos $a = 4$, $b = -4$ e $c = 1$.

Então:

$$x = \frac{-b \pm \sqrt{b^2 - 4ac}}{2a} = \frac{4 \pm \sqrt{16 - 16}}{8} = \frac{4 \pm 0}{8} = \frac{1}{2}$$

E as raízes são $\frac{1}{2}$ e $\frac{1}{2}$.

Exemplo 7

Vamos calcular os zeros reais da função dada por f(x) = 2x² + 3x + 4.
Temos a = 2, b = 3 e c = 4.
Então:
$$x = \frac{-b \pm \sqrt{b^2 - 4ac}}{2a} = \frac{-3 \pm \sqrt{9 - 32}}{4} = \frac{-3 \pm \sqrt{-23}}{4} \notin \mathbb{R}$$
Portanto, essa função não tem zeros reais.

Quantidade de raízes

As raízes de uma função quadrática são os valores de **x** para os quais y = ax² + bx + c = 0, ou seja, são as abscissas dos pontos em que a parábola intercepta o eixo 0x.

Retomando os exemplos 5, 6 e 7, temos:
- o gráfico da função f tal que f(x) = x² − 5x + 6 corta o eixo **x** nos pontos (3, 0) e (2, 0);
- o gráfico da função f tal que f(x) = 4x² − 4x + 1 tangencia o eixo **x** no ponto $\left(\frac{1}{2}, 0\right)$;
- o gráfico da função f tal que f(x) = 2x² + 3x + 4 não intercepta o eixo 0x.

Observe como são os três respectivos gráficos:

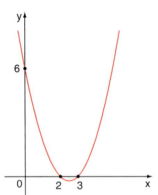 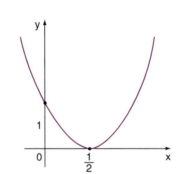 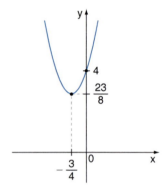

Observação

A quantidade de raízes reais de uma função quadrática depende do valor obtido para o radicando $\Delta = b^2 - 4ac$, chamado **discriminante**:
- quando Δ é positivo, há duas raízes reais e distintas;
- quando Δ é zero, há duas raízes reais iguais (ou uma raiz dupla);
- quando Δ é negativo, não há raiz real.

EXERCÍCIO RESOLVIDO

1. Determinar as condições sobre m na função dada por y = 3x² − 2x + (m − 1) a fim de que:
a) não existam raízes reais;
b) haja uma raiz dupla;
c) existam duas raízes reais e distintas.

Solução:
Calculando o discriminante (Δ), temos:
$$\Delta = (-2)^2 - 4 \cdot 3 \cdot (m - 1) = 4 - 12m + 12 = 16 - 12m$$
Devemos ter:
a) $\Delta < 0 \Rightarrow 16 - 12m < 0 \Rightarrow m > \frac{4}{3}$
c) $\Delta > 0 \Rightarrow 16 - 12m > 0 \Rightarrow m < \frac{4}{3}$
b) $\Delta = 0 \Rightarrow 16 - 12m = 0 \Rightarrow m = \frac{4}{3}$

EXERCÍCIOS

4. Determine as raízes (zeros) reais de cada uma das funções dadas pelas seguintes leis:

a) $y = 2x^2 - 3x + 1$

b) $y = 4x - x^2$

c) $y = -x^2 + 2x + 15$

d) $y = 9x^2 - 1$

e) $y = -x^2 + 6x - 9$

f) $y = 3x^2$

g) $y = x^2 - 5x + 9$

h) $y = -x^2 + 2$

i) $y = x^2 - x - 6$

5. Resolva, em $\mathbb{R}$, as seguintes equações:

a) $x^2 - 3\sqrt{3}x + 6 = 0$

b) $(3x - 1)^2 + (x - 2)^2 = 25$

c) $2 \cdot (x + 3)^2 - 5 \cdot (x + 3) + 2 = 0$

d) $x + \dfrac{1}{x} = 3$

e) $(x - 1) \cdot (x + 3) = 5$

6. Resolva, em $\mathbb{R}$, as equações a seguir:

a) $(-x^2 + 1) \cdot (x^2 - 3x + 2) = 0$

b) $(2x + 1) \cdot (-4x^2 + 4x - 1) = 0$

c) $(x - 1) \cdot (x - 2) = (x - 1) \cdot (2x + 3)$

d) $(x + 5)^2 = (2x - 3)^2$

e) $x^3 + 10x^2 + 21x = 0$

7. Resolva, em $\mathbb{R}$, as equações biquadradas:

a) $x^4 - 5x^2 + 4 = 0$

b) $-x^4 + 8x^2 - 15 = 0$

c) $x^4 - 6x^2 - 27 = 0$

(Sugestão: substitua x^2 por y e x^4 por y^2.)

8. Seja $f: \mathbb{R} \to \mathbb{R}$ definida por $f(x) = (2x + 1) \cdot (x - 3)$.

a) Qual é o valor de $\dfrac{f(0) + f(1)}{f(-1)}$?

b) Quais são as raízes da equação $f(x) = -5$?

9. Em um retângulo, uma dimensão excede a outra em 4 cm. Sabendo que a área do retângulo é 12 cm², determine suas dimensões.

10. As idades de dois irmãos têm soma igual a 8 anos. Daqui a 2 anos, uma delas será igual ao quadrado da outra. Determine essas idades.

11. Certo mês, um vendedor de sucos naturais arrecadou uma média diária de R$ 180,00, vendendo cada copo pelo mesmo preço. No mês seguinte, aumentou o preço em R$ 0,50 e vendeu uma média de 18 unidades a menos por dia, mas a arrecadação média diária foi a mesma. Determine:

a) o preço do copo de suco no primeiro mês;

b) o número de copos por dia vendidos no primeiro mês;

c) o número de copos por dia vendidos no segundo mês.

12. Um grupo de alunos do curso de Biologia programou uma viagem de campo que custaria no total R$ 2 400,00 – valor que dividiriam igualmente entre si. Alguns dias antes da partida, quatro estudantes se juntaram ao grupo e, assim, cada participante pagou R$ 30,00 a menos. Quantas pessoas foram à viagem?

13. Determine os valores de p a fim de que a função quadrática f dada por $f(x) = x^2 - 2x + p$ admita duas raízes reais e iguais.

14. Estabeleça os valores de m para os quais a função f, de $\mathbb{R}$ em $\mathbb{R}$, definida por $f(x) = 5x^2 - 4x + m$ admita duas raízes reais e distintas.

15. Encontre, em função de m, a quantidade de raízes da função f, de $\mathbb{R}$ em $\mathbb{R}$, dada pela lei $y = x^2 - 4x + (m + 3)$.

16. Qual é o menor número inteiro p para o qual a função f, de $\mathbb{R}$ em $\mathbb{R}$, dada por $f(x) = 4x^2 + 3x + (p + 2)$ não admite raízes reais?

17. Considere a equação na incógnita x, sendo $m \in \mathbb{R}$:
$$(m - 1)x^2 + 3x + (m + 1) = 0$$
Para que valores de m o conjunto solução da equação é unitário?

Em cada caso, determine a solução.

Soma e produto das raízes

Sendo x_1 e x_2 as raízes da equação $ax^2 + bx + c = 0$, $a \neq 0$; vamos calcular $x_1 + x_2$ e $x_1 \cdot x_2$.

$$x_1 + x_2 = \frac{-b - \sqrt{\Delta}}{2a} + \frac{-b + \sqrt{\Delta}}{2a} = -\frac{2b}{2a} = -\frac{b}{a}$$

$$x_1 \cdot x_2 = \frac{-b - \sqrt{\Delta}}{2a} \cdot \frac{-b + \sqrt{\Delta}}{2a} = \frac{b^2 - \left(\sqrt{\Delta}\right)^2}{(2a)^2} = \frac{b^2 - (b^2 - 4ac)}{4a^2} = \frac{c}{a}$$

Exemplo **8**

A soma das raízes da equação $3x^2 + 2x - 5 = 0$ é $x_1 + x_2 = -\dfrac{b}{a} = -\dfrac{2}{3}$, e o produto dessas raízes é $x_1 \cdot x_2 = \dfrac{c}{a} = -\dfrac{5}{3}$.

EXERCÍCIO RESOLVIDO

2. Determinar $k \in \mathbb{R}$, a fim de que uma das raízes da equação $x^2 - 5x + (k + 3) = 0$ seja igual ao quádruplo da outra.

Solução:

Utilizando as fórmulas da soma e do produto, temos:

$$x_1 + x_2 = -\frac{b}{a} = 5 \;\;①\qquad e \qquad x_1 \cdot x_2 = \frac{c}{a} = k + 3 \;\;②$$

Do enunciado, vem $x_1 = 4x_2$. ③

Substituindo ③ em ①, temos:

$$4x_2 + x_2 = 5 \Rightarrow x_2 = 1 \Rightarrow x_1 = 4$$

De ②, vem:

$$1 \cdot 4 = k + 3 \Rightarrow k = 1$$

Forma fatorada

Seja $f: \mathbb{R} \to \mathbb{R}$ uma função polinomial do 2º grau dada por $y = ax^2 + bx + c$, com raízes x_1 e x_2.

Então f pode ser escrita na forma $y = a \cdot (x - x_1) \cdot (x - x_2)$, que é a chamada **forma fatorada** da função de 2º grau (lembre que fatorar uma expressão algébrica significa escrevê-la sob a forma de multiplicação).

Vamos mostrar esta propriedade:

$$y = ax^2 + bx + c = a \cdot \left(x^2 + \frac{b}{a}x + \frac{c}{a}\right);\ \text{lembrando que}\ x_1 + x_2 = -\frac{b}{a}\ e\ x_1 \cdot x_2 = \frac{c}{a},\ \text{podemos escrever:}$$

$$y = a \cdot \left[x^2 - \left(x_1 + x_2\right) \cdot x + x_1 \cdot x_2\right]$$

$$y = a \cdot \left[x^2 - x_1 x - x_2 x + x_1 x_2\right]$$

$$y = a \cdot \left[x \cdot \left(x - x_1\right) - x_2 \cdot \left(x - x_1\right)\right]$$

$$y = a \cdot \left[\left(x - x_1\right) \cdot \left(x - x_2\right)\right] = a \cdot \left(x - x_1\right) \cdot \left(x - x_2\right)$$

Exemplo **9**

As raízes da função $y = x^2 - 2x - 3$ são -1 e 3. A forma fatorada dessa função é

$$y = 1 \cdot [x - (-1)] \cdot (x - 3) = (x + 1) \cdot (x - 3)$$

EXERCÍCIOS

18. Calcule a soma e o produto das raízes reais das seguintes equações de 2º grau:

a) $3x^2 - x - 5 = 0$
b) $-x^2 + 6x - 5 = 0$
c) $2x^2 - 7 = 0$
d) $x(x - 3) = 2$
e) $(x - 4) \cdot (x + 5) = 0$

19. Sejam r_1 e r_2 as raízes da equação de 2º grau $2x^2 - 6x + 3 = 0$. Determine o valor de:

a) $r_1 + r_2$
b) $r_1 \cdot r_2$
c) $(r_1 + 3) \cdot (r_2 + 3)$
d) $\dfrac{1}{r_1} + \dfrac{1}{r_2}$
e) $r_1^2 + r_2^2$

20. A diferença entre as raízes da equação $x^2 + 11x + p = 0$ é igual a 5. Com base nesse dado:

a) determine as raízes;

b) encontre o valor de p.

21. Uma das raízes da equação $x^2 - 25x + 2p = 0$ excede a outra em 3 unidades. Encontre as raízes da equação e o valor de p.

22. As raízes da equação $2x^2 - 2mx + 3 = 0$ são positivas e uma é o triplo da outra. Calcule o valor de m.

23. Uma das raízes reais da equação $x^2 + px + 27 = 0$ é o quadrado da outra. Qual é o valor de p?

24. Em cada item, está representado o gráfico de uma função quadrática f.

Determine, para cada caso, o sinal da soma (S) e do produto (P) das raízes de f:

a)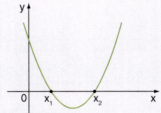

b)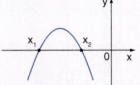

c)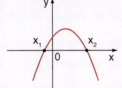

25. Determine $m \in \mathbb{R}$ na equação:
$x^2 + mx + (m^2 - m - 12) = 0$, de modo que ela tenha uma raiz nula e a outra positiva.

26. Em cada caso, obtenha a forma fatorada de f, sendo:

a) $f(x) = x^2 - 8x$
b) $f(x) = x^2 - 7x + 10$
c) $f(x) = -2x^2 + 10x$
d) $f(x) = -x^2 + 10x - 25$
e) $f(x) = 2x^2 - 5x + 2$

27. O gráfico de uma função quadrática é uma parábola que passa pelos pontos $(-5, 0)$, $(1, 0)$ e $(-2, -18)$. Obtenha a lei que define essa função.

Sugestão: use a forma fatorada.

COORDENADAS DO VÉRTICE DA PARÁBOLA

Nosso objetivo é obter as coordenadas do ponto V, chamado **vértice da parábola**.

Quando $a > 0$, a parábola tem concavidade voltada para cima e um ponto de mínimo V; quando $a < 0$, a parábola tem concavidade voltada para baixo e um ponto de máximo V.

■ Quando $a > 0$

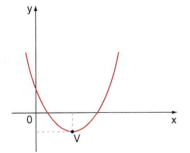

■ Quando $a < 0$

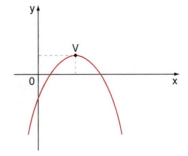

Vamos retomar a fórmula que define a função quadrática e escrevê-la de outra forma:

$$y = ax^2 + bx + c = a\left(x^2 + \frac{b}{a}x + \frac{c}{a}\right)$$

$$y = a\left[\left(x + \frac{b}{2a}\right)^2 - \frac{b^2 - 4ac}{4a^2}\right]$$

$$y = a\left[\left(x^2 + \frac{b}{a}x + \frac{b^2}{4a^2}\right) - \frac{b^2}{4a^2} + \frac{c}{a}\right]$$

$$y = a\left[\left(x + \frac{b}{2a}\right)^2 - \frac{\Delta}{4a^2}\right]$$

$$y = a\left[\left(x^2 + \frac{b}{a}\cdot x + \frac{b^2}{4a^2}\right) - \left(\frac{b^2}{4a^2} - \frac{c}{a}\right)\right]$$

Essa última forma é denominada **forma canônica** da função quadrática.

Observando a forma canônica, podemos notar que a, $\frac{b}{2a}$ e $\frac{\Delta}{4a^2}$ são constantes. Apenas x é variável. Daí:

- se $a > 0$, então o valor mínimo de y é estabelecido quando ocorrer o valor mínimo para $\left(x + \frac{b}{2a}\right)^2 - \frac{\Delta}{4a^2}$; como $\left(x + \frac{b}{2a}\right)^2$ é sempre maior ou igual a zero, seu valor mínimo ocorre quando $x + \frac{b}{2a} = 0$, ou seja, quando $x = -\frac{b}{2a}$; nessa situação, o valor mínimo de y é $y = a\left[0 - \frac{\Delta}{4a^2}\right] = -\frac{\Delta}{4a}$;

- se $a < 0$, por meio de raciocínio semelhante concluímos que o valor máximo de y ocorre quando $x = -\frac{b}{2a}$, nessa situação, o valor máximo de y é:

$$y = a\left(0 - \frac{\Delta}{4a^2}\right) = -\frac{\Delta}{4a}$$

Concluindo, em ambos os casos as coordenadas de V são:

$$V\left(-\frac{b}{2a}, -\frac{\Delta}{4a}\right)$$

Exemplo 10

Vamos obter as coordenadas do vértice da parábola que representa a função dada por $y = x^2 - 12x + 30$.

$x_v = -\frac{b}{2a} = \frac{12}{2} = 6$ e $y_v = -\frac{\Delta}{4a} = -\frac{144 - 120}{4} = -\frac{24}{4} = -6$

Observe que, como $a = 1 > 0$, o vértice $(6, -6)$ representa um ponto de mínimo da função.

IMAGEM

O conjunto imagem Im da função definida por $y = ax^2 + bx + c$, $a \neq 0$, é o conjunto dos valores que y pode assumir. Há duas possibilidades:

- Quando $a > 0$

$$\text{Im} = \left\{y \in \mathbb{R} \,\middle|\, y \geq y_v = -\frac{\Delta}{4a}\right\}$$

- Quando $a < 0$

$$\text{Im} = \left\{y \in \mathbb{R} \,\middle|\, y \leq y_v = -\frac{\Delta}{4a}\right\}$$

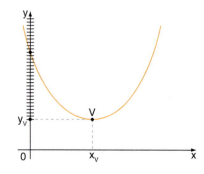

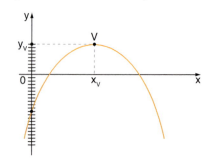

Exemplo 11

Vamos determinar o conjunto imagem da função quadrática dada por $y = -3x^2 + 5x - 2$.

O vértice V dessa parábola tem coordenadas:

$$x_V = -\frac{b}{2a} = \frac{5}{6} \text{ e } y_V = -\frac{\Delta}{4a} = -\frac{25-24}{-12} = \frac{1}{12}$$

Como $a < 0$, a função admite ponto de máximo.

O valor máximo que essa função assume é: $y_V = \frac{1}{12}$.

Nesse caso, o conjunto imagem dessa função é $\text{Im} = \left\{ y \in \mathbb{R} \mid y \leq \frac{1}{12} \right\}$.

EXERCÍCIO RESOLVIDO

3. Uma bala de canhão é atirada por um tanque de guerra (como mostra a figura) e descreve uma trajetória em forma de parábola de equação $y = -\frac{1}{20}x^2 + 2x$ (sendo x e y medidos em metros).

Pergunta-se:

a) qual é a altura máxima atingida pela bala?

b) qual é o alcance do disparo?

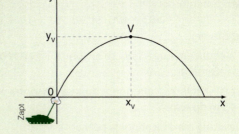

Solução:

a) Como $a = -\frac{1}{20} < 0$, a parábola tem um ponto máximo V cujas coordenadas são (x_V, y_V). Temos:

$$x_V = -\frac{b}{2a} = \frac{-2}{2 \cdot \left(-\frac{1}{20}\right)} = 20$$

$$y_V = -\frac{\Delta}{4a} = \frac{-4}{4 \cdot \left(-\frac{1}{20}\right)} = 20 \text{ (ou substituímos } x \text{ por 20 na equação para obter } y_V\text{)}$$

Assim, a altura máxima atingida é 20 m.

b) A bala toca o solo quando $y = 0$, isto é: $-\frac{1}{20}x^2 + 2x = 0 \Rightarrow x = 0$ ou $x = 40$.

Observe que $x = 0$ representa o ponto inicial do disparo, então, o alcance do disparo é 40 m.

EXERCÍCIOS

28. Obtenha o vértice de cada uma das parábolas representativas das funções quadráticas:

a) $y = x^2 - 6x + 4$
b) $y = -2x^2 - x + 3$
c) $y = x^2 - 9$

29. Quais das leis seguintes são representadas por uma parábola com ponto de máximo?

a) $y = x^2 - x + 5$
b) $y = -3x^2 + x - 2$
c) $y = -4x^2$
d) $y = (x - 1)^2 + 3$
e) $y = (2 - x)^2$

30. Qual é o valor mínimo (ou máximo) assumido por cada uma das funções quadráticas dadas pelas leis abaixo?

a) $y = -2x^2 + 60x$
b) $y = x^2 - 4x + 8$
c) $y = -x^2 + 2x - 5$
d) $y = 3x^2 + 2$

31. Qual é o conjunto imagem de cada uma das funções quadráticas dadas pelas leis abaixo?

a) $y = x^2 - 2$
b) $y = 5 - x^2$
c) $y = (x + 1)(2 - x)$
d) $y = x(x + 3)$

32. O gráfico seguinte representa a função quadrática dada por y = −3x² + bx + c. Quais são os valores de b e c?

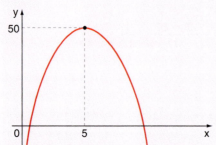

33. Uma bola, lançada verticalmente para cima, a partir do solo, tem sua altura h (em metros) expressa em função do tempo t (em segundos), decorrido após o lançamento, pela lei:
$$h(t) = 40t - 5t^2$$
Determine:
a) a altura em que a bola se encontra 1 s após o lançamento;
b) o(s) instante(s) em que a bola se encontra a 75 m do solo;
c) a altura máxima atingida pela bola;
d) o instante em que a bola retorna ao solo.

34. Para um exportador, o valor v(x), em milhares de reais, do quilograma de certo minério é dado pela lei: v(x) = 0,6x² − 2,4x + 6, sendo x o número de anos contados a partir de 2010 (x = 0), com 0 ⩽ x ⩽ 10.
a) Entre quais anos o valor do quilograma desse produto diminuiu?
b) Qual é o valor mínimo atingido pelo quilograma do produto?
c) Em que ano o preço do quilograma do produto será máximo? Qual será esse valor?

35. Suponha que o lucro (em reais) de uma microempresa seja dado, em função do preço (p) de venda de seu principal produto, pela lei:
$$L(p) = -50 \cdot (p^2 - 24p + 80)$$
Analise as afirmações seguintes, classificando-as como verdadeiras (V) ou falsas (F), justificando.
a) Quando o produto é vendido a R$ 7,00 ou a R$ 17,00, a empresa obtém o mesmo lucro.
b) Quando o preço de venda do produto é colocado a R$ 5,00, o lucro obtido é inferior a R$ 700,00.
c) O lucro máximo possível nessas condições é de R$ 3 200,00.
d) Os preços de venda de R$ 4,00 e de R$ 20,00 não proporcionam lucro algum.

36. Entre todos os retângulos de perímetro 20 cm, determine aquele cuja área é máxima. Qual é essa área?

37. O Instituto de Meteorologia de uma cidade no Sul do país registrou a temperatura local nas doze primeiras horas de um dia de inverno. Uma lei que pode representar a temperatura (y), em graus Celsius, em função da hora (x) é:
$$y = \frac{1}{4}x^2 - \frac{7}{2}x + k, \text{ com } 0 \leqslant x \leqslant 12$$
e k uma constante real.
a) Determine o valor de k, sabendo que às 3 horas da manhã a temperatura indicou 0 °C.
b) Qual foi a temperatura mínima registrada?

38. Considere todos os pares ordenados (x, y), com x ∈ ℝ e y ∈ ℝ, tais que x − y = 2.
Quais os valores de x e y de modo que a soma dos quadrados de x e de y seja a menor possível? Qual é o valor encontrado para essa soma?

APLICAÇÕES

A receita máxima

No capítulo de função afim aprendemos o que significam os termos "receita", "lucro" e "custo", baseados num modelo em que o preço de venda do produto é fixo, isto é, não varia de acordo com a demanda do mercado.

Vamos agora estudar um novo modelo em que o preço de venda do produto pode variar de acordo com a quantidade desse produto que um determinado grupo pretende adquirir num intervalo de tempo (dia, mês, ano etc.). Como regra geral, podemos dizer que, nesses casos, quanto menor o preço estabelecido, maior a quantidade vendida.

Suponhamos que uma barraca de praia em Salvador venda acarajés. Ao longo de uma temporada de verão, seu proprietário percebeu que, em média, eram vendidos 40 acarajés por dia, quando o preço da unidade era fixado em R$ 3,50. Ele também observou que, para cada R$ 0,10 de desconto no preço do acarajé (limitado a um desconto máximo de R$ 2,00), o número de acarajés vendidos por dia aumentava em 2 unidades.

Assim, nessas condições, existe uma relação linear entre o preço do acarajé (indicaremos por p) e o número de acarajés vendidos em um dia (indicaremos por x).

Observe na tabela seguinte algumas correspondências de valores entre p e x:

Preço unitário de venda, em reais (p)	Número de acarajés vendidos (x)
3,40	42
3,30	44
3,00	50
2,50	60
2,00	70

É possível encontrar a lei da função afim ($p(x) = a \cdot x + b$) que relaciona x e p: basta escolher dois valores (pertencentes ou não à tabela), substituir x e p pelos correspondentes valores e montar um sistema para encontrarmos os valores de a e b, como vimos no capítulo anterior.

Temos, então, a lei $p(x) = -0,05 \cdot x + 5,5$.

O proprietário da barraca calculou sua receita (indicaremos por R), isto é, seu faturamento bruto para os valores indicados a seguir:

$p = 3,40$ e $x = 42 \Rightarrow R = 42 \cdot 3,40 =$ R\$ 142,80
$p = 3,30$ e $x = 44 \Rightarrow R = 44 \cdot 3,30 =$ R\$ 145,20
$p = 3,00$ e $x = 50 \Rightarrow R = 50 \cdot 3,00 =$ R\$ 150,00
$p = 2,50$ e $x = 60 \Rightarrow R = 60 \cdot 2,50 =$ R\$ 150,00
$p = 2,00$ e $x = 70 \Rightarrow R = 70 \cdot 2,00 =$ R\$ 140,00

Ao fazer esses cálculos, ele ficou então interessado em saber qual deve ser o preço de venda do acarajé a fim de que sua receita seja máxima, isto é, a maior possível.

Conhecendo um pouco sobre a função quadrática, poderemos ajudá-lo a resolver esse problema.

Como a receita (R) pode ser obtida através do produto entre o preço unitário de venda (p) e o número de unidades vendidas (x), podemos escrever:

$$R = p \cdot x$$

Como $p = -0,05 \cdot x + 5,50$, escrevemos:

$R(x) = (-0,05 \cdot x + 5,50) \cdot x$, isto é: $R(x) = -0,05x^2 + 5,50 \cdot x$.

Essa última expressão representa a lei de uma função quadrática que admite um ponto de máximo (observe que $a = -0,05 < 0$) dado pelas coordenadas do vértice da parábola.

Assim, o maior valor possível para R é obtido quando $x = -\dfrac{b}{2a} = -\dfrac{5,5}{2 \cdot (-0,05)} = \dfrac{-5,5}{-0,1} = 55$.

Note que, quando $x = 55$, temos $p(55) = -0,05 \cdot 55 + 5,50 = -2,75 + 5,50 = 2,75$

Portanto, a maior receita possível é $R = 55 \cdot 2,75 = 151,25$ (observe que esse valor corresponde à ordenada do vértice da parábola que representa a função quadrática $y = -0,05x^2 + 5,50 \cdot x$).

CONSTRUÇÃO DA PARÁBOLA

É possível construir o gráfico de uma função do 2º grau sem montar a tabela de pares (x, y), mas seguindo o seguinte roteiro de observações:

- O valor do coeficiente a define a concavidade da parábola.
- As raízes (ou zeros) definem os pontos em que a parábola intercepta o eixo Ox.
- O vértice $V\left(-\dfrac{b}{2a}, -\dfrac{\Delta}{4a}\right)$ indica o ponto de mínimo (se $a > 0$) ou de máximo (se $a < 0$).
- A reta que passa por V e é paralela ao eixo Oy é o eixo de simetria da parábola. Veja Apêndice, página 151.
- Para $x = 0$, temos $y = a \cdot 0^2 + b \cdot 0 + c = c$; então $(0, c)$ é o ponto em que a parábola corta o eixo Oy.

FUNÇÃO QUADRÁTICA

Exemplo 12

Façamos o esboço do gráfico da função quadrática dada por $y = 2x^2 - 5x + 2$.
Características:

- concavidade voltada para cima, pois $a = 2 > 0$
- raízes: $2x^2 - 5x + 2 = 0 \Rightarrow x = \dfrac{1}{2}$ ou $x = 2$
- vértice: $V = \left(-\dfrac{b}{2a}, -\dfrac{\Delta}{4a}\right) = \left(\dfrac{5}{4}, -\dfrac{9}{8}\right)$
- interseção com o eixo Oy: $(0, c) = (0, 2)$

Note que $Im = \left\{y \in \mathbb{R} \,\middle|\, y \geqslant -\dfrac{9}{8}\right\}$.

Observe que f é crescente se $x > \dfrac{5}{4}$ e decrescente se $x < \dfrac{5}{4}$.

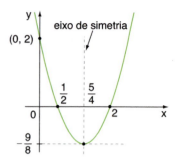

Exemplo 13

Vamos construir o gráfico da função quadrática dada por $y = x^2 - 2x + 1$.
Características:

- concavidade voltada para cima, pois $a = 1 > 0$
- raízes $x^2 - 2x + 1 = 0 \Rightarrow x = 1$ (raiz dupla)
- vértice: $V = \left(-\dfrac{b}{2a}, -\dfrac{\Delta}{4a}\right) = (1, 0)$
- interseção com o eixo Oy: $(0, c) = (0, 1)$

Note que $Im = \{y \in \mathbb{R} \mid y \geqslant 0\}$.

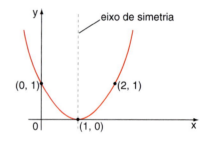

Observe que f é crescente se $x > 1$ e decrescente se $x < 1$.

Exemplo 14

Vamos construir o gráfico da função quadrática dada por $y = -x^2 - x - 3$.
Características:

- concavidade voltada para baixo, pois $a = -1 < 0$
- zeros: $-x^2 - x - 3 = 0 \Rightarrow \nexists\, x$ real, pois $\Delta < 0$
- vértice: $V = \left(-\dfrac{b}{2a}, -\dfrac{\Delta}{4a}\right) = \left(-\dfrac{1}{2}, -\dfrac{11}{4}\right)$
- interseção com o eixo Oy: $(0, c) = (0, -3)$

Como temos apenas dois pontos, é recomendável obter mais alguns, por exemplo:

$x = 1 \Rightarrow y = -5;\ (1, -5)$

$x = -1 \Rightarrow y = -3;\ (-1, -3)$ etc.

Note que $Im = \left\{y \in \mathbb{R} \,\middle|\, y \leqslant -\dfrac{11}{4}\right\}$.

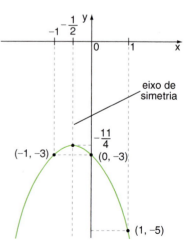

Exemplo 15

Vamos determinar a lei da função quadrática cujo gráfico está representado abaixo.
As raízes da função quadrática são −3 e 0; então sua lei, na forma fatorada, é:

$$y = a \cdot (x + 3) \cdot (x - 0)$$

Para x = −1, temos y = 2, então:

2 = a(−1 + 3) · (−1 − 0) ⇒ 2 = −2a ⇒ a = −1

Daí:

y = −1(x + 3) · x ⇒ $y = -x^2 - 3x$

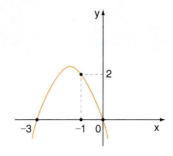

EXERCÍCIOS

39. Faça o gráfico das funções dadas pelas leis seguintes, com domínio em ℝ, destacando o conjunto imagem:
a) $y = x^2 - 6x + 8$
b) $y = -2x^2 + 4x$
c) $y = x^2 - 4x + 4$
d) $y = (x - 3) \cdot (x + 2)$

40. Construa o gráfico de cada uma das funções dadas pelas leis a seguir, com domínio real; forneça também o conjunto imagem:
a) $y = -x^2 + \dfrac{1}{4}$
b) $y = x^2 + 2x + 5$
c) $y = -3x^2$

41. Faça o gráfico de cada função quadrática definida pela lei dada a seguir, destacando os intervalos em que a função é crescente ou decrescente:
a) $y = 4x^2 - 2x$
b) $y = -2x^2 + 4x - 5$
c) $y = -x^2 - 2x - 1$
d) $y = -x^2 + 2x + 8$

42. Considere as funções, de ℝ em ℝ, definidas por $y = ax^2$, sendo a ∈ ℝ*. São exemplos de funções desse tipo: $y = 2x^2$, $y = -x^2$, $y = -4x^2$, $y = \dfrac{1}{2}x^2$ etc.

Com base nesses dados:
a) caracterize tais funções quanto ao número de raízes, especificando-as;
b) encontre o vértice das parábolas que representam tais funções;
c) faça um esquema para representá-las graficamente, quando a > 0 e a < 0.

43. No gráfico ao lado estão representadas as funções $y = 2x^2$, $y = x^2$ e $y = \dfrac{1}{2}x^2$. Associe cada função ao seu gráfico:

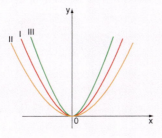

44. Represente no mesmo plano cartesiano, destacando os pontos de interseção, os gráficos das funções f e g, de ℝ em ℝ, dadas por:
a) $f(x) = x + 2$
b) $g(x) = x^2 - 2x - 8$

45. Um biólogo desejava comparar a ação de dois fertilizantes. Para isso, duas plantas A e B da mesma espécie, que nasceram no mesmo dia, foram desde o início tratadas com fertilizantes diferentes.

Durante vários dias ele acompanhou o crescimento dessas plantas, medindo, dia a dia, suas alturas. Ele observou que a planta A cresceu linearmente, à taxa de 2,5 cm por dia; a altura da planta B pode ser modelada pela função dada por $y = \dfrac{20x - x^2}{6}$, como mostra o esboço seguinte:

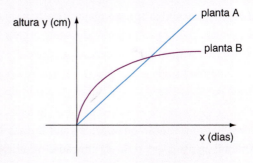

a) Obtenha a diferença entre as alturas dessas plantas com 2 dias de vida.
b) Qual é a lei da função que representa a altura (y) da planta A em função de x (número de dias)?
c) Determine o dia em que as duas plantas atingiram a mesma altura e qual foi essa altura.
d) Calcule a taxa média de variação do crescimento das plantas A e B do 1º ao 4º dia.

46. A parábola seguinte representa a função dada por $f(x) = ax^2 + bx + c$. Determine o sinal dos coeficientes a, b e c.

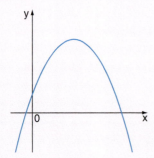

47. Determine a lei da função que cada gráfico a seguir representa:

a)
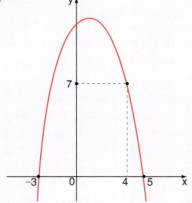

b)
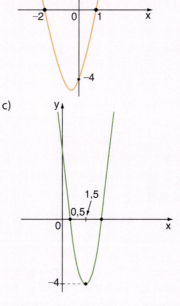

c)

48. Determine, em cada caso, a lei que define a função quadrática:

a) de raízes 4 e −2 e cujo vértice da parábola correspondente é o ponto (1, 9);

b) de raiz dupla igual a $\sqrt{3}$ e cujo gráfico intercepta o eixo 0y em (0, 3);

c) cujo gráfico contém os pontos (−1, −4), (1, 2) e (2, −1).

SINAL

Consideremos uma função quadrática dada por $y = f(x) = ax^2 + bx + c$ e determinemos os valores de x para os quais y é negativo e os valores de x para os quais y é positivo.

Conforme o sinal do discriminante $\Delta = b^2 - 4ac$, podem ocorrer os seguintes casos:

$\Delta > 0$

Nesse caso a função quadrática admite duas raízes reais distintas ($x_1 \neq x_2$). A parábola intercepta o eixo Ox em dois pontos, e o sinal da função é o indicado nos gráficos abaixo:

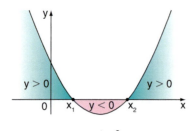

$a > 0$
$y > 0 \Leftrightarrow x < x_1$ ou $x > x_2$
$y < 0 \Leftrightarrow x_1 < x < x_2$

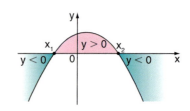

$a < 0$
$y > 0 \Leftrightarrow x_1 < x < x_2$
$y < 0 \Leftrightarrow x < x_1$ ou $x > x_2$

Δ = 0

Nesse caso a função quadrática admite duas raízes reais iguais ($x_1 = x_2$). A parábola tangencia o eixo 0x, isto é, intercepta o eixo em um único ponto, e o sinal da função é o indicado nos gráficos abaixo:

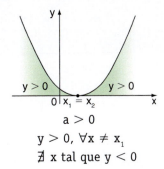

$a > 0$
$y > 0, \forall x \neq x_1$
$\nexists$ x tal que $y < 0$

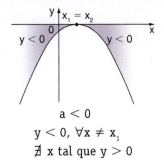

$a < 0$
$y < 0, \forall x \neq x_1$
$\nexists$ x tal que $y > 0$

Δ < 0

Nesse caso a função quadrática não admite raízes reais. A parábola não intercepta o eixo 0x, e o sinal da função é o indicado nos gráficos abaixo:

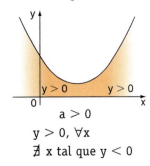

$a > 0$
$y > 0, \forall x$
$\nexists$ x tal que $y < 0$

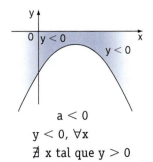

$a < 0$
$y < 0, \forall x$
$\nexists$ x tal que $y > 0$

Exemplo 16

Vamos estudar o sinal de $y = x^2 - 5x + 6$.

Temos:

$a = 1 > 0 \Rightarrow$ parábola com concavidade voltada para cima

$\Delta = b^2 - 4ac = 25 - 24 = 1 > 0 \Rightarrow$ dois zeros reais distintos

$x = \dfrac{-b \pm \sqrt{\Delta}}{2a} = \dfrac{5 \pm 1}{2} \Rightarrow x_1 = 2$ e $x_2 = 3$

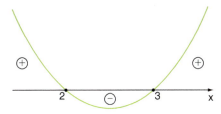

Assim: $y > 0 \Leftrightarrow (x < 2$ ou $x > 3)$
$y < 0 \Leftrightarrow 2 < x < 3$

Exemplo 17

Vamos estudar o sinal de $y = -x^2 + 6x - 9$.

Temos:

$a = -1 < 0 \Rightarrow$ parábola com concavidade voltada para baixo

$\Delta = b^2 - 4ac = 36 - 36 = 0 \Rightarrow$ dois zeros reais iguais

$x = \dfrac{-b \pm \sqrt{\Delta}}{2a} = \dfrac{-6 \pm 0}{-2} = 3$

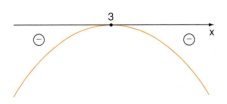

Assim: $y < 0, \forall x \neq 3$
$\nexists$ x tal que $y > 0$

Exemplo 18

Vamos estudar o sinal de y = 3x² − 2x + 5.
Temos:
a = 3 > 0 ⇒ parábola com concavidade voltada para cima
Δ = b² − 4ac = 4 − 60 = −56 < 0 ⇒ não há zeros reais
Assim: y > 0, ∀x ∈ ℝ
∄ x tal que y < 0

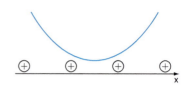

EXERCÍCIOS

49. Faça o estudo de sinal de cada uma das funções de ℝ em ℝ, definidas pelas seguintes leis:
   a) y = −3x² − 8x + 3
   b) y = 4x² + x − 5
   c) y = 9x² − 6x + 1
   d) y = 2 − x²

50. Faça o estudo do sinal das funções quadráticas dadas por:
   a) f(x) = −x² + 2x − 1
   b) f(x) = 3x² − x + 4
   c) f(x) = 4x² + 8x
   d) f(x) = x − x²

51. Faça o estudo do sinal de cada função, de ℝ em ℝ, cujo gráfico está representado a seguir.

a)
b)
c)
d)

INEQUAÇÕES

Introdução

Voltemos ao problema 1 da introdução deste capítulo.
Vimos que a lei que expressa o número (y) de jogos do campeonato em função do número (x) de clubes é:
$$y = x^2 - x$$
Suponhamos que a Confederação Brasileira de Futebol (CBF), ao organizar um campeonato, perceba que só há datas disponíveis para a realização de no máximo 150 jogos. Quantos clubes poderão participar?
Para responder a essa questão, temos de resolver a **inequação**:
$$x^2 - x \leq 150$$
que equivale a $x^2 - x - 150 \leq 0$.
Esse é um exemplo de uma inequação de 2º grau que passaremos a estudar agora.
O processo de resolução de uma inequação de 2º grau está baseado no estudo do sinal da função de 2º grau envolvida na desigualdade. É importante observar a analogia entre o processo que será apresentado e um dos processos usados para resolver inequações de 1º grau, como vimos no capítulo anterior.
Acompanhe os exemplos seguintes:

Exemplo 19

Resolver, em ℝ, a inequação 6x² − 5x + 1 ≤ 0.
Chamemos de *y* a função quadrática no 1º membro:
y = 6x² − 5x + 1.
Vamos estudar o sinal de *y*:
a = 6 > 0, Δ = 1 > 0, raízes: $\frac{1}{2}$ e $\frac{1}{3}$.

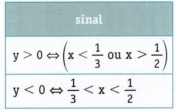

A inequação pergunta: "para que valores de *x* temos y ⩽ 0?".

Temos: $\frac{1}{3} \leq x \leq \frac{1}{2}$ ou $S = \left\{ x \in \mathbb{R} \mid \frac{1}{3} \leq x \leq \frac{1}{2} \right\}$

Exemplo 20

Resolver, em $\mathbb{R}$, a inequação $x^2 + x \geq 2x^2 + 1$.

Vamos passar todos os termos da inequação para um dos membros, por exemplo para o 1º membro:

$x^2 + x - 2x^2 - 1 \geq 0$

$-x^2 + x - 1 \geq 0$

- Estudo de sinal de $y = -x^2 + x - 1$

  Temos:

  $a = -1 \Rightarrow$ parábola com concavidade voltada para baixo

  $\Delta = b^2 - 4ac = 1 - 4 = -3 \Rightarrow$ não há zeros reais

  Concluindo, $y < 0, \forall x \in \mathbb{R}$.

  A inequação pergunta: "para que valores de *x* temos y ⩾ 0?".

  Dessa forma, $\nexists x \in \mathbb{R}$ tal que $y \geq 0$; $S = \varnothing$

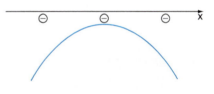

Exemplo 21

Resolver, em $\mathbb{R}$, a inequação $2x^2 + 3x + 1 > -x(1 + 2x)$.

Temos:

$2x^2 + 3x + 1 + x(1 + 2x) > 0$

$4x^2 + 4x + 1 > 0$

- Estudo do sinal de $y = 4x^2 + 4x + 1$

  $a = 4 > 0, \Delta = 0,$ raiz: $-\frac{1}{2}$

sinal
$y > 0, \forall x \neq -\frac{1}{2}$
$\nexists x \in \mathbb{R}$ tal que $y < 0$

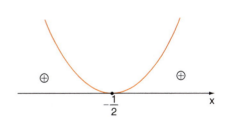

A inequação pergunta: "para que valores de *x* temos y > 0?".

Portanto, $x \neq -\frac{1}{2}$ ou $S = \left\{ x \in \mathbb{R} \mid x \neq -\frac{1}{2} \right\} = \mathbb{R} - \left\{ -\frac{1}{2} \right\}$.

Exemplo 22

Retomemos o primeiro problema da introdução do capítulo; é preciso resolver a inequação $x^2 - x - 150 \leq 0$. As raízes de $y = x^2 - x - 150$ são $\dfrac{1 \pm \sqrt{601}}{2}$; usando a aproximação $\sqrt{601} = 24{,}5$, obtemos como raízes 12,75 e −11,75 e o sinal de y é dado abaixo:

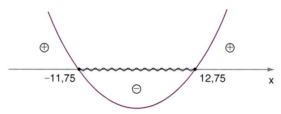

Como devemos ter $y \leq 0$, segue que $-11{,}75 \leq x \leq 12{,}75$.
Mas, neste problema, x é o número de times e, deste modo, só pode assumir valores inteiros positivos. O maior inteiro nestas condições é $x = 12$ (12 clubes).
Neste caso, haveria $12 \cdot 11 = 132$ jogos no campeonato.

EXERCÍCIOS

52. Resolva, em $\mathbb{R}$, as seguintes inequações:
  a) $x^2 - 11x - 42 < 0$
  b) $3x^2 + 5x - 2 > 0$
  c) $-x^2 + 4x + 5 \geq 0$
  d) $-4x^2 + 12x - 9 < 0$
  e) $3x^2 + x + 5 > 0$
  f) $9x^2 - 24x + 16 \leq 0$

53. Determine, em $\mathbb{R}$, o conjunto solução das seguintes inequações:
  a) $-x^2 + 10x - 25 > 0$
  b) $x^2 - 8x + 15 \leq 0$
  c) $-x^2 - 2x > 15$
  d) $x^2 + 2x < 35$
  e) $-x^2 - 4x - 3 \leq 0$
  f) $x^2 - 3x < 1$

54. Resolva, em $\mathbb{R}$, as inequações:
  a) $x \cdot (x - 3) \geq 0$
  b) $x^2 < 16$
  c) $9x^2 \geq 3x$
  d) $-4x^2 < 9$
  e) $(\sqrt{3})^2 > x^2$
  f) $x \cdot (x + 3) < x \cdot (2 - x)$

55. O faturamento F líquido (diferença entre receita total e custos) de uma empresa, em milhões de reais, pode ser expresso pela lei: $F(x) = -3x^2 + 10x - 8$, sendo x o número de milhares de unidades comercializadas (produzidas e vendidas).

  a) Determine o intervalo de variação do número de unidades que devem ser comercializadas a fim de que a empresa tenha lucro, isto é, os valores de x tais que $F > 0$.
  b) Para que valores de x o faturamento líquido é menor que $-40\,000\,000$ de reais?
  c) Qual é o faturamento máximo dessa empresa?

56. Resolva, em $\mathbb{Z}$, as inequações seguintes:
  a) $x^2 + 12x + 20 < 0$ b) $-x^2 - 5x - 4 \leq 0$

57. No gráfico a seguir têm-se os gráficos das funções quadráticas f e g.

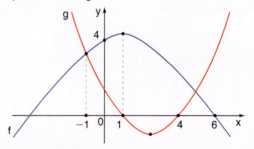

Determine:
  a) as raízes de f;
  b) o vértice de f e o de g;
  c) o conjunto solução da inequação $g(x) < 0$;
  d) o conjunto solução da inequação $f(x) \geq 0$.

58. Duas empresas, A e B, comercializam o mesmo produto. Seus lucros diários variam de acordo com o número de unidades vendidas (x) segundo as expressões:
- empresa A: $L = x^2 - 20x + 187$
- empresa B: $L = 135 + 8x$

a) Em que intervalo deve variar o número de unidades vendidas a fim de que o lucro da empresa B supere o da empresa A?

b) Represente graficamente, no mesmo plano cartesiano, as duas funções e indique o resultado obtido no item *a*.

EXERCÍCIO RESOLVIDO

4. Resolver em $\mathbb{R}$ a inequação $1 < x^2 \leq 4$.

Solução:
De fato são duas inequações simultâneas:
$1 < x^2$ ① e $x^2 \leq 4$ ②

Vamos resolver ①: $1 - x^2 < 0$
- Estudo do sinal de $y = 1 - x^2$
  $a = -1 < 0, \Delta = 4 > 0$, raízes: -1 e 1

sinal
$y > 0 \Leftrightarrow -1 < x < 1$
$y < 0 \Leftrightarrow (x < -1$ ou $x > 1)$

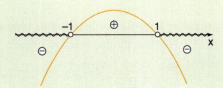

Solução de ①: $x < -1$ ou $x > 1$

Vamos resolver ②: $x^2 - 4 \leq 0$
- Estudo do sinal de $y = x^2 - 4$
  $a = 1 > 0, \Delta = 16 > 0$, raízes: -2 e 2

sinal
$y > 0 \Leftrightarrow x < -2$ ou $x > 2$
$y < 0 \Leftrightarrow -2 < x < 2$

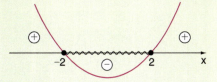

Solução de ②: $-2 \leq x \leq 2$

Procuremos agora a interseção das duas soluções:

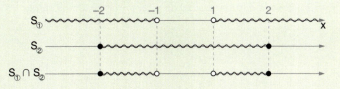

Assim: $S = \{x \in \mathbb{R} \mid -2 \leq x < -1$ ou $1 < x \leq 2\}$.

EXERCÍCIOS

59. Resolva, em $\mathbb{R}$, as inequações:
a) $4 \leq x^2 \leq 9$
b) $-2 \leq x^2 - 2 \leq 2$
c) $7 < 2x^2 + 1 \leq 19$

60. Encontre a solução real dos seguintes sistemas de inequações:

a) $\begin{cases} -2x^2 + 8 < 0 \\ x^2 + 3x \leq 0 \end{cases}$

b) $\begin{cases} x^2 + 3x - 4 < 0 \\ -x^2 + x + 6 > 0 \end{cases}$

c) $\begin{cases} x^2 + 5x \geq 0 \\ x^2 + 4x < 12 \\ 5x^2 > -2 \end{cases}$

61. Determine as soluções inteiras do sistema:
$\begin{cases} 6x^2 - 5x + 1 > 0 \\ 4x^2 + x - 14 \leq 0 \\ -3x + 10 > 0 \end{cases}$

62. Um artigo de economia publicado em 2010 previu que a dívida pública de um certo Estado até 2030 pode ser estimada pela lei $y = \dfrac{4}{5}x^2 - 8x + 80$, sendo y o valor da dívida (em milhões de reais) e x o número de anos contados a partir de 2010 ($x = 0$).

a) Qual o menor valor atingido pela dívida desse Estado e em que ano esse valor será atingido?

b) O artigo sugere que se a dívida oscilar entre 140 e 185 milhões de reais (incluindo tais valores) não será necessária ajuda da União. Em que anos, então, o Estado dispensará ajuda da União?

INEQUAÇÕES-PRODUTO. INEQUAÇÕES-QUOCIENTE

Vamos acompanhar a resolução de algumas inequações-produto e inequações-quociente envolvendo funções quadráticas. Usaremos o mesmo método prático desenvolvido no capítulo anterior. Se necessário, revise também a caracterização dessas inequações.

EXERCÍCIOS RESOLVIDOS

5. Resolver em $\mathbb{R}$ a inequação $(2x^2 - 5x)(2 + x - x^2) < 0$.

Solução:

- Façamos $y_1 = 2x^2 - 5x$ e estudemos o sinal de y_1: $a = 2 > 0$, $\Delta = 25$, raízes: 0 e $\dfrac{5}{2}$.

sinal
$y_1 > 0 \Leftrightarrow x < 0$ ou $x > \dfrac{5}{2}$
$y_1 < 0 \Leftrightarrow 0 < x < \dfrac{5}{2}$

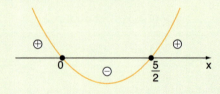

- Vamos fazer $y_2 = 2 + x - x^2$ e estudar o sinal de y_2: $a = -1 < 0$, $\Delta = 9$, raízes: -1 e 2.

sinal
$y_2 > 0 \Leftrightarrow -1 < x < 2$
$y_2 < 0 \Leftrightarrow x < -1$ ou $x > 2$

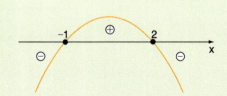

- Estudo do sinal do produto $y_1 \cdot y_2$

A inequação pergunta: "para que valores de x temos $y_1 \cdot y_2 < 0$?".

$$S = \left\{ x \in \mathbb{R} \mid x < -1 \text{ ou } 0 < x < 2 \text{ ou } x > \frac{5}{2} \right\}$$

6. Resolver em $\mathbb{R}$ a inequação $\dfrac{x^2 - 2x - 8}{x^2 - 6x + 9} \leq 0$.

   Solução:
   - Estudo do sinal de $y_1 = x^2 - 2x - 8$

     $a = 1 > 0, \Delta = 36,$ raízes: -2 e 4

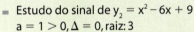

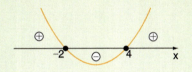

   - Estudo do sinal de $y_2 = x^2 - 6x + 9$

     $a = 1 > 0, \Delta = 0,$ raiz: 3

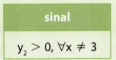

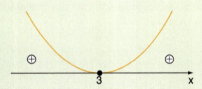

   - Estudo do sinal do quociente $\dfrac{y_1}{y_2}$

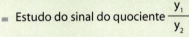

A inequação pergunta: "para que valores de x temos $\dfrac{y_1}{y_2} \leq 0$?".

$$S = \{ x \in \mathbb{R} \mid -2 \leq x < 3 \text{ ou } 3 < x \leq 4 \}$$

EXERCÍCIOS

63. Resolva, em $\mathbb{R}$, as seguintes inequações:

a) $(x^2 - 2x - 8) \cdot (2x^2 - 3x) \geq 0$

b) $(-x^2 + x + 2) \cdot (x^2 + 2x - 3) > 0$

c) $(x + 2) \cdot (x^2 - 4) \geq 0$

64. Resolva, em $\mathbb{R}$, as seguintes inequações-produto:

a) $(x^2 + 3x - 10) \cdot (-4x^2 + 3x) > 0$

b) $(x^2 - x - 6) \cdot (x^2 - 5x + 6) \leq 0$

c) $(x^2 - x - 12) \cdot (2x - 1) \cdot (x^2 + 16) < 0$

65. Quantos números inteiros negativos satisfazem a desigualdade:

$(2x^2 - 9x + 4) \cdot (-2x + 5) \cdot (-x^2 + 4) \geq 0$?

E quantos números inteiros positivos a satisfazem?

66. No sistema cartesiano a seguir, estão representados os gráficos das funções de $\mathbb{R}$ em $\mathbb{R}$, dadas por $f(x) = -x^2 + 4x$ e $g(x) = x^2 - 6x + 8$. Qual é o conjunto solução da inequação $f(x) \cdot g(x) \geq 0$?

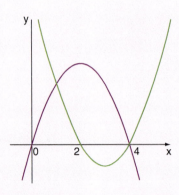

67. Resolva, em ℝ, as inequações-quociente:

a) $\dfrac{x^2 - 5x - 14}{-x^2 + 3x} \geq 0$

b) $\dfrac{8x^2 - 2x - 1}{x^2 - x - 2} \geq 0$

c) $\dfrac{x^2 + x}{2 + x} \leq 0$

d) $\dfrac{x^2 - 8x + 7}{-x^2 + 11x - 24} < 0$

68. Determine o conjunto solução das inequações seguintes, sendo U = ℝ:

a) $\dfrac{-x^2 + x + 6}{x^2 - 4} \leq 0$

b) $\dfrac{(2x - 1) \cdot (-x^2 + 2x)}{x^2 - x - 20} \geq 0$

c) $\dfrac{(x + 3) \cdot (x^2 + 3)}{x^2 + x - 6} \geq 0$

69. Obtenha o domínio das funções dadas pelas leis seguintes:

a) $f(x) = \sqrt{\dfrac{x^2 - 16}{x + 1}}$

b) $g(x) = \sqrt[3]{\dfrac{x + 1}{x - 2}} + \sqrt{9 - x^2}$

70. Resolva, em ℝ, as inequações:

a) $x - 4 \leq \dfrac{12}{x}$

b) $\dfrac{1}{x} < x$

c) $\dfrac{x - 3}{x - 2} \leq x - 1$

71. Todos os pontos do gráfico da função quadrática f: ℝ → ℝ definida por f(x) = mx² − 2x + m estão localizados abaixo do eixo das abscissas. Determine os possíveis valores reais de m.

72. Determine m ∈ ℝ para que x² + mx + 1 > 0, para todo x ∈ ℝ.

73. A reta e a parábola, mostradas no gráfico abaixo, representam as funções f e g, de ℝ em ℝ, respectivamente. Sabendo que g(x) = x² − 9x + 14, obtenha o domínio da função h, dada por $h(x) = \sqrt{\dfrac{g(x)}{f(x)} - 1}$.

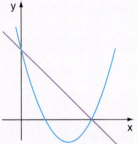

74. Observe a resolução da inequação $x + 3 \leq \dfrac{6}{x - 2}$ feita por um estudante, com a respectiva explicação:

1º) Multiplicamos ambos os lados da desigualdade por x − 2:

$$(x - 2) \cdot (x + 3) \leq \dfrac{6}{x - 2} \cdot (x - 2)$$

2º) Chegamos a (x − 2) · (x + 3) ≤ 6 ⇒ x² + + x − 6 ≤ 6 ⇒ x² + x − 12 ≤ 0

3º) Resolvemos a inequação de 2º grau x² + + x − 12 ≤ 0:

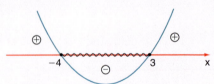

4º) S = {x ∈ ℝ | −4 ≤ x ≤ 3}

Você concorda com a solução apresentada? Explique.

Se a resolução contiver erros, apresente a correta.

DESAFIO

(OBM) Um fazendeiro tinha 24 vacas e ração para alimentá-las por 60 dias. Entretanto, 10 dias depois, ele comprou mais 6 vacas e 10 dias depois dessa compra ele vendeu 20 vacas. Por mais quantos dias após esta última compra ele pode alimentar o gado com a ração restante?

APÊNDICE Eixo de simetria da parábola

Consideremos a parábola que representa a função dada por $f(x) = ax^2 + bx + c$. Seu vértice V tem abscissa $x_V = -\dfrac{b}{2a}$.

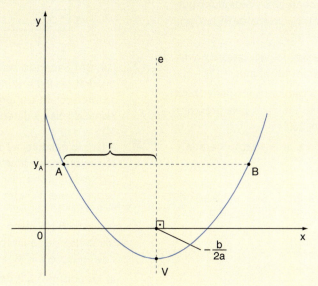

Consideremos a reta *e* que passa por V e é perpendicular ao eixo Ox. Vamos demonstrar que essa reta é o eixo de simetria da parábola.

Tomando um ponto A da parábola à distância *r* da reta *e* (conforme mostra a figura acima), as coordenadas de A são $\left(-\dfrac{b}{2a} - r,\ y_A\right)$.

Tomando a função quadrática na forma canônica:

$$f(x) = a\left[\left(x + \dfrac{b}{2a}\right)^2 - \dfrac{\Delta}{4a^2}\right]$$

e considerando que A pertence à parábola, temos:

$$y_A = f\left(-\dfrac{b}{2a} - r\right) = a\left[\left(-\dfrac{b}{2a} - r + \dfrac{b}{2a}\right)^2 - \dfrac{\Delta}{4a^2}\right] =$$

$$= a\left[(-r)^2 - \dfrac{\Delta}{4a^2}\right] =$$

$$= a\left[(r)^2 - \dfrac{\Delta}{4a^2}\right] =$$

$$= a\left[\left(-\dfrac{b}{2a} + r + \dfrac{b}{2a}\right)^2 - \dfrac{\Delta}{4a^2}\right] =$$

$$= f\left(-\dfrac{b}{2a} + r\right)$$

Assim, provamos que o ponto B da parábola que tem ordenada igual à de A também está à distância *r* da reta *e*, pois $x_B = -\dfrac{b}{2a} + r$, ou seja, A e B são simétricos em relação à reta *e*.

FUNÇÃO QUADRÁTICA

EXERCÍCIOS COMPLEMENTARES

1. Os alunos de uma escola de dança alugaram, para um evento especial, um salão de festas com capacidade para 200 pessoas. Ficou combinado que cada aluno que fosse ao evento pagaria, de início, R$ 40,00. O gerente do espaço propôs que, caso o salão não ficasse totalmente cheio, cada aluno que comparecesse pagasse um adicional de R$ 2,50 por "lugar vago".
   a) Qual foi o total arrecadado pela casa, se no dia da festa compareceram 180 alunos?
   b) Como se expressa o valor arrecadado (y), pelo proprietário do salão, em reais, pela presença de x alunos ($0 < x \leq 200$)?
   c) Para que valor de x a arrecadação gerada é máxima?

2. Uma das raízes da equação $x^2 - 3x + a = 0$ ($a \neq 0$) é também raiz da equação $x^2 + x + 5a = 0$.
   a) Qual é o valor de a?
   b) Qual é a raiz comum?

3. (UF-PE) O proprietário de uma loja comprou certo número de artigos, todos custando o mesmo valor, por R$ 1 200,00. Cinco dos artigos estavam danificados e não puderam ser comercializados; os demais foram vendidos com lucro de R$ 10,00 por unidade. Se o lucro total do proprietário com a compra e a venda dos artigos foi de R$ 450,00, quantos foram os artigos comprados inicialmente?

4. Resolva, em $\mathbb{R}$, as inequações:
   a) $x \geq \dfrac{1}{x}$
   b) $x^3 > x^2$
   c) $\dfrac{x}{x^3 - x^2 + x - 1} \geq 0$

5. (UF-PR) Uma parábola é o gráfico de uma função da forma $y = ax^2 + bx + c$, com $a \neq 0$.
   a) Encontre a função cujo gráfico é a parábola que contém os pontos $P = (-1, 2)$, $Q = (1, 2)$ e $R = (2, 5)$. Sugestão: utilize os pontos dados para construir um sistema linear.
   b) Existe uma parábola que contém os pontos $P = (-1, -1)$, $Q = (1, 3)$ e $R = (2, 5)$? Justifique.

6. É dada uma folha de cartolina como na figura a seguir. Cortando a folha na linha pontilhada, obteremos um retângulo. Determine esse retângulo, sabendo que sua área é máxima.

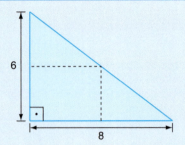

7. (UF-BA) Sabendo que os gráficos das funções quadráticas $f(x) = x^2 - 4x + 3$ e $g(x) = -x^2 - bx + c$ se intersectam em um ponto do eixo x e em um ponto do eixo y, determine o valor de $b^4 c$.

8. A função quadrática f dada por $f(x) = ax^2 + bx + c$ tem raízes reais e simétricas. Seu gráfico é interceptado pela reta de equação $y = 5$ em um único ponto. Sabendo que $f(\sqrt{40}) = 3$, determine as raízes de f.

9. (Fuvest-SP) No plano cartesiano 0xy, considere a parábola P de equação $y = -4x^2 + 8x + 12$ e a reta r de equação $y = 3x + 6$. Determine:
   a) Os pontos A e B, de intersecção da parábola P com o eixo coordenado 0x, bem como o vértice V da parábola P.
   b) O ponto C, de abscissa positiva, que pertence à intersecção de P com a reta r.
   c) A área do quadrilátero de vértices A, B, C e V.

10. Determine $m \in \mathbb{R}$ para os quais o domínio da função f, definida por $f(x) = \dfrac{3x}{\sqrt{2x^2 - mx + m}}$ é o conjunto dos números reais.

11. (UE-RJ) Um terreno retangular tem 800 m de perímetro e será dividido pelos segmentos $\overline{PA}$ e $\overline{CQ}$ em três partes, como mostra a figura.

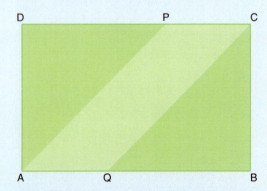

Admita que os segmentos de reta $\overline{PA}$ e $\overline{CQ}$ estão contidos nas bissetrizes de dois ângulos retos do terreno e que a área do paralelogramo PAQC tem medida S. Determine o maior valor, em m², que S pode assumir.

12. Os gráficos abaixo representam as funções f e g.

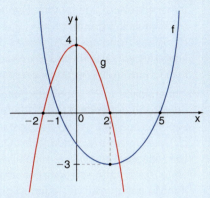

a) Determine suas raízes.
b) Determine o sinal de h(x) = f(x) · g(x).
c) Determine o conjunto solução de f(x) · g(x) < 0.
d) Determine o conjunto solução de $\dfrac{f(x)}{g(x)} \geq 0$.
e) Obtenha as abscissas dos pontos de interseção das parábolas acima representadas.

13. (UF-PE) Uma fábrica tem 2 000 unidades de certo produto em estoque e pode confeccionar mais 100 unidades deste produto por dia. A fábrica recebeu uma encomenda, de tantas unidades do produto quantas possa confeccionar, para ser entregue em qualquer data, a partir de hoje. Se o produto for entregue hoje, o lucro da fábrica será de R$ 6,00 por unidade vendida; para cada dia que se passe, a partir de hoje, o lucro diminuirá de R$ 0,20 por unidade vendida.
Calcule o lucro máximo, em reais, que a fábrica pode obter com a venda da encomenda e indique a soma de seus dígitos.

14. (Fuvest-SP) Para cada número real m, considere a função quadrática $f(x) = x^2 + mx + 2$. Nessas condições:
a) Determine, em função de m, as coordenadas do vértice da parábola de equação y = f(x).
b) Determine os valores de m ∈ ℝ para os quais a imagem de f contém o conjunto {y ∈ ℝ : y ≥ 1}.
c) Determine o valor de m para o qual a imagem de f é igual ao conjunto {y ∈ ℝ : y ≥ 1} e, além disso, f é crescente no conjunto {x ∈ ℝ : x ≥ 0}.
d) Encontre, para a função determinada pelo valor de m do item c) e para cada y ≥ 2, o único valor de x ≥ 0 tal que f(x) = y.

15. (Fuvest-SP) Um empreiteiro contratou um serviço com um grupo de trabalhadores pelo valor de R$ 10 800,00 a serem igualmente divididos entre eles. Como três desistiram do trabalho, o valor contratado foi dividido igualmente entre os demais. Assim, o empreiteiro pagou, a cada um dos trabalhadores que realizaram o serviço, R$ 600,00 além do combinado no acordo original.
a) Quantos trabalhadores realizaram o serviço?
b) Quanto recebeu cada um deles?

16. (UF-PR) Considere as funções f(x) = x − 1 e $g(x) = \dfrac{2}{3}(x-1)(x-2)$.
a) Esboce o gráfico de f(x) e g(x) no sistema cartesiano abaixo.

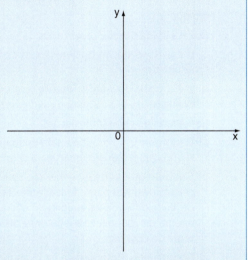

b) Calcule as coordenadas (x, y) dos pontos de interseção dos gráficos de f(x) e g(x).

17. (PUC-RJ) O retângulo ABCD tem dois vértices na parábola de equação $y = \dfrac{x^2}{6} - \dfrac{11}{6}x + 3$ e dois vértices no eixo x, como na figura abaixo.

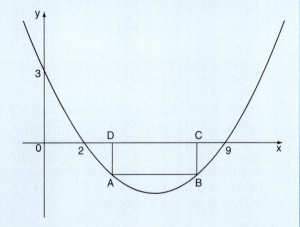

Sabendo que D = (3, 0), faça o que se pede.
a) Determine as coordenadas do ponto A.
b) Determine as coordenadas do ponto C.
c) Calcule a área do retângulo ABCD.

18. Sendo $U = \mathbb{R}$, use fatoração por agrupamento para resolver cada uma das inequações:

a) $4x^3 - 12x^2 - x + 3 \leq 0$

b) $6x^4 - 3x^3 + 4x^2 - 2x > 0$

19. (UF-MG) Há várias regras para se determinar, com base na dose recomendada para adultos, a dose de um medicamento a ser ministrada a crianças. Analise estas duas fórmulas:

Regra de Young: $c = \dfrac{x}{x + 12} a$

Regra de Cowling: $c = \dfrac{x + 1}{24} a$,

em que:

- x é a idade da criança, em anos;
- a é a dose do medicamento, em cm^3, para adultos; e
- c é a dose do medicamento, em cm^3, para crianças.

Considerando essas informações,

a) Determine os valores de x para os quais as duas regras levam a doses iguais para crianças.

b) Sabendo que as duas regras são aplicadas no cálculo de doses para crianças entre 2 e 13 anos de idade, determine os valores de x para os quais a regra de Young leva a uma dose maior que a regra de Cowling.

c) Considerado o intervalo de 2 a 13 anos de idade, a diferença entre os valores dados por essas duas regras é máxima quando a criança tem, aproximadamente, 5 anos de idade. Determine a porcentagem da dosagem **menor** em relação à dosagem **maior** para a idade de 5 anos.

20. (U.F. Juiz de Fora-MG) Sejam $f: \mathbb{R} \to \mathbb{R}$ e $g: \mathbb{R} \to \mathbb{R}$ funções definidas por $f(x) = x - 14$ e $g(x) = -x^2 + 6x - 8$, respectivamente.

a) Determine o conjunto dos valores de x tais que $f(x) > g(x)$.

b) Determine o menor número real k tal que $f(x) + k \geq g(x)$ para todo $x \in \mathbb{R}$.

21. (UFF-RJ) Fixado um sistema de coordenadas retangulares no plano, sejam T o triângulo cujos vértices são os pontos $(-2, 0)$, $(2, 0)$ e $(0, 3)$, e R o retângulo de vértices $(-x, 0)$, $(x, 0)$, $0 < x < 2$, e cujos outros dois vértices também estão sobre os lados de T. Determine o valor de x para o qual a área de R é máxima. Justifique sua resposta.

22. (Unicamp-SP) Uma grande preocupação atual é a poluição, particularmente aquela emitida pelo crescente número de veículos automotores circulando no planeta. Ao funcionar, o motor de um carro queima combustível, gerando CO_2, além de outros gases e resíduos poluentes.

a) Considere um carro que, trafegando a uma determinada velocidade constante, emite 2,7 kg de CO_2 a cada litro de combustível que consome. Nesse caso, quantos quilogramas de CO_2 ele emitiu em uma viagem de 378 km, sabendo que fez 13,5 km por litro de gasolina nesse percurso?

b) A quantidade de CO_2 produzida por quilômetro percorrido depende da velocidade do carro. Suponha que, para o carro em questão, a função $c(v)$ que fornece a quantidade de CO_2, em g/km, com relação à velocidade v, para velocidades entre 20 e 40 km/h, seja dada por um polinômio [função polinomial] do segundo grau. Determine esse polinômio com base nos dados da tabela abaixo.

Velocidade (km/h)	Emissão de CO_2 (g/km)
20	400
30	250
40	200

23. (UF-BA) Um grupo de 90 pessoas, interessadas em viajar de férias, contata uma companhia aérea que faz a seguinte proposta: se o número de pessoas que confirmarem a viagem for igual a n, cada uma delas pagará o valor $p(n) = 1\,600 - 10n$ pela passagem. Sendo $A = \{1, 2, \dots, 90\}$, define-se a função $p: A \to \mathbb{R}$.

Se o valor total a ser recebido pela companhia é dado pela função $r: A \to \mathbb{R}$, definida por $r(n) = 1\,600n - 10n^2$, então pode-se afirmar:

(01) A função p é decrescente.

(02) O valor de cada passagem é um número inteiro pertencente ao intervalo $[700, 1\,590]$.

(04) Tem-se $p(n) = 1\,352$ para algum $n \in A$.

(08) A função r é crescente.

(16) Cada confirmação de viagem provoca um acréscimo constante no valor de r.

(32) Existe um único $n \in A$ tal que $r(n) = 63\,000$.

(64) O valor total recebido pela companhia será máximo, se $n = 80$.

Indique a soma correspondente às afirmações verdadeiras.

24. Obtenha a lei que define uma função g cujo gráfico é o simétrico do gráfico da função f dada por $f(x) = 2x - x^2$ em relação à reta $y = 3$.

25. (UF-PE) Quando o preço médio do aluguel é de R\$ 400,00 mensais, uma imobiliária aluga 200 imóveis. Uma pesquisa de mercado revelou que, para cada desconto de R\$ 5,00 no preço do aluguel, o número de imóveis alugados aumenta de 4.

Denote por p(x) o valor total arrecadado com o valor dos aluguéis, em reais, depois de x descontos de R$ 5,00. Suponha que a imobiliária disponha de 280 imóveis para alugar e que há inquilinos interessados em todos. Com base nesses dados, analise a veracidade das afirmações a seguir.

(0-0) $p(x) = -20x^2 + 600x + 80\,000$.

(1-1) O valor máximo arrecadado será de R$ 84 000,00.

(2-2) O valor máximo arrecadado ocorrerá quando o preço do aluguel for de R$ 350,00.

(3-3) Para $0 \leq x \leq 20$, o gráfico de p(x)/1 000 é

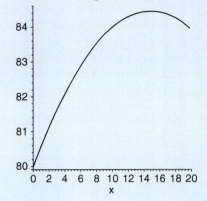

4-4) O valor máximo arrecadado ocorrerá quando forem alugados 250 imóveis.

26. (U.F. Triângulo Mineiro-MG) Em um experimento de laboratório, ao disparar um cronômetro no instante t = 0 s, registra-se que o volume de água de um tanque é de 60 litros. Com a passagem do tempo, identificou-se que o volume V de água no tanque (em litros) em função do tempo t decorrido (em segundos) é dado por $V(t) = at^2 + bt + c$, com a, b e c reais e $a \neq 0$. No instante 20 segundos registrou-se que o volume de água no tanque era de 50 litros, quando o experimento foi encerrado. Se o experimento continuasse mais 4 segundos, o volume de água do tanque voltaria ao mesmo nível do início. O experimento em questão permitiu a montagem do gráfico indicado.

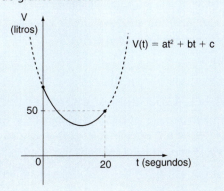

a) Calcule o tempo decorrido do início do experimento até que o tanque atingisse seu menor volume de água.

b) Calcule o volume mínimo de água que o tanque atingiu nesse experimento.

27. (PUC-RJ) Considere a equação: $\dfrac{8x - 1}{x + 1} = mx$

a) Quantas raízes reais a equação admite para m = 1?

b) Para quais valores reais de m a equação admite pelo menos uma raiz real?

28. (UF-GO) Um supermercado vende 400 pacotes de 5 kg de uma determinada marca de arroz por semana. O preço de cada pacote é R$ 6,00, e o lucro do supermercado, em cada pacote vendido, é de R$ 2,00. Se for dado um desconto de x reais no preço do pacote de arroz, o lucro por pacote terá uma redução de x reais, mas, em compensação, o supermercado aumentará sua venda em 400x pacotes por semana. Nestas condições, calcule:

a) O lucro desse supermercado em uma semana, caso o desconto dado seja de R$ 1,00.

b) O preço do pacote de arroz para que o lucro do supermercado seja máximo, no período considerado.

29. (UE-RJ) Observe a parábola de vértice V, gráfico da função quadrática definida por $y = ax^2 + bx + c$, que corta o eixo das abscissas nos pontos A e B.

Calcule o valor numérico de $\Delta = b^2 - 4ac$, sabendo que o triângulo ABV é equilátero.

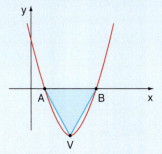

30. (UF-BA) Uma empresa observou que a quantidade Q, em toneladas, de carne que ela exporta em uma semana é dada por $Q(x) = ax^2 + bx + c$, sendo a, b e c constantes, e x o preço do produto, em reais, por quilograma, praticado na referida semana, sendo $3 \leq x \leq 8$. Sabe-se que, para o preço de R$ 3,00, a quantidade é de 7,5 toneladas, que para R$ 4,00, a quantidade é máxima e que, para R$ 8,00, a quantidade é zero.

Com base nessas informações, pode-se afirmar:

(01) A quantidade Q(x) diminui à medida que o preço x aumenta.

(02) Para o preço de R$ 5,00, a quantidade é de 7,5 toneladas.

(04) A constante $\frac{b}{a}$ é igual a −8.

(08) Existe um único preço x, $3 \leq x \leq 8$, tal que $Q(x) = 3,5$.

(16) Para cada preço x, $3 \leq x \leq 8$, tem-se $Q(x) = -x^2 + 8x$.

Indique a soma correspondente às afirmações verdadeiras.

31. (UF-MG) Dois robôs, A e B, trafegam sobre um plano cartesiano. Suponha que no instante t suas posições são dadas pelos pares ordenados $s_A(t) = (t, -t^2 + 3t + 10)$ e $s_B(t) = (t, 2t + 9)$, respectivamente.

Sabendo que os robôs começam a se mover em $t = 0$,

a) Determine o instante t em que o robô A se chocará com o robô B.

b) Suponha que haja um terceiro robô C cuja posição é dada por $s_C(t) = (t, kt + 11)$, em que k é um número real positivo. Determine o maior valor de k para que a trajetória do robô C intercepte a trajetória do robô A.

32. (UF-PR) Para atrair novos clientes, um supermercado decidiu fazer uma promoção reduzindo o preço do leite. O gerente desse estabelecimento estima que, para cada R$ 0,01 de desconto no preço do litro, será possível vender 25 litros de leite a mais que em um dia sem promoção. Sabendo que, em um dia sem promoção, esse supermercado vende 2 600 litros de leite ao preço de R$ 1,60 por litro:

a) Qual é o valor arrecadado por esse supermercado com a venda de leite em um dia sem promoção?

b) Qual será o valor arrecadado por esse supermercado com a venda de leite em um dia, se cada litro for vendido por R$ 1,40?

c) Qual é o preço do litro de leite que fornece a esse supermercado o maior valor arrecadado possível? De quanto é esse valor arrecadado?

33. (UF-BA) Em um terreno plano horizontal, está fixado um mastro vertical com 13,5 metros de altura. Do topo do mastro, é lançado um projétil, descrevendo uma trajetória de modo que sua altura, em relação ao terreno, é uma função quadrática de sua distância à reta que contém o mastro. O projétil alcança a altura de 16 metros, quando essa distância é de 3 metros, e atinge o solo, quando a distância é de 27 metros.

Determine, em metros, a altura máxima alcançada pelo projétil.

34. (Vunesp-SP) A altura $y(t)$ de um projétil, lançado a 15 m do solo, numa região plana e horizontal, com velocidade vertical inicial 10 m/s, é dada por $y(t) = -5t^2 + 10t + 15$, considerando $t = 0$ como o instante do lançamento. A posição horizontal $x(t)$ é dada por $x(t) = 10\sqrt{3}\,t$. Determine a altura máxima e o alcance (deslocamento horizontal máximo) que o projétil atinge, considerando que ele caia no solo.

TESTES

1. (PUC-RJ) O conjunto das soluções inteiras da inequação $x^2 - 3x \leq 0$ é:

a) {0, 3}   d) {1, 2, 3}
b) {1, 2}   e) {0, 1, 2, 3}
c) {−1, 0, 2}

2. (IF-AL) Considere a parábola tangente ao eixo x no ponto de abscissa 1, definida por $f(x) = ax^2 + bx + c$, com $a \neq 0$ e coeficientes reais.

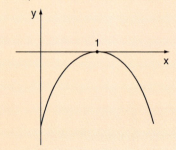

Podemos afirmar que

a) $a + b + c = 0$.   d) $a \cdot b \cdot c > 0$.
b) $b^2 = 4ac$.   e) todas estão corretas.
c) $f(2) = c$.

3. (UF-RS) Dada a função f, definida por $f(x) = x^2 + 9 - 6x$, o número de valores de x que satisfazem a igualdade $f(x) = -f(x)$ é

a) 0   c) 2   e) 4
b) 1   d) 3

4. (UF-CE) A idade de Paulo, em anos, é um número inteiro par que satisfaz a desigualdade $x^2 - 32x + 252 < 0$. O número que representa a idade de Paulo pertence ao conjunto

a) {12, 13, 14}   c) {18, 19, 20}
b) {15, 16, 17}   d) {21, 22, 23}

5. (PUC-RJ) Sejam f e g funções reais dadas por $f(x) = 2 + x^2$ e $g(x) = 2 + x$.

Os valores de x tais que $f(x) = g(x)$ são:

a) $x = 0$ ou $x = -1$
b) $x = 0$ ou $x = 2$
c) $x = 0$ ou $x = 1$
d) $x = 2$ ou $x = -1$
e) $x = 0$ ou $x = \dfrac{1}{2}$

6. (UE-RN) Seja uma função do 2º grau $y = ax^2 + bx + c$, cujo gráfico está representado a seguir.

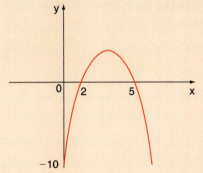

A soma dos coeficientes dessa função é:

a) -2
b) -3
c) -4
d) -6

7. (UF-RS) O conjunto solução da equação

$$1 + \dfrac{1}{1 + \dfrac{1}{x}} = x,$$ com $x \neq 0$ e $x \neq -1$, é igual ao conjunto solução da equação

a) $x^2 - x - 1 = 0$
b) $x^2 + x - 1 = 0$
c) $-x^2 - x + 1 = 0$
d) $x^2 + x + 1 = 0$
e) $-x^2 + x - 1 = 0$

8. (Unicamp-SP) Um jogador de futebol chuta uma bola a 30 m do gol adversário. A bola descreve uma trajetória parabólica, passa por cima da trave e cai a uma distância de 40 m de sua posição original. Se, ao cruzar a linha do gol, a bola estava a 3 m do chão, a altura máxima por ela alcançada esteve entre

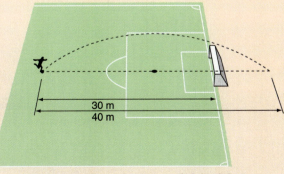

a) 4,1 e 4,4 m.
b) 3,8 e 4,1 m.
c) 3,2 e 3,5 m.
d) 3,5 e 3,8 m.

9. (Cefet-MG) A função real representada pelo gráfico é definida por

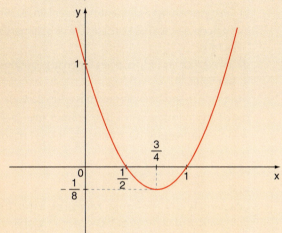

a) $f(x) = 2x^2 - x - 1$.
b) $f(x) = 2x^2 + 3x - 1$.
c) $f(x) = x^2 - 3x + 1$.
d) $f(x) = 2x^2 - 3x + 1$.

10. (UF-RS) O gráfico do polinômio de coeficientes reais $p(x) = ax^2 + bx + c$ está representado a seguir.

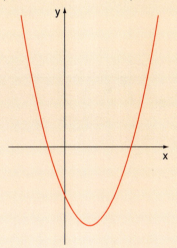

Com base nos dados desse gráfico, é correto afirmar que os coeficientes a, b e c satisfazem as desigualdades

a) $a > 0$; $b < 0$; $c < 0$
b) $a > 0$; $b < 0$; $c > 0$
c) $a > 0$; $b > 0$; $c > 0$
d) $a > 0$; $b > 0$; $c < 0$
e) $a < 0$; $b < 0$; $c < 0$

11. (UnB-DF) Em 1772, o matemático Euler observou que, ao se inserir os números inteiros de 0 a 39 na fórmula $x^2 + x + 41$, obtém-se uma lista de 40 números primos. No plano de coordenadas cartesianas x 0 y, considerando $y = g(x) = x^2 + x + 41$, conclui-se que os pares $(N, g(N))$, para $0 \leq N \leq 39$, pertencem a uma parábola que

FUNÇÃO QUADRÁTICA   157

a) intercepta o eixo das ordenadas em um número composto.
b) ilustra uma função crescente no intervalo [0, 39].
c) intercepta o eixo das abscissas em dois números primos.
d) tem vértice em um dos pares ordenados obtidos por Euler.

12. (Fuvest-SP) A soma e o produto das raízes da equação de segundo grau $(4m + 3n)x^2 - 5nx + (m-2) = 0$ valem, respectivamente, $\frac{5}{8}$ e $\frac{3}{32}$. Então, m + n é igual a:
a) 9   c) 7   e) 5
b) 8   d) 6

13. (Mackenzie-SP) Na figura, temos os esboços dos gráficos das funções $f(x) = 4 - x^2$ e $g(x) = x^2 - 4x + m$, que se interceptam em um único ponto de abscissa k. O valor de k + m é
a) 8   c) 5,5   e) 6
b) 6,5   d) 7

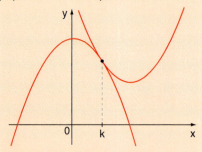

14. (FEI-SP) Considere $f(x) = x^2 - 5x + 6$. O conjunto imagem dessa função é:
a) $\text{Im}(f) = \mathbb{R}$
b) $\text{Im}(f) = [2, 3]$
c) $\text{Im}(f) = \left[-\frac{1}{4}, +\infty\right[$
d) $\text{Im}(f) = [3, +\infty[$
e) $\text{Im}(f) = \left]-\infty, \frac{1}{4}\right]$

15. (UF-PA) Um cidadão, ao falecer, deixou uma herança de R$ 200 000,00 para ser distribuída, de maneira equitativa, entre os seus x filhos. No entanto, três desses filhos renunciaram às suas respectivas partes nessa herança, fazendo com que os demais x − 3 filhos, além do que receberiam normalmente, tivessem um adicional de R$ 15 000,00 em suas respectivas partes dessa herança. Portanto, o número x de filhos do referido cidadão é
a) 8   c) 5   e) 7
b) 10   d) 4

16. (Vunesp-SP) Na Volta Ciclística do Estado de São Paulo, um determinado atleta percorre um declive de rodovia de 400 metros e a função

$$d(t) = 0,4t^2 + 6t$$

fornece, aproximadamente, a distância em metros percorrida pelo ciclista, em função do tempo t, em segundos. Pode-se afirmar que a velocidade média do ciclista (isto é, a razão entre o espaço percorrido e o tempo) nesse trecho é
a) superior a 15 m/s.
b) igual a 17 m/s.
c) inferior a 14 m/s.
d) igual a 15 m/s.
e) igual a 14 m/s.

17. (Mackenzie-SP) Na figura, temos o gráfico da função real definida por $y = x^2 + mx + (8 - m)$. O valor de k + p é

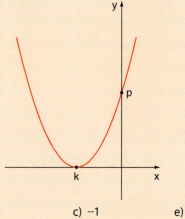

a) −2   c) −1   e) 3
b) 2   d) 1

18. (FGV-RJ) Deseja-se construir um galpão com base retangular de perímetro igual a 100 m. A área máxima possível desse retângulo é:
a) 575 m²   c) 625 m²   e) 675 m²
b) 600 m²   d) 650 m²

19. (Enem-MEC) A resistência das vigas de dado comprimento é diretamente proporcional à largura (b) e ao quadrado da altura (d), conforme a figura. A constante de proporcionalidade k varia de acordo com o material utilizado na sua construção.

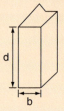

Considerando-se S como a resistência, a representação algébrica que exprime essa relação é

a) $S = k \cdot b \cdot d$ d) $S = \dfrac{k \cdot b}{d^2}$
b) $S = b \cdot d^2$ e) $S = \dfrac{k \cdot d^2}{b}$
c) $S = k \cdot b \cdot d^2$

20. (UF-AM) Um goleiro chuta uma bola cuja trajetória descreve a parábola y = –4x² + 24x, onde x e y são medidas em metros. Nestas condições, a altura máxima, em metros, atingida pela bola é:
a) 36   c) 30   e) 24
b) 34   d) 28

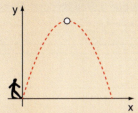

21. (UF-PI) Um relatório sobre as operações de uma indústria revelou que, a um preço p, não superior a R$ 200,00, a mesma consegue vender 800 – 4p artigos semanais. Nesse relatório, consta que o custo de produção de x artigos é dado através do modelo linear 200 + 10x reais. Sendo assim, qual o preço p que a indústria deve cobrar para que o seu lucro seja máximo?
a) R$ 85,00   d) R$ 150,00
b) R$ 105,00   e) R$ 200,00
c) R$ 110,00

22. (UF-MA) Numa empresa, o salário de um grupo de empregados é R$ 380,00, mais uma quantia variável correspondente a $\frac{1}{5}$ da produção de um dos produtos da empresa, cuja produção foi estimada para daqui a t anos pela função p(t) = 50t² – 50t + 100. Daqui a quantos anos o salário deste grupo de funcionários aumentará 50% em relação ao valor atual?
a) 2 anos   c) 8 anos   e) 5 anos
b) 4 anos   d) 6 anos

23. (Fatec-SP) Os números reais x e y são tais que:
$$y = \frac{2x^2 + 5x - 3}{1 - 5x}$$
Nessas condições, tem-se y < 0 se, e somente se, x satisfizer a condição
a) $-3 < x < -\frac{1}{2}$ ou $x > -\frac{1}{5}$
b) $-3 < x < \frac{1}{2}$ ou $x > \frac{1}{5}$
c) $-3 < x < \frac{1}{5}$ ou $x > \frac{1}{2}$
d) $\frac{1}{5} < x < \frac{1}{2}$ ou $x > 3$
e) $x < -3$ ou $\frac{1}{5} < x < \frac{1}{2}$

24. (UF-CE) João escreveu o número 10 como soma de duas parcelas inteiras positivas, cujo produto é o maior possível. O valor desse produto é:
a) 9   c) 21   e) 27
b) 16   d) 25

25. (Unifesp-SP) A tabela mostra a distância s em centímetros que uma bola percorre descendo por um plano inclinado em t segundos.

t	0	1	2	3	4
s	0	32	128	288	512

A distância s é função de t dada pela expressão s(t) = at² + bt + c, onde a, b, c são constantes. A distância s em centímetros, quando t = 2,5 segundos, é igual a
a) 248   c) 208   e) 190
b) 228   d) 200

26. (U.F. São Carlos-SP) Um empreendimento imobiliário foi divulgado em ampla campanha publicitária encerrada no domingo, com venda, nesse dia, de 15 unidades. As vendas diárias, em função do número de dias após o encerramento da campanha, foram calculadas segundo a função y(x) = = –x² + 2x + 15, onde x é o número de dias. Indique em quais dias da semana seguinte ao encerramento da campanha as vendas atingiram o valor máximo e foram reduzidas a zero, respectivamente.
a) 2ª feira e 6ª feira.   d) 3ª feira e sábado.
b) 2ª feira e sábado.   e) 4ª feira e domingo.
c) 3ª feira e 6ª feira.

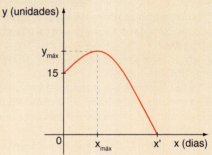

27. (UF-RS) A partir de dois vértices opostos de um retângulo de dimensões 7 e 5, marcam-se quatro pontos que distam x de cada um desses vértices. Ligando-se esses pontos, como indicado na figura a seguir, obtém-se um paralelogramo P.

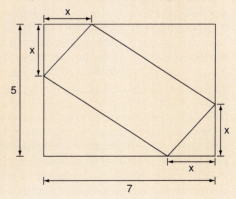

FUNÇÃO QUADRÁTICA   159

Considere a função f, que a cada x pertencente ao intervalo (0, 5) associa a área f(x) do paralelogramo P. O conjunto imagem da função f é o intervalo
a) (0,10]   c) (10,18]   e) (0,18]
b) (0,18)   d) [0,10]

28. (Uece) A quantidade de números primos p que satisfazem a condição $2p^2 + 30 \leq 19p$ é
a) 2   b) 3   c) 4   d) 5

29. (UF-PR) Durante o mês de dezembro, uma loja de cosméticos obteve um total de R$ 900,00 pelas vendas de um certo perfume. Com a chegada do mês de janeiro, a loja decidiu dar um desconto para estimular as vendas, baixando o preço desse perfume em R$ 10,00. Com isso, vendeu em janeiro 5 perfumes a mais do que em dezembro, obtendo um total de R$ 1 000,00 pelas vendas de janeiro. O preço pelo qual esse perfume foi vendido em dezembro era de:
a) R$ 55,00.   c) R$ 65,00.   e) R$ 75,00.
b) R$ 60,00.   d) R$ 70,00.

30. (Enem-MEC) A temperatura T de um forno (em graus centígrados) é reduzida por um sistema a partir do instante de seu desligamento (t = 0) e varia de acordo com a expressão $T(t) = -\dfrac{t^2}{4} + 400$, com t em minutos. Por motivos de segurança, a trava do forno só é liberada para abertura quando o forno atinge a temperatura de 39 °C.
Qual o tempo mínimo de espera, em minutos, após se desligar o forno, para que a porta possa ser aberta?
a) 19,0   b) 19,8   c) 20,0   d) 38,0   e) 39,0

31. (FGV-SP) Ao cobrar dos produtores um imposto de t reais por unidade vendida de um produto, o número x de unidades vendidas mensalmente é dado por x = 50 − 0,25t.
A receita tributária mensal (imposto por unidade vezes a quantidade vendida) máxima que o governo consegue arrecadar é
a) R$ 2 200,00   c) R$ 2 400,00   e) R$ 2 600,00
b) R$ 2 300,00   d) R$ 2 500,00

32. (PUC-MG) Uma empresa de turismo fretou um avião com 200 lugares para uma semana de férias, devendo cada participante pagar R$ 500,00 pelo transporte aéreo, acrescidos de R$ 10,00 para cada lugar do avião que ficasse vago. Nessas condições, o número de passagens vendidas que torna máxima a quantia arrecadada por essa empresa é igual a:
a) 100   b) 125   c) 150   d) 180

33. (UF-PA) Um estudante, ao construir uma pipa, deparou-se com o seguinte problema: possuía uma vareta de miriti com 80 centímetros de comprimento que deveria ser dividida em três varetas menores, duas necessariamente com o mesmo comprimento x, que será a largura da pipa, e outra de comprimento y, que determinará a altura da pipa. A pipa deverá ter formato pentagonal, como na figura a seguir, de modo que a altura da região retangular seja $\dfrac{1}{4}y$, enquanto a da triangular seja $\dfrac{3}{4}y$. Para garantir maior captação de vento, ele necessita que a área da superfície da pipa seja a maior possível.

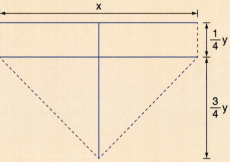

A pipa de maior área que pode ser construída, nessas condições, possui área igual a
a) 350 cm²   d) 500 cm²
b) 400 cm²   e) 550 cm²
c) 450 cm²

34. (Enem-MEC) Existem no mercado chuveiros elétricos de diferentes potências, que representam consumos e custos diversos. A potência (P) de um chuveiro elétrico é dada pelo produto entre sua resistência elétrica (R) e o quadrado da corrente elétrica (i) que por ele circula. O consumo de energia elétrica (E), por sua vez, é diretamente proporcional à potência do aparelho. Considerando as características apresentadas, qual dos gráficos a seguir representa a relação entre a energia consumida (E) por um chuveiro elétrico e a corrente elétrica (i) que circula por ele?

a) 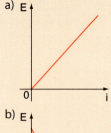   d)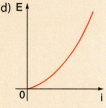

b) 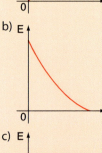   e)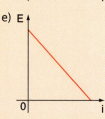

c)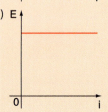

35. (UE-GO) Em um terreno, na forma de um triângulo retângulo, será construído um jardim retangular, conforme figura abaixo.

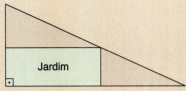

Sabendo-se que os dois menores lados do terreno medem 9 m e 4 m, as dimensões do jardim para que ele tenha a maior área possível, serão, respectivamente,

a) 2,0 m e 4,5 m.
b) 3,0 m e 4,0 m.
c) 3,5 m e 5,0 m.
d) 2,5 m e 7,0 m.

36. (UF-RN) Uma lanchonete vende, em média, 200 sanduíches por noite ao preço de R$ 3,00 cada um. O proprietário observa que, para cada R$ 0,10 que diminui no preço, a quantidade vendida aumenta em cerca de 20 sanduíches.

Considerando o custo de R$ 1,50 para produzir cada sanduíche, o preço de venda que dará o maior lucro ao proprietário é

a) R$ 2,50.
b) R$ 2,00.
c) R$ 2,75.
d) R$ 2,25.

37. (ESPM-SP) As raízes da equação $3x^2 + 7x - 18 = 0$ são α e β. O valor da expressão $\alpha^2\beta + \alpha\beta^2 - \alpha - \beta$ é:

a) $\dfrac{29}{3}$
b) $\dfrac{49}{3}$
c) $\dfrac{31}{3}$
d) $\dfrac{53}{3}$
e) $\dfrac{26}{3}$

38. (U.F. Juiz de Fora-MG) Seja $f: \mathbb{R} \to \mathbb{R}$ uma função dada por $f(x) = \mu x^2 + 10x + 5$, onde $\mu \neq 0$. Sabendo que $f(x) > 0$ para todo $x \in \mathbb{R}$, é correto afirmar que μ pertence ao intervalo:

a) $]20, +\infty[$
b) $]5, +\infty[$
c) $]0, 10[$
d) $]-\infty, 0[$
e) $]-\infty, 0[\cup]20, +\infty[$

39. (UE-RJ) Uma bola de beisebol é lançada de um ponto 0 e, em seguida, toca o solo nos pontos A e B, conforme representado no sistema de eixos ortogonais:

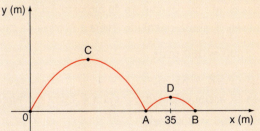

Durante sua trajetória, a bola descreve duas parábolas com vértices C e D.

A equação de uma dessas parábolas é

$y = \dfrac{-x^2}{75} + \dfrac{2x}{5}$.

Se a abscissa de D é 35 m, a distância do ponto 0 ao ponto B, em metros, é igual a:

a) 38
b) 40
c) 45
d) 50

40. (UE-PI) Um fio de comprimento c deve ser dividido em dois pedaços, e os pedaços utilizados para formar o contorno de um quadrado e o de um hexágono regular.

Se a divisão do fio deve ser tal que a soma das áreas do quadrado e do hexágono regular seja a menor possível, qual o perímetro do hexágono?

a) $(2\sqrt{3} - 3)c$
b) $\dfrac{c}{2}$
c) $\sqrt{2}\,\dfrac{c}{3}$
d) $\sqrt{3}\,\dfrac{c}{6}$
e) $\dfrac{2c}{5}$

41. (Enem-MEC) A parte interior de uma taça foi gerada pela rotação de uma parábola em torno de um eixo z, conforme mostra a figura.

A função real que expressa a parábola, no plano cartesiano da figura, é dada pela lei $f(x) = \dfrac{3}{2}x^2 - 6x + C$, onde C é a medida da altura do líquido contido na taça, em centímetros. Sabe-se que o ponto V, na figura, representa o vértice da parábola, localizado sobre o eixo x.

Nessas condições, a altura do líquido contido na taça, em centímetros, é

a) 1
b) 2
c) 4
d) 5
e) 6

FUNÇÃO QUADRÁTICA 161

FUNÇÃO MODULAR

FUNÇÃO DEFINIDA POR MAIS DE UMA SENTENÇA

Introdução

Leia a tirinha ao lado.
Você sabe o que é o imposto de renda? E como ele é calculado?

Todo mês, ao receber seu salário, qualquer trabalhador brasileiro do mercado formal de trabalho nota, em seu holerite, que há um desconto de parte desse salário a título de um imposto sobre a renda (imposto de renda) pago ao Governo Federal.

No início de 2014, o imposto de renda era calculado com base na seguinte tabela:

Base de cálculo mensal em R$	Alíquota %	Parcela a deduzir do imposto em R$
Até 1 787,77	—	—
De 1 787,78 até 2 679,29	7,5	134,08
De 2 679,30 até 3 572,43	15,0	335,03
De 3 572,44 até 4 463,81	22,5	602,96
Acima de 4 463,81	27,5	826,15

Fonte: Receita Federal do Brasil.

A tabela mostra que, para se calcular o imposto de renda (IR) é necessário calcular uma porcentagem do salário e, do valor obtido, subtrair uma parcela. Acompanhe os exemplos:

- Um trabalhador com rendimentos mensais de R$ 1 500,00 fica isento do pagamento do imposto, isto é, IR = 0;
- Um trabalhador com rendimento de R$ 2 000,00 no mês tem seu IR assim calculado: (veja a 2ª faixa da tabela)

1º) $7{,}5\%$ de $2\,000 = \dfrac{7{,}5}{100} \cdot 2\,000 = 150$ reais

2º) $150 - 134{,}08 = 15{,}92$, isto é, IR = R$ 15,92.

- Um trabalhador com salário mensal de R$ 4 000,00 tem seu IR assim calculado: (veja a 4ª faixa da tabela)

1º) $22{,}5\%$ de $4\,000 = \dfrac{22{,}5}{100} \cdot 4\,000 = 900$ reais

2º) $900 - 602{,}96 = 297{,}04$, isto é, IR = R$ 297,04

- Um trabalhador cujo salário mensal é R$ 8 000,00, tem seu IR assim calculado: (veja a última faixa da tabela)

1º) 27,5% de 8 000 = $\frac{27,5}{100} \cdot 8\,000 = 2\,200$

2º) 2 200 − 826,15 = 1 373,85, isto é, IR = 1 373,85

Em geral, se o salário do trabalhador é *x*, seu imposto de renda mensal *y* é assim calculado:

- Se 0 < x ≤ 1 787,77, então y = 0
- Se 1 787,78 ≤ x ≤ 2 679,29, então y = 0,075 · x − 134,08
- Se 2 679,30 ≤ x ≤ 3 572,43, então y = 0,15 · x − 335,03
- Se 3 572,44 ≤ x ≤ 4 463,81, então y = 0,225 · x − 602,96
- Se x > 4 463,81, então y = 0,275 · x − 826,15

Podemos observar que *y* é uma função de *x* definida por cinco sentenças. Usa-se uma sentença ou outra dependendo do intervalo em que o valor de *x* se enquadra. Uma função desse tipo é chamada **função definida por mais de uma sentença**.

Exemplo 1

Considere agora o quadro a seguir, que apresenta parte da conta de água de uma residência que gastou 17 m³ de água. Além do valor a pagar, a conta mostra como calculá-lo em função do consumo de água (em m³). Existe uma tarifa mínima e diferentes faixas de tarifação.

Companhia de saneamento básico
Conta Mensal de Serviços de Água e/ou Esgotos

Tarifa de água /m³

Faixas de Consumo (em m³)	Tarifas (em reais)	Consumo	Valor (em reais)
até 10	6,00	tarifa mínima	6,00
11 a 20	0,93	7	6,51
21 a 50	2,33		
acima de 50	2,98		
		Total	12,51

Observe que, à medida que o consumo aumenta, o valor do metro cúbico de água fica mais caro. É uma forma de alertar a população da necessidade de um consumo mais consciente da água, privilegiando famílias cujo consumo é menor com tarifas mais baixas.

Qual seria o valor da conta se o consumo dobrasse, isto é, passasse a 34 m³ de água?

$\underbrace{6{,}00}_{\text{primeiros 10 m}^3} + \underbrace{0{,}93 \cdot 10}_{\text{de 11 m}^3\text{ a 20 m}^3} + \underbrace{2{,}33 \cdot 14}_{\text{de 21 m}^3\text{ a 34 m}^3} = 6{,}00 + 9{,}30 + 32{,}62 = 47{,}92$

EXERCÍCIO RESOLVIDO

1. Seja f: ℝ → ℝ uma função definida pela lei:

$$f(x) = \begin{cases} 1, \text{ se } x < 0 \\ x + 1, \text{ se } x \geq 0 \end{cases}$$

Calcular $f(-3), f(-\sqrt{2}), f(0), f(2)$ e $f(1\,000)$.

Solução:

- $-3 < 0 \Rightarrow f(-3) = 1$
- $-\sqrt{2} < 0 \Rightarrow f(-\sqrt{2}) = 1$
- $0 \geq 0 \Rightarrow f(0) = 0 + 1 = 1$
- $2 \geq 0 \Rightarrow f(2) = 2 + 1 = 3$
- $1000 \geq 0 \Rightarrow f(1\,000) = 1\,000 + 1 = 1\,001$

EXERCÍCIOS

1. Seja $f: \mathbb{R} \to \mathbb{R}$ definida por $f(x) = \begin{cases} 1, \text{ se } x \geq 2 \\ -1, \text{ se } x < 2 \end{cases}$.
Calcule:
a) $f(0)$ b) $f(-1)$ c) $f(\sqrt{3})$ d) $f(\sqrt{5})$ e) $f(2)$

2. Seja $f: \mathbb{R} \to \mathbb{R}$ definida pela lei:
$$f(x) = \begin{cases} -2x + 3, \text{ se } x \geq 0 \\ 4x^2 - x + 5, \text{ se } x < 0 \end{cases}$$
Qual é o valor de:
a) $f(1)$? b) $f(-1)$? c) $f(3) + f(-3)$?

3. Seja $f: \mathbb{R} \to \mathbb{R}$ definida por:
$$f(x) = \begin{cases} 2x, \text{ se } x < -2 \\ x + 3, \text{ se } -2 \leq x < 1 \\ x^2 - 5, \text{ se } x \geq 1 \end{cases}$$
Calcule o valor de:
a) $f(-3) + f(0)$ b) $f(\sqrt{3}) - f(-1)$ c) $f(-2) \cdot f(2)$

4. Seja $f: \mathbb{R} \to \mathbb{R}$ dada por $f(x) = \begin{cases} -2x - 5, \text{ se } x < 1 \\ 2x - 3, \text{ se } x \geq 1 \end{cases}$.

Determine os possíveis valores de x correspondentes a:
a) $f(x) = 0$ b) $f(x) = -3$

5. Em uma academia de ginástica adota-se a seguinte política de preços: a mensalidade dos quatro primeiros meses é R$ 90,00; a partir daí há um desconto de R$ 15,00 no valor da mensalidade (limitado a oito meses).

a) Determine o valor total pago por três irmãos, A, B e C, que malharam durante 4, 9 e 12 meses, respectivamente.
b) Que valor mensal cada irmão pagou em média?
c) Qual é a lei da função que define o valor total desembolsado (y), por alguém que malhou x meses sucessivos nessa academia?

6. Uma operadora de celular oferece o seguinte plano no sistema pós-pago: valor fixo de R$ 80,00 por mês para até 200 minutos de ligações locais. Caso o cliente exceda esse tempo, o custo de cada minuto adicional é de R$ 1,20.

a) Qual é o preço da conta de celular de quem falar 150 minutos em ligações locais em um mês? E de quem falar o dobro?

b) Qual é a lei da função que relaciona o valor da conta mensal (y) e o número de minutos de ligações locais (x)?

7. Seja $f: \mathbb{R}^* \to \mathbb{R}$ definida por:

$$f(x) = \begin{cases} \dfrac{1}{x}, \text{ se } x \in \mathbb{Q}^* \\ x^2, \text{ se } x \in \mathbb{R}^* - \mathbb{Q}^* \end{cases}$$

Determine:
a) $f(0,1)$ d) $f(\sqrt{2}) + f(-\sqrt{2})$
b) $f\left(\dfrac{1}{\sqrt{5}}\right)$ e) $f(\sqrt{12} \cdot \sqrt{3})$
c) $f(0,666...)$ f) $f(\sqrt{12}) \cdot f(\sqrt{3})$

8. É comum observarmos em casas de fotocópias promoções do tipo:
- Até 100 cópias: R$ 0,10 por cópia.
- Acima de 100 cópias (de um mesmo original): desconto de 3 centavos por cópia excedente.

Determine:
a) o valor pago por 130 cópias de um mesmo original;
b) a lei que define a função preço p pago pela reprodução de x cópias de um mesmo original;
c) refaça os itens a e b, supondo que a promoção "acima de 100 cópias" passe a valer para *todas* as cópias (e não apenas as excedentes).

9. Considere a tabela do imposto de renda apresentada na introdução deste capítulo (p. 162).

a) Determine o imposto de renda mensal referente a cada um dos seguintes salários: R$ 3 000,00; R$ 5 500,00 e R$ 10 000,00.

b) Júlia recebe um salário mensal de R$ 3 500,00 e sua irmã Joice recebe R$ 3 600,00. Embora seus salários difiram de apenas R$ 100,00, eles estão sujeitos a faixas distintas de tributação, como mostra a tabela citada. Joice insiste em dizer que preferiria receber R$ 100,00 a menos para "escapar" da 4ª faixa de tributação e, desse modo, pagar menos imposto e receber um valor líquido maior. Você concorda com a opção defendida por Joice? Por quê?

GRÁFICO

Exemplo 2

Vamos construir o gráfico da função f: $\mathbb{R} \to \mathbb{R}$ definida por $f(x) = \begin{cases} 1,\ \text{se}\ x < 0 \\ x + 1,\ \text{se}\ x \geq 0 \end{cases}$.

- 1º passo: construímos o gráfico da função constante dada por $f(x) = 1$, mas só consideramos o trecho em que $x < 0$ (figura 1);
- 2º passo: construímos o gráfico da função afim dada por $f(x) = x + 1$, mas só consideramos o trecho em que $x \geq 0$ (figura 2);
- 3º passo: reunimos os dois gráficos em um só (figura 3).

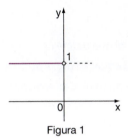

Figura 1

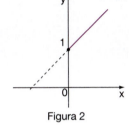

Figura 2

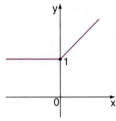

Figura 3: (1) ∪ (2)

Observe que Im = $\{y \in \mathbb{R}\ |\ y \geq 1\}$.

Exemplo 3

Vamos construir o gráfico da função f de $\mathbb{R}$ em $\mathbb{R}$ tal que $f(x) = \begin{cases} 1 - x,\ \text{se}\ x \leq 1 \\ 2,\ \text{se}\ 1 < x \leq 2 \\ x^2 - 2,\ \text{se}\ x > 2 \end{cases}$.

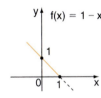

Figura 1

Figura 2

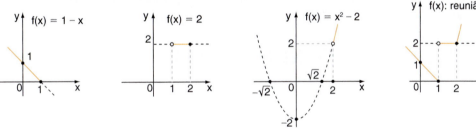

Figura 3

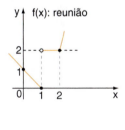

Reunião (1) ∪ (2) ∪ (3)

Note que Im = $\mathbb{R}_+$.

EXERCÍCIOS

10. Faça o gráfico das seguintes funções f: $\mathbb{R} \to \mathbb{R}$, destacando seu conjunto imagem.

a) $f(x) = \begin{cases} 2,\ \text{se}\ x \geq 0 \\ -1,\ \text{se}\ x < 0 \end{cases}$

b) $f(x) = \begin{cases} 2x,\ \text{se}\ x \geq 1 \\ 2,\ \text{se}\ x < 1 \end{cases}$

c) $f(x) = \begin{cases} -x + 1,\ \text{se}\ x \geq 3 \\ 4,\ \text{se}\ x < 3 \end{cases}$

11. Construa os gráficos das seguintes funções definidas em $\mathbb{R}$ e forneça o conjunto imagem.

a) $f(x) = \begin{cases} 1,\ \text{se}\ x < 2 \\ 3,\ \text{se}\ x = 2 \\ 2,\ \text{se}\ x > 2 \end{cases}$

b) $f(x) = \begin{cases} 2x + 1,\ \text{se}\ x \geq 1 \\ 4 - x,\ \text{se}\ x < 1 \end{cases}$

c) $f(x) = \begin{cases} x^2,\ \text{se}\ x \geq 0 \\ -x,\ \text{se}\ x < 0 \end{cases}$

12. Para cada função f: ℝ → ℝ abaixo, construa o gráfico correspondente:

a) $f(x) = \begin{cases} x - 2, \text{ se } x \geq 2 \\ -x + 2, \text{ se } x < 2 \end{cases}$

b) $f(x) = \begin{cases} x^2 - 1, \text{ se } x \leq -1 \text{ ou } x \geq 1 \\ 1 - x^2, \text{ se } -1 < x < 1 \end{cases}$

c) $f(x) = \begin{cases} x^2 - 4, \text{ se } x < -2 \text{ ou } x > 2 \\ 1 - x^2, \text{ se } -2 \leq x \leq 2 \end{cases}$

13. Forneça a lei de cada uma das funções de ℝ em ℝ cujos gráficos estão abaixo representados:

a)
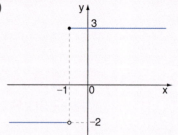

b)
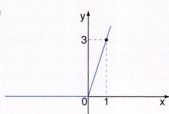

14. Seja f a função representada no gráfico abaixo:

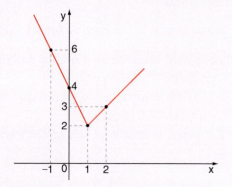

a) Qual é a lei que define f?
b) Resolva a equação f(x) = 5.
Verifique no gráfico as soluções encontradas.
c) Para que valores reais de k a equação f(x) = k apresenta soluções?

15. Seja f: ℝ → ℝ definida por:

$f(x) = \begin{cases} x^2 - 2x, \text{ se } x \geq 0 \\ x, \text{ se } x < 0 \end{cases}$

a) Qual é o valor de $\dfrac{f(3) + f(-3)}{f(1)}$?
b) Resolva a equação f(x) = 8.
c) Faça o gráfico de f.

MÓDULO DE UM NÚMERO REAL

Introdução

Observe os cálculos seguintes:

I) $\sqrt{3^2} = \sqrt{9} = 3$

II) $\sqrt{(-3)^2} = \sqrt{9} = 3$

III) $\sqrt{5^2} = \sqrt{25} = 5$

IV) $\sqrt{(-5)^2} = \sqrt{25} = 5$

V) $\sqrt{0^2} = \sqrt{0} = 0$

Podemos notar que, quando $x \geq 0$, $\sqrt{x^2} = x$, como em (I), (III) e (V), e, quando $x < 0$, $\sqrt{x^2} = -x$, como em (II) e (IV). Para definir $\sqrt{x^2}$, podemos usar o conceito de módulo de um número real, já apresentado no capítulo 2 e que será aprofundado agora.

Definição

Dado um número real *x*, chama-se **módulo** ou **valor absoluto de *x***, e se indica por |x|, o número real não negativo tal que:

$|x| = \begin{cases} x, \text{ se } x \geq 0 \\ \text{ou} \\ -x, \text{ se } x < 0 \end{cases}$

Isso significa que:
- o módulo de um número real não negativo é igual ao próprio número;
- o módulo de um número real negativo é igual ao oposto desse número;
- o módulo de um número real qualquer é sempre maior ou igual a zero.

Vejamos alguns exemplos:

- $|2| = 2$
- $|0| = 0$
- $|-\sqrt{3}| = \sqrt{3}$
- $|\underbrace{3-\pi}_{\text{negativo}}| = -(3-\pi) = \pi - 3$

- $|-7| = 7$
- $\left|-\dfrac{4}{3}\right| = \dfrac{4}{3}$
- $|\underbrace{\sqrt{7}-\sqrt{2}}_{\text{positivo}}| = \sqrt{7} - \sqrt{2}$

EXERCÍCIO RESOLVIDO

2. Se x é um número real maior que 2, qual é o valor da expressão: $E = \dfrac{|x-2|}{x-2}$?

Solução:
Como $x > 2$, $x - 2 > 0$ e $|\underbrace{x-2}_{>0}| = x - 2$

Assim:
$$E = \dfrac{|x-2|}{x-2} = \dfrac{x-2}{x-2} = 1$$

Observação

Com a definição de módulo de um número real, podemos escrever: $\sqrt{x^2} = |x|$. Assim temos:

- $\sqrt{(-3)^2} = |-3| = 3$
- $\sqrt{(-5)^2} = |-5| = 5$
- $\sqrt{3^2} = |3| = 3$
- $\sqrt{5^2} = |5| = 5$

Interpretação geométrica

O módulo de um número real x representa a distância, na reta real, entre x e 0 (origem). Veja estes exemplos:

- $|4,5| = 4,5$: distância entre 4,5 e 0

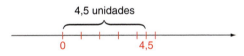

- $|-2| = 2$: distância entre -2 e 0

- $|0| = 0$: nesse caso, x é a própria origem e, assim, a distância é nula.

Observe que, para todo número real x, a distância entre 0 e x é sempre expressa por um número real positivo ou nulo.

Propriedades

Vamos conhecer algumas propriedades do módulo de um número real que serão usadas neste capítulo:

(1) $\forall x \in \mathbb{R}, |x| \geq 0$

Demonstração:
É imediata, pois: se $x > 0$, $|x| = x > 0$
se $x < 0$, $|x| = -x > 0$
e se $x = 0$, $|x| = 0$

(2) $|x|^2 = x^2$, $\forall x \in \mathbb{R}$

Demonstração:

Se $x \geq 0$, $|x| = x$ e, então, $|x|^2 = |x| \cdot |x| = x \cdot x = x^2$

Se $x < 0$, $|x| = -x$ e, então, $|x|^2 = |x| \cdot |x| = (-x) \cdot (-x) = x^2$

(3) Se $a \in \mathbb{R}_+$ e $|x| \leq a \Rightarrow -a \leq x \leq a$

Demonstração:

$|x| \leq a \overset{a \geq 0}{\Rightarrow} |x|^2 \leq a^2 \overset{(2)}{\Rightarrow} x^2 \leq a^2 \Rightarrow x^2 - a^2 \leq 0$;

como a é fixo, podemos pensar nessa desigualdade como uma inequação de 2º grau, na incógnita x. Estudando o sinal de $y = x^2 - a^2$, vem:

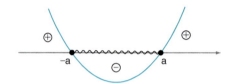

Assim, como queremos $x^2 - a^2 \leq 0$, temos que $-a \leq x \leq a$, isto é, $|x| \leq a \Rightarrow -a \leq x \leq a$, $\forall a \in \mathbb{R}_+$

Exemplo:

$|x| \leq 2 \Rightarrow -2 \leq x \leq 2$

(4) Se $a \in \mathbb{R}_+$ e $|x| \geq a \Rightarrow x \leq -a$ ou $x \geq a$

Demonstração:

$|x| \geq a \overset{a \geq 0}{\Rightarrow} |x|^2 \geq a^2 \overset{(2)}{\Rightarrow} x^2 \geq a^2 \Rightarrow x^2 - a^2 \geq 0$

Resolvendo esta inequação de 2º grau na incógnita x, vem:

$x \leq -a$ ou $x \geq a$

Exemplo:

$|x| > 4 \Rightarrow x < -4$ ou $x > 4$

EXERCÍCIOS

16. Calcule:

a) $|-9|$　　d) $|0|$　　g) $\sqrt{8^2}$

b) $\left|\dfrac{5}{3}\right|$　　e) $|-\sqrt{2}|$　　h) $\sqrt{(-8)^2}$

c) $\left|-\dfrac{1}{2}\right|$　　f) $|0{,}83|$　　i) $\sqrt{\left(-\dfrac{2}{9}\right)^2}$

17. Calcule:

a) $|-5-8|$　　d) $|0{,}1-0{,}3|$　　g) $-|-\sqrt{7}|$

b) $|2 \cdot (-3)|$　　e) $\left|\dfrac{3}{5}-1\right|$　　h) $|4| \cdot |-2|$

c) $|0{,}3 - 0{,}1|$　　f) $\left|-\dfrac{4}{3}+1\right|$　　i) $|4 \cdot (-2)|$

18. Calcule o valor das expressões:

a) $A = |3 - \sqrt{5}| - |\sqrt{5} - 3|$

b) $B = |-\sqrt{2} - 1| + 2 \cdot |1 - \sqrt{2}|$

c) $C = ||\sqrt{10}| - |-3||$

19. Se x é um número real maior que zero, determine o valor da expressão:

$$E = \dfrac{2|x| + |-x|}{x}$$

20. Para $x \in \mathbb{R}, x > 4$, calcule o valor de cada expressão seguinte:

a) $\dfrac{|x-4|}{4-x}$　　b) $3 + \dfrac{|x-4|}{x-4}$　　c) $\dfrac{|x|}{x} + \dfrac{|x-4|}{x-4}$

21. Considerando x um número real qualquer, classifique as afirmações seguintes em verdadeira (V) ou falsa (F), corrigindo as falsas.

a) $|x + 3| = x + 3$

b) $|x| < \dfrac{1}{2} \Rightarrow -\dfrac{1}{2} < x < \dfrac{1}{2}$

c) $|5x - 1| = 1 - 5x$, se $x < \dfrac{1}{5}$

d) $|x| \geq 5 \Rightarrow x \geq 5$

e) $|x|^3 = x^3$

f) $|x| < 4 \Rightarrow x < 4$

g) $\sqrt{(x-1)^2} = |x - 1|$

22. Seja $\{x, y\} \subset \mathbb{R}$. São verdadeiras as igualdades?

I) $|x| + |y| = |x + y|$

II) $|x| - |y| = |x - y|$

III) $|x| \cdot |y| = |x \cdot y|$

Prove a(s) que for(em) verdadeira(s); para a(s) falsa(s), dê um contraexemplo.

FUNÇÃO MODULAR

Chama-se **função modular** a função f de $\mathbb{R}$ em $\mathbb{R}$ que associa cada número real x ao seu módulo (valor absoluto), isto é, f é definida pela lei $f(x) = |x|$.

Utilizando o conceito de módulo de um número real, a função modular pode ser assim definida:

$$f(x) = \begin{cases} x, \text{ se } x \geq 0 \\ -x, \text{ se } x < 0 \end{cases}$$

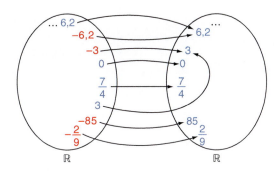

Gráfico

Para construir o gráfico da função modular, procedemos assim:

- 1º passo: construímos o gráfico da função $f(x) = x$, mas só consideramos a parte em que $x \geq 0$ (figura 1), que é a bissetriz do 1º quadrante.
- 2º passo: construímos o gráfico da função $f(x) = -x$, mas só consideramos a parte em que $x < 0$ (figura 2), que é a bissetriz do 2º quadrante.
- 3º passo: reunimos os dois gráficos anteriores (figura 3).

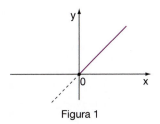

Figura 1

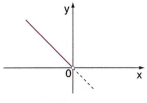

Figura 2

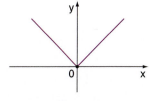

Figura 3

Observe que o conjunto imagem de f é $\text{Im} = \{y \in \mathbb{R} \mid y \geq 0\}$, pois $\forall x \in \mathbb{R}, |x| \geq 0$.

Outros gráficos

I) A partir do gráfico da função *f* dada por y = |x|, podemos construir o gráfico de outras funções definidas por uma lei do tipo y = |x| + k, em que k ∈ ℝ.

Vamos considerar, como exemplo, a função *f* de ℝ em ℝ definida por f(x) = |x| + 1. Temos:
- Se x ⩾ 0, então |x| = x e f(x) = x + 1: gráfico ①
- Se x < 0, então |x| = −x e f(x) = −x + 1: gráfico ②

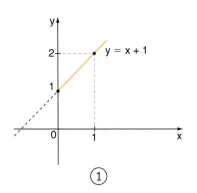
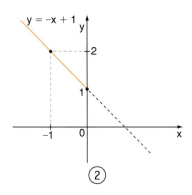
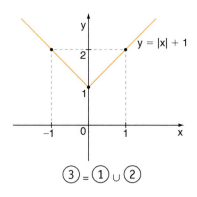

Observe que o gráfico ③ obtido para a função *f* definida por y = |x| + 1 corresponde ao gráfico da função modular (y = |x|), deslocado, verticalmente, uma unidade para cima. A esse deslocamento damos o nome de **translação vertical**.

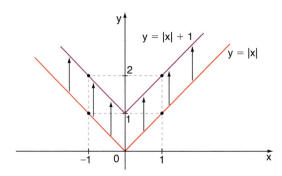

II) A partir do gráfico da função dada por y = |x|, podemos construir o gráfico de outras funções definidas por uma lei do tipo y = |x + k|, em que k ∈ ℝ.

Consideremos, por exemplo, a função *f*, de ℝ em ℝ, definida por f(x) = |x − 2|.

Como $|x - 2| = \begin{cases} x - 2, \text{ se } x \geqslant 2 \\ -x + 2, \text{ se } x < 2 \end{cases}$, procedemos assim:

- 1º passo: construímos o gráfico de y = x − 2, mas só consideramos a parte em que x ⩾ 2 (figura 1).
- 2º passo: construímos o gráfico de y = −x + 2, mas só consideramos a parte em que x < 2 (figura 2).
- 3º passo: reunimos os dois gráficos anteriores (figura 3).

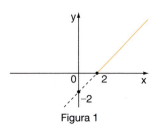
Figura 1

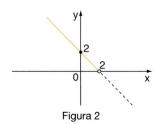
Figura 2

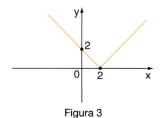
Figura 3

Note que o gráfico obtido na figura 3 corresponde ao gráfico da função modular (y = |x|) transladado, na horizontal, duas unidades para a direita.

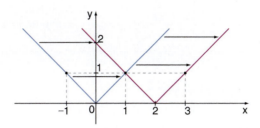

III) Nos itens (I) e (II) foi possível construir o gráfico de outras funções com módulo a partir do gráfico de y = |x|, por meio de uma translação (vertical ou horizontal).

Podemos construir também outros gráficos usando apenas a definição de módulo. Vejamos um exemplo.

Para construir o gráfico da função f definida por y = |x − 1| + x + 1, usamos a definição de:

$$|x - 1| = \begin{cases} x - 1, \text{ se } x - 1 \geq 0, \text{ isto é, } x \geq 1 \\ -x + 1, \text{ se } x - 1 < 0, \text{ isto é, } x < 1 \end{cases}$$

1º caso: x ⩾ 1

y = |x − 1| + x + 1 = x − 1 + x + 1 ⇒ y = 2x

2º caso: x < 1

y = |x − 1| + x + 1 = −x̸ + 1 + x̸ + 1 ⇒ y = 2

Assim, temos:

$$y = \begin{cases} 2x, \text{ se } x \geq 1 \\ 2, \text{ se } x < 1 \end{cases}$$

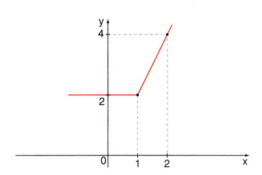

EXERCÍCIOS

23. Construa o gráfico das seguintes funções definidas de ℝ em ℝ, dadas por:

a) y = |x| + 2
b) y = |x| − 3
c) y = |x| + 5
d) y = |x| − $\frac{1}{2}$

24. Construa os gráficos das funções de ℝ em ℝ, definidas por:

a) y = |x − 1|
b) y = |x + 1|
c) y = |x + 3|
d) y = |x − 3|

25. Construa os gráficos das seguintes funções f: ℝ → ℝ definidas por:

a) y = |2x|
b) y = $\left|-\frac{1}{2}x\right|$
c) y = |x|²
d) y = $-\frac{1}{2} \cdot |x|$

26. A partir do gráfico de y = |x|, represente a sequência de gráficos necessária para construir o gráfico da função f: ℝ → ℝ definida por f(x) = |x − 1,5| + 2.

27. Construa os gráficos das seguintes f: ℝ → ℝ definidas pelas leis seguintes e, em cada caso, forneça também o conjunto imagem:

a) f(x) = |x| + x
b) f(x) = |x| − x
c) f(x) = |x − 2| + x − 1
d) f(x) = |x + 1| + x

FUNÇÃO MODULAR

28. Construa os gráficos das funções f, g e h assim definidas:

f: $\mathbb{R} \to \mathbb{R}$; $f(x) = |x^2 - 4x|$ h: $\mathbb{R}^* \to \mathbb{R}^*$; $h(x) = \dfrac{|x|}{x}$

g: $\mathbb{R} \to \mathbb{R}$; $g(x) = |-x^2 + 4|$

29. Seja f: $\mathbb{R} \to \mathbb{R}$ definida pela lei $f(x) = |2x - 4| + 3$.

a) Qual é o valor de $f(0) + f(1)$?

b) Sem fazer o gráfico, é possível encontrar seu conjunto imagem. Determine-o.

EQUAÇÕES MODULARES

Notemos uma propriedade do módulo dos números reais:

- $|x| = 2 \Rightarrow |x|^2 = 2^2 \Rightarrow x^2 = 4 \Rightarrow x = +2$ ou $x = -2$

- $|x| = \dfrac{3}{7} \Rightarrow x^2 = \dfrac{9}{49} \Rightarrow x = +\dfrac{3}{7}$ ou $x = -\dfrac{3}{7}$

De modo geral, sendo k um número real positivo, temos:

$$|x| = k \Rightarrow x = k \text{ ou } x = -k$$

Utilizando essa propriedade, vejamos como solucionar algumas equações modulares.

EXERCÍCIOS RESOLVIDOS

3. Resolver, em $\mathbb{R}$, a equação $|3x - 1| = 2$.

Solução:

Temos:

$$|3x - 1| = 2 \Rightarrow \begin{cases} 3x - 1 = 2 \Rightarrow x = 1 \\ \text{ou} \\ 3x - 1 = -2 \Rightarrow x = -\dfrac{1}{3} \end{cases}$$

$$S = \left\{ 1, -\dfrac{1}{3} \right\}$$

4. Resolver a equação $|2x + 3| = x + 2$, em $\mathbb{R}$.

Solução:

Para todo x real, sabemos que $|2x + 3| \geq 0$. Assim, para que a igualdade seja possível, devemos ter $x + 2 \geq 0$, ou seja, $x \geq -2$ (*).

Supondo $x \geq -2$, temos:

$$|2x + 3| = x + 2 \Rightarrow \begin{cases} 2x + 3 = x + 2 \Rightarrow x = -1 \\ \text{ou} \\ 2x + 3 = -x - 2 \Rightarrow x = -\dfrac{5}{3} \end{cases}$$

- $x = -1$ satisfaz (*)

- $x = -\dfrac{5}{3}$ satisfaz (*)

$$S = \left\{ -1, -\dfrac{5}{3} \right\}$$

EXERCÍCIOS

30. Resolva, em $\mathbb{R}$, as equações:
a) $|x| = 4$
b) $|x| = \dfrac{3}{2}$
c) $|x| = 0$
d) $|x| = -2$
e) $|x| = -\dfrac{5}{3}$
f) $|x|^2 = 9$

31. Resolva, em $\mathbb{R}$, as equações seguintes:
a) $|3x - 2| = 1$
b) $|x + 6| = 4$
c) $|x^2 - 2x - 5| = 3$
d) $|x^2 - 4| = 5$

32. Resolva, em $\mathbb{R}$, as seguintes equações:
a) $|-2x + 5| = x$
b) $|3x - 1| = x + 2$
c) $|10 - 2x| = 2x - 5$
d) $|3x - 4| = x^2$
e) $|2x - 1| = 2x - 1$
f) $|x - 3| = 3 - x$

33. Resolva, em $\mathbb{R}$, as equações:
a) $|x|^2 - 3|x| = 10$
b) $|x|^2 - 10|x| + 24 = 0$

34. Determine os valores reais de p a fim de que a equação $|4x - 5| = p - 3$ admita solução.

35. Em determinado mês verificou-se que o número n de pessoas que compravam no supermercado Megabarato era dado pela lei:
$n(x) = 20 \cdot |x - 25| + 300$ em que $x = 1, 2, 3, ..., 30$ representa cada dia do mês.

a) Quantas pessoas compraram nesse supermercado no dia 2?
b) Em que dias do mês 400 pessoas compraram produtos no supermercado Megabarato?
c) Em qual dia do mês o número de compradores foi mínimo? Qual foi esse número?

36. Resolva, em $\mathbb{R}$, as seguintes equações:
a) $||2x - 1| - 5| = 0$
b) $||x^2 - 1| - 3| = 1$
c) $\sqrt{x^2} = 3x - 1$
d) $\sqrt{x^2} = x$

INEQUAÇÕES MODULARES

A resolução de algumas inequações modulares tem por base a aplicação das seguintes propriedades do módulo de um número real, já estudadas no início deste capítulo.

Para $a \in \mathbb{R}$ e $a > 0$, temos:
- $|x| < a \Rightarrow -a < x < a$
- $|x| > a \Rightarrow x < -a$ ou $x > a$

EXERCÍCIOS RESOLVIDOS

5. Resolver, em $\mathbb{R}$, a inequação $|x - 1| < 4$.

Solução:
Devemos ter: $-4 < x - 1 < 4 \Rightarrow -3 < x < 5$
$$S = \{x \in \mathbb{R} \mid -3 < x < 5\}$$

6. Resolver, em $\mathbb{R}$, a inequação $|2x - 3| > 7$.

Solução:
Devemos ter:
$\begin{cases} 2x - 3 < -7 \Rightarrow 2x < -4 \Rightarrow x < -2 \\ \text{ou} \\ 2x - 3 > 7 \Rightarrow 2x > 10 \Rightarrow x > 5 \end{cases}$

$$S = \{x \in \mathbb{R} \mid x < -2 \text{ ou } x > 5\}$$

7. Resolver, em $\mathbb{R}$, a inequação $|x + 1| \geq 7 - 2x$.

Solução:

Neste caso, como o 2º membro pode representar tanto um número positivo como um número negativo, não vamos aplicar as propriedades anteriores; usaremos a definição de módulo:

$$|x + 1| = \begin{cases} x + 1 \text{ se } x \geq -1 \\ -x - 1 \text{ se } x < -1 \end{cases}$$

1º caso: $x \geq -1$ ①

Nesse caso, a inequação proposta é equivalente a:

$x + 1 \geq 7 - 2x \Rightarrow 3x \geq 6 \Rightarrow x \geq 2$ ②

De ① ∩ ② segue: $S_1 = \{x \in \mathbb{R} \mid x \geq 2\}$

2º caso: $x < -1$ ③

Nesse caso, a inequação proposta equivale a:

$-x - 1 \geq 7 - 2x \Rightarrow x \geq 8$ ④

Como ③ ∩ ④ resulta vazio, segue que $S_2 = \emptyset$.

A solução pedida é $S_1 \cup S_2 = \{x \in \mathbb{R} \mid x \geq 2\}$

EXERCÍCIOS

37. Resolva, em $\mathbb{R}$, as seguintes inequações:

a) $|x| > 6$
b) $|x| \leq 4$
c) $|x| < \dfrac{1}{2}$
d) $|x| \geq \sqrt{2}$
e) $|x| > -2$
f) $|x| \leq -2$
g) $|x| \leq 0$
h) $|x| \geq 0$

38. Resolva, em $\mathbb{R}$, as seguintes inequações:

a) $|x + 3| > 7$
b) $|2x - 1| \leq 3$
c) $|-x + 1| \geq 1$
d) $|5x - 3| < 12$

39. Resolva, em $\mathbb{R}$, as desigualdades:

a) $|x^2 - x - 4| \leq 2$
b) $|x^2 - 5x| > 6$
c) $|x^2 - 1| < 4$

40. No ano passado, Neto participou de um curso de Inglês em que, todo mês, foi submetido a uma avaliação. Como Neto é fanático por Matemática, propôs uma lei para representar, mês a mês, seu desempenho nessas provas.

$f(x) = 3 + \dfrac{|x - 6|}{2}$

Na expressão $f(x) = 3 + \dfrac{|x - 6|}{2}$, $f(x)$ representa a nota obtida por Neto no exame realizado no mês x ($x = 1$ corresponde a janeiro; $x = 2$, a fevereiro, e assim por diante).

a) Em que meses sua nota ficou acima de 5?
b) Em que mês Neto obteve seu pior desempenho? Qual foi essa nota?

41. Resolva, em $\mathbb{R}$, as inequações:

a) $|x - 1| \leq 3x - 7$
b) $|2x + 1| + 4 - 3x > 0$
c) $x^2 \leq |x|$

42. Obtenha, em cada caso, o domínio da função, definida por:

a) $f(x) = \sqrt{|x| - 2}$
b) $g(x) = \sqrt{|x - 1|}$

DESAFIO

Três gatos comem três ratos em três minutos. Em quanto tempo um gato come um rato?

EXERCÍCIOS COMPLEMENTARES

1. Resolva, em $\mathbb{R}$, a equação $|x| + |x - 2| = 6$.

Sugestão: considere três intervalos para x: $x < 0$, $0 \leq x < 2$ ou $x \geq 2$.

2. Resolva, em $\mathbb{R}$, a equação $\dfrac{|x|}{x} = \dfrac{|x - 1|}{x - 1}$.

3. Qual é o menor número inteiro que satisfaz a desigualdade $\left| 2 - \dfrac{3}{x} \right| \leq 2$?

4. (Obmep) Raimundo e Macabéa foram a um restaurante que cobra R\$ 1,50 por 100 gramas de comida para aqueles que comem até 600 gramas e R\$ 1,00 por 100 gramas para aqueles que comem mais de 600 gramas.

a) Quanto paga quem come 350 gramas? E quem come 720 gramas?

b) Raimundo consumiu 250 gramas mais que Macabéa, mas ambos pagaram a mesma quantia. Quanto cada um deles pagou?

c) Desenhe o gráfico que representa o valor a ser pago em função do peso da comida. Marque nesse gráfico os pontos que representam a situação do item *b*.

5. Obtenha o domínio de cada função, definida por:

a) $f(x) = \dfrac{x^2 - 3}{\sqrt{|x - 2|}}$

b) $g(x) = \dfrac{\sqrt{x + 1}}{|2x - 1| - 3}$

c) $h(x) = \sqrt[4]{|5 - 2x| - 7}$

6. Faça o gráfico da função $f: \mathbb{R} \to \mathbb{R}$, definida por $f(x) = |x| + |x - 1|$; obtenha também o conjunto imagem de *f*.

7. Seja $f: \mathbb{R} \to \mathbb{R}$, definida por $f(x) = ||2x - 2| - 4|$.

a) Determine $f\left(\dfrac{1}{2} \right) + f\left(-\dfrac{1}{2} \right)$.

b) Obtenha as raízes de *f*.

c) Esboce o gráfico de *f*.

8. (UF-MG) Uma fábrica vende determinado produto somente por encomenda de, no mínimo, 500 unidades e, no máximo, 3 000 unidades.

O preço P, em reais, de cada unidade desse produto é fixado, de acordo com o número x de unidades encomendadas, por meio desta equação:

$$P = \begin{cases} 90, \text{ se } 500 \leq x \leq 1\,000 \\ 100 - 0{,}01x, \text{ se } 1\,000 < x \leq 3\,000 \end{cases}$$

O custo C, em reais, relativo à produção de x unidades desse produto é calculado pela equação:

C = 60x + 10 000

O lucro L apurado com a venda de x unidades desse produto corresponde à diferença entre a receita apurada com a venda dessa quantidade e o custo relativo à sua produção.

Considerando essas informações,

a) escreva a expressão do lucro L correspondente à venda de x unidades desse produto para $500 \leq x \leq 1\,000$ e para $1\,000 < x \leq 3\,000$;

b) calcule o preço da unidade desse produto correspondente à encomenda que maximiza o lucro;

c) calcule o número mínimo de unidades que uma encomenda deve ter para gerar um lucro de, pelo menos, R\$ 26 400,00.

9. (U.F. São Carlos-SP) Sejam *f* e *g* funções modulares reais, definidas por $f(x) = |x + 2|$ e $g(x) = 2|x - 2|$.

a) Resolva a equação $f(x) = g(x)$.

b) Construa o gráfico da função real *h*, definida por $h(x) = |x + 2| - 2|x - 2|$.

10. (U.F. Viçosa-MG) Uma indústria pode produzir, por dia, até 20 unidades de um determinado produto. O custo C (em R\$) de produção de x unidades desse produto é dado por:

$$C(x) = \begin{cases} 5 + x(12 - x), \text{ se } 0 \leq x \leq 10 \\ -\dfrac{3}{2}x + 40, \text{ se } 10 < x \leq 20 \end{cases}$$

a) Se, em um dia, foram produzidas 9 unidades e, no dia seguinte, 15 unidades, calcule o custo de produção das 24 unidades.

b) Determine a produção que corresponde a um custo máximo diário.

11. Esboce o gráfico da função $f: \mathbb{R} \to \mathbb{R}$, definida por

$$f(x) = \begin{cases} 2, \text{ se } |x| \geq 1 \\ -1, \text{ se } |x| < 1 \end{cases}$$

12. Esboce o gráfico da função $f: \mathbb{R} \to \mathbb{R}$, definida por

$$f(x) = \begin{cases} 4, \text{ se } |x| > 2 \\ |x - 2|, \text{ se } |x| \leq 2 \end{cases}$$

13. (UF-MG) Uma concessionária de energia elétrica de certo estado brasileiro possui dois planos de cobrança para consumo residencial:

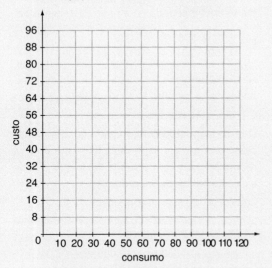

- o Plano I consiste em uma taxa mensal fixa de R$ 24,00, que permite o consumo de até 60 kWh, e, a partir desse valor, cada kWh extra consumido custa R$ 0,90;
- o Plano II consiste em uma taxa mensal fixa de R$ 40,00, que permite o consumo de até 80 kWh, e, a partir desse valor, cada kWh extra consumido custa R$ 1,10.

a) Esboce no sistema de coordenadas os gráficos das funções que representam o custo para o consumidor, em função do consumo de energia elétrica, no Plano I e no Plano II. [Copie em seu caderno o sistema de coordenadas e esboce nele os gráficos.]

b) Determine a faixa de consumo em que o Plano II é mais vantajoso para o consumidor.

14. Os pontos (x, y) do plano cartesiano que satisfazem a igualdade $|x| + |y| = 1$ determinam uma região. Qual é a área dessa região?

15. Responda:

a) Para que valores reais de x vale a igualdade $-|-x| = -(-x)$?

b) Para que valores de x vale a desigualdade $|-x| \leq x^2$?

16. Resolva, em $\mathbb{R}$, as seguintes equações:

a) $2 \cdot |x| + 3 \cdot |x - 1| = 5$

b) $|x - 1| + |x + 1| = 4x - 3$

c) $|x^2 - 1| = 2x + 7$

17. Quantos números inteiros satisfazem a inequação $\left|\dfrac{2x - 3}{3x - 1}\right| > 2$?

18. Resolva, em $\mathbb{R}$, as inequações:

a) $|x - 2| + |x - 1| \leq x$

b) $\dfrac{1}{x} < |x|$

c) $|x^2 - 2x| \leq -3x + 2$

19. Qual é o número de soluções reais da equação $2 \cdot |x|^4 + 6 \cdot |x|^2 + 4 = 0$?

20. Seja f: $\mathbb{R} \to \mathbb{R}$ definida por:

$f(x) = \begin{cases} x^2 - 4x + 2, \text{ se } x > 5 \\ -3x + 8, \text{ se } x \leq 5 \end{cases}$

Quais são os elementos do domínio cuja imagem vale 23?

21. Resolva, em $\mathbb{R}$, a equação: $\sqrt{x^2 - 6x + 9} = 2x$

22. Seja f: $\mathbb{R} \to \mathbb{R}$ definida por $f(x) = ||-x + 2| - 1|$.

a) Calcule o valor de $f(2) + f(-2)$.

b) Obtenha as raízes de f.

c) Esboce o gráfico de f.

d) Resolva, em $\mathbb{R}$, a inequação $f(x) < 2$.

23. Resolva, em $\mathbb{R}$:

a) a equação: $|2x - 3| + |x + 2| = 4$.

b) a inequação: $|x^2 - 4| \leq |x^2 - 2x|$.

24. (UF-BA) A vitamina C é hidrossolúvel, e seu aproveitamento pelo organismo humano é limitado pela capacidade de absorção intestinal, sendo o excesso de ingestão eliminado pelos rins. Supondo-se que, para doses diárias inferiores a 100 mg de vitamina C, a quantidade absorvida seja igual à quantidade ingerida e que, para doses diárias maiores ou iguais a 100 mg, a absorção seja sempre igual à capacidade máxima do organismo – que é de 100 mg –, pode-se afirmar, sobre a ingestão diária de vitamina C, que são verdadeiras as proposições: (Indique a soma das alternativas corretas.)

(01) Para a ingestão de até 100 mg, a quantidade absorvida é diretamente proporcional à quantidade ingerida.

(02) Para a ingestão acima de 100 mg, quanto maior for a ingestão, menor será a porcentagem absorvida de vitamina ingerida.

(04) Se uma pessoa ingere 80 mg em um dia e 120 mg no dia seguinte, então a média diária da quantidade absorvida nesses dois dias foi de 100 mg.

(08) A razão entre a quantidade ingerida e a quantidade absorvida pelo organismo é igual a 1.

(16) A função f que representa a quantidade de vitamina C absorvida pelo organismo, em função da quantidade ingerida x, é dada por

$$f(x) = \begin{cases} x, \text{ se } 0 \leq x < 100 \\ 100, \text{ se } x \geq 100 \end{cases}$$

(32) O gráfico a seguir representa a quantidade de vitamina C absorvida pelo organismo em função da quantidade que foi ingerida.

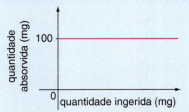

25. (Vunesp-SP) O gráfico representa o consumo mensal de água em uma determinada residência no período de um ano. As tarifas de água para essa residência são dadas a seguir.

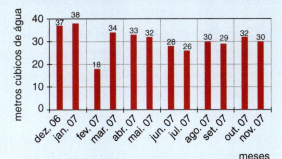

Faixa f (m³)	Tarifa (R$)
0 ≤ f ≤ 10	0,50
10 < f ≤ 20	1,00
20 < f ≤ 30	1,50
30 < f ≤ 40	2,00

Assim, por exemplo, o gasto no mês de março, que corresponde ao consumo de 34 m³, em reais, é:
10 · 0,50 + 10 · 1,00 + 10 · 1,50 + 4 · 2,00 = 38,00.
Vamos supor que essas tarifas tenham se mantido no ano todo.

Note que nos meses de janeiro e fevereiro, juntos, foram consumidos 56 m³ de água e para pagar essas duas contas foram gastos X reais. O mesmo consumo ocorreu nos meses de julho e agosto, juntos, mas para pagar essas duas contas foram gastos Y reais.
Determine a diferença X − Y.

26. (Vunesp-SP) Três empresas A, B e C comercializam o mesmo produto e seus lucros diários (L(x)), em reais, variam de acordo com o número de unidades diárias vendidas (x) segundo as relações:

Empresa A: $L_A(x) = \dfrac{10}{9}x^2 - \dfrac{130}{9}x + \dfrac{580}{9}$

Empresa B: $L_B(x) = 10x + 20$

Empresa C: $L_C(x) = \begin{cases} 120, \text{ se } x < 15 \\ 10x - 30, \text{ se } x \geq 15 \end{cases}$

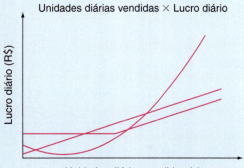

Determine em que intervalo deve variar o número de unidades diárias vendidas para que o lucro da empresa B supere os lucros da empresa A e da empresa C.

27. (Fuvest-SP) Determine para quais valores reais de x é verdadeira a desigualdade $|x^2 - 10x + 21| \leq |3x - 15|$.

28. (Fuvest-SP)

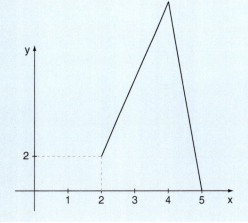

FUNÇÃO MODULAR 177

Considere a função f, cujo domínio é o intervalo fechado [0, 5] e que está definida pelas condições:

- para $0 \leq x \leq 1$, tem-se $f(x) = 3x + 1$;
- para $1 < x < 2$, tem-se $f(x) = -2x + 6$;
- f é linear no intervalo [2, 4] e também no intervalo [4, 5], conforme mostra a figura anterior;
- a área sob o gráfico de f no intervalo [2, 5] é o triplo da área sob o gráfico de f no intervalo [0, 2].

Com base nessas informações,

a) desenhe, no sistema de coordenadas indicado a seguir, o gráfico de f no intervalo [0, 2]:

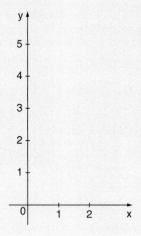

b) determine a área sob o gráfico de f no intervalo [0, 2];

c) determine f(4).

29. (Unicamp-SP) Considere a função $f(x) = 2x + |x + p|$, definida para x real.

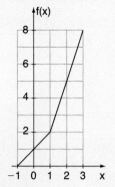

a) A figura anterior mostra o gráfico de f(x) para um valor específico de p. Determine esse valor.

b) Supondo, agora, que $p = -3$, determine os valores de x que satisfazem a equação $f(x) = 12$.

30. (UEL-PR) Na cidade A, o valor a ser pago pelo consumo de água é calculado pela companhia de saneamento, conforme mostra o quadro a seguir.

Quantidade de água consumida (em m³)	Valor a ser pago pelo consumo de água (em reais)
Até 10	R$ 18,00
Mais do que 10	R$ 18,00 + (R$ 2,00 por m³ que excede 10 m³)

Na cidade B, outra companhia de saneamento determina o valor a ser pago pelo consumo de água por meio da função cuja lei de formação é representada algebricamente por

$B(x) = \begin{cases} 17 & \text{se } x \leq 10 \\ 2,1x - 4, & \text{se } x > 10 \end{cases}$, em que x representa a quantidade de água consumida (em m³) e B(x) representa o valor a ser pago (em reais).

a) Represente algebricamente a lei de formação da função que descreve o valor a ser pago pelo consumo de água na cidade A.

b) Para qual quantidade de água consumida, o valor a ser pago será maior na cidade B do que na cidade A?

Apresente os cálculos realizados na resolução deste item.

31. Seja $\{a, b\} \subset \mathbb{R}^*$. Quais são os possíveis valores que a expressão seguinte assume?

$$E = \frac{|a|}{a} + 2 \cdot \frac{|b|}{b} + \frac{|3ab|}{ab}$$

TESTES

1. (IF-SP) A companhia de saneamento básico de uma determinada cidade calcula os seus serviços de acordo com a seguinte tabela:

	Preço (em R$)
Preço dos 10 primeiros m³	10,00 (tarifa mínima)
Preço de cada m³ para o consumo dos 10 m³ seguintes	2,00
Preço de cada m³ consumido acima de 20 m³	3,50

Se no mês de outubro de 2011 a conta de Cris referente a esses serviços indicou o valor total de R$ 65,00, pode-se concluir que seu consumo nesse mês foi de

a) 30 m³.
b) 40 m³.
c) 50 m³.
d) 60 m³.
e) 65 m³.

2. (PUC-RS) Num circuito elétrico em série contendo um resistor R e um indutor L, a força eletromotriz E(t) é definida por $E(t) = \begin{cases} 110, & 0 \leq t \leq 30 \\ 0, & t > 30 \end{cases}$

O gráfico que representa corretamente essa função é

a)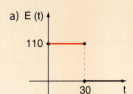
d)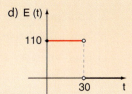
b)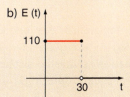
e)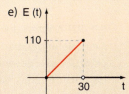
c)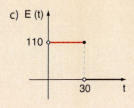

3. (UF-RS) Se

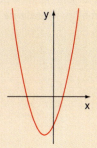

é o gráfico da função f definida por y = f(x), então, das alternativas abaixo, a que pode representar o gráfico da função z, definida por z = |f(x)|, é

a)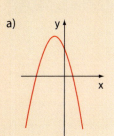
d)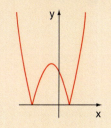
b)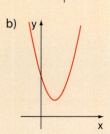
e)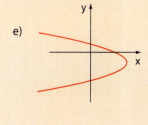
c)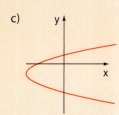

4. (UF-PI) Sejam M = {x ∈ ℝ; |x + 3| = 2} e N = {x ∈ ℝ; x² − 5x + 4 = 0}. Se a ∈ M e b ∈ N, então o maior valor do produto a · b é:

a) 2   b) 1   c) 0   d) −1   e) −2

5. (UF-AM) As raízes da equação |x|² + |x| − 12 = 0:

a) têm soma igual a zero.
b) são negativas.
c) têm soma igual a um.
d) têm produto igual a menos doze.
e) são positivas.

FUNÇÃO MODULAR

6. (UF-AM)
Seja f: $\mathbb{R} \to \mathbb{R}$ a função definida por $f(x) = |x^2 - 1|$. O gráfico que melhor representa esta função é:

a)
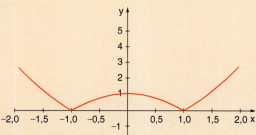

b)
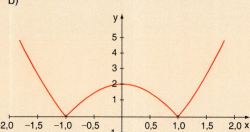

c)
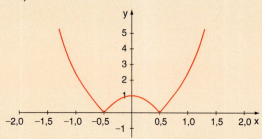

d)
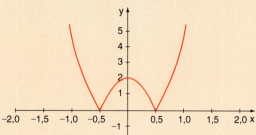

e)
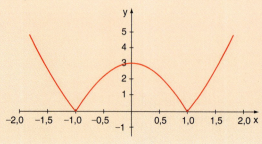

7. (Insper-SP) A figura a seguir mostra o gráfico da função f(x).

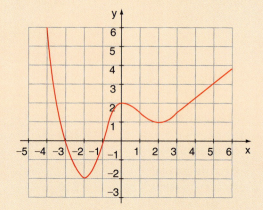

O número de elementos do conjunto solução da equação $|f(x)| = 1$, resolvida em $\mathbb{R}$, é igual a

a) 6   c) 4   e) 2
b) 5   d) 3

8. (UF-CE) Dadas as funções f: $\mathbb{R} \to \mathbb{R}$ e g: $\mathbb{R} \to \mathbb{R}$ definidas por $f(x) = |1 - x^2|$ e $g(x) = |x|$, o número de pontos na interseção do gráfico de f com o gráfico de g é igual a:

a) 5   c) 3   e) 1
b) 4   d) 2

9. (UF-PI) Sobre o domínio da função $f: D \subset \mathbb{R} \to \mathbb{R}$, definida pela lei $f(x) = \sqrt{3 - |x + 2|}$, pode-se afirmar que:

a) Contém somente seis números inteiros.
b) Possui dois inteiros positivos.
c) É um intervalo de comprimento igual a seis unidades.
d) Não possui números racionais.
e) É um conjunto finito.

10. (UF-RS) A interseção dos gráficos das funções f e g, definidas por $f(x) = |x|$ e $g(x) = 1 - |x|$, os quais são desenhados no mesmo sistema de coordenadas cartesianas, determina um polígono.

A área desse polígono é

a) 0,125
b) 0,25
c) 0,5
d) 1
e) 2

11. (Udesc-SC) A alternativa que representa o gráfico da função f(x) = |x + 1| + 2 é:

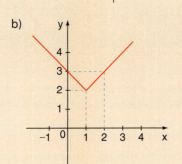

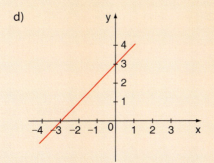

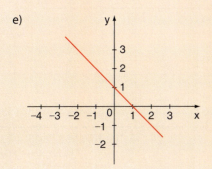

12. (FEI-SP) Considere os valores inteiros de *x* que satisfazem simultaneamente as desigualdades |x − 2| ⩽ 5 e |x − 1| > 3. A soma desses valores é igual a:

a) 15
b) 17
c) 18
d) 19
e) 22

13. (UF-AM) O conjunto solução de |3x − 5| ⩾ 2x − 2 é o conjunto:

a) $\left(-\infty, \frac{7}{5}\right] \cup [3, +\infty)$

b) $(-\infty, -3] \cup \left[\frac{7}{5}, +\infty\right)$

c) $\left(-\infty, \frac{7}{5}\right)$

d) $(3, +\infty)$

e) $\left(\frac{7}{5}, 3\right)$

14. (UF-PE) O preço da cópia xérox em uma papelaria é de R$ 0,12 a unidade, se o número de cópias é no máximo 100; se o número de cópias excede 100 e é no máximo 200, paga-se R$ 0,12 a unidade pelas primeiras 100 cópias e R$ 0,10 a unidade nas cópias que excedem 100; se o número de cópias é superior a 200, paga-se o valor anterior pelas primeiras 200 cópias e, para as cópias que excedem 200, paga-se R$ 0,08 a unidade. Qual o valor pago por 320 cópias?

a) R$ 31,00
b) R$ 31,20
c) R$ 31,60
d) R$ 32,00
e) R$ 36,40

15. (UF-RN) Ao pesquisar preços para a compra de uniformes, duas empresas, E_1 e E_2, encontraram, como melhor proposta, uma que estabelecia o preço de venda de cada unidade por $120 - \frac{n}{20}$, onde *n* é o número de uniformes comprados, com o valor por uniforme se tornando constante a partir de 500 unidades.

Se a empresa E_1 comprou 400 uniformes e a E_2, 600, na planilha de gastos, deverá constar que cada uma pagou pelos uniformes, respectivamente,

a) R$ 38 000,00 e R$ 57 000,00.
b) R$ 40 000,00 e R$ 54 000,00.
c) R$ 40 000,00 e R$ 57 000,00.
d) R$ 38 000,00 e R$ 54 000,00.

16. (Enem-MEC) Nos processos industriais, como na indústria de cerâmica, é necessário o uso de for-

FUNÇÃO MODULAR   181

nos capazes de produzir elevadas temperaturas e, em muitas situações, o tempo de elevação dessa temperatura deve ser controlado, para garantir a qualidade do produto final e a economia no processo.

Em uma indústria de cerâmica, o forno é programado para elevar a temperatura ao longo do tempo de acordo com a função

$$T(t) = \begin{cases} \dfrac{7}{5}t + 20, \text{ para } 0 \leq t < 100 \\ \dfrac{2}{125}t^2 - \dfrac{16}{5}t + 320, \text{ para } t \geq 100 \end{cases}$$

em que T é o valor da temperatura atingida pelo forno, em graus Celsius, e *t* é o tempo, em minutos, decorrido desde o instante em que o forno é ligado.

Uma peça deve ser colocada nesse forno quando a temperatura for 48 °C e retirada quando a temperatura for 200 °C.

O tempo de permanência dessa peça no forno é, em minutos, igual a

a) 100   b) 108   c) 128   d) 130   e) 150

17. (UF-RS) Considerando a função definida por $f(x) = \dfrac{x}{|x|} + 1$, assinale, entre os gráficos apresentados nas alternativas, aquele que pode representar *f*.

a)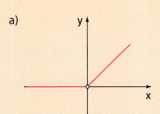

b)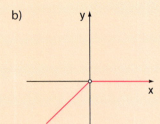

c)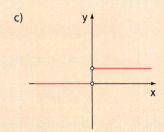

d)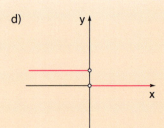

e)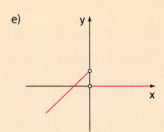

18. (Enem-MEC) Certo vendedor tem seu salário mensal calculado da seguinte maneira: ele ganha um valor fixo de R$ 750,00, mais uma comissão de R$ 3,00 para cada produto vendido.

Caso ele venda mais de 100 produtos, sua comissão passa a ser de R$ 9,00 para cada produto vendido, a partir do 101º produto vendido.

Com essas informações, o gráfico que melhor representa a relação entre salário e o número de produtos vendidos é

a)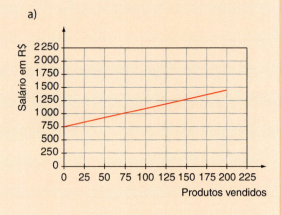

b)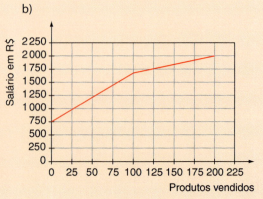

c)

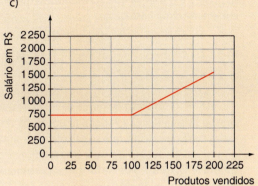

d)

b)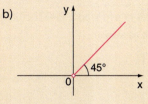

c)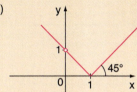

d)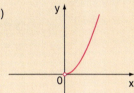

e)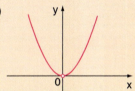

e)

21. (Cefet-MG) O conjunto dos números reais que tornam a função $f(x) = |x^2 - 4x|$ maior que 5 é
a) $\varnothing$.
b) $\mathbb{R}$.
c) $\{x \in \mathbb{R} \mid -1 < x < 5\}$.
d) $\{x \in \mathbb{R} \mid x < -1 \text{ ou } x > 5\}$.

19. (ITA-SP) O produto das raízes reais da equação $|x^2 - 3x + 2| = |2x - 3|$ é igual a
a) −5 b) −1 c) 1 d) 2 e) 5

20. (FGV-SP) Seja $f: \mathbb{R}^* \to \mathbb{R}$ dada por $f(x) = \sqrt{\dfrac{x}{1 - \dfrac{x-1}{x}}}$.

A representação gráfica de f no plano cartesiano ortogonal é

a)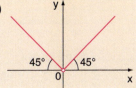

22. (UE-PI) Se x varia no conjunto dos números reais, qual dos intervalos a seguir contém o conjunto solução da desigualdade
$$\dfrac{|x| + 2}{|x| - 1} > 4$$
a) $(-2, 0)$ c) $(-3, -1)$ e) $(-3, 1)$
b) $(-2, 2)$ d) $(1, 3)$

23. (Mackenzie-SP) O domínio da função real $f(x) = \sqrt{2 - ||x + 3| - 5|}$, $x \in \mathbb{R}$, é
a) $[-10, 4]$
b) $[-6, 4]$
c) $[-10, -6] \cup [0, \infty)$
d) $(-\infty, -10] \cup [0, 4]$
e) $[-10, -6] \cup [0, 4]$

24. (UF-PR) Considere a função f: ℝ → ℝ cujo gráfico está esboçado abaixo.

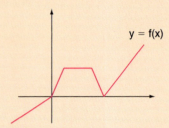

Numere os gráficos a seguir estabelecendo sua correspondência com cada uma das funções apresentadas na sequência:

1. y = |f(x)|
2. y = –f(x)
3. y = f(–x)
4. y = f(x + 2)
5. y = f(x) + 2

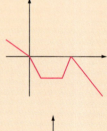

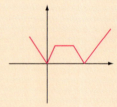

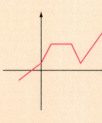

Assinale a alternativa que apresenta a sequência correta, de cima para baixo.

a) 2 – 4 – 5 – 1 – 3.
b) 5 – 4 – 1 – 2 – 3.
c) 2 – 4 – 1 – 5 – 3.
d) 1 – 3 – 2 – 5 – 4.
e) 2 – 5 – 1 – 3 – 4.

25. (Fuvest-SP) O imposto de renda devido por uma pessoa física à Receita Federal é função da chamada base de cálculo, que se calcula subtraindo o valor das deduções do valor dos rendimentos tributáveis. O gráfico dessa função, representado na figura, é a união dos segmentos de reta $\overline{OA}$, $\overline{AB}$, $\overline{BC}$, $\overline{CO}$ e da semirreta $\overrightarrow{DE}$. João preparou sua declaração tendo apurado como base de cálculo o valor de R$ 43 800,00. Pouco antes de enviar a declaração, ele encontrou um documento esquecido numa gaveta que comprovava uma renda tributável adicional de R$ 1 000,00. Ao corrigir a declaração, informando essa renda adicional, o valor do imposto devido será acrescido de

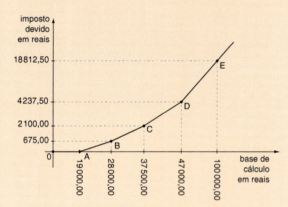

a) R$ 100,00
b) R$ 200,00
c) R$ 225,00
d) R$ 450,00
e) R$ 600,00

26. (Insper-SP) Sendo p uma constante real positiva, considere a função f, dada pela lei

$$f(x) = \begin{cases} -\dfrac{x}{p} + \dfrac{9}{4}, \text{ se } x \leq p \\ px - 2p, \text{ se } x \geq p \end{cases}$$

e cujo gráfico está desenhado a seguir, fora de escala.

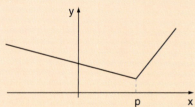

Nessas condições, o valor de p é igual a

a) $\dfrac{1}{2}$
b) 1
c) $\dfrac{3}{2}$
d) 2
e) $\dfrac{5}{2}$

27. (FGV-SP) O polígono do plano cartesiano determinado pela relação |3x| + |4y| = 12 tem área igual a
a) 6
b) 12
c) 16
d) 24
e) 25

28. (Unesp-SP) No conjunto ℝ dos números reais, o conjunto solução S da inequação modular |x| · |x − 5| ⩾ 6 é
a) S = {x ∈ ℝ | −1 ⩽ x ⩽ 6}.
b) S = {x ∈ ℝ | x ⩽ −1 ou 2 ⩽ x ⩽ 3}.
c) S = {x ∈ ℝ | x ⩽ −1 ou 2 ⩽ x ⩽ 3 ou x ⩾ 6}.
d) S = {x ∈ ℝ | x ⩽ 2 ou x ⩾ 3}.
e) S = ℝ

29. (PUC-RJ) Considere a função real f(x) = |x + 1| + |x − 1|. O gráfico que representa a função é:

a)
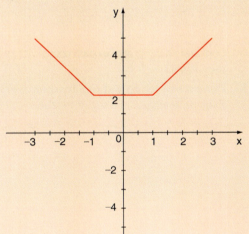

b)
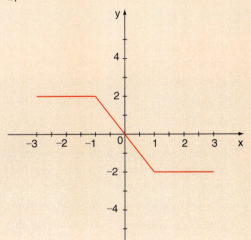

c)
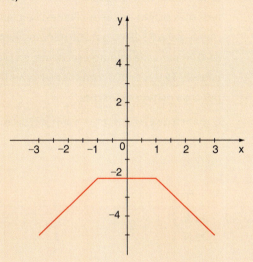

d)
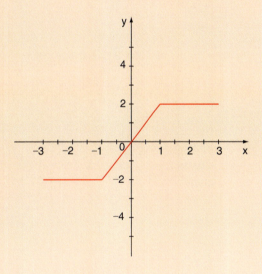

e)
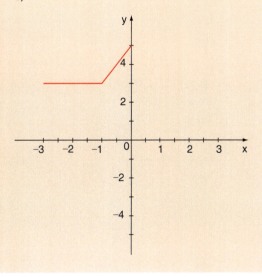

30. (Enem-MEC) Uma empresa de telefonia fixa oferece dois planos aos seus clientes: no plano K, o cliente paga R$ 29,90 por 200 minutos mensais e R$ 0,20 por cada minuto excedente; no plano Z, paga R$ 49,90 por 300 minutos mensais e R$ 0,10 por cada minuto excedente.

O gráfico que representa o valor pago, em reais, nos dois planos em função dos minutos utilizados é

a)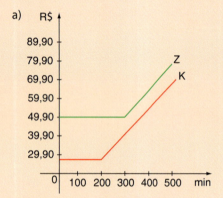

b)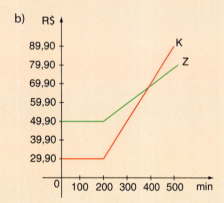

c)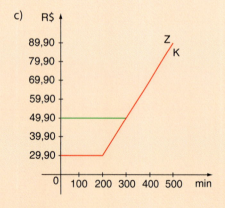

d)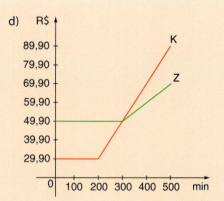

e)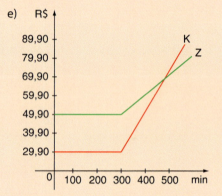

Considere o texto abaixo para responder às questões 31 e 32.

A empresa A vende seu produto, a preços progressivos, de acordo com a seguinte tabela:

Número	Valor unitário
de 1 a 1 000	R$ 2,00
de 1 001 a 5 000	R$ 1,80
acima de 5 000	R$ 1,60

A empresa B vende o mesmo produto da empresa A pelo valor fixo de R$ 1,80.

31. (UE-CE) Uma loja comprou 8 000 unidades da empresa A, então o valor médio unitário foi de

a) R$ 1,64   d) R$ 1,75
b) R$ 1,65   e) R$ 1,76
c) R$ 1,70

32. (UE-CE) É economicamente conveniente adquirir produtos da empresa A somente a partir de uma quantidade maior que

a) 6 000 unidades.   d) 7 500 unidades.
b) 6 500 unidades.   e) 8 000 unidades.
c) 7 000 unidades.

FUNÇÃO EXPONENCIAL

INTRODUÇÃO

Os dados do último censo demográfico (2010) indicaram que, naquele ano, a população brasileira era de 190 755 799 habitantes e estava crescendo à taxa aproximada de 1,2% ao ano. A taxa de crescimento populacional leva em consideração a natalidade, mortalidade, imigrações etc. (Fonte: www.ibge.gov.br – séries estatísticas. Acesso em: 30 jul. 2014.)

O censo é realizado a partir da coleta de dados efetuada pelos recenseadores, que visitam cada domicílio.

Suponha que tal crescimento seja mantido para a década seguinte, isto é, de 2011 a 2020. Nessas condições, qual seria a população brasileira ao final de x anos (x = 1, 2,..., 10), contados a partir de 2010?

Para facilitar os cálculos, vamos aproximar a população brasileira em 2010 para 191 milhões de habitantes.

■ Passado 1 ano a partir de 2010 (em 2011), a população, em milhões, seria:

$$\underbrace{191}_{\substack{\text{população}\\\text{em 2010}}} + \overbrace{1,2\% \text{ de } 191}^{\text{aumento}} = 191 + 0,012 \cdot 191 = 1,012 \cdot 191 \text{ (ou 193,29 milhões de habitantes)}$$

$$\frac{1,2}{100} = 0,012$$

■ Passados 2 anos a partir de 2010 (em 2012), a população, em milhões, seria:

$$\underbrace{1,012 \cdot 191}_{\substack{\text{população}\\\text{em 2011}}} + \underbrace{0,012 \cdot 1,012 \cdot 191}_{\text{aumento}} = 1,012 \cdot 191 \,(1 + 0,012) = 1,012^2 \cdot 191 \text{ (ou 195,61 milhões de habitantes)}$$

■ Passados 3 anos a partir de 2010 (em 2013), a população, em milhões, seria:

$$\underbrace{1,012^2 \cdot 191}_{\substack{\text{população}\\\text{em 2012}}} + \underbrace{0,012 \cdot 1,012^2 \cdot 191}_{\text{aumento}} = 1,012^2 \cdot 191(1 + 0,012) = 1,012^3 \cdot 191 \text{ (ou 197,96 milhões de habitantes)}$$

$$\vdots \qquad\qquad \vdots \qquad\qquad \vdots \qquad\qquad \vdots$$

■ Passados x anos, contados a partir de 2010, ($x = 1, 2,..., 10$), a população brasileira, em milhões de habitantes, seria:

$$1,012^x \cdot 191$$

A função que associa a população (y), em milhões de habitantes, ao número de anos (x), transcorridos a partir de 2010, é:

$$y = 1,012^x \cdot 191,$$

que é um exemplo de **função exponencial**, que passaremos a estudar agora.

Inicialmente, vamos fazer uma revisão sobre os tipos de potências e suas propriedades – assunto já estudado no Ensino Fundamental II.

POTÊNCIA DE EXPOENTE NATURAL

Definição

Dados um número real a e um número natural n, com $n \geq 2$, chama-se **potência de base a e expoente n** o número a^n que é o produto de n fatores iguais a a.

$$a^n = \underbrace{a \cdot a \cdot a \cdot ... \cdot a}_{n \text{ fatores}}$$

Dessa definição decorre que:

$$a^2 = a \cdot a, \qquad a^3 = a \cdot a \cdot a, \qquad a^4 = a \cdot a \cdot a \cdot a \qquad \text{etc.}$$

Há dois casos especiais:

■ Para $n = 1$, definimos $a^1 = a$, pois com um único fator não se define o produto.

■ Para $n = 0$ e supondo $a \neq 0$, definimos $a^0 = 1$.

Vejamos alguns exemplos de potências:

- $4^3 = 4 \cdot 4 \cdot 4 = 64$
- $\left(\dfrac{2}{5}\right)^2 = \dfrac{2}{5} \cdot \dfrac{2}{5} = \dfrac{4}{25}$
- $(-6)^4 = (-6) \cdot (-6) \cdot (-6) \cdot (-6) = 1296$
- $3^1 = 3$
- $\left(\dfrac{3}{10}\right)^0 = 1$
- $(3,2)^2 = 3,2 \cdot 3,2 = 10,24$
- $0^5 = 0 \cdot 0 \cdot 0 \cdot 0 \cdot 0 = 0$
- $(-8)^1 = -8$
- $7^0 = 1$
- $(1,5)^3 = 1,5 \cdot 1,5 \cdot 1,5 = 3,375$

As calculadoras científicas auxiliam no cálculo de potências, que pode ser bastante trabalhoso.

Observe a tecla y^x em que y representa a base da potência, e x, seu expoente.

- Para calcular $1,3^5$, pressionamos:

$$ 1 \quad . \quad 3 \rightarrow y^x \rightarrow 5 \rightarrow = \rightarrow \boxed{3,71293} $$

Obtemos 3,71293
- Para calcular $2,3^8$, pressionamos:

$$ 2 \quad . \quad 3 \rightarrow y^x \rightarrow 8 \rightarrow = \rightarrow \boxed{783,10985} $$

Obtemos 783,10985

Cabe ressaltar que existem muitos modelos de calculadora e, em alguns casos, uma ou outra das operações anteriores poderá ser invertida.

Em alguns modelos, a tecla y^x é substituída pela tecla $\wedge$.

Propriedades

Sendo a e b reais e m e n naturais, valem as seguintes propriedades:

1ª) $a^m \cdot a^n = a^{m+n}$

2ª) $\dfrac{a^m}{a^n} = a^{m-n}$ (a $\neq$ 0 e m $\geqslant$ n)

3ª) $(a \cdot b)^n = a^n \cdot b^n$

4ª) $\left(\dfrac{a}{b}\right)^n = \dfrac{a^n}{b^n}$ (b $\neq$ 0)

5ª) $(a^m)^n = a^{m \cdot n}$

Exemplo 1

Supondo $a \cdot b \neq 0$, simplifiquemos a expressão:

$$ y = \frac{(a^2 b^3)^5}{(a^2)^3 b^7} $$

Aplicando as propriedades estudadas, vem:

$$ y = \frac{a^{10} b^{15}}{a^6 b^7} = a^{10-6} b^{15-7} = a^4 b^8 $$

> **Observação**
>
> Na definição de potência com expoente natural, foi estabelecido que $\forall a \in \mathbb{R}^*$, $a^0 = 1$. Isso garante a validade das propriedades apresentadas. Veja:
>
> - Façamos $m = 0$, de acordo com a 1ª propriedade:
>
> $$a^0 \cdot a^n = a^{0+n} = a^n$$
>
> Para que ocorra igualdade, devemos ter $a^0 = 1$.
>
> - Façamos $m = n$, de acordo com a 2ª propriedade:
> Por um lado, $\dfrac{a^n}{a^n} = 1$, que é o quociente de dois números iguais.
> Por outro lado, aplicando a propriedade, temos:
>
> $$\frac{a^n}{a^n} = a^{n-n} = a^0$$
>
> Daí, $a^0 = 1$.

POTÊNCIA DE EXPOENTE INTEIRO NEGATIVO

Vamos definir as potências de expoente inteiro negativo de modo que as propriedades estudadas no item anterior continuem valendo.

Observe os exemplos seguintes:

- $2^3 \cdot 2^{-3} = 2^{3+(-3)} = 2^0 = 1$; assim $2^{-3} = \dfrac{1}{2^3}$

- $\dfrac{7^3}{7^5} = 7^{3-5} = 7^{-2}$

Por outro lado, temos: $\dfrac{7^3}{7^5} = \dfrac{\cancel{7} \cdot \cancel{7} \cdot \cancel{7}}{\cancel{7} \cdot \cancel{7} \cdot \cancel{7} \cdot 7 \cdot 7} = \dfrac{1}{7^2}$

Daí, $7^{-2} = \dfrac{1}{7^2}$

Os cálculos acima sugerem a definição a seguir.

Definição

Dados um número real a, não nulo, e um número n natural, chama-se **potência de base a** e **expoente $-n$** o número $\mathbf{a^{-n}}$, que é o inverso de a^n.

$$a^{-n} = \frac{1}{a^n}$$

Vejamos alguns exemplos:

- $3^{-2} = \dfrac{1}{3^2} = \dfrac{1}{9}$

- $2^{-4} = \dfrac{1}{2^4} = \dfrac{1}{16}$

- $11^{-1} = \dfrac{1}{11^1} = \dfrac{1}{11}$

- $(-5)^{-2} = \dfrac{1}{(-5)^2} = \dfrac{1}{25}$

- $(0,4)^{-2} = \left(\dfrac{4}{10}\right)^{-2} = \left(\dfrac{2}{5}\right)^{-2} = \dfrac{1}{\left(\dfrac{2}{5}\right)^2} = \dfrac{1}{\dfrac{4}{25}} = \dfrac{25}{4}$

- $1^{-8} = \dfrac{1}{1^8} = \dfrac{1}{1} = 1$

EXERCÍCIO RESOLVIDO

1. Qual é o valor de $y = \left[\left(\dfrac{2}{3}\right)^{-2} + 4^{-1}\right]^{2}$?

Solução:

$$y = \left[\left(\dfrac{3}{2}\right)^{2} + \dfrac{1}{4}\right]^{2} = \left(\dfrac{9}{4} + \dfrac{1}{4}\right)^{2} = \left(\dfrac{5}{2}\right)^{2} = \dfrac{25}{4}$$

Propriedades

As cinco propriedades enunciadas para potência de expoente natural são válidas para potência de expoente inteiro negativo, quaisquer que sejam os valores dos expoentes m e n inteiros.

EXERCÍCIOS

1. Calcule:

a) 5^3

b) $(-5)^3$

c) 5^{-3}

d) $\left(-\dfrac{2}{3}\right)^{3}$

e) $\left(\dfrac{1}{50}\right)^{-2}$

f) $\left(-\dfrac{11}{7}\right)^{0}$

g) $\left(\dfrac{3}{2}\right)^{1}$

h) $\left(-\dfrac{1}{2}\right)^{0}$

i) $-(-2)^5$

j) -10^2

k) 10^{-3}

l) $-\left(-\dfrac{1}{2}\right)^{-2}$

2. Calcule:

a) $0,2^2$

b) $0,1^{-1}$

c) $3,4^1$

d) $(-4,17)^0$

e) $0,05^{-2}$

f) $1,25^{-1}$

g) $1,2^3$

h) $(-3,2)^2$

i) $0,6^3$

j) $0,08^{-1}$

k) $(-0,3)^{-1}$

l) $(-0,01)^{-2}$

3. Calcule o valor de cada uma das expressões:

a) $A = \left(\dfrac{3}{4}\right)^{2} \cdot (-2)^3 + \left(-\dfrac{1}{2}\right)^{1}$

b) $B = \left(\dfrac{1}{2}\right)^{-2} + \left(\dfrac{1}{3}\right)^{-1}$

c) $C = -2 \cdot \left(\dfrac{3}{2}\right)^{3} + 1^{15} - (-2)^1$

d) $D = \left[\left(-\dfrac{5}{3}\right)^{-1} + \left(\dfrac{5}{2}\right)^{-1}\right]^{-1}$

e) $E = [3^{-1} - (-3)^{-1}]^{-1}$

f) $F = 6 \cdot \left(\dfrac{2}{3}\right)^{2} + 4 \cdot \left(-\dfrac{3}{2}\right)^{-2}$

4. Escreva em uma única potência:

a) $\dfrac{11^3 \cdot (11^4)^2 \cdot 11}{11^6}$

b) $\dfrac{(2^4)^3 \cdot 2^7 \cdot 2^3}{(2^{11})^2}$

c) $\dfrac{10^{-2} \cdot \left(\dfrac{1}{10}\right)^{-3}}{(0,01)^{-1}}$

d) $\dfrac{10 \cdot 10^{-5} \cdot (10^2)^{-3}}{(10^{-4})^3}$

5. Coloque em ordem crescente:

$A = (-2)^{-2} - 3 \cdot (0,5)^3$, $B = \dfrac{1}{2} + \left(\dfrac{1}{2}\right)^{2} \cdot \left(-\dfrac{1}{2}\right)^{-3}$ e

$C = \dfrac{-\dfrac{5}{4} - \left(-\dfrac{1}{2}\right)^{2}}{\left(\dfrac{2}{3}\right)^{-1}}$.

6. Sendo $a \cdot b \neq 0$, simplifique as expressões:

a) $\dfrac{a^5 \cdot (b^2)^3}{a \cdot b^4}$

b) $\dfrac{(a^2)^5 \cdot (b^3)^3}{a^{-4} \cdot b^{-3}}$

c) $\left(\dfrac{a}{b}\right)^{8} \cdot \dfrac{b^{10}}{a \cdot a^2 \cdot a^3}$

d) $(a^{-1} + b^{-1}) \cdot ab$

e) $(a^{-1})^2 + (b^2)^{-1} + 2(ab)^{-1}$

7. Escreva em uma única potência:

a) a metade de 2^{100};

b) o triplo de 3^{20};

c) a oitava parte de 4^{32};

d) o quadrado do quíntuplo de 25^{10}.

8. Sendo $a = (0,02)^{-3}$ e $b = (0,004)^{-2}$, obtenha o valor de:

a) $a \cdot b^{-1}$

b) $\dfrac{b}{a}$

c) $a \cdot 10^{-3} + b \cdot 10^{-2}$

9. Sendo $a = \dfrac{2^{48} + 4^{22} - 2^{46}}{2 \cdot 8^{15}}$, obtenha o valor de $(4a)^{-1}$.

FUNÇÃO EXPONENCIAL **191**

APLICAÇÕES

Notação científica

Números muito pequenos e muito grandes são frequentes em estudos científicos e medições de grandezas, permeando várias áreas do conhecimento, como Física, Química, Astronomia, Biologia, Meio Ambiente etc. Observe alguns exemplos:

- a massa do planeta Terra é de 5 980 000 000 000 000 000 000 000 kg;
- a distância entre a Terra e a Lua é de 384 000 000 m;
- a massa de um próton é de 0,00000000000000000000000001673 kg;
- ano-luz é a distância que a luz é capaz de viajar durante um ano no vácuo. Um ano-luz equivale a aproximadamente 9 460 530 000 000 km;
- o nível máximo de ozônio (O_3) tolerado para que a qualidade do ar seja considerada boa é de 80 μg/m³ (80 microgramas por metro cúbico), isto é, em cada metro cúbico (m³) de ar podemos ter, no máximo, 0,00008 g de ozônio.

A leitura desses números é facilitada quando são escritos em **notação científica**. Basicamente, trata-se de escrevê-los como o produto de um número real a ($1 \leq a < 10$) e uma potência de base dez e expoente inteiro. Observe alguns exemplos:

- $62\,000\,000 = 6{,}2 \cdot 10\,000\,000 = 6{,}2 \cdot 10^7$
- $0{,}0000035 = \dfrac{3{,}5}{1\,000\,000} = \dfrac{3{,}5}{10^6} = 3{,}5 \cdot 10^{-6}$
- $15\,670\,000\,000 = 1{,}567 \cdot 10^{10}$
- $0{,}0008 = \dfrac{8}{10\,000} = \dfrac{8}{10^4} = 8 \cdot 10^{-4}$

Quando escrevemos um número em notação científica é possível conhecer, rapidamente, sua ordem de grandeza. Voltemos aos exemplos iniciais:

- a massa do planeta Terra é de $5{,}98 \cdot 10^{24}$ kg;
- a distância entre a Terra e a Lua é de $3{,}84 \cdot 10^8$ m;

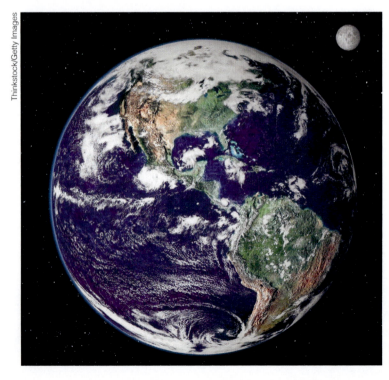

A Terra e a Lua vistas de um satélite orbitando a 35 000 km de altura.

- a massa de um próton é de $1,673 \cdot 10^{-27}$ kg;

- um ano-luz equivale a $9,46053 \cdot 10^{12}$ km ou $9,46053 \cdot 10^{15}$ m;

- a massa de ozônio tolerada em 1 m³ de ar é de $8,0 \cdot 10^{-5}$ g.

> Referências bibliográficas:
>
> - Tipler, Paul A. *Física 1*. Rio de Janeiro: Guanabara, 1996.
> - www.cetesb.sp.gov.br
> - www.on.br (Acesso em: jul. 2014.)

RAIZ N-ÉSIMA (ENÉSIMA) ARITMÉTICA

Antes de definir as potências com expoentes racionais, vamos relembrar a definição de raiz enésima aritimética.

Dados um número real não negativo a e um número natural n, $n \geq 1$, chama-se **raiz enésima aritmética de a** o número real e não negativo b tal que $b^n = a$.

O símbolo $\sqrt[n]{a}$, chamado **radical**, indica a raiz enésima aritmética de a. Nele a é chamado **radicando**, e n, **índice**.

$$\sqrt[n]{a} = b \Leftrightarrow b \geq 0 \text{ e } b^n = a$$

Vejamos alguns exemplos:

- $\sqrt[2]{16} = \sqrt{16} = 4$, pois $4^2 = 16$
- $\sqrt[3]{27} = 3$, pois $3^3 = 27$

- $\sqrt[6]{0} = 0$, pois $0^6 = 0$
- $\sqrt[4]{16} = 2$, pois $2^4 = 16$

- $\sqrt[5]{\dfrac{1}{32}} = \dfrac{1}{2}$, pois $\left(\dfrac{1}{2}\right)^5 = \dfrac{1}{32}$
- $\sqrt[8]{1} = 1$, pois $1^8 = 1$

Propriedades

Sendo a e b reais não negativos, m inteiro e n e p naturais não nulos, valem as seguintes propriedades:

- $\sqrt[n]{a^m} = \sqrt[n \cdot p]{a^{m \cdot p}}$

- $\sqrt[n]{\dfrac{a}{b}} = \dfrac{\sqrt[n]{a}}{\sqrt[n]{b}}, \ (b \neq 0)$

- $\sqrt[p]{\sqrt[n]{a}} = \sqrt[pn]{a}$

- $\sqrt[n]{a \cdot b} = \sqrt[n]{a} \cdot \sqrt[n]{b}$

- $\left(\sqrt[n]{a}\right)^m = \sqrt[n]{a^m}$

EXERCÍCIOS RESOLVIDOS

2. Simplificar as expressões:

a) $\sqrt{8} + \sqrt{18}$

b) $\sqrt{x} \cdot \sqrt{32y^4x}$, com x e y reais positivos

Solução:

a) $\sqrt{8} + \sqrt{18} = \sqrt{2^2 \cdot 2} + \sqrt{2 \cdot 3^2} = 2\sqrt{2} + 3\sqrt{2} = 5\sqrt{2}$

b) $\sqrt{x} \cdot \sqrt{32y^4x} = \sqrt{32y^4x^2} = \sqrt{2^4 \cdot 2y^4x^2} = 2^2y^2x\sqrt{2} = 4y^2x\sqrt{2}$

3. Racionalizar o denominador das seguintes expressões:

a) $\dfrac{3}{\sqrt{2}}$

b) $\dfrac{4}{\sqrt{3} - 1}$

c) $\dfrac{3}{\sqrt[3]{3}}$

Solução:

a) $\dfrac{3}{\sqrt{2}} = \dfrac{3}{\sqrt{2}} \cdot \dfrac{\sqrt{2}}{\sqrt{2}} = \dfrac{3\sqrt{2}}{\sqrt{2^2}} = \dfrac{3\sqrt{2}}{2}$

b) $\dfrac{4}{\sqrt{3}-1} = \dfrac{4}{\sqrt{3}-1} \cdot \dfrac{\sqrt{3}+1}{\sqrt{3}+1} = \dfrac{4(\sqrt{3}+1)}{(\sqrt{3})^2 - 1^2} = \dfrac{4(\sqrt{3}+1)}{2} = 2(\sqrt{3}+1)$

c) $\dfrac{3}{\sqrt[3]{3}} = \dfrac{3}{\sqrt[3]{3}} \cdot \dfrac{\sqrt[3]{3^2}}{\sqrt[3]{3^2}} = \dfrac{3 \cdot \sqrt[3]{9}}{\sqrt[3]{3^3}} = \sqrt[3]{9}$

EXERCÍCIOS

10. Calcule:

a) $\sqrt{169}$

b) $\sqrt[3]{512}$

c) $\sqrt[4]{\dfrac{1}{16}}$

d) $\sqrt{0,25}$

e) $\sqrt[3]{0,125}$

f) $\sqrt[5]{100\,000}$

11. Calcule:

a) $\sqrt[4]{256} \cdot \sqrt{25-16}$

b) $\sqrt[3]{1+\sqrt{49}}$

c) $\left(\sqrt[3]{1\,000} - \sqrt[6]{64}\right)^2$

12. Simplifique os radicais seguintes:

a) $\sqrt{18}$

b) $\sqrt{54}$

c) $\sqrt[3]{54}$

d) $\sqrt{288}$

e) $\sqrt[4]{240}$

f) $\sqrt[3]{3\,000}$

13. Efetue:

a) $\sqrt{32} + \sqrt{50}$

b) $\sqrt{200} - 3\sqrt{72} + \sqrt{12}$

c) $\sqrt[3]{16} + \sqrt[3]{54} - \sqrt[3]{2}$

d) $\sqrt{1\,200} - 2\sqrt{48} + 3\sqrt{27}$

14. Efetue:

a) $\dfrac{\sqrt{192} - \sqrt{27}}{\sqrt{3}}$

b) $\dfrac{\sqrt[3]{16} + \sqrt[3]{54}}{\sqrt[3]{8}}$

15. Efetue:

a) $\sqrt{6} \cdot \sqrt{24}$

b) $\sqrt[3]{9} \cdot \sqrt[3]{3}$

c) $\sqrt{2} \cdot \sqrt{5} \cdot \sqrt{10}$

d) $\sqrt{48} : \sqrt{3}$

e) $\sqrt[4]{162} : \sqrt[4]{2}$

f) $\dfrac{\sqrt{3} \cdot \sqrt{12}}{\sqrt[3]{2} \cdot \sqrt[3]{4}}$

16. Desenvolva os seguintes produtos notáveis:

a) $\left(\sqrt{3} + 1\right)^2$

b) $\left(3 - \sqrt{2}\right)^2$

c) $\left(\sqrt{5} + \sqrt{2}\right)^2$

d) $\left(\sqrt{11} + \sqrt{2}\right) \cdot \left(\sqrt{11} - \sqrt{2}\right)$

e) $\left(\sqrt[4]{3} + 1\right)^2$

f) $\left(2 + \sqrt{2}\right)^3$

17. Efetue:

a) $\sqrt{\sqrt{6} - \sqrt{2}} \cdot \sqrt{\sqrt{6} + \sqrt{2}}$

b) $\sqrt{8 + \sqrt{15}} \cdot \sqrt{8 - \sqrt{15}}$

c) $\sqrt[3]{\sqrt{12} + 2} \cdot \sqrt[3]{\sqrt{12} - 2}$

d) $\sqrt{2} \cdot \sqrt{\sqrt{10} - \sqrt{2}} \cdot \sqrt{\sqrt{10} + \sqrt{2}}$

18. Racionalize o denominador de:

a) $\dfrac{4}{\sqrt{2}}$

b) $\dfrac{3}{\sqrt{5}}$

c) $\dfrac{\sqrt{3}}{\sqrt{2}}$

d) $\dfrac{3}{2\sqrt{3}}$

e) $\dfrac{1}{\sqrt[3]{2}}$

f) $\dfrac{25}{\sqrt[5]{5^2}}$

g) $\dfrac{2}{\sqrt[9]{32}}$

19. Racionalize o denominador de cada uma das seguintes expressões:

a) $\dfrac{2}{\sqrt{2}+1}$

b) $\dfrac{4}{\sqrt{7}-\sqrt{3}}$

c) $\dfrac{\sqrt{2}}{\sqrt{2}-1}$

d) $\dfrac{\sqrt{5}-\sqrt{2}}{\sqrt{5}+\sqrt{2}}$

e) $\dfrac{\sqrt{10}}{\sqrt{10}-\sqrt{5}}$

20. Efetue:

a) $\dfrac{3}{\sqrt{2}} + \sqrt{8}$

b) $\left(\dfrac{5}{\sqrt{2}} + \dfrac{\sqrt{2}}{\sqrt{3}}\right) \cdot \sqrt{2}$

c) $\dfrac{\sqrt{3}}{\sqrt{3}-\sqrt{2}} - \dfrac{12}{\sqrt{6}}$

d) $\dfrac{\sqrt{2}-1}{\sqrt{2}+1} - \dfrac{\sqrt{2}}{\sqrt{2}-2}$

21. Efetue:

a) $\left(\sqrt{2}\right)^8$

b) $\left(\sqrt[6]{2}\right)^3$

c) $\sqrt{2} \cdot \sqrt[3]{2} \cdot \sqrt[6]{4}$

d) $\left(\sqrt[6]{2}\right)^4$

22. Racionalize o denominador de cada uma das seguintes expressões:

a) $\dfrac{1}{\sqrt{2}+\sqrt{3}-\sqrt{5}}$

b) $\dfrac{1}{2-\sqrt[3]{2}}$

Sugestão para o item b:

$a^3 - b^3 = (a-b)(a^2 + ab + b^2)$.

POTÊNCIA DE EXPOENTE RACIONAL

Para dar significado às potências de expoente racional (como $3^{\frac{1}{2}}$, $4^{\frac{3}{2}}$, $2^{\frac{1}{3}}$, ...) devemos lembrar que sua definição deve garantir a validade das propriedades operatórias já estudadas neste capítulo.

Observe os exemplos:

- $3^{\frac{1}{2}} \cdot 3^{\frac{1}{2}} = 3^{\frac{1}{2}+\frac{1}{2}} = 3^1 = 3$; assim, $\left(3^{\frac{1}{2}}\right)^2 = 3$, ou seja, $3^{\frac{1}{2}}$ é a raiz quadrada aritmética de $3 \Rightarrow \sqrt{3} = 3^{\frac{1}{2}}$.

- $2^{\frac{1}{3}} \cdot 2^{\frac{1}{3}} \cdot 2^{\frac{1}{3}} = 2^{\frac{1}{3}+\frac{1}{3}+\frac{1}{3}} = 2$; assim, $\left(2^{\frac{1}{3}}\right)^3 = 2$, ou seja, $2^{\frac{1}{3}}$ é a raiz cúbica aritmética de $2 \Rightarrow \sqrt[3]{2} = 2^{\frac{1}{3}}$.

Os exemplos anteriores sugerem a seguinte definição:

$$\text{Para } a \in \mathbb{R}, a > 0 \text{ e } n \in \mathbb{N}^*, \text{ temos que } a^{\frac{1}{n}} = \sqrt[n]{a}.$$

Acompanhe agora os cálculos seguintes:

- $8^{\frac{3}{2}} \cdot 8^{\frac{3}{2}} = 8^{\frac{3}{2}+\frac{3}{2}} = 8^{2 \cdot \frac{3}{2}} = 8^3$

Assim, $\left(8^{\frac{3}{2}}\right)^2 = 8^3$ e, portanto, a raiz quadrada aritmética de 8^3 é igual a $8^{\frac{3}{2}} \Rightarrow \sqrt{8^3} = 8^{\frac{3}{2}}$.

- $4^{\frac{2}{3}} \cdot 4^{\frac{2}{3}} \cdot 4^{\frac{2}{3}} = 4^{\frac{2}{3}+\frac{2}{3}+\frac{2}{3}} = 4^{3 \cdot \frac{2}{3}} = 4^2$

Assim, $\left(4^{\frac{2}{3}}\right)^3 = 4^2$ e, portanto, a raiz cúbica aritmética de 4^2 é igual a $4^{\frac{2}{3}} \Rightarrow \sqrt[3]{4^2} = 4^{\frac{2}{3}}$.

Essas considerações sugerem a seguinte definição:

Definição

Dados um número real positivo *a*, um número inteiro *m* e um número natural *n* ($n \geq 1$), chama-se **potência de base *a* e expoente $\frac{m}{n}$** a raiz enésima (n-ésima) aritmética de a^m.

$$a^{\frac{m}{n}} = \sqrt[n]{a^m}$$

Definição especial:

Sendo $\frac{m}{n} > 0$, define-se: $0^{\frac{m}{n}} = 0$.

Exemplos:

- $5^{\frac{1}{2}} = \sqrt{5}$

- $8^{\frac{1}{3}} = \sqrt[3]{8} = 2$

- $1^{\frac{7}{5}} = \sqrt[5]{1^7} = 1$

- $5^{\frac{2}{3}} = \sqrt[3]{5^2} = \sqrt[3]{25}$

- $64^{-\frac{1}{3}} = \sqrt[3]{64^{-1}} = \sqrt[3]{\frac{1}{64}} = \frac{1}{4}$

- $2^{\frac{3}{2}} = \sqrt{2^3} = \sqrt{8} = 2\sqrt{2}$

- $0^{\frac{11}{3}} = 0$

- $100^{-\frac{1}{2}} = \sqrt[2]{100^{-1}} = \sqrt{\frac{1}{100}} = \frac{1}{10}$

Propriedades

Sendo *a* e *b* reais positivos e $\frac{p}{q}$ e $\frac{r}{s}$ racionais, valem as seguintes propriedades:

- $a^{\frac{p}{q}} \cdot a^{\frac{r}{s}} = a^{\frac{p}{q}+\frac{r}{s}}$

- $a^{\frac{p}{q}} : a^{\frac{r}{s}} = a^{\frac{p}{q}-\frac{r}{s}}$

- $(a \cdot b)^{\frac{p}{q}} = a^{\frac{p}{q}} \cdot b^{\frac{p}{q}}$

- $(a : b)^{\frac{p}{q}} = a^{\frac{p}{q}} : b^{\frac{p}{q}}$

- $\left(a^{\frac{p}{q}}\right)^{\frac{r}{s}} = a^{\frac{p}{q} \cdot \frac{r}{s}}$

EXERCÍCIO RESOLVIDO

4. Calcular o valor de $y = 27^{\frac{2}{3}} - 16^{\frac{3}{4}}$.

Solução:
Podemos resolver de duas maneiras:

a) escrevendo as potências na forma de raízes: $y = \sqrt[3]{27^2} - \sqrt[4]{16^3} = \sqrt[3]{729} - \sqrt[4]{4\,096} = 9 - 8 = 1$

b) usando as propriedades das potências: $y = (3^3)^{\frac{2}{3}} - (2^4)^{\frac{3}{4}} = 3^2 - 2^3 = 9 - 8 = 1$

EXERCÍCIOS

23. Calcule o valor de:

a) $27^{\frac{1}{3}}$

b) $256^{\frac{1}{2}}$

c) $32^{\frac{1}{5}}$

d) $64^{\frac{1}{3}}$

e) $576^{\frac{1}{2}}$

f) $0{,}25^{\frac{1}{2}}$

g) $\left(\dfrac{27}{1\,000}\right)^{\frac{1}{3}}$

h) $\left(\dfrac{1}{81}\right)^{0{,}25}$

24. Calcule o valor de:

a) $8^{\frac{2}{3}}$

b) $144^{-\frac{1}{2}}$

c) $(0{,}2)^{\frac{1}{2}}$

d) $16^{\frac{5}{2}}$

e) $27^{\frac{2}{3}}$

f) $0{,}09^{-\frac{1}{2}}$

g) $16^{\frac{3}{4}}$

h) $8^{-\frac{1}{2}}$

25. Calcule o valor de cada expressão:

a) $A = 64^{-0{,}6666\ldots} \cdot 0{,}5^{0{,}5}$

b) $B = \left(128^{\frac{1}{7}} + 81^{\frac{1}{4}}\right)^{\frac{1}{2}}$

c) $C = 0{,}001^{-\frac{2}{3}} \cdot 1000^{\frac{5}{6}}$

d) $D = (4 \cdot 10^{-6})^{-\frac{1}{2}}$

26. Qual é o valor de a^b, sendo $a = \left(\dfrac{1}{4}\right)^{-2} + \left(\dfrac{1}{3}\right)^{-2}$

e $b = \dfrac{2 \cdot \left(\dfrac{1}{3}\right)^{-1} - 2^2}{\left(\dfrac{1}{2}\right)^{-2}}$?

27. A área da superfície corporal (ASC) de uma pessoa, em metros quadrados, pode ser estimada pela fórmula de Mosteller:

$$\text{ASC} = \left(\dfrac{h \cdot m}{3\,600}\right)^{\frac{1}{2}}$$

em que h é a altura da pessoa em centímetros; m é a massa da pessoa em quilogramas.

O cálculo de superfície corporal é utilizado na fisiologia e em farmacologia. Por exemplo, a dosagem de um medicamento deve ser ministrada considerando as variações físicas de uma pessoa à outra, a fim de garantir a eficácia do tratamento e evitar os efeitos adversos de uma dosagem errada.

a) Calcule a área da superfície corporal de um indivíduo de 1,69 m e 75 kg. Use a aproximação $\sqrt{3} = 1{,}7$.

b) Juvenal tem ASC igual a 2 m² e massa 80 kg. Qual é a altura de Juvenal?

c) Considere dois amigos, Rui e Eli, ambos "pesando" 81 kg. A altura de Rui é 21% maior do que a altura de Eli. A ASC de Rui é x% maior do que a ASC de Eli. Qual é o valor de x?

POTÊNCIA DE EXPOENTE IRRACIONAL

Vamos agora dar significado às potências do tipo a^x, em que $a \in \mathbb{R}_+^*$, e o expoente x é um número irracional. Por exemplo: $2^{\sqrt{2}}$, $2^{\sqrt{5}}$, $10^{\sqrt{3}}$, $\left(\frac{1}{2}\right)^{\sqrt{7}}$, $4^{-\sqrt{5}}$, ...

Seja a potência $2^{\sqrt{2}}$.

Como $\sqrt{2}$ é irracional, vamos considerar aproximações racionais para esse número por falta e por excesso e, com auxílio de uma calculadora científica, obter o valor das potências de expoentes racionais:

$$\sqrt{2} \cong 1{,}41421356...$$

Por falta	Por excesso
$2^1 = 2$	$2^2 = 4$
$2^{1,4} \cong 2{,}639$	$2^{1,5} = 2^{\frac{3}{2}} = \sqrt{8} = 2\sqrt{2} \cong 2{,}828$
$2^{1,41} \cong 2{,}657$	$2^{1,42} \cong 2{,}675$
$2^{1,414} \cong 2{,}6647$	$2^{1,415} \cong 2{,}6665$
$2^{1,4142} \cong 2{,}6651$	$2^{1,4143} \cong 2{,}6653$
⋮	⋮

Note que, à medida que os expoentes se aproximam de $\sqrt{2}$ por valores racionais, tanto por falta quanto por excesso, os valores das potências tendem a um mesmo valor, definido por $2^{\sqrt{2}}$, que é aproximadamente igual a 2,665.

POTÊNCIA DE EXPOENTE REAL

Seja $a \in \mathbb{R}$, $a > 0$.
Já estudamos os diferentes tipos de potências a^x com x racional ou irracional.
Em qualquer caso, $a^x > 0$, isto é, toda potência de base real positiva e expoente real é um número positivo.
Para essas potências, continuam válidas todas as propriedades apresentadas nos itens anteriores deste capítulo.

FUNÇÃO EXPONENCIAL

Definição

Chama-se **função exponencial** qualquer função f de $\mathbb{R}$ em $\mathbb{R}_+^*$ dada por uma lei da forma $f(x) = a^x$, em que a é um número real dado, $a > 0$ e $a \neq 1$.

São exemplos de funções exponenciais: $y = 10^x$; $y = \left(\frac{1}{3}\right)^x$; $y = 2^x$; $y = \left(\frac{5}{6}\right)^x$ etc.

Observe que, na definição acima, há restrições em relação à base a.
De fato:
- Se $a < 0$, nem sempre o número a^x é real, como, por exemplo, $(-3)^{\frac{1}{2}} \notin \mathbb{R}$.

FUNÇÃO EXPONENCIAL 197

- Se a = 0 temos:

$$\begin{cases} \text{quando } x > 0,\ y = 0^x = 0 \text{ (função constante)} \\ \text{quando } x < 0,\ \text{não se define } 0^x \text{ (por exemplo, } 0^{-3}) \\ \text{quando } x = 0,\ \text{não se define } 0^0 \end{cases}$$

- Se a = 1, para todo $x \in \mathbb{R}$, a função dada por $y = 1^x = 1$ é constante.

Gráfico

Vamos construir os gráficos de algumas funções exponenciais e, em seguida, observar algumas propriedades.

Exemplo 2

Vejamos como construir o gráfico da função *f*, cuja lei é $y = 2^x$.
Vamos usar o método de localizar alguns pontos do gráfico e ligá-los por meio de uma curva.

x	y
−3	$\frac{1}{8}$
−2	$\frac{1}{4}$
−1	$\frac{1}{2}$
0	1
$\frac{1}{2}$	$\sqrt{2} \cong 1{,}41$
1	2
2	4
3	8

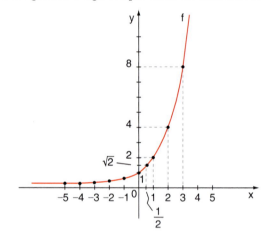

Observe que $\forall x \in \mathbb{R}$, $2^x > 0$ e, deste modo, $\text{Im} = \mathbb{R}_+^*$.

Exemplo 3

Vamos construir o gráfico da função *f*, cuja lei é $y = \left(\dfrac{1}{2}\right)^x$.

x	y
−3	8
−2	4
−1	2
0	1
1	$\frac{1}{2}$
2	$\frac{1}{4}$
3	$\frac{1}{8}$

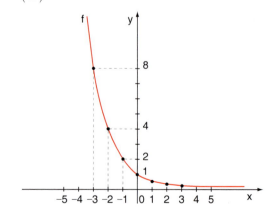

Observe que $\text{Im} = \mathbb{R}_+^*$.

Exemplo 4

Vamos construir no mesmo diagrama os gráficos das funções f e g definidas pelas leis: $f(x) = 3^x$ e $g(x) = \left(\dfrac{1}{3}\right)^x$.

x	$f(x) = 3^x$	$g(x) = \left(\dfrac{1}{3}\right)^x$
−3	$\dfrac{1}{27}$	27
−2	$\dfrac{1}{9}$	9
−1	$\dfrac{1}{3}$	3
0	1	1
1	3	$\dfrac{1}{3}$
2	9	$\dfrac{1}{9}$
3	27	$\dfrac{1}{27}$

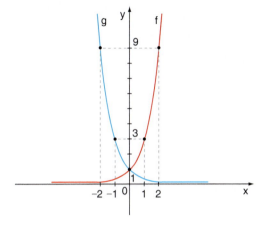

Note que, tanto para a função f como para a função g, tem-se Im = $\mathbb{R}_+^*$.

As curvas obtidas nos exemplos anteriores são chamadas **curvas exponenciais**.

O número *e*

Um importante número irracional em Matemática é o número e = 2,718281828459... . Para introduzi-lo, vamos considerar a expressão $(1 + x)^{\frac{1}{x}}$, definida em $\mathbb{R}^*$, e estudar os valores que ela assume quando x se aproxima de zero:

x	0,1	0,01	0,001	0,0001	0,00001
$(1 + x)^{\frac{1}{x}}$	2,594	2,705	2,717	2,7182	2,7183

Na tabela podemos notar que, à medida que x se aproxima de zero, a expressão $(1 + x)^{\frac{1}{x}}$ fica mais próxima do número e ≅ 2,7183.

Considerando valores negativos de x, porém cada vez mais próximos de zero (por exemplo, $x = -0,1$; $x = -0,01$; $x = -0,001$ etc.), a expressão também fica cada vez mais próxima de e ≅ 2,7183. Calcule você mesmo com o auxílio de uma calculadora científica.

Dizemos então que o limite de $(1 + x)^{\frac{1}{x}}$, quando x tende a zero, é igual ao número *e*. Representamos esse fato por $\lim\limits_{x \to 0} (1 + x)^{\frac{1}{x}} = e$.

A descoberta do número *e* é atribuída a John Napier, em seu trabalho de invenção dos logaritmos, datado de 1614 (veja capítulo seguinte). Nele, Napier introduziu, de forma não explícita, o que hoje conhecemos como número *e*. Um século depois, com o desenvolvimento do cálculo infinitesimal, o número *e* teve sua importância reconhecida. O símbolo *e* foi introduzido por Euler, em 1739.

Muitas calculadoras científicas possuem a tecla e^x colocada, em geral, como segunda função (veja a tecla 2ndF na imagem seguinte; em alguns modelos a segunda função da tecla é acionada por meio da tecla Shift).

Neste modelo, o cálculo de e^x é feito através da segunda função da tecla ln (o significado de ℓn será apresentado no capítulo seguinte).

Deste modo, em geral, não é necessário substituir e por alguma aproximação racional, bastando "entrar com" o expoente x para se conhecer o resultado da potência e^x.

Você pode usar uma calculadora financeira ou científica para calcular o valor de e^x.

Veja:
- Para calcular e^2, pressionamos:

$$2 \to 2ndF \to e^x \to 7{,}389$$

Obtemos 7,389.

- Para calcular e^{10}, pressionamos:

$$10 \to 2ndF \to e^x \to 22\,026{,}46$$

Obtemos 22 026,46.

Em alguns modelos de calculadora, a sequência das "operações" pode ser invertida. Veja o cálculo de e^{10}:

$$2ndF \to e^x \to 10 \to 22\,026{,}46$$

A função $f: \mathbb{R} \to \mathbb{R}_+^*$ definida por $f(x) = e^x$ é a função exponencial de base e, cujo gráfico é dado abaixo:

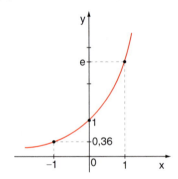

Propriedades

- Na função exponencial cuja lei é $y = a^x$, temos:

$$x = 0 \Rightarrow y = a^0 = 1$$

ou seja, o par ordenado (0, 1) satisfaz a lei $y = a^x$ para todo a ($a > 0$ e $a \neq 1$). Isso quer dizer que o gráfico da função $y = a^x$ corta o eixo dos y no ponto de ordenada 1.

- Se $a > 1$, a função definida por $f(x) = a^x$ é crescente e seu gráfico está representado abaixo:

Dados x_1 e x_2 reais, temos:
$$x_1 < x_2 \Leftrightarrow a^{x_1} < a^{x_2}$$

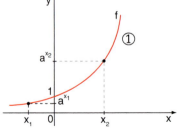

São crescentes, por exemplo, as funções definidas por: $y = 2^x$; $y = 3^x$; $y = e^x$; $y = \left(\dfrac{3}{2}\right)^x$; $y = 10^x$ etc.

- Se $0 < a < 1$, a função definida por $f(x) = a^x$ é decrescente e seu gráfico está representado abaixo:

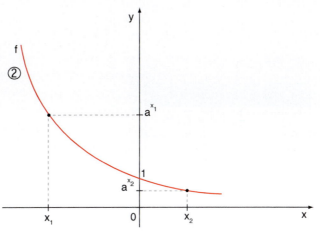

Dados x_1 e x_2 reais, temos:
$$x_1 < x_2 \Leftrightarrow a^{x_1} > a^{x_2}$$

São decrescentes, por exemplo, as funções definidas por: $y = \left(\dfrac{1}{2}\right)^x$; $y = \left(\dfrac{1}{3}\right)^x$; $y = \left(\dfrac{1}{10}\right)^x$; $y = 0{,}2^x$ etc.

- Para todo $a > 0$ e $a \neq 1$, temos:
$$a^{x_1} = a^{x_2} \Leftrightarrow x_1 = x_2,$$ quaisquer que sejam os números reais x_1 e x_2.

- Já vimos que para todo $a > 0$ e todo x real, temos $a^x > 0$; portanto, o gráfico da função definida por $y = a^x$ está sempre acima do eixo dos x.
Se $a > 1$, então a^x aproxima-se de zero quando x assume valores negativos cada vez menores, como em ①.
Se $0 < a < 1$, então a^x aproxima-se de zero quando x assume valores positivos cada vez maiores, como em ②.
Tudo isso pode ser resumido dizendo-se que o conjunto imagem da função exponencial dada por $y = a^x$ é:
$$\text{Im} = \{y \in \mathbb{R} \mid y > 0\} = \mathbb{R}_+^*$$

Observação

Existem outras funções de $\mathbb{R}$ em $\mathbb{R}$ cujas leis apresentam a variável x no expoente de alguma potência (com base positiva e diferente de 1), como:

$$y = 3 \cdot 2^x; \quad y = \dfrac{1}{4} \cdot 10^x; \quad y = 2^{x-1} + 3; \quad y = \left(\dfrac{1}{5}\right)^x - 2; \quad y = 1{,}012^x \cdot 191.$$

Essas funções têm como gráficos curvas exponenciais semelhantes às apresentadas nos exemplos anteriores e também serão tratadas como funções exponenciais.

Vamos construir, como exemplo, o gráfico de $y = \dfrac{1}{6} \cdot 3^x$:

x	y
−3	$\cong 0{,}006$
−2	$\cong 0{,}019$
−1	0,0555…
0	0,166…
1	0,5
2	1,5
3	4,5

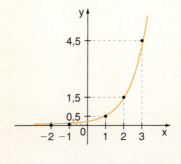

Observe que a função é crescente, seu conjunto imagem é $\mathbb{R}_+^*$ e o seu gráfico é análogo ao gráfico de $y = a^x$, quando $a > 1$.

FUNÇÃO EXPONENCIAL

Gráficos com translação

Vamos construir o gráfico da função cuja lei é y = 2^x + 2.

x	y
−3	$\frac{1}{8} + 2 = 2{,}125$
−2	2,25
−1	2,5
0	3
1	4
2	6
3	10

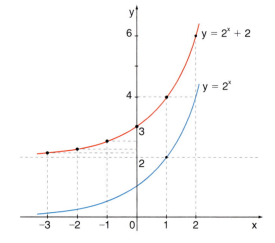

Observe que o gráfico obtido é o gráfico da função dada por y = 2^x "deslocado" duas unidades para cima. Como $\forall x \in \mathbb{R}$, $2^x > 0$, temos que $2^x + 2 > 0 + 2$, isto é, y > 2. Assim, o conjunto imagem dessa função é:

$$\text{Im} = \{y \in \mathbb{R} \mid y > 2\}$$

De modo geral, o gráfico de y = a^x + k, sendo $0 < a \neq 1$ e **k** uma constante real, pode ser obtido a partir do gráfico de y = a^x, deslocando-o **k** unidades para cima ou **k** unidades para baixo, conforme **k** seja positivo ou negativo, respectivamente.

EXERCÍCIOS

28. Construa os gráficos das funções exponenciais definidas pelas leis seguintes, destacando seu conjunto imagem:

a) f(x) = 4^x
b) f(x) = $\left(\frac{1}{3}\right)^x$
c) f(x) = $\frac{1}{4} \cdot 2^x$
d) f(x) = $3 \cdot 2^{-x}$

29. Na figura está representada parte do gráfico de uma função f dada por f(x) = a · 2^x, sendo a uma constante real. Sabendo que f(1) = $\frac{3}{4}$, determine o valor de f(3).

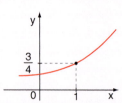

30. Represente, em um mesmo sistema cartesiano, os gráficos das funções f e g, definidas de $\mathbb{R}$ em $\mathbb{R}^*_+$, destacando o ponto de interseção:

a) f(x) = 10^x e g(x) = 10^{-x}
b) f(x) = 2^x e g(x) = $\frac{1}{2} \cdot 4^x$

31. Faça o gráfico de cada uma das funções definidas de $\mathbb{R}$ em $\mathbb{R}$ pelas leis seguintes, destacando a raiz (se houver) e o respectivo conjunto imagem:

a) f(x) = 2^x − 2
b) f(x) = $\left(\frac{1}{2}\right)^x + 1$
c) f(x) = $-4 \cdot \left(\frac{1}{2}\right)^x$
d) f(x) = 3^x + 3

32. O gráfico abaixo representa a função f: $\mathbb{R} \to \mathbb{R}$ cuja lei é f(x) = a + b · 2^x, sendo a e b constantes positivas.

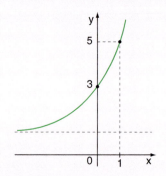

a) Determine a e b.
b) Qual é o conjunto imagem de f?
c) Calcule f(−2).

33. Em uma experiência sobre deterioração de alimentos, constatou-se que a população de certo tipo de bactéria dobrava a cada hora. No instante em que começaram as observações, havia 50 bactérias na amostra.

a) Faça uma tabela para representar a população de bactérias nos seguintes instantes (a partir do início da contagem): 1 hora, 2 horas, 3 horas, 4 horas, 5 horas.

b) Obtenha a lei que relaciona o número de bactérias (n) em função de tempo (t).

34. Em uma região litorânea, a população de uma espécie de algas tem crescido de modo que a área da superfície coberta por elas aumenta 75% a cada ano, em relação à área coberta no ano anterior. Atualmente, a área da superfície coberta pelas algas é de, aproximadamente, 4 000 m². Suponha que esse crescimento seja mantido.

a) Faça uma tabela para representar a área coberta pelas algas daqui a um, dois, três, quatro e cinco anos, contados a partir desta data.

b) Qual é a lei da função que representa a área (y), em m², que a população de algas ocupará daqui a x anos?

c) Esboce o gráfico da função obtida no item b).

35. Os municípios A e B têm, hoje, praticamente o mesmo número de habitantes, estimado em 100 mil pessoas. Estudos demográficos indicam que o município A deva crescer à razão de 25 000 habitantes por ano e o município B, à taxa de 20% ao ano. Mantidas essas condições, classifique em seu caderno como verdadeira (V) ou falsa (F) as afirmações seguintes, corrigindo as falsas.

a) Em dois anos, a população do município B será de 140 mil habitantes.

b) Em três anos, a população do município A será de mais de 180 mil habitantes.

c) Em quatro anos, o município A será mais populoso que o município B.

d) A lei da função que expressa a população (y) do município A daqui a x anos é y = 25 000 x.

e) O esboço do gráfico da função que expressa a população (y) do município B daqui a x anos é dado a seguir:

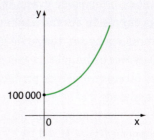

36. Um conjunto de sofás foi comprado por R$ 2 000,00. Com o tempo, por descuido do comprador, o sol foi queimando o tecido do sofá, que perdeu a cor original. Um comerciante do ramo informou ao comprador que em uma situação desse tipo, a cada ano o sofá perde 10% do valor que tinha no ano anterior.

a) Faça uma tabela para representar o valor do sofá depois de 1, 2, 3 e 4 anos da data de sua aquisição.

b) Sabendo que o comprador se informou com o comerciante 7 anos depois da compra, que valor o sofá teria nesta data, segundo o comerciante?

c) Qual é a lei da função que relaciona o valor (y), em reais, do conjunto de sofás e o tempo t, expresso em anos após a sua aquisição?

37. Em uma indústria alimentícia, verificou-se que, após t semanas de experiência e treinamento, um funcionário consegue empacotar p unidades de um determinado produto, a cada hora de trabalho. A lei que relaciona p e t é: p (t) = 55 − 30 · e$^{-0,2t}$ (leia o texto da seção *Aplicações*, página 204).

a) Quantas unidades desse produto o funcionário consegue empacotar sem experiência alguma?

b) Qual é o acréscimo na produção, por hora, que o funcionário experimenta da 1ª para a 2ª semana de experiência? Use a aproximação e^{0,2} = 1,2.

c) Qual é o limite máximo teórico de unidades que um funcionário pode empacotar, por hora?

38. Seja f a função dada pela lei f(x) = 10^x, para todo x ∈ ℝ, e considere a e b números reais quaisquer. Assinale V ou F nas afirmações seguintes corrigindo as falsas.

a) f(2a) = 2 · f(a)

b) f(a + b) = f(a) · f(b)

c) f(a) = f(−a)

FUNÇÃO EXPONENCIAL 203

APLICAÇÕES

Mundo do trabalho e as curvas de aprendizagem

Em vários ramos da atividade humana relacionada ao mundo do trabalho, é possível verificar que, à medida que um trabalhador executa uma tarefa contínua e repetitivamente, sua eficiência de produção aumenta e o tempo de execução se reduz.

As **curvas de aprendizagem** são gráficos de funções que relacionam a eficiência de um trabalhador de acordo com o seu tempo de experiência na execução de uma determinada tarefa.

Gerentes e diretores de várias indústrias e empresas utilizam as curvas de aprendizagem para estimar custos futuros e níveis de produção, além de programar tarefas produtivas, reduzindo perdas decorrentes da inabilidade do trabalhador verificada nos primeiros ciclos de produção.

Existem vários modelos matemáticos que podem representar esta dependência. Um deles é o modelo exponencial $f(t) = M - N \cdot e^{-k \cdot t}$ em que:

- $f(t)$ é a **eficiência do trabalhador** (vamos supor aqui que esta eficiência seja mensurada pela quantidade de peças ou materiais que ele produz);
- t é o tempo de experiência que ele possui na tarefa ($t \geq 0$), expresso em uma certa unidade de medida (dia, mês, semana etc...);
- M, N e k são constantes positivas que dependem da natureza da atividade envolvida;
- e é o número de Euler, apresentado na página 199.

Observe que:

1) $f(0) = M - N \cdot e^0 = M - N$, que representa a quantidade de peças que o trabalhador é capaz de produzir sem experiência alguma.

2) Quando t é suficientemente grande, o termo e^{-kt} fica muito próximo de zero e $f(t)$ assume valores cada vez mais próximos de M (limite teórico máximo da produção).

3) O gráfico dessa função exponencial é:

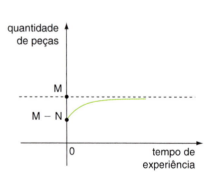

Os custos e a produtividade de uma empresa estão relacionados à eficiência do trabalhador.

Note que, nesse modelo, a partir de certo tempo de experiência, a produtividade do trabalhador praticamente não se altera, tendendo à estabilização.

Referência bibliográfica:
Pedro A. Morettin, Samuel Hazzan e Wilton Bussab. *Cálculo – funções de uma e várias variáveis.* São Paulo: Saraiva, 2003.

EQUAÇÃO EXPONENCIAL

Introdução

O casal Abel (A) e Beatriz (B) queria saber uma maneira de calcular o número de ascendentes que tinham conjuntamente. Primeiro contaram seus pais/mães (2ª geração), num total de 4 pessoas: 2 de (A) e 2 de (B). Depois contaram os avôs/avós (3ª geração) que eram 8: 4 de (A) e 4 de (B). Então construíram o seguinte esquema:

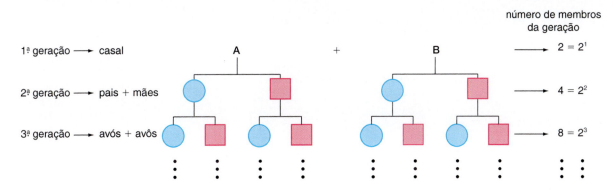

Eles perceberam que, a cada geração anterior, o número de ascendentes dobrava e concluíram que a lei da função que relaciona o número de membros (y) e a geração (x) (x = 1, 2, 3, ...) era: $y = 2^x$.

Em certo momento, Beatriz, que é craque em Matemática, desafiou o marido a responder a pergunta: "Em qual geração o número de ascendentes que tivemos corresponde a 4 096?".

Era preciso determinar x tal que $2^x = 4096$.

Esse é um exemplo de equação exponencial, que vamos estudar agora.

Definição

Uma equação exponencial é aquela que apresenta a incógnita no expoente de pelo menos uma de suas potências.

São exponenciais, por exemplo, as equações $4^x = 8$, $\left(\dfrac{1}{9}\right)^x = 81$ e $9^x - 3^x = 72$.

Um método usado para resolver equações exponenciais consiste em reduzir ambos os membros da equação à potência de mesma base a ($0 < a \neq 1$) e, daí, aplicar a propriedade:

$$a^{x_1} = a^{x_2} \Rightarrow x_1 = x_2$$

Quando isso é possível, a equação exponencial é facilmente resolvida.

Exemplo 5

Vamos retomar o problema sobre o número de ascendentes de Abel e Beatriz.

Para matar a charada que Beatriz propôs, Abel fatorou o número 4 096, obtendo 2^{12}.

Se $2^x = 4096$, temos:

$$2^x = 2^{12} \Rightarrow x = 12$$

4 096 ascendentes corresponde à 12ª geração.

FUNÇÃO EXPONENCIAL

EXERCÍCIOS RESOLVIDOS

5. Resolver as seguintes equações em $\mathbb{R}$:

a) $\left(\dfrac{1}{3}\right)^x = 81$

b) $\left(\sqrt{2}\right)^x = 64$

c) $0,5^{-2x-1} \cdot 4^{3x+1} = 8^{x-1}$

Solução:

a) $\left(\dfrac{1}{3}\right)^x = 81 \Rightarrow (3^{-1})^x = 3^4 \Rightarrow 3^{-x} = 3^4 \Rightarrow x = -4 \Rightarrow S = \{-4\}$

b) $\left(\sqrt{2}\right)^x = 64 \Rightarrow \left(2^{\frac{1}{2}}\right)^x = 2^6 \Rightarrow \dfrac{x}{2} = 6 \Rightarrow x = 12 \Rightarrow S = \{12\}$

c) $0,5 = \dfrac{5}{10} = \dfrac{1}{2} = 2^{-1}$

$(2^{-1})^{-2x-1} \cdot (2^2)^{3x+1} = (2^3)^{x-1}$; é preciso usar propriedades das potências:

$2^{2x+1} \cdot 2^{6x+2} = 2^{3x-3} \Rightarrow 2^{(2x+1)+(6x+2)} = 2^{3x-3} \Rightarrow 2^{8x+3} = 2^{3x-3} \Rightarrow$

$\Rightarrow 8x + 3 = 3x - 3 \Rightarrow x = -\dfrac{6}{5} \Rightarrow S = \left\{-\dfrac{6}{5}\right\}$

6. Resolver, em $\mathbb{R}$, a seguinte equação exponencial: $3^{x+1} - 3^x - 3^{x-1} = 45$.

Solução:

Vamos usar as propriedades das potências. Podemos fazer: $3^x \cdot 3^1 - 3^x - \dfrac{3^x}{3} = 45$.

Colocando 3^x em evidência, temos:

$$3^x \cdot \left(3 - 1 - \dfrac{1}{3}\right) = 45$$

$$3^x \cdot \dfrac{5}{3} = 45 \Rightarrow 3^x = 27 = 3^3 \Rightarrow x = 3 \Rightarrow S = \{3\}$$

7. Resolver a seguinte equação em $\mathbb{R}$: $4^x - 2^x = 12$.

Solução:

Observe inicialmente que $4^x = (2^2)^x = (2^x)^2$; assim, chamando 2^x de y, vem:

$$y^2 - y = 12 \Rightarrow y^2 - y - 12 = 0 \Rightarrow y = 4 \text{ ou } y = -3$$

Como $y = 2^x$, vem:

$$\left.\begin{array}{l} 2^x = 4 \Rightarrow 2^x = 2^2 \Rightarrow x = 2 \\ \text{ou} \\ 2^x = -3 \Rightarrow \nexists x \in \mathbb{R} \end{array}\right\} \Rightarrow S = \{2\}$$

EXERCÍCIOS

39. Resolva, em $\mathbb{R}$, as seguintes equações exponenciais:

a) $3^x = 81$

b) $2^x = 256$

c) $7^x = 7$

d) $\left(\dfrac{1}{2}\right)^x = \left(\dfrac{1}{32}\right)$

e) $5^{x+2} = 125$

f) $10^{3x} = 100\,000$

g) $\left(\dfrac{1}{5}\right)^x = \left(\dfrac{1}{625}\right)$

h) $\left(\dfrac{1}{2}\right)^x = 2$

i) $0,1^x = 0,01$

j) $3^x = -3$

k) $0,4^x = 0$

40. Resolva, em $\mathbb{R}$, as seguintes equações exponenciais:

a) $8^x = 16$

b) $27^x = 9$

c) $4^x = 32$

d) $25^x = 625$

e) $9^x = \dfrac{1}{27}$

f) $4^x = \dfrac{1}{2}$

g) $\left(\dfrac{1}{25}\right)^x = 125$

h) $\left(\dfrac{1}{4}\right)^x = \dfrac{1}{8}$

i) $\left(\dfrac{1}{1\,000}\right)^{2x+1} = \sqrt{10}$

41. Resolva, em $\mathbb{R}$, as seguintes equações exponenciais:

a) $11^{2x^2 - 5x + 2} = 1$

b) $9^{x+1} = \sqrt[3]{3}$

c) $0,8^x = \left(\dfrac{5}{4}\right)$

d) $0,2^{x+1} = \sqrt{125}$

e) $0,25^{x-4} = 0,5^{-2x+1}$

f) $\left(\sqrt[3]{25}\right)^x = \left(\dfrac{1}{125}\right)^{-x+3}$

42. O preço p, em unidades monetárias, de uma ação de uma empresa siderúrgica, comercializada em uma bolsa de valores, oscilou de 1990 a 2010 de acordo com a lei:

$$p(t) = 3,20 \cdot 2^{\frac{t+1}{5}}$$

em que t é o tempo, em anos, contado a partir de 1990.

a) Qual era o valor da ação em 1994? E em 1999?

b) Em que ano a ação passou a valer oito vezes o valor de 1990?

43. Uma maionese mal conservada causou mal-estar nos frequentadores de um clube. Uma investigação revelou a presença da bactéria salmonela, que se multiplica segundo a lei:

$$n(t) = 200 \cdot 2^{at},$$

em que $n(t)$ é o número de bactérias encontradas na amostra de maionese t horas após o início do almoço e a é uma constante real.

a) Determine o número de bactérias no instante em que foi servido o almoço.

b) Sabendo que após 3 horas do início do almoço o número de bactérias era de 800, determine o valor da constante a.

c) Determine o número de bactérias após 12 horas da realização do almoço.

44. Resolva, em $\mathbb{R}$, as seguintes equações exponenciais:

a) $10^x \cdot 10^{x+2} = 1\,000$

b) $2^{4x+1} \cdot 8^{-x+3} = \dfrac{1}{16}$

c) $\left(\dfrac{1}{5}\right)^{3x} : 25^{2+x} = 5$

d) $\left(\dfrac{1}{9}\right)^{x^2-1} \cdot 27^{1-x} = 3^{2x+7}$

e) $\left(\sqrt{6}\right)^x : \left(\sqrt[3]{36}\right)^{x-1} = 1$

f) $\left(\sqrt{10}\right)^x \cdot (0,01)^{4x-1} = \dfrac{1}{1\,000}$

45. Resolva, em $\mathbb{R}$, as equações seguintes:

a) $2^{x+2} - 3 \cdot 2^{x-1} = 20$

b) $5^{x+3} - 5^{x+2} - 11 \cdot 5^x = 89$

c) $4^{x+1} + 4^{x+2} - 4^{x-1} - 4^{x-2} = 315$

d) $2^x + 2^{x+1} + 2^{x+2} + 2^{x+3} = \dfrac{15}{2}$

46. Com a seca, estima-se que o nível de água (em metros) em um reservatório, daqui a t meses, seja $n(t) = 3,7 \cdot 4^{-0,2t}$

Qual é o tempo necessário para que o nível de água se reduza à oitava parte do nível atual?

47. Resolva os seguintes sistemas:

a) $\begin{cases} \left(\dfrac{1}{2}\right)^{x+2y} = 8 \\ \dfrac{1}{3} = 3^{x+y} \end{cases}$

b) $\begin{cases} \left(\sqrt{7}\right)^x = 49^{y-2x} \\ 2^{y-x} = 1\,024 \end{cases}$

c) $\begin{cases} 100^x \cdot \sqrt{10^y} = 10 \\ 0,1^x \cdot 0,01^{\frac{y}{2}} = 0,01 \end{cases}$

48. As leis seguintes representam as estimativas de valores (em milhares de reais) de dois apartamentos A e B (adquiridos na mesma data), decorridos t anos da data da compra.

apartamento A: $v = 2^{t+1} + 120$

apartamento B: $v = 6 \cdot 2^{t-2} + 248$

a) Por quais valores foram adquiridos os apartamentos A e B, respectivamente?

b) Passados quatro anos da compra, qual deles estará valendo mais?

c) Qual é o tempo necessário (a partir da data de aquisição) para que ambos tenham iguais valores?

49. Na lei $n(t) = 15\,000 \cdot \left(\dfrac{3}{2}\right)^{t+k}$, em que k é uma constante real, $n(t)$ representa a população que um pequeno município terá daqui a t anos, contados a partir de hoje. Sabendo que a população atual do município é de 10 000 habitantes, determine:

a) o valor de k;

b) a população do município daqui a 3 anos.

50. Resolva, em $\mathbb{R}$, as equações seguintes:

a) $\dfrac{100^x - 1}{10^x + 1} = 9$

b) $25^x - 23 \cdot 5^x = 50$

c) $49^x - 42 = 7^x$

d) $4^{x+1} - 33 \cdot 2^x + 8 = 0$

e) $0,25^{1-x} + 0,5^{-x-2} - 5 \cdot (0,5)^{1-x} = 28$

51. A população de insetos em uma região tem crescido à taxa de 200% ao mês, devido a problemas na coleta do lixo. A população atual é estimada em A elementos. Se nenhuma providência for tomada e a taxa se mantiver neste patamar, daqui a quanto tempo haverá $243 \cdot A$ insetos? (Sugestão: veja o exemplo da introdução do capítulo, página 187.)

Aplicações

Meia-vida, radioatividade e medicamentos

Radioatividade e Matemática

Os átomos radioativos estão presentes no meio ambiente (atmosfera, rochas, cavidades subterrâneas, hidrosfera etc.), alimentos e seres vivos.

Nas rochas encontramos urânio-238, tório-232 e rádio-228

No sangue e ossos de humanos e animais há carbono-14, potássio-40 e rádio-228

Árvores e demais plantas, incluindo vegetais, contêm carbono-14 e potássio-40

Decaimento radioativo

O núcleo de um átomo com excesso de energia tende a se estabilizar emitindo um grupo de partículas (radiação alfa ou beta) ou ondas eletromagnéticas (radiações gama). Em cada emissão de uma das partículas, há variação do número de prótons e nêutrons no núcleo e, deste modo, um elemento químico se transforma em outro. O processo pelo qual se dá a emissão dessas partículas é chamado de **decaimento radioativo**.

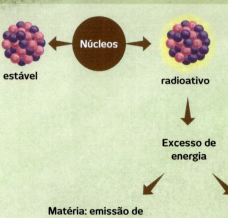

Meia-vida

Considerando uma grande quantidade de átomos de um mesmo elemento químico radioativo, espera-se certo número de emissões por unidade de tempo. Essa "taxa de emissões" é a atividade da amostra.

Cada elemento radioativo se transmuta (desintegra) a uma velocidade que lhe é característica. **Meia-vida** é o intervalo de tempo necessário para que a sua atividade radioativa seja reduzida à metade da atividade inicial.

Após o primeiro período de meia-vida, a atividade da amostra se reduz à metade da atividade inicial, passado o segundo período, a atividade se reduz a $\frac{1}{4}$ da atividade inicial e assim por diante, como mostra o gráfico abaixo.

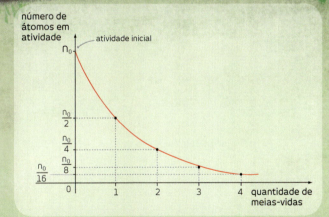

Exemplos de elementos radioativos

A Lei que define essa função exponencial é $n(x) = \frac{n_0}{2^x}$, sendo x a quantidade de meias-vidas, n_0 o número de átomos correspondente à atividade inicial e $n(x)$ o número de átomos em atividade após x meias-vidas.

Exemplo de meia-vida:

O iodo-131 é um elemento químico radioativo, usado na Medicina Nuclear, em exames e tratamentos de tireoide, e tem meia-vida de 8 dias. Isso significa que, em 8 dias, metade dos átomos deixarão de emitir radiação.

Símbolo internacional de alerta para radioatividade.

Referências bibliográficas:

www.cnen.gov.br/ensino/apostilas/PIC.pdf

www.ird.gov.br

Acesso em: 23 jul. 2014.

FUNÇÃO EXPONENCIAL

Os medicamentos e a Matemática

Amoxicilina é um conhecido antibiótico usado no tratamento de infecções não complicadas, amplamente receitado por médicos no Brasil.

A bula da amoxicilina, como a de todos os medicamentos, contém, entre outros tópicos, a composição, informações ao paciente, informações técnicas e posologia.

> **INFORMAÇÕES TÉCNICAS**
> **Características:**
> O produto contém como princípio ativo a amoxicilina, quimicamente a D-(-)-alfa-amino p. hidroxibenzil penicilina, uma penicilina semissintética de amplo espectro de ação, derivada do núcleo básico da penicilina, o ácido 6-amino-penicilânico. Seu nível máximo ocorre uma hora após a administração oral, tem baixa ligação proteica e pode ser administrado com as refeições, por ser estável em presença do ácido clorídrico do suco gástrico.
> A amoxicilina é bem absorvida tanto pela via entérica como pela parenteral.
> A meia-vida da amoxicilina após a administração do produto é de 1,3 hora.
> A amoxicilina não tem ligações proteicas em grande número, aproximadamente 20%. Espalha-se rapidamente nos tecidos e fluidos do corpo.

O que significa a informação destacada na bula?

A cada período de 1,3 hora ou 1 hora e 18 minutos (para facilitar vamos considerar 1 hora e 20 minutos), a quantidade de amoxicilina no organismo decresce em 50% do valor que tinha no início do período.

Considerando que uma cápsula ingerida por um adulto contém 500 mg de amoxicilina, no gráfico abaixo estão representadas as quantidades desse fármaco no organismo, de acordo com o tempo decorrido após a ingestão.

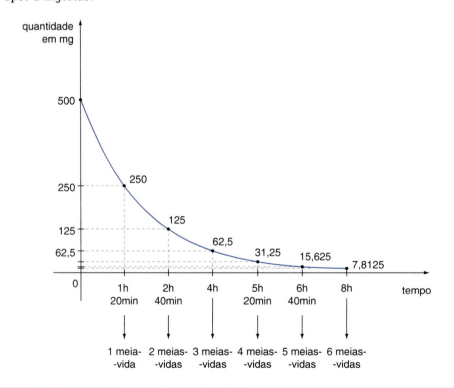

O tempo de meia-vida é um importante parâmetro para médicos e também para a indústria farmacêutica. O conhecimento da meia-vida dos medicamentos possibilita uma estimativa da velocidade com que o processo ocorre, originando informações importantes para a interpretação dos efeitos terapêuticos, da duração do efeito farmacológico e do regime posológico adequado.

POSOLOGIA
Cápsula:

ADULTOS
1 cápsula de amoxicilina 500 mg de 8 em 8 horas.

A posologia deve ser aumentada, a critério médico, nos casos de infecções graves.

A absorção de amoxicilina não é afetada pela alimentação; portanto, a amoxicilina pode ser administrada às refeições.

Para um eficaz tratamento de doenças, é fundamental seguir as prescrições do médico. O uso indiscriminado de medicamentos pode prejudicar a saúde.

O gráfico da página anterior mostra que, decorridas 8 horas da ingestão de uma cápsula, a concentração de amoxicilina no organismo é de apenas 7,8125 mg. Comparando-se com a quantidade inicialmente ingerida, obtemos $\frac{7,8125 \text{ mg}}{500 \text{ mg}} = 0,015625$; ou seja, depois de 8 horas, a quantidade de amoxicilina é de cerca de 1,5% da quantidade ingerida. A ingestão de uma nova cápsula possibilita a continuidade do tratamento e mostra a necessidade de o paciente seguir, rigorosamente, o intervalo de tempo prescrito.

Referências bibliográficas:
- www.farmacia.ufmg.br/cespmed/text7.htm.
- www.bulas.med.br (Acesso em: jul. 2014)

FUNÇÃO EXPONENCIAL

INEQUAÇÕES EXPONENCIAIS

Uma inequação exponencial é aquela que apresenta incógnita no expoente de pelo menos uma de suas potências.

São exponenciais, por exemplo, as inequações $4^x < 8$, $\left(\dfrac{1}{9}\right)^x \geq 81$, $2^{x+1} > \dfrac{1}{8}$, etc.

Um método usado para resolver inequações exponenciais consiste em reduzir ambos os membros da inequação à potência de mesma base a ($0 < a \neq 1$), e daí aplicar a propriedade:

- Se $a > 1$ (função crescente)

- Se $0 < a < 1$ (função decrescente)

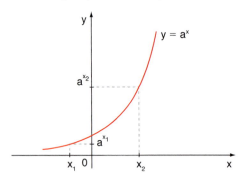

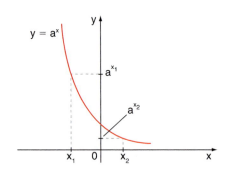

$x_1 < x_2 \Leftrightarrow a^{x_1} < a^{x_2}$

$x_1 < x_2 \Leftrightarrow a^{x_1} > a^{x_2}$

O sentido da desigualdade se mantém.

O sentido da desigualdade se inverte.

Assim, por exemplo, para resolver em $\mathbb{R}$ a inequação $2^x > 64$, reduzimos os dois membros à mesma base:

$$2^x > 2^6$$

e, como a base é maior que 1, temos:

$$x > 6$$

$$S = \{x \in \mathbb{R} \mid x > 6\}$$

Já para resolver, em $\mathbb{R}$, a inequação $0{,}3^{2x+3} > 1$, fazemos: $0{,}3^{2x+3} > 0{,}3^0$ e, como a base está entre 0 e 1, temos:

$$2x + 3 < 0 \Rightarrow x < -\dfrac{3}{2}$$

$$S = \left\{x \in \mathbb{R} \mid x < -\dfrac{3}{2}\right\}$$

EXERCÍCIO RESOLVIDO

8. Resolver, em $\mathbb{R}$, a inequação $6^{x^2+x} > 36$.

Solução:

Como $36 = 6^2$, temos:

$$\underbrace{6^{x^2+x} > 6^2}_{\text{base maior que 1}} \Rightarrow x^2 + x > 2 \Rightarrow x^2 + x - 2 > 0 \text{ (trata-se de uma inequação de 2º grau)}$$

As raízes da função definida por $y = x^2 + x - 2$ são -2 e 1, e seu sinal é dado abaixo:

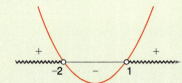

Como queremos $y > 0$ vem:

$S = \{x \in \mathbb{R} \mid x < -2 \text{ ou } x > 1\}$

EXERCÍCIOS

52. Resolva, em $\mathbb{R}$, as seguintes inequações exponenciais:

a) $2^x \geq 128$

b) $3^x < 27$

c) $\left(\dfrac{1}{3}\right)^x < \left(\dfrac{1}{3}\right)^2$

d) $\dfrac{1}{25} \leq \left(\dfrac{1}{5}\right)^x$

53. Resolva, em $\mathbb{R}$, as seguintes inequações exponenciais:

a) $6^{x-2} \geq \dfrac{1}{36}$

b) $\left(\dfrac{1}{5}\right)^{3x-2} > 1$

c) $(\sqrt{2})^x \leq \dfrac{1}{16}$

d) $(0{,}01)^x > \sqrt{10}$

54. Resolva, em $\mathbb{R}$, as seguintes desigualdades:

a) $3^x - (\sqrt{3})^x \geq 0$

b) $4^{-x+3} > -2$

c) $4^{x^2 - 3x} > \dfrac{1}{16}$

d) $\left(\dfrac{1}{9}\right)^{x-3} < \left(\dfrac{1}{27}\right)^{x^2 - 2}$

55. A população de peixes em um lago está diminuindo devido à contaminação da água por resíduos industriais.

A lei $n(t) = 5\,000 - 10 \cdot 2^{t-1}$ fornece uma estimativa do número de espécies vivas (n(t)) em função do número de anos (t) transcorridos após a instalação do parque industrial na região.

a) Estime a quantidade de peixes que viviam no lago no ano da instalação do parque industrial.

b) Algum tempo após as indústrias começarem a operar, constatou-se que havia no lago menos de 4 920 peixes. Para que valores de t vale essa condição?

c) Uma ONG divulgou que, se nenhuma providência for tomada, em uma década (a partir do início das operações) não haverá mais peixes no lago. Tal afirmação procede?

56. A lei seguinte permite estimar a depreciação de um equipamento industrial:

$$v(t) = 5\,000 \cdot 4^{-0{,}02t}$$

em que $v(t)$ é o valor (em reais) do equipamento t anos após sua aquisição.

a) Por qual valor esse equipamento foi adquirido?

b) Para que valores de t o equipamento vale menos que R$ 2 500,00?

c) Faça um esboço do gráfico da função que relaciona v e t.

57. Obtenha o domínio de cada função dada por:

a) $y = \sqrt{3^x - 1}$

b) $y = \sqrt{e^x}$

c) $y = \dfrac{x + 3}{\sqrt{\left(\dfrac{1}{2}\right)^x - 4}}$

58. Resolva, em $\mathbb{R}$, as inequações:

a) $4^x + 16 > 10 \cdot 2^x$

b) $9^{x+1} - 8 \cdot 3^x - 1 \geq 0$

DESAFIO

Quatro participantes de uma gincana precisam cruzar uma pinguela sobre um desfiladeiro à noite. Ela suporta no máximo duas pessoas e existe apenas uma lanterna, sem a qual nada se enxerga. O desfiladeiro é largo demais para que alguém se arrisque a jogar a lanterna. Não são permitidas travessias pela metade. Cada membro do grupo atravessa a ponte em uma velocidade. Os tempos de travessia são:

Participante 1: **1 minuto**

Participante 2: **2 minutos**

Participante 3: **5 minutos**

Participante 4: **10 minutos**

Se duas pessoas atravessam juntas, vale a velocidade da mais lenta. Qual é o tempo mínimo para que o grupo realize a travessia?

EXERCÍCIOS COMPLEMENTARES

1. Um determinado equipamento eletrônico perde $\frac{1}{10}$ de seu valor a cada 3 anos. Sabendo que esse equipamento foi adquirido por R$ 6 000,00, determine:
a) seu valor após 9 anos;
b) a lei da função que relaciona o valor (v) desse equipamento com o tempo (t), anos após a sua aquisição;
c) o valor do equipamento 2 anos após a sua aquisição. Use as aproximações $\sqrt[3]{3} = 1,4$ e $\sqrt[3]{100} = 4,5$.

2. (Vunesp-SP) Dado o sistema de equações em $\mathbb{R} \times \mathbb{R}$:
$$\begin{cases} (4^x)^y = 16 \quad \text{①} \\ 4^x \cdot 4^y = 64 \quad \text{②} \end{cases}$$
a) Encontre o conjunto verdade [solução];
b) Faça o quociente da equação ② pela equação ① e resolva a equação resultante para encontrar uma solução numérica para y, supondo $x \neq 1$.

3. (UFF-RJ) O gráfico da função exponencial f, definida por $f(x) = k \cdot a^x$, foi construído utilizando-se o programa de geometria dinâmica gratuito GeoGebra (http://www.geogebra.org), conforme mostra a figura a seguir:

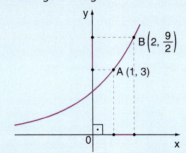

Sabe-se que os pontos A e B, indicados na figura, pertencem ao gráfico de f. Determine:
a) os valores das constantes a e k;
b) f(0) e f(3).

4. Ao lado estão representados os gráficos de duas funções f e g, de $\mathbb{R}$ em $\mathbb{R}$, definidas por $f(x) = 1 + 2^x$ e $g(x) = \left(\frac{1}{2}\right)^x + k$, sendo k uma constante real.
a) Associe cada função ao seu respectivo gráfico.
b) Sabendo que os gráficos de f e g se interceptam em um ponto de abscissa igual a $\frac{1}{2}$, determine o valor de k.
c) Determine $a \in \mathbb{R}$ para o qual vale:
$$f(a + 1) + \frac{\sqrt{2}}{2} = g(2a)$$

5. Sob efeito de um medicamento, a concentração de uma substância no sangue de um mamífero dobra a cada 40 minutos. Sabendo que no instante da ingestão desse medicamento a concentração da substância era de 0,4 mg/mℓ de sangue, determine:
a) a concentração da substância duas horas após a aplicação do medicamento;
b) a lei da função que expressa a concentração c (em mg/ℓ) da substância de acordo com o tempo t (em horas) transcorrido após a aplicação do medicamento;
c) o tempo necessário para que a concentração da substância seja 102,4 mg/ℓ.

6. Resolva, em $\mathbb{R}$, as equações:
a) $\dfrac{3^x + 3^{-x}}{3^x - 3^{-x}} = 2$
b) $4^x + 6^x = 2 \cdot 9^x$
c) $16^{2x+3} - 16^{2x+1} = 2^{8x+12} - 2^{6x+5}$

7. (Unifesp-SP) A figura 1 representa um cabo de aço preso nas extremidades de duas hastes de mesma altura h em relação a uma plataforma horizontal. A representação dessa situação num sistema de eixos ortogonais supõe a plataforma de fixação das hastes sobre o eixo das abscissas; as bases das hastes como dois pontos, A e B; e considera o ponto O, origem do sistema, como o ponto médio entre essas duas bases (figura 2). O comportamento do cabo é descrito matematicamente pela função $f(x) = 2^x + \left(\frac{1}{2}\right)^x$, com domínio [A, B].

figura 1

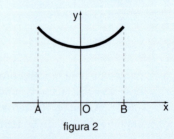

figura 2

a) Nessas condições, qual a menor distância entre o cabo e a plataforma de apoio?
b) Considerando as hastes com 2,5 m de altura, qual deve ser a distância entre elas, se o comportamento do cabo seguir precisamente a função dada?

8. (UF-PE) Diferentes quantidades de fertilizantes são aplicadas em plantações de cereais com o mesmo número de plantas, e é medido o peso do cereal colhido em cada plantação. Se x kg de fertilizantes são aplicados em uma plantação onde foram colhidas y toneladas (denotadas por t) de cereais, então, admita que estes valores estejam relacionados por $y = k \cdot x^r$, com k e r constantes. Se, para $x = 1$ kg, temos $y = 0,2$ t e, para $x = 32$ kg, temos $y = 0,8t$, encontre o valor de x, em kg, quando $y = 1,8t$ e assinale a soma dos seus dígitos.

9. Resolva, em $\mathbb{R}$, as inequações:

a) $\dfrac{2^x + 1}{1 - x^2} \leq 0$

c) $2^{\frac{1}{x}} < 4 \cdot 4^{\frac{x}{2(x-1)}}$

b) $2^x - 1 > 2^{1-x}$

10. (U.F. Uberlândia-MG) Na elaboração de políticas públicas que estejam em conformidade com a legislação urbanística de uso e ocupação do solo em regiões metropolitanas, é fundamental o conhecimento de leis descritivas do crescimento populacional urbano.

Suponha que a lei dada pela função $p(t) = 0,5 \cdot (2^{kt})$ expresse um modelo representativo da população de uma cidade (em milhões de habitantes) ao longo do tempo t (em anos), contados a partir de 1970, isto é, $t = 0$ corresponde ao ano de 1970, sendo k uma constante real.

Sabendo que a população dessa cidade em 2000 era de 1 milhão de habitantes:

a) extraia do texto dado uma relação de forma a obter o valor de k;

b) segundo o modelo de evolução populacional dado, descreva e execute um plano de resolução que possibilite estimar em qual ano a população desta cidade atingirá 16 milhões de habitantes.

11. Seja $f : \mathbb{R} \to \mathbb{R}$ definida por $f(x) = \left(\dfrac{1}{3}\right)^{-x^2 + 2x - 5}$.

Qual é o valor mínimo que f assume?

12. Discuta, em função de t, o número de raízes da equação (na incógnita x) $2^x + 2^{-x} = t$.

13. (UF-GO) A teoria da cronologia do carbono, utilizada para determinar a idade de fósseis, baseia-se no fato de que o isótopo do carbono-14 (C-14) é produzido na atmosfera pela ação de radiações cósmicas no nitrogênio e que a quantidade de C-14 na atmosfera é a mesma que está presente nos organismos vivos. Quando um organismo morre, a absorção de C-14, através da respiração ou alimentação, cessa, e a quantidade de C-14 presente no fóssil é dada pela função $C(t) = C_0 \cdot 10^{nt}$, onde t é dado em anos a partir da morte do organismo, C_0 é a quantidade de C-14 para $t = 0$ e n é uma constante. Sabe-se que 5 600 anos após a morte, a quantidade de C-14 presente no organismo é a metade da quantidade inicial (quando $t = 0$).

No momento em que um fóssil foi descoberto, a quantidade de C-14 medida foi de $\dfrac{C_0}{32}$. Tendo em vista estas informações, calcule a idade do fóssil no momento em que ele foi descoberto.

14. (FGV-SP) Um televisor com DVD embutido desvaloriza-se exponencialmente em função do tempo, de modo que o valor, daqui a t anos, será: $y = a \cdot b^t$, com $a > 0$ e $b > 0$.

Se um televisor novo custa R$ 4 000,00 e valerá 25% a menos daqui a 1 ano, qual será o seu valor daqui a 2 anos?

15. Sem usar a calculadora determine o que é maior:

$$\left(\frac{1}{2}\right)^{\frac{1}{\pi}} \text{ ou } \left(\frac{1}{2}\right)^{\frac{1}{3}}$$

16. Qual é o maior inteiro que satisfaz a inequação:

$2^{2x+2} - 0,75 \cdot 2^{x+2} < 1$

17. Sendo $a > 0$ e $b > 0$, simplifique a expressão:

$$\frac{b-a}{a+b} \cdot \left[a^{\frac{1}{2}} \cdot \left(a^{\frac{1}{2}} - b^{\frac{1}{2}} \right)^{-1} - \left(\frac{a^{\frac{1}{2}} + b^{\frac{1}{2}}}{b^{\frac{1}{2}}} \right)^{-1} \right]$$

18. Resolva, em $\mathbb{R}$, as equações:

a) $\dfrac{10^x + 5^x}{20^x} = 6$

b) $\dfrac{10^x + 20^x}{1 + 2^x} = 100$

19. (UF-BA) A temperatura $Y(t)$ de um corpo – em função de tempo $t \geq 0$, dado em minutos – varia de acordo com a expressão $Y(t) = Y_a + Be^{kt}$, sendo Y_a temperatura do meio em que se encontra o corpo e B e k constantes.

Suponha que, no instante $t = 0$, um corpo, com uma temperatura de 75 °C, é imerso em água, que é mantida a uma temperatura de 25 °C. Sabendo que, depois de 1 minuto, a temperatura do corpo é de 50 °C, calcule o tempo para que, depois de imerso na água, a temperatura do corpo seja igual a 37,5 °C.

20. (U.E. Londrina-PR) A espessura da camada de creme formada sobre um café expresso na xícara, servido na cafeteria A, no decorrer do tempo, é descrita pela função $E(t) = a2^{bt}$, onde $t \geq 0$ é o tempo (em segundos) e a e b são números reais. Sabendo que inicialmente a espessura do creme é de 6 milímetros e que, depois de 5 segundos, se reduziu em 50%, qual a espessura depois de 10 segundos?

Apresente os cálculos realizados na resolução da questão.

21. Um trabalhador aplicou R$ 1 000,00 em uma caderneta de poupança. Vamos admitir que a taxa de rendimento anual da poupança seja constante e igual a 6% ao ano.

FUNÇÃO EXPONENCIAL   215

a) Qual é a lei que representa o valor (v) acumulado (valor investido + juros) dessa poupança após *n* anos da aplicação inicial?

b) Qual será o valor acumulado após 7 anos da aplicação inicial?

c) Qual será o total de juros acumulados após 10 anos da aplicação inicial?

d) Qual será o valor acumulado após 25 anos da aplicação inicial?

Use as aproximações: $\sqrt{5} = \dfrac{9}{4}$ e

x	2	3	4	10
$1{,}06^x$	1,1	1,2	1,25	1,8

22. (UF-RJ) Considere o programa representado pelo seguinte fluxograma:

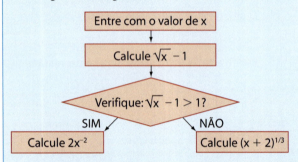

a) Determine os valores reais de *x* para os quais é possível executar esse programa.

b) Aplique o programa para x = 0, x = 4 e x = 9.

23. Faça o que é pedido em cada item.

a) Sabendo que $x + \dfrac{1}{x} = t$, determine, em função de *t*, o valor de $x^2 + \dfrac{1}{x^2}$.

b) Resolva, em $\mathbb{R}$, a equação: $3^{x^2 + \frac{1}{x^2}} = \dfrac{81}{3^{x + \frac{1}{x}}}$.

24. (UF-PE) Em uma aula de Biologia, os alunos devem observar uma cultura de bactérias por um intervalo de tempo e informar o quociente entre a população final e a população inicial. Antônio observa a cultura de bactérias por 10 minutos e informa um valor Q. Iniciando a observação no mesmo instante que Antônio, Beatriz deve dar sua informação após 1 hora, mas, sabendo que a população de bactérias obedece à equação $P(t) = P_0 \cdot e^{kt}$, Beatriz deduz que encontrará uma potência do valor informado por Antônio. Qual é o expoente dessa potência?

25. (UE-RJ) Um imóvel perde 36% do valor de venda a cada dois anos. O valor V(t) desse imóvel em *t* anos pode ser obtido por meio da fórmula a seguir, na qual V_0 corresponde ao seu valor atual.

$V(t) = V_0 \cdot (0{,}64)^{\frac{t}{2}}$

Admitindo que o valor de venda atual do imóvel seja igual a 50 mil reais, calcule seu valor de venda daqui a três anos.

26. (UF-BA) O gráfico representa uma projeção do valor de mercado, v(t), de um imóvel, em função do tempo *t*, contado a partir da data de conclusão de sua construção, considerada como a data inicial t = 0. O valor v(t) é expresso em milhares de reais, e o tempo *t*, em anos. Com base nesse gráfico, sobre o valor de mercado projetado v(t), pode-se afirmar:

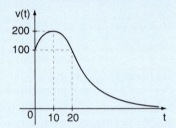

(01) Aos dez anos de construído, o imóvel terá valor máximo.

(02) No vigésimo quinto ano de construído, o imóvel terá um valor maior que o inicial.

(04) Em alguma data, o valor do imóvel corresponderá a 37,5% do seu valor inicial.

(08) Ao completar vinte anos de construído, o imóvel voltará a ter o mesmo valor inicial.

(16) Se $v(t) = 200 \cdot 2^{-\frac{(t-10)^2}{100}}$, então, ao completar trinta anos de construído, o valor do imóvel será igual a um oitavo do seu valor inicial.

Dê como resposta certa a soma dos números dos itens escolhidos.

27. (UF-SE) Um atropelamento foi presenciado por $\dfrac{1}{5}$ da população P de um vilarejo e, 2 horas após esse momento, $\dfrac{1}{3}$ da população já sabia do ocorrido. Suponha que a função *f*, definida por $f(t) = \dfrac{P}{1 + k \cdot 2^{-A \cdot t}}$, com *k* e A constantes reais, fornece o número de pessoas que estavam sabendo desse fato, *t* horas após o acontecimento. Analise a veracidade das afirmações abaixo.

(0-0) O valor da constante *k* é 5.

(1-1) O valor da constante A é 2.

(2-2) Se P = 300 habitantes, então, após 4 horas do ocorrido, um total de 150 pessoas estavam sabendo do atropelamento.

(3-3) O tempo necessário para que $\dfrac{2}{3}$ da população soubesse dessa notícia foi 6 horas.

(4-4) Em 10 horas, toda a população do vilarejo estava a par desse fato.

28. (UF-PR) Um grupo de cientistas decidiu utilizar o seguinte modelo logístico, bastante conhecido por matemáticos e biólogos, para estimar o número de pássaros, P(t), de determinada espécie numa área de proteção ambiental: $P(t) = \dfrac{500}{1 + 2^{2-t}}$, sendo t o tempo em anos e $t = 0$ o momento em que o estudo foi iniciado.

a) Em quanto tempo a população chegará a 400 indivíduos?

b) À medida que o tempo t aumenta, o número de pássaros dessa espécie se aproxima de qual valor? Justifique sua resposta.

29. (UF-SC) Você sabe por que as folhas que utilizamos para impressão são chamadas A4? Esta denominação está formalizada na norma ISO 216 da *International Organization for Standartization*. Pela norma, a série de formatos básicos de papel começa no A0, o maior, e decresce até o A10. Os formatos são construídos de maneira a obter o formato de número superior dobrando ao meio uma folha, na sua maior dimensão. Por exemplo, dobrando-se o A3 ao meio, obtém-se o A4. Em todos os formatos, a proporção entre as medidas dos lados se mantém. Sabe-se que o formato inicial A0 tem 1 m² de área.

Com estas informações, responda às perguntas a seguir, apresentando os cálculos.

a) Qual é a razão entre a medida do lado maior e a medida do lado menor, em qualquer formato de folha? Expresse o resultado usando radicais.

b) Quais são as dimensões do formato A0? Efetue as operações e expresse o resultado usando radicais.

c) A gramatura do papel exprime o peso, em gramas, de uma folha com 1 m². Sabendo que a gramatura do A0 é 75 gramas por metro quadrado, qual é o peso exato, em gramas, de uma resma (500 folhas) de papel A4?

30. (UE-RJ) Considere uma folha de papel retangular que foi dobrada ao meio, resultando em duas partes, cada uma com metade da área inicial da folha, conforme as ilustrações.

Esse procedimento de dobradura pode ser repetido n vezes, até resultar em partes com áreas inferiores a 0,0001% da área inicial da folha.

Calcule o menor valor de n. Se necessário, utilize em seus cálculos os dados da tabela.

x	9	10	11	12
2^x	$10^{2,70}$	$10^{3,01}$	$10^{3,32}$	$10^{3,63}$

31. (UF-MG) Um grupo de animais de certa espécie está sendo estudado por veterinários. A cada seis meses, esses animais são submetidos a procedimentos de morfometria e, para tanto, são sedados com certa droga.

A quantidade mínima da droga que deve permanecer na corrente sanguínea de cada um desses animais, para mantê-los sedados, é de 20 mg por quilograma de peso corporal. Além disso, a meia-vida da droga usada é de 1 hora – isto é, a cada 60 minutos, a quantidade da droga presente na corrente sanguínea de um animal reduz-se à metade.

Sabe-se que a quantidade q(t) da droga presente na corrente sanguínea de cada animal, t minutos após um dado instante inicial, é dada por $q(t) = q_0 \cdot 2^{-kt}$, em que:

- q_0 é a quantidade de droga presente na corrente sanguínea de cada animal no instante inicial; e
- k é uma constante característica da droga e da espécie.

Considere que um dos animais em estudo, que pesa 10 quilogramas, recebe uma dose inicial de 300 mg da droga e que, após 30 minutos, deve receber uma segunda dose.

Suponha que, antes dessa dose inicial, não havia qualquer quantidade da droga no organismo do mesmo animal.

Com base nessas informações,

a) calcule a quantidade da droga presente no organismo desse animal imediatamente antes de se aplicar a segunda dose;

b) calcule a quantidade mínima da droga que esse animal deve receber, como segunda dose, a fim de ele permanecer sedado por, pelo menos, mais 30 minutos.

32. Resolva em $\mathbb{R}$ a equação:
$(5^x + 5^{x-1}) \cdot (2^x - 2^{x-1}) = 6\,000$.

33. (Unicamp-SP) O processo de resfriamento de um determinado corpo é descrito por: $T(t) = T_A + \alpha \cdot 3^{\beta t}$, onde T(t) é a temperatura do corpo, em graus Celsius, no instante t, dado em minutos, T_A é a temperatura ambiente, suposta constante, e α e β são constantes. O referido corpo foi colocado em um congelador com temperatura de −18 °C. Um termômetro no corpo indicou que ele atingiu 0 °C após 90 minutos e chegou a −16 °C após 270 minutos.

a) Encontre os valores numéricos das constantes α e β.

b) Determine o valor de t para o qual a temperatura do corpo no congelador é apenas $\left(\dfrac{2}{3}\right)$ °C superior à temperatura ambiente.

TESTES

1. (UF-CE) O expoente do número 3 na decomposição por fatores primos positivos do número natural $10^{63} - 10^{61}$ é igual a:
   a) 6
   b) 5
   c) 4
   d) 3
   e) 2

2. (UTF-PR) O valor numérico da expressão $\dfrac{\left(36^{\frac{1}{2}} - 8^{\frac{1}{3}} + 625^{\frac{1}{4}}\right)}{(-0,5)^{-2}}$ representa um número:
   a) racional positivo.
   b) racional negativo.
   c) inteiro positivo.
   d) irracional negativo.
   e) irracional positivo.

3. (PUC-RJ) O valor da expressão $5\,100 \cdot 10^{-5} + 3 \cdot 10^{-4}$ é igual a:
   a) 0,0513
   b) 5,13
   c) 0,5103
   d) 3,51
   e) 540 000

4. (UF-RS) Um adulto humano saudável abriga cerca de 100 bilhões de bactérias, somente em seu trato digestivo.
   Esse número de bactérias pode ser escrito como
   a) 10^9
   b) 10^{10}
   c) 10^{11}
   d) 10^{12}
   e) 10^{13}

5. (IF-CE) Simplificando a expressão $\left(4^{\frac{3}{2}} + 8^{\frac{-2}{3}} - 2^{-2}\right) : 0,75$, obtemos
   a) $\dfrac{8}{25}$
   b) $\dfrac{16}{25}$
   c) $\dfrac{16}{3}$
   d) $\dfrac{21}{2}$
   e) $\dfrac{32}{3}$

6. (PUC-RJ) A equação $2^{x^2 - 14} = \dfrac{1}{1\,024}$ tem duas soluções reais. A soma das duas soluções é:
   a) −5
   b) 0
   c) 2
   d) 14
   e) 1 024

7. (Cefet-MG) O valor da expressão $\sqrt[n]{\dfrac{72}{9^{n+2} - 3^{2n+2}}}$ é
   a) 3^{-2}
   b) 3^{-1}
   c) 3
   d) 3^2

8. (Enem-MEC) Dentre outros objetos de pesquisa, a Alometria estuda a relação entre medidas de diferentes partes do corpo humano. Por exemplo, segundo a Alometria, a área A da superfície corporal de uma pessoa relaciona-se com a sua massa m pela fórmula $A = k \cdot m^{\frac{2}{3}}$, em que k é uma constante positiva.
   Se no período que vai da infância até a maioridade de um indivíduo sua massa é multiplicada por 8, por quanto será multiplicada a área da superfície corporal?
   a) $\sqrt[3]{16}$
   b) 4
   c) $\sqrt{24}$
   d) 8
   e) 64

9. (Unicamp-SP) Em uma xícara que já contém certa quantidade de açúcar, despeja-se café. A curva a seguir representa a função exponencial M(t), que fornece a quantidade de açúcar não dissolvido (em gramas), t minutos após o café ser despejado. Pelo gráfico, podemos concluir que

   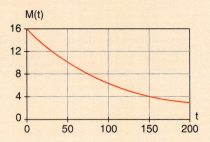

   a) $M(t) = 2^{4 - \frac{t}{75}}$
   b) $M(t) = 2^{4 - \frac{t}{50}}$
   c) $M(t) = 2^{5 - \frac{t}{50}}$
   d) $M(t) = 2^{5 - \frac{t}{150}}$

10. (Enem-MEC) A cor de uma estrela tem relação com a temperatura em sua superfície. Estrelas não muito quentes (cerca de 3 000 K) nos parecem avermelhadas. Já as estrelas amarelas, como o Sol, possuem temperatura em torno dos 6 000 K; as mais quentes são brancas ou azuis porque sua temperatura fica acima dos 10 000 K.

A tabela apresenta uma classificação espectral e outros dados para as estrelas dessas classes.

Estrelas da sequência principal

Classe espectral	O5	B0	A0	G2	M0
Temperatura	40 000	28 000	9 900	5 770	3 480
Luminosidade	$5 \cdot 10^5$	$2 \cdot 10^4$	80	1	0,06
Massa	40	18	3	1	0,5
Raio	18	7	2,5	1	0,6

Temperatura em Kelvin.
Luminosidade, massa e raio, tomando o Sol como unidade.

Disponível em: <http://www.zenite.nu>.
Acesso em: 1º maio 2010 (adaptado).

Se tomarmos uma estrela que tenha temperatura 5 vezes maior que a temperatura do Sol, qual será a ordem de grandeza de sua luminosidade?

a) 20 000 vezes a luminosidade do Sol.
b) 28 000 vezes a luminosidade do Sol.
c) 28 850 vezes a luminosidade do Sol.
d) 30 000 vezes a luminosidade do Sol.
e) 50 000 vezes a luminosidade do Sol.

11. (Mackenzie-SP) Na figura temos o esboço do gráfico de $y = a^x + 1$. O valor de 2^{3a-2} é:

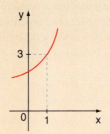

a) 16
b) 8
c) 2
d) 32
e) 64

12. (UF-PB) A metade do número $2^{21} + 4^{12}$ é:

a) $2^{20} + 2^{23}$
b) $2^{\frac{21}{2}} + 4^6$
c) $2^{12} + 4^{21}$
d) $2^{20} + 4^6$
e) $2^{22} + 4^{13}$

13. (Cefet-SP) "Já falei um bilhão de vezes para você não fazer isso ..." Qual filho nunca ouviu esta frase de seu pai? Suponhamos que o pai corrija seu filho 80 vezes ao dia. Quantos dias ele levará para corrigi-lo um bilhão de vezes?

a) $1,25 \cdot 10^5$
b) $1,25 \cdot 10^6$
c) $1,25 \cdot 10^7$
d) $1,25 \cdot 10^8$
e) $1,25 \cdot 10^9$

14. (UF-RN) A pedido do seu orientador, um bolsista de um laboratório de biologia construiu o gráfico a seguir a partir dos dados obtidos no monitoramento do crescimento de uma cultura de micro-organismos.

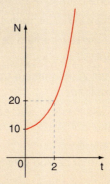

Analisando o gráfico, o bolsista informou ao orientador que a cultura crescia segundo o modelo matemático, $N = k \cdot 2^{at}$, com t em horas e N em milhares de micro-organismos.

Para constatar que o modelo matemático apresentado pelo bolsista estava correto, o orientador coletou novos dados com $t = 4$ horas e $t = 8$ horas.

Para que o modelo construído pelo bolsista esteja correto, nesse período, o orientador deve ter obtido um aumento na quantidade de micro-organismos de

a) 80 000
b) 160 000
c) 40 000
d) 120 000

15. (U.F. Juiz de Fora-MG) Seja $f: \mathbb{R} \to \mathbb{R}$ uma função definida por $f(x) = 2^x$. Na figura abaixo está representado, no plano cartesiano, o gráfico de f e um trapézio ABCD, retângulo nos vértices A e D e cujos vértices B e C estão sobre o gráfico de f.

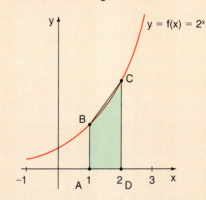

A medida da área do trapézio ABCD é igual a:

a) 2
b) $\dfrac{8}{3}$
c) 3
d) 4
e) 6

FUNÇÃO EXPONENCIAL

16. (U.E. Ponta Grossa-PR) Certa população de insetos cresce de acordo com a expressão $N = 500 \cdot 2^{\frac{t}{6}}$, sendo t o tempo em meses e N o número de insetos na população após o tempo t. Nesse contexto, assinale o que for correto (indique a soma).

(01) O número inicial de insetos é de 500.

(02) Após 3 meses o número de insetos será maior que 800.

(04) Após um ano o número total de insetos terá quadruplicado.

(08) Após seis meses o número de insetos terá dobrado.

17. (ESPM-SP) O valor de y no sistema $\begin{cases} (0,2)^{5x+y} = 5 \\ (0,5)^{2x-y} = 2 \end{cases}$ é igual a:

a) $\dfrac{-5}{2}$

b) $\dfrac{2}{7}$

c) $\dfrac{-2}{5}$

d) $\dfrac{3}{5}$

e) $\dfrac{3}{7}$

18. (UF-RS) Considere a função f tal que
$f(x) = k + \left(\dfrac{5}{4}\right)^{2x-1}$, com $k > 0$.

Assinale a alternativa correspondente ao gráfico que pode representar a função f.

a)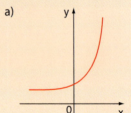

b)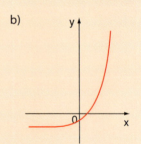

c)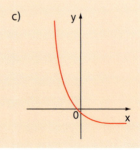

d)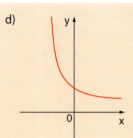

e)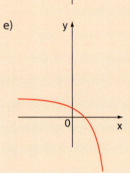

19. (UFF-RJ) A automedicação é considerada um risco, pois a utilização desnecessária ou equivocada de um medicamento pode comprometer a saúde do usuário: substâncias ingeridas difundem-se pelos líquidos e tecidos do corpo, exercendo efeito benéfico ou maléfico. Depois de se administrar determinado medicamento a um grupo de indivíduos, verificou-se que a concentração (y) de certa substância em seus organismos alterava-se em função do tempo decorrido (t), de acordo com a expressão $y = y_0 \cdot 2^{-0,5t}$, em que y_0 é a concentração inicial e t é o tempo em hora. Nessas circunstâncias, pode-se afirmar que a concentração da substância tornou-se a quarta parte da concentração inicial após:

a) $\dfrac{1}{4}$ de hora

b) meia hora

c) 1 hora

d) 2 horas

e) 4 horas

20. (UF-PR) Um importante estudo a respeito de como se processa o esquecimento foi desenvolvido pelo alemão Hermann Ebbinghaus no final do século XIX. Utilizando métodos experimentais, Ebbinghaus determinou que, dentro de certas condições, o percentual P do conhecimento adquirido que uma pessoa retém após t semanas pode ser aproximado pela fórmula $P = (100 - a) \cdot b^t + a$, sendo que a e b variam de uma pessoa para outra. Se essa fórmula é válida para um certo estudante, com $a = 20$ e $b = 0,5$, o tempo necessário para que o percentual se reduza a 28% será:

a) entre uma e duas semanas.

b) entre duas e três semanas.

c) entre três e quatro semanas.

d) entre quatro e cinco semanas.

e) entre cinco e seis semanas.

21. (UF-PE/U.F. Rural-PE) A informação dada a seguir deverá ser utilizada nesta e na questão que segue. Suponha que um teste possa detectar a presença de esteroides em um atleta, quando a quantidade de esteroides em sua corrente sanguínea for igual ou superior a 1 mg. Suponha também que o corpo elimina $\frac{1}{4}$ da quantidade de esteroides presentes na corrente sanguínea a cada 4 horas. Se um atleta ingere 10 mg de esteroides, passadas quantas horas não será possível detectar esteroides, submetendo o atleta a este teste? Dado: use a aproximação

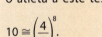

a) 28
b) 29
c) 30
d) 31
e) 32

22. (UF-PE/U.F. Rural-PE) Qual dos gráficos a seguir melhor expressa a quantidade de esteroides na corrente sanguínea do atleta, ao longo do tempo, a partir do instante em que este tomou a dose de 10 mg?

a)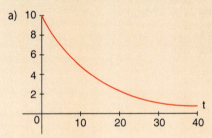

b)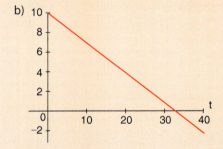

c)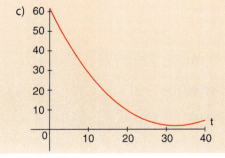

d)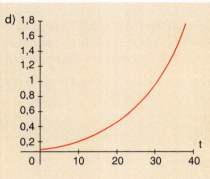

e)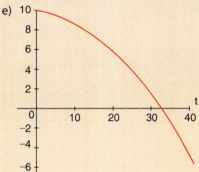

23. (Cefet-MG) O produto das raízes da equação exponencial $3 \cdot 9^x - 10 \cdot 3^x + 3 = 0$ é igual a
a) −2
b) −1
c) 0
d) 1

24. (Aman-RJ) Na pesquisa e desenvolvimento de uma nova linha de defensivos agrícolas, constatou-se que a ação do produto sobre a população de insetos em uma lavoura pode ser descrita pela expressão $N(t) = N_0 \cdot 2^{kt}$, sendo N_0 a população no início do tratamento, N(t), a população após *t* dias de tratamento e *k* uma constante, que descreve a eficácia do produto. Dados de campo mostraram que, após dez dias de aplicação, a população havia sido reduzida à quarta parte da população inicial. Com estes dados, podemos afirmar que o valor da constante de eficácia deste produto é igual a
a) 5^{-1}
b) -5^{-1}
c) 10
d) 10^{-1}
e) -10^{-1}

25. (Udesc-SC) Se *x* é solução da equação $3^{4x-1} + 9^x = 6$, então x^x é igual a:
a) $\frac{\sqrt{2}}{2}$
b) $\frac{1}{4}$
c) $\frac{1}{2}$
d) 1
e) 27

FUNÇÃO EXPONENCIAL 221

26. (Fuvest-SP) Seja $f(x) = a + 2^{bx+c}$, em que a, b e c são números reais. A imagem de f é a semirreta $]-1, \infty[$ e o gráfico de f intercepta os eixos coordenados nos pontos $(1, 0)$ e $\left(0, -\dfrac{3}{4}\right)$. Então, o produto abc vale

a) 4

b) 2

c) 0

d) −2

e) −4

27. (Insper-SP) Considerando x uma variável real positiva, a equação $x^{x^2 - 6x + 9} = x$ possui três raízes, que nomearemos a, b e c. Nessas condições, o valor da expressão $a^2 + b^2 + c^2$ é

a) 20

b) 21

c) 27

d) 34

e) 35

28. (UFF-RJ) A comunicação eletrônica tornou-se fundamental no nosso cotidiano, mas, infelizmente, todo dia recebemos muitas mensagens indesejadas: propagandas, promessas de emagrecimento imediato, propostas de fortuna fácil, correntes etc. Isso está se tornando um problema para os usuários da internet, pois o acúmulo de "lixo" nos computadores compromete o desempenho da rede!

Pedro iniciou uma corrente enviando uma mensagem pela internet a dez pessoas, que, por sua vez, enviaram, cada uma, a mesma mensagem a outras dez pessoas. E estas, finalizando a corrente enviaram, cada uma, a mesma mensagem a outras dez pessoas. O número máximo de pessoas que receberam a mensagem enviada por Pedro é igual a:

a) 30

b) 110

c) 210

d) 1 110

e) 11 110

29. (FGV-RJ) Espera-se que a população de uma cidade, hoje com 120 000 habitantes, cresça 2% a cada ano. Segundo esta previsão, a população da cidade, daqui a n anos, será igual a:

a) $120\,000 \cdot 1,02^n$

b) $120\,000 \cdot 2^n$

c) $120\,000 \cdot (1 + 1,02n)$

d) $120\,000 \cdot (0,02)^n$

e) $120\,000 \cdot 1,02n$

30. (Acafe-SC) Um dos perigos da alimentação humana são os microrganismos, que podem causar diversas doenças e até levar a óbito. Entre eles, podemos destacar a *Salmonella*. Atitudes simples como lavar as mãos, armazenar os alimentos em locais apropriados, ajudam a prevenir a contaminação pelos mesmos. Sabendo que certo microrganismo se prolifera rapidamente, dobrando sua população a cada 20 minutos, pode-se concluir que o tempo que a população de 100 microrganismos passará a ser composta de 3 200 indivíduos é:

a) 1 h e 35 min.

b) 1 h e 40 min.

c) 1 h e 50 min.

d) 1 h e 55 min.

31. (Fuvest-SP) Uma substância radioativa sofre desintegração ao longo do tempo, de acordo com a relação $m(t) = c \cdot a^{-kt}$, em que a é um número real positivo, t é dado em anos, $m(t)$ a massa da substância em gramas e c, k são constantes positivas. Sabe-se que m_0 gramas dessa substância foram reduzidos a 20% em 10 anos. A que porcentagem de m_0 ficará reduzida a massa da substância, em 20 anos?

a) 10%

b) 5%

c) 4%

d) 3%

e) 2%

32. (Udesc-SC) Sejam f e g as funções definidas por $f(x) = \sqrt{(25)^x - 2 \cdot (5)^x - 15}$ e $g(x) = x^2 - x - \dfrac{35}{4}$. A é o conjunto que representa o domínio da função f e $B = \{x \in \mathbb{R} \mid g(x) \leqslant 0\}$, então o conjunto $A^c \cap B$ é:

a) $\left\{ x \in \mathbb{R} \mid -\dfrac{5}{2} \leqslant x < \dfrac{7}{2} \right\}$

b) $\left\{ x \in \mathbb{R} \mid x \geqslant \dfrac{7}{2} \right\}$

c) $\left\{ x \in \mathbb{R} \mid x \leqslant -\dfrac{5}{2} \text{ ou } x > \dfrac{7}{2} \right\}$

d) $\left\{ x \in \mathbb{R} \mid -\dfrac{5}{2} \leqslant x < 1 \right\}$

e) $\{ x \in \mathbb{R} \mid x \leqslant -3 \text{ ou } x \geqslant 5 \}$

33. (UF-PI) O gráfico da função $f: [0, +\infty) \rightarrow \mathbb{R}$, definida por $f(t) = \dfrac{B}{1 + Ae^{-Bkt}}$, na qual A, B e k são constantes positivas, é uma curva denominada curva logística. Essas curvas ilustram modelos de crescimento populacional, diante da influência de fatores ambientais no tamanho possível de uma população, também descrevem expansão de epidemias e, até, boatos numa comunidade! Sendo assim, considere a seguinte situação: admita que, t semanas após a constatação de uma forma rara de gripe, aproximadamente $f(t) = \dfrac{36}{1 + 17e^{-1,5t}}$ milhares de pessoas tenham adquirido a doença. Nessas condições, quantas pessoas haviam adquirido a doença quando foi constatada a existência dessa gripe?

a) 1 000 pessoas

b) 2 000 pessoas

c) 2 500 pessoas

d) 3 600 pessoas

e) 4 100 pessoas

34. (Aman-RJ) Um jogo pedagógico foi desenvolvido com as seguintes regras:

- Os alunos iniciam a primeira rodada com 256 pontos;

- Faz-se uma pergunta a um aluno. Se acertar, ele ganha a metade dos pontos que tem. Se errar, perde metade dos pontos que tem;

- Ao final de 8 rodadas, cada aluno subtrai dos pontos que tem os 256 iniciais, para ver se "lucrou" ou "ficou devendo".

O desempenho de um aluno que, ao final dessas oito rodadas, ficou devendo 13 pontos foi de

a) 6 acertos e 2 erros.

b) 5 acertos e 3 erros.

c) 4 acertos e 4 erros.

d) 3 acertos e 5 erros.

e) 2 acertos e 6 erros.

35. (Fuvest-SP) Quando se divide o Produto Interno Bruto (PIB) de um país pela sua população, obtém-se a renda *per capita* desse país. Suponha que a população de um país cresça à taxa constante de 2% ao ano. Para que sua renda *per capita* dobre em 20 anos, o PIB deve crescer anualmente à taxa constante de, aproximadamente,

Dado: $\sqrt[20]{2} \cong 1,035$.

a) 4,2%

b) 5,2%

c) 6,4%

d) 7,5%

e) 8,9%

36. (Mackenzie-SP) Um aparelho celular tem seu preço y desvalorizado exponencialmente em função do tempo (em meses) t, representado pela equação $y = p \cdot q^t$, com p e q constantes positivas. Se, na compra, o celular custou R$ 500,00 e, após 4 meses, o seu valor é $\dfrac{1}{5}$ do preço pago, 8 meses após a compra, o seu valor será:

a) R$ 25,00

b) R$ 24,00

c) R$ 22,00

d) R$ 28,00

e) R$ 20,00

37. (FGV-SP) O valor de um carro decresce exponencialmente, de modo que seu valor, daqui a x anos, será dado por $V = Ae^{-kx}$, em que $e = 2,7182...$ Hoje, o carro vale R$ 40 000,00 e daqui a 2 anos valerá R$ 30 000,00. Nessas condições, o valor do carro daqui a 4 anos será:

a) R$ 17 500,00

b) R$ 20 000,00

c) R$ 22 500,00

d) R$ 25 000,00

e) R$ 27 500,00

38. (Unama-PA) Psicólogos têm chegado à conclusão que, em várias situações de aprendizado, a taxa com que uma pessoa aprende é rápida no início e depois decresce. A curva de aprendizado de um indivíduo, obtida empiricamente, é representada por $f(t) = 90(1 - 3^{-0,4t})$, onde t é o tempo, em horas, destinado à memorização das palavras constantes de uma lista. O número máximo de palavras que esse indivíduo consegue memorizar é 90, mesmo quando lhe é permitido estudar por várias horas. Nestas condições, o tempo gasto por esse indivíduo para memorizar 60 palavras é:

a) 1h e 30min.

b) 1h e 45min.

c) 2h e 5min.

d) 2h e 30min.

39. (UF-PB) Uma indústria de equipamentos produziu, durante o ano de 2002, peças dos tipos A, B e C. O preço P de cada unidade, em reais, e a quantidade Q de unidades, produzidas em 2002, são dados na tabela a seguir:

FUNÇÃO EXPONENCIAL 223

Tipo	P	Q
A	0,25	2^{15}
B	2,00	4^7
C	4,00	8^4

Com base nas informações acima e sabendo-se que a receita de cada tipo é dada, em reais, pelo produto P · Q, é correto afirmar:

a) A receita do tipo B foi maior que a do tipo C.
b) A receita do tipo B foi igual à do tipo C.
c) A receita do tipo A foi igual à do tipo C.
d) A receita do tipo A foi maior que a do tipo C.
e) A receita do tipo C foi maior que a do tipo B.

40. (Udesc-SC) O conjunto solução da inequação $\left[\sqrt[3]{(2^{x-2})}\right]^{x+3} > 4^x$ é:

a) $S = \{x \in \mathbb{R} \mid -1 < x < 6\}$
b) $S = \{x \in \mathbb{R} \mid x < -6 \text{ ou } x > 1\}$
c) $S = \{x \in \mathbb{R} \mid x < -1 \text{ ou } x > 6\}$
d) $S = \{x \in \mathbb{R} \mid -6 < x < 1\}$
e) $S = \{x \in \mathbb{R} \mid x < -\sqrt{6} \text{ ou } x > \sqrt{6}\}$

41. (Enem-MEC) Muitos processos fisiológicos e bioquímicos, tais como batimentos cardíacos e taxa de respiração, apresentam escalas construídas a partir da relação entre superfície e massa (ou volume) do animal. Uma dessas escalas, por exemplo, considera que "o cubo da área S da superfície de um mamífero é proporcional ao quadrado de sua massa M".

HUGHES-HALLETT, D. et al. Cálculo e aplicações. São Paulo: Edgard Blucher, 1999 (adaptado).

Isso é equivalente a dizer que, para uma constante k > 0, a área S pode ser escrita em função de M por meio da expressão:

a) $S = k \cdot M$
b) $S = k \cdot M^{\frac{1}{3}}$
c) $S = k^{\frac{1}{3}} \cdot M^{\frac{1}{3}}$
d) $S = k^{\frac{1}{3}} \cdot M^{\frac{2}{3}}$
e) $S = k^{\frac{1}{3}} \cdot M^2$

42. (Enem-MEC) A Agência Espacial Norte-Americana (NASA) informou que o asteroide YU 55 cruzou o espaço entre a Terra e a Lua no mês de novembro de 2011. A ilustração a seguir sugere que o asteroide percorreu sua trajetória no mesmo plano que contém a órbita descrita pela Lua em torno da Terra. Na figura, está indicada a proximidade do asteroide em relação à Terra, ou seja, a menor distância que ele passou da superfície terrestre.

Fonte: NASA
Disponível em: <http://noticias.terra.com.br> (adaptado)

Com base nessas informações, a menor distância que o asteroide YU 55 passou da superfície da Terra é igual a

a) $3,25 \cdot 10^2$ km.
b) $3,25 \cdot 10^3$ km.
c) $3,25 \cdot 10^4$ km.
d) $3,25 \cdot 10^5$ km.
e) $3,25 \cdot 10^6$ km.

43. (UFPE) As populações de duas cidades, em milhões de habitantes, crescem, em função do tempo t, medido em anos, segundo as expressões $200 \cdot 2^{\frac{t}{20}}$ e $50 \cdot 2^{\frac{t}{10}}$, com t = 0 correspondendo ao instante atual. Em quantos anos, contados a partir de agora, as populações das duas cidades serão iguais?

a) 34 anos
b) 36 anos
c) 38 anos
d) 40 anos
e) 42 anos

44. (Unifesp-SP) Sob determinadas condições, o antibiótico gentamicina, quando ingerido, é eliminado pelo organismo à razão de metade do volume acumulado a cada 2 horas. Daí, se K é o volume da substância no organismo, pode-se utilizar a função $f(t) = K\left(\frac{1}{2}\right)^{\frac{t}{2}}$ para estimar a sua eliminação depois de um tempo t, em horas. Neste caso, o tempo mínimo necessário para que uma pessoa conserve no máximo 2 mg desse antibiótico no organismo, tendo ingerido 128 mg numa única dose, é de:

a) 12 horas e meia.
b) 12 horas.
c) 10 horas e meia.
d) 8 horas.
e) 6 horas.

FUNÇÃO LOGARÍTMICA

LOGARITMOS

Introdução

Suponhamos que um caminhão custe hoje R$ 100 000,00 e sofra uma desvalorização de 10% por ano de uso.

Depois de quanto tempo de uso o valor do veículo será igual a R$ 20 000,00?

A cada ano que passa o valor do caminhão fica sendo 90% do que era um ano atrás. Então, seu valor evolui da seguinte forma:

- após 1 ano de uso:
  90% de R$ 100 000,00, ou seja, R$ 90 000,00
- após 2 anos de uso:
  90% de R$ 90 000,00, ou seja, R$ 81 000,00
- após 3 anos de uso:
  90% de R$ 81 000,00, ou seja, R$ 72 900,00

e assim por diante.

No Brasil, o transporte rodoviário é um dos principais meios de distribuição de cargas.

O valor do veículo em reais evolui, ano a ano, de acordo com a sequência:

$$100\,000;\ (0,9) \cdot 100\,000;\ (0,9)^2 \cdot 100\,000;\ (0,9)^3 \cdot 100\,000;\ \ldots;\ (0,9)^x \cdot 100\,000$$

em que x indica o número de anos de uso.

Para responder à pergunta feita, devemos resolver a equação $(0,9)^x \cdot 100\,000 = 20\,000$, ou seja, $(0,9)^x = 0,2$, que é uma equação exponencial.

No estudo de equações exponenciais do capítulo anterior, só tratamos de situações em que podíamos reduzir as potências à mesma base. Quando temos de resolver uma equação como $(0,9)^x = 0,2$, não conseguimos reduzir todas as potências à mesma base. Para enfrentar esse e outros tipos de problemas, vamos estudar agora os logaritmos.

Definição

Sendo *a* e *b* números reais e positivos, com $a \neq 1$, chama-se **logaritmo de b na base a** o expoente x ao qual se deve elevar a base *a* de modo que a potência a^x seja igual a *b*.

$$\log_a b = x \Leftrightarrow a^x = b$$

Dizemos que:
- a é a **base** do logaritmo;
- b é o **logaritmando**;
- x é o **logaritmo**.

Vejamos alguns exemplos de logaritmos:

- $\log_2 8 = 3$, pois $2^3 = 8$
- $\log_3 9 = 2$, pois $3^2 = 9$
- $\log_2 \dfrac{1}{4} = -2$, pois $2^{-2} = \dfrac{1}{4}$
- $\log_5 5 = 1$, pois $5^1 = 5$

- $\log_4 1 = 0$, pois $4^0 = 1$
- $\log_3 \sqrt{3} = \dfrac{1}{2}$, pois $3^{\frac{1}{2}} = \sqrt{3}$
- $\log_{\frac{1}{2}} 8 = -3$, pois $\left(\dfrac{1}{2}\right)^{-3} = 8$
- $\log_{0,5} 0,25 = 2$, pois $(0,5)^2 = 0,25$

Nesses exemplos, o cálculo do logaritmo poderia ser feito mentalmente. Porém, há casos em que isso não é tão simples, como mostra o exemplo seguinte:

Exemplo

Vamos calcular, por meio da definição:

a) $\log_{\sqrt[3]{9}} 3$

Façamos $\log_{\sqrt[3]{9}} 3 = x$. Temos:

$$(\sqrt[3]{9})^x = 3 \Rightarrow (\sqrt[3]{3^2})^x = 3 \Rightarrow \sqrt[3]{3^{2x}} = 3 \Rightarrow 3^{\frac{2x}{3}} = 3 \Rightarrow \frac{2x}{3} = 1 \Rightarrow x = \frac{3}{2}$$

b) $\log_{16} 0,25$

Façamos $\log_{16} 0,25 = y$. Temos:

$$16^y = 0,25 \Rightarrow (2^4)^y = \frac{1}{4} \Rightarrow 2^{4y} = 2^{-2} \Rightarrow 4y = -2 \Rightarrow y = -\frac{1}{2}$$

EXERCÍCIO RESOLVIDO

1. Qual é o número real x em $\log_x 4 = -2$?

Solução:

O número procurado x deve ser tal que $0 < x \neq 1$.

Aplicando a definição vem:

$$x^{-2} = 4 \Rightarrow \frac{1}{x^2} = 4 \Rightarrow 4x^2 = 1 \Rightarrow x^2 = \frac{1}{4} \overset{x > 0}{\Rightarrow} x = \sqrt{\frac{1}{4}} = \frac{1}{2}$$

Convenção importante

Convencionou-se que, ao escrevermos o logaritmo de um número com a base omitida, estamos nos referindo ao logaritmo desse número em base 10, isto é:

$$\log x = \log_{10} x$$

Assim, por exemplo, $\log 10\,000 = 4$ (pois $10^4 = 10\,000$); $\log \dfrac{1}{1\,000} = -3$ $\left(\text{pois } 10^{-3} = \dfrac{1}{1\,000}\right)$.

Os logaritmos em base 10 são conhecidos como **logaritmos decimais**.

Observação

As restrições para a ($0 < a \neq 1$) e para b ($b > 0$) indicadas na definição garantem a existência e a unicidade de $\log_a b$.

Consequências

Sejam a, b e c números reais com $0 < a \neq 1$, $b > 0$ e $c > 0$.

Decorrem da definição de logaritmo as seguintes propriedades:

■ O logaritmo de 1 em qualquer base a é igual a 0.

$$\log_a 1 = 0 \quad \text{, pois } a^0 = 1$$

■ O logaritmo da base, qualquer que seja ela, é igual a 1.

$$\log_a a = 1 \quad \text{, pois } a^1 = a$$

■ A potência de base a e expoente $\log_a b$ é igual a b.

$$a^{\log_a b} = b$$

Para justificar essa propriedade, podemos fazer: $\log_a b = c \Rightarrow a^c = b$. Daí, $a^{\log_a b} = a^c = b$.

Outra forma de justificar é lembrar que o logaritmo de b na base a é o expoente que se deve dar à base a a fim de que a potência obtida seja igual a b.

Assim, por exemplo, temos que:

$$2^{\log_2 3} = 3; \ 5^{\log_5 4} = 4 \text{ etc.}$$

■ Se dois logaritmos em uma mesma base são iguais, então os logaritmandos também são iguais.

Reciprocamente, se dois números reais positivos são iguais, seus logaritmos em uma mesma base também são iguais.

Para justificar a primeira afirmação, temos: $\log_a b = \log_a c \underset{\text{def.}}{\Rightarrow} a^{\log_a c} = b$ e, pela propriedade anterior, segue que $c = b$.

Para justificar a recíproca, temos que $b = c$ e queremos mostrar que $\log_a b = \log_a c$.

Sejam $\log_a b = x$ e $\log_a c = y$.

Temos: $a^x = b$ e $a^y = c$. Como $b = c$, segue que $a^x = a^y \Rightarrow x = y$, ou melhor, $\log_a b = \log_a c$.

Exemplo ❷

Vamos calcular o número real x tal que $\log_5 (2x + 1) = \log_5 (x + 3)$.

Inicialmente, é importante lembrar que os logaritmos acima estão definidos se $2x + 1 > 0$ e $x + 3 > 0$, ou seja, $x > -\dfrac{1}{2}$ ① e $x > -3$ ②. Fazendo ① ∩ ②, obtemos: $x > -\dfrac{1}{2}$ (*).

Da igualdade $\log_5 (2x + 1) = \log_5 (x + 3)$ segue que:

$$2x + 1 = x + 3 \Rightarrow x = 2 \text{ (este valor satisfaz (*))}$$

EXERCÍCIO RESOLVIDO

2. Qual é o valor de $9^{\log_3 5}$?

Solução:

Como $9 = 3^2$, podemos escrever $(3^2)^{\log_3 5}$ e, trocando a posição dos expoentes, vem:

$(3^{\log_3 5})^2 = 5^2 = 25$

EXERCÍCIOS

1. Usando a definição, calcule o valor dos seguintes logaritmos (tente calcular mentalmente):

a) $\log_2 16$

b) $\log_4 16$

c) $\log_3 81$

d) $\log_5 125$

e) $\log 100\,000$

f) $\log_8 64$

g) $\log_2 32$

h) $\log_6 216$

2. Use a definição para calcular:

a) $\log_2 \dfrac{1}{4}$

b) $\log_3 \sqrt{3}$

c) $\log_8 16$

d) $\log_4 128$

e) $\log_{36} \sqrt{6}$

f) $\log 0,01$

g) $\log_9 \dfrac{1}{27}$

h) $\log_{0,2} \sqrt[3]{25}$

i) $\log_{1,25} 0,64$

j) $\log_{\frac{5}{3}} 0,6$

3. Coloque em ordem crescente os seguintes números reais:

$A = \log_{25} 0,2 \qquad C = \log_{0,25} \sqrt{8}$

$B = \log_7 \dfrac{1}{49} \qquad D = \log 0,1$

4. Calcule:

a) o logaritmo de 4 na base $\dfrac{1}{8}$.

b) o logaritmo de $\sqrt{3}$ na base 27.

c) o logaritmo de 0,125 na base 16.

d) o logaritmo de 7 na base $\sqrt[5]{7}$.

e) o número cujo logaritmo em base 3 vale -2.

f) a base na qual o logaritmo de $\dfrac{1}{4}$ vale -1.

5. Qual é o valor de cada uma das seguintes expressões?

a) $\log_5 5 + \log_3 1 - \log 10$

b) $\log_{\frac{1}{4}} 4 + \log_4 \dfrac{1}{4}$

c) $\log 1\,000 + \log 100 + \log 10 + \log 1$

d) $3^{\log_3 2} + 2^{\log_2 3}$

e) $\log_8 (\log_3 9)$

f) $\log_9 (\log_4 64) + \log_4 (\log_3 81)$

6. Sabendo que $\log a = 2$ e $\log b = -1$, calcule o valor de:

a) $\log_b a$

b) $\log_a b$

c) $\log_a b^2$

d) $\log (a \cdot b)$

e) $\log \left(\dfrac{a}{b} \right)$

f) $\log_{\sqrt{b}} a$

7. Obtenha, em cada caso, o valor de x:

a) $\log_5 x = \log_5 16$

b) $\log_3 (4x - 1) = \log_3 x$

c) $\log x^2 = \log x$

8. Determine o número real x tal que:

a) $\log_3 x = 4$

b) $\log_{\frac{1}{2}} x = -2$

c) $\log_x 2 = 1$

d) $\log_x 0,25 = -1$

e) $\log_x 1 = 0$

9. Em cada caso, calcule o valor de $\log_5 x$ sendo:

a) $x = \dfrac{1}{25}$

b) $x = \sqrt[7]{5}$

c) $x = 5^{12}$

d) $x = \dfrac{1}{\sqrt[9]{625}}$

e) $x = 0,2$

10. Sejam a e b reais positivos tais que:

$\log_{\sqrt{5}} a = 2\,010$ e $\log_{5\sqrt{5}} b = 2\,020$.

Qual é o valor de $\dfrac{b}{a}$?

11. Determine m a fim de que a equação $x^2 + 4x + \log_2 m = 0$, na incógnita x, admita uma raiz real dupla. Qual é essa raiz?

12. Calcule:

a) $4^{3 + \log_4 2}$

b) $5^{1 - \log_5 4}$

c) $8^{\log_2 7}$

d) $81^{\log_3 2}$

e) $5^{\log_{25} 7}$

13. O que é maior, $\log_{13} 13^{29}$ ou $\log_7 7^{30}$?

Um pouco de História

A invenção dos logaritmos

Credita-se ao escocês John Napier (1550-1617) a descoberta dos logaritmos, embora outros matemáticos da época, como o suíço Jobst Bürgi (1552-1632) e o inglês Henry Briggs (1561-1630), também tenham dado importantes contribuições.

A invenção dos logaritmos causou grande impacto nos meios científicos da época, pois eles representavam um poderoso instrumento de cálculo numérico que impulsionaria o desenvolvimento do comércio, da navegação e da Astronomia. Até então, multiplicações e divisões com números muito grandes eram feitas com auxílio de relações trigonométricas.

Basicamente, a ideia de Napier foi associar os termos da sequência (b; b^2; b^3; b^4; b^5; ...; b^n) aos termos de outra sequência (1, 2, 3, 4, 5, ..., n), de forma que o produto de dois termos quaisquer da primeira sequência ($b^x \cdot b^y = b^{x+y}$) estivesse associado à soma x + y dos termos da segunda sequência.

Frontispício da obra de Napier sobre logaritmos datada de 1614.

Veja um exemplo:

①	1	2	3	4	5	6	7	8	9	10	11	12	13	14	15
②	2	4	8	16	32	64	128	256	512	1024	2048	4096	8192	16394	32788

Para fazer 512 · 64 note que:
- o termo 512 de ② corresponde ao termo 9 de ①;
- o termo 64 de ② corresponde ao termo 6 de ①;
- assim, a multiplicação 512 · 64 corresponde à soma de 9 + 6 = 15 em ①, cujo correspondente em ② é 32 788, que é o resultado procurado.

Em linguagem atual, os elementos da 1ª linha da tabela correspondem ao logaritmo em base 2 dos respectivos elementos da 2ª linha da tabela.

Em seu trabalho *Descrição da maravilhosa regra dos logaritmos*, datado de 1614, Napier considerou uma outra sequência de modo que seus termos eram muito próximos uns dos outros.

Ao ter contato com essa obra, Briggs sugeriu a Napier uma pequena mudança: uso de potências de 10. Era o surgimento dos logaritmos decimais, como conhecemos até hoje.

Durante um bom tempo os logaritmos prestaram-se à finalidade para a qual foram inventados: facilitar cálculos envolvendo números muito grandes. Com o desenvolvimento tecnológico e o surgimento de calculadoras eletrônicas, computadores etc., essa finalidade perdeu a importância.

No entanto, a função logarítmica (que estudaremos neste capítulo) e a sua inversa, a função exponencial, podem representar diversos fenômenos físicos, biológicos e econômicos (alguns exemplos serão aqui apresentados) e, deste modo, jamais perderão sua importância.

Referências bibliográficas:
- Boyer, Carl B. *História da Matemática*. 2. ed. São Paulo: Edgard Blücher, 1995.
- http://ecalculo.if.usp.br/funcoes/logaritmica/historia/hist_log.htm (Acesso em: jul. 2014)
- http://www.educ.fc.ul.pt/icm/icm99/icm44/historia.htm (Acesso em: jul. 2014)

SISTEMAS DE LOGARITMOS

O conjunto formado por todos os logaritmos dos números reais positivos em uma base a ($0 < a \neq 1$) é chamado **sistema de logaritmos de base a**. Por exemplo, o conjunto formado por todos os logaritmos de base 2 dos números reais positivos é o sistema de logaritmos de base 2.

Existem dois sistemas de logaritmos que são os mais utilizados em Matemática:

a) O **sistema de logaritmos decimais**, de base 10, desenvolvido por Henry Briggs, a partir dos trabalhos de Napier. Briggs foi também quem publicou a primeira tábua dos logaritmos de 1 a 1 000, em 1617.

Como vimos, indicamos com $\log_{10} x$, ou simplesmente $\log x$, o **logaritmo decimal de x**.

b) O **sistema de logaritmos neperianos**, de base e. O nome neperiano deriva de Napier. Os trabalhos de Napier envolviam, de forma não explícita, o que hoje conhecemos como número e. Com o desenvolvimento do cálculo infinitesimal, um século depois reconheceu-se a importância desse número.

Representamos o logaritmo neperiano de x com $\log_e x$ ou $\ell n\, x$. Assim, por exemplo, $\ell n\, 3 = \log_e 3$; $\ell n\, e^4 = \log_e e^4 = 4$ etc. É comum referir-se ao logaritmo neperiano de x como o **logaritmo natural de x** ($x > 0$).

 As calculadoras científicas possuem as teclas LOG e LN e fornecem, de modo simples, os valores dos logaritmos decimais e neperianos de um número real positivo.

Vejamos:

- Para saber o valor de $\log 2$ e de $\ell n\, 2$, pressionamos:

$$\boxed{\text{LOG}} \rightarrow \boxed{2} \qquad \boxed{\text{LN}} \rightarrow \boxed{2}$$

Obtemos, respectivamente: $0{,}301029996$ e $0{,}69314718 l$

- Para saber o valor de $\log 15$ e de $\ell n\, 15$, basta pressionar:

$$\boxed{\text{LOG}} \rightarrow \boxed{15} \qquad \boxed{\text{LN}} \rightarrow \boxed{15}$$

Obtemos, respectivamente: $1{,}176091259$ e $2{,}708050201$

Dependendo do modelo da calculadora, a sequência de operações pode variar, ou seja, primeiro "entramos" com o número e em seguida com a tecla do logaritmo.

EXERCÍCIO

14. Calcule o valor de:

a) $\ell n\, e$
b) $\ell n\, 1$
c) $\log 0{,}1$
d) $\log 10^8$
e) $\ell n\left(\dfrac{1}{e}\right)$
f) $e^{\ell n\, 3}$
g) $10^{\log 8}$
h) $e^{2\ell n\, 5}$
i) $e^{2 + \ell n\, 2}$

PROPRIEDADES OPERATÓRIAS

Vamos agora estudar três propriedades operatórias envolvendo logaritmos.

Logaritmo do produto

Em qualquer base, o logaritmo do produto de dois números reais e positivos é igual à soma dos logaritmos de cada um deles, isto é, se $0 < a \neq 1$, $b > 0$ e $c > 0$, então:

$$\log_a (b \cdot c) = \log_a b + \log_a c$$

Demonstração:

Fazendo $\log_a b = x$, $\log_a c = y$ e $\log_a (b \cdot c) = z$, vem:

$$\left. \begin{array}{l} \log_a b = x \Rightarrow a^x = b \\ \log_a c = y \Rightarrow a^y = c \\ \log_a (b \cdot c) = z \Rightarrow a^z = b \cdot c \end{array} \right\} \Rightarrow a^z = a^x \cdot a^y = a^{x+y} \Rightarrow z = x + y$$

Logo, $\log_a (b \cdot c) = \log_a b + \log_a c$.

Acompanhe alguns exemplos:

- $\log_3 (27 \cdot 9) = \log_3 243 = 5$

Aplicando a propriedade do logaritmo de um produto, temos: $\log_3 27 + \log_3 9 = 3 + 2 = 5$

- $\log_2 6 = \log_2 (2 \cdot 3) = \log_2 2 + \log_2 3 = 1 + \log_2 3$
- $\log_4 30 = \log_4 (2 \cdot 15) = \log_4 2 + \log_4 15 = \log_4 2 + \log_4 (5 \cdot 3) = \log_4 2 + \log_4 5 + \log_4 3$

Logaritmo do quociente

Em qualquer base, o logaritmo do quociente de dois números reais positivos é igual à diferença entre o logaritmo do numerador e o logaritmo do denominador, isto é, se $0 < a \neq 1$, $b > 0$ e $c > 0$, então:

$$\log_a \left(\frac{b}{c} \right) = \log_a b - \log_a c$$

Demonstração:

Fazendo $\log_a b = x$, $\log_a c = y$ e $\log_a \left(\frac{b}{c} \right) = z$, temos:

$$\left. \begin{array}{l} \log_a b = x \Rightarrow a^x = b \\ \log_a c = y \Rightarrow a^y = c \\ \log_a \left(\dfrac{b}{c} \right) = z \Rightarrow a^z = \dfrac{b}{c} \end{array} \right\} \Rightarrow a^z = \frac{a^x}{a^y} = a^{x-y} \Rightarrow z = x - y$$

isto é, $\log_a \left(\dfrac{b}{c} \right) = \log_a b - \log_a c$.

Observe alguns exemplos:

- $\log_2 \left(\dfrac{32}{4} \right) = \log_2 8 = 3$

Aplicando a propriedade do logaritmo do quociente, temos: $\log_2 32 - \log_2 4 = 5 - 2 = 3$.

- $\log_3 \left(\dfrac{7}{2} \right) = \log_3 7 - \log_3 2$

- $\log \left(\dfrac{3}{100} \right) = \log 3 - \log 100 = \log 3 - 2$

Logaritmo da potência

Em qualquer base, o logaritmo de uma potência de base real e positiva é igual ao produto do expoente pelo logaritmo da base da potência, isto é, se $0 < a \neq 1$, $b > 0$ e $r \in \mathbb{R}$, então:

$$\log_a b^r = r \cdot \log_a b$$

Demonstração:

Fazendo $\log_a b = x$ e $\log_a b^r = y$, temos:

$$\left.\begin{array}{l} \log_a b = x \Rightarrow a^x = b \\ \log_a b^r = y \Rightarrow a^y = b^r \end{array}\right\} \Rightarrow a^y = (a^x)^r = a^{rx} \Rightarrow y = rx, \text{ isto é, } \log_a b^r = r \cdot \log_a b$$

Vejamos alguns exemplos:

- $\log_2 8^2 = \log_2 64 = 6$

Aplicando a propriedade do logaritmo de uma potência, temos: $\log_2 8^2 = 2 \cdot \log_2 8 = 2 \cdot 3 = 6$.

- $\log_5 27 = \log_5 3^3 = 3 \cdot \log_5 3$

- $\log_{10} \sqrt{2} = \log_{10} 2^{\frac{1}{2}} = \dfrac{1}{2} \cdot \log_{10} 2$

- $\log_2 \dfrac{1}{27} = \log_2 3^{-3} = -3 \cdot \log_2 3$

EXERCÍCIOS RESOLVIDOS

3. Calcular o valor de $\log_b (x^2 \cdot y)$ e de $\log_b \left(\dfrac{x^4}{\sqrt[3]{y}} \right)$, sabendo que $\log_b x = 3$ e $\log_b y = -4$ ($x > 0, y > 0$ e $0 < b \neq 1$).

Solução:

Aplicando as propriedades operatórias, escrevemos:

- $\log_b (x^2 \cdot y) = \log_b x^2 + \log_b y = 2 \cdot \log_b x + \log_b y = 2 \cdot 3 + (-4) = 2$

- $\log_b \left(\dfrac{x^4}{\sqrt[3]{y}} \right) = \log_b x^4 - \log_b \sqrt[3]{y} = 4 \cdot \log_b x - \log_b y^{\frac{1}{3}} = 4 \cdot \log_b x - \dfrac{1}{3} \cdot \log_b y = 4 \cdot 3 - \dfrac{1}{3} \cdot (-4) = 12 + \dfrac{4}{3} = \dfrac{40}{3}$

4. Supondo a, b e c reais, com $a > 0$, $c > 0$ e $0 < b \neq 1$, desenvolver a expressão $\log_b \left(\dfrac{a^2 \cdot \sqrt{b}}{c} \right)$, usando as propriedades operatórias.

Solução:

$$\log_b \left(\dfrac{a^2 \cdot \sqrt{b}}{c} \right) = \log_b \left(a^2 \cdot \sqrt{b} \right) - \log_b c = \log_b a^2 + \log_b \sqrt{b} - \log_b c =$$

$$= 2 \cdot \log_b a + \log_b b^{\frac{1}{2}} - \log_b c =$$

$$= 2 \cdot \log_b a + \dfrac{1}{2} - \log_b c$$

Dizemos que esse é o desenvolvimento logarítmico da expressão dada, na base b.

5. Qual é a expressão E cujo desenvolvimento logarítmico (em base 10) é $\log E = 1 + \log a + 2 \log b - \log c$, com a, b e c números reais positivos?

Solução:

Temos:

$$\log E = \overbrace{\log 10}^{1} + \log a + \log b^2 - \log c$$

$$\log E = \log (10 \cdot a \cdot b^2) - \log c$$

$$\log E = \log \left(\dfrac{10ab^2}{c} \right)$$

$$\text{Então, } E = \dfrac{10ab^2}{c}$$

232 CAPÍTULO 8

6. Considerando a aproximação log 2 = 0,3, qual é o valor de log $\sqrt[5]{64}$?

Solução:

Temos:

$$\log \sqrt[5]{64} = \log 64^{\frac{1}{5}} = \frac{1}{5} \cdot \log 64 = \frac{1}{5} \cdot \log 2^6 = \frac{6}{5} \cdot \log 2 \cong \frac{6 \cdot 0,3}{5} \cong 0,36$$

7. Admitindo que log 2 = a e log 3 = b, obter o valor de log 0,48, em função de a e b.

Solução:

$$\log 0,48 = \log \left(\frac{48}{100} \right) = \log 48 - \log 100 =$$

$$= \log (2^4 \cdot 3) - 2 = \log 2^4 + \log 3 - 2 = 4 \cdot \log 2 + \log 3 - 2 = 4a + b - 2$$

EXERCÍCIOS

15. Sejam x, y, b reais positivos, b ≠ 1. Sabendo que $\log_b x = -2$ e $\log_b y = 3$, calcule o valor dos seguintes logaritmos:

a) $\log_b (x \cdot y)$

b) $\log_b \left(\dfrac{x}{y} \right)$

c) $\log_b (x^3 \cdot y^2)$

d) $\log_b \left(\dfrac{y^2}{\sqrt{x}} \right)$

e) $\log_b \left(\dfrac{x \cdot \sqrt{y}}{b} \right)$

f) $\log_b \sqrt{\sqrt{x} \cdot y^3}$

16. Desenvolva, aplicando as propriedades operatórias dos logaritmos (suponha a, b e c reais positivos):

a) $\log_5 \left(\dfrac{5a}{bc} \right)$

b) $\log \left(\dfrac{b^2}{10a} \right)$

c) $\log_3 \left(\dfrac{ab^2}{c} \right)$

d) $\log_2 \left(\dfrac{8a}{b^3 c^2} \right)$

e) $\log_2 \sqrt{8a^2 b^3}$

17. Sabendo que log 2 = a e log 3 = b, calcule, em função de a e b:

a) log 6

b) log 1,5

c) log 5

d) log 30

e) $\log \dfrac{1}{4}$

f) log 72

g) log 0,3

h) $\log \sqrt[3]{1,8}$

i) log 0,024

j) log 0,75

k) log 20 000

18. Sejam a, b e c reais positivos. Em cada caso, obtenha a expressão cujo desenvolvimento logarítmico, na respectiva base, é dado por:

a) $\log a + \log b + \log c$

b) $3 \log_2 a + 2 \log_2 c - \log_2 b$

c) $\log_3 a - \log_3 b - 2$

d) $\dfrac{1}{2} \cdot \log a - \log b$

19. Qual é o valor de:

a) $\log_{15} 3 + \log_{15} 5$?

b) $\log_3 72 - \log_3 12 - \log_3 2$?

c) $\dfrac{1}{3} \cdot \log_{15} 8 + 2 \cdot \log_{15} 2 + \log_{15} 5 - \log_{15} 9\,000$?

20. Calcule o valor de x usando, em cada caso, as propriedades operatórias:

a) $\log x = \log 5 + \log 4 + \log 3$

b) $2 \cdot \log x = \log 3 + \log 4$

c) $\log \left(\dfrac{1}{x} \right) = \log \left(\dfrac{1}{3} \right) + \log 9$

d) $\dfrac{1}{2} \cdot \log_3 x = 2 \cdot \log_3 10 - \log_3 4$

21. Considerando as aproximações log 2 = 0,3 e log 3 = 0,48, calcule:

a) log 72

b) $\log \dfrac{1}{18}$

c) $\log \sqrt{24}$

d) $\log \sqrt[3]{144}$

e) log 0,06

f) log 48

g) log 125

FUNÇÃO LOGARÍTMICA   233

22. Considerando a aproximação $\log_2 5 = 2,32$, obtenha os valores de:

a) $\log_2 10$

b) $\log_2 500$

c) $\log_2 1\,600$

d) $\log_2 \sqrt[3]{0,2}$

e) $\log_2 \left(\dfrac{64}{125} \right)$

23. Classifique as afirmações seguintes em verdadeiras (V) ou falsas (F):

a) $\log 26 = \log 20 + \log 6$

b) $\log 5 + \log 8 + \log 2,5 = 2$

c) $\log_2 4^{18} = 36$

d) $\log_3 \sqrt{\sqrt{\sqrt{3}}} > 0,25$

e) $\log_5 35 - \log_5 7 = 1$

f) $\log_3 (\sqrt{2} + 1) + \log_3 (\sqrt{2} - 1) = 0$

24. Considerando a aproximação $\log 39 = 1,6$, verifique se as afirmações são verdadeiras ou falsas:

a) $\log 390 = 16$

b) $\log 3,9 = 0,6$

c) $\log 39\,000\,000 = 6,6$

d) $\log \sqrt{39} = 0,8$

e) $\log 0,039 = -0,4$

25. (Vunesp-SP) O brilho de uma estrela percebido pelo olho humano, na Terra, é chamado de **magnitude aparente** da estrela. Já a **magnitude absoluta** da estrela é a magnitude aparente que a estrela teria se fosse observada a uma distância padrão de 10 parsecs (1 parsec é aproximadamente 3×10^{13} km). As magnitudes aparente e absoluta de uma estrela são muito úteis para se determinar sua distância ao planeta Terra. Sendo m a magnitude aparente e M a magnitude absoluta de uma estrela, a relação entre m e M é dada aproximadamente pela fórmula

$$M = m + 5 \cdot \log_3 (3 \cdot d^{-0,48})$$

onde d é a distância da estrela em parsecs. A estrela Rigel tem aproximadamente magnitude aparente 0,2 e magnitude absoluta $-6,8$. Determine a distância, em quilômetros, de Rigel ao planeta Terra.

26. Considerando as aproximações $10^{0,845} = 7$ e $10^{0,699} = 5$, calcule o valor de:

a) $\log 175$

b) $\log 14$

c) $\log \sqrt[3]{\dfrac{25}{49}}$

27. As dimensões de um retângulo são $\log 5$ e $\log 3$. Seu perímetro pode ser expresso por $\log \alpha, \alpha > 0$. Qual é o valor de α?

APLICAÇÕES

A escala de acidez e os logaritmos

Em várias soluções aquosas (leite, sangue, detergente, vinho etc.) verifica-se, em geral, que as concentrações de íons H^+ e OH^- são diferentes, o que permite classificar tais soluções em ácidas ou básicas (ou ainda neutras, quando tais concentrações são iguais).

Como essas concentrações são, de maneira geral, números pequenos, criou-se uma escala logarítmica para trabalhar mais facilmente com elas.

O potencial hidrogeniônico (pH) é uma escala usada em Química para indicar o grau de acidez (ou basicidade) de uma solução aquosa.

Para cálculo do pH usa-se a expressão:

$$pH = -\log [H^+]$$

sendo $[H^+]$ a concentração de íons hidrogênio em mol/ℓ. (Mol é uma unidade de medida usada para medir a quantidade de partículas – átomos, moléculas, íons etc.)

- Quando 0 ≤ pH < 7, a solução é ácida.
- Quando pH = 7, a solução é neutra.
- Quando 7 < pH ≤ 14, a solução é básica.

Veja o pH de algumas soluções:

Ácidas		Neutras		Básicas	
suco de limão	2,0	água destilada		sangue	7,4
vinagre	2,8	(água pura)	7,0	bile	8,0
suco de laranja	3,5			leite de magnésia	10,5
tomate	4,0			água do mar	8,5
urina	6,0			amoníaco	11,0
leite	6,4			alvejantes	12,0

Suco de limão: solução ácida.

Água pura tem pH neutro.

O leite de magnésia é uma solução básica.

Vamos comparar duas soluções aquosas ácidas A e B, com pH respectivamente iguais a 2 e 3:
- Solução A → pH = 2 ⇒ −log [H$^+$] = 2 ⇒ log [H$^+$] = −2 ⇒ [H$^+$] = 10^{-2} mols/ℓ.
- Solução B → pH = 3 ⇒ −log [H$^+$] = 3 ⇒ log [H$^+$] = −3 ⇒ [H$^+$] = 10^{-3} mols/ℓ.

Calculando a razão entre a concentração de íons H$^+$ na solução A e na solução B, obtemos:

$\frac{10^{-2}}{10^{-3}}$ = 10, o que nos indica que a solução A é dez vezes mais ácida que a solução B.

Nessa escala logarítmica, quando o pH varia de uma unidade, a solução se torna 10 vezes mais ácida (ou 10 vezes menos ácida, dependendo do sentido em que é feita a comparação).

Assim, no exemplo dado acima, uma solução C com pH = 4 é 10 vezes menos ácida que a solução B e 10 × 10 = 100 vezes menos ácida que a solução A.

Referência bibliográfica:
- *Conecte Química*, vol. 2, capítulo 29. São Paulo: Saraiva, 2011.

MUDANÇA DE BASE

Há situações em que nos defrontamos com um logaritmo em certa base e temos de convertê-lo a outra base.
Por exemplo, para aplicarmos as propriedades operatórias, os logaritmos devem estar todos na mesma base. Senão, é preciso que alguns logaritmos mudem de base.

Outro exemplo: você dispõe de uma calculadora científica e deseja obter o valor de um logaritmo cuja base não seja decimal (base 10) nem neperiana (base *e*), por exemplo, $\log_2 5$. No entanto, as calculadoras trazem, em geral, apenas as teclas LOG e LN, isto é, elas não fornecem diretamente o valor do logaritmo que não esteja nessas bases. Assim, será preciso conhecer a relação que $\log_2 5$ tem com o logaritmo decimal ($\log_{10} 5$) ou com o logaritmo neperiano ($\ln 5$), a fim de que possamos obter seu valor, como veremos a seguir.

Propriedade

Suponha *a*, *b* e *c* números reais positivos, com *a* e *b* diferentes de 1. Temos:

$$\log_a c = \frac{\log_b c}{\log_b a}$$

Demonstração:

Sejam $x = \log_a c$; $y = \log_b c$; e $z = \log_b a$.
Aplicando a definição de logaritmo, temos:

$$\begin{cases} x = \log_a c \Rightarrow a^x = c & \text{①} \\ y = \log_b c \Rightarrow b^y = c & \text{②} \\ z = \log_b a \Rightarrow b^z = a & \text{③} \end{cases}$$

Substituindo ③ e ② em ①, vem:

$$(b^z)^x = b^y \Rightarrow b^{z \cdot x} = b^y \Rightarrow z \cdot x = y \underset{\substack{z \neq 0 \\ \text{(pois } a \neq 1)}}{\Rightarrow} x = \frac{y}{z}$$

isto é, $\log_a c = \dfrac{\log_b c}{\log_b a}$.

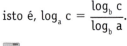
Vejamos agora como é possível obter o valor de $\log_2 5$ usando a calculadora. Podemos transformar $\log_2 5$ para base 10 ou para base *e*:

- base 10: $\log_2 5 = \dfrac{\log_{10} 5}{\log_{10} 2} = \dfrac{0,699}{0,3010} \cong 2,32$

- base *e*: $\log_2 5 = \dfrac{\log_e 5}{\log_e 2} = \dfrac{\ln 5}{\ln 2} = \dfrac{1,609}{0,693} \cong 2,32$

EXERCÍCIO RESOLVIDO

8. Calcular o valor de $\log_{100} 72$, considerando as aproximações: $\log 2 = 0,3$ e $\log 3 = 0,48$.

Solução:
Utilizemos a fórmula da mudança de base, para expressar $\log_{100} 72$ em base 10.
Temos:

$$\log_{100} 72 = \frac{\log 72}{\log 100} = \frac{\log(2^3 \cdot 3^2)}{2} = \frac{\log 2^3 + \log 3^2}{2} = \frac{3 \cdot \log 2 + 2 \cdot \log 3}{2} = \frac{0,9 + 0,96}{2} = 0,93$$

Aplicação importante

Sejam a e b reais positivos e diferentes de 1. Temos que:

$$\log_b a \cdot \log_a b = 1 \quad \text{ou} \quad \log_b a = \frac{1}{\log_a b}$$

Demonstração:

Basta escrever $\log_b a$ em base a, de acordo com a propriedade da mudança de base:

$$\log_b a = \frac{\log_a a}{\log_a b} = \frac{1}{\log_a b}, \text{ ou seja, } \log_b a \cdot \log_a b = 1$$

Note que, como $b \neq 1$, o denominador $\log_a b$ é diferente de zero.

Assim, por exemplo, $\log_3 2 \cdot \log_2 3 = 1$; $\log_4 5 = \dfrac{1}{\log_5 4}$.

EXERCÍCIO RESOLVIDO

9. Mostrar que $\log_{49} 25 = \log_7 5$.

Solução:

Vamos escrever $\log_{49} 25$ em base 7:

$$\log_{49} 25 = \frac{\log_7 25}{\log_7 49} = \frac{\log_7 5^2}{2} = \frac{2 \cdot \log_7 5}{2} = \log_7 5$$

EXERCÍCIOS

28. Escreva em base 2 os seguintes logaritmos:

a) $\log_5 3$

b) $\log 5$

c) $\log_3 4$

d) $\ell n\, 3$

29. Admitindo as aproximações $\log 2 = 0,3$, $\log 3 = 0,48$ e $\log 5 = 0,7$, calcule o valor de:

a) $\log_3 2$

b) $\log_5 3$

c) $\log_2 5$

d) $\log_3 100$

e) $\log_4 18$

f) $\log_{36} 0,5$

30. Sejam x e y reais positivos e diferentes de 1. Se $\log_y x = 2$, calcule:

a) $\log_x y$

b) $\log_{x^3} y^2$

c) $\log_{\frac{1}{x}} \dfrac{1}{y}$

d) $\log_{y^2} x$

31. Considerando as aproximações $\ell n\, 5 = 1,6$ e $\ell n\, 10 = 2,3$, calcule:

a) $\log_{10} 5$

b) $\log_2 10$

32. Sabendo que $\log_{12} 5 = a$, calcule, em função de a, o valor dos seguintes logaritmos:

a) $\log_5 12$

b) $\log_{25} 12$

c) $\log_5 60$

d) $\log_{125} 144$

33. Qual é o valor de:

a) $y = \log_7 3 \cdot \log_3 7 \cdot \log_{11} 5 \cdot \log_5 11$?

b) $z = \log_3 2 \cdot \log_4 3 \cdot \log_5 4 \cdot \log_6 5$?

c) $w = \log_3 5 \cdot \log_4 27 \cdot \log_{25} \sqrt{2}$?

d) $t = 5^{\log_5 4 \cdot \log_4 7 \cdot \log_7 11}$?

FUNÇÃO LOGARÍTMICA

FUNÇÃO LOGARÍTMICA

Introdução

Consideremos a seguinte situação:

Cássio depositou uma certa quantia em uma caderneta de poupança especial, que rende 1% ao mês. Por quantos meses ele deverá deixar o dinheiro na conta para que seu valor dobre? (Suponha que não sejam feitos retiradas nem novos depósitos.)

Vamos chamar de c o valor inicial depositado por Cássio. Qual será o saldo na poupança no fim do 1º mês de aplicação?

Será $c + 1\%$ de c, ou seja:

$$c + \frac{1}{100}c = c + 0{,}01c = 1{,}01 \cdot c$$

- Qual será o saldo em conta no final do 2º mês da aplicação? Bem, no 2º mês o rendimento de 1% será calculado sobre o saldo em conta no fim do 1º, ou seja, sobre 1,01c.

A caderneta de poupança é um dos investimentos mais populares no nosso país.

Assim, teremos o saldo de:

$$1{,}01c + 0{,}01\,(1{,}01c) = 1{,}01c\,(1 + 0{,}01) = (1{,}01)^2 \cdot c$$

- Qual será o saldo na poupança no final do 3º mês? Por raciocínio idêntico, obtemos:

$$(1{,}01)^3 \cdot c$$

- Qual será o saldo na poupança no final de n meses de aplicação?

Será $(1{,}01)^n \cdot c$ (ainda nesse volume estudaremos isso a fundo). Como queremos que a importância dobre, ela deve ficar igual a $2c$ no final de n meses. Então:

$$(1{,}01)^n \cdot c = 2 \cdot c \Rightarrow (1{,}01)^n = 2$$

Aplicando logaritmos (em base 1,01) à igualdade anterior obtemos uma nova igualdade:

$$\log_{1{,}01}(1{,}01)^n = \log_{1{,}01} 2$$

$$\boxed{n = \log_{1{,}01} 2} \quad \text{(aproximadamente 70 meses)}$$

Faça esse cálculo usando uma calculadora científica.

E se quiséssemos que o capital inicial fosse multiplicado por x? Qual seria o número n de meses? Teríamos:

$$\cancel{c} \cdot (1{,}01)^n = \cancel{c} \cdot x \Rightarrow 1{,}01^n = x \Rightarrow n = \log_{1{,}01} x$$

A função f definida por $f(x) = \log_{1{,}01} x$ é um exemplo de função logarítmica.

Definição

Dado um número real a (com $0 < a \neq 1$), chama-se **função logarítmica de base a** a função f de $\mathbb{R}_+^*$ em $\mathbb{R}$ dada pela lei $f(x) = \log_a x$.

Essa função associa cada número real positivo ao seu logaritmo na base a.

Um exemplo de função logarítmica é a função *f* definida por f(x) = log₂ x.

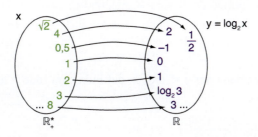

São logarítmicas também as funções dadas pelas leis: y = log₃ x; y = log₁₀ x; y = logₑ x (ou ℓn x); y = log_{1/4} x etc.

EXERCÍCIO RESOLVIDO

10. Determinar o domínio real da função *f* definida por f(x) = log_{(x−1)} (3 − x).

Solução:
Devemos ter 3 − x > 0, x − 1 > 0 e x − 1 ≠ 1.

$$3 - x > 0 \Rightarrow x < 3 \quad \text{①}$$
$$x - 1 > 0 \Rightarrow x > 1 \quad \text{②}$$
$$x - 1 \neq 1 \Rightarrow x \neq 2 \quad \text{③}$$

Fazendo a interseção de ①, ② e ③, resulta 1 < x < 2 ou 2 < x < 3.
Então, D = {x ∈ ℝ | 1 < x < 2 ou 2 < x < 3}.

Gráfico da função logarítmica

Vamos construir o gráfico da função *f*, com domínio ℝ₊*, definida por y = log₂ x. Para isso, podemos construir uma tabela dando valores a *x* e calculando os correspondentes valores de *y*.

x	y = log₂ x
$\frac{1}{8}$	−3
$\frac{1}{4}$	−2
$\frac{1}{2}$	−1
1	0
2	1
4	2
8	3

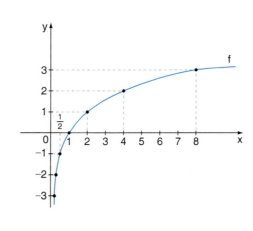

Note que os valores atribuídos a *x* são potências de base 2; desse modo, y = log₂ x é um número inteiro facilmente calculado.

FUNÇÃO LOGARÍTMICA

Observe que:
- o gráfico de *f* está inteiramente contido no 1º e no 4º quadrantes, pois *f* está definida apenas para x > 0.
- o conjunto imagem de *f* é $\mathbb{R}$; de fato, todo número real *y* é imagem de algum *x*: por exemplo, y = 200 é imagem de x = 2^{200}; y = −200 é imagem de x = 2^{-200} etc. Em geral, o número real y_0 é imagem do número real positivo x = 2^{y_0}.

Consideremos agora a função *g* dada por y = $\log_{\frac{1}{3}} x$, definida para todo *x* real, x > 0. Vamos construir seu gráfico por meio da tabela:

x	y = $\log_{\frac{1}{3}} x$
$\frac{1}{27}$	3
$\frac{1}{9}$	2
$\frac{1}{3}$	1
1	0
3	−1
9	−2

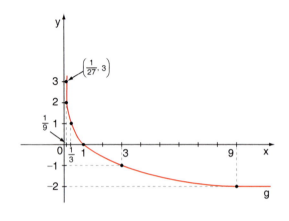

Observe que o conjunto imagem de *g* é $\mathbb{R}$.

Função exponencial e função logarítmica

Vamos estabelecer uma importante relação entre os gráficos das funções exponencial e logarítmica.

Consideremos as funções *f* e *g*, dadas por f(x) = 2^x e g(x) = $\log_2 x$.

Se um par ordenado (a, b) está na tabela de *f*, temos que b = 2^a; isso é equivalente a dizer que $\log_2 b$ = a e, desse modo, o par ordenado (b, a) está na tabela de *g*.

Acompanhe as tabelas seguintes:

x	y = 2^x
−3	$\frac{1}{8}$
−2	$\frac{1}{4}$
−1	$\frac{1}{2}$
0	1
1	2
2	4
3	8

x	y = $\log_2 x$
$\frac{1}{8}$	−3
$\frac{1}{4}$	−2
$\frac{1}{2}$	−1
1	0
2	1
4	2
8	3

Quando construímos os gráficos de *f* e *g* no mesmo sistema de coordenadas, notamos que eles são simétricos em relação à reta correspondente à função linear dada por y = x. Essa reta é conhecida como **bissetriz dos quadrantes ímpares**.

Observe que o gráfico de *f* corresponde ao gráfico de *g* "rebatido" em relação à bissetriz (e vice-versa).

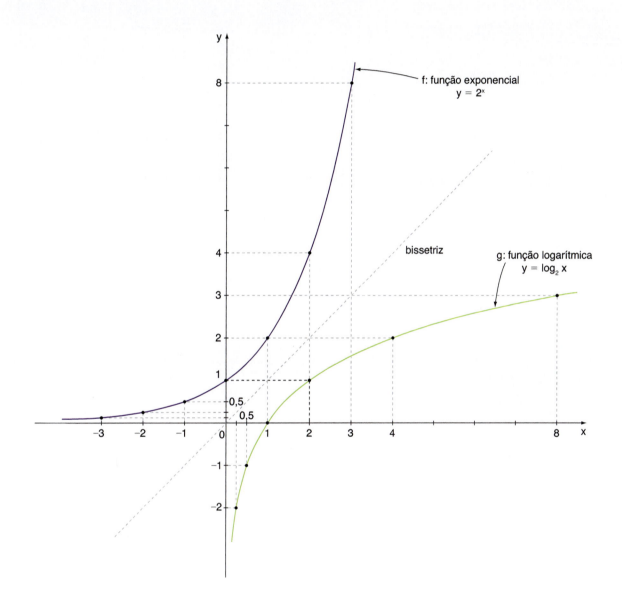

Exemplo 3

Vejamos como construir o gráfico da função dada por $y = \log_{\frac{1}{2}} x$ definida para todo número real positivo, isto é, x > 0.

Vamos lembrar como é o gráfico da função exponencial de base $\frac{1}{2}$ e, por simetria, obter o gráfico da função logarítmica de base $\frac{1}{2}$.

FUNÇÃO LOGARÍTMICA

x	$y = \left(\frac{1}{2}\right)^x$
−3	8
−2	4
−1	2
0	1
1	$\frac{1}{2}$
2	$\frac{1}{4}$
3	$\frac{1}{8}$

x	$y = \log_{\frac{1}{2}} x$
8	−3
4	−2
2	−1
1	0
$\frac{1}{2}$	1
$\frac{1}{4}$	2
$\frac{1}{8}$	3

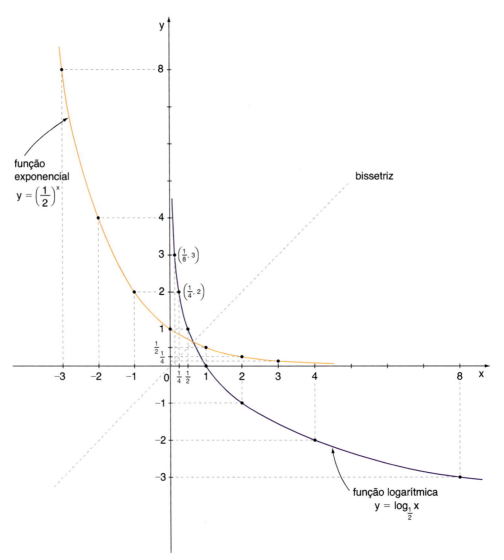

Propriedades do gráfico da função logarítmica

De modo geral, o gráfico de uma função f definida por $f(x) = \log_a x$ tem as seguintes características:
- Localiza-se à direita do eixo dos y, isto é, seus pontos pertencem ao 1º e 4º quadrantes, pois o domínio de f é $\mathbb{R}_+^*$.
- Corta o eixo dos x no ponto da abscissa 1 — ponto (1, 0) —, pois, se $x = 1$, $y = \log_a 1 = 0$, $\forall a \in \mathbb{R}$, $0 < a \neq 1$.
- É simétrico do gráfico da função exponencial g (de mesma base) definida por $y = a^x$ em relação à reta bissetriz do 1º e do 3º quadrantes (veja mais detalhes no capítulo seguinte).
- Toma o aspecto de um dos gráficos abaixo:

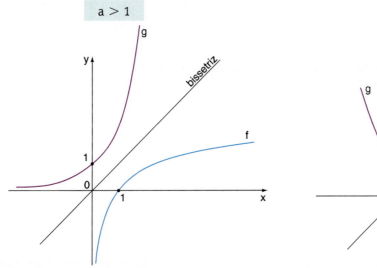

Leis de f e g: $f(x) = \log_a x$ e $g(x) = a^x$

- O conjunto imagem de f é $\mathbb{R}$, pois todo número real y é imagem do número real positivo $x = a^y$.
- Quando $a > 1$, a função logarítmica dada por $f(x) = \log_a x$ é crescente.

$$x_1 < x_2 \Leftrightarrow \log_a x_1 < \log_a x_2$$

Justificativa:

$$x_1 < x_2 \Leftrightarrow a^{\log_a x_1} < a^{\log_a x_2} \underset{a > 1}{\Longleftrightarrow} \log_a x_1 < \log_a x_2$$

Assim, por exemplo:
- $13 > 5 \Rightarrow \log_2 13 > \log_2 5$
- $4 > 2,5 \Rightarrow \log_5 4 > \log_5 2,5$
- $8 > 6 \Rightarrow \log 8 > \log 6$

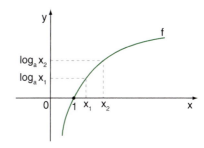

Observação

Quando $a > 1$, temos:
- para todo $x \in \mathbb{R}$, $x > 1$, temos $\log_a x > \log_a 1$, isto é, $\log_a x > 0$ (observe a parte assinalada em vermelho no gráfico);
- para todo $x \in \mathbb{R}$, $0 < x < 1$, temos $\log_a x < \log_a 1$, isto é, $\log_a x < 0$ (observe a parte assinalada em azul no gráfico).

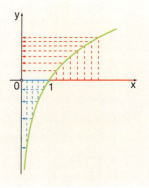

FUNÇÃO LOGARÍTMICA 243

- Quando $0 < a < 1$, a função logarítmica f dada por $f(x) = \log_a x$ é decrescente.

$$x_1 < x_2 \Leftrightarrow \log_a x_1 > \log_a x_2$$

Justificativa:
$$x_1 < x_2 \Leftrightarrow a^{\log_a x_1} < a^{\log_a x_2} \xLeftrightarrow{0 < a < 1} \log_a x_1 > \log_a x_2$$

Assim, por exemplo:
- $13 > 5 \Rightarrow \log_{\frac{1}{2}} 13 < \log_{\frac{1}{2}} 5$
- $4 > 2{,}5 \Rightarrow \log_{\frac{1}{3}} 4 < \log_{\frac{1}{3}} 2{,}5$
- $8 > 6 \Rightarrow \log_{\frac{1}{10}} 8 < \log_{\frac{1}{10}} 6$

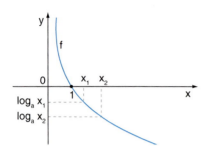

Observação

Quando $0 < a < 1$, temos:
- para todo $x \in \mathbb{R}$, $x > 1$, temos $\log_a x < \log_a 1$, isto é, $\log_a x < 0$ (observe a parte assinalada em vermelho no gráfico);
- para todo $x \in \mathbb{R}$, $0 < x < 1$, temos $\log_a x > \log_a 1$, isto é, $\log_a x > 0$ (observe a parte assinalada em azul no gráfico).

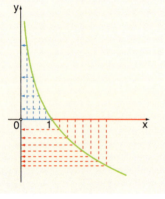

EXERCÍCIOS

34. Estabeleça o domínio de cada uma das funções seguintes, definidas por:
a) $y = \log_5 (x - 1)$
b) $y = \log_{\frac{1}{2}} (3x - 2)$
c) $y = \log_4 (x^2 - 9)$
d) $y = \log_5 (x^2 + 3)$

35. Determine o domínio de cada uma das funções definidas por:
a) $f(x) = \log_x (x + 3)$
b) $g(x) = \log_{x-1} (-3x + 4)$

36. Seja $f: \mathbb{R}_+^* \to \mathbb{R}$ definida por $f(x) = \log x$. Classifique como V ou F as afirmações seguintes, corrigindo as falsas:
a) $f(100) = 2$
b) $f(x^2) = 2 \cdot f(x)$
c) $f(10x) = 10 \cdot f(x)$
d) $f\left(\dfrac{1}{x}\right) + f(x) = 0$
e) A taxa média de variação da função, quando x varia de 1 a 10, é dez vezes a taxa de variação da função quando x varia de 10 a 100.

37. Construa o gráfico das funções de domínio $\mathbb{R}_+^*$ definidas pelas leis seguintes:
a) $y = \log_3 x$
b) $y = \log_{\frac{1}{4}} x$
c) $y = \log_{\frac{1}{3}} x$
d) $y = \log_4 x$

38. O gráfico abaixo representa a função definida pela lei $y = a + \log_b (x + 1)$, sendo a e b constantes reais. Quais são os valores de a e b, respectivamente?

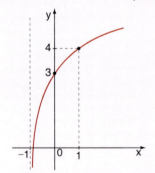

39. O gráfico abaixo representa a função f, definida por $y = \log_2 (x + k)$, sendo k uma constante real.
a) Qual é o valor de k?
b) Qual é a área do retângulo ABCD?

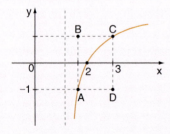

40. Classifique como V ou F as afirmações seguintes:

a) $\log_3 4 < \log_3 5$
b) $\log_{\frac{1}{3}} 4 < \log_{\frac{1}{3}} 5$
c) $\log 0{,}35 < \log 0{,}2$
d) $\log_2 \pi^2 > \log_2 9$
e) $\log_{\frac{1}{2}} \sqrt{2} < \log_{\frac{1}{2}} 2$
f) $\log_{\frac{1}{5}} \frac{1}{3} > \log_{\frac{1}{5}} \frac{1}{4}$

41. Entre os números seguintes, determine aqueles que são positivos:

a) $\log_{\frac{1}{4}} 3$
b) $\log_5 2$
c) $\log 0{,}2$
d) $\log_{\frac{1}{2}} \frac{1}{3}$
e) $\log_{\frac{2}{3}} 7$
f) $\ell n\, 2$

42. A lei seguinte representa uma estimativa sobre o número de funcionários de uma empresa, em função do tempo t, em anos ($t = 0, 1, 2, ...$), de existência da empresa:

$f(t) = 400 + 50 \cdot \log_4 (t + 2)$

a) Quantos funcionários a empresa possuía na sua fundação?
b) Quantos funcionários foram incorporados à empresa do 2º ao 6º ano? (Admita que nenhum funcionário tenha saído.)
c) Calcule a taxa média de variação do número de funcionários da empresa do 6º ao 14º ano.

43. O gráfico abaixo representa a função f de $\mathbb{R}_+^*$ em $\mathbb{R}$, dada por: $y = \log_2 x$.

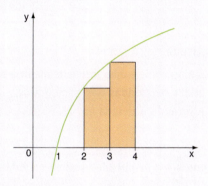

Qual é o valor da área da região colorida?
Considere as aproximações $\log 2 = 0{,}3$ e $\log 3 = 0{,}48$.

APLICAÇÕES

Os terremotos e os logaritmos

No dia 11 de março de 2011, um forte terremoto de 8,9 graus na escala Richter sacudiu o Japão. Esse terremoto está entre os 10 piores da história da humanidade.

O terremoto desencadeou o fenômeno dos *tsunamis* – ondas gigantes que podem chegar a até 10 metros de altura e que podem atingir velocidades próximas a de um jato comercial. O alerta de *tsunamis* foi enviado a 20 países, inclusive aos Estados Unidos (estado do Havaí).

O terremoto devastador deixou um cenário de guerra: aproximadamente 25 mil vítimas (entre mortes confirmadas e desaparecidos); 18 mil casas destruídas e milhares de prédios danificados. Além disso, houve uma explosão em um reator da usina nuclear de Fukushima, causando grande apreensão na comunidade internacional. A economia do Japão e, consequentemente, a economia mundial sofreram abalos significativos.

A escala Richter foi desenvolvida em 1935 por Charles Richter e Beno Gutenberg, no California Institute of Technology. Trata-se de uma escala logarítmica, sem limites. No entanto, a própria natureza impõe um limite superior a esta escala, já que ela está condicionada ao próprio limite de resistência das rochas na crosta terrestre.

Ambas as imagens retratam a região de Kesenruma, no Japão. A fotografia de cima é de 12 de março de 2011, logo após o *tsunami*, e mostra a devastação causada pelo terremoto; a de baixo foi tirada um ano e meio depois, em setembro de 2012.

A magnitude (graus) de Richter é uma medida **quantitativa** do "tamanho" de um terremoto. Ela está relacionada com a amplitude das ondas registradas e também com a energia liberada.

A escala Richter e seus efeitos								
0 a 1,9	**2 a 2,9**	**3 a 3,9**	**4 a 4,9**	**5 a 5,9**	**6 a 6,9**	**7 a 7,9**	**8 a 8,9**	**9 ou mais**
Tremor detectado apenas por um sismógrafo.	Oscilações de objetos suspensos.	Vibração parecida com a da passagem de um caminhão.	Vidros quebrados, quedas de pequenos objetos.	Móveis são deslocados, fendas nas paredes.	Danos nas construções, destruição das casas mais frágeis.	Danos maiores, fissuras no subsolo, canos se rompem.	Pontes destruídas, a maioria das construções desaba.	Destruição quase total das construções, tremor de terra vísivel a olho nu.

Fonte: *O Globo*, 15/6/2005.

Amplitude

A amplitude é uma forma de medir a movimentação do solo e está diretamente associada ao tamanho das ondas registradas nos sismógrafos.

A fórmula utilizada é:

$$M = \log A - \log A_0$$

em que A é a amplitude máxima medida no sismógrafo a 100 km do epicentro do terremoto, e A_0, uma amplitude de referência ($\log A_0$ é constante).

Desse modo, se quisermos comparar as magnitudes (M_1 e M_2) de dois terremotos em função da amplitude das ondas geradas, podemos fazer:

$$M_1 - M_2 = (\log A_1 - \log A_0) - (\log A_2 - \log A_0)$$

$$M_1 - M_2 = \log A_1 - \log A_2$$

$$M_1 - M_2 = \log\left(\frac{A_1}{A_2}\right)$$

Em particular, se $M_1 - M_2 = 1$ (terremotos que diferem de 1 grau na escala Richter), temos:

$$1 = \log\left(\frac{A_1}{A_2}\right) \implies 10^1 = \frac{A_1}{A_2} \implies A_1 = 10 \cdot A_2$$

Desse modo, cada ponto de magnitude equivale a 10 vezes a amplitude do ponto anterior.

Energia

A energia liberada em um abalo sísmico é um fiel indicador do poder destrutivo de um terremoto. A relação entre a magnitude M (graus) de Richter e a energia liberada E é dada por:

$$M = \frac{2}{3} \cdot \log_{10}\left(\frac{E}{E_0}\right) \qquad (*)$$

sendo $E_0 = 7 \cdot 10^{-3}$ kWh (quilowatt hora) um valor padrão (constante).

Vamos comparar as energias E_1 e E_2 liberadas em dois terremotos T_1 e T_2 que diferem de 1 grau na escala Richter, a saber, de magnitudes M_1 e $M_2 = M_1 + 1$.

De (*), podemos escrever:

$$\log_{10}\left(\frac{E}{E_0}\right) = \frac{3M}{2} \implies \frac{E}{E_0} = 10^{\frac{3M}{2}} \implies E = E_0 \cdot 10^{\frac{3M}{2}}$$

Assim, para o terremoto T_1, temos $E_1 = E_0 \cdot 10^{\frac{3M_1}{2}}$; para o terremoto T_2, temos: $E_2 = E_0 \cdot 10^{\frac{3M_2}{2}} =$

$= E_0 \cdot 10^{\frac{3 \cdot (M_1 + 1)}{2}} = \underbrace{E_0 \cdot 10^{\frac{3M_1}{2}}}_{E_1} \cdot 10^{\frac{3}{2}} = E_1 \cdot 10^{\frac{3}{2}}$, isto é, $E_2 = E_1 \cdot 10^{\frac{3}{2}}$.

Como $10^{\frac{3}{2}} = \sqrt{10^3} = \sqrt{1\,000} \cong 31,62$, concluímos que a energia liberada no terremoto T_2 é aproximadamente 32 vezes a energia liberada no terremoto T_1.

Assim, cada ponto na escala Richter equivale a aproximadamente 32 vezes a energia do ponto anterior.

Reunindo os conhecimentos construídos referentes à amplitude das ondas e energia liberada, ao compararmos, por exemplo, dois terremotos de 6 e 9 graus na escala Richter, concluímos que:

- a amplitude das ondas no terremoto mais forte é $10 \times 10 \times 10 = 1\,000$ vezes a amplitude das ondas do outro;
- a energia liberada no terremoto mais forte é da ordem de $32 \times 32 \times 32 = 32\,768$ vezes a energia liberada do outro.

Por fim, é importante destacar também que existem medidas **qualitativas** que descrevem os efeitos produzidos pelos terremotos a partir de observações *in loco* dos danos ocasionados nas construções, população e meio ambiente (efeitos macrossísmicos).

Referências bibliográficas:
- Revista *Galileu*. São Paulo: Globo, out. 2002.
- fisicamoderna.blog.uol.com.br/arch2010-01-10_2010-01-16.html (Acesso em: jul. 2014)
- *Como medir a força de um terremoto*. Disponível em: www.obsis.unb.br (Acesso em: jul. 2014)

EQUAÇÕES EXPONENCIAIS

Há equações que não podem ser reduzidas a uma igualdade de potências de mesma base pela simples aplicação das propriedades das potências. A resolução de uma equação desse tipo baseia-se na definição de logaritmo:

$$a^x = b \implies x = \log_a b$$

com $0 < a \neq 1$ e $b > 0$.

Veja a equação: $3^x = 5$.

Da definição de logaritmos, escrevemos $\log_3 5 = x$.

Para conhecer esse valor, podemos usar uma calculadora científica, aplicando a propriedade da mudança de base:

$$x = \log_3 5 = \frac{\log 5}{\log 3} \cong \frac{0,6990}{0,4771} \cong 1,465$$

Um processo equivalente consiste em "aplicar" logaritmo decimal aos dois membros da igualdade $3^x = 5$, criando uma nova igualdade:

$$\log 3^x = \log 5 \implies x \cdot \log 3 = \log 5 \implies x = \frac{\log 5}{\log 3}$$

Qualquer um desses processos pode ser usado para resolver o problema introduzido no início do capítulo (página 259), sobre a desvalorização anual do caminhão.

Precisamos resolver a equação: $0,9^x = 0,2$.

Temos:

$$x = \log_{0,9} 0,2 = \frac{\log 0,2}{\log 0,9} = \frac{\log\left(\dfrac{2}{10}\right)}{\log\left(\dfrac{9}{10}\right)} = \frac{\log 2 - \log 10}{\log 9 - \log 10} = \frac{\log 2 - \log 10}{2 \cdot \log 3 - \log 10}$$

Usando as aproximações log 2 = 0,3010 e log 3 = 0,4771, obtemos:

$$x = \frac{0{,}301 - 1}{2 \cdot 0{,}4771 - 1} = \frac{-0{,}699}{-0{,}0458} \cong 15{,}26;$$ aproximadamente 15 anos e 3 meses.

É importante estar atento às aproximações usadas para os logaritmos. Se tivéssemos usado aproximações com duas casas decimais (por exemplo, log 2 = 0,30 e log 3 = 0,48), obteríamos 17,5 anos como resultado, que é "consideravelmente distante" do resultado anterior.

EXERCÍCIOS

44. Considerando as aproximações: log 2 = 0,3 e log 3 = 0,48, resolva as seguintes equações exponenciais:

a) $3^x = 10$
b) $4^x = 3$
c) $2^x = 27$
d) $10^x = 6$
e) $2^x = 5$
f) $3^x = 2$
g) $\left(\frac{1}{2}\right)^{x+1} = \frac{1}{9}$
h) $2^x = 3$

45. Economistas afirmam que a dívida externa de um determinado país crescerá segundo a lei:

$$y = 40 \cdot 1{,}2^x$$

sendo y o valor da dívida (em bilhões de dólares) e x o número de anos transcorridos após a divulgação dessa previsão. Em quanto tempo a dívida estará estimada em 90 bilhões de dólares? (Use as aproximações: log 2 = 0,3 e log 3 = 0,48.)

46. No exemplo de introdução da função logarítmica (página 272), vamos admitir que Cássio tenha colocado R$ 500,00 em tal poupança especial. Como vimos, após n meses, o saldo (y) dessa poupança será dado por: $y = 500 \cdot (1{,}01)^n$.

a) Que valor terá Cássio após meio ano?
b) Qual é o tempo mínimo necessário que Cássio deve manter o dinheiro aplicado a fim de resgatar R$ 800,00? (Use as aproximações: log 2 = 0,3 e log 1,01 = 0,004.)

47. Dentro de t décadas, contadas a partir de hoje, o valor (em reais) de um imóvel será dado por $v = 80\,000 \cdot 0{,}9^t$.

a) Qual é o valor atual desse imóvel?
b) Qual é a perda (em reais) no valor desse imóvel durante a primeira década?
c) Qual é a desvalorização percentual desse imóvel em uma década?
d) Qual é o tempo mínimo necessário, em anos, para que o valor do imóvel seja de R$ 60 000,00? (Use as aproximações: log 2 = 0,30 e log 3 = 0,48.)

48. A expressão seguinte relaciona o valor v, em reais, que um objeto de arte terá t anos após a sua aquisição:

$$v(t) = 500 \cdot 2^{kt} \quad (k \text{ é uma constante positiva})$$

a) Sabendo que o valor do objeto, após três anos de sua aquisição, é de R$ 2 000,00, determine o valor de k.
b) Por qual valor esse objeto de arte foi adquirido?
c) Qual é o número mínimo inteiro de anos necessário para que o valor do objeto seja de R$ 5 000,00? (Use a aproximação: log 2 = 0,301.)

49. A população de certa espécie de mamífero em uma região da Amazônia cresce segundo a lei

$$n(t) = 5\,000 \cdot e^{0{,}02t}$$

em que $n(t)$ é o número de elementos estimado da espécie no ano t ($t = 0, 1, 2, ...$), contado a partir de hoje ($t = 0$).

Determine o número inteiro mínimo de anos necessários para que a população atinja:

a) 8 000 elementos?
b) 10 000 elementos?

Use as aproximações: $\ell n\, 2 = 0{,}69$ e $\ell n\, 5 = 1{,}6$.

50. (Unicamp-SP) O decaimento radioativo do estrôncio 90 é descrito pela função $P(t) = P_0 \cdot 2^{-bt}$, onde t é um instante de tempo, medido em anos, b é uma constante real e P_0 é a concentração inicial do estrôncio 90, ou seja, a concentração no instante $t = 0$.

a) Se a concentração de estrôncio 90 cai pela metade em 29 anos, isto é, se a meia-vida do estrôncio 90 é de 29 anos, determine o valor constante de b.
b) Dada uma concentração inicial P_0 de estrôncio 90, determine o tempo necessário para que a concentração seja reduzida a 20% de P_0. Considere $\log_2 10 \approx 3{,}32$.

51. A instalação de radares para controle da velocidade dos veículos em grandes avenidas de uma cidade proporcionou uma diminuição do número de acidentes. Esse número pode ser calculado pela lei: $n(t) = n(0) \cdot 0{,}8^t$, sendo $n(0)$ o número de acidentes anuais registrado no ano da instalação dos radares e $n(t)$ o número de acidentes anuais t anos depois. Qual é o tempo necessário para que o número de acidentes se reduza à quarta parte da quantidade registrada no ano da instalação dos radares? (Use a aproximação: log 2 = 0,3.)

248 CAPÍTULO 8

EQUAÇÕES LOGARÍTMICAS

Uma equação que apresenta a incógnita no logaritmando ou na base de um logaritmo é chamada **equação logarítmica**.
Exemplos:

- $\log_3 (x + 1) = 4$
- $\log x - \log (x + 1) = 2$
- $\log_x 3 = -2$

Vamos estudar alguns tipos de equações logarítmicas.

Equações redutíveis a uma igualdade entre dois logaritmos de mesma base

$$\log_a f(x) = \log_a g(x)$$

A solução pode ser obtida impondo-se $f(x) = g(x) > 0$, conforme estudamos na definição de logaritmos e suas consequências.

Exemplo 4

Para resolver a equação $\log_3 (3 - x) = \log_3 (3x + 7)$, devemos impor:

$$3 - x = 3x + 7 > 0$$
$$3 - x = 3x + 7 \Rightarrow 4x = -4 \Rightarrow x = -1$$

Substituindo x por -1 na condição $3x + 7 > 0$, vem $3(-1) + 7 = -3 + 7 > 0$, que é verdadeira.
Então, $S = \{-1\}$.

Equações redutíveis a uma igualdade entre um logaritmo e um número real

$$\log_a f(x) = r$$

A solução pode ser obtida aplicando-se a definição de logaritmo, isto é: $f(x) = a^r$.

Exemplo 5

Vamos resolver a equação $\log_2 (x^2 + x - 4) = 3$.
Temos:

$$\log_2 (x^2 + x - 4) = 3 \Rightarrow x^2 + x - 4 = 2^3 \Rightarrow x^2 + x - 12 = 0 \Rightarrow x = -4 \text{ ou } x = 3$$

Note que, para $x = -4$, o logaritmando $x^2 + x - 4$ é positivo, o mesmo ocorrendo com $x = 3$.
Então, $S = \{-4, 3\}$.

Equações que envolvem utilização de propriedades

Muitas vezes, é preciso aplicar as propriedades operatórias, a fim de que a equação proposta se reduza a um dos dois casos anteriores estudados.

Exemplo 6

Vamos resolver a equação $2 \cdot \log x = \log (2x - 3) + \log (x + 2)$.
A equação proposta equivale a:

$$\log x^2 = \log [(2x - 3) \cdot (x + 2)]$$

Daí, vem:

$$\log x^2 = \log (2x^2 + x - 6) \Rightarrow x^2 = 2x^2 + x - 6 \Rightarrow x^2 + x - 6 = 0 \Rightarrow x = -3 \text{ ou } x = 2$$

Verificação:
- $x = -3$ não pode ser aceito, pois nesse caso não existem $\log x$, $\log (2x - 3)$ e $\log (x + 2)$.
- $x = 2$ é solução, pois satisfaz as condições de existência dos logaritmos.

Então, $S = \{2\}$.

Equações que envolvem mudança de base

Às vezes, os logaritmos envolvidos na equação são expressos em bases diferentes. A mudança de base facilita, em geral, a resolução da equação.

Exemplo 7

Vamos resolver a equação $\log_4 x + \log_x 4 = 2$.
Note que a equação só tem solução se $x > 0$ e $x \neq 1$.
Mudando de base, temos que: $\log_x 4 = \dfrac{1}{\log_4 x}$.

Fazendo $\log_4 x = y$, a equação dada fica:
$$y + \frac{1}{y} = 2 \Rightarrow y^2 + 1 = 2y \Rightarrow y^2 - 2y + 1 = 0 \Rightarrow y = 1 \Rightarrow \log_4 x = 1 \Rightarrow x = 4$$

- $x = 4$ é a solução, pois satisfaz as condições de existência dos logaritmos.
Então, $S = \{4\}$.

EXERCÍCIOS

52. Resolva, em $\mathbb{R}$, as seguintes equações:
a) $\log_2 (4x + 5) = \log_2 (2x + 11)$
b) $\log_3 (5x^2 - 6x + 16) = \log_3 (4x^2 + 4x - 5)$
c) $\log_x (2x - 3) = \log_x (-4x + 8)$

53. Resolva, em $\mathbb{R}$, as seguintes equações:
a) $\log_4 (x + 3) = 2$
b) $\log_{\frac{3}{5}} (2x^2 - 3x + 2) = 0$
c) $\log_{0,1} (4x^2 - 6x) = -1$
d) $\log_{2x} (6x^2 - 13x + 15) = 2$

54. Resolva, em $\mathbb{R}$, as seguintes equações:
a) $(\log_2 x)^2 - 15 = 2 \log_2 x$
b) $2 \log^2 x + \log x - 1 = 0$
c) $\ell n^3 x = 4 \cdot \ell n\, x$

55. Resolva, em $\mathbb{R}$, as seguintes equações:
a) $\log_2 (x - 2) + \log_2 x = 3$
b) $2 \log_7 (x + 3) = \log_7 (x^2 + 45)$
c) $\log (4x - 1) - \log (x + 2) = \log x$
d) $3 \log_5 2 + \log_5 (x - 1) = 0$
e) $\log x + \log x^2 + \log x^3 = -6$

56. Resolva, em $\mathbb{R}$, as equações:
a) $\log_5 x = \log_x 5$
b) $\log_{49} 7x = \log_x 7$
c) $2 \log_4 (3x + 43) - \log_2 (x + 1) = 1 + \log_2 (x - 3)$

d) $\log_2 (x - 1) + \log_{\frac{1}{2}} (x - 2) = \log_2 x$
e) $\dfrac{1}{3} + \log_2 x + \log_4 x + \log_8 x = 4$

57. Resolva, em $\mathbb{R}$, os seguintes sistemas de equações:
a) $\begin{cases} x + y = 10 \\ \log_4 x + \log_4 y = 2 \end{cases}$
b) $\begin{cases} x \cdot y = 1 \\ \log_3 x - \log_3 y = 2 \end{cases}$
c) $\begin{cases} 4^{x-y} = 8 \\ \log_2 x - \log_2 y = 2 \end{cases}$

58. Resolva em $\mathbb{R}$:
a) $\log_2 \sqrt[4]{x} = \log_4 \sqrt{x}$
b) $\dfrac{1}{\log_x 8} + \dfrac{1}{\log_{2x} 8} + \dfrac{1}{\log_{4x} 8} = 2$

59. Subtraindo-se 24 unidades de um número real positivo, seu logaritmo em base 4 diminui uma unidade.
a) Qual é o valor do logaritmo desse número na base 16?
b) Em que base o logaritmo desse número teria aumentado em duas unidades, se tivéssemos subtraído 24 unidades desse número?

INEQUAÇÕES LOGARÍTMICAS

Inequações em que a incógnita aparece no logaritmando ou na base de ao menos um dos logaritmos que a compõem são chamadas **inequações logarítmicas**. São exemplos de inequações logarítmicas:
- $\log_3 x < 5$
- $\log_2 (x^2 - 1) < \log_2 3$

Vamos ver como podem ser resolvidos dois tipos de inequações logarítmicas. A resolução dessas inequações está fundamentada nas propriedades do gráfico da função logarítmica, estudadas na página 277.

Inequações redutíveis a uma desigualdade entre logaritmos de mesma base

$$\log_a f(x) < \log_a g(x)$$

Aqui há dois casos a considerar:

- A base é maior que 1. Nesse caso, a relação de desigualdade entre $f(x)$ e $g(x)$ tem o mesmo sentido que a desigualdade entre os logaritmos. Para existirem os logaritmos, devemos impor também que $f(x)$ e $g(x)$ sejam positivos. Então, a solução pode ser obtida impondo-se que:

$$\log_a f(x) < \log_a g(x) \implies 0 < f(x) < g(x)$$

- A base está entre 0 e 1. Nesse caso, a relação de desigualdade entre $f(x)$ e $g(x)$ tem sentido contrário ao da desigualdade entre os logaritmos. Para existirem os logaritmos, devemos impor também que $f(x)$ e $g(x)$ sejam positivos. Então, a solução pode ser obtida impondo-se que:

$$\log_a f(x) < \log_a g(x) \implies f(x) > g(x) > 0$$

Exemplo 8

Vamos resolver a inequação $\log_3 (2x - 5) < \log_3 x$.

Como a base é maior que 1, temos: $0 < 2x - 5 < x$.

Daí, vem:

$$2x - 5 > 0 \Rightarrow x > \frac{5}{2} \quad \text{①}$$

$$2x - 5 < x \Rightarrow x < 5 \quad \text{②}$$

Da interseção de ① com ②, resulta:

$$S = \left\{ x \in \mathbb{R} \mid \frac{5}{2} < x < 5 \right\}$$

Exemplo 9

Veja agora como proceder se a base está entre 0 e 1. A inequação proposta é:

$$\log_{\frac{1}{3}} (4x - 1) < \log_{\frac{1}{3}} (-2x + 5)$$

Devemos ter:

$$\underbrace{4x - 1 > \overbrace{-2x + 5}^{②} > 0}_{①}$$

De ①, temos: $4x - 1 > -2x + 5 \Rightarrow 6x > 6 \Rightarrow x > 1$

De ②, vem: $-2x + 5 > 0 \Rightarrow -2x > -5 \Rightarrow x < \frac{5}{2}$

Da interseção de ① com ②, segue a solução:

$$S = \left\{ x \in \mathbb{R} \mid 1 < x < \frac{5}{2} \right\}$$

Inequações redutíveis a uma desigualdade entre um logaritmo e um número real

$$\log_a f(x) > r \quad \text{ou} \quad \log_a f(x) < r$$

Para resolver uma inequação desse tipo, basta substituir r por $\log_a a^r$ e, assim, recaímos numa inequação do 1º tipo.

$$\log_a f(x) < r \text{ equivale a } \log_a f(x) < \log_a a^r$$
$$\log_a f(x) > r \text{ equivale a } \log_a f(x) > \log_a a^r$$

Exemplo 10

Vamos resolver, em $\mathbb{R}$, as inequações:

■ $\log_2 x > 3$

Escrevemos $3 = \log_2 2^3$ e temos:

$$\log_2 x > \log_2 2^3 \underset{\substack{\text{base maior} \\ \text{que 1}}}{\Longleftrightarrow} x > 8 > 0$$

$$S = \{x \in \mathbb{R} \mid x > 8\}$$

■ $\log_{\frac{1}{3}} (x - 1) > -2$

Escrevemos $-2 = \log_{\frac{1}{3}} \left(\frac{1}{3}\right)^{-2}$ e temos:

$$\log_{\frac{1}{3}} (x - 1) > \log_{\frac{1}{3}} \left(\frac{1}{3}\right)^{-2} \underset{\substack{\text{base entre} \\ \text{0 e 1}}}{\Longleftrightarrow} 0 < x - 1 < \left(\frac{1}{3}\right)^{-2} \Rightarrow 0 < x - 1 < 9 \Rightarrow 1 < x < 10$$

$$S = \{x \in \mathbb{R} \mid 1 < x < 10\}$$

EXERCÍCIOS

60. Resolva, em $\mathbb{R}$, as seguintes inequações:

a) $\log_2 (x - 1) < \log_2 3$
b) $\log_{\frac{1}{3}} x \leqslant \log_{\frac{1}{3}} 2$
c) $\log_3 (2x - 7) > \log_3 5$
d) $\log_{0,2} x \leqslant \log_{0,2} (-x + 3)$

61. Resolva, em $\mathbb{R}$, as seguintes inequações:

a) $\log_3 x > 2$
b) $\log_4 x < 1$
c) $\log_{\frac{1}{2}} x > 2$
d) $\log_{\frac{2}{5}} x \leqslant 1$

62. Resolva, em $\mathbb{R}$, as seguintes inequações:

a) $\log_2 (x - 1) + \log_2 (x + 2) \geqslant \log_2 (-x + 13)$
b) $\log_{0,1} x + \log_{0,1} (x - 2) < \log_{0,1} (x + 10)$

63. Estabeleça o domínio de cada uma das funções dadas pelas leis seguintes:

a) $f(x) = \sqrt{\log_2 (x - 3)}$
b) $g(x) = \dfrac{1}{\log_{\frac{1}{2}} (x + 4)}$
c) $h(x) = \dfrac{x}{\sqrt{\log_{\frac{1}{3}} (2x)}}$

64. Resolva, em $\mathbb{R}$:

a) $\log_3^2 x - 3 \geqslant 2 \cdot \log_3 x$
b) $\log_{\frac{1}{2}}^2 x - 3 \log_{\frac{1}{2}} x - 4 > 0$
c) $\log_2^2 x < 4$

65. Considere a equação de 2º grau na incógnita x:

$$-x^2 + (\log_3 m)x - \frac{1}{4} = 0, \text{com } m \in \mathbb{R}_+^*$$

a) Encontre suas raízes quando $m = 9$.
b) Para que valores de m a equação apresenta duas raízes reais e distintas?

66. Resolva, em $\mathbb{R}$, o sistema de inequações

$$\begin{cases} \log_2 (x - 1) < 0 \\ \log_{\frac{1}{2}} (x - 1) > 0 \end{cases}$$

67. Resolva, em $\mathbb{R}$, a inequação

$$\log_a 2 < \log_a 3x < \log_a x^2$$

a) admitindo que $a > 1$.
b) admitindo que $0 < a < 1$.

68. Resolva a inequação $\log_{\frac{1}{2}} \left(x^2 - x - \frac{3}{4}\right) > 2 - \log_2 5$

69. Resolva, em $\mathbb{R}$, as inequações:

a) $\log_{\frac{1}{3}} (\log_2 x) < 0$
b) $\log_{\frac{1}{3}} (\log_{\frac{1}{3}} x) \geqslant 0$

70. Estabeleça o domínio das funções seguintes definidas por:

a) $f(x) = \sqrt{\log_{0,3} x}$
b) $f(x) = \log_5 \sqrt{x - 2}$
c) $f(x) = \sqrt{\log_{0,1} (\log x)}$

DESAFIO

Em um laboratório, duas velas que têm a mesma forma e a mesma altura são acesas simultaneamente. Suponha que:

■ as chamas das duas velas ficam acesas, até que sejam consumidas totalmente;
■ ambas as velas queimam em velocidades constantes;
■ uma delas é totalmente consumida em 5 horas, enquanto a outra o é em 4 horas.

Nessas condições, após quanto tempo do instante em que foram acesas a altura de uma vela será o dobro da altura da outra?

EXERCÍCIOS COMPLEMENTARES

1. Sob certas condições de temperatura, os biólogos acreditam que o número de baratas de certa região dobre, no verão, a cada 20 dias. Estima-se que a população atual de baratas nessa região seja da ordem de 5 000. Considerando o mês com 30 dias e supondo que tais condições sejam mantidas, determine:
   a) a população de baratas na região, daqui a 1 mês e daqui a 2 meses.
   b) o tempo mínimo necessário (em dias) para que a população de baratas na região quintuplique.
   (Use as aproximações: $\sqrt{2} = 1,4$ e log 5 = 0,68.)

2. (UF-RJ) Seja $f:]0, \infty[\to \mathbb{R}$ dada por $f(x) = \log_3 x$.

   Sabendo que os pontos $(a, -\beta)$, $(b, 0)$, $(c, 2)$ e (d, β) estão no gráfico de f, calcule $b + c + ad$.

3. O gráfico seguinte mostra parte do gráfico da função dada por $y = k \cdot \log_3 x$, em que $k \in \mathbb{R}$.

   Sabendo que as abscissas de A e D são, respectivamente, 3 e 9, determine:
   a) o valor de k.
   b) o perímetro do trapézio ABCD.

   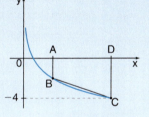

4. Resolva em $\mathbb{R}$:
   a) a equação: $\log(1 + 2^x) + x = x \cdot \log 5 + \log 6$
   b) a inequação: $\frac{1}{4} \cdot \log^3 x < \log^2 x$

5. (U. F. São Carlos-SP) Um forno elétrico estava em pleno funcionamento quando ocorreu uma falha de energia elétrica, que durou algumas horas. A partir do instante em que ocorreu a falha, a temperatura no interior do forno pôde ser expressa pela função $T(t) = 2^t + 400 \cdot 2^{-t}$, com t em horas, $t \geq 0$ e a temperatura em graus Celsius.
   a) Determine as temperaturas do forno no instante em que ocorreu a falha de energia elétrica e uma hora depois.
   b) Quando a energia elétrica voltou, a temperatura no interior do forno era de 40 graus. Determine por quanto tempo houve falta de energia elétrica. (Use a aproximação $\log_2 5 = 2,3$.)

6. Sabendo que $\log_{12} 27 = a$, obtenha, em função de a, o valor de:
   a) $\log_{12} 9$ b) $\log_{12} \frac{1}{3}$ c) $\log_{81} 144$ d) $\log_6 16$

7. Sejam x e y números reais positivos, tais que:
   $$\log(x + y) = \log x + \log y$$
   a) Qual é o valor de $\frac{1}{x} + \frac{1}{y}$?
   b) Dê um exemplo numérico para o qual vale essa igualdade.

8. (Unicamp-SP) Para certo modelo de computadores produzidos por uma empresa, o percentual dos processadores que apresentam falhas após T anos de uso é dado pela seguinte função:
   $$P(T) = 100(1 - 2^{-0,1T})$$
   a) Em quanto tempo 75% dos processadores de um lote desse modelo de computadores terão apresentado falhas?
   b) Os novos computadores dessa empresa vêm com um processador menos suscetível a falhas. Para o modelo mais recente, embora o percentual de processadores que apresentam falhas também seja dado por uma função na forma $Q(T) = 100(1 - 2^{cT})$, o percentual de processadores defeituosos após 10 anos de uso equivale a $\frac{1}{4}$ do valor observado, nesse mesmo período, para o modelo antigo (ou seja, o valor obtido empregando-se a função P(T) acima). Determine, nesse caso, o valor da constante c. Se necessário, utilize $\log_2(7) \approx 2,81$.

9. (UF-PR) Suponha que o tempo t (em minutos) necessário para ferver água em um forno de micro-ondas seja dado pela função $t(n) = a \cdot n^b$, sendo a e b constantes e n o número de copos de água que se deseja aquecer.

Número de copos	Tempo de aquecimento
1	1 minuto e 30 segundos
2	2 minutos

   a) Com base nos dados da tabela acima, determine os valores de a e b.
      Sugestão: use log 2 = 0,30 e log 3 = 0,45.
   b) Qual é o tempo necessário para se ferverem 4 copos de água nesse forno de micro-ondas?

10. (UF-CE) Considere o número real $3^{\sqrt{4,1}}$.
    a) Mostre que $3^{\sqrt{4,1}} > 9$.
    b) Mostre que $3^{\sqrt{4,1}} < 10$. Sugestão: $\log_{10} 3 < 0,48$ e $\sqrt{4,1} < 2,03$.

11. Resolva, em $\mathbb{R}$:

a) o sistema de equações $\begin{cases} \log_5 x + 3^{\log_3 y} = 7 \\ x^y = 5^{12} \end{cases}$

b) a inequação: $x^{\frac{1}{\log x}} \cdot \log x < 1$

12. (FGV-SP) O serviço de compras via internet tem aumentado cada vez mais. O gráfico ilustra a venda anual de *e-books*, livros digitais, em milhões de dólares nos Estados Unidos.

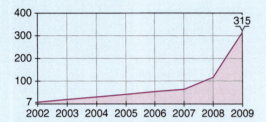

Suponha que as vendas anuais, em US$ milhões, possam ser estimadas por uma função como $y = a \cdot e^{kx}$, em que $x = 0$ representa o ano 2002, $x = 1$, o ano 2003, e assim por diante; *e* é o número de Euler.

Assim, por exemplo, em 2002 a venda foi de 7 milhões de dólares.

A partir de que ano a venda de livros digitais nos Estados Unidos vai superar 840 milhões de dólares?

Use as seguintes aproximações para estes logaritmos neperianos:

$\ell n\, 2 = 0,7$; $\ell n\, 3 = 1,1$; $\ell n\, 5 = 1,6$.

13. Em um laboratório um cientista mediu, hora a hora, os valores de certa grandeza, medida em centímetros, obtendo a tabela abaixo:

hora (X)	medida em cm (y)
12:00	0,0000025
13:00	0,000002
14:00	0,000004
15:00	0,000005
16:00	0,00001
17:00	0,000008
18:00	0,000001
19:00	0,00001

Como os valores da grandeza y eram números muito pequenos, o cientista teve a ideia de usar uma nova escala, a saber, $y' = -\log_{10} y$. Com isso, ele achou que seria mais fácil trabalhar com os dados, além de representá-los graficamente.

a) Faça uma tabela $X \times y'$. Para isso, use a aproximação $\log 2 = 0,3$.

b) Represente graficamente $X \times y'$, unindo os pontos por segmentos de reta.

c) Se o cientista tivesse obtido o valor 5,5 para y', qual seria o valor correspondente de *y*? Use a aproximação $\sqrt{10} = 3,2$.

14. (UF-MG) Inicialmente, isto é, quando $t = 0$, um corpo, à temperatura de T_0 °C, é deixado para esfriar num ambiente cuja temperatura é mantida constante e igual a T_a °C.

Considere $T_0 > T_a$.

Suponha que, após *t* horas, a temperatura T do corpo satisfaz a esta Lei de Resfriamento de Newton:

$T = T_a + c \cdot 5^{-kt}$,

em que *c* e *k* são constantes positivas.

Suponha, ainda, que:

- a temperatura inicial é $T_0 = 150$ °C;
- a temperatura ambiente é $T_a = 25$ °C; e
- a temperatura do corpo após 1 hora é $T_1 = 30$ °C.

Considerando essas informações,

a) calcule os valores das constantes *c* e *k*.

b) determine o instante em que a temperatura do corpo atinge 26 °C.

c) utilizando a aproximação $\log_{10} 2 \approx 0,3$, determine o instante em que a temperatura do corpo atinge 75 °C.

15. Pressionando, sucessivamente, em uma calculadora científica, a tecla LOG (logaritmo decimal), a começar pelo número 20 bilhões, após quantas vezes de acionamento da tecla aparecerá mensagem de erro? Explique.

Se possível, experimente fazer o exercício com uma calculadora.

16. (UFF-RJ) Verifique se as afirmações abaixo são verdadeiras ou falsas. Justifique sua resposta.

a) O número $x = \left(\dfrac{\sqrt{2}+1}{\sqrt{2}-1} - 2\sqrt{2}\right)$ é irracional.

b) O valor da expressão $\dfrac{x^2 - 4}{x^3 - 4x^2 + 4x} \cdot \dfrac{x}{x+2}$, quando $x = 9876$, é igual a $\dfrac{1}{9874}$.

c) Se $x = 0,001$, então $\dfrac{x^3 \cdot 3^x}{3^{x-1} \cdot x^4} = 1000$.

d) O valor real de *x* que torna a igualdade $\log_{10}(-\log_{10} x^3 + \log_{10} x) = 1$ verdadeira é menor do que um.

17. (UF-CE) Considere a função f: (0, ∞) → ℝ, f(x) = $\log_3 x$.

a) Calcule $f\left(\dfrac{6}{162}\right)$.

b) Determine os valores de a ∈ ℝ para os quais $f(a^2 - a + 1) < 1$.

18. As funções f e g estão representadas a seguir:

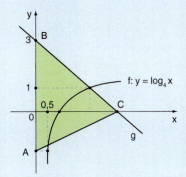

a) Qual é a lei que define g?

b) Qual é a medida da área do triângulo ABC?

19. Resolva, em ℝ, as seguintes equações logarítmicas:

a) $\log_4 \{2 \cdot \log_5 [3 + \log_3 (x + 2)]\} = \dfrac{1}{2}$

b) $\log \sqrt{x} + \log x = 6$

c) $\log_3 x + \log_9 \sqrt{x} = \dfrac{15}{4}$

d) $(\log_5 x)^2 = 8 \cdot \log_x 5$

e) $x^{\log_3 x} = 81$

20. Já vimos que o pH de uma solução aquosa é dado pela relação pH = $-\log [H^+]$, sendo $[H^+]$ a concentração de íons hidrogênio, expressa em mol/ℓ.

Ao adicionarmos x litros de uma solução com pH = 1 a y litros de uma solução com pH = 4, obtemos uma solução com pH = 2.

Mostre que x = 0,11y.

21. Na figura, temos que a − b ≠ 1 e a + b ≠ 1.

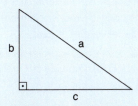

Mostre que $\dfrac{1}{\log_{a+b} c} + \dfrac{1}{\log_{a-b} c} = 2$.

22. (UF-PR) Para determinar a rapidez com que se esquece de uma informação, foi efetuado um teste em que listas de palavras eram lidas a um grupo de pessoas e, num momento posterior, verificava-se quantas dessas palavras eram lembradas. Uma análise mostrou que, de maneira aproximada, o percentual S de palavras lembradas, em função do tempo t, em minutos, após o teste ter sido aplicado, era dado pela expressão

S = −18 · log (t + 1) + 86.

a) Após 9 minutos, que percentual da informação inicial era lembrado?

b) Depois de quanto tempo o percentual S alcançou 50%?

23. (UF-GO) A capacidade de produção de uma metalúrgica tem aumentado 10% a cada mês em relação ao mês anterior. Assim, a produção no mês m, em toneladas, tem sido de $1\,800 \cdot 1,1^{m-1}$. Se a indústria mantiver este crescimento exponencial, quantos meses, aproximadamente, serão necessários para atingir a meta de produzir, mensalmente, 12,1 vezes a produção do mês um?

Dado: log 1,1 ≈ 0,04.

24. (UF-CE) Calcule o menor valor inteiro de n tal que $2^n > 5^{20}$, sabendo que $0,3 < \log_{10} 2 < 0,302$.

25. (UF-PE) A população de peixes de um lago é atacada por uma doença e deixa de se reproduzir. A cada semana, 20% da população morre. Se inicialmente havia 400 000 peixes no lago e, ao final da décima semana, restavam x peixes, assinale 10 log x. Dado: use a aproximação log 2 ≈ 0,3.

26. (FGV-RJ) A descoberta de um campo de petróleo provocou um aumento nos preços dos terrenos de certa região. No entanto, depois de algum tempo, a comprovação de que o campo não podia ser explorado comercialmente provocou a queda nos preços dos terrenos.

Uma pessoa possui um terreno nessa região, cujo valor de mercado, em reais, pode ser expresso pela função $f(x) = 2\,000 \cdot e^{2x - 0,5x^2}$, em que x representa o número de anos transcorridos desde 2005.

Assim: f(0) é o preço do terreno em 2005, f(1) o preço em 2006, e assim por diante.

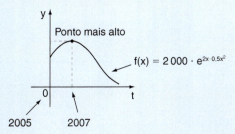

a) Qual foi o maior valor de mercado do terreno, em reais?

b) Em que ano o preço do terreno foi igual ao preço de 2005?

c) Em que ano o preço do terreno foi um décimo do preço de 2005?

Use as aproximações para resolver as questões anteriores:

$e^2 \approx 7,4$; $\ln 2 \approx 0,7$; $\ln 5 \approx 1,6$; $\sqrt{34,4} \approx 6$

27. (Unicamp-SP) A superfície de um reservatório de água para abastecimento público tem 320 000 m² de área, formato retangular e um dos seus lados mede o dobro do outro. Essa superfície é representada pela região hachurada na ilustração abaixo. De acordo com o Código Florestal, é necessário manter ao redor do reservatório uma faixa de terra livre, denominada Área de Proteção Permanente (APP), como ilustra a figura abaixo. Essa faixa deve ter largura constante e igual a 100 m, medidos a partir da borda do reservatório.

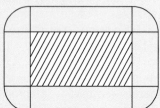

a) Calcule a área da faixa de terra denominada APP nesse caso.

b) Suponha que a água do reservatório diminui de acordo com a expressão $V(t) = V_0 \cdot 2^{-t}$, em que V_0 é o volume inicial e t é o tempo decorrido em meses. Qual é o tempo necessário para que o volume se reduza a 10% do volume inicial? Utilize, se necessário, $\log_{10} 2 \approx 0,30$.

28. (U. E. Maringá-PR) Considere a seguinte função $f(x) = 4^{2x^2 - x - 1}$ cujo domínio é conjunto dos números reais. Com relação a essa função, assinale o que for correto.

(01) O mínimo da função f ocorre em $x = 0$.

(02) O conjunto solução da inequação $f(x) < 1$ é

$S = \left\{ x \in \mathbb{R} \mid -\dfrac{1}{2} < x < 1 \right\}$.

(04) Para $x = 0$, tem-se $\log_2 f(x) = -2$.

(08) O conjunto solução da inequação $f(x) > 8$ é

$S = \left\{ x \in \mathbb{R} \mid x < \dfrac{1 - \sqrt{21}}{4} \text{ ou } x > \dfrac{1 + \sqrt{21}}{4} \right\}$.

(16) $\log_3 f(1)$ não existe.

29. (UF-ES) Em uma população de micro-organismos, o número de indivíduos no instante t horas é $f(t) = a \cdot 100^t$, sendo a um número real positivo.

Sabe-se que o número de indivíduos na população triplica a cada h horas. Calcule:

a) o valor de a para que o número de indivíduos no instante $t = 3$ seja igual a 2 bilhões;

b) o valor de h;

c) o valor de r tal que $f(t) = a \cdot 2^{\frac{rt}{h}}$, para todo $t > 0$.

Se necessário, utilize os seguintes dados:

$\log_{10} 2 = 0,30$ e $\log_{10} 3 = 0,48$.

30. (FGV-SP) A figura indica os gráficos das funções f, g, h, todas de $\mathbb{R}$ em $\mathbb{R}$, e algumas informações sobre elas.

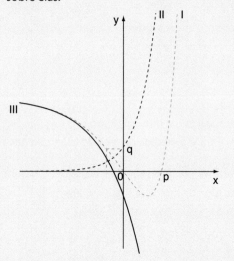

i. $f(x) = 3 - 2^{x+2}$;

ii. $g(x) = 2^{2x}$;

iii. $h(x) = f(x) + g(x)$, para qualquer x.

a) Indique quais são os gráficos das funções f, g, h. Em seguida, calcule p.

b) Calcule q.

31. (UF-MG) Um tipo especial de bactéria caracteriza-se por uma dinâmica de crescimento particular. Quando colocada em meio de cultura, sua população mantém-se constante por dois dias e, do terceiro dia em diante, cresce exponencialmente, dobrando sua quantidade a cada 8 horas.

Sabe-se que uma população inicial de 1 000 bactérias desse tipo foi colocada em meio de cultura.

Considerando essas informações,

a) Calcule a população de bactérias após 6 dias em meio de cultura.

b) Determine a expressão da população P, de bactérias, em função do tempo t em dias.

c) Calcule o tempo necessário para que a população de bactérias se torne 30 vezes a população inicial.

(Em seus cálculos, use $\log 2 = 0,3$ e $\log 3 = 0,47$.)

32. (UF-PE) Admita que a população humana na Terra seja hoje de 7 bilhões de habitantes e que cresce a uma taxa cumulativa anual de 1,8%. Em quantos anos a população será de 10 bilhões?

Dados: use as aproximações $\log_{10}\left(\dfrac{10}{7}\right) \approx 0{,}15$ e $\log_{10} 1{,}018 \approx 0{,}0075$.

33. (Fuvest-SP) Determine o conjunto de todos os números reais x para os quais vale a desigualdade
$|\log_{16}(1 - x^2) - \log_4 (1 + x)| < \dfrac{1}{2}$

34. (Unicamp-SP) Uma bateria perde permanentemente sua capacidade ao longo dos anos.

Essa perda varia de acordo com a temperatura de operação e armazenamento da bateria. A função que fornece o percentual de perda anual de capacidade de uma bateria, de acordo com a temperatura de armazenamento, T (em °C), tem a forma

$$P(T) = a \cdot 10^{bT},$$

em que a e b são constantes reais positivas. A tabela abaixo fornece, para duas temperaturas específicas, o percentual de perda de uma determinada bateria de íons de lítio.

Temperatura (°C)	Perda anual de capacidade (%)
0	1,6
55	20,0

Com base na expressão de P(T) e nos dados da tabela,

a) esboce, abaixo, a curva que representa a função P(T), exibindo o percentual exato para T = 0 e T = 55.

b) determine as constantes a e b para a bateria em questão. Se necessário, use $\log_{10}(2) \approx 0{,}30$, $\log_{10}(3) \approx 0{,}48$ e $\log_{10}(5) \approx 0{,}70$.

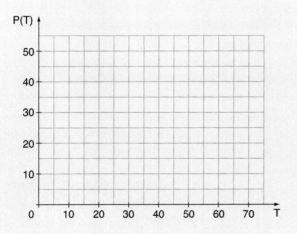

35. (UE-RJ) A International Electrotechnical Commission – IEC padronizou as unidades e os símbolos a serem usados em Telecomunicações e Eletrônica. Os prefixos kibi, mebi e gibi, entre outros, empregados para especificar múltiplos binários, são formados a partir de prefixos já existentes no Sistema Internacional de Unidades – SI, acrescidos de bi, primeira sílaba da palavra binário. A tabela abaixo indica a correspondência entre algumas unidades do SI e da IEC.

SI		
nome	símbolo	magnitude
quilo	k	10^3
mega	M	10^6
giga	G	10^9

IEC		
nome	símbolo	magnitude
kibi	ki	2^{10}
mebi	Mi	2^{20}
gibi	Gi	2^{30}

Um fabricante de equipamentos de informática, usuário do SI, anuncia um disco rígido de 30 gigabytes. Na linguagem usual de computação, essa medida corresponde a $p \cdot 2^{30}$ bytes. Considere a tabela de logaritmos a seguir.

x	2,0	2,2	2,4	2,6	2,8	3,0
log x	0,301	0,342	0,380	0,415	0,447	0,477

Calcule o valor de p.

36. (UF-GO) Uma unidade de medida muito utilizada, proposta originalmente por Alexander Graham Bell (1847-1922) para comparar as intensidades de duas ocorrências de um mesmo fenômeno é o decibel (dB).

Em um sistema de áudio, por exemplo, um sinal de entrada, com potência P_1, resulta em um sinal de saída, com potência P_2. Quando $P_2 > P_1$, como em um amplificador de áudio, diz-se que o sistema apresenta um ganho, em decibéis, de:

$$G = 10 \log\left(\dfrac{P_2}{P_1}\right)$$

Quando $P_2 < P_1$, a expressão acima resulta em um ganho negativo, e diz-se que houve uma atenuação do sinal.

Desse modo,

a) para um amplificador que fornece uma potência P_2 de saída igual a 80 vezes a potência P_1 de entrada, qual é o ganho em dB?

b) em uma linha de transmissão, na qual há uma atenuação de 20 dB, qual a razão entre as potências de saída e de entrada, nesta ordem?

Dado: log 2 = 0,30

37. (UF-MS) Dado o sistema a seguir e considerando log o logaritmo na base 10, assinale a(s) afirmação(ões) correta(s).

$$\begin{cases} (a+b)^3 = 1000(a-b) \\ a^2 - b^2 = 10 \end{cases}$$

(01) log (a + b) = 2

(02) log (a − b) = 0

(04) (a + b) = 100

(08) (4a − 2b) = 13

(16) (a − b) = 0

Dê como resposta a soma dos números dos itens escolhidos.

38. (Fuvest-SP) O número N de átomos de um isótopo radioativo existente em uma amostra diminui com o tempo t, de acordo com a expressão $N(t) = N_0 e^{-\lambda t}$, sendo N_0 o número de átomos deste isótopo em $t = 0$ e λ a constante de decaimento. Abaixo, está apresentado o gráfico do $\log_{10} N$ em função de t, obtido em um estudo experimental do radiofármaco Tecnécio 99 metaestável (^{99m}Tc), muito utilizado em diagnósticos do coração.

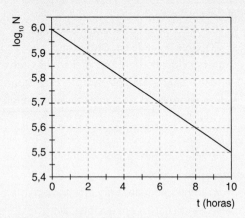

A partir do gráfico, determine:

a) o valor de $\log_{10} N_0$.

b) o número N_0 de átomos radioativos de ^{99m}Tc.

c) a meia-vida $\left(T_{\frac{1}{2}}\right)$ do ^{99m}Tc.

Note e adote: A meia-vida $\left(T_{\frac{1}{2}}\right)$ de um isótopo radioativo é o intervalo de tempo em que o número de átomos desse isótopo existente em uma amostra cai para a metade; $\log_{10} 2 = 0{,}3$; $\log_{10} 5 = 0{,}7$.

39. Resolva os sistemas:

a) $\begin{cases} \log_{\frac{1}{2}}(y-x) + \log_2\left(\dfrac{1}{y}\right) = -2 \\ x^2 + y^2 = 25 \end{cases}$

b) $\begin{cases} \log_3 x + \log_{\frac{1}{3}} y = 5 \\ \log_9 x \cdot \log_{27} y = -1 \end{cases}$

40. (Unicamp-SP) O sistema de ar-condicionado de um ônibus quebrou durante uma viagem. A função que descreve a temperatura (em graus Celsius) no interior do ônibus em função de t, o tempo transcorrido, em horas, desde a quebra do ar-condicionado, é $T(t) = (T_0 - T_{ext}) \cdot 10^{-\frac{t}{4}} + T_{ext}$, onde T_0 é a temperatura interna do ônibus enquanto a refrigeração funcionava, e T_{ext} é a temperatura externa (que supomos constante durante toda a viagem). Sabendo que $T_0 = 21\ °C$ e $T_{ext} = 30\ °C$, responda às questões abaixo.

a) Calcule a temperatura no interior do ônibus transcorridas 4 horas desde a quebra do sistema de ar-condicionado. Em seguida, esboce o gráfico de T(t).

b) Calcule o tempo gasto, a partir do momento da quebra do ar-condicionado, para que a temperatura subisse 4 °C. Se necessário, use $\log_{10} 2 \approx 0{,}30$, $\log_{10} 3 \approx 0{,}48$ e $\log_{10} 5 \approx 0{,}70$.

41. (FGV-SP) Os diretores de uma empresa de consultoria estimam que, com x funcionários, o lucro mensal que pode ser obtido é dado pela função:

$P(x) = 20 + \ell n\left(\dfrac{x^2}{25}\right) - 0{,}1x$ mil reais.

Atualmente a empresa trabalha com 20 funcionários.

Use as aproximações: $\ell n\ 2 = 0{,}7$; $\ell n\ 3 = 1{,}1$ para responder às questões seguintes:

a) Qual é o valor do lucro mensal da empresa?

b) Se a empresa tiver necessidade de contratar mais 10 funcionários, o lucro mensal vai aumentar ou diminuir? Quanto?

42. (ITA-SP) Seja S o conjunto solução da inequação $(x - 9) \cdot |\log_{x+4}(x^3 - 26x)| \leq 0$. Determine o conjunto S^c.

TESTES

1. (PUC-MG) O valor da expressão
$\log_4 16 - \log_4 32 + 3 \cdot \log_4 2$ é:

a) $\frac{1}{2}$ b) 1   c) $\frac{3}{2}$ d) 4

2. (UF-PR) Para se calcular a intensidade luminosa L, medida em lumens, a uma profundidade de x centímetros num determinado lago, utiliza-se a lei de Beer-Lambert, dada pela seguinte fórmula:

$\log\left(\dfrac{L}{15}\right) = -0{,}08x.$

Qual a intensidade luminosa L a uma profundidade de 12,5 cm?

a) 150 lumens.   d) 1,5 lúmen.
b) 15 lumens.   e) 1 lúmen.
c) 10 lumens.

3. (FGV-RJ) A tabela abaixo fornece os valores dos logaritmos naturais (na base *e*) dos números inteiros de 1 a 10. Ela pode ser usada para resolver a equação exponencial $3^x = 24$, encontrando-se, aproximadamente:

x	ℓn (x)
1	0,00
2	0,69
3	1,10
4	1,39
5	1,61
6	1,79
7	1,95
8	2,08
9	2,20
10	2,30

a) 2,1   b) 2,3   c) 2,5   d) 2,7   e) 2,9

4. (Enem-MEC) A Escala de Magnitude de Momento (abreviada como MMS e denotada como M_w), introduzida em 1979 por Thomas Haks e Hiroo Kanamori, substituiu a escala de Richter para medir a magnitude dos terremotos em termos de energia liberada. Menos conhecida pelo público, a MMS é, no entanto, a escala usada para estimar as magnitudes de todos os grandes terremotos da atualidade. Assim como a escala Richter, a MMS é uma escala logarítmica. M_w e M_0 se relacionam pela fórmula:

$$M_w = -10{,}7 + \frac{2}{3}\log_{10}(M_0)$$

onde M_0 é o momento sísmico (usualmente estimado a partir dos registros de movimento da superfície, através dos sismogramas), cuja unidade é o dina · cm.

O terremoto de Kobe, acontecido no dia 17 de janeiro de 1995, foi um dos terremotos que causaram maior impacto no Japão e na comunidade científica internacional. Teve magnitude $M_w = 7{,}3$.

U.S. Geological Survey. *Historic Earthquakes*.
Disponível em: <http://earthquake.usgs.gov>.
Acesso em: 1º maio 2010 (adaptado).

U.S. Geological Survey. *USGS Earchquake Magnitude Policy*.
Disponível em: <http://earthquake.usgs.gov>.
Acesso em: 1º maio 2010 (adaptado).

Mostrando que é possível determinar a medida por meio de conhecimentos matemáticos, qual foi o momento sísmico M_0 do terremoto de Kobe (em dina · cm)?

a) $10^{-5,10}$ c) $10^{12,00}$ e) $10^{27,00}$
b) $10^{-0,73}$ d) $10^{21,65}$

5. (UE-GO) O gráfico da função $y = \log(x + 1)$ é representado por:

a)
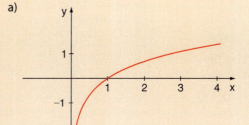

b)
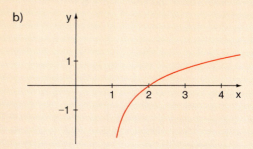

c)
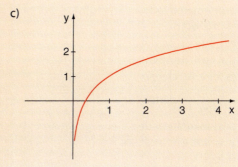

FUNÇÃO LOGARÍTMICA

d)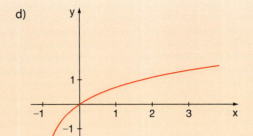

6. (Cefet-MG) Se $\log_3 a = x$, então $\log_9 a^2$ vale

a) $\dfrac{x}{2}$ c) $2x$

b) x d) $3x$

7. (UE-RN) O produto entre o maior número inteiro negativo e o menor número inteiro positivo que pertence ao domínio da função $f(x) = \log_3(x^2 - 2x - 15)$ é

a) -24 c) -10

b) -15 d) -8

8. (UF-AM) Se $\log x = 3 + \log 3 - \log 2 - 2\log 5$, então x é igual a

a) 18   d) 40

b) 25   e) 60

c) 30

9. (U. F. Lavras-MG) Sendo log o logaritmo decimal e a e b números reais positivos, estão corretas as alternativas, exceto:

a) $\log(10^a) + \log(10^b) = a + b$

b) $\log(a+b) + \log(a-b) = 2\log(a)$, sendo $a > b$

c) $\log(a^2 b^2) - 2\log(a \cdot b) + \log\left(\dfrac{1}{10}\right) = -1$

d) $10^{b \log a} = a^b$

e) $\log(\sqrt{a \cdot b}) = \dfrac{1}{2}(\log(a) + \log(b))$

10. (Unifesp-SP) A figura ao lado refere-se a um sistema cartesiano ortogonal em que os pontos de coordenadas (a, c) e (b, c), com $a = \dfrac{1}{\log_5 10}$, pertencem aos gráficos de $y = 10^x$ e $y = 2^x$, respectivamente.

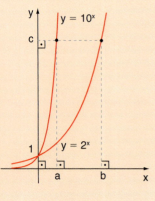

A abscissa b vale:

a) 1   d) $\dfrac{1}{\log_5 2}$

b) $\dfrac{1}{\log_3 2}$ e) 3

c) 2

11. (Fuvest-SP) Se (x, y) é solução do sistema
$$\begin{cases} 2^x \cdot 4^y = \dfrac{3}{4} \\ y^3 - \dfrac{1}{2}xy^2 = 0 \end{cases}$$
pode-se afirmar que:

a) $x = 0$ ou $x = -2 - \log_2 3$

b) $x = 1$ ou $x = 3 + \log_2 3$

c) $x = 2$ ou $x = -3 + \log_2 3$

d) $x = \dfrac{\log_2 3}{2}$ ou $x = -1 + \log_2 3$

e) $x = -2 + \log_2 3$ ou $x = -1 + \dfrac{\log_2 3}{2}$

12. (UF-MA) Considere as funções e os gráficos dados abaixo:

$f_1(x) = 2^x$, $f_2(x) = \left(\dfrac{1}{2}\right)^{x+2}$, $f_3(x) = |\log_{\frac{1}{2}} x|$, $f_4(x) = |\log_2(x-2)|$

I.   III.

II.   IV.

Assinale a alternativa que indica corretamente os gráficos das funções f_1, f_2, f_3 e f_4, respectivamente:

a) I, II, III, IV

b) II, I, IV, III

c) III, IV, II, I

d) II, IV, I, III

e) II, IV, III, I

13. (Cefet-MG) Sendo $\log 2 = m$ e $\log 3 = n$, aplicando as propriedades de logaritmo, escreve-se $\log 3{,}6$ em função de m e n como

a) $2mn$ c) $\dfrac{(m+n)}{10}$

b) $\dfrac{m^2 n^2}{10}$ d) $2(m+n) - 1$

14. (UPE-PE) Terremotos são eventos naturais que não têm relação com eventos climáticos extremos, mas podem ter consequências ambientais devastadoras, especialmente quando seu epicentro ocorre no mar, provocando *tsunamis*. Uma das expressões para se calcular a violência de um terremoto na escala Richter é $M = \frac{2}{3} \cdot \log_{10}\left(\frac{E}{E_0}\right)$, onde M é a magnitude do terremoto, E é a energia liberada (em joules) e $E_0 = 10^{4,5}$ joules é a energia liberada por um pequeno terremoto usado como referência. Qual foi a ordem de grandeza da energia liberada pelo terremoto do Japão de 11 de março de 2011, que atingiu magnitude 9 na escala Richter?

a) 10^{14} joules
b) 10^{16} joules
c) 10^{17} joules
d) 10^{18} joules
e) 10^{19} joules

15. (IF-AL) A solução da equação logarítmica $\log_4(x-6) - \log_2(2x-16) = -1$ é o número real m. Desse modo, podemos afirmar que

a) m = 7 ou m = 10.
b) o logaritmo de m na base dez é igual a um.
c) m = 10, pois m > 6.
d) m = 7, pois m > 6.
e) m² = 20.

16. (FGV-SP) Considere a função $f(x) = \log_{1319} x^2$.
Se n = f(10) + f(11) + f(12), então

a) n < 1
b) n = 1
c) 1 < n < 2
d) n = 2
e) n > 2

17. (IME-RJ) Se $\log_{10} 2 = x$ e $\log_{10} 3 = y$, então $\log_5 18$ vale:

a) $\frac{x + 2y}{1 - x}$
b) $\frac{x + y}{1 - x}$
c) $\frac{2x + y}{1 + x}$
d) $\frac{x + 2y}{1 + x}$
e) $\frac{3x + 2y}{1 - x}$

18. (Vunesp-SP) A expectativa de vida em anos em uma região, de uma pessoa que nasceu a partir de 1900, no ano x (x ≥ 1900), é dada por L(x) = = 12(199 $\log_{10} x$ − 651). Considerando $\log_{10} 2 = 0,3$, uma pessoa dessa região que nasceu no ano 2000 tem expectativa de viver:

a) 48,7 anos.
b) 54,6 anos.
c) 64,5 anos.
d) 68,4 anos.
e) 72,3 anos.

19. (UF-RJ) Os pontos (5, 0) e (6, 1) pertencem ao gráfico da função $y = \log_{10}(ax + b)$. Os valores de *a* e *b* são, respectivamente,

a) 9 e −44
b) 9 e 11
c) 9 e −22
d) −9 e −44
e) −9 e 11

20. (Aman-RJ) Na figura abaixo, dois vértices do trapézio sombreado estão no eixo *x* e os outros dois vértices estão sobre o gráfico da função real $f(x) = \log_k x$, com $k > 0$ e $k \neq 1$.

Sabe-se que o trapézio sombreado tem 30 unidades de área; assim, o valor de k + p − q é

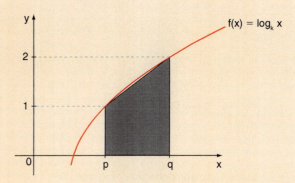

Gráfico fora de escala

a) −20   b) −15   c) 10   d) 15   e) 20

21. (UF-CE) O valor da soma

$\log_{10} \frac{1}{2} + \log_{10} \frac{2}{3} + ... + \log_{10} \frac{99}{100}$ é:

a) 0   b) −1   c) −2   d) 2   e) 3

22. (U.F. Juiz de Fora-MG) O domínio $D \subset \mathbb{R}$ da função

$f(x) = \frac{\ln(x^2 - 3x + 2)}{\sqrt{e^x - 1}}$ é:

a) $[0, 1) \cup (2, \infty)$
b) $(0, 1) \cup (2, \infty)$
c) $(0, \infty)$
d) $(0, 1) \cup (1, 2) \cup (2, \infty)$

23. (U. F. Santa Maria-RS) Segundo a Organização Mundial do Turismo (OMT), o Ecoturismo cresce a uma taxa de 5% ao ano. No Brasil, em 2011, o Ecoturismo foi responsável pela movimentação de 6,775 bilhões de dólares.

Supondo que o percentual de crescimento incida sobre a movimentação do ano anterior, pode-se expressar o valor movimentado V (em bilhões de dólares), em função do tempo *t* (em anos), por

$V = 6{,}775(1{,}05)^{t-1}$

com t = 1 correspondendo a 2011, t = 2, a 2012 e assim por diante.

FUNÇÃO LOGARÍTMICA   261

Em que ano o valor movimentado será igual a 13,55 bilhões de dólares?

Dados: log 2 = 0,3 e log 1,05 = 0,02.

a) 2015.
b) 2016.
c) 2020.
d) 2025.
e) 2026.

24. (Fuvest-SP) Seja f uma função a valores reais, com domínio $D \subset \mathbb{R}$, tal que

$$f(x) = \log_{10}\left(\log_{\frac{1}{3}}(x^2 - x + 1)\right), \text{ para todo } x \in D.$$

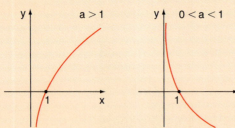

Gráficos da função logarítmica de base a.

O conjunto que pode ser o domínio D é

a) $\{x \in \mathbb{R}; 0 < x < 1\}$
b) $\{x \in \mathbb{R}; x \leq 0 \text{ ou } x \geq 1\}$
c) $\left\{x \in \mathbb{R}; \dfrac{1}{3} < x < 10\right\}$
d) $\left\{x \in \mathbb{R}; x \leq \dfrac{1}{3} \text{ ou } x \geq 10\right\}$
e) $\left\{x \in \mathbb{R}; \dfrac{1}{9} < x < \dfrac{10}{3}\right\}$

25. (PUC-MG) O volume de determinado líquido volátil, guardado em um recipiente aberto, diminuiu à razão de 15% por hora. Com base nessas informações, pode-se estimar que o tempo, em horas, necessário para que a quantidade desse líquido fique reduzida à quarta parte do volume inicial é:

(Use $\log_{10} 5 = 0,7$ e $\log_{10} 17 = 1,2$.)

a) 4 b) 5 c) 6 d) 7

26. (UF-RS) O número $\log_2 7$ está entre

a) 0 e 1   c) 2 e 3   e) 4 e 5
b) 1 e 2   d) 3 e 4

27. (Vunesp-SP) Em 2010, o Instituto Brasileiro de Geografia e Estatística (IBGE) realizou o último censo populacional brasileiro, que mostrou que o país possuía cerca de 190 milhões de habitantes. Supondo que a taxa de crescimento populacional do nosso país não se altere para o próximo século, e que a população se estabilizará em torno de 280 milhões de habitantes, um modelo matemático capaz de aproximar o número de habitantes (P), em milhões, a cada ano (t), a partir de 1970, é dado por:

$P(t) = [280 - 190 \cdot e^{-0,019 \cdot (t - 1970)}]$

Baseado nesse modelo, e tomando a aproximação para o logaritmo natural

$$\ell n\left(\dfrac{14}{95}\right) \cong -1,9$$

a população brasileira será 90% da suposta população de estabilização aproximadamente no ano de:

a) 2065   c) 2075   e) 2085
b) 2070   d) 2080

28. (UE-RJ) Um pesquisador, interessado em estudar uma determinada espécie de cobras, verificou que, numa amostra de trezentas cobras, suas massas M, em gramas, eram proporcionais ao cubo de seus comprimentos L, em metros, ou seja, $M = a \cdot L^3$, em que a é uma constante positiva. Observe os gráficos a seguir.

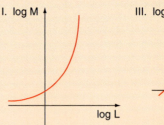
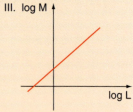
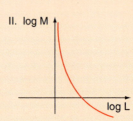
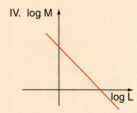

Aquele que melhor representa log M em função de log L é o indicado pelo número:

a) I   b) II   c) III   d) IV

29. (Enem-MEC) Em setembro de 1987, Goiânia foi palco do maior acidente radioativo ocorrido no Brasil, quando uma amostra de césio-137, removida de um aparelho de radioterapia abandonado, foi manipulada inadvertidamente por parte da população. A meia-vida de um material radioativo é o tempo necessário para que a massa desse material se reduza à metade. A meia-vida do césio-137 é 30 anos e a quantidade restante de massa de um material radioativo, após *t* anos, é calculada pela expressão $M(t) = A \cdot (2,7)^{kt}$, onde A é a massa inicial e *k* é uma constante negativa.

Considere 0,3 como aproximação para $\log_{10} 2$.

Qual o tempo necessário, em anos, para que uma quantidade de massa do césio-137 se reduza a 10% da quantidade inicial?

a) 27   c) 50   e) 100

b) 36   d) 54

30. (Mackenzie-SP) O conjunto dos números reais, para os quais a função $f(x) = \log_{x+5}\left(\dfrac{x^2 + 5x + 4}{x^2 - 1}\right)$ está definida, é:

a) $\mathbb{R}$

b) $\{x \in \mathbb{R} \mid x \leqslant -5 \text{ ou } x \geqslant 1\}$

c) $\{x \in \mathbb{R} \mid x \leqslant -5 \text{ ou } x > 1\}$

d) $\{x \in \mathbb{R} \mid -6 < x \leqslant -5 \text{ ou } x \geqslant 1\}$

e) $\{x \in \mathbb{R} \mid -5 < x < -4 \text{ ou } x > 1\}$

31. (U. E. Londrina-PR) A escala Richter atribui um número M para quantificar a magnitude de um tremor, ou seja, $M(A) = \log_{10} A - \log_{10} A_0$, onde $A > 0$ é a amplitude máxima das ondas sísmicas medidas a 100 km do epicentro do sismo e $A_0 > 0$ é uma amplitude de referência. Por exemplo, em 1945, no Japão, o tremor gerado pela bomba atômica teve magnitude aproximada de 4,9 na escala Richter, enquanto que o tremor ocorrido naquele país, em março de 2011, teve magnitude de 8,9.

Com base nessas informações, considere as afirmativas a seguir.

I. A amplitude máxima das ondas sísmicas do tremor de 2011 foi 10 000 vezes maior do que a amplitude máxima das ondas sísmicas geradas pela bomba de Hiroshima.

II. A diferença de magnitude de dois tremores, em relação às respectivas amplitudes máximas das ondas sísmicas, é uma função quadrática.

III. Um tremor de magnitude 8,0 na escala Richter tem ondas sísmicas com amplitude máxima 10 vezes maior do que a amplitude máxima em um tremor de magnitude 7,0.

IV. Se a amplitude máxima das ondas sísmicas de um tremor for menor que a amplitude de referência A_0, tem-se que a magnitude deste tremor é positiva.

Assinale a alternativa correta.

a) Somente as afirmativas I e II são corretas.

b) Somente as afirmativas I e III são corretas.

c) Somente as afirmativas III e IV são corretas.

d) Somente as afirmativas I, II e IV são corretas.

e) Somente as afirmativas II, III e IV são corretas.

32. (UF-PB) Segundo dados da Organização das Nações Unidas, a população mundial em 2011 será de 7 bilhões de habitantes, e alcançará a marca de 8 bilhões em 2025. Estudos demográficos mostram que a população mundial, P(t), em bilhões de habitantes, no ano t, para $t \geqslant 2011$, é dada, aproximadamente, por $P(t) = 7e^{k(t - 2011)}$, onde *k* é uma constante.

Use: $\dfrac{\ell n\, 9 - \ell n\, 7}{\ell n\, 8 - \ell n\, 7} = 1,88$

Tomando como base esses dados, deduz-se que a população mundial atingirá 9 bilhões de habitantes no triênio:

a) 2031 – 2033   d) 2040 – 2042

b) 2034 – 2036   e) 2043 – 2045

c) 2037 – 2039

33. (UF-RS) Dez bactérias são cultivadas para uma experiência, e o número de bactérias dobra a cada 12 horas.

Tomando como aproximação para log 2 o valor 0,3, decorrida exatamente uma semana, o número de bactérias está entre

a) $10^{4,5}$ e 10^5 c) $10^{5,5}$ e 10^6 e) $10^{6,5}$ e 10^7

b) 10^5 e $10^{5,5}$ d) 10^6 e $10^{6,5}$

34. (UE-RJ) Um lago usado para abastecer uma cidade foi contaminado após um acidente industrial, atingindo o nível de toxidez T_0, correspondente a dez vezes o nível inicial. Leia as informações a seguir.

▪ A vazão natural do lago permite que 50% de seu volume sejam renovados a cada dez dias.

▪ O nível de toxidez T(x), após *x* dias do acidente, pode ser calculado por meio da seguinte equação:

$$T(x) = T_0 \cdot (0,5)^{0,1x}$$

Considere D o menor número de dias de suspensão do abastecimento de água, necessário para que a toxidez retorne ao nível inicial.

Sendo log 2 = 0,3, o valor de D é igual a:

a) 30   b) 32   c) 34   d) 36

35. (Vunesp-SP) Todo número inteiro positivo *n* pode ser escrito em sua notação científica como sendo $n = k \cdot 10^x$, em que $k \in \mathbb{R}^*$, $1 \leqslant k < 10$ e $x \in \mathbb{Z}$. Além disso, o número de algarismos de *n* é dado por $(x + 1)$.

Sabendo que $\log 2 \cong 0,30$, o número de algarismos de 2^{57} é

a) 16   c) 18   e) 17

b) 19   d) 15

FUNÇÃO LOGARÍTMICA   263

36. (ESPM-SP) Em 1997 iniciou-se a ocupação de uma fazenda improdutiva no interior do país, dando origem a uma pequena cidade. Estima-se que a população dessa cidade tenha crescido segundo a função $P = 0,1 + \log_2(x - 1996)$, onde P é a população no ano x, em milhares de habitantes. Considerando $\sqrt{2} \cong 1,4$, podemos concluir que a população dessa cidade atingiu a marca dos 3 600 habitantes em meados do ano:

a) 2005   c) 2011   e) 2004
b) 2002   d) 2007

37. (Unicamp-SP) Uma barra cilíndrica é aquecida a uma temperatura de 740 °C. Em seguida, é exposta a uma corrente de ar a 40 °C. Sabe-se que a temperatura no centro do cilindro varia de acordo com a função

$$T(t) = (T_0 - T_{ar}) \cdot 10^{-\frac{t}{12}} + T_{ar}$$

sendo t o tempo em minutos, T_0 a temperatura inicial e T_{ar} a temperatura do ar. Com essa função, concluímos que o tempo requerido para que a temperatura no centro atinja 140 °C é dado pela seguinte expressão, com o log na base 10:

a) $12[\log(7) - 1]$ minutos.
b) $12[1 - \log(7)]$ minutos.
c) $12 \log(7)$ minutos.
d) $\dfrac{[1 - \log(7)]}{12}$ minutos.

38. (UE-PI) As populações das cidades A e B crescem exponencialmente, com taxas anuais de crescimento de 3% e 2%, respectivamente. Se, hoje, a população de A é de 9 milhões de habitantes, e a de B é de 11 milhões, em quanto tempo, contado a partir de hoje, as populações das duas cidades serão iguais? Dados: use as aproximações $\ell n(1,03/1,02) \cong 0,01$ e $\ell n(11/9) \cong 0,20$.

a) 2 anos   d) 15 anos
b) 6 anos   e) 20 anos
c) 10 anos

39. (UF-PR) Um método para se estimar a ordem de grandeza de um número positivo N é usar uma pequena variação do conceito de notação científica. O método consiste em determinar o valor x que satisfaz a equação $10^x = N$ e usar propriedades dos logaritmos para saber o número de casas decimais desse número. Dados $\log 2 = 0,30$ e $\log 3 = 0,47$, use esse método para decidir qual dos números abaixo mais se aproxima de $N = 2^{120} \cdot 3^{30}$.

a) 10^{45} c) 10^{55} e) 10^{65}
b) 10^{50} d) 10^{60}

40. (UF-GO) Segundo reportagem da *Revista Aquecimento Global* (ano 2, n. 8, 2009, p. 20-23), o acordo ambiental conhecido como "20-20-20", assinado por representantes dos países-membros da União Europeia, sugere que, até 2020, todos os países da comunidade reduzam em 20% a emissão de dióxido de carbono (CO_2), em relação ao que cada país emitiu em 1990.

Suponha que em certo país o total estimado de CO_2 emitido em 2009 foi 28% maior que em 1990. Com isso, após o acordo, esse país estabeleceu a meta de reduzir sua emissão de CO_2, ano após ano, de modo que a razão entre o total emitido em um ano n (E_n) e o total emitido no ano anterior (E_{n-1}) seja constante, começando com a razão E_{2010}/E_{2009} até E_{2020}/E_{2019}, atingindo em 2020 a redução preconizada pelo acordo. Assim, essa razão de redução será de:

Use: $\log 5 = 0,695$.

a) $10^{-0,01}$ c) $10^{-0,12}$ e) $10^{-0,30}$
b) $10^{-0,02}$ d) $10^{-0,28}$

41. (Vunesp-SP) A função $f(x) = 2 \ell n\, x$ apresenta o gráfico abaixo:

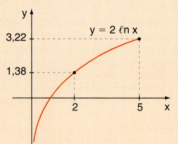

Qual o valor de $\ell n\, 100$?

a) 4,6   c) 2,99   e) 1,1109
b) 3,91   d) 2,3

42. (Mackenzie-SP) Supondo $\log 2 = 0,3$, o valor de $\dfrac{2^{-5} \cdot \sqrt[3]{10^2}}{\sqrt[6]{10}}$ é:

a) $10^{\frac{1}{2}}$ b) $10^{\frac{3}{2}}$ c) 32   d) $\dfrac{1}{32}$ e) $\dfrac{1}{10}$

43. (Vunesp-SP) O altímetro dos aviões é um instrumento que mede a pressão atmosférica e transforma esse resultado em altitude. Suponha que a altitude h acima do nível do mar, em quilômetros, detectada pelo altímetro de um avião seja dada, em função da pressão atmosférica p, em atm, por:

$$h(p) = 20 \cdot \log_{10}\left(\dfrac{1}{p}\right)$$

Num determinado instante, a pressão atmosférica medida pelo altímetro era 0,4 atm. Considerando a aproximação $\log_{10} 2 = 0,3$, a altitude h do avião nesse instante, em quilômetros, era de

a) 5   b) 8   c) 9   d) 11   e) 12

COMPLEMENTO SOBRE FUNÇÕES

INTRODUÇÃO

Vamos observar os pares de elementos correspondentes, indicados pelas flechas, nas quatro funções f_1, f_2, f_3 e f_4.

Como f_1, f_2, f_3 e f_4 são funções, para cada uma delas em particular podemos afirmar que todo elemento do conjunto A (domínio) tem um único correspondente no contradomínio. Todo elemento do domínio é "ponto de partida" de uma única flecha.

Quando analisamos o contradomínio de cada uma dessas funções, notamos diferenças:

- em f_1, todo elemento do contradomínio {1, 2, 3} é correspondente de algum elemento de A. Todo elemento do contradomínio é "ponto de chegada" de pelo menos uma flecha. Não há nenhum elemento que não seja "alvo";
- em f_2, os elementos 1, 2, 3 e 4 do contradomínio são os correspondentes de algum elemento do domínio, mas o elemento 5 não é correspondente de nenhum; todo elemento do contradomínio é "ponto de chegada" de no máximo uma flecha (zero ou uma). Não há flechas convergindo para o mesmo "alvo";
- em f_3, os elementos 1 e 2 do contradomínio são correspondentes de dois elementos de A, mas o elemento 3 não é correspondente de nenhum;
- finalmente, em f_4, todo elemento do contradomínio é correspondente de um único elemento de A. Todo elemento do contradomínio é "ponto de chegada" de uma única flecha.

Observações como essas nos permitirão classificar as funções em **sobrejetoras**, **injetoras**, **bijetoras** ou em nenhuma dessas três categorias.

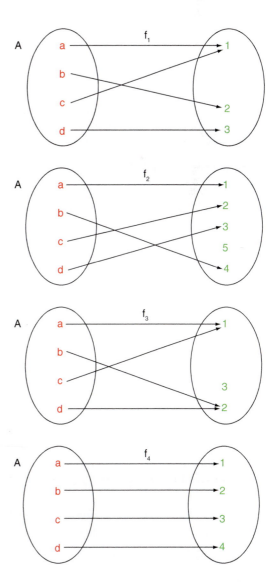

FUNÇÕES SOBREJETORAS

Vamos observar as três funções a seguir.

- Função f de A = {−1, 0, 1, 2} em B = {1, 2, 5}, definida pela lei $f(x) = x^2 + 1$.

Para todo elemento y de B, existe um elemento x de A tal que $y = x^2 + 1$. Todo elemento do contradomínio é imagem de pelo menos um elemento do domínio.

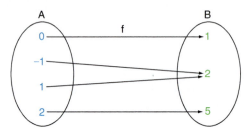

- Função f de $\mathbb{R}$ em $\mathbb{R}_+$, definida pela lei $f(x) = x^2$.

Para todo elemento y de $\mathbb{R}_+$, existe $x \in \mathbb{R}$ tal que $y = x^2$, bastando tomar $x = +\sqrt{y}$ ou $x = -\sqrt{y}$.

Para todo elemento de $\mathbb{R}_+$, a reta paralela ao eixo das abscissas intercepta o gráfico de f.

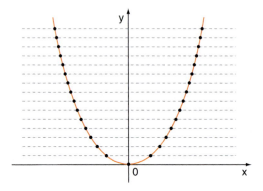

- Função f de $\mathbb{R}^*$ em $\mathbb{R}^*$, definida pela lei $f(x) = \dfrac{1}{x}$.

Para todo elemento y de $\mathbb{R}^*$, existe um elemento x de $\mathbb{R}^*$ tal que $y = \dfrac{1}{x}$, bastando tomar $x = \dfrac{1}{y}$.

Para todo elemento y de $\mathbb{R}^*$, a reta paralela ao eixo das abscissas intercepta o gráfico de f.

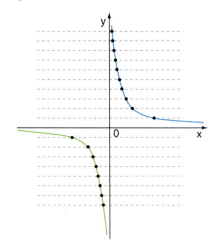

Essas três funções são exemplos de funções sobrejetoras.

> Uma função f: A → B é **sobrejetora** quando, para todo y pertencente a B, existe ao menos um x pertencente a A tal que $f(x) = y$.
>
> Quando f: A → B é sobrejetora, ocorre Im(f) = B.

FUNÇÕES INJETORAS

Vamos observar as três funções a seguir.

- Função f de A = {0, 1, 2, 3} em B = {1, 3, 5, 7, 9}, definida pela lei $f(x) = 2x + 1$.
Dois elementos distintos de A têm como imagem dois elementos distintos de B.
Não existem dois elementos distintos de A com a mesma imagem em B.

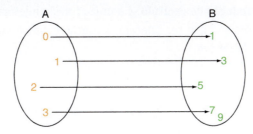

- Função f de $\mathbb{R}$ em $\mathbb{R}$, definida pela lei $f(x) = 3x$.
Quaisquer que sejam x_1 e x_2 de $\mathbb{R}$, se $x_1 \neq x_2$, temos $3x_1 \neq 3x_2$, ou seja, $f(x_1) \neq f(x_2)$. Para todo elemento y de $\mathbb{R}$, a reta paralela ao eixo das abscissas intercepta o gráfico de f uma única vez.

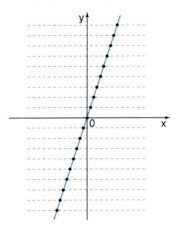

- Função f de $\mathbb{R}^*$ em $\mathbb{R}^*$, definida pela lei $f(x) = \dfrac{1}{x}$.

Quaisquer que sejam x_1 e x_2 de $\mathbb{R}^*$, se $x_1 \neq x_2$, temos $\dfrac{1}{x_1} \neq \dfrac{1}{x_2}$, ou seja, $f(x_1) \neq f(x_2)$.

Para todo elemento y de $\mathbb{R}^*$, a reta paralela ao eixo das abscissas intercepta o gráfico de f uma única vez.

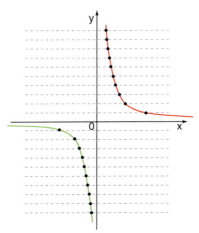

Essas três funções são exemplos de funções injetoras.

Uma função f: A → B é **injetora** quando, para todo x_1 e x_2 pertencentes a A, se $x_1 \neq x_2$, então $f(x_1) \neq f(x_2)$.

FUNÇÕES BIJETORAS

> Uma função f: A → B é **bijetora** quando *f* é sobrejetora e injetora.

São exemplos de funções bijetoras:
- A função f_4, apresentada na introdução do capítulo, é a única função bijetora entre as funções apresentadas. De fato, a função f_1 não é bijetora por não ser injetora; a função f_2 não é bijetora por não ser sobrejetora; a função f_3 não é injetora nem sobrejetora.

- f: $\mathbb{R} \to \mathbb{R}$ tal que f(x) = 2x
- f: $\mathbb{R}^* \to \mathbb{R}^*$ tal que f(x) = $\frac{1}{x}$
- f: $\mathbb{R} \to \mathbb{R}$ tal que f(x) = x^3
- f: $\mathbb{R}_+ \to \mathbb{R}_+$ tal que f(x) = x^2

Observação

Há funções que não se enquadram em nenhuma dessas três categorias (injetora, sobrejetora ou bijetora). Um exemplo é a função f_3 da introdução do capítulo. Outro exemplo é a função f: $\mathbb{R} \to \mathbb{R}$, definida por f(x) = $x^2 - 2x$, cujo gráfico está representado abaixo:

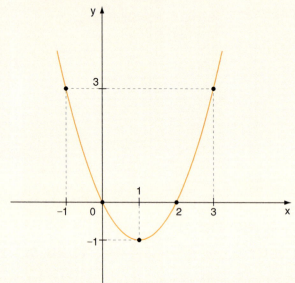

Note que:
- *f* não é injetora (por exemplo, y = 3 é imagem de x = –1 e de x = 3; em geral, todo y > –1 é imagem de dois valores distintos do domínio);
- *f* não é sobrejetora, pois Im(f) = [–1, +∞[e o contradomínio de *f* é $\mathbb{R}$; isto significa que, se y < –1, não existe x ∈ $\mathbb{R}$ tal que y = f(x).

EXERCÍCIOS

Responda aos exercícios de 1 a 9 conforme o código seguinte:
- S, se a função for somente sobrejetora;
- I, se a função for somente injetora;
- B, se a função for bijetora;
- O, se a função não for injetora nem sobrejetora.

1. f: {–2, –1, 0, 1, 2} → {0, 1, 4}, definida por f(x) = x^2.
2. f: {0, 1, 2, 3} → {5, 3, 1, 7}, definida por f(x) = 2x + 1.
3. f: {–1, 0, 1, 2} → {0, 1, 2, 3, 4, 5}, definida por f(x) = x + 1.
4. f: {–1, 0, 1, 2} → {–1, 0, 1, 2}, definida por f(x) = |x|.

5. $f: \mathbb{R} \to \mathbb{R}$, definida por $f(x) = -3x + 5$.

6. $f: \mathbb{R} \to \mathbb{R}_+$, definida por $f(x) = x^2$.

7. $f: \mathbb{N} \to \mathbb{N}$, definida por $f(x) = 3x + 5$.

8. $f: \mathbb{Z} \to \mathbb{Z}$, definida por $f(x) = x - 5$.

9. $f: \mathbb{R} \to \mathbb{R}$, definida por $f(x) = x^2 - 2x + 4$.

10. Em cada caso, seja $f: \mathbb{R} \to \mathbb{R}$. Dos gráficos a seguir, quais os que representam funções injetoras?

a)
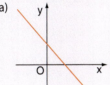

d)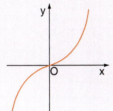

b)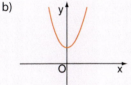

e)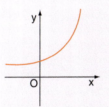

c)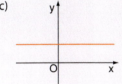

f)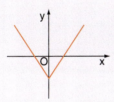

11. Verifique, em cada caso, se a função representada pelo gráfico é sobrejetora. Em caso afirmativo, verifique se ela também é bijetora.

a) $f: \mathbb{R} \to \mathbb{R}_+$
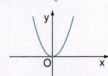

d) $f: \mathbb{R} \to \mathbb{R}_-$
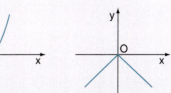

b) $f: \mathbb{R} \to \mathbb{R}$

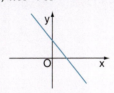

e) $f: \mathbb{R}^* \to \mathbb{R}^*$

c) $f: \mathbb{R}_+ \to \mathbb{R}_+$
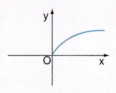

f) $f: \mathbb{R} \to \mathbb{R}_+$
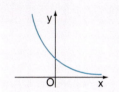

12. Seja $f: \mathbb{N} \to \mathbb{N}$ a função que associa a cada número natural o seu sucessor.
    a) f é injetora?
    b) f é sobrejetora?
    c) f é bijetora?

13. Seja $f: [-1, 2] \to B \subset \mathbb{R}$ uma função definida pela lei $f(x) = 2x + 1$.
    a) Construa o gráfico de f.
    b) Determine $B \subset \mathbb{R}$ de modo que f seja bijetora.

14. Seja $f: \mathbb{R} \to [-1, +\infty[$ definida por $f(x) = \begin{cases} 1 - x, \text{ se } x \leq 2 \\ 2x - 5, \text{ se } x > 2 \end{cases}$.
    a) Construa o gráfico de f.
    b) f é injetora? f é sobrejetora? f é bijetora?

FUNÇÃO INVERSA

Introdução

Vamos observar a função f de $A = \{1, 2, 3, 4\}$ em $B = \{1, 3, 5, 7\}$, definida pela lei $y = 2x - 1$.

Notemos que f é bijetora, pois é injetora e também sobrejetora.

Como todo elemento de B é o correspondente de um único elemento de A, vamos "trocar os conjuntos de posição" e associar cada elemento de B ao seu correspondente de A. Teremos, dessa forma, construído uma função denominada **função inversa de f**, representada com o símbolo f^{-1}.

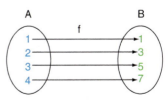

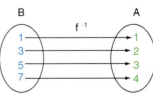

COMPLEMENTO SOBRE FUNÇÕES 269

A lei que define essa nova função é $f^{-1}(x) = \dfrac{x+1}{2}$. (Logo adiante, veremos um processo que nos permite encontrar a lei de f^{-1}.) Observe que:

$$f^{-1}(1) = \dfrac{1+1}{2} = 1;\ f^{-1}(3) = \dfrac{3+1}{2} = 2;\ f^{-1}(5) = \dfrac{5+1}{2} = 3 \text{ e } f^{-1}(7) = \dfrac{7+1}{2} = 4.$$

Notemos que f^{-1} também é bijetora, $D(f^{-1}) = B$ e $\text{Im}(f^{-1}) = A$.

Considere agora a função $g: \mathbb{R} \to \mathbb{R}_+^*$ definida por $g(x) = 2^x$; g é bijetora, pois é injetora ($x_1 \neq x_2 \Rightarrow 2^{x_1} \neq 2^{x_2}$) e sobrejetora ($\text{Im}(g) = \mathbb{R}_+^*$).

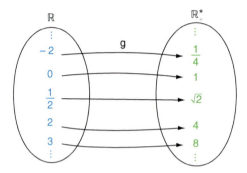

Vamos "construir" a função inversa de g. "Invertendo" a posição dos conjuntos vem:

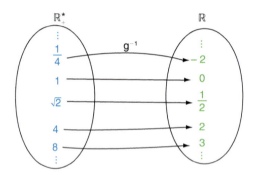

Como vimos no capítulo anterior, se um par ordenado (a, b) pertence à função exponencial, o par ordenado (b, a) pertence à função logarítmica (de mesma base da exponencial). Desse modo, temos:

$$g^{-1}(x) = \log_2 x$$

Observe que:

$g^{-1}\left(\dfrac{1}{4}\right) = \log_2 \dfrac{1}{4} = -2$; $g^{-1}(1) = \log_2 1 = 0$; $g^{-1}(\sqrt{2}) = \log_2 \sqrt{2} = \dfrac{1}{2}$; $g^{-1}(8) = \log_2 8 = 3$, e assim por diante.

Notemos que g^{-1} também é bijetora, com $D(g^{-1}) = \mathbb{R}_+^*$ e $\text{Im}(g^{-1}) = \mathbb{R}$.

Definição

> Seja $f: A \to B$ uma função bijetora.
> A função $f^{-1}: B \to A$ tal que $f(a) = b \Leftrightarrow f^{-1}(b) = a$, com $a \in A$ e $b \in B$, é chamada **inversa de f**.
> Nesse caso, dizemos que f é inversível.

Nos exemplos seguintes, vamos analisar se uma função é ou não inversível. Em caso afirmativo, apresentaremos um processo para determinar a lei que define a inversa e também iremos estudar a relação existente entre os gráficos de f e de f^{-1}.

Para a construção de gráficos é importante notarmos que, se *f* é inversível e um par (a, b) pertence à função *f*, então o par (b, a) pertence a f⁻¹. Consequentemente, cada ponto (b, a) do gráfico de f⁻¹ é simétrico de um ponto (a, b) do gráfico de *f* em relação à bissetriz do 1º e do 3º quadrantes do plano cartesiano. Acompanhe a seguir uma justificativa para esse fato, considerando, sem perda de generalidade, um ponto P(a, b) do 1º quadrante, isto é, a > 0 e b > 0, com a > b.

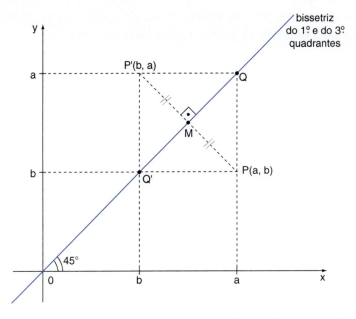

O quadrilátero PQP'Q' é um quadrado cujo lado mede a − b. Como sabemos, as diagonais de um quadrado são perpendiculares e interceptam-se em seus pontos médios (veja o ponto M da figura). Assim PM = P'M e P' é o simétrico de P em relação à bissetriz.

Desse modo, o gráfico de f⁻¹ é simétrico do gráfico de *f* em relação à bissetriz do 1º e do 3º quadrantes.

Inversas de algumas funções

Exemplo 1

Vejamos agora como constatar que a função f: $\mathbb{R} \to \mathbb{R}$ dada pela fórmula y = 3x + 4 é inversível, como determinar a inversa de *f* e como construir os gráficos de ambas as funções.

Sendo *f* uma função afim, o seu gráfico é uma reta $\overline{PQ}$ cujos pontos podem ser obtidos atribuindo-se valores a *x* e calculando-se os correspondentes valores de *y*. Por exemplo:

x	y
0	4
−1	1
$-\frac{4}{3}$	0
−2	−2

→ P(0, 4)
→ A(−1, 1)
→ Q$\left(-\frac{4}{3}, 0\right)$
→ B(−2, −2)

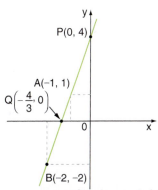

Podemos notar nesse gráfico que, para cada valor real de *y*, existe em correspondência um único valor de *x*. Observe que, para todo y ∈ $\mathbb{R}$, a reta paralela ao eixo *x* traçada pelo ponto (0, y) intercepta o gráfico de *f* uma única vez (*f* é injetora); além disso, Im(f) = $\mathbb{R}$ (*f* é sobrejetora). Assim, *f* é bijetora e, portanto, *f* é inversível.

Agora vamos determinar a fórmula que define f^{-1}. A partir da fórmula $y = 3x + 4$, que define f, vamos expressar x em função de y:

$$y = 3x + 4 \Rightarrow 3x = y - 4 \Rightarrow x = \frac{y-4}{3} \quad (*)$$

Em geral, quando se vai representar no plano cartesiano o gráfico de uma função, a variável x é indicada no eixo das abscissas e a variável y (cujos valores variam de acordo com x), no eixo das ordenadas. Assim, vamos permutar as variáveis x e y em (*), para obter a lei de f^{-1}:

$$y = \frac{x-4}{3}, \left(\text{ou } f^{-1}(x) = \frac{x-4}{3}\right)$$

Vamos construir o gráfico de f^{-1}.

Se um par (a, b) pertence a f, o par (b, a) pertence a f^{-1}. Assim, na tabela de f^{-1}, temos:

x	y	
4	0	→ P'
1	−1	→ A'
0	$-\frac{4}{3}$	→ Q'
−2	−2	→ B'

Esse gráfico é simétrico ao gráfico de f, em relação à bissetriz do 1º e do 3º quadrantes. Dessa forma, o gráfico de f^{-1} é a reta verde representada ao lado.

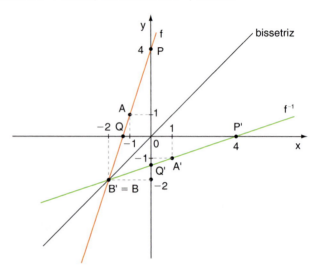

Exemplo 2

Vejamos como comprovar que a função $f: \mathbb{R}_+ \to \mathbb{R}_+$ dada pela fórmula $y = x^2$ é bijetora, como obter sua inversa f^{-1} e como construir os gráficos de f e f^{-1}. Sendo f uma função quadrática com domínio restrito a $\mathbb{R}_+$, seu gráfico é um arco de parábola cujos pontos podem ser obtidos atribuindo-se valores a x e calculando os correspondentes valores de y.

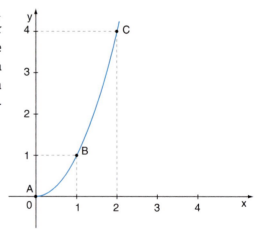

x	y	
0	0	→ A(0, 0)
1	1	→ B(1, 1)
2	4	→ C(2, 4)
3	9	→ D(3, 9)

Podemos notar nesse gráfico que, para cada valor não negativo de y, existe em correspondência um único valor de x, então f é injetora. Além disso, Im = $\mathbb{R}_+$; então f é sobrejetora. Assim, f é bijetora e, portanto, f é inversível.

Partindo da lei usada para definir f, temos:

$$y = x^2 \overset{x \geq 0}{\Rightarrow} \sqrt{y} = x$$

Permutando as variáveis *x* e *y* nessa última igualdade, resulta $\sqrt{x} = y$. Dessa forma, a lei que define f^{-1} é $y = \sqrt{x}$, ou seja, $f^{-1}(x) = \sqrt{x}$.

Vamos agora construir o gráfico de f^{-1}.

Se um par (a, b) pertence ao gráfico de *f*, o par (b, a) pertence ao gráfico de f^{-1}. Assim, na tabela de f^{-1}, temos:

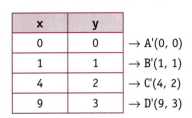

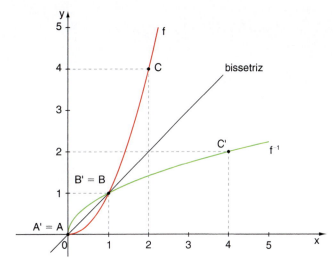

O gráfico de f^{-1} é simétrico do gráfico de *f* em relação à bissetriz do 1º e do 3º quadrantes.

EXERCÍCIOS

15. Sejam A = {0, 1, 2, 3} e B = {3, 5, 7, 9} e f: A → B, definida por f(x) = 2x + 3. Verifique se *f* é inversível e, em caso afirmativo, encontre a lei que define f^{-1}.

16. Sejam A = {−2, −1, 0, 1, 2} e B = $\mathbb{Z}$ e f: A → B, definida por f(x) = |x|. Verifique se *f* é inversível e, em caso afirmativo, encontre a lei que define f^{-1}.

17. Sejam A = {−1, 0, 1} e B = {0, 1} e f: A → B, definida por f(x) = x^2.
a) *f* é sobrejetora?
b) *f* é injetora?
c) *f* é inversível?

18. Sejam A = $\left\{1, \frac{1}{2}, \frac{1}{3}, \frac{1}{4}\right\}$ e B = {1, 2, 3, 4} e f: A → B, definida por f(x) = $\frac{1}{x}$. Verifique se *f* é inversível e, em caso afirmativo, encontre a lei que define f^{-1}.

19. Seja f: A → B a função que associa a cada x ∈ A o seu triplo em B, isto é, f(x) = 3x.
Verifique, em cada caso, se *f* é inversível:
a) A = B = $\mathbb{N}$
b) A = B = $\mathbb{Z}$
c) A = B = $\mathbb{Q}$

20. Seja f: [−2, 2] → $\left[\frac{1}{100}, 100\right]$, definida por f(x) = 10^x.
a) Esboce o gráfico de *f*.
b) *f* é inversível? Se afirmativo, obtenha a lei que define f^{-1}.

21. Seja f: $\mathbb{R}$ → $\mathbb{R}$, definida por f(x) = −2x + 1.
a) Qual é a lei que define f^{-1}?
b) Represente, no mesmo plano cartesiano, os gráficos de *f* e f^{-1}.

22. Seja f: $\mathbb{R}$ → $\mathbb{R}$ uma função de 1º grau dada pela lei f(x) = 2x + a, sendo *a* uma constante real. Qual é o valor de f(3) sabendo-se que $f^{-1}(9) = 7$?

23. Em cada caso, *f* é uma função definida de $\mathbb{R}$ em $\mathbb{R}$. Obtenha a lei que define f^{-1}:
a) f(x) = $\frac{4x - 3}{5}$
b) f(x) = x^3
c) f(x) = $\frac{1 - 2x}{3}$

24. No gráfico seguinte estão representadas as funções f e f^{-1}, definidas de $\mathbb{R}$ em $\mathbb{R}$.

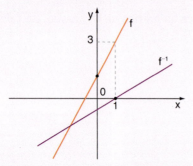

a) Qual é a lei que define cada uma dessas funções?
b) Em que ponto as retas se interceptam?

25. Seja $f: A \to B$, definida pela lei $f(x) = 10^x$. Em cada caso, verifique se f é inversível; se não, explique o porquê.

a) $A = \mathbb{R}$ e $B = \mathbb{R}$
b) $A = \mathbb{R}$ e $B = \mathbb{R}_+^*$

26. Seja $f: \mathbb{R}_+ \to [2, +\infty[$ a função definida por $y = x^2 + 2$.

a) Explique por que f é inversível e obtenha a lei que define sua inversa f^{-1}.
b) Qual é o domínio de f^{-1}?
c) Determine $a \in \mathbb{R}$, sabendo que $f^{-1}(a) = \dfrac{1}{2}$.
d) Represente f e f^{-1} em um mesmo plano cartesiano.

COMPOSIÇÃO DE FUNÇÕES

Introdução

Acompanhe este exemplo:

Sejam os conjuntos $A = \{-1, 0, 1, 2\}$, $B = \{0, 1, 3, 4\}$ e $C = \{1, 3, 7, 9\}$ e as funções $f: A \to B$, definida pela lei $f(x) = x^2$, e $g: B \to C$, definida pela lei $g(x) = 2x + 1$.

Observemos o esquema abaixo:

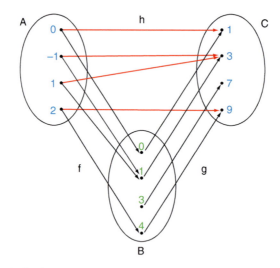

Seguindo as flechas a partir de A, temos:

$$0 \xrightarrow{f} 0 \xrightarrow{g} 1$$
$$-1 \xrightarrow{f} 1 \xrightarrow{g} 3$$
$$1 \xrightarrow{f} 1 \xrightarrow{g} 3$$
$$2 \xrightarrow{f} 4 \xrightarrow{g} 9$$

elementos de A ⬐   ⬏ elementos de C

Assim, para cada elemento de A existe um único correspondente em C; portanto, fica definida uma função h de A em C. Veja as flechas em vermelho. Elas mostram que:

$h(0) = 1 \qquad h(-1) = 3 \qquad h(1) = 3 \qquad h(2) = 9$

Essa função h é denominada função composta de g com f, nesta ordem, e indicada com a notação g ∘ f, que se lê: "g composta com f" ou "g círculo f" ou "g bola f".

Note que, se h = g ∘ f, então h(x) = (g ∘ f)(x) = g(f(x)). Confira nos exemplos dados:

- h(0) = g(f(0)) = g(0) = 1
- h(1) = g(f(1)) = g(1) = 3
- h(−1) = g(f(−1)) = g(1) = 3
- h(2) = g(f(2)) = g(4) = 9

Também é possível estabelecer a lei que define h:

$$h(x) = g(f(x)) = g(x^2) = 2(x^2) + 1 = 2x^2 + 1$$

Definição

> Sejam f: A → B e g: B → C duas funções. Chama-se **função composta de g com f** a função de A em C indicada por g ∘ f e definida por (g ∘ f)(x) = g(f(x)), para todo x ∈ A.

Observe que a imagem de cada x ∈ A é obtida pelo seguinte procedimento:

1º) aplica-se a x a função f, obtendo-se f(x);

2º) aplica-se a f(x) a função g, obtendo-se g(f(x)).

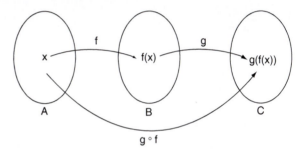

Notemos que só podemos definir g ∘ f quando o contradomínio de f é igual ao domínio de g.

Exemplo 3

Se f e g são funções de ℝ em ℝ definidas por f(x) = 2x e g(x) = −3x, então a composta de g com f é dada pela lei:

$$g(f(x)) = g(2x) = -3 \cdot (2x) = -6x \text{ ou } (g \circ f)(x) = -6x$$

Observe, por exemplo, que:

- (g ∘ f)(−1) = g(f(−1)) = g(−2) = −3 · (−2) = 6;

  usando diretamente a lei obtida acima, vem (g ∘ f)(−1) = −6 · (−1) = 6

- $(g \circ f)\left(\frac{1}{2}\right) = g\left(f\left(\frac{1}{2}\right)\right) = g(1) = -3 \cdot 1 = -3$;

  usando diretamente a lei, vem $(g \circ f)\left(\frac{1}{2}\right) = -6 \cdot \frac{1}{2} = -3$

Exemplo 4

Se f e g são funções de ℝ em ℝ definidas por f(x) = 3x e g(x) = x², então a composta de g com f é dada pela lei:

$$g(f(x)) = g(3x) = (3x)^2 = 9x^2$$

Vamos verificar qual é a lei que define a função composta de f com g. Temos:

$$f(g(x)) = f(x^2) = 3x^2$$

mostrando que f ∘ g e g ∘ f são funções definidas por leis diferentes.

Exemplo 5

Se f: $\mathbb{N} \to \mathbb{N}$ é tal que $f(x) = x + 2$ e g: $\mathbb{N} \to \mathbb{N}$ é tal que $g(x) = 3x^2 + x + 2$, então a composta de *g* com *f* é dada pela lei:

$$g(f(x)) = g(x + 2) = 3 \cdot (x + 2)^2 + (x + 2) + 2 = 3x^2 + 13x + 16$$

EXERCÍCIOS

27. Sejam *f* e *g* funções de $\mathbb{R}$ em $\mathbb{R}$ definidas por $f(x) = 4x + 3$ e $g(x) = x - 1$. Determine o valor de:

a) $f(g(3))$

b) $g(f(3))$

c) $g(f(0))$

d) $f(f(1))$

28. Sejam f: $\mathbb{R} \to \mathbb{R}$ e g: $\mathbb{R} \to \mathbb{R}$ definidas pelas leis: $f(x) = x^2 - 5x - 3$ e $g(x) = -2x + 4$. Qual é o valor de:

a) $f(g(2))$

b) $(f \circ g)(-2)$

c) $(g \circ f)(2)$

d) $g(g(5))$

29. Sejam *f* e *g* funções de $\mathbb{R}$ em $\mathbb{R}$, dadas por $f(x) = 1 - 2x$ e $g(x) = 3x^2 - x + 4$. Determine a lei que define as funções:

a) $f \circ g$

b) $g \circ f$

c) $f \circ f$

30. Sejam *f* e *g* funções de $\mathbb{R}$ em $\mathbb{R}$, dadas por $f(x) = 4$ e $g(x) = 3x - 1$. Determine a lei que define as funções:

a) $f \circ g$

b) $g \circ f$

c) $g \circ g$

31. Sejam *f* e *g* funções de $\mathbb{R}$ em $\mathbb{R}$, dadas por $f(x) = 3x + k$ e $g(x) = -2x + 5$, sendo *k* uma constante real. Determine o valor de *k* de modo que $(f \circ g)(x) = (g \circ f)(x) \ \forall x \in \mathbb{R}$.

32. Sejam *f* e *g* funções de $\mathbb{R}$ em $\mathbb{R}$, dadas por $f(x) = 4x - 4$ e $g(x) = -2x^2 + x - 1$. Resolva as seguintes equações:

a) $f(g(x)) = -8$

b) $f(x) = g(3)$

c) $g(f(x)) = 0$

33. Sejam *f* e *g* funções de $\mathbb{R}$ em $\mathbb{R}$ tais que, $\forall x \in \mathbb{R}$, $f(x) = -10x + 2$ e $(f \circ g)(x) = -30x - 48$. Qual é a lei que define *g*?

34. Seja f: $\mathbb{R} \to \mathbb{R}$ definida pela lei $f(x) = -7x + a$, sendo *a* uma constante real. Sabendo que $\forall x \in \mathbb{R}$ tem-se $f(f(x)) = 49x - 120$, determine:

a) o valor de *a*   b) $f(f(3))$

35. Sejam *f* e *g* as funções afins de $\mathbb{R}$ em $\mathbb{R}$ tais que, $\forall x \in \mathbb{R}$, $(f \circ g)(x) = -10x + 13$ e $g(x) = -2x + 3$. Qual é a lei que define *f*?

36. Sejam *f* e *g* funções de $\mathbb{R}_+$ em $\mathbb{R}_+$ dadas por $f(x) = \sqrt{x}$ e $g(x) = 3x^2 + 2$. Determine as leis que definem:

a) $f \circ g$

b) $g \circ f$

c) obtenha os valores de *x* tais que $(f \circ g)(x) = (g \circ f)(x)$

DESAFIO

(Obmep) As cinco cartas abaixo estão sobre uma mesa, e cada uma tem um número numa face e uma letra na outra. Simone deve decidir se a seguinte frase é verdadeira: "Se uma carta tem uma vogal numa face, então ela tem um número par na outra". Qual é o menor número de cartas que ela precisa virar para decidir corretamente?

| 2 | | M | | E |

| | 3 | | A | |

276 CAPÍTULO 9

EXERCÍCIOS COMPLEMENTARES

1. Classifique em injetora, sobrejetora ou bijetora a função $f: \mathbb{N} \to \mathbb{N}$ definida por

$$f(n) = \begin{cases} \dfrac{n}{2}, \text{se } n \text{ é par} \\ \dfrac{n+1}{2}, \text{se } n \text{ é ímpar} \end{cases}$$

2. Seja $f: [-5, 2[\to B \subset \mathbb{R}$ uma função definida pela lei $f(x) = |x+3| - 2$. Determine B de modo que f seja sobrejetora. A função f é injetora?

3. Seja $f: \mathbb{R} - \{-2\} \to \mathbb{R} - \{4\}$ definida por $f(x) = \dfrac{4x-3}{x+2}$.

   a) Qual é o elemento do domínio de f^{-1} que possui imagem igual a 5?

   b) Obtenha a lei que define f^{-1}; comprove que o domínio de f^{-1} é $\mathbb{R} - \{4\}$ e comprove também a resposta do item a.

4. (ITA-SP) Seja $f: \mathbb{R} - \{-1\} \to \mathbb{R}$ definida por $f(x) = \dfrac{2x+3}{x+1}$.

   a) Mostre que f é injetora.

   b) Determine $D = \{f(x); x \in \mathbb{R} - \{-1\}\}$ e $f^{-1}: D \to \mathbb{R} - \{-1\}$.

5. (ITA-SP) Analise se $f: \mathbb{R} \to \mathbb{R}, f(x) = \begin{cases} 3 + x^2, \text{se } x \geqslant 0 \\ 3 - x^2, \text{se } x < 0 \end{cases}$ é bijetora e, em caso afirmativo, encontre $f^{-1}: \mathbb{R} \to \mathbb{R}$.

6. (UF-BA) Determine $f^{-1}(x)$, função inversa de $f: \mathbb{R} - \{3\} \to \mathbb{R} - \left\{\dfrac{1}{3}\right\}$, sabendo que $f(2x - 1) = \dfrac{x}{3x-6}$, para todo $x \in \mathbb{R} - \{2\}$.

7. (ITA-SP) Seja $f: \mathbb{R} \to \mathbb{R}$ bijetora e ímpar. Mostre que a função inversa $f^{-1}: \mathbb{R} \to \mathbb{R}$ também é ímpar.

8. (UF-GO) Considere as funções $f(x) = mx + 3$ e $g(x) = x^2 - 2x + 2$, onde $m \in \mathbb{R}$. Determine condições sobre m para que a equação $f(g(x)) = 0$ tenha raiz real.

9. (UF-PR) Considere as funções reais $f(x) = 2 + \sqrt{x}$ e $g(x) = (x^2 - x + 6)(2x - x^2)$:

   a) Calcule $(f \circ g)(0)$ e $(g \circ f)(1)$.

   b) Encontre o domínio da função $(f \circ g)(x)$.

10. Seja $f: \mathbb{R} \to \mathbb{R}$ uma função afim. Sabendo que, para todo $x \in \mathbb{R}$, tem-se $f(f(x)) = x + 1$, determine:

    a) a lei que define f.

    b) $f(f(2)) + f(f(-3))$.

11. (U.F. Viçosa-MG) Sejam $f, g: \mathbb{R} \to \mathbb{R}$ dadas por: $f(x) = x^2 - 2x$ e $g(x) = ax + b$, onde a e b são números reais.

    a) Determine $(f \circ g)(x)$.

    b) Calcule os valores de a e b para os quais os números 0 e 1 sejam raízes da equação $(f \circ g)(x) = 0$.

    c) Esboce o gráfico da função $f \circ g$ para os valores não nulos de a e b encontrados no item anterior.

12. Sejam f e g funções de $\mathbb{R}$ em $\mathbb{R}$ tais que $g(x) = 2x - 3$ e $(f \circ g)(x) = 2x^2 - 4x + 1$.

    a) Obtenha a lei da função f.

    b) Obtenha a lei da função $g \circ f$.

13. (Fuvest-SP) Uma função f satisfaz a identidade $f(ax) = af(x)$ para todos os números reais a e x. Além disso, sabe-se que $f(4) = 2$. Considere ainda a função $g(x) = f(x - 1) + 1$ para todo número real x.

    a) Calcule $g(3)$.

    b) Determine $f(x)$, para todo x real.

    c) Resolva a equação $g(x) = 8$.

14. (PUC-RJ) Seja $f(x) = \dfrac{x+1}{-x+1}$.

a) Calcule f(2).

b) Para quais valores reais de x temos $f(f(x)) = x$?

c) Para quais valores reais de x temos $f(f(f(f(x)))) = 2011$?

15. (Fuvest-SP) Seja $f(x) = |x| - 1$, $\forall x \in \mathbb{R}$, e considere também a função composta $g(x) = f(f(x))$, $\forall x \in \mathbb{R}$.

a) Esboce o gráfico da função f, [...] indicando seus pontos de interseção com os eixos coordenados.

b) Esboce o gráfico da função g, [...] indicando seus pontos de interseção com os eixos coordenados.

c) Determine os valores de x para os quais $g(x) = 5$.

16. (U.F. Uberlândia-MG) Fixado um sistema de coordenadas cartesianas xOy, considere as funções reais de variável real $y = f(x) = x^2 + b \cdot x + c$ e $y = g(x) = k \cdot x + 4$, em que as constantes b, c, k são números reais.

Sabendo que o gráfico de f é dado pela parábola de vértice $V = (1, 1)$, determine todos os possíveis valores reais que k poderá assumir de maneira que a equação definida pela composição $(g \circ f)(x) = 0$ tenha raiz real.

17. (Vunesp-SP) Sejam duas funções reais e contínuas f(x) e g(x) dadas pela figura. Obtenha o resultado da expressão $f \circ g(4) + g \circ f(-1)$.

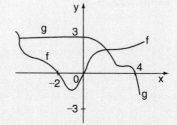

18. (Vunesp-SP) Seja x o número de anos decorridos a partir de 1960 ($x = 0$). A função $y = f(x) = x + 320$ fornece, aproximadamente, a média de concentração de CO_2 na atmosfera em ppm (partes por milhão) em função de x.

A média de variação do nível do mar, em cm, em função de x, é dada aproximadamente pela função $g(x) = \dfrac{1}{5}x$.

Seja h a função que fornece a média de variação do nível do mar em função da concentração de CO_2. No diagrama seguinte estão representadas as funções f, g e h.

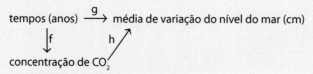

Determine a expressão de h em função de y e calcule quantos centímetros o nível do mar terá aumentado quando a concentração de CO_2 na atmosfera for de 400 ppm.

19. (Unicamp-SP) Suponha que $f: \mathbb{R} \to \mathbb{R}$ seja uma função ímpar (isto é, $f(-x) = -f(x)$) e periódica, com período 10 (isto é, $f(x) = f(x + 10)$). O gráfico da função no intervalo $[0, 5]$ é apresentado abaixo.

a) Complete o gráfico, mostrando a função no intervalo $[-10, 10]$, e calcule o valor de $f(99)$.

b) Dadas as funções $g(y) = y^2 - 4y$ e $h(x) = g(f(x))$, calcule $h(3)$ e determine a expressão de $h(x)$ para $2{,}5 \leq x \leq 5$.

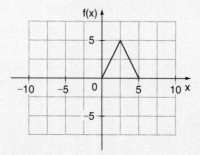

TESTES

1. (UF-MT) A figura abaixo apresenta o gráfico de uma função y = f(x).

A partir das informações contidas no gráfico, marque V para as afirmativas verdadeiras e F para as falsas.

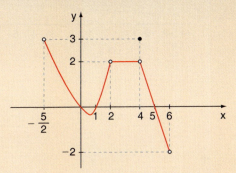

f(x) é uma função injetora.

O domínio de f(x) é o intervalo]−2, 3].

f(x) = 2, para todo 2 ≤ x ≤ 4.

$f(x) \geq 0$, para $\forall x \in \left[-\frac{5}{2}, 0\right] \cup [1, 5]$.

Assinale a sequência correta.

a) F, V, V, F
b) V, F, V, V
c) V, V, V, F
d) F, F, F, V
e) F, V, F, F

2. (UF-TO) Seja *a* um número real e f:]−∞, ∞[→ [a, ∞[uma função definida por $f(x) = m^2x^2 + 4mx + 1$, com m ≠ 0. O valor de *a* para que a função *f* seja sobrejetora é:

a) −4
b) −3
c) 3
d) 0
e) 2

3. (UF-PE) Analise as afirmações a seguir, considerando a função *f*, tendo como domínio e contradomínio o conjunto dos números reais, dada por $f(x) = \dfrac{2x}{x^2 + 1}$.

Parte do gráfico de *f* está esboçada abaixo.

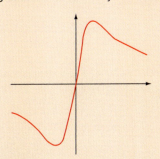

(0-0) *f* é uma função par.

(1-1) A única raiz de f(x) = 0 é x = 0.

(2-2) |f(x)| ≤ 1, para todo *x* real.

(3-3) Dado um real *y*, com |y| < 1 e y ≠ 0, existem dois valores reais *x* tais que f(x) = y.

(4-4) *f* é uma função sobrejetiva.

4. (ITA-SP) Seja f: ℝ → ℝ − {0} uma função satisfazendo as condições:

f(x + y) = f(x)f(y), para todo x, y ∈ ℝ e f(x) ≠ 1, para todo x ∈ ℝ − {0}.

Das afirmações:

I. f pode ser ímpar.

II. f(0) = 1

III. f é injetiva.

IV. f não é sobrejetiva, pois f(x) > 0 para todo x ∈ ℝ.

É(são) falsa(s) apenas

a) I e III.
b) II e III.
c) I e IV.
d) IV.
e) I.

5. (UF-MA) As figuras abaixo ilustram os gráficos das uma funções $g_1: ℝ → ℝ$, $g_2: ℝ → ℝ$ e $g_3: ℝ → ℝ$, respectivamente.

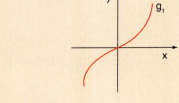

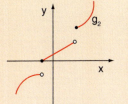
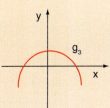

A partir dos gráficos anteriores, são feitas as seguintes afirmações:

I. g_1 é sobrejetora.
II. g_2 é crescente.
III. g_3 é bijetora.

Então:

a) II e III são falsas e I é verdadeira.
b) Todas são falsas.
c) I e II são verdadeiras e III é falsa.
d) Todas são verdadeiras.
e) I e III são verdadeiras e II é falsa.

6. (Aman-RJ) Na figura abaixo está representado o gráfico de uma função real do 1º grau f(x).

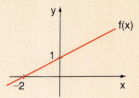

A expressão algébrica que define a função inversa de f(x) é

a) $y = \dfrac{x}{2} + 1$

b) $y = x + \dfrac{1}{2}$

c) $y = 2x - 2$

d) $y = -2x + 2$

e) $y = 2x + 2$

7. (Cefet-MG) Analise o gráfico da função abaixo.

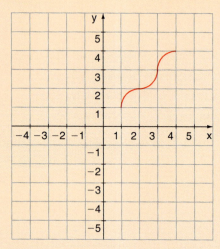

O gráfico que representa corretamente sua função inversa é

a)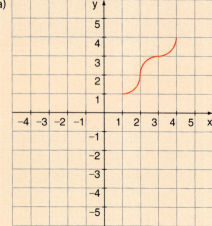

b)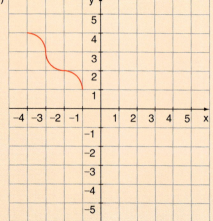

c)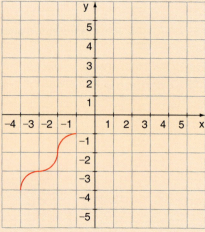

d)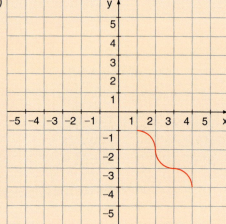

8. (Fatec-SP) Parte do gráfico de uma função real f, do 1º grau, está representada na figura abaixo.

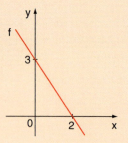

Sendo g a função real definida por $g(x) = x^3 + x$, o valor de $f^{-1}(g(1))$ é

a) $-\dfrac{3}{2}$

b) $-\dfrac{1}{3}$

c) $\dfrac{1}{3}$

d) $\dfrac{2}{3}$

e) $\dfrac{3}{2}$

9. (PUC-RJ) Sejam f(x) = 2x + 1 e g(x) = 3x + 1. Então f(g(3)) − g(f(3)) é igual a:
a) −1
b) 0
c) 1
d) 2
e) 3

10. (U.F. São Carlos-SP) Seja f: ℕ → ℚ uma função definida por

$$f(x) = \begin{cases} x + 1, \text{ se } x \text{ é ímpar} \\ \dfrac{x}{2}, \text{ se } x \text{ é par} \end{cases}$$

Se n é ímpar e f(f(f(n))) = 5, a soma dos algarismos de n é igual a:
a) 10
b) 9
c) 8
d) 7
e) 6

11. (UE-CE) Sejam f, g: ℝ → ℝ funções definidas por f(x) = 2x − 1 e g(x) = $\dfrac{1}{2}$(x − 1). Se h = f ∘ g é a função composta e h⁻¹ sua inversa, então h⁻¹(x) é igual a
a) x + 2
b) x
c) x − 2
d) 2x

12. (ESPM-SP) A figura abaixo representa o gráfico cartesiano da função f(x).

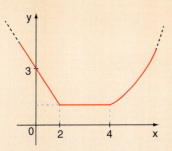

Sabendo-se que f(1) = 2, o valor de f[f(π)] é
a) 1
b) $\dfrac{3}{2}$
c) $\dfrac{3}{4}$
d) 2
e) $\dfrac{5}{2}$

13. (Vunesp-SP) Através dos gráficos das funções f(x) e g(x), os valores de f(g(0)) e g(f(1)) são, respectivamente:

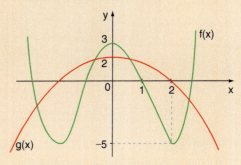

a) −5 e 0.   c) 0 e 0.   e) 2 e 0.
b) −5 e 2.   d) 2 e −5.

14. (Fuvest-SP) Sejam f(x) = 2x − 9 e g(x) = x² + 5x + 3. A soma dos valores absolutos das raízes da equação f(g(x)) = g(x) é igual a
a) 4
b) 5
c) 6
d) 7
e) 8

15. (Fatec-SP) Sejam f e g funções de ℝ em ℝ, tais que g(x) = f(2x + 3) + 5, para todo x real. Sabendo que o número 1 é um zero da função f, conclui-se que o gráfico da função g passa necessariamente pelo ponto
a) (−2, 3)
b) (−1, 5)
c) (1, 5)
d) (2, 7)
e) (5, 3)

16. (UF-AM) Considere as funções f: ℝ → ℝ; f(x) = 3x + 5 e g: ℝ → ℝ; g(x) = ax + b. Então o conjunto A dos pontos (a, b) ∈ ℝ² tais que f ∘ g = g ∘ f é:
a) A = {(a, b) ∈ ℝ² | 2b = 5(a − 1)}
b) A = {(a, b) ∈ ℝ² | 2b = 5(a + 1)}
c) A = {(a, b) ∈ ℝ² | a = 5(b − 1)}
d) A = {(a, b) ∈ ℝ² | a = 5(b + 1)}
e) A = {(a, b) ∈ ℝ² | 5a = 2(b + 1)}

17. (Aman-RJ) Sejam as funções reais f(x) = $\sqrt{x^2 + 4x}$ e g(x) = x − 1. O domínio da função f(g(x)) é
a) D = {x ∈ ℝ | x ⩽ −3 ou x ⩾ 1}
b) D = {x ∈ ℝ | −3 ⩽ x ⩽ 1}
c) D = {x ∈ ℝ | x ⩽ 1}
d) D = {x ∈ ℝ | 0 ⩽ x ⩽ 4}
e) D = {x ∈ ℝ | x ⩽ 0 ou x ⩾ 4}

COMPLEMENTO SOBRE FUNÇÕES

18. (PUC-MG) Considere as funções $f(x) = \dfrac{1-x}{1+x}$ e $g(x) = \dfrac{1}{f[f(x)]}$, definidas para $x \neq -1$. Assim, o valor de $g(0,5)$ é:

a) 2
b) 3
c) 4
d) 5

19. (FEI-SP) Dadas as funções $f, g: \mathbb{R} \to \mathbb{R}$ definidas por $f(x) = mx + 3$ (com m constante real) e $g(x) = 4x - 1$, se $(f \circ g)(x) = (g \circ f)(x)$, então os gráficos de f e de g se interceptam no ponto de abscissa:

a) $x = 2$
b) $x = -3$
c) $x = \dfrac{3}{8}$
d) $x = \dfrac{1}{4}$
e) $x = \dfrac{1}{3}$

20. (UE-RN) Sejam as funções compostas $f(g(x)) = 2x - 1$ e $g(f(x)) = 2x - 2$. Sendo $g(x) = x + 1$, então $f(5) + g(2)$ é

a) 10
b) 8
c) 7
d) 6

21. (UF-CE) O coeficiente b da função quadrática $f: \mathbb{R} \to \mathbb{R}, f(x) = x^2 + bx + 1$, que satisfaz a condição $f(f(-1)) = 3$, é igual a:

a) -3
b) -1
c) 0
d) 1
e) 3

22. (U.E. Maringá-PR) Considere as funções f e g, ambas com domínio e contradomínio real, dadas por $f(x) = 5x - \sqrt{2}$ e $g(x) = x^2 - 6x + 1$, para qualquer x real. A respeito dessas funções, assinale o que for correto.

(01) A imagem de qualquer número racional, pela função f, é um número irracional.

(02) A função g possui uma única raiz real.

(04) Ambas as funções são crescentes no intervalo $[0, +\infty[$ do domínio.

(08) O gráfico da função $f \circ g$ é uma parábola.

(16) Ambas as funções possuem inversas.

23. (UF-BA) Sobre a função $f: [0, 1] \to \mathbb{R}$, representada pelo gráfico abaixo, é correto afirmar:

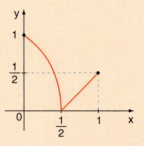

(01) A imagem da função f é o intervalo $[0, 1]$.

(02) Existe um único $x \in [0, 1]$ tal que $f(x) = \dfrac{1}{2}$.

(04) A função f é decrescente em $\left[0, \dfrac{1}{2}\right]$ e crescente em $\left[\dfrac{1}{2}, 1\right]$.

(08) A imagem da função $g: [-1, 0] \to \mathbb{R}$ definida por $g(x) = f(-x)$ é o intervalo $[0, 1]$.

(16) $f(f(f(0))) = 0$ e $f(f(f(1))) = 1$.

(32) $f \circ f \circ f$ é a função identidade.

Indique a soma correspondente às alternativas corretas.

24. (UF-PR) Abaixo estão representados os gráficos das funções f e g.

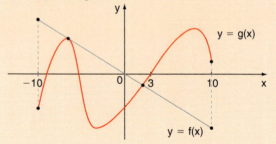

Sobre esses gráficos, considere as seguintes afirmativas:

1. A equação $f(x) \cdot g(x) = 0$ possui quatro soluções no intervalo fechado $[-10, 10]$.

2. A função $y = f(x) \cdot g(x)$ assume apenas valores positivos no intervalo aberto $(0, 3)$.

3. $f(g(0)) = g(f(0))$.

4. No intervalo fechado $[3, 10]$, a função f é decrescente e a função g é crescente.

Assinale a alternativa correta.

a) Somente as afirmativas 1, 3 e 4 são verdadeiras.
b) Somente as afirmativas 2 e 3 são verdadeiras.
c) Somente as afirmativas 1 e 2 são verdadeiras.
d) Somente as afirmativas 1, 2 e 4 são verdadeiras.
e) Somente as afirmativas 3 e 4 são verdadeiras.

25. (IF-AL) Considere o gráfico da função y = f(x), representado por segmentos de reta:

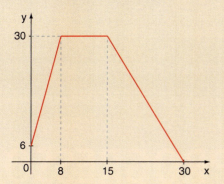

I. f(4) = f(21).
II. f(f(f(0))) = f(2).
III. f(f(6)) = 2f(f(f(8))).

Podemos afirmar que

a) somente as afirmativas (I) e (II) são verdadeiras.
b) somente as afirmativas (I) e (III) são verdadeiras.
c) somente as afirmativas (II) e (III) são verdadeiras.
d) todas as afirmativas são verdadeiras.
e) todas as afirmativas são falsas.

26. (FGV-SP) A figura indica o gráfico da função *f*, de domínio [−7, 5], no plano cartesiano ortogonal.

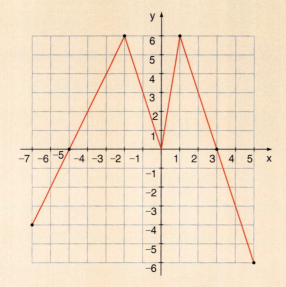

O número de soluções da equação f(f(x)) = 6 é:

a) 2
b) 4
c) 5
d) 6
e) 7

27. (UF-RN) Os gráficos das funções *f* e *g* representados na figura abaixo são simétricos em relação à reta y = x.

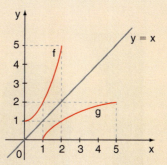

De acordo com a figura, é correto afirmar que

a) g(f(x)) < x e que *f* é a inversa da *g*.
b) f(x) = 2^x e que *g* é sua inversa.
c) f(g(x)) > x e que *f* é a inversa da *g*.
d) g(x) = $\sqrt{x-1}$ e que *f* é sua inversa.

28. (U.F. Santa Maria-RS) Os praticantes de exercícios físicos se preocupam com o conforto dos calçados utilizados em cada modalidade. O mais comum é o tênis, que é utilizado em corridas, caminhadas etc. A numeração para esses calçados é diferente em vários países, porém existe uma forma para converter essa numeração de acordo com os tamanhos. Assim, a função g(x) = $\dfrac{x}{6}$ converte a numeração dos tênis fabricados no Brasil para a dos tênis fabricados nos Estados Unidos, e a função f(x) = 40x + 1 converte a numeração dos tênis fabricados nos Estados Unidos para a dos tênis fabricados na Coreia. A função *h* que converte a numeração dos tênis brasileiros para a dos tênis coreanos é

a) h(x) = $\dfrac{20}{3}x + \dfrac{1}{6}$
b) h(x) = $\dfrac{2}{3}x + 1$
c) h(x) = $\dfrac{20}{3}x + 1$
d) h(x) = $\dfrac{20x + 1}{3}$
e) h(x) = $\dfrac{2x + 1}{3}$

29. (Mackenzie-SP) Considere as funções g(x) = 4x + 5 e h(x) = 3x − 2, definidas em $\mathbb{R}$. Um estudante que resolve corretamente a equação

g(h(x)) + h(g(x)) = g(h(2)) − h(g(0)),

encontra para *x* o valor

a) $-\dfrac{5}{12}$
b) $\dfrac{3}{4}$
c) $-\dfrac{1}{12}$
d) $\dfrac{5}{12}$
e) $-\dfrac{12}{5}$

10 PROGRESSÕES

SEQUÊNCIAS NUMÉRICAS

Introdução

A tabela seguinte relaciona o número de funcionários de uma empresa ao longo dos seus dez primeiros anos de existência:

Ano	Número de funcionários
1	52
2	58
3	60
4	61
5	67
6	65
7	69
8	72
9	76
10	78

Observe, ao lado, que a relação entre essas duas variáveis define uma função: a cada ano de existência da empresa corresponde um único número de funcionários.

Note que o domínio dessa função é $\{1, 2, 3, ..., 10\}$.

De modo geral, uma função cujo domínio é $\mathbb{N}^* = \{1, 2, 3, ...\}$ é chamada **sequência numérica infinita**. Quando o domínio de f é $\{1, 2, 3, ..., n\}$ em que $n \in \mathbb{N}^*$, temos uma **sequência numérica finita**.

É usual representar uma sequência numérica por meio de seu conjunto imagem, colocando-o entre parênteses.

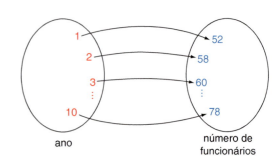

ano   número de funcionários

No exemplo anterior, (52, 58, 60, 61, 67, 65, 69, 72, 76, 78) representa a sequência da quantidade de funcionários da empresa ano a ano.

Em geral, sendo $a_1, a_2, a_3, ..., a_n, ...$ números reais, a função $f: \mathbb{N}^* \to \mathbb{R}$ tal que $f(1) = a_1$, $f(2) = a_2$, $f(3) = a_3$, ..., $f(n) = a_n$, ... é representada por: $(a_1, a_2, a_3, ..., a_n, ...)$.

Observe que o índice n indica a posição do elemento na sequência. Assim, o primeiro termo é indicado por a_1, o segundo é indicado por a_2 e assim por diante.

Formação dos elementos de uma sequência

Termo geral

Vamos considerar a função $f: \mathbb{N}^* \to \mathbb{N}$ que associa a cada número natural não nulo o seu quadrado:

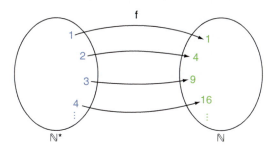

Podemos representá-la por: (1, 4, 9, 16, 25, ...), em que:
$a_1 = 1 = 1^2$
$a_2 = 4 = 2^2$
$a_3 = 9 = 3^2$
$a_4 = 16 = 4^2$
$\vdots \quad \vdots$
$a_n = n^2$

A expressão $a_n = n^2$ é chamada **lei de formação** ou **termo geral** dessa sequência, pois permite o cálculo de qualquer termo da sequência por meio da atribuição dos valores possíveis para n (n = 1, 2, 3, ...).

EXERCÍCIOS RESOLVIDOS

1. Encontrar os cinco primeiros termos da sequência cujo termo geral é $a_n = 1{,}5n + 8$; $n \in \mathbb{N}^*$.

Solução:
Para conhecer os termos dessa sequência, é preciso atribuir sucessivamente valores para n (n = 1, 2, 3, 4, 5):

$n = 1 \Rightarrow a_1 = 1{,}5 \cdot 1 + 8 = 9{,}5$
$n = 2 \Rightarrow a_2 = 1{,}5 \cdot 2 + 8 = 11$
$n = 3 \Rightarrow a_3 = 1{,}5 \cdot 3 + 8 = 12{,}5$
$n = 4 \Rightarrow a_4 = 1{,}5 \cdot 4 + 8 = 14$
$n = 5 \Rightarrow a_5 = 1{,}5 \cdot 5 + 8 = 15{,}5$

2. A lei de formação dos elementos de uma sequência é $a_n = 3n - 16$, $n \in \mathbb{N}^*$. O número 113 pertence a essa sequência?

Solução:
Se quisermos saber se o número 113 pertence à sequência, devemos substituir a_n por 113 e verificar se a equação obtida tem solução natural:

$113 = 3n - 16 \Rightarrow 3n = 129 \Rightarrow n = 43$

Concluímos, então, que o número 113 pertence à sequência e ocupa a 43.ª posição.

Lei de recorrência

Muitas vezes conhecemos o primeiro termo de uma sequência e uma lei que permite calcular cada termo a_n a partir de seus anteriores: $a_{n-1}, a_{n-2}, \ldots, a_1$.

Quando isso ocorre, dizemos que a sequência é determinada por uma **lei de recorrência**.

Exemplo 1

Vamos construir a sequência definida pela relação de recorrência:

$$\begin{cases} a_1 = 1 \\ a_{n+1} = 2 \cdot a_n, \text{ para } n \in \mathbb{N}, n \geq 1 \end{cases}$$

A segunda sentença indica como obter a_2 a partir de a_1, a_3 a partir de a_2, a_4 a partir de a_3 etc. Para isso, é preciso atribuir valores a n:

$n = 1 \Rightarrow a_2 = 2 \cdot a_1 = 2 \cdot 1 = 2$
$n = 2 \Rightarrow a_3 = 2 \cdot a_2 = 2 \cdot 2 = 4$
$n = 3 \Rightarrow a_4 = 2 \cdot a_3 = 2 \cdot 4 = 8$
$n = 4 \Rightarrow a_5 = 2 \cdot a_4 = 2 \cdot 8 = 16$

Assim, a sequência procurada é $(1, 2, 4, 8, 16, \ldots)$.

EXERCÍCIOS

1. Seja a sequência definida por $a_n = -3 + 5n, n \in \mathbb{N}^*$. Determine:

a) a_2 b) a_4 c) a_{11}

2. Escreva os quatro primeiros termos da sequência definida por $a_n = 3 + 2n + n^2, n \in \mathbb{N}^*$.

3. Para cada função definida a seguir, represente a sequência associada:

a) $f: \mathbb{N}^* \to \mathbb{N}$ que associa a cada número natural não nulo o triplo de seu sucessor.

b) $g: \mathbb{N}^* \to \mathbb{N}$ tal que $g(x) = x^2 - 2x + 4$.

4. Uma sequência é definida por $a_n = -37 + 6n$ em que $n \in \mathbb{N}^*$. Verifique se os números seguintes pertencem à sequência, destacando, em caso afirmativo, sua posição:

a) -7 b) 46 c) 123 d) 251

5. Seja a sequência definida pela lei de formação $a_n = 2 \cdot 3^n, n \in \mathbb{N}^*$. Qual é o valor de $a_2 + a_4$?

6. Construa a sequência definida pela relação:

$$\begin{cases} a_1 = -5 \\ a_{n+1} = 2 \cdot a_n + 3, n \in \mathbb{N}^* \end{cases}$$

7. Determine o sexto termo da sequência definida pela lei de recorrência:

$$\begin{cases} a_1 = 2 \\ a_{n+1} = 3 \cdot a_n, n \in \mathbb{N}^* \end{cases}$$

8. Seja $f: \mathbb{N}^* \to \mathbb{N}$ definida por $f(n) = n^3 + n^2 + 1$. Ao representar a sequência associada a f, um estudante apresentou a seguinte resolução:

$(3, 13, $$, 81, 151, $$, \ldots)$

Por algum motivo, dois números da sequência acima saíram borrados. Determine-os, reescrevendo a sequência.

9. Os termos gerais de duas sequências (a_n) e (b_n) são, respectivamente:

$a_n = -193 + 3n$ e $b_n = 220 - 4n$,

para todo $n \in \mathbb{N}, n \geq 1$.

a) Escreva os cinco primeiros termos de (a_n) e de (b_n).

b) Qual é o primeiro termo positivo de (a_n)? Que posição ele ocupa na sequência?

c) Qual é o primeiro termo negativo de (b_n)? Que posição ele ocupa na sequência?

d) As duas sequências apresentam algum termo em comum? Em caso afirmativo, determine-o.

PROGRESSÕES ARITMÉTICAS

Introdução

Fazendo compras no supermercado, Marli notou que as latas de milho em promoção estavam empilhadas. Ela percebeu, olhando a pilha de cima para baixo, que as latas foram colocadas segundo o padrão:

- 2 latas na fila mais alta (fila 1);
- 5 latas na fila seguinte (fila 2);
- 8 latas na fila 3 e assim por diante, como mostra a figura acima.

Quantas latas de milho formavam a 15ª (e última) fila, a qual está apoiada no chão? Quantas latas formavam a pilha?

Observe a sequência do número de latas: (2, 5, 8, 11, ...).

Cada termo, a partir do segundo, é igual à soma do termo anterior com 3. A sequência acima construída é um exemplo de **progressão aritmética (P.A.)**, que passaremos a estudar. Veja, nas páginas adiante, a solução da questão proposta.

Definição

Progressão aritmética (P.A.) é uma sequência numérica em que cada termo, a partir do segundo, é obtido somando-se o termo anterior com uma constante. Essa constante é chamada **razão da P.A.** e é indicada por r.

Exemplo 2

a) $(-6, -1, 4, 9, 14, ...)$ é uma P.A. de razão $r = 5$.
b) $(2;\ 2{,}3;\ 2{,}6;\ 2{,}9;\ ...)$ é uma P.A. de razão $r = 0{,}3$.
c) $(150, 140, 130, 120, ...)$ é uma P.A. de razão $r = -10$.
d) $\left(\sqrt{3},\ 1 + \sqrt{3},\ 2 + \sqrt{3},\ 3 + \sqrt{3},\ ...\right)$ é uma P.A. de razão $r = 1$.
e) $\left(0,\ -\dfrac{1}{3},\ -\dfrac{2}{3},\ -1,\ ...\right)$ é uma P.A. de razão $r = -\dfrac{1}{3}$.
f) $(7, 7, 7, 7, ...)$ é uma P.A. de razão $r = 0$.

Observação

Nos itens do exemplo anterior, note que a razão da P.A. pode ser obtida calculando-se a diferença entre um termo qualquer (a partir do segundo) e o termo que o antecede, isto é:

$$r = a_2 - a_1 = a_3 - a_2 = a_4 - a_3 = ... = a_n - a_{n-1}$$

Classificação

De acordo com a razão, podemos classificar as progressões aritméticas da seguinte forma:

- Quando $r > 0$, cada termo é maior que o anterior, isto é, $a_n > a_{n-1}$, $\forall n \in \mathbb{N}$, $n \geq 2$. Dizemos, então, que a P.A. é **crescente** (ver itens *a*, *b* e *d* do Exemplo 2).
- Quando $r < 0$, cada termo é menor que o anterior, isto é, $a_n < a_{n-1}$, $\forall n \in \mathbb{N}$, $n \geq 2$. Dizemos, então, que a P.A. é **decrescente** (ver itens *c* e *e* do Exemplo 2).
- Quando $r = 0$, todos os termos da P.A. são iguais. Dizemos, então, que ela é **constante** (ver item *f* do Exemplo 2).

PROGRESSÕES   287

Termo geral da P.A.

Vamos agora encontrar uma expressão que nos permita obter um termo qualquer da P.A., conhecendo apenas o 1º termo e a razão.

Seja uma P.A. (a_1, a_2, a_3, ..., a_n, ...) de razão r. Temos:

$$a_2 - a_1 = r \Rightarrow \boxed{a_2 = a_1 + r}$$

$$a_3 - a_2 = r \Rightarrow a_3 = a_2 + r \Rightarrow \boxed{a_3 = a_1 + 2r}$$

$$a_4 - a_3 = r \Rightarrow a_4 = a_3 + r \Rightarrow \boxed{a_4 = a_1 + 3r}$$

$$\vdots \qquad\qquad \vdots \qquad\qquad \vdots$$

De modo geral, o termo a_n, que ocupa a n-ésima posição na sequência, é dado por:

$$\boxed{a_n = a_1 + (n - 1) \cdot r}$$

Essa expressão, conhecida como **fórmula do termo geral da P.A.**, permite-nos conhecer qualquer termo da P.A. em função de a_1 e r. Assim, por exemplo, podemos escrever:

- $a_4 = a_1 + 3r$ - $a_{12} = a_1 + 11r$ - $a_{32} = a_1 + 31r$

Exemplo 3

Considerando a situação introdutória (página 321), é possível determinar o número de latas de milho que compõem a 15ª (última) fila.

Temos a P.A. (2, 5, 8, 11, ...). Trata-se de encontrar seu 15º termo. Temos:

$$a_{15} = a_1 + 14 \cdot r, \text{ isto é:}$$
$$a_{15} = 2 + 14 \cdot 3 \Rightarrow a_{15} = 44 \text{ (latas)}$$

EXERCÍCIOS RESOLVIDOS

3. Calcular o 20º termo da P.A. (26, 31, 36, 41, ...).
Solução:
Sabemos que: $a_1 = 26$ e $r = 31 - 26 = 5$
Utilizando a expressão do termo geral, podemos escrever: $a_{20} = a_1 + 19r \Rightarrow a_{20} = 26 + 19 \cdot 5 \Rightarrow a_{20} = 121$

4. Determinar a P.A. cujo sétimo termo vale 1 e cujo décimo termo vale 16.
Solução:
Temos: $\begin{cases} a_7 = 1 \Rightarrow a_1 + 6r = 1 \\ a_{10} = 16 \Rightarrow a_1 + 9r = 16 \end{cases}$

Subtraindo a 2ª equação da 1ª, vem: $-3r = -15 \Rightarrow r = 5$
Substituindo esse valor em qualquer uma das equações, obtém-se: $a_1 = -29$
A P.A. é, portanto, $(-29, -24, -19, -14, ...)$

5. Determinar x de modo que a sequência $(x + 5, 4x - 1, x^2 - 1)$ seja uma P.A.
Solução:
Como $r = a_2 - a_1 = a_3 - a_2$, podemos escrever:
$$(4x - 1) - (x + 5) = (x^2 - 1) - (4x - 1) \Rightarrow 3x - 6 = x^2 - 4x \Rightarrow x^2 - 7x + 6 = 0$$
As raízes dessa equação são: $x = 1$ ou $x = 6$.
Podemos verificar que, para $x = 1$, a P.A. é (6, 3, 0) e, para $x = 6$, a P.A. é (11, 23, 35).

6. Interpolar oito meios aritméticos entre 2 e 47.
Solução:
Interpolar ou inserir oito meios aritméticos entre 2 e 47 significa determinar oito números reais de modo que se tenha uma P.A. em que $a_1 = 2$ e $a_{10} = 47$ e os oito números sejam $a_2, a_3, ..., a_9$, como mostra o esquema abaixo:

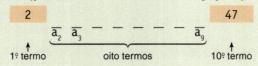

Daí:
$$a_{10} = a_1 + 9r \Rightarrow 47 = 2 + 9r \Rightarrow 9r = 45 \Rightarrow r = 5$$

Assim, a sequência procurada é (2, 7, 12, 17, 22, 27, 32, 37, 42, 47).

7. Determinar quantos múltiplos de 3 há entre 100 e 500.
Solução:
A sequência dos múltiplos de 3 (0, 3, 6, 9, ...) é uma P.A. de razão 3, mas o que nos interessa é estudar essa sequência entre 100 e 500.
Para isso, temos:
- o primeiro múltiplo de 3 maior que 100 é $a_1 = 102$;
- o último múltiplo de 3 pertencente ao intervalo dado é 498, que indicaremos por a_n, pois não conhecemos sua posição na sequência. Assim, $a_n = 498$.

Retomando, queremos determinar o número de termos (n) da sequência (102, 105, ..., 498).

Pelo termo geral da P.A., temos:
$$a_n = a_1 + (n-1) \cdot r \Rightarrow 498 = 102 + (n-1) \cdot 3 \Rightarrow n = 133$$

Portanto, há 133 múltiplos de 3 entre 100 e 500.

8. A soma de três números reais é 21 e o produto é 280. Determiná-los, sabendo que são os termos de uma P.A.
Solução:
Uma forma conveniente para representar três números em P.A. é: $(x-r, x, x+r)$, sendo x o termo central e r a razão da P.A.
Do enunciado temos:
$$\begin{cases} \text{soma} = 21 \Rightarrow (x-r) + x + (x+r) = 21 \Rightarrow 3x = 21 \Rightarrow x = 7 \\ \text{produto} = 280 \xRightarrow{x=7} (7-r) \cdot 7 \cdot (7+r) = 280 \Rightarrow (7-r)(7+r) = 40 \Rightarrow 49 - r^2 = 40 \Rightarrow r = -3 \text{ ou } r = 3 \end{cases}$$

Para $r = 3$, a P.A. é (4, 7, 10).
Para $r = -3$, a P.A. é (10, 7, 4).

EXERCÍCIOS

10. Quais das sequências seguintes representam progressões aritméticas?
a) (21, 25, 29, 33, 37, ...)
b) (0, −7, 7, −14, 14, ...)
c) (−8, 0, 8, 16, 24, 32, ...)
d) $\left(\dfrac{1}{3}, \dfrac{2}{3}, 1, \dfrac{4}{3}, \dfrac{5}{3}, 2, ...\right)$
e) (−30, −36, −41, −45, ...)
f) $(\sqrt{2}, 2\sqrt{2}, 3\sqrt{2}, 4\sqrt{2}, ...)$

11. Determine a razão de cada uma das progressões aritméticas seguintes, classificando-as em crescente, decrescente ou constante.
a) (38, 35, 32, 29, 26, ...)
b) (−40, −34, −28, −22, −16, ...)
c) $\left(\dfrac{1}{7}, \dfrac{1}{7}, \dfrac{1}{7}, \dfrac{1}{7}, ...\right)$
d) (90, 80, 70, 60, 50, ...)
e) $\left(\dfrac{1}{3}, 1, \dfrac{5}{3}, \dfrac{7}{3}, 3, ...\right)$
f) $(\sqrt{3} - 2, \sqrt{3} - 1, \sqrt{3}, \sqrt{3} + 1, ...)$

12. Dada a P.A. (28, 36, 44, 52, ...), determine seu:
a) oitavo termo;
b) décimo nono termo.

13. Em relação à P.A. (−31, −35, −39, −43, ...), determine:
a) a_{15}
b) a_{31}

14. Em uma P.A., o 7º termo vale −49 e o primeiro vale −73. Qual é a razão dessa P.A.?

15. Qual é o segundo termo de uma P.A. de razão 9, cujo 10º termo vale 98?

16. Para realizar o sonho de viajar no fim do ano, Clarice decidiu, em 1º de janeiro, que, a cada mês, guardaria R$ 45,00 a mais que a quantia guardada no mês anterior. Sabendo que em maio Clarice guardou R$ 205,00, determine:

a) a quantia guardada em janeiro;

b) a quantia mensal máxima guardada naquele ano;

c) a razão entre os valores guardados por Clarice nos meses de outubro e julho.

17. Um banco financiou um lançamento imobiliário nas seguintes condições: em janeiro, aprovou crédito para 236 pessoas; em fevereiro, para 211; em março, aprovou mais 186 nomes, e assim por diante.

a) Quantas pessoas tiveram seu crédito aprovado em junho?

b) Quantas pessoas tiveram seu crédito aprovado em agosto?

c) Mantido esse padrão, determine em quantos meses esgotaram-se as aprovações de crédito.

18. Escreva a P.A. em que o 4º termo vale 24 e o 9º termo vale 79.

19. Escreva a P.A. em que $a_1 + a_3 + a_4 = 0$ e $a_6 = 40$.

20. Qual é a razão da P.A. dada pelo termo geral $a_n = 310 - 8n, n \in \mathbb{N}^*$?

21. Determine o termo geral de cada uma das progressões aritméticas seguintes:

a) (2, 4, 6, 8, 10, ...)   c) (33, 30, 27, 24, ...)

b) (−1, 4, 9, 14, 19, ...)

22. Em cada caso, a sequência é uma P.A. Determine o valor de x:

a) (3x − 5, 3x + 1, 25)   c) (x + 3, x², 6x + 1)

b) (−6 − x, x + 2, 4x)

23. O financiamento de um imóvel em dez anos prevê, para cada ano, doze prestações iguais. O valor da prestação mensal em um determinado ano é R$ 20,00 a mais que o valor pago, mensalmente, no ano anterior. Sabendo que, no primeiro ano, a prestação mensal era de R$ 200,00, determine:

a) o valor da prestação a ser paga durante o 5º ano;

b) o total a ser pago no último ano.

24. Qual é o número de termos da P.A. (131, 138, 145, ..., 565)?

25. Em relação à P.A. $\left(2, \dfrac{7}{3}, \dfrac{8}{3}, ..., 18\right)$, determine:

a) o 8º termo;

b) o número de termos dessa sequência.

26. Interpole 6 meios aritméticos entre 62 e 97.

27. Interpolando-se 17 meios aritméticos entre 117 e 333, determine:

a) a razão da P.A. obtida;

b) o 10º termo da P.A. obtida.

28. Quantos números ímpares existem entre 72 e 468?

29. Quantos múltiplos de 3 existem entre 63 e 498, incluindo os extremos?

30. A soma de três números que compõem uma P.A. é 72 e o produto dos termos extremos é 560. Qual é a P.A.?

31. Em um triângulo, a medida do maior ângulo interno é 105°. Determine as medidas de seus ângulos internos, sabendo que elas estão em P.A.

32. As medidas dos lados de um triângulo retângulo são numericamente iguais aos termos de uma P.A. de razão 4. Qual é a medida da hipotenusa?

33. O triângulo retângulo seguinte tem perímetro 96 cm e área 384 cm². Quais são as medidas de seus lados se (x, y, z) é, nessa ordem, uma P.A. crescente?

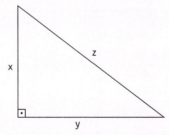

34. A fim de organizar a convocação dos funcionários de uma empresa para o exame médico, decidiu-se numerá-los de 1 a 500. Na primeira semana, foram convocados os funcionários cujos números representavam múltiplos de 2 e, na segunda semana, foram convocados os funcionários identificados por múltiplos de 3 e que ainda não haviam sido chamados. Qual é o número de funcionários que não haviam sido convocados após essas duas semanas?

35. Seja $f: \mathbb{N}^* \to \mathbb{N}$ definida por $f(x) = -2 + 3x$.

a) Represente o conjunto imagem de f.

b) Faça a representação gráfica dessa função.

36. Em uma P.A. de quatro termos, a soma dos dois primeiros é zero e a soma dos dois últimos é 80. Qual é a razão da P.A.?

37. Dado um quadrado Q_1 de lado $\ell = 1$ cm, considere a sequência de quadrados $(Q_1, Q_2, Q_3, ...)$, em que o lado de cada quadrado é 2 cm maior que o lado do quadrado anterior.

Determine:

a) o perímetro de Q_{20};   c) a diagonal de Q_{10}.

b) a área de Q_{31};

38. Em uma maratona, os organizadores decidiram, devido ao forte calor, colocar mesas de apoio com garrafas de água para os corredores, a cada 800 metros, a partir do quilômetro 5 da prova, onde foi instalada a primeira mesa.

a) Sabendo que a maratona é uma prova com 42,195 km de extensão, determine o número total de mesas de apoio que foram colocadas pela organização da prova.

b) Quantos metros um atleta precisa percorrer da última mesa de apoio até a linha de chegada?

c) Um atleta sentiu-se mal no km 30 e decidiu abandonar a prova. Ele lembrava que havia pouco tempo que ele cruzara uma mesa de apoio. Qual era a opção mais curta: voltar a essa última mesa ou andar até a próxima?

39. A Copa do Mundo de Futebol é um evento que ocorre de quatro em quatro anos. A 1ª Copa foi realizada em 1930, no Uruguai. De lá para cá, apenas nos anos de 1942 e 1946 a Copa não foi realizada, devido à 2ª Guerra Mundial.

a) A Copa de 2014 foi realizada no Brasil. Qual é a ordem desse evento na sequência de anos em que foi realizada?

b) Haverá Copa em 2100? E em 2150?

Soma dos *n* primeiros termos de uma P.A.

Muitas foram as contribuições do alemão Carl F. Gauss (1777-1855) à ciência e, em particular, à Matemática. Sua incrível vocação para a Matemática se manifestou desde cedo, perto dos dez anos de idade. Conta-se que Gauss surpreendeu seu professor ao responder o valor da soma $(1 + 2 + 3 + ... + 99 + 100)$ em pouquíssimo tempo.

Que ideia Gauss teria tido?

Provavelmente, ele notou que na P.A. $(1, 2, 3, ..., 98, 99, 100)$ vale a seguinte propriedade:

$$\begin{cases} a_1 + a_{100} = 1 + 100 = 101 \\ a_2 + a_{99} = 2 + 99 = 101 \\ a_3 + a_{98} = 3 + 98 = 101 \\ \vdots \quad\quad \vdots \quad\quad \vdots \quad\quad \vdots \quad\quad \vdots \\ a_{50} + a_{51} = 50 + 51 = 101 \end{cases}$$

Assim, Gauss teria agrupado os 100 termos da soma em 50 pares de números cuja soma é 101, obtendo como resultado $50 \cdot 101 = 5\,050$.

Um raciocínio equivalente ao usado por ele consiste em escrever a soma $1 + 2 + 3 + ... + 99 + 100$ ①
de "trás para frente":

$$S = 100 + 99 + 98 + ... + 3 + 2 + 1 \;\text{②}$$

Fazendo ① + ②, de acordo com o esquema a seguir, vem:

①	S	=	1	+	2	+	3	+	...	+	98	+	99	+	100
+															
②	S	=	100	+	99	+	98	+	...	+	3	+	2	+	1
			↓		↓		↓		↓		↓		↓		↓
	$2 \cdot S$	=	101	+	101	+	101	+	...	+	101	+	101	+	101

cem parcelas

Assim, $2 \cdot S = 100 \cdot 101$

$$S = \frac{100 \cdot 101}{2} = 5\,050$$

Observe que 100 corresponde ao número de termos da P.A., e 101 é a soma dos termos extremos dessa P.A. $(a_1 + a_{100} = 1 + 100 = 101)$.

Vamos agora generalizar esse raciocínio para uma P.A. qualquer, mostrando a seguinte propriedade:

> A soma dos n primeiros termos da P.A. $(a_1, a_2, ..., a_n)$ é dada por:
>
> $$S_n = \frac{(a_1 + a_n) \cdot n}{2}$$

De fato, se a sequência $(a_1, a_2, a_3, ..., a_{n-2}, a_{n-1}, a_n)$ é uma P.A. de razão r, podemos escrevê-la na forma:

$$(a_1, \underbrace{a_1 + r}_{a_2}, \underbrace{a_1 + 2r}_{a_3}, ..., \underbrace{a_n - 2r}_{a_{n-2}}, \underbrace{a_n - r}_{a_{n-1}}, a_n)$$

Vamos calcular a soma dos n primeiros termos dessa P.A., que indicaremos por S_n. Repetindo o raciocínio anterior, temos:

① $\quad S_n = a_1 + (a_1 + r) + (a_1 + 2r) + ... + (a_n - 2r) + (a_n - r) + a_n$

②$+$ $\quad S_n = a_n + (a_n - r) + (a_n - 2r) + ... + (a_1 + 2r) + (a_1 + r) + a_1$

$$2 \cdot S_n = \underbrace{(a_1 + a_n) + (a_1 + a_n) + (a_1 + a_n) + ... + (a_1 + a_n) + (a_1 + a_n) + (a_1 + a_n)}_{n \text{ parcelas}}$$

$$2 \cdot S_n = (a_1 + a_n) \cdot n \Rightarrow S_n = \frac{(a_1 + a_n) \cdot n}{2}$$

Exemplo ④

Voltemos ao problema introdutório de P.A. (página 321). Podemos agora calcular o número total de latas que formavam a pilha no supermercado.

A sequência do número de latas é $(2, 5, 8, ...)$.

O último termo dessa P.A. é $a_{15} = a_1 + 14 \cdot r = 2 + 14 \cdot 3 = 44$.

Assim, a soma dos quinze primeiros termos é:

$$S_{15} = \frac{(a_1 + a_{15}) \cdot 15}{2} = \frac{(2 + 44) \cdot 15}{2} = 345 \ (345 \text{ latas})$$

EXERCÍCIOS RESOLVIDOS

9. Qual é o valor de $-61 + (-54) + (-47) + ... + 296 + 303$?

Solução:

A sequência $(-61, -54, -47, ..., 296, 303)$ é uma P.A. de razão 7, da qual conhecemos seu primeiro termo, $a_1 = -61$, e seu último termo, que é $a_n = 303$.

$$a_n = a_1 + (n - 1) \cdot r \Rightarrow 303 = -61 + (n - 1) \cdot 7 \Rightarrow n = 53 \ (53 \text{ termos})$$

Daí, a soma pedida é:

$$\frac{(a_1 + a_n) \cdot n}{2} = \frac{(-61 + 303) \cdot 53}{2} = 6413$$

10. Em relação à sequência dos números naturais ímpares, calcular:

a) a soma dos 50 primeiros termos;

b) a soma dos n primeiros termos.

Solução:

A sequência é $(1, 3, 5, 7, ...)$, com $r = 2$.

a) $a_{50} = a_1 + 49r \Rightarrow a_{50} = 1 + 49 \cdot 2 \Rightarrow a_{50} = 99$
Assim:
$$S_{50} = \frac{(a_1 + a_{50}) \cdot 50}{2} \Rightarrow S_{50} = \frac{(1 + 99) \cdot 50}{2} \Rightarrow S_{50} = 2500$$

b) $a_n = a_1 + (n-1) \cdot r \Rightarrow a_n = 1 + (n-1) \cdot 2 \Rightarrow a_n = -1 + 2n$
Daí:
$$S_n = \frac{(a_1 + a_n) \cdot n}{2} \Rightarrow S_n = \frac{(1 - 1 + 2n) \cdot n}{2} \Rightarrow S_n = n^2$$

Podemos verificar a resposta encontrada no item b atribuindo valores para n ($n \in \mathbb{N}, n \geq 1$):

- $n = 1$: a sequência é (1), e a soma é $S_1 = 1 = 1^2$
- $n = 2$: a sequência é $(1, 3)$, e a soma é $S_2 = 1 + 3 = 4 = 2^2$
- $n = 3$: a sequência é $(1, 3, 5)$, e a soma é $S_3 = 1 + 3 + 5 = 9 = 3^2$
- $n = 4$: a sequência é $(1, 3, 5, 7)$, e a soma é $S_4 = 1 + 3 + 5 + 7 = 16 = 4^2$

EXERCÍCIOS

40. Calcule a soma dos quinze primeiros termos da P.A. $(-45, -41, -37, -33, ...)$.

41. Calcule a soma dos vinte primeiros termos da P.A. $(0,15; 0,40; 0,65; 0,9; ...)$.

42. Para a compra de uma TV pode-se optar por um dos planos seguintes:

- plano alfa: entrada de R$ 400,00 e mais 13 prestações mensais crescentes, sendo a primeira de R$ 35,00, a segunda de R$ 50,00, a terceira de R$ 65,00 e assim por diante;

- plano beta: 15 prestações mensais iguais de R$ 130,00 cada.

a) Em qual dos planos o desembolso total é maior?

b) Qual deveria ser o valor da entrada do plano alfa para que, mantidas as demais condições, os desembolsos totais fossem iguais?

43. Uma gravadora observou que, em um ano, a venda de DVDs aumentava mensalmente segundo uma P.A. de razão 400. Se em março foram vendidos 1 600 DVDs, quantos DVDs a gravadora vendeu naquele ano?

44. O termo geral de uma P.A. é $a_n = 48 - 5n, n \in \mathbb{N}^*$. Calcule a soma de seus dez primeiros termos.

45. Uma equipe de vendas de colchões desejava atingir a meta anual de 5 000 unidades vendidas. Mesmo sem fazer todas as contas, o gerente da equipe arriscou a seguinte previsão: "Precisamos vender, no 1º mês, 240 colchões e, em cada mês subsequente, 35 colchões a mais que a quantidade vendida no mês anterior. Se isso ocorrer, conseguiremos superar a meta!".

a) A previsão do gerente estava correta do ponto de vista matemático?

b) Sabe-se que, até o penúltimo mês, a equipe vendeu exatamente a quantidade proposta pelo gerente, exceção feita no 5º mês, em que foram vendidos apenas 45% da quantidade prevista. Qual é o número mínimo de colchões que precisariam ser vendidos, no último mês, a fim de atingir a meta?

46. Marcos recebia do seu pai uma mesada de R$ 210,00 por mês. Muito esperto, o garoto propôs que a mesada passasse a ser paga aos poucos: R$ 1,00 no 1º dia, R$ 1,50 no 2º, R$ 2,00 no 3º, e assim por diante, até o 30º dia.

a) Calcule a quantia que Marcos receberia mensalmente caso seu pai concordasse com a proposta. (Verifique que o valor que Marcos receberia é da ordem de 18% a mais que o valor da mesada.)

b) Qual deveria ser o aumento diário mínimo (no lugar de R$ 0,50) no valor recebido por Marcos, a contar do 1º dia (em que ele receberia R$ 1,00), para que o valor total recebido ultrapassasse os R$ 210,00?

47. Suponha que, em certo mês (com 30 dias), o número de queixas diárias registradas em um órgão de defesa do consumidor aumente segundo uma P.A. Sabendo que nos dez primeiros dias houve 245 reclamações, e nos dez dias seguintes houve mais 745 reclamações, determine a sequência do número de queixas naquele mês.

48. Calcule:

a) $0,5 + 0,8 + 1,1 + \ldots + 9,2$

b) $6,8 + 6,4 + 6,0 + \ldots + (-14)$

49. A soma dos n primeiros termos de uma P.A. é dada por $S_n = 18n - 3n^2$, sendo $n \in \mathbb{N}^*$. Determine:

a) o 1º termo da P.A.

b) a razão da P.A.

c) o 10º termo da P.A.

50. Uma criança organizou suas 1 378 figurinhas, colocando 3 na primeira fileira, 7 na segunda fileira, 11 na terceira fileira, e assim por diante, até esgotá-las. Quantas fileiras a criança conseguiu formar?

51. Utilizando-se um fio de comprimento L é possível construir uma sequência de 16 quadrados em que o lado de cada quadrado, a partir do segundo, é 2 cm maior que o lado do quadrado anterior. Sabendo que para a construção do sétimo quadrado são necessários 68 cm, determine o valor de L.

Progressão aritmética e função afim

Vamos estabelecer uma importante conexão entre P.A. e função afim.

Já vimos que a P.A. (1, 4, 7, 10, 13, 16, ...) é uma função f de domínio em $\mathbb{N}^*$, como mostra o diagrama abaixo:

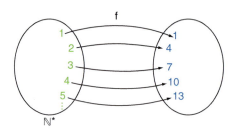

A representação gráfica de f é o conjunto dos pontos a seguir.

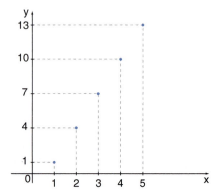

Lembre que, embora os pontos estejam alinhados, não traçamos uma reta, pois f está definida apenas para valores naturais positivos.

O termo geral dessa P.A. é:

$$a_n = a_1 + (n-1) \cdot r \Rightarrow a_n = 1 + (n-1) \cdot 3 \Rightarrow a_n = -2 + 3n$$

Podemos, desse modo, associar f à função dada por $y = -2 + 3x$, restrita aos valores naturais não nulos que a variável x assume.

Observe o gráfico da função afim dada por $y = -2 + 3x$, com domínio $\mathbb{R}$, e compare com o gráfico anterior:

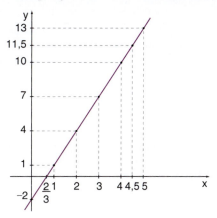

EXERCÍCIO

52. Seja $f: \mathbb{N}^* \to \mathbb{R}$ a função cujo gráfico está abaixo representado.

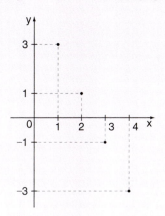

a) Determine a lei de f.

b) Qual é a progressão aritmética associada à função f? Obtenha seu termo geral.

PROGRESSÕES GEOMÉTRICAS

Introdução

Uma empresa de telecomunicações planeja iniciar suas atividades em determinada região, comercializando pacotes de programas de TV por assinatura. Sua meta para o primeiro ano de operações é vender 25 pacotes no primeiro mês, 50 pacotes no segundo mês, 100 pacotes no terceiro mês e assim por diante; isto é, em determinado mês o número de pacotes vendidos deve ser o dobro do número vendido no mês anterior.

A TV por assinatura chegou ao Brasil por volta de 1990. Desde então, tem se tornado cada vez mais popular.

Caso essa meta seja alcançada, a sequência de pacotes vendidos será:

$$(25, 50, 100, 200, 400, ...)$$

Observe que cada termo dessa sequência, a partir do segundo, é igual ao produto do termo anterior por 2. A sequência acima é exemplo de uma sequência chamada **progressão geométrica (P.G.)**.

Definição

Progressão geométrica (P.G.) é a sequência em que cada termo, a partir do segundo, é igual ao produto do termo anterior por uma constante real. Essa constante é chamada **razão da P.G.** e é indicada por q.

Exemplo 5

a) $(4, 12, 36, 108, ...)$ é uma P.G. de razão $q = 3$.

b) $(-3, -15, -75, -375, ...)$ é uma P.G. de razão $q = 5$.

c) $\left(2, 1, \dfrac{1}{2}, \dfrac{1}{4}, \dfrac{1}{8}, ...\right)$ é uma P.G. de razão $q = \dfrac{1}{2}$.

d) $(2, -8, 32, -128, 512, ...)$ é uma P.G. de razão $q = -4$.

e) $(-1\,000, -100, -10, -1, ...)$ é uma P.G. de razão $q = \dfrac{1}{10} = 0{,}1$.

f) $(-4, -4, -4, -4, ...)$ é uma P.G. de razão $q = 1$.

g) $\left(-\dfrac{3}{2}, \dfrac{3}{2}, -\dfrac{3}{2}, \dfrac{3}{2}, ...\right)$ é uma P.G. de razão $q = -1$.

h) $(\sqrt{3}, 0, 0, 0, ...)$ é uma P.G. de razão $q = 0$.

Observação

Nos itens do exemplo anterior, é possível notar que, se a P.G. não possui termos nulos, sua razão corresponde ao quociente entre um termo qualquer (a partir do segundo) e o termo antecedente, isto é:

$$q = \frac{a_2}{a_1} = \frac{a_3}{a_2} = \frac{a_4}{a_3} = ... = \frac{a_{p+1}}{a_p}$$

Classificação

Há cinco categorias de P.G. Vejamos quais são, retomando os itens do Exemplo 5.

1. **Crescente:** cada termo é maior que o termo antecedente. Isso ocorre quando:
   - $a_1 > 0$ e $q > 0$, como no item a; ou
   - $a_1 < 0$ e $0 < q < 1$, como no item e.

2. **Decrescente:** cada termo é menor que o termo antecedente. Isso ocorre quando:
   - $a_1 > 0$ e $0 < q < 1$, como no item c; ou
   - $a_1 < 0$ e $q > 1$, como no item b.

3. **Constante:** cada termo é igual ao termo antecedente. Isso ocorre quando:
   - q = 1, como no item *f*; ou
   - a_1 = 0 e *q* é qualquer número real, como em (0, 0, 0, ...).

4. **Alternada ou oscilante:** os termos são alternadamente positivos e negativos. Isso ocorre quando q < 0, como nos itens *d* e *g*.

5. **Estacionária:** é uma P.G. constante a partir do segundo termo. Isso ocorre quando $a_1 \neq 0$ e q = 0, como no item *h*.

Termo geral da P.G.

Vamos agora encontrar uma expressão que nos permita obter um termo qualquer da P.G. conhecendo apenas o 1º termo (a_1) e a razão (q).

Seja (a_1, a_2, a_3, ..., a_n) uma P.G.

De acordo com a definição de P.G., podemos escrever:

$$a_2 = a_1 \cdot q$$

$$a_3 = a_2 \cdot q \Rightarrow a_3 = a_1 \cdot q^2$$

$$a_4 = a_3 \cdot q \Rightarrow a_4 = a_1 \cdot q^3$$

$$a_5 = a_4 \cdot q \Rightarrow a_5 = a_1 \cdot q^4$$

$$\vdots \qquad \vdots \qquad \vdots$$

De modo geral, o termo a_n, que ocupa a n-ésima posição na sequência, é dado por:

$$a_n = a_1 \cdot q^{n-1}$$

Essa expressão, conhecida como **fórmula do termo geral da P.G.**, permite-nos conhecer qualquer termo da P.G. em função do 1º termo (a_1) e da razão (q).

Assim, temos:
- $a_6 = a_1 \cdot q^5$
- $a_{11} = a_1 \cdot q^{10}$
- $a_{29} = a_1 \cdot q^{28}$

e assim por diante.

Exemplo

Considerando a situação introdutória (página 329), é possível determinar o número de pacotes de programas de TV por assinatura que deverão ser vendidos no último mês, sem que seja necessário conhecer a quantidade vendida em cada um dos meses anteriores.

De fato, sendo a P.G. (25, 50, 100, 200, ...), seu 12º termo é:

$$a_{12} = a_1 \cdot q^{11}$$
$$a_{12} = 25 \cdot 2^{11} = 25 \cdot 2048 = 51\,200 \text{ (pacotes)}$$

EXERCÍCIOS RESOLVIDOS

11. Determinar o 10º termo da P.G. $\left(\dfrac{1}{3}, 1, 3, 9, \dots\right)$.

Solução:

Sabemos que $a_1 = \dfrac{1}{3}$ e $q = 3$.

Assim, pela expressão do termo geral, podemos escrever:

$$a_{10} = a_1 \cdot q^9 \Rightarrow a_{10} = \frac{1}{3} \cdot 3^9 \Rightarrow a_{10} = 3^8 \Rightarrow a_{10} = 6561$$

12. Em uma P.G., o quarto e o sétimo termos são, respectivamente, 32 e 2048. Qual é seu primeiro termo?

Solução:

Temos: $\begin{cases} a_4 = 32 \\ a_7 = 2048 \end{cases}$

Usando a expressão do termo geral, podemos escrever: $\begin{cases} a_1 \cdot q^3 = 32 & ① \\ a_1 \cdot q^6 = 2048 & ② \end{cases}$

Dividindo, membro a membro, ① por ② obtemos:

$$\frac{a_1 \cdot q^3}{a_1 \cdot q^6} = \frac{32}{2048} \Rightarrow \frac{1}{q^3} = \frac{1}{64} \Rightarrow q^3 = 64 \Rightarrow q = 4$$

Substituindo em ①, segue que:

$$a_1 \cdot 4^3 = 32 \Rightarrow a_1 = \frac{1}{2}$$

13. Determinar x a fim de que a sequência $(5x + 1, x + 1, x - 2)$ seja uma P.G.

Solução:

$$\frac{x + 1}{5x + 1} = \frac{x - 2}{x + 1} \Rightarrow (x + 1)^2 = (x - 2) \cdot (5x + 1) \Rightarrow 4x^2 - 11x - 3 = 0$$

As raízes dessa equação são $x_1 = 3$ ou $x_2 = -\dfrac{1}{4}$.

Verificando, para $x = 3$, a P.G. é $(16, 4, 1)$ e, para $x = -\dfrac{1}{4}$, a P.G. é $\left(-\dfrac{1}{4}, \dfrac{3}{4}, -\dfrac{9}{4}\right)$.

14. Determinar três números em P.G. cujo produto seja 1 000 e a soma do 1º com o 3º termo seja igual a 52.

Solução:

Quando queremos encontrar três termos em P.G. e conhecemos algumas informações sobre eles, é interessante escrevê-los na forma $\left(\dfrac{x}{q}, \ x, \ x \cdot q\right)$.

Do enunciado, vem:

$$\begin{cases} \dfrac{x}{q} \cdot x \cdot xq = 1\,000 \Rightarrow x^3 = 1\,000 \Rightarrow x = 10 \\ \dfrac{x}{q} + x \cdot q = 52 \underset{x\,=\,10}{\Rightarrow} \dfrac{10}{q} + 10q = 52 \Rightarrow 10q^2 - 52q + 10 = 0 \end{cases}$$

Resolvendo essa equação do 2º grau, vem: $q = \dfrac{1}{5}$ ou $q = 5$.

- Para $q = \dfrac{1}{5}$, temos $(50, 10, 2)$.

- Para $q = 5$, temos $(2, 10, 50)$.

298 CAPÍTULO 10

15. Interpolar cinco meios geométricos entre $\dfrac{2}{3}$ e 486.

Solução:

Devemos formar uma P.G. de sete termos na qual $a_1 = \dfrac{2}{3}$ e $a_7 = 486$:

$$\left(\dfrac{2}{3}, \underbrace{-,-,-,-,-}_{\text{cinco meios}}, 486\right)$$

Temos:

$$a_7 = a_1 \cdot q^6 \Rightarrow 486 = \dfrac{2}{3} \cdot q^6 \Rightarrow q^6 = 729 \Rightarrow q = \pm 3$$

- Para $q = 3$, a P.G. é $\left(\dfrac{2}{3},\ 2,\ 6,\ 18,\ 54,\ 162,\ 486\right)$.

- Para $q = -3$, a P.G. é $\left(\dfrac{2}{3},\ -2,\ 6,\ -18,\ 54,\ -162, 486\right)$.

16. Em uma P.A. não constante, o 1º termo é 10; sabe-se que o 3º, o 5º e o 8º termos dessa P.A. são, sucessivamente, os três primeiros termos de uma P.G. Quais são os termos dessa P.G.?

Solução:

- Usando a fórmula do termo geral da P.A., em que $a_1 = 10$, temos:

$$a_3 = 10 + 2r; \quad a_5 = 10 + 4r \quad \text{e} \quad a_8 = 10 + 7r$$

Da hipótese, (a_3, a_5, a_8) é P.G., isto é:

$$(10 + 2r,\ 10 + 4r,\ 10 + 7r) \text{ é P.G.}$$

Devemos ter:

$$\dfrac{10 + 4r}{10 + 2r} = \dfrac{10 + 7r}{10 + 4r} \Rightarrow (10 + 4r)^2 = (10 + 7r) \cdot (10 + 2r) \Rightarrow$$

$$\Rightarrow \cancel{100} + 80r + 16r^2 = \cancel{100} + 90r + 14r^2 \Rightarrow 2r^2 - 10r = 0 \Rightarrow$$

$$\Rightarrow \begin{cases} r = 0 \text{ (não convém, pois a P.A. é não constante)} \\ \text{ou} \\ r = 5 \end{cases}$$

Os três primeiros termos da P.G. são: $10 + 2 \cdot 5,\ 10 + 4 \cdot 5,\ 10 + 7 \cdot 5$. Então, a P.G. é $(20, 30, 45, ...)$. Observe que a razão dessa P.G. é 1,5.

EXERCÍCIOS

53. Identifique as sequências que representam progressões geométricas:

a) $(3, 12, 48, 192, ...)$

b) $(-3, 6, -12, 24, -48, ...)$

c) $(5, 15, 75, 375, ...)$

d) $\left(\sqrt{2}, 2, 2\sqrt{2}, 4, ...\right)$

e) $\left(-\dfrac{1}{3}, -\dfrac{1}{6}, -\dfrac{1}{12}, -\dfrac{1}{24}, ...\right)$

f) $\left(\sqrt{3}, 2\sqrt{3}, 3\sqrt{3}, 4\sqrt{3}, ...\right)$

54. Calcule a razão de cada uma das seguintes progressões geométricas:

a) $(1, 2, 4, 8, 16, ...)$

b) $(10^{40}, 10^{42}, 10^{44}, 10^{46}, ...)$

c) $(-2, 6, -18, 54, ...)$

d) $(5, -5, 5, -5, 5, ...)$

e) $(80, 40, 20, 10, 5, ...)$

f) $(10^{-1}, 10^{-2}, 10^{-3}, 10^{-4}, ...)$

55. Qual é o 8º termo da P.G. $(-1, 4, -16, ...)$?

56. Qual é o 6º termo da P.G. $(-240, -120, -60, ...)$?

57. O 4º termo de uma P.G. é $\dfrac{1}{250}$ e o 1º termo é 4. Qual é o 2º termo dessa P.G.?

58. Em uma P.G. crescente, o 3º termo vale -80, e o 7º termo, -5. Qual é seu 1º termo?

59. Determine, para cada sequência seguinte, a expressão de seu termo geral:

a) $(2, 6, 18, 54, ...)$

b) $(3^{27}, 3^{24}, 3^{21}, 3^{18}, ...)$

c) $(-2, 8, -32, 128, ...)$

60. Num programa de fisioterapia, um paciente recebeu a instrução de nadar, a cada dia, 50% a mais da distância percorrida no dia anterior. Se no primeiro dia o paciente conseguiu nadar 20 metros, qual será o número inteiro mais próximo da distância que ele deverá nadar no sexto dia?

61. O número de consultas a um *site* de comércio eletrônico aumenta semanalmente (desde a data em que o portal ficou acessível), segundo uma P.G. de razão 3. Sabendo que na 6ª semana foram registradas 1 458 visitas, determine o número de visitas ao *site* registrado na 3ª semana.

62. Em cada caso, a sequência é uma P.G. Determine o valor de x:

a) $(4, x, 9)$

c) $(-2, x + 1, -4x + 2)$

b) $(x^2 - 4, 2x + 4, 6)$

d) $\left(\dfrac{1}{2}, \log_{0,25} x, 8\right)$

63. As idades da senhora Beatriz, de sua filha e de sua neta formam nessa ordem uma P.G. de razão $\dfrac{2}{3}$. Determine as três idades, sabendo que a neta tem cinquenta anos a menos que a avó.

64. Um casal elaborou um plano para saldar as suas dívidas, estimadas hoje em R$ 1 200,00: a cada mês deveriam reduzir, em 10%, o valor da dívida do mês anterior.

a) Represente a sequência dos valores mensais da dívida do casal.

b) Qual será a dívida do casal depois de pagar a 5ª parcela? E depois de pagar a 10ª parcela? Use a aproximação $0,9^5 = 0,59$.

65. Subtraindo-se um mesmo número de cada um dos termos da sequência $(2, 5, 6)$, ela se transforma em uma P.G.

a) Que número é esse?   b) Qual é a razão da P.G.?

66. Uma dívida deverá ser paga em sete parcelas de modo que elas constituam termos de uma P.G. Sabe-se que os valores da 3ª e 6ª parcelas são, respectivamente, R$ 144,00 e R$ 486,00. Determine:

a) o valor da 1ª parcela;

b) o valor da última parcela.

67. Interpole quatro meios geométricos entre -4 e 972.

68. Interpolando seis meios geométricos entre 20 000 e $\dfrac{1}{500}$, determine:

a) a razão da P.G. obtida;

b) o 4º termo da P.G.

69. Para cada P.G. seguinte, encontre o número de termos:

a) $(2^{31}, 2^{35}, 2^{39}, ..., 2^{111})$

b) $\left(\dfrac{\sqrt{3}}{27}, \dfrac{1}{27}, \dfrac{\sqrt{3}}{81}, ..., \dfrac{1}{729}\right)$

c) $\left(-\dfrac{1}{120}, \dfrac{1}{60}, -\dfrac{1}{30}, ..., \dfrac{64}{15}\right)$

70. Os números que expressam as medidas do lado, do perímetro e da área de um quadrado podem estar, nessa ordem, em P.G.? Em caso afirmativo, qual deve ser a medida do lado do quadrado?

71. A administradora de um edifício residencial observou que o valor da taxa de condomínio tem aumentado, ano a ano, segundo uma P.G. de razão $\dfrac{21}{20}$.

a) Se há dois anos a taxa era de R$ 300,00, qual será seu valor daqui a dois anos?

b) Qual seria a resposta do item anterior se a razão da P.G. fosse $\dfrac{6}{5}$?

72. Em uma P.G. de 3 termos positivos, o produto dos termos extremos vale 625, e a soma dos dois últimos termos é igual a 30. Qual é o 1º termo?

73. Escreva três números em P.G. cujo produto seja 216 e a soma dos dois primeiros termos seja 9.

74. Considere que $(C_1, C_2, C_3, ...)$ é uma sequência de círculos em que o raio de cada um, a partir de C_2, é igual ao dobro do raio do círculo anterior. (Lembre que a área de um círculo de raio r é πr^2.)

Sabendo que a área de C_{10} é $2^{26}\pi$ cm², determine:

a) o raio de C_1;   b) a área de C_4.

75. A sequência $(x, 3, 7)$ é uma P.A., e a sequência $(x - 1, 6, y)$ é uma P.G. Quais são os valores de x e y?

76. A sequência $(8, 2, a, b, ...)$ é uma P.G. e a sequência $\left(b, \dfrac{3}{16}, c, ...\right)$ é uma P.A.

a) Qual é o valor de c?

b) O número a pertence à P.A.? Em caso afirmativo, qual é a sua posição nessa sequência?

77. Determine x e y reais de modo que a sequência $(5, y, x)$ seja uma P.A. de termos positivos e a sequência $(x + 1, y - 2, 4)$ seja uma P.G.

78. Sejam f e g duas funções definidas de $\mathbb{N}^*$ em $\mathbb{N}^*$ dadas pelos termos gerais $a_n = 3n + 4$ e $b_n = 2^{a_n}$, respectivamente. Verifique que f é uma P.A. e g é uma P.G., calculando suas razões.

79. O 3º termo de uma P.A. é igual ao 1º termo de uma P.A. e, em ambas as sequências, o 2º termo vale 30.

Sabendo que a soma dos quatro primeiros termos da P.A. é igual a 90, determine o 4º termo da P.G.

80. Em uma P.A. crescente, cujo primeiro termo vale 2, o 2º, o 5º e o 14º termos formam, nessa ordem, uma P.G. Obtenha a razão dessa P.G.

81. Qual é a condição sobre os reais a, b e c de modo que a sequência (a, b, c) seja, simultaneamente, uma P.A. e uma P.G.?

82. (PUC-RJ) Ache m e n tais que os três números 3, m e n estejam em progressão aritmética e 3, $m + 1$, $n + 5$ estejam em progressão geométrica.

Soma dos n primeiros termos de uma P.G.

Seja $(a_1, a_2, ..., a_n, ...)$ uma P.G.

Queremos encontrar uma expressão para a soma de seus n primeiros termos, a saber:

$$S_n = a_1 + a_2 + a_3 + ... + a_{n-1} + a_n \quad ①$$

Multiplicando por q $(q \neq 0)$ os dois membros da igualdade acima e lembrando a formação dos elementos de uma P.G., vem:

$$q \cdot S_n = q(a_1 + a_2 + a_3 + ... + a_{n-1} + a_n) = \underbrace{a_1 \cdot q}_{a_2} + \underbrace{a_2 \cdot q}_{a_3} + \underbrace{a_3 \cdot q}_{a_4} + ... + \underbrace{a_{n-1} \cdot q}_{a_n} + a_n \cdot q$$

$$q \cdot S_n = a_2 + a_3 + a_4 + ... + a_n + a_n \cdot q \quad ②$$

Fazendo $②$ − $①$ temos:

$$q \cdot S_n - S_n = (\cancel{a_2} + \cancel{a_3} + ... + \cancel{a_{n-1}} + \cancel{a_n} + a_n \cdot q) - (a_1 + \cancel{a_2} + \cancel{a_3} + ... + \cancel{a_{n-1}} + \cancel{a_n})$$

$$S_n \cdot (q - 1) = a_n \cdot q - a_1$$

Como $a_n = a_1 \cdot q^{n-1}$, vem:

$$S_n \cdot (q - 1) = a_1 q^{n-1} \cdot q - a_1, \text{ isto é,}$$

$$S_n \cdot (q - 1) = a_1 q^n - a_1 \overset{q \neq 1}{\Rightarrow} \boxed{S_n = \frac{a_1(q^n - 1)}{q - 1}}$$

Observe que, se $q = 1$, a fórmula deduzida não pode ser aplicada, pois anula o denominador. Nesse caso, todos os termos da P.G. são iguais e, para calcular a soma de seus n primeiros termos, basta fazer:

$$S_n = a_1 + a_2 + ... + a_n = \underbrace{a_1 + a_1 + ... + a_1}_{n \text{ parcelas}} \Rightarrow \boxed{S_n = n \cdot a_1}$$

Exemplo ❼

Considerando a situação introdutória da página 329, podemos calcular a quantidade total de pacotes de programas de TV por assinatura que seriam vendidos no primeiro ano de operações.

Para isso, devemos calcular a soma dos doze primeiros termos da P.G. $(25, 50, 100, 200, ...)$.

Aplicando a fórmula encontrada para a soma, temos:

$$S_{12} = \frac{a_1 \cdot (q^{12} - 1)}{q - 1} = \frac{25 \cdot (2^{12} - 1)}{2 - 1} = 25 \cdot 4095 = 102\,375$$

PROGRESSÕES

EXERCÍCIOS RESOLVIDOS

17. Um indivíduo contraiu uma dívida de um amigo e combinou de pagá-la em oito prestações, sendo a primeira de R$ 60,00, a segunda de R$ 90,00, a terceira de R$ 135,00, e assim por diante.

Qual é o valor total a ser pago?

Solução:

A sequência de valores das prestações (60; 90; 135; 202,50; ...) é uma P.G. de razão $q = \dfrac{90}{60} = 1,5$.

O valor total a ser pago corresponde à soma dos oito primeiros termos dessa P.G., a saber:

$$S_8 = \dfrac{a_1 \cdot (q^8 - 1)}{q - 1} = \dfrac{60 \cdot (1,5^8 - 1)}{1,5 - 1}$$

Com uma calculadora, obtemos o valor de $1,5^8 \cong 25,63$ e $S_8 = \dfrac{60 \cdot 24,63}{0,5} = 2955,6$ (R$ 2955,60).

18. Quantos termos da P.G. (2, 6, 18, ...) devem ser considerados a fim de que a soma resulte 19682?

Solução:

Queremos determinar n tal que $S_n = 19682$. Como $a_1 = 2$ e $q = 3$, vem:

$$S_n = \dfrac{a_1 \cdot (q^n - 1)}{q - 1} \Rightarrow 19682 = \dfrac{2 \cdot (3^n - 1)}{3 - 1} \Rightarrow 3^n - 1 = 19\,682 \Rightarrow 3^n = 19\,683 \Rightarrow 3^n = 3^9 \Rightarrow n = 9$$

EXERCÍCIOS

83. Calcule a soma dos seis primeiros termos da P.G. (−2, 4, −8, ...).

84. Calcule a soma dos oito primeiros termos da P.G. (320, 160, 80, ...).

85. Calcule a soma dos dez primeiros termos da P.G. $(m, m^2, m^3, ...)$:

a) para $m = 1$
b) para $m = 2$
c) para $m = \dfrac{1}{3}$
d) para $m = 0$

86. Desde o começo do ano, Marta relacionou seus gastos semanais com supermercados, como mostra a tabela:

semana 1: R$ 80,00
semana 2: R$ 84,00
semana 3: R$ 88,20
⋮

e assim por diante, durante as 14 primeiras semanas do ano. Qual foi o total de gastos de Marta no período mencionado? (Use a aproximação $1,05^7 = 1,4$.)

87. Aline solicitou a um banco um crédito educativo para custear seus estudos na faculdade. Essa dívida deverá ser paga em seis anos, sendo que, em cada ano, Aline pagará doze prestações mensais iguais, cujos valores são dados a seguir:

1º ano: R$ 100,00; 2º ano: R$ 110,00; 3º ano: R$ 121,00; e assim sucessivamente.

a) Qual será o desembolso total de Aline no 6º ano?
b) Qual será o valor total pago por Aline nesses seis anos?

88. Seja a sequência definida pelo termo geral $a_n = \dfrac{3^n}{6}, n \in \mathbb{N}^*$.

a) Calcule a soma de seus três primeiros termos.
b) Quantos termos devemos somar na sequência a fim de obter soma igual a 14 762?

89. Quantos termos da P.G. (3, 6, 12, ...) devemos somar a fim de que o total resulte 12 285?

90. Na sequência abaixo, todos os triângulos são equiláteros e o perímetro de determinado triângulo, a partir do 2º, é $\frac{5}{4}$ do perímetro do triângulo anterior:

Sabendo que o lado do 2º triângulo mede 1 m, determine:

a) a medida do perímetro do 1º triângulo;

b) a medida do lado do 4º triângulo;

c) o número inteiro mínimo de metros necessários para a construção da sequência ao lado. (Use a aproximação: $1{,}25^7 = 4{,}8$.)

91. Certo dia, em uma pequena cidade, 5 pessoas ficam sabendo que Miriam e Jorge começaram a namorar. No dia seguinte, cada uma delas contou essa fofoca para outras duas pessoas. Cada uma dessas pessoas repassou, no dia seguinte, essa fofoca para outras duas pessoas e assim sucessivamente. Passados oito dias, quantas pessoas já estarão sabendo da fofoca? Admita que ninguém fique sabendo da notícia por mais de uma pessoa.

Soma dos termos de uma P.G. infinita

Seja (a_n) uma sequência dada pelo termo geral: $a_n = \left(\frac{1}{10}\right)^n$, para $n \in \mathbb{N}^*$. Vamos atribuir valores para n ($n = 1, 2, 3, \ldots$) para caracterizar essa sequência:

$$n = 1 \rightarrow a_1 = \frac{1}{10} = 0{,}1$$

$$n = 2 \rightarrow a_2 = \frac{1}{100} = 0{,}01$$

$$n = 3 \rightarrow a_3 = \frac{1}{1\,000} = 0{,}001$$

$$n = 4 \rightarrow a_4 = \frac{1}{10\,000} = 0{,}0001$$

$$\vdots \quad \vdots \quad \vdots$$

$$n = 10 \rightarrow a_{10} = \frac{1}{10^{10}} = 0{,}0000000001$$

$$\vdots \quad \vdots \quad \vdots$$

Trata-se da P.G. $(0{,}1;\ 0{,}01;\ 0{,}001;\ 0{,}0001;\ \ldots)$ de razão $q = \frac{1}{10}$. É fácil perceber que, à medida que o valor do expoente n aumenta, o valor do termo a_n fica cada vez mais próximo de zero.

Dizemos, então, que o limite de $a_n = \left(\frac{1}{10}\right)^n$, quando n tende ao infinito (isto é, quando n se torna "suficientemente grande"), vale zero e representamos esse fato da seguinte maneira: $\lim_{n \to \infty} a_n = 0$ $\left(\text{ou } \lim_{n \to \infty}\left(\frac{1}{10}\right)^n = 0\right)$.

Faça as contas com algumas outras sequências desse tipo, como, por exemplo, $a_n = \left(\frac{1}{2}\right)^n$, $b_n = -\left(\frac{1}{3}\right)^n$ ou $c_n = 0{,}75^n$, e verifique se chega à mesma conclusão. Use uma calculadora.

De modo geral, pode-se mostrar que, se $q \in \mathbb{R}$, com $|q| < 1$, isto é, $-1 < q < 1$, então $\lim_{n \to \infty} q^n = 0$.

Nosso objetivo é calcular a soma dos infinitos termos de uma P.G. cuja razão q é tal que $-1 < q < 1$.

Para isso, precisamos analisar o que ocorre com a soma de seus n primeiros termos quando n tende ao infinito, isto é, quando n se torna arbitrariamente "grande". Temos:

$$\lim_{n \to \infty} S_n = \lim_{n \to \infty} \left(\frac{a_1 \cdot (q^n - 1)}{q - 1}\right), \text{ com } -1 < q < 1$$

PROGRESSÕES 303

Levando em conta as considerações anteriores, temos que:
$$\lim_{n \to \infty} q^n = 0$$

Assim, segue que:
$$\lim_{n \to \infty} S_n = \frac{a_1 \cdot (0 - 1)}{q - 1} = \frac{-a_1}{q - 1} = \frac{a_1}{1 - q}$$

> Na P.G. $(a_1, a_2, a_3, ..., a_n, ...)$ de razão q, com $-1 < q < 1$, temos:
> $$\lim_{n \to \infty} S_n = \frac{a_1}{1 - q}$$
> Dizemos, então, que a soma dos termos da P.G. infinita é igual a $\frac{a_1}{1 - q}$.

Exemplo 8

Vamos calcular a soma dos termos da P.G. infinita $\left(\frac{1}{2}, \frac{1}{4}, \frac{1}{8}, ...\right)$.

Inicialmente, notemos que $q = \frac{1}{2}$ e $-1 < \frac{1}{2} < 1$.

Assim: $\frac{1}{2} + \frac{1}{4} + \frac{1}{8} + ... = \frac{a_1}{1 - q} = \frac{\frac{1}{2}}{1 - \frac{1}{2}} = \frac{\frac{1}{2}}{\frac{1}{2}} = 1$

Podemos interpretar geometricamente esse fato.

Vamos considerar o seguinte experimento:

Seja um quadrado de lado unitário. Vamos dividi-lo em duas partes iguais, hachurar uma delas e, na outra, repetir o procedimento, isto é, dividir essa parte em duas partes iguais, hachurando uma delas e dividindo a outra em duas partes iguais.

Vamos continuar, em cada etapa, dividindo a parte não hachurada em duas até que não seja mais possível fazê-lo, devido ao tamanho reduzido da parte.

A figura abaixo ilustra esse procedimento.

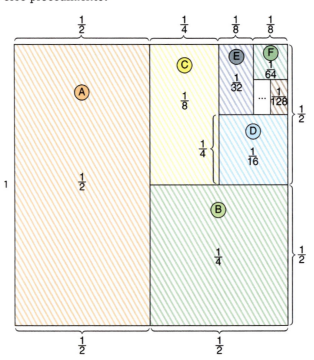

A soma das áreas dos "infinitos" retângulos assim construídos deve ser igual à área do quadrado original, isto é:

$$\overbrace{1 \cdot \frac{1}{2}}^{A} + \overbrace{\frac{1}{2} \cdot \frac{1}{2}}^{B} + \overbrace{\frac{1}{4} \cdot \frac{1}{2}}^{C} + \overbrace{\frac{1}{4} \cdot \frac{1}{4}}^{D} + \overbrace{\frac{1}{8} \cdot \frac{1}{4}}^{E} + \overbrace{\frac{1}{8} \cdot \frac{1}{8}}^{F} + \ldots = 1$$

ou ainda:

$$\frac{1}{2} + \frac{1}{4} + \frac{1}{8} + \frac{1}{16} + \frac{1}{32} + \frac{1}{64} + \ldots = 1$$

EXERCÍCIOS RESOLVIDOS

19. Obter a fração geratriz da dízima 0,2222...

Solução:

Seja $x = 0,2222\ldots$. Podemos escrever x na forma:

$$x = 0,2 + 0,02 + 0,002 + 0,0002 + \ldots$$

Observe que x representa a soma dos termos de uma P.G., infinita, cujo 1º termo é $a_1 = 0,2$ e a razão é $q = \dfrac{0,02}{0,2} = 0,1$.

Assim:

$$x = \frac{a_1}{1-q} = \frac{0,2}{1-0,1} \Rightarrow x = \frac{2}{9}$$

20. Calcular o valor de: $\dfrac{1}{3} - \dfrac{1}{9} + \dfrac{1}{27} - \dfrac{1}{81} + \ldots$

Solução:

Trata-se de calcular a soma dos infinitos termos da P.G. $\left(\dfrac{1}{3}, -\dfrac{1}{9}, \dfrac{1}{27}, -\dfrac{1}{81}, \ldots\right)$.

Observe que $q = -\dfrac{1}{3}$ e $\left(-1 < -\dfrac{1}{3} < 1\right)$.

Assim, $\dfrac{1}{3} - \dfrac{1}{9} + \dfrac{1}{27} - \dfrac{1}{81} + \ldots = \dfrac{a_1}{1-q} = \dfrac{\dfrac{1}{3}}{1 - \left(-\dfrac{1}{3}\right)} = \dfrac{\dfrac{1}{3}}{\dfrac{4}{3}} = \dfrac{1}{4}$

21. Resolver, em $\mathbb{R}$, a equação: $x + \dfrac{x^2}{4} + \dfrac{x^3}{16} + \dfrac{x^4}{64} + \ldots = \dfrac{4}{3}$

Solução:

O 1º membro da equação representa a soma dos termos da P.G. infinita $\left(x, \dfrac{x^2}{4}, \dfrac{x^3}{16}, \ldots\right)$, cujo valor é:

$$\frac{a_1}{1-q} = \frac{x}{1 - \dfrac{x}{4}}$$

Daí:

$$\frac{x}{1 - \dfrac{x}{4}} = \frac{4}{3} \Rightarrow 3x = 4 - x \Rightarrow x = 1$$

Notemos que, para $x = 1$, temos $q = \dfrac{x}{4} = \dfrac{1}{4}$ e $-1 < q < 1$.

EXERCÍCIOS

92. Qual é o valor de:

a) $20 + 10 + 5 + 2,5 + ...$?

b) $90 + 9 + \dfrac{9}{10} + \dfrac{9}{100} + ...$?

c) $10^{-3} + 10^{-4} + 10^{-5} + ...$?

d) $2\sqrt{2} + \sqrt{2} + \dfrac{\sqrt{2}}{2} + \dfrac{\sqrt{2}}{4} + ...$?

93. Calcule o valor das expressões seguintes:

a) $-25 - 5 - 1 - \dfrac{1}{5} - \dfrac{1}{25} - ...$

b) $9 - 3 + 1 - \dfrac{1}{3} + \dfrac{1}{9} - ...$

c) $-1 + \dfrac{1}{2} - \dfrac{1}{4} + \dfrac{1}{8} - \dfrac{1}{16} + ...$

94. Encontre a fração geratriz de cada uma das seguintes dízimas periódicas:

a) $0,444...$

b) $1,777...$

c) $0,\overline{27}$

d) $2,3\overline{6}$

95. Considere uma sequência infinita de quadrados $(Q_1, Q_2, Q_3, ...)$, em que, a partir de Q_2, a medida do lado de cada quadrado é a décima parte da medida do lado do quadrado anterior. Sabendo que o lado de Q_1 vale 10 cm, determine:

a) a soma dos perímetros de todos os quadrados da sequência;

b) a soma das áreas de todos os quadrados da sequência.

96. Resolva, em $\mathbb{R}$, as seguintes equações:

a) $x^2 + \dfrac{x^3}{2} + \dfrac{x^4}{4} + \dfrac{x^5}{8} + ... = \dfrac{1}{3}$

b) $(1 + x) + (1 + x)^2 + (1 + x)^3 + ... = 3$

c) $x - \dfrac{x^2}{4} + \dfrac{x^3}{16} - \dfrac{x^4}{64} + ... = \dfrac{4}{3}$

97. Seja um triângulo equilátero de lado 12 cm. Unindo-se os pontos médios dos lados desse triângulo, obtém-se outro triângulo equilátero. Unindo-se os pontos médios dos lados desse último triângulo, constrói-se outro triângulo, e assim indefinidamente.

a) Qual é a soma dos perímetros de todos os triângulos assim construídos?

b) Qual é a soma das áreas de todos os triângulos assim construídos?

98. Uma bola é atirada ao chão de uma altura de 200 m. Ao atingir o solo pela primeira vez, ela sobe até uma altura de 100 m, cai e atinge o solo pela segunda vez, subindo até uma altura de 50 m, e assim por diante, até perder energia e cessar o movimento. Quantos metros a bola percorre ao todo?

Produto dos n primeiros termos de uma P.G.

Uma interessante aplicação da soma dos termos de uma P.A. é na obtenção da expressão que define o produto dos n primeiros termos de uma P.G.

Seja a P.G. $(a_1, a_2, a_3, ..., a_n, ...)$.

Vamos mostrar que o produto de seus n primeiros termos: $P_n = a_1 \cdot a_2 \cdot ... \cdot a_n$ pode ser expresso por:

$$P_n = a_1^n \cdot q^{\frac{n(n-1)}{2}}$$

De fato, sendo $P_n = a_1 \cdot a_2 \cdot a_3 \cdot ... \cdot a_n$, usamos a fórmula do termo geral da P.G.:

$$P_n = a_1 \cdot \underbrace{a_1 \cdot q}_{a_2} \cdot \underbrace{a_1 \cdot q^2}_{a_3} \cdot ... \cdot \underbrace{a_1 \cdot q^{n-1}}_{a_n}$$

$$P_n = \underbrace{a_1 \cdot a_1 \cdot a_1 \cdot ... \cdot a_1}_{n \text{ vezes}} \cdot q \cdot q^2 \cdot ... \cdot q^{n-1}$$

$$P_n = a_1^n \cdot q^{1 + 2 + ... + (n-1)}$$

O expoente de q na expressão anterior corresponde à soma dos $n - 1$ primeiros termos da P.A.: $(1, 2, 3, ..., n - 1)$, que é igual a $\dfrac{[1 + (n - 1)] \cdot (n - 1)}{2} = \dfrac{n \cdot (n - 1)}{2}$.

Assim, $\boxed{P_n = a_1^n \cdot q^{\frac{n \cdot (n - 1)}{2}}}$.

Exemplo 9

Para calcular o produto dos dez primeiros termos da P.G. $\left(2, 1, \dfrac{1}{2}, \dfrac{1}{4}, ...\right)$, temos:

$$q = \dfrac{1}{2}; \quad P_{10} = 2^{10} \cdot \left(\dfrac{1}{2}\right)^{\frac{10 \cdot 9}{2}} = 2^{10} \cdot \left(\dfrac{1}{2}\right)^{45} = \dfrac{1}{2^{35}}$$

EXERCÍCIOS

99. Calcule o produto dos seis primeiros termos da P.G. $(3, 6, 12, ...)$.

100. Em relação à P.G. $(100, 10, 1, ...)$, obtenha o produto de seus oito primeiros termos, expressando o resultado em notação científica.

101. O produto dos n primeiros termos da P.G. $(\sqrt{2}, 2, 2\sqrt{2}, 4, ...)$ é igual a 2^{39}. Qual é o valor de n?

102. Calcule o produto dos n primeiros termos da P.G. $(3, -3, 3, -3, ...)$, sendo:
a) $n = 5$
b) $n = 10$

Progressão geométrica e função exponencial

Vamos estabelecer uma interessante conexão entre a P.G. e a função exponencial.

Seja a P.G. $(1, 2, 4, 8, 16, 32, ...)$; já vimos que essa sequência é uma função f com domínio em $\mathbb{N}^*$, como mostra o diagrama ao lado.

A representação gráfica de f é dada a seguir:

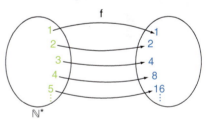

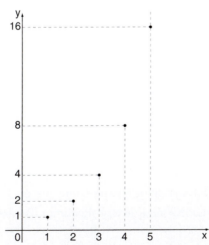

O termo geral dessa P.G. é: $a_n = a_1 \cdot q^{n-1} \Rightarrow a_n = 1 \cdot 2^{n-1} = \dfrac{2^n}{2^1} \Rightarrow a_n = \dfrac{1}{2} \cdot 2^n$

Desse modo, podemos associar f à função exponencial dada por $y = \frac{1}{2} \cdot 2^x$, restrita aos valores naturais não nulos que a variável x assume.

Veja o gráfico da função exponencial dada por $y = \frac{1}{2} \cdot 2^x$, com domínio em $\mathbb{R}$, e compare com o gráfico anterior.

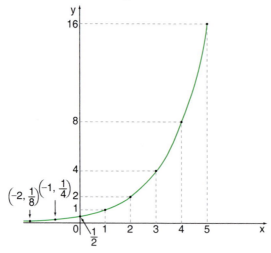

EXERCÍCIOS

103. Seja $f: \mathbb{N}^* \to \mathbb{R}$ uma função definida por $f(x) = 4 \cdot (0,5)^x$.

a) Represente o conjunto imagem de f.

b) Esboce o gráfico de f.

104. O gráfico abaixo representa a função f, de domínio $\mathbb{N}^*$, definida por $y = \frac{1}{6} \cdot 3^{x+k}$, sendo k uma constante real.

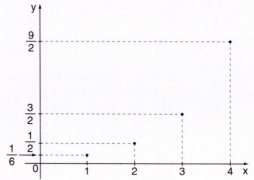

a) Determine o valor de k.

b) Qual é a progressão geométrica associada à função f? Obtenha seu termo geral e sua razão.

DESAFIO

Maria propôs a João o seguinte problema:

— João, pense em um número de 4 algarismos. Não me conte qual é!

— Subtraia agora, do número pensado, a soma de seus algarismos. (Por exemplo, se você pensou no número 1 204, então faça 1 204 − 7).

— Pegue o resultado obtido na subtração e esconda um de seus algarismos, mostrando-me os demais.

— Sou capaz de adivinhar imediatamente o algarismo oculto! Duvida?

Descubra como Maria conhece o algarismo oculto.

Um pouco de História

A sequência de Fibonacci

Uma sequência muito conhecida na Matemática é a sequência de Fibonacci, nome pelo qual ficou conhecido o italiano Leonardo de Pisa (1175-1250). Em 1202, Fibonacci apresentou em seu livro *Liber Abaci* o problema que o consagrou.

Fibonacci considerou, no período de um ano, um cenário hipotético para a reprodução de coelhos. Veja:
- No início, há apenas um casal que acabou de nascer.
- Os casais atingem a maturidade sexual e se reproduzem ao final de um mês.
- Um mês é o período de gestação dos coelhos.
- Todos os meses, cada casal maduro dá à luz um novo casal.
- Os coelhos nunca morrem.

Acompanhe, a seguir, a quantidade de pares de coelhos, ao final de cada mês:

Retrato de Leonardo Fibonacci.

- Início: um único casal.

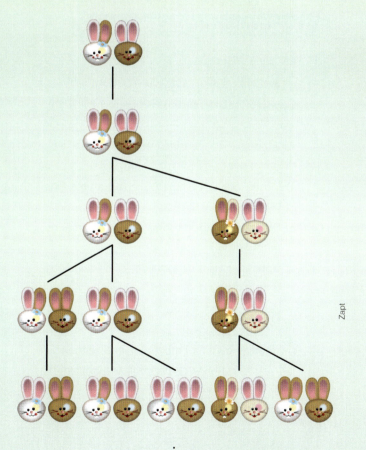

- Ao final de um mês, o casal acasala. Continuamos com um par.

- Ao final de dois meses, a fêmea dá à luz um novo par. Agora são dois pares.

- Ao final de três meses, o primeiro casal dá à luz outro par, e o segundo casal acasala. São 3 pares.

- Ao final de quatro meses, o primeiro casal dá à luz outro par; o segundo casal dá à luz pela primeira vez e o 3º par acasala. São 5 pares.

⋮

e assim por diante...

PROGRESSÕES 309

A sequência de pares de coelhos existentes, ao final de cada mês, evolui segundo os termos da sequência:

(1, 1, 2, 3, 5, 8, 13, 21, 34, 55, ...)

Note que, a partir do terceiro, cada termo dessa sequência é igual à soma dos dois termos anteriores. Assim, essa sequência pode ser definida pela lei de recorrência:

$$\begin{cases} f_1 = 1 \\ f_2 = 1 \\ f_n = f_{n-1} + f_{n-2}, \forall n \in \mathbb{N}, n \geq 3 \end{cases}$$

Mais de quinhentos anos mais tarde, o escocês Robert Simson provou a seguinte propriedade dessa sequência: à medida que consideramos cada vez mais termos, o quociente entre um termo qualquer e o termo antecedente aproxima-se de 1,61803398..., que é o número de ouro, introduzido no capítulo 2.

Vejamos alguns exemplos:

$$\frac{f_{10}}{f_9} = \frac{55}{34} \cong 1,6176; \quad \frac{f_{13}}{f_{12}} = \frac{233}{144} \cong 1,61805; \quad \frac{f_{20}}{f_{19}} = \frac{6\,765}{4\,181} \cong 1,6180$$

Outros estudos mostram uma ligação entre os números de Fibonacci e a natureza, como a quantidade de arranjos das folhas de algumas plantas em torno do caule, a organização das sementes na coroa de um girassol etc.

> Referência bibliográfica:
> ■ *Sequência de Fibonacci e número de ouro* <www.youtube.com/watch?v=QaWepnGWRs8>
> (Acesso em: jul. 2014)

EXERCÍCIOS COMPLEMENTARES

1. Calcule o valor de:

$S = 200^2 - 199^2 + 198^2 - 197^2 + ... + 2^2 - 1^2$

Sugestão: use a identidade $a^2 - b^2 = (a+b) \cdot (a-b)$.

2. Para todo $n \in \mathbb{N}^*$, considere as sequências a_n e b_n definidas por $a_n = 3 \cdot 2^n$ e $b_n = \log_2(a_n)$.

a) Mostre que (a_n) é uma P.G. e (b_n) é uma P.A., calculando suas razões.

b) Obtenha o valor da soma dos dez primeiros termos de (a_n).

c) Obtenha o valor da soma dos cinco primeiros termos de (b_n).

Use a aproximação $\log_2 6 = 2,6$.

3. O logotipo de uma empresa é uma sequência infinita de círculos tangentes externamente entre si, como mostra a figura abaixo:

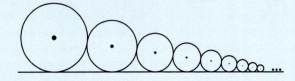

Se o raio de um círculo qualquer é $\frac{3}{4}$ do raio do círculo anterior, e o raio do maior círculo é r, calcule, em função de r:

a) a soma dos perímetros de todos os círculos construídos;

b) a soma das áreas de todos os círculos construídos.

4. (UF-PR) Um quadrado está sendo preenchido como mostra a sequência de figuras abaixo:

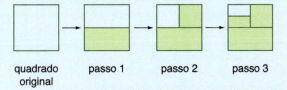

quadrado original — passo 1 — passo 2 — passo 3

No passo 1, metade do quadrado original é preenchido. No passo 2, metade da área não coberta no passo anterior é preenchida. No passo 3, metade da área não coberta nos passos anteriores é preenchida, e assim por diante.

a) No passo 4, que percentual do quadrado original estará preenchido?

b) Qual é o número mínimo de passos necessários para que 99,9% do quadrado original seja preenchido?

5. Resolva, em $\mathbb{R}$, as equações:

a) $\log x + \log x^2 + \log x^3 + \ldots + \log x^{500} = 5{,}01 \cdot 10^5$

b) $3^x + 3^{x-1} + 3^{x-2} + \ldots = 40{,}5$

c) $\log_5 \sqrt{x} - \log_5 \sqrt[4]{x} + \log_5 \sqrt[8]{x} - \log_5 \sqrt[16]{x} + \ldots = -\dfrac{2}{3}$

6. (Unicamp-SP) Dois *sites* de relacionamento desejam aumentar o número de integrantes usando estratégias agressivas de propaganda.

O *site* A, que tem 150 participantes atualmente, espera conseguir 100 novos integrantes em um período de uma semana e dobrar o número de novos participantes a cada semana subsequente. Assim, entrarão 100 internautas novos na primeira semana, 200 na segunda, 400 na terceira, e assim por diante.

Por sua vez, o *site* B, que já tem 2 200 membros, acredita que conseguirá mais 100 associados na primeira semana e que, a cada semana subsequente, aumentará o número de internautas novos em 100 pessoas. Ou seja, 100 novos membros entrarão no *site* B na primeira semana, 200 entrarão na segunda, 300 na terceira etc.

a) Quantos membros novos o *site* A espera atrair daqui a 6 semanas? Quantos associados o *site* A espera ter daqui a 6 semanas?

b) Em quantas semanas o *site* B espera chegar à marca dos 10 000 membros?

7. Considere o conjunto A das frações positivas e menores que 6, irredutíveis e com denominador igual a 7. Obtenha a soma dos elementos de A.

8. Um ancião pediu a um matemático que o ajudasse a resolver o seguinte problema de herança:
A quantia de 1 800 U.M. (Unidades Monetárias) deveria ser dividida entre seus quatro filhos, de modo que as quantias distribuídas estivessem em P.A. e fossem proporcionais à idade dos filhos. O ancião, porém, esqueceu a idade de dois de seus filhos, lembrando apenas que o menor tem 6 anos e o maior, 66 anos.
Como será dividida a herança? Determine também a idade dos outros dois filhos.

9. Encontre o valor de:
$$\dfrac{1}{2} + \dfrac{2}{2^2} + \dfrac{3}{2^3} + \dfrac{4}{2^4} + \dfrac{5}{2^5} + \ldots$$

10. Em um congresso havia 600 profissionais da área de saúde. Suponha que, na cerimônia de encerramento, todos os participantes resolveram cumprimentar-se (uma única vez), com um aperto de mão. Quantos apertos de mão foram dados ao todo?

11. (UF-RJ) Uma parede triangular de tijolos foi construída da seguinte forma. Na base foram dispostos 100 tijolos, na camada seguinte, 99 tijolos, e assim sucessivamente, até restar 1 tijolo na última camada, como mostra a figura. Os tijolos da base foram numerados de acordo com uma progressão aritmética, tendo o primeiro tijolo recebido o número 10, e o último, o número 490. Cada tijolo das camadas superiores recebeu um número igual à média aritmética dos números dos dois tijolos que o sustentam.

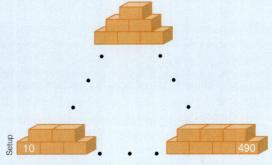

Determine a soma dos números escritos nos tijolos.

12. Seja o número natural $N = 2^{13}$.

a) Obtenha todos os divisores positivos de 2^{13}.

b) Calcule a soma dos inversos de todos os divisores positivos de 2^{13}.

13. Em um trapézio isósceles, cada lado oblíquo mede $\dfrac{10}{3}$ cm, e a altura mede $\dfrac{8}{3}$ cm. Se os números que expressam a medida da base menor, a medida da base maior e a área do trapézio são termos de uma P.G., determine as medidas das bases do trapézio.

14. Considere um triângulo equilátero T_1 de lado ℓ. Prolongando-se em 1 cm cada lado de T_1 obtém-se o triângulo T_2. Prolongando-se em 1 cm cada lado de T_2, obtém-se o triângulo T_3, e assim sucessivamente, até construirmos o triângulo T_{12}. Determine ℓ, sabendo que a soma dos perímetros dos 12 triângulos assim construídos é 342 cm.

15. (Fuvest-SP) Considere uma progressão aritmética cujos três primeiros termos são dados por $a_1 = 1 + x$, $a_2 = 6x$, $a_3 = 2x^2 + 4$, em que x é um número real.

a) Determine os possíveis valores de x.

b) Calcule a soma dos 100 primeiros termos da progressão aritmética correspondente ao menor valor de x encontrado no item *a*.

16. Em uma P.G. alternada, o 1º termo vale 2 e a soma dos dois termos seguintes é 12.

a) Escreva os três primeiros termos da P.G.

b) Que número deve ser somado ao 2º termo para que os três primeiros termos constituam, nessa ordem, uma P.A.?

17. Em uma P.A. de vinte termos, a soma de todos os termos é 2 780. Calcule a soma dos últimos cinco termos, sabendo que a soma dos cinco primeiros é 170.

18. Em uma P.G., a soma do 3º com o 4º termo é −24 e a soma do 4º com o 5º termo vale 48. Determine:

a) a razão da P.G.;

b) a soma de seus quatro primeiros termos.

19. Determine x real, de modo que a sequência $(\log_2 (x-2), \log_2 4x, \log_2 32x)$ seja uma P.A.

20. Determine x a fim de que a sequência
$$\left(\left(\frac{1}{2}\right)^{-3x}, 2^x, 4^{3x+7}\right)$$
seja uma P.G. Qual é a razão dessa P.G.?

21. (UF-CE) A sequência $(a_n)_{n \geq 1}$ tem seus termos dados pela fórmula $a_n = \dfrac{n+1}{2}$. Calcule a soma dos dez primeiros termos da sequência $(b_n)_{n \geq 1}$, onde $b_n = 2^{a_n}$ para $n \geq 1$.

22. Considere uma sequência infinita de retângulos, R_1, $R_2, R_3, ...$, em que a medida da base de um retângulo R_i ($i \geq 2$) é igual à medida da base do retângulo R_{i-1} diminuída de 10% e a medida da altura de R_i é igual à medida da altura de R_{i-1} diminuída de 20%.

a) A sequência que representa os perímetros desses infinitos retângulos é uma P.A.? É uma P.G.?

b) A sequência que representa as áreas desses infinitos retângulos é uma P.G.? Em caso afirmativo, calcule a soma das áreas de todos os retângulos construídos em função das medidas da base (b) e da altura (h) de R_1.

c) Suponha que as medidas da base e da altura de R_1 sejam, respectivamente, 80 cm e 200 cm. Determine, em metros, a medida da diagonal de R_2 e do perímetro de R_4.

23. (IME-RJ) O segundo, o sétimo e o vigésimo sétimo termos de uma Progressão Aritmética (P.A.) de números inteiros, de razão r, formam, nesta ordem, uma Progressão Geométrica (P.G.), de razão q, com q e $r \in \mathbb{N}^*$ (natural diferente de zero). Determine:

a) o menor valor possível para a razão r;

b) o valor do décimo oitavo termo da P.A., para a condição do item a.

24. (UE-RJ) Na figura, está representada uma torre de quatro andares construída com cubos congruentes empilhados, sendo sua base formada por dez cubos.

Calcule o número de cubos que formam a base de outra torre, com 100 andares, construída com cubos iguais e procedimento idêntico.

25. (UF-GO) Um detalhe arquitetônico, ocupando toda a base de um muro, é formado por uma sequência de 30 triângulos retângulos, todos apoiados sobre um dos catetos e sem sobreposição. A figura a seguir representa os três primeiros triângulos dessa sequência.

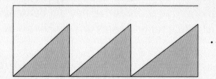

Todos os triângulos têm um metro de altura. O primeiro triângulo, da esquerda para a direita, é isósceles e a base de cada triângulo, a partir do segundo, é 10% maior que a do triângulo imediatamente à sua esquerda.

Dado: $11^{30} \approx 1{,}745 \cdot 10^{31}$

Com base no exposto,

a) qual é o comprimento do muro?

b) quantos litros de tinta são necessários para pintar os triângulos do detalhe, utilizando-se uma tinta que rende 10 m² por litro?

26. (UF-RN) A corrida de São Silvestre, realizada em São Paulo, é uma das mais importantes provas de rua disputadas no Brasil. Seu percurso mede 15 km. João, que treina em uma pista circular de 400 m, pretende participar dessa corrida. Para isso, ele estabeleceu a seguinte estratégia de treinamento:

correrá 7 000 m na primeira semana; depois, a cada semana, aumentará 2 voltas na pista, até atingir a distância exigida na prova.

a) A sequência numérica formada pela estratégia adotada por João é uma progressão geométrica ou uma progressão aritmética? Justifique sua resposta.

b) Determine em que semana do treinamento João atingirá a distância exigida na prova.

27. (UF-BA) Para estudar o desenvolvimento de um grupo de bactérias, um laboratório realizou uma pesquisa durante 15 semanas. Inicialmente, colocou-se um determinado número de bactérias em um recipiente e, ao final de cada semana, observou-se o seguinte:

- na primeira semana, houve uma redução de 20% no número de bactérias;

- na segunda semana, houve um aumento de 10% em relação à quantidade de bactérias existentes ao final da primeira semana;

- a partir da terceira semana, o número de bactérias cresceu em progressão aritmética de razão 12;

- no final da décima quinta semana, o número de bactérias existentes era igual ao inicial.

Com base nessas informações, determine o número de bactérias existentes no início da pesquisa.

28. (FGV-SP) Seja $(a_1, a_2, a_3, ...)$ uma sequência com as seguintes propriedades:

(i) $a_1 = 1$.

(ii) $a_{2n} = n \cdot a_n$, para qualquer n inteiro positivo.

(iii) $a_{2n+1} = 2$, para qualquer n inteiro positivo.

a) Indique os 16 primeiros termos dessa sequência.

b) Calcule o valor de a_2^{50}.

29. (Unifesp-SP) Progressão aritmética é uma sequência de números tal que a diferença entre cada um desses termos (a partir do segundo) e o seu antecessor é constante. Essa diferença constante é chamada "razão da progressão aritmética" e usualmente indicada por r.

a) Considere uma P.A. genérica finita $(a_1, a_2, a_3, ..., a_n)$ de razão r, na qual n é par. Determine a fórmula da soma dos termos de índice par dessa P.A., em função de a_1, n e r.

b) Qual a quantidade mínima de termos para que a soma dos termos da P.A. $(-224, -220, -216, ...)$ seja positiva?

30. (UE-RJ) Os anos do calendário chinês, um dos mais antigos que a história registra, começam sempre em uma lua nova, entre 21 de janeiro e 20 de fevereiro do calendário gregoriano. Eles recebem nomes de animais, que se repetem em ciclos de doze anos. A tabela abaixo apresenta o ciclo mais recente desse calendário.

Ano do calendário chinês

Início no calendário gregoriano	Nome
31 – janeiro – 1995	Porco
19 – fevereiro – 1996	Rato
08 – fevereiro – 1997	Boi
28 – janeiro – 1998	Tigre
16 – fevereiro – 1999	Coelho
05 – fevereiro – 2000	Dragão
24 – janeiro – 2001	Serpente
12 – fevereiro – 2002	Cavalo
01 – fevereiro – 2003	Cabra
22 – janeiro – 2004	Macaco
09 – fevereiro – 2005	Galo
29 – janeiro – 2006	Cão

Admita que, pelo calendário gregoriano, uma determinada cidade chinesa tenha sido fundada em 21 de junho de 1089 d.C., ano da serpente no calendário chinês. Desde então, a cada 15 anos, seus habitantes promovem uma grande festa de comemoração. Portanto, houve festa em 1104, 1119, 1134, e assim por diante.

Determine, no calendário gregoriano, o ano do século XXI em que a fundação dessa cidade será comemorada novamente no ano da serpente.

31. (UF-BA) Considerando-se as sequências (a_n) e (b_n) definidas por:

$$a_n = (-1)^n \left(\frac{n^2}{n^2 + 1} \right) \text{ e } \begin{cases} b_1 = 1 \\ b_{n+1} = \left(\frac{n+2}{n+1} \right) b_n \end{cases}$$

(01) O produto de dois termos consecutivos quaisquer da sequência (a_n) é um número negativo.

(02) Para qualquer n, tem-se $-1 < a_n < 1$.

(04) A sequência (b_n) é crescente.

(08) Existe n tal que $a_n = \frac{1}{2}$.

(16) A sequência (b_n) é uma progressão aritmética.

(32) A sequência (a_n) é uma progressão geométrica de razão negativa.

Indique a soma correspondente às alternativas corretas.

32. (UE-RJ) Um jogo com dois participantes, A e B, obedece às seguintes regras:

- antes de A jogar uma moeda para o alto, B deve adivinhar a face que, ao cair, ficará voltada para cima, dizendo "cara" ou "coroa";
- quando B errar pela primeira vez, deverá escrever, em uma folha de papel, a sigla UERJ uma única vez; ao errar pela segunda vez, escreverá UERJUERJ, e assim sucessivamente;
- em seu enésimo erro, B escreverá n vezes a mesma sigla.

Veja o quadro que ilustra o jogo:

Ordem de erro	Letras escritas
1º	UERJ
2º	UERJUERJ
3º	UERJUERJUERJ
4º	UERJUERJUERJUERJ
⋮	⋮
n-ésimo	UERJUERJUERJ...UERJ

O jogo terminará quando o número total de letras escritas por B, do primeiro ao enésimo erro, for igual a dez vezes o número de letras escritas, considerando apenas o enésimo erro.

Determine o número total de letras que foram escritas até o final do jogo.

33. (Unicamp-SP) A numeração dos calçados obedece a padrões distintos, conforme o país.

No Brasil, essa numeração varia de um em um, e vai de 33 a 45, para adultos. Nos Estados Unidos a numeração varia de meio em meio, e vai de 3,5 a 14 para homens e de 5 a 15,5 para mulheres.

a) Considere a tabela abaixo.

Numeração brasileira (t)	Comprimento do calçado (x)
35	23,8 cm
42	27,3 cm

Suponha que as grandezas estão relacionadas por funções afins $t(x) = ax + b$ para a numeração brasileira e $x(t) = ct + d$ para o comprimento do calçado. Encontre os valores dos parâmetros a e b da expressão que permite obter a numeração dos calçados brasileiros em termos do comprimento, ou os valores dos parâmetros c e d da expressão que fornece o comprimento em termos da numeração.

b) A numeração dos calçados femininos nos Estados Unidos pode ser estabelecida de maneira aproximada pela função real f definida por $f(x) = \dfrac{5(x-20)}{3}$, em que x é o comprimento do calçado em cm. Sabendo que a numeração dos calçados n_k forma uma progressão aritmética de razão 0,5 e primeiro termo $n_1 = 5$, em que $n_k = f(c_k)$, com k natural, calcule o comprimento de c_5.

34. (UF-GO) Dois experimentos independentes foram realizados para estudar a propagação de um tipo de fungo que ataca as folhas das plantas de feijão. A distribuição das plantas na área plantada é uniforme, com a mesma densidade em ambos os experimentos.

No experimento A, inicialmente, 6% das plantas estavam atacadas pelo fungo e, quatro semanas depois, o número de plantas atacadas aumentou para 24%. Já no experimento B, a observação iniciou-se com 11% das plantas atacadas pelo fungo e, seis semanas depois, o número de plantas atacadas já era 85% do total.

Considerando-se que a área ocupada pelo fungo cresce exponencialmente, a fração da plantação atingida pelo fungo aumenta, semanalmente, em progressão geométrica, e a razão desta progressão é uma medida da rapidez de propagação do fungo. Neste caso, determine em qual dos dois experimentos a propagação do fungo ocorre mais rapidamente.

35. (FGV-SP) Entre 2006 e 2010, foram cometidos em média 30 crimes por ano em Kripton (entre roubos, estelionatos e assassinatos). Em 2007, foram cometidos 40 crimes no total. Entre 2006 e 2010, o número de crimes evoluiu em uma progressão aritmética.

a) Qual é a razão da progressão aritmética em que evoluiu o número de crimes, entre 2006 e 2010?
b) Em 2010, houve duas vezes mais roubos que assassinatos e igual número de roubos e estelionatos. Quantos estelionatos ocorreram em 2010?
c) Em 2011, foram cometidos 30 crimes. Qual é o número médio de crimes cometidos entre 2007 e 2011?

36. (Vunesp-SP) Considere um triângulo isósceles de lados medindo $L, \dfrac{L}{2}, L$ centímetros. Seja h a medida da altura relativa ao lado de medida $\dfrac{L}{2}$. Se L, h e a área desse triângulo formam, nessa ordem, uma progressão geométrica, determine a medida do lado L do triângulo.

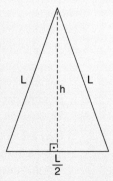

37. (Fuvest-SP) A soma dos cinco primeiros termos de uma P. G., de razão negativa, é $\frac{1}{2}$. Além disso, a diferença entre o sétimo termo e o segundo termo da P.G. é igual a 3.

Nessas condições, determine:

a) A razão da P. G.

b) A soma dos três primeiros termos da P. G.

38. (UF-PR) Considere a seguinte tabela de números naturais. Observe a regra de formação das linhas e considere que as linhas seguintes sejam obtidas seguindo a mesma regra.

```
1
2  3  4
3  4  5  6  7
4  5  6  7  8  9  10
5  6  7  8  9  10 11 12 13
⋮  ⋮  ⋮  ⋮  ⋮  ⋮  ⋮
```

a) Qual é a soma dos elementos da décima linha dessa tabela?

b) Use a fórmula da soma dos termos de uma progressão aritmética para mostrar que a soma dos elementos da linha n dessa tabela é $S_n = (2n-1)^2$.

39. (UF-SC) Classifique cada uma das proposições adiante como V (verdadeira) ou F (falsa). Assinale a soma correspondente às alternativas verdadeiras.

(01) Se os raios de uma sequência de círculos formam uma P.G. de razão q, então suas áreas também formam uma P.G. de razão q.

(02) Uma empresa, que teve no mês de novembro de 2002 uma receita de 300 mil reais e uma despesa de 350 mil reais, tem perspectiva de aumentar mensalmente sua receita segundo uma P.G. de razão $\frac{6}{5}$ e prevê que a despesa mensal crescerá segundo uma P.A. de razão igual a 55 mil. Nesse caso, o primeiro mês em que a receita será maior do que a despesa é fevereiro de 2003.

(04) Suponha que um jovem, ao completar 16 anos, pesava 60 kg e, ao completar 17 anos, pesava 64 kg. Se o aumento anual de sua massa, a partir dos 16 anos, se der segundo uma progressão geométrica de razão $\frac{1}{2}$, então ele nunca atingirá 68 kg.

(08) Uma P.A. e uma P.G., ambas crescentes, têm o primeiro e o terceiro termos respectivamente iguais. Sabendo que o segundo termo da P.A. é 5 e o segundo termo da P.G. é 4, a soma dos 10 primeiros termos da P.A. é 155.

40. (Vunesp-SP) A sequência dos números $n_1, n_2, n_3, ..., n_i, ...$ está definida por

$$\begin{cases} n_1 = 3 \\ n_{i+1} = \dfrac{n_i - 1}{n_i + 2} \end{cases}, \text{ para cada inteiro positivo } i.$$

Determine o valor de n_{2013}.

41. (UF-GO) Pretende-se levar água de uma represa até um reservatório no topo de um morro próximo. A potência do motor que fará o bombeamento da água é determinada com base na diferença entre as alturas do reservatório e da represa.

Para determinar essa diferença, utilizou-se uma mangueira de nível, ou seja, uma mangueira transparente, cheia de água e com as extremidades abertas, de maneira a manter o mesmo nível da água nas duas extremidades, permitindo medir a diferença de altura entre dois pontos do terreno. Esta medição fica restrita ao comprimento da mangueira, mas, repetindo o procedimento sucessivas vezes e somando os desníveis de cada etapa, é possível obter a diferença de altura entre dois pontos quaisquer.

No presente caso, realizaram-se 50 medições sucessivas, desde a represa até o reservatório, obtendo-se uma sequência de valores para as diferenças de altura entre cada ponto e o ponto seguinte, $h_1, h_2, h_3, ..., h_{50}$, que formam uma progressão aritmética, sendo $h_1 = 0,70$ m, $h_2 = 0,75$ m, $h_3 = 0,80$ m, e assim sucessivamente. Com base no exposto, calcule a altura do reservatório em relação à represa.

42. (UF-MG) Dentro dos bloquinhos que formam uma pirâmide foram escritos os números naturais, conforme ilustrado na figura abaixo, de forma que:

- na primeira linha da pirâmide aparece um número: 1;
- na segunda linha da pirâmide aparecem dois números: 2 e 3;
- na terceira linha da pirâmide aparecem três números: 4, 5 e 6;
- na quarta linha da pirâmide aparecem quatro números: 7, 8, 9 e 10, e assim sucessivamente.

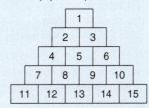

Considerando essas informações,

a) determine quantos bloquinhos são necessários para construir as 10 primeiras linhas da pirâmide.

b) determine o último número escrito na trigésima linha da pirâmide.

c) determine a soma de todos os números escritos na trigésima linha da pirâmide.

43. (UF-GO) Participaram de uma reunião 52 pessoas, entre homens e mulheres. Uma a uma, todas as mulheres passaram a convidar alguns dos homens presentes para adicioná-las como contatos em suas redes sociais, de maneira que a primeira mulher convidou sete homens, a segunda convidou oito, a terceira nove, e assim sucessivamente. Cada uma convidou um homem a mais que a anterior, até que a última das mulheres convidou todos os homens presentes. Nestas condições, calcule o número de mulheres e o de homens na reunião.

44. (UF-GO) A figura a seguir ilustra as três primeiras etapas da divisão de um quadrado de lado L em quadrados menores, com um círculo inscrito em cada um deles.

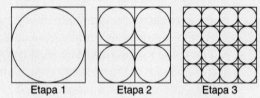

Etapa 1   Etapa 2   Etapa 3

Sabendo-se que o número de círculos em cada etapa cresce exponencialmente, determine:

a) a área de cada círculo inscrito na n-ésima etapa dessa divisão;

b) a soma das áreas dos círculos inscritos na n-ésima etapa dessa divisão.

45. (U.F. Triângulo Mineiro-MG) Seja a sequência de conjuntos de inteiros consecutivos dada por {1}, {2, 3}, {4, 5, 6}, {7, 8, 9, 10}, ..., na qual cada conjunto, a partir do segundo, contém um elemento a mais do que o anterior.

a) O 21º conjunto dessa sequência tem como menor elemento o número 211. Calcule a soma de todos os elementos desse conjunto.

b) Calcule a soma de todos os elementos do 100º conjunto dessa sequência.

46. (U.E. Maringá-PR) João e Pedro decidiram treinar para competir na Corrida de São Silvestre, mas cada um está fazendo um treinamento diferente: João está correndo 40 minutos por dia e consegue percorrer uma distância de 6 km em cada dia; já Pedro está correndo 30 minutos por dia, do seguinte modo: no primeiro dia, ele percorreu uma distância de 3 km, no segundo dia percorreu 3,5 km, no terceiro dia percorreu 4 km, assim sucessivamente até o décimo quinto dia, e reinicia o processo percorrendo novamente 3 km. Com essas informações, assinale o que for correto.

(01) A sequência numérica formada pelas velocidades médias de Pedro, nos quinze primeiros dias de treinamento, forma uma progressão geométrica.

(02) No quarto dia, a velocidade média que Pedro correu foi igual à velocidade média que João correu.

(04) No décimo dia, Pedro percorreu a distância de 7,5 km.

(08) A distância total percorrida por Pedro, desde o primeiro até o décimo terceiro dia, foi a mesma percorrida por João no mesmo período.

(16) A diferença entre as distâncias totais percorridas por Pedro e João, nos quinze primeiros dias de treinamento, é maior que 10 km.

Indique a soma das alternativas corretas.

47. (UnB-DF)

nível I   nível II   nível III

A sequência de figuras acima ilustra 3 passos da construção de um fractal utilizando-se como ponto de partida um triminó – nível I –, que consiste em uma peça formada por três quadrinhos de 1 cm de lado cada, justapostos em forma de L. No segundo passo, substitui-se cada quadrinho do fractal de nível I por um triminó, que tem os comprimentos dos lados de seus quadrinhos adequadamente ajustados à situação, de forma a se obter o fractal de nível II, conforme ilustrado acima. No terceiro passo, obtém-se, a partir do fractal de nível II, também substituindo-se cada um de seus quadrinhos ajustados, o fractal de nível III. O processo continua dessa forma, sucessiva e indefinidamente, obtendo-se os fractais de níveis n = I, II, III, ...

Com base nessas informações, julgue os itens que se seguem [em falso ou verdadeiro].

a) No fractal de nível n, há 3^n quadradinhos sombreados.

b) O perímetro externo do fractal de nível VI é igual a 8 cm.

c) A área do fractal de nível V correspondente aos quadradinhos sombreados é superior a 1 cm².

d) À medida que n cresce, a área do fractal de nível n correspondente aos quadradinhos sombreados aproxima-se cada vez mais de 1 cm².

e) No quarto passo da construção, será obtido o fractal de nível IV, com a forma ilustrada a seguir:

f) Caso o fractal de nível V seja cortado ao longo de uma reta que bissecta o ângulo interno inferior esquerdo do quadradinho localizado no canto inferior esquerdo, as duas partes obtidas serão congruentes, o que mostra ser essa estrutura simétrica em relação a essa reta.

48. (IME-RJ) Uma placa metálica com base b e altura h sofre sucessivas reduções da sua área, em função da realização de diversos cortes, conforme ilustrado na figura abaixo. A cada passo, a área à direita é removida e a placa sofre um novo corte. Determine a soma das áreas removidas da placa original após serem realizados n cortes.

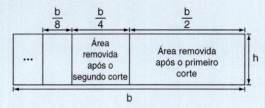

49. (UF-PR) A sentença "a função f transforma uma progressão em outra progressão" significa que, ao se aplicar a função aos termos de uma progressão $(a_1, a_2, a_3, ...)$, resulta nova progressão $(f(a_1), f(a_2), f(a_3), ...)$. Calcule a soma dos números associados à(s) alternativa(s) correta(s):

(01) A função $f(x) = 2x + 5$ transforma qualquer progressão aritmética de razão r em uma progressão aritmética, esta de razão 5.

(02) A função $f(x) = 3x$ transforma qualquer progressão aritmética de razão r em outra progressão aritmética, esta de razão $3r$.

(04) A função $f(x) = 2^x$ transforma qualquer progressão aritmética de razão r em uma progressão geométrica de razão 2 elevado à potência r.

(08) A função $f(x) = \log_3 x$ transforma qualquer progressão geométrica de termos positivos e razão 9 em uma progressão aritmética de razão 2.

TESTES

1. (Enem-MEC) As projeções para a produção de arroz no período de 2012-2021, em uma determinada região produtora, apontam para uma perspectiva de crescimento constante da produção anual. O quadro apresenta a quantidade de arroz, em toneladas, que será produzida nos primeiros anos desse período, de acordo com essa projeção.

Ano	Projeção da produção (t)
2012	50,25
2013	51,50
2014	52,75
2015	54,00

A quantidade total de arroz, em toneladas, que deverá ser produzida no período de 2012 a 2021 será de:

a) 497,25   c) 502,87   e) 563,25
b) 500,85   d) 558,75

2. (UE-RJ) Admita a realização de um campeonato de futebol no qual as advertências recebidas pelos atletas são representadas apenas por cartões amarelos. Esses cartões são convertidos em multas, de acordo com os seguintes critérios:

- os dois primeiros cartões recebidos não geram multas;
- o terceiro cartão gera multa de R$ 500,00;
- os cartões seguintes geram multas cujos valores são sempre acrescidos de R$ 500,00 em relação ao valor da multa anterior.

Na tabela, indicam-se as multas relacionadas aos cinco primeiros cartões aplicados a um atleta.

Cartão amarelo recebido	Valor da multa (R$)
1º	–
2º	–
3º	500
4º	1 000
5º	1 500

Considere um atleta que tenha recebido 13 cartões amarelos durante o campeonato. O valor total, em reais, das multas geradas por todos esses cartões equivale a:

a) 30 000   b) 33 000   c) 36 000   d) 39 000

3. (UE-PA) Em 2004, o diabetes atingiu 150 milhões de pessoas no mundo (Fonte: Revista *IstoÉ Gente*, 05/07/2004). Se, a partir de 2004, a cada 4 anos o número de diabéticos aumentar em 30 milhões de pessoas, o mundo terá 300 milhões de pessoas com diabetes no ano de:

a) 2020   c) 2024   e) 2028
b) 2022   d) 2026

4. (Vunesp-SP) O artigo *Uma estrada, muitas florestas* relata parte do trabalho de reflorestamento necessário após a construção do trecho sul do Rodoanel da cidade de São Paulo.

O engenheiro agrônomo Maycon de Oliveira mostra uma das árvores, um fumo-bravo, que ele e sua equipe plantaram em novembro de 2009. Nesse tempo, a árvore cresceu – está com quase 2,5 metros –, floresceu, frutificou e lançou sementes que germinaram e formaram descendentes [...] perto da árvore principal. O fumo-bravo [...] é uma espécie de árvore pioneira, que cresce rapidamente, fazendo sombra para as espécies de árvores de crescimento mais lento, mas de vida mais longa.

(Pesquisa FAPESP, janeiro de 2012. Adaptado.)

Russell Cumming

Considerando que a referida árvore foi plantada em 1º de novembro de 2009 com uma altura de 1 dm e que em 31 de outubro de 2011 sua altura era de 2,5 m e admitindo ainda que suas alturas, ao final de cada ano de plantio, nesta fase de crescimento, formem uma progressão geométrica, a razão deste crescimento, no período de dois anos, foi de

a) 0,5   c) 5   e) 50
b) $5 \cdot 10^{-\frac{1}{2}}$ d) $5 \cdot 10^{\frac{1}{2}}$

5. (UE-CE) Se $f: \{1, 2, 3, ..., n\} \to \mathbb{R}$ é a função definida por $f(x) = 4(2x - 1)$, então a soma de todos os números que estão na imagem de *f* é:

a) $4(2n - 1)^2$ c) $4(2n + 1)^2$
b) $4(2n)^2$ d) $4n^2$

6. (UF-ES) Para que a soma dos *n* primeiros termos da progressão geométrica 3, 6, 12, 24, ... seja um número compreendido entre 50 000 e 100 000, devemos tornar *n* igual a:

a) 16   c) 14   e) 12
b) 15   d) 13

7. (U.F. Juiz de Fora-MG) Um aluno do curso de biologia estudou durante nove semanas o crescimento de uma determinada planta, a partir de sua germinação. Observou que, na primeira semana, a planta havia crescido 16 mm. Constatou ainda que, em cada uma das oito semanas seguintes, o crescimento foi sempre a metade do crescimento da semana anterior. Dentre os valores a seguir, o que melhor aproxima o tamanho dessa planta, ao final dessas nove semanas, em milímetros, é:

a) 48   c) 32   e) 24
b) 36   d) 30

8. (UF-PR) Considere a função *f* definida no conjunto dos números naturais pela expressão $f(n + 2) = f(n) + 3$, com $n \in \mathbb{N}$, e pelos dados $f(0) = 10$ e $f(1) = 5$. É correto afirmar que os valores de $f(20)$ e $f(41)$ são, respectivamente:

a) 21 e 65   d) 40 e 65
b) 40 e 56   e) 23 e 44
c) 21 e 42

9. (Enem-MEC) O número mensal de passagens de uma determinada empresa aérea aumentou no ano passado nas seguintes condições: em janeiro foram vendidas 33 000 passagens; em fevereiro, 34 500; em março, 36 000. Esse padrão de crescimento se mantém para os meses subsequentes.

Quantas passagens foram vendidas por essa empresa em julho do ano passado?

a) 38 000
b) 40 500
c) 41 000
d) 42 000
e) 48 000

10. (UFF-RJ) Ao se fazer um exame histórico da presença africana no desenvolvimento do pensamento matemático, os indícios e os vestígios nos remetem à matemática egípcia, sendo o papiro de Rhind um dos documentos que resgatam essa história.

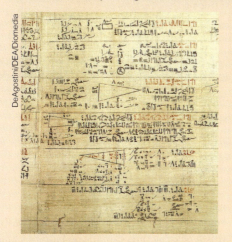

Nesse papiro encontramos o seguinte problema: "Divida 100 pães entre 5 homens de modo que as partes recebidas estejam em progressão aritmética e que um sétimo da soma das três partes maiores seja igual à soma das duas menores."
Coube ao homem que recebeu a parte maior da divisão acima a quantidade de:

a) $\dfrac{115}{3}$ pães.
b) $\dfrac{55}{6}$ pães.
c) 20 pães.
d) $\dfrac{65}{6}$ pães.
e) 35 pães.

11. (UF-PI) O pediatra de uma criança em estado de subnutrição estabeleceu um regime alimentar no qual se previa que ela alcançaria 12,50 kg em 30 dias, mediante um aumento diário do peso de 105 gramas. Nessas condições, podemos afirmar que, ao iniciar o regime, a criança pesava:

a) Menos de 7 kg.
b) Entre 7 kg e 8 kg.
c) Entre 8 kg e 9 kg.
d) Entre 9 kg e 10 kg.
e) Mais de 10 kg.

12. (UE-CE) A sequência de quadrados $Q_1, Q_2, Q_3, \ldots$ é tal que, para $n > 1$, os vértices do quadrado Q_n são os pontos médios dos lados do quadrado Q_{n-1}. Se a medida do lado do quadrado Q_1 é 1 m, então a soma das medidas das áreas, em m², dos 10 primeiros quadrados é:

a) $\dfrac{1\,023}{1\,024}$
b) $\dfrac{2\,048}{1\,023}$
c) $\dfrac{2\,048}{512}$
d) $\dfrac{1\,023}{512}$

13. (Mackenzie-SP) Observe a disposição, abaixo, da sequência dos números naturais ímpares.

1ª linha → 1
2ª linha → 3, 5
3ª linha → 7, 9, 11
4ª linha → 13, 15, 17, 19
5ª linha → 21, 23, 25, 27, 29
. . .   . . .

O quarto termo da vigésima linha é:

a) 395
b) 371
c) 387
d) 401
e) 399

14. (UF-AM) Sejam quatro números tais que os três primeiros formam uma progressão aritmética de razão 3, os três últimos uma progressão geométrica e o primeiro número é igual ao quarto. Dessa forma, a soma desses números será:

a) 7
b) 11
c) 14
d) −7
e) −14

15. (UE-PI) No quadro a seguir, são iguais as somas dos elementos de cada uma das linhas, de cada uma das colunas e das diagonais. Além disso, os números que aparecem nos quadrados são os naturais de 1 até 16.

7	12	A	14
2	B	8	11
16	3	10	D
C	6	15	4

Quanto vale A + B + C + D?

a) 28   b) 30   c) 32   d) 34   e) 36

16. (UF-RS) A sequência representada na figura abaixo é formada por infinitos triângulos equiláteros. O lado do primeiro triângulo mede 1, e a medida do lado de cada um dos outros triângulos é $\dfrac{2}{3}$ da medida do lado do triângulo imediatamente anterior.

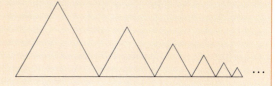

A soma dos perímetros dos triângulos dessa sequência infinita é

a) 9.   b) 12.   c) 15.   d) 18.   e) 21.

17. (UF-PB) Um produtor rural teve problema em sua lavoura devido à ação de uma praga.

Para tentar resolver esse problema, consultou um engenheiro agrônomo e foi orientado a pulverizar, uma vez ao dia, um novo tipo de pesticida, de acordo com as seguintes recomendações:

- No primeiro dia, utilizar 3 litros desse pesticida.
- A partir do segundo dia, acrescentar 2 litros à dosagem anterior e, assim, sucessivamente.

Sabendo-se que, nesse processo, foram utilizados 483 litros de pesticida, conclui-se que esse produto foi aplicado durante:

a) 18 dias   c) 20 dias   e) 22 dias
b) 19 dias   d) 21 dias

18. (ESPM-SP) Para que a sequência (−9, −5, 3) se transforme numa progressão geométrica, devemos somar a cada um dos seus termos um certo número. Esse número é:

a) par
b) quadrado perfeito
c) primo
d) maior que 15
e) não inteiro

19. (Cefet-MG) Durante o mesmo período, dois irmãos depositaram, uma vez por semana, em seus respectivos cofrinhos, uma determinada quantia, da seguinte forma: o mais novo depositou, na primeira semana, R$ 1,00, na segunda, R$ 2,00, na terceira, R$ 3,00 e assim, sucessivamente, enquanto que o mais velho colocou R$ 10,00 semanalmente até que ambos atingissem a mesma quantidade de dinheiro. Não havendo retirada em nenhum dos cofrinhos, a quantia que cada irmão obteve ao final desse período, em R$, foi de

a) 19.   b) 21.   c) 190.   d) 210.   e) 290.

20. (UPE-PE) Em uma tabela com quatro colunas e um número ilimitado de linhas, estão arrumados os múltiplos de 3.

	Coluna 0	Coluna 1	Coluna 2	Coluna 3
Linha 0	0	3	6	9
Linha 1	12	15	18	21
Linha 2	24	27	30	33
Linha 3	36	...	...	...
...	...	...	...	...
Linha n	...	...	...	...
...	...	...	...	...

Qual é o número que se encontra na linha 32 e na coluna 2?

a) 192   c) 393   e) 405
b) 390   d) 402

21. (EPCAr-MG) A sequência $\left(x, 6, y, y + \dfrac{8}{3}\right)$ é tal, que os três primeiros termos formam uma progressão aritmética, e os três últimos formam uma progressão geométrica.

Sendo essa sequência crescente, a soma de seus termos é

a) $\dfrac{92}{3}$ b) $\dfrac{89}{3}$ c) $\dfrac{86}{3}$ d) $\dfrac{83}{3}$

22. (U.F. Juiz de Fora-MG) Se a soma dos n primeiros termos de uma progressão aritmética (P.A.) de termo geral a_n, com $n \geq 1$, é dada por $S_n = \dfrac{15n - n^2}{4}$, então o vigésimo termo dessa P.A. é:

a) −10.   c) 4.   e) 20.
b) −6.   d) 12.

23. (Unicamp-SP) No centro de um mosaico formado apenas por pequenos ladrilhos, um artista colocou 4 ladrilhos cinza. Em torno dos ladrilhos centrais, o artista colocou uma camada de ladrilhos brancos, seguida por uma camada de ladrilhos cinza, e assim sucessivamente, alternando camadas de ladrilhos brancos e cinza, como ilustra a figura abaixo, que mostra apenas a parte central do mosaico.

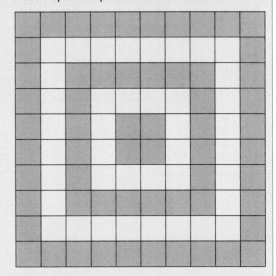

Observando a figura, podemos concluir que a 10ª camada de ladrilhos cinza contém:

a) 76 ladrilhos.
b) 156 ladrilhos.
c) 112 ladrilhos.
d) 148 ladrilhos.

24. (FEI-SP) Numa progressão geométrica de termos positivos, $a_2 = \frac{1}{3}$ e $a_8 = 243$. Calculando a_5, pode-se afirmar que o resultado é um número:
a) par.
b) primo.
c) divisível por 7.
d) quadrado perfeito.
e) múltiplo de 5.

25. (UF-AM) Na figura a seguir existem infinitos círculos se aproximando dos vértices de um triângulo equilátero de lado 1,0 cm. Cada círculo tangencia outros círculos e lados do triângulo.

Sabendo que o raio do círculo maior mede $\frac{1}{3}$ da altura do triângulo e que os raios dos círculos decrescem segundo uma Progressão Geométrica de razão $\frac{1}{3}$, a área da região sombreada é igual a:

a) $\dfrac{24\sqrt{3} - 11\pi}{96}$ cm²

b) $\dfrac{12\sqrt{3} - 11\pi}{96}$ cm²

c) $\dfrac{24\sqrt{3} - 11\pi}{32}$ cm²

d) $\dfrac{12\sqrt{3} - 11\pi}{32}$ cm²

e) $\dfrac{6\sqrt{3} - 11\pi}{32}$ cm²

26. (ESPM-SP) A figura abaixo mostra uma série de painéis formados por uma faixa de ladrilhos claros envoltos em uma moldura de ladrilhos escuros.

    ...

Num desses painéis, o número de ladrilhos escuros excede o número de ladrilhos claros em 50 unidades. A quantidade total de ladrilhos desse painel é igual a:
a) 126
b) 172
c) 156
d) 224
e) 138

27. (U.F. Uberlândia-MG) Os "fractais" são criados a partir de funções matemáticas cujos cálculos são transformados em imagens. Geometricamente, criam-se fractais fazendo-se divisões sucessivas de uma figura em partes semelhantes à figura inicial. Abaixo destacamos o *Triângulo de Sierpinski*, obtido através do seguinte processo recursivo:

- Considere um triângulo equilátero de 1 cm² de área, conforme a Figura inicial. Na primeira iteração, divida-o em quatro triângulos equiláteros idênticos e retire o triângulo central, conforme figura da Iteração 1 (note que os três triângulos restantes em preto na Iteração 1 são semelhantes ao triângulo inicial).

- Na segunda iteração, repita o processo em cada um dos três triângulos pretos restantes da primeira iteração. E assim por diante para as demais iterações. Seguindo esse processo indefinidamente, obtemos o chamado Triângulo de Sierpinski.

Figura inicial — Iteração 1

Iteração 2 — Iteração 3

Iteração 4

Disponível em: <http://pt.wikipedia.org/wiki/Ficheiro:Sierpinsky_triangle_%28evolution%29.png>. Acesso em: 2 jul. 2012.

Considerando um triângulo preto em cada iteração, da iteração 1 até a iteração N, e sabendo que o produto dos valores numéricos das áreas desses triângulos é igual a $\frac{1}{2^{240}}$, então N

a) é um número primo.
b) é múltiplo de 2.
c) é um quadrado perfeito.
d) é divisível por 3.

28. (PUC-RJ) Se a soma dos quatro primeiros termos de uma progressão aritmética é 42, e a razão é 5, então o primeiro termo é:
a) 1
b) 2
c) 3
d) 4
e) 5

29. (UF-RS) Se $a_1, a_2, ..., a_{100}$ é uma progressão aritmética de razão r, então a sequência $a_1 - a_{100}, a_2 - a_{99}, ..., a_{50} - a_{51}$ é uma progressão
   a) geométrica de razão $2r$.
   b) geométrica de razão r.
   c) aritmética de razão $-r$.
   d) aritmética de razão r.
   e) aritmética de razão $2r$.

30. (UE-PB) Na figura abaixo, temos parte do gráfico da função $f(x) = \left(\dfrac{2}{3}\right)^x$ e uma sequência infinita de retângulos associados a esse gráfico.

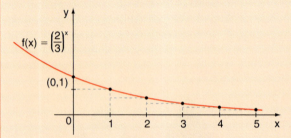

A soma das áreas de todos os retângulos desta sequência infinita em unidade de área é
   a) 3   b) $\dfrac{1}{2}$ c) 1   d) 2   e) 4

31. (Enem-MEC) Jogar baralho é uma atividade que estimula o raciocínio. Um jogo tradicional é a Paciência, que utiliza 52 cartas. Inicialmente são formadas sete colunas com as cartas. A primeira coluna tem uma carta, a segunda tem duas cartas, a terceira tem três cartas, a quarta tem quatro cartas, e assim sucessivamente até a sétima coluna, a qual tem sete cartas, e o que sobra forma o monte, que são as cartas não utilizadas nas colunas.

A quantidade de cartas que forma o monte é
   a) 21.   b) 24.   c) 26.   d) 28.   e) 31.

32. (Mackenzie-SP) A soma dos valores inteiros negativos de x, para os quais a expressão $\sqrt{2 + \dfrac{x}{2} + \dfrac{x}{4} + \dfrac{x}{8} + ...}$ é um número real, é:
   a) -1 b) -2 c) -3 d) -4 e) -5

33. (Fatec-SP) Se x é um número real positivo tal que $\log_2\left(6 + 2 + \dfrac{2}{3} + \dfrac{2}{9} + ...\right) = \log_2 x - \log_4 x$, então $\log_3 x$ é igual a:
   a) 1
   b) 2
   c) 3
   d) 4
   e) 5

34. (Unifesp-SP) Entre os primeiros mil números inteiros positivos, quantos são divisíveis pelos números 2, 3, 4 e 5?
   a) 60   b) 30   c) 20   d) 16   e) 15

35. (UF-RS) Considere o padrão de construção representado pelos desenhos abaixo.

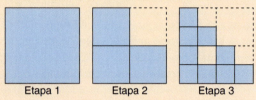

Na Etapa 1, há um único quadrado com lado 10. Na Etapa 2, esse quadrado foi dividido em quatro quadrados congruentes, sendo um deles retirado, como indica a figura. Na Etapa 3 e nas seguintes, o mesmo processo é repetido em cada um dos quadrados da etapa anterior.

Nessas condições, a área restante na Etapa 6 será de:
   a) $100\left(\dfrac{1}{4}\right)^5$ d) $100\left(\dfrac{3}{4}\right)^6$
   b) $100\left(\dfrac{1}{3}\right)^6$ e) $100\left(\dfrac{3}{4}\right)^5$
   c) $100\left(\dfrac{1}{3}\right)^5$

36. (Mackenzie-SP) As medidas dos lados de um triângulo retângulo estão em progressão aritmética. Se a área do triângulo é $\dfrac{1}{6}$, o seu perímetro é
   a) 12   c) 4   e) $\dfrac{7}{6}$
   b) $\dfrac{5}{6}$ d) 2

37. (U.E. Londrina-PR) A figura a seguir representa um modelo plano do desenvolvimento vertical da raiz de uma planta do mangue. A partir do caule, surgem duas ramificações da raiz e em cada uma delas surgem mais duas ramificações e, assim, sucessivamente. O comprimento vertical de uma ramificação, dado pela distância vertical reta do início ao fim da mesma, é sempre a metade do comprimento da ramificação anterior.

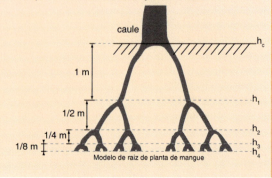

Modelo de raiz de planta de mangue

Sabendo que o comprimento vertical da primeira ramificação é de $h_1 = 1$ m, qual o comprimento vertical total da raiz, em metros, até h_{10}?

a) $\dfrac{1}{2}\left(1 - \dfrac{1}{2^{10}}\right)$

b) $\dfrac{1}{2}\left(1 - \dfrac{1}{2^9}\right)$

c) $2\left(1 - \dfrac{1}{2^{10}}\right)$

d) $2\left(1 - \dfrac{1}{10^{10}}\right)$

e) $2\left(1 - \dfrac{1}{2^9}\right)$

38. (Vunesp-SP) Uma partícula em movimento descreve sua trajetória sobre semicircunferências traçadas a partir de um ponto P_0, localizado em uma reta horizontal r, com deslocamento sempre no sentido horário. A figura mostra a trajetória da partícula, até o ponto P_3, em r. Na figura, O, O_1 e O_2 são os centros das três primeiras semicircunferências traçadas e $R, \dfrac{R}{2}, \dfrac{R}{4}$ seus respectivos raios.

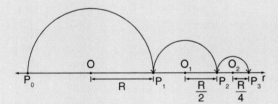

A trajetória resultante do movimento da partícula será obtida repetindo-se esse comportamento indefinidamente, sendo o centro e o raio da n-ésima semicircunferência dados por O_n e $R_n = \dfrac{R}{2^n}$, respectivamente, até o ponto P_n, também em r. Nessas condições, o comprimento da trajetória descrita pela partícula, em função do raio R, quando n tender ao infinito, será igual a

a) $2^2 \cdot \pi \cdot R$.

b) $2^3 \cdot \pi \cdot R$.

c) $2^n \cdot \pi \cdot R$.

d) $\left(\dfrac{7}{4}\right) \cdot \pi \cdot R$.

e) $2 \cdot \pi \cdot R$.

39. (UE-RJ) Uma farmácia recebeu 15 frascos de um remédio. De acordo com os rótulos, cada frasco contém 200 comprimidos, e cada comprimido tem massa igual a 20 mg.

Admita que um dos frascos contenha a quantidade indicada de comprimidos, mas que cada um destes comprimidos tenha 30 mg. Para identificar esse frasco, cujo rótulo está errado, são utilizados os seguintes procedimentos:

- numeram-se os frascos de 1 a 15;
- retira-se de cada frasco a quantidade de comprimidos correspondente à sua numeração;
- verifica-se, usando uma balança, que a massa total dos comprimidos retirados é igual a 2 540 mg.

A numeração do frasco que contém os comprimidos mais pesados é:

a) 12
b) 13
c) 14
d) 15

40. (Aman-RJ) Se x é um número real positivo, então a sequência $(\log_3 x, \log_3 3x, \log_3 9x)$ é

a) uma progressão aritmética de razão 1.
b) uma progressão aritmética de razão 3.
c) uma progressão geométrica de razão 3.
d) uma progressão aritmética de razão $\log_3 x$.
e) uma progressão geométrica de razão $\log_3 x$.

41. (Insper-SP) Na sequência de quadrados representada na figura abaixo, o lado do primeiro quadrado mede 1. A partir do segundo, a medida do lado de cada quadrado supera em 1 unidade a medida do lado do quadrado anterior.

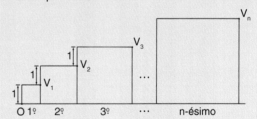

A distância do ponto O, vértice do primeiro quadrado, até o ponto V_n, vértice do n-ésimo quadrado, ambos indicados na figura, é

a) $\dfrac{n}{2}\sqrt{n^2 + 2n + 5}$.

b) $\dfrac{n}{2}\sqrt{n^2 - 2n + 9}$.

c) $\dfrac{n}{2}\sqrt{n^2 + 4n + 3}$.

d) $n\sqrt{n^2 + 2n - 1}$.

e) $n\sqrt{n^2 + 2n + 2}$.

42. (UF-PA) Um dos moluscos transmissores da esquistossomose é o *biomphalaria amazonica* paraense. Sua concha tem forma de uma espiral plana, como na figura:

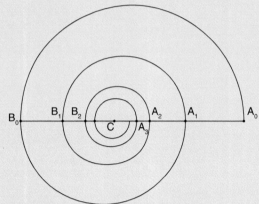

A interseção do diâmetro A_0B_0 com a concha determina pontos A_0, B_0, A_1, B_1, A_2, B_2 etc. A cada meia volta da espiral, a largura do diâmetro do canal da concha reduz na proporção de $\frac{2}{3}$, isto é, $B_0B_1 = \frac{2}{3} A_0A_1$, $A_1A_2 = \frac{2}{3} B_0B_1$, $B_1B_2 = \frac{2}{3} A_1A_2$, $A_2A_3 = \frac{2}{3} B_1B_2$, e assim sucessivamente. Seja o ponto C o limite da espiral, se A_0B_0 mede 6 mm, a medida de B_0C é, em mm, igual a

a) $\frac{6}{5}$

b) $\frac{12}{5}$

c) 3

d) $\frac{11}{5}$

e) $\frac{7}{2}$

43. (UF-AM) Todo número natural que pode ser representado na forma de triângulo equilátero é chamado de número triangular. A seguir, apresentamos geometricamente alguns destes infinitos números:

Se (1, 3, 6, 10, ...) representa a sequência dos números triangulares, então seu centésimo termo é:

a) 1 000

b) 4 050

c) 5 000

d) 5 050

e) 6 050

44. (U.E. Londrina-PR) O vídeo Kony 2012 tornou-se o maior sucesso da história virtual, independente da polêmica causada por ele. Em seis dias, atingiu a espantosa soma de 100 milhões de espectadores, aproximadamente. No primeiro dia na Internet, o vídeo foi visto por aproximadamente 100 000 visitantes.

(Adaptado de: PETRY, A. O Mocinho vai prender o bandido... e 100 milhões de jovens querem ver. *Veja*, ano 45, n. 12, 2261. ed., 21 mar. 2012.)

Seja $A = (a_1, a_2, a_3, a_4, a_5, a_6)$ a sequência que fornece a quantidade de acessos diários ao vídeo na internet, obedecendo a regra $\frac{a_n}{a_{n-1}} = k$, onde k é uma constante real e $n = 2, 3, 4, 5, 6$.

Sabendo que a fórmula da soma de uma P.G. é $S_n = \frac{a_1(k^n - 1)}{k - 1}$, onde $k \neq 1$, considere as afirmativas a seguir.

I. A sequência A é uma P.G. cuja razão está no intervalo $2 < k < 3$ e $S_6 = 10^8$.

II. A sequência A é uma P.G. cuja razão está no intervalo $2 < k < 3$ e $a_6 = 10^5$.

III. A sequência A é uma P.G. cuja razão está no intervalo $3 < k < 4$ e $S_6 = 10^8$.

IV. A sequência A é uma P.G. tal que $S_6 = a_1(1 + k + k^2 + k^3 + k^4 + k^5) = 10^8$ e $a_1 = 10^5$.

Assinale a alternativa correta.

a) Somente as afirmativas I e II são corretas.

b) Somente as afirmativas I e IV são corretas.

c) Somente as afirmativas III e IV são corretas.

d) Somente as afirmativas I, II e III são corretas.

e) Somente as afirmativas II, III e IV são corretas.

45. (FGV-RJ) Um triângulo ABC isósceles tem os lados $\overline{AB}$ e $\overline{AC}$ congruentes. As medidas da projeção ortogonal do lado $\overline{AC}$ sobre a base $\overline{BC}$, da altura relativa à base e a do lado $\overline{AC}$ formam, nessa ordem, uma progressão aritmética. Se o perímetro do triângulo ABC for 32, a medida do lado $\overline{AC}$ será igual a:

a) 10

b) 10,5

c) 11

d) 11,5

e) 12

MATEMÁTICA COMERCIAL E FINANCEIRA

MATEMÁTICA COMERCIAL

Damos o nome de **Matemática comercial** à matemática do dia a dia de uma vida em sociedade e que diz respeito à relação das pessoas com o dinheiro: no comércio em geral, nas transações financeiras, na organização do orçamento doméstico, no equilíbrio entre a renda familiar e os gastos, na importância de se construir uma poupança, no planejamento para o futuro etc.

A Matemática é imprescindível nas relações comerciais.

Diariamente, entramos em contato com informações numéricas diversas, algumas das quais de grande relevância social. Saber compreendê-las e interpretá-las corretamente é fundamental ao pleno exercício da cidadania. Vejamos, a seguir, algumas das muitas situações a que nos referimos:

- quando ficamos sabendo, no trabalho, que a empresa dará um aumento de 6,5% nos salários, é importante que saibamos calcular o novo salário;
- quando vamos a um *shopping* e lemos na vitrine de uma loja: "Tudo com 35% de desconto sobre o preço marcado", é importante saber calcular o novo preço da mercadoria exposta;
- quando compramos um chocolate por R$ 3,60 em um supermercado A, sabendo que o mesmo chocolate custa R$ 2,80 no supermercado B, é importante ter em mente que, apesar de estarmos pagando "apenas" R$ 0,80 a mais, a diferença percentual é de quase 30% em relação ao preço do supermercado B;
- quando o vendedor da loja nos diz que pode parcelar o valor da compra em 3 vezes sem juros, é importante saber se há algum desconto para pagamento à vista, a fim de que possamos decidir, em cada caso, a melhor opção de pagamento;
- quando temos uma reserva de dinheiro, é possível investir em uma aplicação financeira oferecida pelos bancos. É fundamental sabermos calcular o valor resultante dessa aplicação. Além dos riscos inerentes a toda aplicação, é preciso considerar o prazo de aplicação, as taxas cobradas pelo banco e os impostos que incidirão.

Porcentagem

A tabela seguinte mostra a evolução dos salários, em reais, dos irmãos Marta e Caio nos anos de 2012 e 2013.

	Salário em 2012	Salário em 2013	Aumento salarial
Marta	1 200,00	1 500,00	300,00
Caio	950,00	1 235,00	285,00

Vamos calcular, para cada irmão, a razão entre o aumento salarial e o salário em 2012:

$$\text{Marta} \rightarrow \frac{300}{1\,200} \qquad\qquad \text{Caio} \rightarrow \frac{285}{950}$$

Quem obteve o maior aumento salarial relativo?

Uma das maneiras de comparar essas razões consiste em expressá-las com o mesmo denominador (100, por exemplo):

$$\text{Marta: } \frac{300}{1\,200} = \frac{25}{100} = 25\% \qquad\qquad \text{Caio: } \frac{285}{950} = \frac{3}{10} = \frac{30}{100} = 30\%$$

Concluímos que Caio obteve maior aumento salarial relativo, tendo como referência o salário de 2012.

As razões de denominador 100 são chamadas **razões centesimais** ou **taxas percentuais** ou **porcentagens**.

As porcentagens podem ser expressas de duas maneiras: na forma de fração com denominador 100 ou na forma decimal (dividindo-se o numerador pelo denominador).

Veja alguns exemplos:

- $30\% = \dfrac{30}{100} = 0{,}30$

- $27{,}9\% = \dfrac{27{,}9}{100} = 0{,}279$

- $4\% = \dfrac{4}{100} = 0{,}04$

- $0{,}5\% = \dfrac{0{,}5}{100} = 0{,}005$

- $135\% = \dfrac{135}{100} = 1{,}35$

- $18\% = \dfrac{18}{100} = 0{,}18$

Exemplo 1

Participaram de um exame para habilitação de motoristas 380 candidatos. Sabe-se que a taxa de reprovação foi de 15%. Qual foi o número de reprovados?

Se quisermos calcular o número x de reprovados, devemos lembrar que a taxa de 15% significa que, de cada 100 candidatos, 15 foram reprovados. Assim, podemos escrever:

$$\frac{15}{100} = \frac{x}{380} \Rightarrow x = 57 \text{ reprovados}$$

A determinação de x poderia ser simplificada, calculando-se diretamente 15% de 380:

$$\frac{15}{100} \times 380 = 0{,}15 \times 380 = 57$$

Com uma calculadora simples, podemos fazer rapidamente cálculos de porcentagens de certo valor.
Veja a tecla %.
Para se calcular 15% de 380, procedemos da seguinte forma:

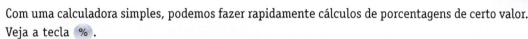

O cálculo mental também é amplamente usado no cálculo de porcentagens. Acompanhe o raciocínio:
Como 10% (décima parte) de 380 vale 38, 5%, metade de 10%, vale 19.
Assim 15% de 380 corresponde a 38 + 19 = 57.

Exemplo 2

Dos 240 alunos do 1º ano do Ensino Médio de um colégio, 90 são moças. Qual é a porcentagem de moças no 1º ano desse colégio?

A razão entre o número de moças e o número total de alunos é $\frac{90}{240}$.
Podemos fazer:

$$\frac{90}{240} = \frac{x}{100} \Rightarrow 240 \cdot x = 90 \cdot 100 \Rightarrow x = 37{,}5$$

A porcentagem é 37,5%.
Podemos, também, simplesmente dividir 90 por 240:

$$\frac{90}{240} = 0{,}375 = \frac{375}{1\,000} = \frac{37{,}5}{100} \text{ ou } 37{,}5\%$$

EXERCÍCIOS

1. Calcule (quando possível mentalmente) e comprove a resposta com uma calculadora:

a) 20% de 600
b) 15% de 840
c) 60% de 60
d) 50% de 120
e) 10% de 123,5
f) 35% de 400
g) 27% de 2 500
h) 42% de 750
i) 7,5% de 400
j) 0,2% de 12
k) 200% de 800
l) 350% de 75
m) 15,4% de 350
n) 3% de 90
o) 0,5% de 2 100
p) 2,5% de 5 000

2. Um vendedor recebe um salário fixo de R$ 400,00 mais 4% sobre o total de vendas no mês. Qual será seu salário se, em certo mês, o total de vendas efetuadas for R$ 10 000,00? E se as vendas dobrarem?

3. Calcule o valor de x em cada caso:

a) 10 é x% de 40
b) 3,6 é x% de 72
c) 120 é x% de 150
d) 136 é x% de 400
e) 150 é x% de 120

4. Do salário mensal de Vítor, $\frac{1}{10}$ é reservado para o pagamento de seu plano de saúde, 30% são usados para pagamento do aluguel e 35% são gastos com alimentação. Descontadas essas despesas, sobram R$ 300,00 a Vítor. Qual é o seu salário?

MATEMÁTICA COMERCIAL E FINANCEIRA

5. Em uma classe de 40 alunos, 60% são moças. Sabendo que $\frac{3}{8}$ dos rapazes e 75% das moças foram aprovados, determine:

a) o número de alunos que não conseguiram aprovação.

b) a taxa percentual de alunos aprovados.

6. Veja este gráfico:

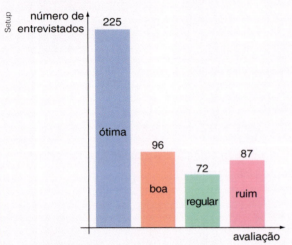

O gráfico acima mostra os resultados de uma pesquisa realizada com moradores de uma cidade, sobre a avaliação da gestão do atual prefeito.

Determine a porcentagem de entrevistados que aprovam a atual gestão, isto é, consideram-na boa ou ótima.

7. Em um jogo de futebol, compareceram 28 000 pessoas das quais 65% eram homens. Verificou-se que, de cada 5 homens, 4 eram pagantes. Entre as mulheres, o percentual de pagantes foi de 72%. Qual o percentual de pagantes neste jogo?

8. Alfredo tirou n dias de férias. Em 60% deles, ele descansou em casa e os oito dias restantes ele usou para visitar seus pais, em uma cidade próxima. Qual é o valor de n?

9. Monique começou a ler um livro em um fim de semana. No sábado conseguiu ler 40% do livro. No domingo, leu mais 76 páginas e, na sequência, percebeu que já havia lido $\frac{2}{3}$ do livro.

a) Quantas páginas tem o livro?

b) Quantas páginas Monique leu no sábado?

10. Em um colégio trabalham 105 funcionários. Para cada 4 funcionários do sexo feminino, há 3 do sexo masculino.

A proporção entre fumantes e não fumantes é de 1 : 3 entre as mulheres e 2 : 7 entre os homens.

Determine a porcentagem de:

a) funcionários homens no colégio.

b) fumantes no colégio.

c) mulheres fumantes, considerando o total de funcionários do sexo feminino.

d) homens fumantes, considerando o total de funcionários do colégio.

11. Em uma região do Brasil, um vírus atingiu 2,5% dos animais de um rebanho. Entre os que contraíram o vírus, o índice de mortalidade foi de 28%.

Considerando todo o rebanho, qual o percentual de mortalidade desse vírus?

12. Dos 25 turistas que estão em um ônibus de excursão, sabe-se que há 20 turistas paulistas, 4 cariocas e 1 mineiro.

a) Qual é a porcentagem de paulistas, cariocas e mineiros nesse grupo?

b) Deseja-se aumentar a participação carioca nesse grupo para 30%. Quantos turistas cariocas devem ser integrados à excursão?

13. Em uma liga metálica de 1,2 kg, o teor de ouro é de 48%; o restante é prata. Quantos gramas de prata devem ser retirados dessa liga a fim de que o teor de ouro passe a ser de 60%?

14. Em um treino, um jogador de basquete arremessou 80 lances livres, dos quais 65 foram convertidos em cesta.

a) Qual foi o percentual de acerto desse jogador no treino?

b) Quantos arremessos a mais ele deveria ter feito e convertido em cesta para que seu percentual de acerto passasse a ser 90%?

15. Uma mistura de 120 litros continha apenas etanol e gasolina, sendo 70% o teor de gasolina. Foram retirados 30 litros dessa mistura, que foram substituídos por 5 litros de água e 25 litros de etanol. Qual é o teor de etanol na nova mistura?

16. Miguel e Mônica aplicaram suas reservas financeiras em dois bancos distintos. A tabela mostra os valores, em reais, inicialmente aplicados por eles e os valores desses investimentos ao final de um ano:

	Valor inicial (R$)	Valor final (R$)
Miguel	5 000,00	5 800,00
Mônica	1 200,00	1 440,00

a) Calcule, para cada um, a razão entre os valores recebidos e o valor inicialmente aplicado.

b) Expresse os valores obtidos no item a em razões centesimais e responda: Quem obteve o maior rendimento percentual?

Aumentos e descontos

Certa loja vende uma máquina de lavar roupas por R$ 750,00. Se a loja fizer um aumento de 6% em seus preços, quanto a máquina passará a custar?

A compra à vista é vantajosa quando é oferecido um desconto em seu preço.

- O aumento será: 6% de 750 reais = 0,06 · (750 reais) = 45 reais.
- O novo preço da máquina será: 750 reais + 45 reais = 795 reais.

 Poderíamos simplesmente fazer:

$$750 + 0{,}06 \cdot 750 = 750 \cdot (1 + 0{,}06) = 1{,}06 \cdot 750 = 795$$

Observe que o preço inicial da máquina ficou multiplicado por 1,06.

Dispondo de uma calculadora simples, é muito rápido obter o resultado acima. Basta pressionar:

$$7 \to 5 \to 0 \to + \to 6 \to \% \to = \to \boxed{795}$$

Seguindo o mesmo raciocínio, podemos concluir que:
- se o aumento fosse de 30%, multiplicaríamos o preço original por 1,30;
- se o aumento fosse de 16%, multiplicaríamos o preço original por 1,16;

  ⋮

- se o aumento fosse de i%, multiplicaríamos o preço original por: $\boxed{1 + \dfrac{i}{100}}$

Se, por outro lado, em uma liquidação, fosse anunciado um desconto de 20% no preço da máquina de lavar, quanto ela passaria a custar?

- O desconto seria: 20% de 750 reais = 0,2 · (750 reais) = 150 reais.
- O novo preço da máquina seria: 750 reais − 150 reais = 600 reais.

Poderíamos fazer diretamente:

$$750 - 0{,}2 \cdot 750 = 750 \cdot (1 - 0{,}2) = 0{,}8 \cdot 750 = 600$$

Note que o preço original ficou multiplicado por 0,8.

Isso significa que, nessa liquidação, pagaremos 80% do valor original da máquina.

Para fazermos os cálculos acima com uma calculadora simples, basta pressionar:

$$7 \to 5 \to 0 \to - \to 2 \to 0 \to \% \to = \to \boxed{600}$$

Seguindo o mesmo raciocínio, podemos concluir que:
- se o desconto fosse de 8%, multiplicaríamos o preço original por 1 − 0,08 = 0,92;
- se o desconto fosse de 15%, multiplicaríamos o preço original por 1 − 0,15 = 0,85;

  ⋮

- se o desconto fosse de i%, multiplicaríamos o preço original da máquina por: $\boxed{1 - \dfrac{i}{100}}$

Variação percentual

No início do mês, o preço do quilograma do salmão, em um mercado municipal, era de R$ 25,00. No fim do mês, o mesmo tipo de salmão era vendido a R$ 28,00 o quilograma.

De que maneira podemos expressar esse aumento?
- Em valores absolutos, o aumento foi de R$ 3,00.
- Calculando a razão entre esse aumento e o valor inicial, encontramos $\frac{3}{25} = 0,12 = 12\%$.

Dizemos que 12% é a **variação percentual** do preço do quilograma do salmão.

Apesar de ser um alimento rico em proteínas, vitaminas e minerais, o peixe ainda é pouco consumido pelos brasileiros.

Outra possibilidade é fazer:

$$\frac{28}{25} = 1,12 = 1 + \underbrace{0,12}_{\text{aumento de 12\%}}$$

Temos, então:

$$p = \frac{V_1 - V_0}{V_0} = \frac{V_1}{V_0} - 1$$

em que:
- V_0 é o valor inicial de um produto;
- V_1 é o valor desse produto em uma data futura;
- p é a variação percentual do preço desse produto no período considerado, expressa na forma decimal.
- Se $p > 0$, dizemos que p representa a **taxa percentual de crescimento** (ou acréscimo), conforme vimos acima, no preço do salmão.
- Se $p < 0$, dizemos que p representa a **taxa percentual de decrescimento** (ou decréscimo).

Exemplo 3

Se, em um mês, o preço do quilograma do salmão tivesse diminuído de R$ 25,00 para R$ 24,00, teríamos:

$$p = \frac{24 - 25}{25} = \frac{-1}{25} = -0,04$$

Isso significa um decréscimo de 4% no valor inicial do quilograma do salmão.

Exemplo 4

Na introdução deste capítulo, página 360, levantamos a questão da diferença de preços de um mesmo produto em dois supermercados A e B.

No supermercado A, pagava-se R$ 3,60; no supermercado B, R$ 2,80.
- A diferença absoluta, em reais, é de R$ 0,80.
- A diferença percentual (relativa), em relação ao supermercado mais barato, é $\frac{R\$\ 0,80}{R\$\ 2,80} \cong$
$\cong 0,2857 = 28,57\%$.

EXERCÍCIOS RESOLVIDOS

1. O PIB (Produto Interno Bruto) de um país aumentou 3% em um ano, passando a ser de 412 bilhões de dólares. Qual era o PIB antes deste aumento?

Solução:

1º modo:

Podemos fazer:

$$p = \frac{V_1 - V_0}{V_0} \Rightarrow 0,03 = \frac{412 - V_0}{V_0} \Rightarrow 0,03\,V_0 = 412 - V_0 \Rightarrow 1,03 \cdot V_0 = 412 \Rightarrow V_0 = \frac{412}{1,03} = 400 \text{ (bilhões de dólares)}$$

2º modo:

Podemos montar a seguinte regra de três:

$$\begin{cases} 412 \text{ bilhões} & - & 103\% \\ x & - & 100\% \end{cases} \Rightarrow x = 400 \text{ bilhões de dólares}$$

2. Após uma redução de 8% em seu valor, um artigo passou a custar R$ 110,40. Qual era seu preço original?

Solução:

1º modo:

Temos: $V_1 = 110,40$ $\qquad p = -0,08$ $\qquad V_0 = (?)$

Daí obtemos:

$$-0,08 = \frac{110,40 - V_0}{V_0} \Rightarrow -0,08\,V_0 = 110,40 - V_0 \Rightarrow 0,92\,V_0 = 110,40 \Rightarrow V_0 = \frac{110,40}{0,92} = 120 \text{ (reais)}$$

2º modo:

Podemos montar a seguinte regra de três:

$$\begin{cases} R\$\ 110,40 & - & 92\% \\ x & - & 100\% \end{cases} \Rightarrow x = 120 \text{ (reais)}$$

3. Um produto sofreu dois reajustes mensais e consecutivos de 5% e 10%, respectivamente.

a) Qual será seu preço após os aumentos, se antes custava R$ 400,00?

b) Qual será o aumento percentual acumulado?

Solução:

a) Após o 1º aumento, o preço em reais passará a ser: $1,05 \cdot 400 = 420$

Após o 2º aumento, o preço em reais passará a ser: $1,10 \cdot 420 = 462$

b) $p_{acum.} = \dfrac{462 - 400}{400} = \dfrac{62}{400} = 0,155 \rightarrow 15,5\%$ de aumento acumulado.

EXERCÍCIOS

17. O preço de um par de sapatos era R$ 48,00. Em uma liquidação, ele foi vendido com 15% de desconto. Quanto passou a custar?

18. Se uma loja aumentar em 12% o preço de todos os seus produtos, quanto passará a custar um artigo cujo preço era:

a) R$ 40,00?

b) R$ 150,00?

MATEMÁTICA COMERCIAL E FINANCEIRA

19. Deise foi informada de que o valor mensal de seu condomínio, que era de R$ 280,00, vai aumentar 8%. Que valor Deise passará a pagar?

20. Usando uma calculadora simples, responda às perguntas seguintes:

a) O quilograma do tomate em um mercadão é R$ 1,28 e sofrerá uma redução de 7,8%. Qual será o novo preço?

b) O aluguel de uma sala comercial é R$ 1 480,00 ao mês. Foi autorizado um aumento de 11,3% no aluguel de imóveis comerciais. Qual será o novo valor?

c) Sobre o salário bruto de R$ 2 850,00 de um trabalhador incidem 17,5% de impostos. Qual o salário líquido desse trabalhador?

21. Um produto teve seu preço reajustado de R$ 25,00 para R$ 32,00. Qual foi a taxa percentual de aumento?

22. Em uma residência, a conta de luz baixou de R$ 54,00 para R$ 48,00 em um mês. Qual foi a variação percentual do valor da conta?

23. A tabela abaixo registra a evolução do preço do quilograma da uva no período de quatro semanas consecutivas em uma feira livre.

Semana	1	2	3	4
Preço (R$)	3,00	2,50	2,80	2,50

Determine a variação percentual (acréscimo ou decréscimo) do preço do quilograma da uva nos seguintes períodos:

a) semana 1 para a semana 2;
b) semana 2 para a semana 3;
c) semana 3 para a semana 4.

24. Em relação à questão anterior, quanto deveria custar o quilograma da uva na semana 4, a fim de que, considerando-se o período inteiro, o decréscimo percentual fosse de $\frac{25}{3}$%?

25. Três produtos A, B e C sofreram reajustes em um supermercado, como mostra a tabela seguinte:

Produto	Preço anterior (R$)	Preço atual (R$)
A	0,40	0,50
B	1,50	1,80
C	0,60	0,75

Compare os aumentos percentuais dos preços dos três produtos.

26. O salário líquido de Tânia é R$ 720,00, já descontados os 20% de impostos que incidem sobre o seu salário bruto.

a) Qual é o salário bruto de Tânia?
b) Qual será seu salário bruto, se ela receber um aumento de 5,4%?

27. Após um aumento de 16% no salário, um estagiário passou a receber R$ 556,80.

a) Qual era o seu salário antigo?
b) Quanto o estagiário passaria a receber, se o aumento fosse de 20%?

28. Seja p o preço de um produto. Determine, em função de p, o novo valor desse produto se ele tiver:

a) aumento de 38%.
b) aumento de 10,5%.
c) desconto de 3%.
d) desconto de 12,4%.
e) dois aumentos sucessivos de 10% e 20%, respectivamente.
f) dois descontos sucessivos de 20% e 15%, respectivamente.
g) um aumento de 30% seguido de um desconto de 20%.
h) três aumentos sucessivos de 10% cada um.

29. Quatro amigos foram a uma lanchonete e fizeram exatamente o mesmo pedido. O valor da conta, a ser dividido igualmente entre eles, foi R$ 70,40, já incluídos os 10% de serviço. Quanto cada um pagaria se não fosse cobrada a taxa de serviço?

30. Atualmente, o pagamento da prestação do apartamento consome 30% do salário bruto de Cláudio. Se a prestação aumentar 10%, que porcentagem do salário de Cláudio ela passará a representar, caso:

a) não haja aumento de salário?
b) o salário aumente 5%?
c) o salário aumente 30%?

31. O preço de um produto é R$ 50,00, e um comerciante decide reajustá-lo em 20%. Diante da insistência de um cliente, o comerciante concede, então, um desconto de 20% sobre o novo preço do produto.

a) Ao final dessas transações, haveria alteração no preço original do produto? Quem teria vantagem: o comerciante ou o cliente?

b) Que taxa de desconto deveria ser aplicada diretamente sobre o preço original do produto para que fosse obtido o mesmo valor que seria pago pelo cliente, em caso de compra?

32. Expresse na forma percentual:

a) Um aumento de R$ 15,00 sobre uma mercadoria que custava R$ 60,00.

b) Um desconto de R$ 28,00 em uma mercadoria que custava R$ 168,00.

c) Um desconto de R$ 0,20 em um produto que custava R$ 0,90.

d) Um aumento de R$ 208,00 em um produto que custava R$ 200,00.

33. Cecília comprou um apartamento por R$ 120 000,00 e o revendeu, dez anos depois, por R$ 450 000,00. Qual o percentual de valorização desse imóvel no período?

34. Um supermercado promoveu, em meses distintos, três promoções para certo produto, a saber:

I. Compre 1 e ganhe 50% de desconto na aquisição da 2ª unidade.

II. Compre 2 e leve 3.

III. Compre 4 e leve 5.

Considerando que o preço do produto não sofreu alteração, qual é a opção mais vantajosa para o consumidor? E a menos vantajosa?

35. (Unicamp-SP) "Pão por quilo divide opiniões em Campinas" (*Correio Popular*, 21/10/2006).

Uma padaria de Campinas vendia pães por unidade, a um preço de R$ 0,20 por pãozinho de 50 g. Atualmente, a mesma padaria vende o pão por peso, cobrando R$ 4,50 por quilograma do produto.

a) Qual foi a variação percentual do preço do pãozinho provocada pela mudança de critério para o cálculo do preço?

b) Um consumidor comprou 14 pãezinhos de 50 g, pagando por peso, ao preço atual. Sabendo que os pãezinhos realmente tinham o peso previsto, calcule quantos reais o cliente gastou nessa compra.

36. Uma dona de casa costuma comprar 5,5 kg no açougue de um supermercado, entre frango e lombo. O quilograma do frango é R$ 12,00 e o do lombo R$ 9,00. Sua despesa no açougue fica em R$ 60,00.

a) Quantos quilogramas de frango e quantos quilogramas de lombo ela compra?

b) Numa ocasião, em virtude do aniversário do supermercado, o preço do quilograma do frango foi reduzido em $\frac{100}{6}$% e o do lombo em 20%. Desse modo, com R$ 60,00 ela pode comprar 500 g a mais de lombo e x gramas a mais de frango. Qual é o valor de x?

37. Um usuário recebeu uma conta telefônica 120% maior que a última conta, já paga. Assustado, recorreu à concessionária, que informou ter havido engano na cobrança, anunciando redução do valor apresentado à metade. Ainda assim, qual foi o acréscimo percentual do valor a pagar em relação ao da conta anterior?

38. O dono de um restaurante por quilo costuma, semanalmente, encomendar de um fornecedor 12 kg de arroz, 8 kg de feijão e 15 kg de batata.

a) Sabendo que os preços do quilograma do arroz, do feijão e da batata, em certa semana, são de R$ 4,00, R$ 3,40 e R$ 2,00, respectivamente, determine o gasto correspondente a esse pedido.

b) Na semana seguinte, os preços do quilograma do arroz, do feijão e da batata sofreram as seguintes variações, respectivamente: +3%, −5%, +6%. Qual foi a variação percentual do gasto do mesmo pedido?

39. Um espetáculo musical aumentou o preço do ingresso em 5%. Verificou-se então, a partir desse aumento, uma queda de 10% no número de ingressos vendidos.

a) A receita obtida pelo espetáculo aumentou ou diminuiu? Qual foi a variação percentual?

b) Se o número de ingressos vendidos tivesse diminuído x% no lugar de 10%, a receita permaneceria a mesma. Qual é o valor de x?

MATEMÁTICA COMERCIAL E FINANCEIRA 333

MATEMÁTICA FINANCEIRA

A **Matemática financeira** aborda as diferentes modalidades de juros (simples e compostos), os financiamentos, os mecanismos de correção de valores em investimentos financeiros etc., como podemos ver em situações a seguir:

- Se um consumidor atrasa o pagamento de uma conta telefônica em 5 dias, que valor ele deverá pagar, considerando a multa e a incidência de juros devido ao atraso?
- Se um poupador coloca certa quantia na caderneta de poupança, como é corrigido, mês a mês, o saldo dessa poupança? É possível saber por quanto tempo o poupador deve manter o seu dinheiro aplicado nessa poupança a fim de resgatar o dobro da quantia aplicada?
- Se um trabalhador reservar, mensalmente, uma pequena parcela de seu salário para aplicar em uma poupança, é possível estimar o valor dessa reserva financeira depois de um ano?
- Se um consumidor optar por comprar um aparelho de DVD em duas parcelas fixas (ato + 30 dias) de R$ 60,00 cada, quanto por cento pagará de juros, considerando que o preço à vista do aparelho é de R$ 100,00?

Juros

A palavra "juros" é bem familiar ao nosso cotidiano e está amplamente difundida nos mais variados veículos de comunicação (rádio, TV, jornal, internet etc.).

Veja a seguir algumas situações em que aparecem juros no nosso dia a dia.

- Ao tomar um empréstimo em um banco, o cliente deverá, ao final do prazo estabelecido, devolver ao banco a quantia emprestada acrescida de juros, devido ao "aluguel" do dinheiro.
- Se uma pessoa atrasa o pagamento de uma conta de consumo (por exemplo, luz, telefone, cartão de crédito etc.), ela é obrigada a pagar, além do valor da conta, uma multa acrescida de juros diários sobre esse valor.

Muitas pessoas recorrem ao empréstimo bancário quando querem abrir um negócio próprio, por exemplo.

- Ao abrir uma caderneta de poupança, o poupador deposita uma quantia no banco, o qual, ao final de um certo período, "devolve" esse dinheiro acrescido de juros.
- Quando um correntista de banco ultrapassa o limite de seu cheque especial, o banco cobra juros diários sobre o valor excedido até o correntista repor o dinheiro para zerar sua conta.

Normalmente, quando se realiza alguma dessas operações fica estabelecida uma taxa de juros (x por cento) por período (dia, mês, ano, ...) que incide sobre o valor da transação.

Veja, a seguir, alguns termos de uso frequente em Matemática financeira.

UM – Unidade monetária: real, dólar, euro ou qualquer outra moeda.

C – Capital. O valor inicial de um empréstimo, dívida ou investimento.

i – Taxa de juros. A letra i vem do inglês *interest* ("juros"), e a taxa é expressa na forma percentual por período. Por exemplo, 5% ao mês (a.m.); 0,2% ao dia (a.d.); 10% ao ano (a.a.) etc.

J – Juros. Os juros correspondem ao valor obtido quando aplicamos a taxa sobre o capital ou sobre algum outro valor da transação. Os juros são expressos em UM.

M – Montante. Corresponde ao capital acrescido dos juros auferidos na transação, isto é, M = C + J.

Em Matemática financeira, costuma-se adotar, para o período de um mês, o chamado **mês comercial** com 30 dias.

Juros simples

Considere a seguinte situação: todo dia 15, Luís Henrique paga a conta mensal do pacote de TV por assinatura e internet de sua residência, a qual vence neste dia. Em certo mês, porém, ele se esqueceu de pagá-la e lembrou-se apenas no dia 28 do mesmo mês que deixara de fazer o pagamento, dirigindo-se imediatamente ao banco.

Quando pegou a fatura, viu que o valor a ser pago na data de vencimento (dia 15) era de R$ 160,50. Um pouco mais abaixo, leu a seguinte orientação: após o vencimento serão cobrados juros de mora de 0,033% ao dia (ou 1% ao mês) e multa de 2%.

O termo "juros de mora", comum no dia a dia, diz respeito à penalização imposta a um consumidor pelo atraso no cumprimento de sua obrigação.

Rapidamente, com uma calculadora, Luís Henrique chegou à conclusão de que o valor devido passou a ser R$ 164,40.

Como ele chegou a esse valor?

- Inicialmente, ele calculou 2% de R$ 160,50, que é o valor correspondente à multa e que independe do número de dias de atraso:

2% de R$ 160,50 = 0,02 · R$ 160,50 = R$ 3,21 ①

- Em seguida, calculou o juro diário cobrado:

0,033% de R$ 160,50 = $\frac{0,033}{100}$ · R$ 160,50 = R$ 0,053

(Aqui vale a pena lembrar que nosso sistema monetário não dispõe de moedas com valores inferiores a R$ 0,05. Desse modo, R$ 0,053 é um valor teórico compreendido entre R$ 0,05 e R$ 0,06 e será arredondado mais adiante.)

Multiplicando esse valor por 13 (do dia 15 ao dia 28 foram 13 dias de atraso), ele obteve: 13 · R$ 0,053 ≅
≅ R$ 0,69 ②

- Somando ① e ②, chega-se a: R$ 3,21 + R$ 0,69 =
= R$ 3,90 de encargos que, somados ao valor original da conta (R$ 160,50), resulta em R$ 164,40.

MATEMÁTICA COMERCIAL E FINANCEIRA

Conceito

Observe que, nessa transação, a taxa de juros sempre incide sobre o mesmo valor (isto é, sobre o valor original da conta), gerando, desse modo, o mesmo juro por período considerado (no exemplo, o juro por dia é o mesmo).

Esse mecanismo de cálculo de juros é conhecido como **regime de juros simples**.

Vamos construir uma tabela para representar o juro total devido em função do número de dias de atraso, considerando os dados do exemplo anterior:

Número de dias de atraso	1	2	3	4	5	...	13
Juros (R$)	0,053	0,106	0,159	0,212	0,265	...	0,689

Para qualquer par de valores da tabela acima, notamos que a razão $\dfrac{juros}{número\ de\ dias}$ é constante:

$$\frac{0,053}{1} = \frac{0,106}{2} = \frac{0,159}{3} = ... = \frac{0,689}{13}$$

Desse modo, as grandezas "juros" e "número de dias de atraso" são diretamente proporcionais e a constante de proporcionalidade vale 0,053, que é exatamente 0,033% de R$ 160,50 – a taxa de juros aplicada sobre o capital (valor da conta).

Vamos generalizar essa ideia: aplicando-se juros simples a um capital C, à taxa i por período (com i expresso na forma decimal), durante n períodos, obtemos juros totais (J) tais que:

$$\frac{J}{n} = constante$$

A constante é dada pelo produto da taxa de juros (i) pelo capital (C).

$$\frac{J}{n} = i \cdot C \Rightarrow \boxed{J = C \cdot i \cdot n}$$

O montante obtido será:

$$M = C + J \Rightarrow M = C + C \cdot i \cdot n \Rightarrow \boxed{M = C \cdot (1 + i \cdot n)}$$

> **Observação**
>
> A principal aplicação do regime de juros simples é o cálculo de juros cobrados por atraso de pagamento de contas de consumo (telefone, gás, água, luz, TV por assinatura etc.). Como veremos mais adiante, a maioria das transações comerciais e financeiras (aplicação, financiamento, empréstimos...) obedece ao regime de juros compostos.

EXERCÍCIOS RESOLVIDOS

4. Um capital de R$ 1 200,00 é aplicado em regime de juros simples, por 3 anos, à taxa de 1% ao mês. Calcular os juros dessa operação.

Solução:

1º modo:

- Em um mês, os juros serão de $0,01 \cdot 1 200 = 12,00$.
- Em três anos (ou 36 meses), o total dos juros será $36 \cdot 12,00 = 432,00$.

2º modo:

Podemos aplicar a fórmula dos juros, lembrando que a taxa deve ser compatível com a unidade de tempo considerada. Assim: $C = 1 200$; $i = \dfrac{1}{100} = 0,01$ e $n = 36$ meses

Logo, $J = C \cdot i \cdot n = 1 200 \cdot 0,01 \cdot 36 \Rightarrow J = 432,00$

5. Um capital de R$ 2 100,00, aplicado em regime de juros simples durante quatro meses, gerou um montante de R$ 2 604,00. Calcular a taxa mensal de juros dessa aplicação.

Solução:

1º modo:

$M = C(1 + i \cdot n) \Rightarrow 2604 = 2100(1 + i \cdot 4) \Rightarrow \dfrac{2604}{2100} = 1 + 4i \Rightarrow 1,24 = 1 + 4i \Rightarrow 0,24 = 4i \Rightarrow i = 0,06 = 6\%$ ao mês.

2º modo:

Os juros dessa aplicação são de 2 604 − 2 100 = 504. Em relação ao capital, eles correspondem a:

$$\dfrac{504}{2\,100} = 0,24 = 24\%$$

Como os juros mensais são iguais, a taxa por mês será: $\dfrac{24\%}{4} = 6\%$.

6. Um aparelho de TV custa à vista R$ 880,00. A loja também oferece a seguinte opção: R$ 450,00 no ato e uma parcela de R$ 450,00 a ser paga um mês após a compra. Qual é a taxa de juros mensal cobrada nesse financiamento?

Solução:

1º modo:

O saldo devedor no momento da compra é:

$$C = \underbrace{R\$\ 880,00}_{\text{valor da TV à vista}} - \underbrace{R\$\ 450,00}_{\text{entrada}} = R\$\ 430,00$$

Após um mês, com a incorporação de juros, este valor se converte num montante de:

$$M = R\$\ 450,00$$

Deste modo, são cobrados juros de R$ 20,00 (R$ 450,00 − R$ 430,00) em relação ao saldo devedor de R$ 430,00.

Percentualmente temos: $\dfrac{20}{430} = 0,0465 = 4,65\%$.

2º modo:

Podemos aplicar a fórmula $M = C(1 + i \cdot n)$, com C = 430, M = 450, n = 1 (1 mês); é preciso determinar o valor de *i*:

$$450 = 430(1 + i \cdot 1)$$

$$\dfrac{450}{430} = 1 + i$$

$$i = 1,0465 - 1 = 0,0465$$

$$i = 4,65\%\ \text{ao mês}$$

EXERCÍCIOS

40. Calcule os juros simples obtidos nas seguintes condições:

a) Um capital de R$ 220,00, aplicado por três meses, à taxa de 4% a.m.

b) Um capital de R$ 540,00, aplicado por um ano, à taxa de 5% a.m.

c) Uma dívida de R$ 80,00, paga em oito meses, à taxa de 12% a.m.

d) Uma dívida de R$ 490,00, paga em dois anos, à taxa de 2% a.m.

41. Bira fez um empréstimo de R$ 250,00 com um amigo e combinou de pagá-lo ao final de quatro meses, com juros simples de 6% a.m. Qual será o total desembolsado por Bira após esse período?

42. Um poupador aplicou R$ 200,00 em um fundo de investimento regido a juros simples. Passados quatro meses, o valor da aplicação era R$ 240,00. Qual é a taxa mensal de juros simples dessa aplicação?

43. Obtenha o montante de uma dívida, contraída a juros simples, nas seguintes condições:

a) capital: R$ 400,00; taxa: 48% ao ano; prazo: 5 meses;

b) capital: R$ 180,00; taxa: 72% ao semestre; prazo: 8 meses;

c) capital: R$ 5 000,00; taxa: 0,25% ao dia; prazo: 3 meses.

44. Uma conta de gás, no valor de R$ 48,00, com vencimento para 13/4, trazia a seguinte informação: "Se a conta for paga após o vencimento, incidirão sobre o seu valor multa de 2% e juros de 0,033% ao dia, que serão incluídos na conta futura".

Qual será o acréscimo a ser pago sobre o valor da próxima conta por um consumidor que quitou o débito em 17/4? E se ele tivesse atrasado o dobro de dias para efetuar o pagamento?

45. Uma conta telefônica trazia a seguinte informação: "Contas pagas após o vencimento terão multa de 2% e juros de mora de 0,04% ao dia, a serem incluídos na próxima conta".
Sabe-se que Elisa se esqueceu de pagar a conta do mês de agosto, no valor de R$ 255,00. Na conta do mês de setembro foram incluídos R$ 7,14 referentes ao atraso de pagamento do mês anterior.

Com quantos dias de atraso Elisa pagou a conta do mês de agosto?

46. Um capital é aplicado, a juros simples, à taxa de 5% a.m. Quanto tempo, no mínimo, ele deverá ficar aplicado, a fim de que seja possível resgatar:

a) o dobro da quantia aplicada?

b) o triplo da quantia aplicada?

c) dez vezes a quantia aplicada?

47. Suzi recebeu R$ 3 000,00 referentes a uma indenização trabalhista. Usou $\frac{1}{6}$ desse valor para pagar os honorários do advogado e o restante aplicou em um investimento a juros simples, à taxa de 2% a.m. Quanto tempo Suzi deverá esperar para ter novamente R$ 3 000,00 nessa aplicação?

48. O preço à vista de uma TV é R$ 900,00. Pode-se, entretanto, optar pelo pagamento de R$ 500,00 de entrada e mais R$ 500,00 um mês após a compra. Qual é a taxa mensal de juros desse financiamento?

49. Uma loja oferece aos seus clientes duas opções de pagamento:

1ª) à vista, com 5% de desconto;

2ª) o preço da compra (sem o desconto) pode ser dividido em duas vezes: metade no ato da compra e a outra metade um mês depois.

Lia fez compras nessa loja no valor total de R$ 2 400,00.

a) Que valor Lia pagará se optar pelo pagamento à vista?

b) Que taxa mensal de juros simples a loja embute no pagamento parcelado, levando em conta que ela oferece desconto para pagamento à vista?

50. O preço à vista de um aparelho de ar condicionado é R$ 1 500,00. Pode-se também optar pelo pagamento de uma entrada de R$ 800,00 e mais R$ 800,00 um mês após a compra.

a) Qual é a taxa de juros simples do financiamento?

b) Qual seria essa taxa se o pagamento da segunda parcela fosse feito 2 meses após a compra?

51. Fábio tomou x reais emprestados de um amigo e comprometeu-se a devolver essa quantia, acrescida de juros simples, no prazo de dez meses. No prazo combinado, Fábio quitou a dívida com um pagamento de 1,35x. Qual foi a taxa mensal de juros combinada?

52. Sabe-se que 70% de um capital foi aplicado a juros simples, por 1,5 ano, à taxa de 2% a.m.; o restante foi aplicado no mesmo regime de juros, por 2 anos, à taxa de 18% ao semestre (a.s.). Sabendo que os juros totais recebidos foram de R$ 14 040,00, determine o valor do capital.

APLICAÇÕES

Compras à vista ou a prazo (I)

Muitas vezes, o consumidor, ao comprar um determinado produto, tem que se decidir pela compra à vista ou a prazo.

Para a maioria dos trabalhadores brasileiros é difícil desembolsar o valor total do produto no ato da compra, restando, assim, a opção da compra parcelada. Essa prática é frequente especialmente em compras de eletrodomésticos, eletroeletrônicos, móveis, automóveis, imóveis etc. Em geral, a compra parcelada contém juros em suas prestações.

Em outras situações, entretanto, o consumidor dispõe de recursos para pagamento à vista. Qual é a melhor opção de pagamento nesse caso?

Vamos considerar o seguinte problema:

Uma agência de turismo no Rio de Janeiro vende pacotes para Salvador por R$ 1 000,00 à vista ou em 4 parcelas mensais de R$ 260,00 cada uma, sendo a primeira um mês após a compra.

Márcia, ao longo do ano, conseguiu fazer uma reserva de dinheiro que lhe permite pagar a viagem à vista. Ela pode, alternativamente, colocar esse dinheiro na caderneta de poupança, no ato da compra, recebendo juros mensais de 0,7% ao mês, cumulativamente. Como ela deverá proceder?

Vamos simular a situação de uma possível compra a prazo, destacando, em cada mês, o saldo inicial, os juros recebidos do banco, a retirada para pagamento da prestação e o saldo final da conta de Márcia.

Tempo	Saldo inicial da poupança	+	Juros recebidos	−	Retirada	Saldo final da poupança
Ato da compra	1 000,00					
1 mês depois	1 000,00	+	$0,007 \cdot 1000 = 7,00$	−	260	747,00
2 meses depois	747,00	+	$0,007 \cdot 747 \cong 5,23$	−	260	492,23
3 meses depois	492,23	+	$0,007 \cdot 492,23 \cong 3,45$	−	260	235,68
4 meses depois	235,68	+	$0,007 \cdot 235,68 \cong 1,65$	−	260	−22,67

Se optar pelo pagamento parcelado, Márcia terá que desembolsar R$ 22,67 a mais para pagar a última prestação.

Desse modo, a opção mais vantajosa para Márcia é comprar à vista.

Vale destacar, por fim, que algumas vezes o valor total a ser desembolsado em uma compra a prazo coincide com o valor à vista. Imagine que a agência vendesse o pacote por R$ 1 000,00 à vista ou em 4 parcelas mensais de R$ 250,00 ($4 \times 250 = 1000$), sendo a primeira no ato da compra. Ao aplicar o dinheiro, e após pagar a primeira parcela, fazendo retiradas mensais, as contas da poupança de Márcia seriam dadas pelo seguinte cálculo:

- No ato da compra, o desembolso é de R$ 250,00. Desse modo, o valor aplicado, em reais, seria:
  $1000 - 250 = 750$

- 1 mês depois: $(1,007 \cdot 750) - 250 = 505,25$

- 2 meses depois: $(1,007 \cdot 505,25) - 250 \cong 258,79$

- 3 meses depois: $(1,007 \cdot 258,79) - 250 \cong 10,60$

Perceba que, nesse caso, optando pelo pagamento parcelado, se Márcia colocar, no ato da compra, R$ 750,00 na poupança e fizer retiradas sucessivas dessa conta de R$ 250,00 para pagar as parcelas, terá economizado R$ 10,60.

Juros compostos

Considere a seguinte situação:

Depois de um ano de economia, Miguel juntou R$ 500,00 e abriu uma caderneta de poupança para seu filho, como presente pelo 10º aniversário do menino.

Vamos supor que o rendimento dessa caderneta de poupança seja de 0,8% ao mês e que não será feita nenhuma retirada de dinheiro nem depósito nos próximos anos.

Quando o filho de Miguel completar 18 anos, que valor ele terá disponível em sua caderneta?

O mecanismo pelo qual o saldo dessa poupança irá crescer, mês a mês, é conhecido como regime de **capitalização acumulada** ou regime de **juros compostos**.

Qual é o princípio básico desse sistema de capitalização?

- Ao final do 1º mês, os juros de 0,8% incidem sobre os R$ 500,00; os juros obtidos (R$ 4,00) são incorporados ao capital, produzindo o primeiro montante (R$ 4,00 + R$ 500,00 = R$ 504,00).

Pais e filhos podem conversar sobre a importância de poupar, a necessidade de consumir conscientemente e outros temas de educação financeira.

- Ao final do 2º mês, os juros de 0,8% incidem sobre o primeiro montante (R$ 504,00) e os juros obtidos (R$ 4,03) são incorporados ao primeiro montante, produzindo o segundo montante (R$ 4,03 + R$ 504,00 = R$ 508,03).

- Ao final do 3º mês, os juros de 0,8% incidem sobre o segundo montante (R$ 508,03) e os juros obtidos (R$ 4,06) são incorporados ao segundo montante, produzindo o terceiro montante (R$ 4,06 + R$ 508,03 = R$ 512,09), e assim sucessivamente.

Vamos agora generalizar este raciocínio.

Consideremos um **capital C**, aplicado a juros compostos, a uma **taxa de juros i** – expressa na forma decimal – fixa por período, durante n períodos. (O período considerado deve ser compatível com a unidade de tempo da taxa.)

Temos:

- Ao final do primeiro período, o primeiro montante será igual a:

$$M_1 = C + C \cdot i \Rightarrow \boxed{M_1 = C \cdot (1 + i)} \quad \text{①}$$

- Ao final do segundo período, o segundo montante será igual a:

$$M_2 = M_1 + i \cdot M_1 = M_1 \cdot (1 + i) \underset{\text{①}}{\Rightarrow} \boxed{M_2 = C \cdot (1 + i)^2} \quad \text{②}$$

- Ao final do terceiro período, o terceiro montante será igual a:

$$M_3 = M_2 + i \cdot M_2 = M_2 \cdot (1 + i) \underset{\text{②}}{\Rightarrow} \boxed{M_3 = C \cdot (1 + i)^3} \quad \text{③}$$

- Ao final do quarto período, o quarto montante será igual a:

$$M_4 = M_3 + i \cdot M_3 = M_3 \cdot (1 + i) \underset{\text{③}}{\Rightarrow} \boxed{M_4 = C \cdot (1 + i)^4}$$

$$\vdots \quad \vdots \quad \vdots \quad \vdots \quad \vdots \quad \vdots$$

- Ao final do n-ésimo período, o n-ésimo montante será igual a:

$$\boxed{M_n = C \cdot (1 + i)^n}$$

É importante lembrar, mais uma vez, que o regime de juros compostos é utilizado na grande maioria das transações comerciais e aplicações financeiras.

Exemplo 5

Rose aplicou R$ 300,00 em um investimento que rende 2% ao mês no regime de juros compostos.
Que valor ela terá ao final de três meses, se nesse período ela não fez outros depósitos, nem fez retiradas?

1º modo:
- Ao final do 1º mês, terá: $300 + 0{,}02 \cdot 300 = 306$ reais.
- Ao final do 2º mês, terá: $306 + 0{,}02 \cdot 306 = 312{,}12$ reais.
- Ao final do 3º mês, terá: $312{,}12 + 0{,}02 \cdot 312{,}12 \cong 318{,}36$ reais.

2º modo:
Aplicando a fórmula deduzida, obteremos diretamente o saldo de Rose após três meses, sem ter de calcular o saldo nos meses anteriores. Basta fazer:

$$M_3 = 300 \cdot (1 + 0{,}02)^3 \Rightarrow M_3 = 300 \cdot 1{,}02^3 \cong 318{,}36 \text{ reais}$$

Exemplo 6

Voltando ao problema da caderneta de poupança do filho de Miguel, vamos determinar o valor que o menino terá ao completar 18 anos.
Com uma calculadora científica, obtemos então:

$\begin{cases} C = 500 \\ i = 0{,}8\% = \dfrac{0{,}8}{100} = 0{,}008 \\ n = 96 \text{ meses (8 anos)} \end{cases} \Rightarrow$

$M_{96} = 500 \cdot (1 + 0{,}008)^{96}$
$M_{96} = 500 \cdot 1{,}008^{96}$
$M_{96} = 500 \cdot 2{,}1489$
$M_{96} \cong 1\,074{,}44$ reais

EXERCÍCIOS RESOLVIDOS

7. Um investidor aplicou R$ 10 000,00 em um fundo de investimento que rende 20% ao ano, a juros compostos. Qual será o tempo mínimo necessário para que o montante dessa aplicação seja R$ 60 000,00?

Solução:

Temos: $\begin{cases} C = 10\,000 \\ M = 60\,000 \\ i = 0{,}2 \\ n = ? \end{cases} \Rightarrow 60\,000 = 10\,000 \cdot (1 + 0{,}2)^n \Rightarrow \dfrac{60\,000}{10\,000} = 1{,}2^n \Rightarrow 1{,}2^n = 6$

A determinação do expoente *n* é feita geralmente por meio de logaritmos:

$\log 1{,}2^n = \log 6 \Rightarrow n \cdot \log 1{,}2 = \log 6 \Rightarrow n = \dfrac{\log 6}{\log 1{,}2}$

Com uma calculadora científica obtemos $n \cong \dfrac{0{,}7781}{0{,}079} \Rightarrow$

$\Rightarrow n \cong 9{,}85$ anos (9 anos e 10 meses, aproximadamente)

8. Um capital de R$ 500,00, aplicado durante 4 meses a juros compostos e a uma taxa mensal fixa, produz um montante de R$ 800,00. Qual é a taxa mensal de juros?

Solução:

$M = C(1 + i)^n \Rightarrow 800 = 500(1 + i)^4 \Rightarrow (1 + i)^4 = 1{,}6 \Rightarrow 1 + i = \sqrt[4]{1{,}6} \cong 1{,}124 \Rightarrow i \cong 0{,}124 = 12{,}4\%$
↑
calculadora

MATEMÁTICA COMERCIAL E FINANCEIRA

Relembrando:

- Dados os números reais *a* e *b*, a > 0 e 0 < b ≠ 1, chama-se **logaritmo** de *a* na base *b* (indica-se $\log_b a$) o número real *x* tal que $b^x = a$:

$$\log_b a = x \Leftrightarrow b^x = a$$

Assim, por exemplo, $\log_3 9 = 2$; $\log_2 \frac{1}{4} = -2$; $\log_5 1 = 0$; $\log 1\,000 = 3$ (lembre que, quando a base é omitida, convenciona-se que ela é igual a 10: é o **logaritmo decimal**).

- Propriedades:

Sejam *a* e *c* números reais positivos, 0 < b ≠ 1, e α ∈ ℝ.
Valem as seguintes propriedades:

- $\log_b (a \cdot c) = \log_b a + \log_b c$
- $\log_b \left(\dfrac{a}{c}\right) = \log_b a - \log_b c$
- $\log_b a^\alpha = \alpha \cdot \log_b a$

Assim, por exemplo, podemos expressar o valor de log 48 em função de log 2 e de log 3:

$$\log 48 = \log (2^4 \cdot 3) = \log 2^4 + \log 3 = 4 \cdot \log 2 + \log 3$$

Juros compostos com taxa de juros variável

No estudo dos juros compostos (página 374) deduzimos a fórmula do montante, admitindo a taxa de juros constante em cada um dos períodos. No entanto, muitas vezes, as taxas de rentabilidade de um fundo de investimento variam de um mês para o outro. Quando isso ocorre, podemos calcular os montantes mês a mês, lembrando que o princípio de capitalização acumulado é o mesmo.

Exemplo 7

No começo do ano, o lote padrão de ações de uma empresa valia R$ 80,00. Nos meses de janeiro e fevereiro, as ações dessa empresa valorizaram-se 30% e 20%, respectivamente. Qual será o valor desse lote no final de fevereiro?

- No final de janeiro, o lote passará a valer:
$$80 + 30\% \text{ de } 80 = 80 + 0{,}3 \cdot 80 = 80 + 24 = 104 \text{ reais}$$
- No final de fevereiro, com a valorização de 20%, o lote passará a valer:
$$104 + 20\% \text{ de } 104 = 104 + 20{,}8 = 124{,}80 \text{ reais}$$

Observe que:
- O valor do lote, em reais, no final de janeiro é $1{,}3 \cdot 80$.
- O valor do lote, em reais, ao final de fevereiro é $1{,}2 \cdot \underbrace{1{,}3 \cdot 80}_{\text{valor de janeiro}} = 1{,}56 \cdot 80 = 124{,}80$

EXERCÍCIOS

53. Calcule os juros e o montante de uma aplicação financeira a juros compostos, nas seguintes condições:

a) capital: R$ 300,00; taxa: 2% a.m.; prazo: 4 meses;

b) capital: R$ 2 500,00; taxa: 5% a.m.; prazo: 1 ano;

c) capital: R$ 100,00; taxa: 16% a.a.; prazo: 3 anos.

54. Uma poupança especial rende 1% ao mês, em regime de juros compostos. Décio aplicou R$ 480,00 nessa poupança e retirou a quantia disponível um ano depois.

a) Que valor Décio retirou?

b) Que valor Décio teria retirado, se a taxa de juros fosse de 2% a.m.?

55. Um capital foi aplicado a juros compostos à taxa de 20% a.m., durante 3 meses. Se, decorrido esse período, o montante produzido foi de R$ 864,00, qual foi o valor do capital aplicado?

56. Um capital de R$ 5 000,00 é aplicado à taxa de juros compostos de 10% ao ano.

a) Qual é o montante da aplicação após 5 anos? E após 10 anos? Use a aproximação $1,1^5 = 1,6$.

b) Qual é o rendimento percentual dessa aplicação considerando o período de cinco anos?

c) Qual é o tempo mínimo necessário para que o montante dessa aplicação seja R$ 20 000,00? Use as aproximações $\log 2 = 0,30$ e $\log 11 = 1,04$.

57. Ana emprestou x reais de uma amiga, prometendo devolver a quantia emprestada, acrescida de juros, após oito meses. O regime combinado foi de juros compostos, e a taxa, de 2,5% a.m. Se após o prazo combinado Ana quitou a dívida com R$ 500,00, determine:

a) o número inteiro mais próximo de x;

b) o valor que Ana deveria devolver à amiga, caso tivesse estabelecido regime de juros simples.

58. Um capital de R$ 5 000,00, aplicado a uma taxa fixa mensal de juros compostos, gerou, em quatro meses, um montante de R$ 10 368,00. Qual foi a taxa praticada?

59. Uma dívida, contraída a juros compostos, aumentou de R$ 200,00 para R$ 242,00 em dois meses. Admitindo a taxa de juros mensal da dívida como fixa, determine:

a) o valor da taxa;

b) o montante dessa dívida meio ano após a data em que foi contraída.

60. Suponha que o valor de um terreno em uma área nobre de uma cidade venha aumentando à taxa de 100% ao ano. Qual é o número mínimo inteiro de anos necessários para que o valor do terreno seja correspondente a cem vezes seu valor atual?

61. Uma certa empresa deseja tomar emprestados R$ 40 000,00. O banco A oferece taxa de juros de 5% ao mês e prazo de 20 meses para quitação da dívida em parcela única; o banco B oferece taxa de juros de 10% ao mês e prazo de 10 meses para quitação da dívida em parcela única.

a) Em qual dos bancos o valor total a ser desembolsado pela empresa será menor?

b) Qual é a diferença entre os valores desembolsados nas duas propostas?

Use as aproximações $1,1^{10} = 2,6$ e $1,05^{10} = 1,63$.

62. Fernanda aplicou R$ 200,00 em um fundo de ações. No primeiro ano, as ações valorizaram-se 25% e, no segundo ano, o rendimento foi de 8%.

a) Qual será o saldo de Fernanda após esses dois anos?

b) Qual o rendimento percentual desse fundo considerando o período de 2 anos?

63. Um investidor comprou por 1 000 dólares um lote de ações de uma empresa e o revendeu, após n meses, por 3 000 dólares. Admita que a valorização mensal dessas ações tenha sido 8% a.m. Qual é o valor de n? (Use as aproximações $\log 2 = 0,3$ e $\log 3 = 0,48$.)

64. Uma aplicação financeira a juros compostos rende 20% ao ano. Qual é o tempo mínimo necessário para que se possa resgatar:

a) o dobro da quantia aplicada?

b) o triplo da quantia aplicada?

c) o quíntuplo da quantia aplicada?

d) 800% a mais que a quantia aplicada?

(Use as aproximações $\log 2 = 0,3$ e $\log 3 = 0,48$.)

65. Otávio investiu R$ 5 000,00 em um fundo de ações. No primeiro ano, as ações do fundo valorizaram-se 35%; no segundo ano, valorizaram-se 20% (em relação ao primeiro); e, no terceiro ano, desvalorizaram-se 30% (em relação ao segundo).

a) Que valor Otávio terá ao final dos três anos?

b) Qual foi o rendimento percentual da aplicação nesses três anos?

66. São dadas as taxas de rendimento mensal de um fundo de investimento especial nos cinco primeiros meses de um ano: janeiro: 1%; fevereiro: 2,5%; março: 1,5%; abril: 1%; maio: 3%.

a) Hélio aplicou R$ 100,00 nesse fundo de investimento no começo de janeiro. Que valor terá disponível no começo de junho?

b) Qual é o rendimento percentual desse fundo acumulado nos cinco primeiros meses?

MATEMÁTICA COMERCIAL E FINANCEIRA

67. Uma empresa foi multada em R$ 80 000,00 por irregularidades trabalhistas, comprometendo-se a pagar a multa ao final de um período de dez anos, acrescentando a ela juros compostos de 10% ao ano. Passados esses dez anos, a empresa conseguiu pagar apenas o valor da multa, sem os juros devidos, e renegociou a nova dívida, a uma taxa anual de juros compostos de 4% ao ano, com prazo de 5 anos. Qual será o montante a ser pago nessa nova negociação?

Use a tabela abaixo para fazer os cálculos necessários.

x	1,01	1,02	1,03	1,04	1,05	1,06	1,07	1,08	1,09	1,1
x^5	1,05	1,10	1,16	1,2	1,3	1,34	1,4	1,47	1,54	1,6

68. Um investimento de risco apresentou uma taxa anual de rendimento fixa, gerando um aumento de 44% do capital investido em 2 anos. Qual foi a taxa anual de juros paga por esse investimento?

69. Um capital é empregado a uma taxa anual de 11%, no regime de juros compostos. Determine o menor número inteiro de meses necessários para que o montante obtido seja 47% maior que o capital. Use as aproximações: log 147 = 2,17 e log 111 = 2,05.

APLICAÇÕES

Compras à vista ou a prazo (II) — Financiamentos

Vamos introduzir o conceito de **valor atual** de um conjunto de capitais, que nos permite compreender como funcionam alguns financiamentos.

1º problema

Imagine que uma geladeira seja vendida em três prestações mensais de R$ 400,00, sendo a primeira um mês após a compra. Sabendo que a loja cobra juros (compostos) no financiamento de 5% ao mês, como podemos determinar o preço à vista dessa geladeira?

O esquema seguinte mostra os valores das prestações a serem pagas em cada data (mês):

No momento da compra, o consumidor deve analisar com cautela as diferentes formas de pagamento.

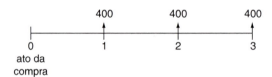

- O pagamento de R$ 400,00 daqui a um mês (data 1) equivale a um pagamento atual (data 0) de x_1 reais, tal que:

$$x_1 \cdot 1{,}05 = 400 \Rightarrow x_1 = \frac{400}{1{,}05}$$

Isto é, aplicando 5% de juros sobre x_1 e somando com x_1, obtemos o valor de R$ 400,00, a ser pago na data 1. x_1 é o valor atual do pagamento a ser feito na data 1.

- O pagamento de R$ 400,00 daqui a dois meses (data 2) equivale a um pagamento atual (data 0) de x_2 reais, tal que:

$$x_2 \cdot 1{,}05^2 = 400 \Rightarrow x_2 = \frac{400}{1{,}05^2}$$

Ou seja, aplicamos sobre x_2 juros compostos de 5% ao mês por dois meses seguidos, para obter o valor de R$ 400,00, a ser pago na data 2.

x_2 é o valor atual do pagamento a ser feito na data 2.

- O pagamento de R$ 400,00 daqui a três meses (data 3) equivale a um pagamento atual (data 0) de x_3 reais, tal que:

$$x_3 \cdot 1,05^3 = 400 \Rightarrow x_3 = \frac{400}{1,05^3}$$

Aplicamos sobre x_3 juros compostos de 5% ao mês por três meses consecutivos para obter o valor de R$ 400,00, que será pago na data 3.

x_3 é o valor atual do pagamento a ser feito na data 3.

Assim, calculamos o valor atual de cada prestação. O preço à vista dessa geladeira é:

$$x = x_1 + x_2 + x_3 = \frac{400}{1,05} + \frac{400}{1,05^2} + \frac{400}{1,05^3}$$

$$x \cong 380,95 + 362,81 + 345,54$$

$$x \cong 1\,089,30 \text{ reais} \leftarrow \text{preço à vista da geladeira}$$

2º problema

Um automóvel é vendido por R$ 35 000,00 à vista ou em 12 prestações mensais iguais, sem entrada.

Qual é o valor de cada parcela, se a concessionária opera, no financiamento, com uma taxa de juros compostos de 2% ao mês?

Vamos denominar p o valor de cada parcela. No esquema seguinte, estão representados os pagamentos futuros desse financiamento com as respectivas datas (meses) de vencimento:

- O valor atual da prestação a ser paga no mês 1 é:

$$v_1 = \frac{p}{1,02}$$

- O valor atual da prestação a ser paga no mês 2 é:

$$v_2 = \frac{p}{1,02^2}$$

- O valor atual da prestação a ser paga no mês 3 é:

$$v_3 = \frac{p}{1,02^3}$$

$$\vdots \qquad \vdots \qquad \vdots \qquad \vdots \qquad \vdots$$

- O valor presente da prestação a ser paga no mês 12 é:

$$v_{12} = \frac{p}{1,02^{12}}$$

Como o preço à vista do automóvel é de R$ 35 000,00, devemos ter:

$$v_1 + v_2 + v_3 + \ldots + v_{12} = 35\,000$$

$$\frac{p}{1,02} + \frac{p}{1,02^2} + \frac{p}{1,02^3} + \ldots + \frac{p}{1,02^{12}} = 35\,000$$

$$p \cdot \left(\frac{1}{1,02} + \frac{1}{1,02^2} + \frac{1}{1,02^3} + \ldots + \frac{1}{1,02^{12}} \right) = 35\,000 \ (\ast)$$

Convém observar que a sequência $\left(\frac{1}{1,02}; \ \frac{1}{1,02^2}; \ \frac{1}{1,02^3}; \ \ldots; \ \frac{1}{1,02^{12}} \right)$ é uma P.G., em que $a_1 = \frac{1}{1,02}$; $q = \frac{1}{1,02}$ e $n = 12$.

Assim, como $S_n = \frac{a_1 \cdot (q^n - 1)}{q - 1}$ (soma dos n primeiros termos de uma P.G.), temos:

$$S_{12} = \frac{\dfrac{1}{1,02} \cdot \left[\left(\dfrac{1}{1,02} \right)^{12} - 1 \right]}{\dfrac{1}{1,02} - 1} = \frac{\dfrac{1}{1,02} \cdot \left(\dfrac{1}{1,02^{12}} - 1 \right)}{\dfrac{-0,02}{1,02}} = -\frac{1}{0,02} \cdot \left(\frac{1 - 1,02^{12}}{1,02^{12}} \right)$$

Como $1,02^{12} \cong 1,2682$, temos:

$$S_{12} = -\frac{1}{0,02} \cdot \left(\frac{1 - 1,2682}{1,2682} \right) = -\frac{1}{0,02} \cdot \frac{-0,2682}{1,2682} \cong 10,574$$

Em $(\ast)$, temos:

$$p \cdot 10,574 = 35\,000 \Rightarrow p \cong 3\,310 \text{ reais}$$

Assim, o valor de cada parcela é R$ 3 310,00.

Observe que, ao efetuar a compra financiada, o consumidor pagará pelo carro o valor total de $12 \times 3\,310 = 39\,720$ reais. Com relação ao preço à vista do veículo, é uma diferença de $39\,720 - 35\,000 = 4\,720$ reais.

Note que $\frac{39\,720}{35\,000} \cong 1,135 = 1 + 0,135$; isso significa que, na compra financiada, o consumidor pagará "1 carro e mais 13,5% do valor do carro".

É notório que, mesmo sem fazer todas essas contas, na compra financiada, o valor total desembolsado é maior, em relação ao preço à vista.

Para uma grande parcela da população brasileira, no entanto, a compra financiada é a única opção. Desse modo, é importante que o consumidor não veja apenas se a prestação cabe no orçamento mensal. É preciso pesquisar as melhores condições, negociar e procurar por taxas de juros menores até encontrar a opção mais vantajosa.

JUROS E FUNÇÕES

Uma dívida de R$ 1 000,00 será paga com juros de 50% ao ano. Ela deverá ser quitada após um número inteiro de anos.

Vamos calcular, ano a ano, os montantes dessa dívida nos dois regimes de capitalização (simples e composto) e comparar os valores obtidos.

Juros simples

Os juros, por ano, são de 50% de 1 000 = 0,5 · 1 000 = 500,00.
Dívida: R$ 1 000,00

Ano	1	2	3	4	5	6	...
Montante	1500	2000	2500	3000	3500	4000	...

A sequência de montantes (1500, 2000, 2500, 3000, 3500, ...) é uma progressão aritmética (P.A.) de razão 500 e cujo termo geral é:

$$a_n = a_1 + (n-1) \cdot r \Rightarrow a_n = 1500 + (n-1) \cdot 500 \Rightarrow a_n = \underbrace{500}_{\text{acréscimo anual}} \cdot n + \underbrace{1000}_{\text{capital}}$$

Lembremos que toda progressão aritmética (P.A.) é uma função f de domínio em $\mathbb{N}^*$. Desse modo, a P.A. (1 500, 2 000, 2 500, 3 000, ...) é uma função f cujo domínio é $\mathbb{N}^* = \{1, 2, 3, ...\}$, como sugere a seguinte associação:

$$\underset{a_1}{\downarrow} \quad \underset{a_2}{\downarrow} \quad \underset{a_3}{\downarrow} \quad \underset{a_4}{\downarrow}$$

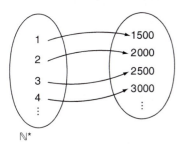

Podemos associar essa função f à função definida por $y = 500x + 1000$ (**função afim** ou **de 1º grau**), restrita aos valores naturais não nulos que a variável x assume.

Juros compostos

Para montar a tabela, é preciso lembrar que o montante da dívida em um determinado ano é 50% maior que o montante relativo ao ano anterior (ou 1,5 vez o montante anterior).
Dívida: R$ 1 000,00

Ano	1	2	3	4	5	6	...
Montante	1500	2250	3375	5062,50	7593,75	11390,62	...

A sequência de montantes (1 500; 2 250; 3 375; 5 062,50; ...) é uma progressão geométrica (P.G.) de razão 1,5 e cujo termo geral é:

$$a_n = a_1 \cdot q^{n-1} \Rightarrow a_n = 1500 \cdot 1{,}5^{n-1} \Rightarrow a_n = 1500 \cdot \frac{1{,}5^n}{1{,}5} \Rightarrow a_n = \underbrace{1000}_{\text{capital}} \cdot 1{,}5^n$$

Lembremos que toda progressão geométrica (P.G.) é uma função f de domínio em $\mathbb{N}^*$. Desse modo, a P.G. (1 500; 2 250; 3 375; 5 062,50; ...) é uma função f cujo domínio é $\mathbb{N}^* = \{1, 2, 3, ...\}$. Veja a associação seguinte:

$$\underset{a_1}{\downarrow} \quad \underset{a_2}{\downarrow} \quad \underset{a_3}{\downarrow} \quad \underset{a_4}{\downarrow}$$

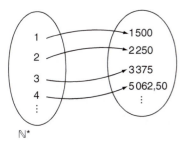

Observe que essa função f pode ser associada à função definida por $y = 1000 \cdot 1{,}5^x$ (**função exponencial**), restrita aos valores naturais não nulos que x assume.

Vamos representar graficamente as duas sequências:

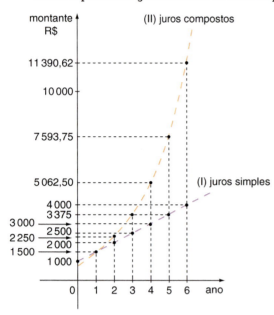

Os pontos do gráfico (I) correspondem aos pontos da reta que representa a função afim dada por $y = 500 \cdot x + 1000$, quando a variável x assume valores naturais. Observe que, se $x = 0$, então $y = 1000$ corresponde ao capital da dívida.

Os pontos do gráfico (II) correspondem aos pontos da curva exponencial dada por $y = 1000 \cdot 1{,}5^x$, quando a variável x assume valores naturais. Se $x = 0$, então $y = 1000$ é o capital da dívida.

Observe que no caso (I) não traçamos uma reta e no caso (II) não traçamos uma curva exponencial contínua, pois, em ambos os casos, temos funções cujo domínio é $\mathbb{N}^*$ (e não $\mathbb{R}$).

Os gráficos I e II interceptam-se em (1; 1 500), isto é, decorrido exatamente um ano da aquisição da dívida, os montantes a juros simples e a juros compostos se equivalem. A partir daí, o gráfico (II) está sempre acima do gráfico (I), mostrando que, para qualquer valor de x (ano), $x > 1$, o montante da dívida a juros compostos é maior que o montante da dívida de mesmo capital e taxa de juros, calculado a juros simples.

EXERCÍCIOS

70. Um capital de R$ 600,00 é aplicado a uma taxa anual de 10% ao ano, por cinco anos.

a) Construa as sequências referentes aos montantes dessa aplicação, considerando o regime de juros simples e o de juros compostos.

b) Associe cada sequência anterior a uma P.A. ou uma P.G., determinando sua razão.

c) Qual é, em reais, a diferença entre os montantes obtidos ao final dos cinco anos, considerando os dois regimes de juros?

71. Carlos solicitou um empréstimo a um amigo. A sequência (a_n) $n \in \mathbb{N}^*$, cujo termo geral é $a_n = 400 + 20n$, representa o montante desse empréstimo, em reais, após n meses ($n = 1, 2, 3, ...$), contados a partir da data em que o empréstimo foi concedido por seu amigo. Determine:

a) o capital do empréstimo;

b) o regime de juros combinado e a taxa mensal de juros;

c) o valor necessário para quitar o empréstimo depois de um ano.

72. A função $f: \mathbb{N}^* \to \mathbb{R}_+^*$, definida por $f(x) = 6000 \cdot 1{,}2^x$, representa o valor de uma dívida, em reais, x anos após a data em que ela foi contraída ($x = 0$).

a) Qual é o valor original da dívida?

b) A dívida cresce segundo o regime de juros simples ou de juros compostos? Qual é a taxa anual de juros dessa dívida?

c) Em quatro anos, a dívida já terá dobrado de valor?

73. O gráfico seguinte mostra, ano a ano, o aumento de um capital aplicado em certo regime de juros.

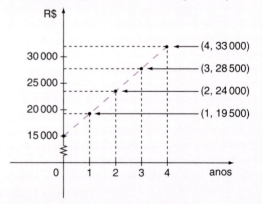

a) O capital cresce segundo o regime de juros simples ou compostos?

b) Qual é a taxa anual de juros utilizada?

c) Qual o montante obtido após 8 anos?

APLICAÇÕES

Trabalhando, poupando e planejando o futuro

Um jovem casal sem filhos, cuja renda mensal conjunta é R$ 3 000,00, decide organizar uma planilha de custos para equilibrar o orçamento doméstico. A análise dessa planilha nos primeiros meses revelou ao casal que, descontados os custos fixos, como pagamento da prestação do apartamento e de contas de consumo, transporte e alimentação, sobram ainda R$ 500,00.

O controle das despesas do lar é o primeiro passo para o equilíbrio do orçamento doméstico.

O casal tomou, então, uma importante decisão: reservar R$ 250,00 desse excedente para gastos eventuais e aplicar, mensalmente, a quantia de R$ 250,00 na caderneta de poupança, pelos próximos dois anos, a fim de construir uma reserva financeira. Vamos admitir que o rendimento mensal da poupança seja de 0,7% ao mês nesse período.

Qual será o valor da reserva financeira disponível do casal, imediatamente após o 24º depósito?

Vamos construir uma tabela para acompanhar a evolução dos rendimentos de cada parcela. Note que:

- o 1º depósito renderá juros compostos de 0,7% ao mês por 23 meses;
- o 2º depósito renderá juros compostos de 0,7% ao mês por 22 meses;
- o 3º depósito renderá juros compostos de 0,7% ao mês por 21 meses;
  ⋮
- o 23º depósito renderá juros compostos de 0,7% ao mês por 1 mês;
- o 24º depósito não renderá juros.

No corpo da tabela, você encontrará valores da forma $M = C \cdot (1 + i)^n$, isto é, $250 \cdot (1 + 0{,}007)^n = 250 \cdot 1{,}007^n$, em que n é o número de meses de acúmulo de juros.

Mês	1	2	3	4	...	23	24
1º depósito	250	$250 \cdot 1{,}007$	$250 \cdot 1{,}007^2$	$250 \cdot 1{,}007^3$	...	$250 \cdot 1{,}007^{22}$	$250 \cdot 1{,}007^{23}$
2º depósito	×	250	$250 \cdot 1{,}007$	$250 \cdot 1{,}007^2$	...	$250 \cdot 1{,}007^{21}$	$250 \cdot 1{,}007^{22}$
3º depósito	×	×	250	$250 \cdot 1{,}007$	...	$250 \cdot 1{,}007^{20}$	$250 \cdot 1{,}007^{21}$
⋮	⋮	⋮	⋮	⋮	⋮	⋮	⋮
23º depósito	×	×	×	×	...	250	$250 \cdot 1{,}007$
24º depósito	×	×	×	×	...	×	250

Para responder à pergunta sobre o valor da reserva financeira do casal, é preciso somar os valores da última coluna da tabela acima:

$$250 \cdot 1{,}007^{23} + 250 \cdot 1{,}007^{22} + 250 \cdot 1{,}007^{21} + \ldots + 250 \cdot 1{,}007 + 250$$

Uma opção é obter, com auxílio da calculadora científica, o valor de cada parcela da soma acima e, em seguida, somar os resultados encontrados.

Outra opção é notar que a expressão acima representa a soma dos termos de uma P.G. Invertendo a ordem dos termos, podemos reescrevê-la assim:

$$250 + 250 \cdot 1{,}007 + 250 \cdot 1{,}007^2 + \ldots + 250 \cdot 1{,}007^{22} + 250 \cdot 1{,}007^{23}$$

a_1 (primeiro termo) = 250; q (razão da P.G.) = 1,007; n (número de termos) = 24

MATEMÁTICA COMERCIAL E FINANCEIRA

Lembrando que $S_n = \dfrac{a_1 \cdot (q^n - 1)}{q - 1}$, vem:

$$S_{24} = \frac{250 \cdot (1{,}007^{24} - 1)}{1{,}007 - 1} \cong \frac{250 \cdot 0{,}182245}{0{,}007} \cong 6\,508{,}75$$

Ao final de dois anos, o casal terá construído uma reserva financeira de R$ 6 508,75. Essa reserva poderá ser útil em diversos contextos: o casal poderá usá-la para quitar, abater ou renegociar a dívida do financiamento da casa própria, poderá usá-la em uma eventual perda de emprego, ou ainda essa reserva dará ao casal suporte na chegada do primeiro filho. Observe ainda que, caso o casal optasse por manter esse padrão de poupança por mais um ano, o montante acumulado seria igual a:

$$\frac{250 \cdot (1{,}007^{36} - 1)}{1{,}007 - 1} \cong 10\,196 \text{ reais}$$

Se o compromisso assumido pelo casal for cumprido, eles poderão usufruir desse montante, com melhores condições de negociação em uma compra, quitar ou abater uma eventual dívida, além de assegurar maior tranquilidade financeira.

DESAFIO

Ari, Bruna e Carlos almoçam juntos todos os dias e cada um deles pede água ou suco.
- Se Ari pede a mesma bebida que Carlos, então Bruna pede água.
- Se Ari pede uma bebida diferente da de Bruna, então Carlos pede suco.
- Se Bruna pede uma bebida diferente da de Carlos, então Ari pede água.
- Apenas um deles sempre pede a mesma bebida.

Quem pede sempre a mesma bebida e que bebida é essa?

EXERCÍCIOS COMPLEMENTARES

1. Dois achocolatados líquidos A e B possuem teor de gordura de 3% e 7%, respectivamente. Deseja-se obter 4 ℓ de achocolatado com 4% de gordura misturando-se os dois produtos. Qual é a quantidade de cada achocolatado que deve ser usada?

2. Os candidatos a algumas vagas de emprego em uma indústria farmacêutica compareceram ao processo de seleção na razão de 3 homens para 4 mulheres.
   a) Qual é a porcentagem de candidatos homens?
   b) Sabendo que, entre os homens, 14% conseguiram aprovação e, entre as mulheres, essa taxa foi de 35%, determine a porcentagem de candidatos que conseguiram emprego.

3. Um avião com 120 lugares foi fretado para uma viagem do Rio de Janeiro a Fortaleza e partiu lotado. Durante o voo, constatou-se que 60% dos passageiros estavam viajando pela primeira vez de avião e, entre eles, 87,5% não conheciam Fortaleza. Se o número de turistas que já haviam ido a Fortaleza corresponde a 25% do total, que porcentagem do total de turistas já havia viajado de avião e estado na capital cearense?

4. Determinada fruta fresca contém 80% de água. O processo de desidratação reduz o teor de água para 30%. Quantos quilogramas da fruta fresca são necessários para se obter 400 g da fruta desidratada?

5. Um lojista deseja obter 30% de lucro em relação ao preço de custo na venda de seus produtos. No entanto, como ele sabe que o cliente gosta de receber um desconto no ato da compra, seus produtos são colocados à venda a um preço que proporciona 48% de lucro sobre o custo.

a) Qual é o desconto percentual que deve ser oferecido ao cliente no ato da compra para o lojista alcançar a meta desejada?

b) Qual é o desconto percentual máximo que o lojista pode oferecer no ato da compra para não ter prejuízo?

6. Define-se a renda *per capita* de um país como a razão entre o produto interno bruto (PIB) e a população economicamente ativa. Em certo país, o governo pretende aumentar a renda *per capita* em 50% no prazo de 20 anos. Se, nesse período, a população economicamente ativa aumentar em 20%, qual deverá ser o acréscimo percentual do PIB?

7. A tabela mostra a quantidade de calorias de alguns ingredientes usados em dois bolos, um tradicional e outro *light*, com base na mesma receita.

Ingredientes	Tradicional (kcal)	Light (kcal)
Açúcar	428	214
Margarina	259	112
Leite	44	25
Achocolatado	37	33
Leite condensado	404	275

a) Calculando, para cada ingrediente, a razão entre o número de calorias do bolo tradicional e do *light*, obtemos cinco valores distintos. A qual ingrediente corresponde o maior valor?

b) Qual é a redução percentual do número de calorias quando se usa leite desnatado (*light*) em lugar do leite tradicional?

c) Aproximadamente, a quantas receitas de bolo tradicional equivalem, no total de calorias, sete receitas de bolo *light*?

8. Os preços de custo de dois produtos A e B são, respectivamente, 150 e 200 reais. Um comerciante vende o produto A com margem de lucro de 20% sobre o custo e o produto B com margem de lucro de 40%. Em uma transação, ele vendeu, ao todo, *x* unidades desses produtos, das quais 70% eram A, lucrando R$ 90 000,00.

a) Qual é o valor de *x*?

b) Qual seria o seu lucro, em reais, se o comerciante oferecesse um desconto de 10% no ato da venda?

9. No início do ano, uma empresa anunciou 36% de aumento salarial a seus funcionários naquele ano. Ficou combinado que, em março, eles receberiam 25% de aumento e, em setembro, seria dado o aumento sobre o salário vigente a fim de atingir o valor prometido pela empresa.

a) Qual deverá ser o aumento salarial em setembro?

b) Qual deveria ser o aumento salarial de setembro caso o aumento em março fosse de 12,5%?

10. (UF-GO) Um pecuarista deseja fazer 200 kg de ração com 22% de proteína, utilizando milho triturado, farelo de algodão e farelo de soja. Admitindo-se que o teor de proteína do milho seja 10%, do farelo de algodão seja 28% e do farelo de soja seja 44%, e que o produtor disponha de 120 kg de milho, calcule as quantidades de farelo de soja e farelo de algodão que ele deve adicionar ao milho para obter essa ração.

11. (UF-ES) Dona Laura necessita comprar duas camisas do mesmo tipo, as quais são encontradas em duas lojas: A e B. O preço regular de uma camisa na loja A é R$ 5,00 a mais do que na loja B. Entretanto, a loja A tem uma oferta especial: ao se comprar uma camisa pelo preço regular, a loja vende a segunda camisa com 40% de desconto sobre o preço regular. A loja B vende cada camisa com 10% de desconto sobre o preço regular. Sabendo que as duas camisas compradas na loja A custariam a Dona Laura o mesmo valor se fossem compradas na loja B, determine:

a) o preço regular da camisa em cada uma das lojas A e B;

b) o desconto que a loja A deve dar sobre o preço regular de uma terceira camisa para que ela fique no mesmo preço do da loja B com desconto.

12. (Unicamp-SP) Uma empresa imprime cerca de 12 000 páginas de relatórios por mês, usando uma impressora a jato de tinta colorida. Excluindo a amortização do valor da impressora, o custo de impressão depende do preço do papel e dos cartuchos de tinta. A resma de papel (500 folhas) custa R$ 10,00. Já o preço e o rendimento aproximado dos cartuchos de tinta da impressora são dados na tabela abaixo.

Cartucho (cor/modelo)	Preço (R$)	Rendimento (páginas)
Preto BR	90	810
Colorido BR	120	600
Preto AR	150	2 400
Colorido AR	270	1 200

a) Qual cartucho preto e qual cartucho colorido a empresa deveria usar para o custo por página ser o menor possível?

MATEMÁTICA COMERCIAL E FINANCEIRA

b) Por razões logísticas, a empresa usa apenas cartuchos de alto rendimento (os modelos do tipo AR) e imprime apenas em um lado do papel (ou seja, não há impressão no verso das folhas). Se 20% das páginas dos relatórios são coloridas, quanto a empresa gasta mensalmente com impressão, excluindo a amortização da impressora? Suponha, para simplificar, que as páginas coloridas consomem apenas o cartucho colorido.

13. (UE-RJ) Um trem transportava, em um de seus vagões, um número inicial n de passageiros. Ao parar em uma estação, 20% desses passageiros desembarcaram. Em seguida, entraram nesse vagão 20% da quantidade de passageiros que nele permaneceu após o desembarque. Dessa forma, o número final de passageiros no vagão corresponde a 120. Determine o valor de n.

14. Uma editora verificou que, em 2011, as vendas de determinado livro caíram 10% em relação ao total vendido em 2010 e, em 2012, caíram 10% em relação ao total vendido em 2011. Sabe-se que nesses três anos foram vendidos 9 485 livros.

a) Determine o número de livros vendidos em 2011.

b) Em 2013 a editora lançou uma nova edição desse livro. Qual deverá ser o aumento percentual das vendas, em relação ao valor de 2012, a fim de que se volte ao nível de vendas de 2010?

15. Certo modelo de carro bicombustível, que pode rodar indiferentemente com álcool ou com gasolina, apresenta na cidade, em média, o rendimento de 9 km/ℓ, quando abastecido com gasolina, e 6 km/ℓ, quando abastecido com álcool. Em determinado ano, o preço médio do litro da gasolina foi R$ 2,70 e o do álcool foi R$ 1,70. Naquele ano, um motorista rodou 18 000 km, tendo abastecido apenas com álcool.

a) Se esse motorista gastasse a mesma quantia que gastou, em reais, para abastecer o carro apenas com gasolina, teria rodado mais ou menos quilômetros? Qual seria o acréscimo (ou redução) percentual em relação à distância percorrida naquele ano?

b) Qual deveria ser a variação percentual (acréscimo ou redução) no preço médio do litro da gasolina naquele ano para que fosse indiferente abastecer a álcool ou a gasolina, mantidas as demais condições?

16. Milena deseja aplicar R$ 20 000,00 e pretende resgatar o dinheiro aplicado em 6 anos. Ela está em dúvida entre três opções:

- opção A: taxa de juros líquida de aplicação de 15% ao ano.

- opção B: taxa de juros bruta de aplicação de 20% ao ano, porém no ato do resgate devem ser pagos 22% de imposto sobre o rendimento e 1% de taxas administrativas sobre o montante obtido.

- opção C: taxa de juros de aplicação de 1,5% ao mês e impostos de 15% sobre o montante obtido.

Considere que, nas três opções, o regime vigente é o de juros compostos.

Qual é a opção mais vantajosa para Milena? E a menos vantajosa? Use as aproximações: $1,15^6 = 2,31$, $1,2^6 = 2,99$ e $1,015^{36} = 1,71$.

17. Em uma civilização antiga, um rei emprestou 5 cabeças de gado a um amigo para ajudá-lo em seu novo negócio. Três anos depois, esse amigo quitou a dívida com o rei, devolvendo a ele 35 cabeças de gado a mais que a quantia emprestada.

Considerando que o regime de juros combinado entre os dois seja o que hoje chamamos de juros compostos, determine a taxa anual de juros desse empréstimo.

18. (FGV-SP) Numa loja, os preços dos produtos expostos na vitrine incluem um acréscimo de 50% sobre o preço de custo. Durante uma liquidação, o lojista decidiu vender os produtos com um lucro real de 20% sobre os preços de custo.

a) Calcule o desconto que ele deve dar sobre os preços da vitrine.

b) Quando não há liquidação, sua venda é a prazo, com um único pagamento após dois meses e uma taxa de juros compostos de 10% ao mês. Nessa condição, qual será a porcentagem do lucro sobre o preço de custo?

19. O gráfico seguinte mostra a evolução, mês a mês, da dívida no cartão de crédito de um cliente, a partir do mês de janeiro de 2013.

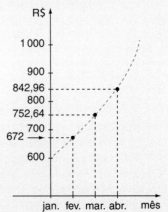

Sabendo que a operadora do cartão de crédito cobra juros mensais cumulativos, a uma taxa percentual fixa por mês, analise cada afirmação seguinte, classificando-a em verdadeira (V) ou falsa (F), justificando:

a) A dívida do cliente no mês de maio superava R$ 900,00.

b) Os valores mensais da dívida do cliente formam uma progressão geométrica de razão 0,12.

c) A taxa mensal de juros desse cartão é de 12%.

d) O valor, em reais, dessa dívida, em julho de 2013, era de $600 \cdot 1,12^7$.

e) Se o cliente só quitou a dívida em dezembro de 2013, com um único pagamento, ele pagou, considerando todo o período, mais de 240% de juros sobre o valor inicial da dívida.

20. O Sr. Melo nunca gostou de bancos e guardou seu dinheiro de muitos anos de trabalho em casa, criando a própria poupança, até se aposentar. A partir daí, todo ano, ele retira 5% do dinheiro existente na poupança, para complementar sua renda.

Seja V_0 o valor acumulado pelo Sr. Melo nesses anos todos de trabalho.

a) Encontre uma fórmula para representar o valor (V) dessa poupança em função do tempo (t), expresso em anos subsequentes à data de sua aposentaria.

b) Que porcentagem de V_0 o Sr. Melo terá sacado depois de cinco anos do início da aposentadoria?

c) Depois de quanto tempo o saldo da poupança se reduzirá à quarta parte de V_0? (Use as aproximações $\ell n\, 0,25 = -1,4$ e $\ell n\, 0,95 = -0,05$.)

21. Roberta recebeu R$ 40 000,00 de uma indenização trabalhista. Aplicou esse dinheiro em um fundo especial de investimento que rende juros compostos de 20% ao ano. Seu objetivo é comprar um apartamento que custa hoje R$ 120 000,00 e se valoriza à taxa de 8% ao ano.

a) Qual é o tempo necessário para que Roberta consiga comprar o apartamento? (Use a aproximação log 3 = 0,48.)

b) Qual será o seu desembolso na aquisição do imóvel?

22. Raul emprestou R$ 1 400,00 a seu amigo Fabiano. Sabendo que Raul é craque em Matemática, Fabiano pediu que lhe informasse o valor da quitação da dívida, de acordo com o número de meses que serão transcorridos até a data (ainda

não definida) de quitação. Raul responde através de um *e-mail*:

Caro Fabiano, para você saber quanto me deve, substitua, na fórmula seguinte, *x* pelo número de meses transcorridos até a data em que pretende me pagar (os meses devem ser contados a partir de hoje, data em que você recebeu os R$ 1 400,00).
A fórmula é:

$$35 \cdot (40 + x)$$

Aí é só fazer as contas indicadas.

Abraço, Raul

a) Qual foi o regime de juros combinado entre os amigos?

b) Qual a taxa mensal de juros combinada?

c) Represente, mês a mês, os valores referentes à quitação da dívida de Fabiano, construindo uma sequência cujo primeiro termo é o valor da dívida depois de um mês. Qual é a razão dessa sequência?

d) Se Fabiano quitou a dívida com um pagamento de R$ 2 100,00, determine o número de meses em que ela vigorou.

23. (U.F. Juiz de Fora-MG) Uma pessoa aplicou uma quantia inicial em um determinado fundo de investimento. Suponha que a função F, que fornece o valor, em reais, que essa pessoa possui investido em relação ao tempo *t*, seja dada por: $F(t) = 100(1,2)^t$.

O tempo *t*, em meses, é contado a partir do instante do investimento inicial.

a) Qual foi a quantia inicial aplicada?

b) Quanto essa pessoa teria no fundo de investimento após 5 meses da aplicação inicial?

c) Utilizando os valores aproximados $\log_{10} 2 = 0,3$ e $\log_{10} 3 = 0,48$, quantos meses, a partir do instante do investimento inicial, seriam necessários para que essa pessoa possuísse, no fundo de investimento, uma quantia igual a R$ 2 700,00?

24. Um empresário tomou emprestados R$ 40 000,00 do banco A e R$ 60 000,00 do banco B, na mesma data, à taxa de juros (compostos) de 20% ao ano e 8% ao ano, respectivamente.

a) Qual será sua dívida total ao final de dois anos?

b) Daqui a quantos anos as dívidas nos dois bancos serão iguais? Use as aproximações: log 2 = 0,3 e log 3 = 0,48.

MATEMÁTICA COMERCIAL E FINANCEIRA   **353**

25. No final do ano, Lucas recebeu da empresa onde trabalha um bônus de R$ 2 400,00. Emprestou parte dessa quantia para Jair e o restante para Joel. Jair ficou de devolver o dinheiro emprestado depois de três meses, com juros simples de 2% ao mês. Joel comprometeu-se a saldar a sua dívida depois de cinco meses, a juros simples de 1% ao mês. Admitindo que os prazos foram rigorosamente cumpridos, determine a quantia emprestada a cada um, sabendo que Lucas recebeu de volta, ao todo, R$ 2 530,00.

26. O preço à vista de um produto é R$ 102,00. Os clientes podem optar pelo pagamento de duas parcelas iguais, sendo a 1ª no ato da compra e a 2ª um mês após essa data. Sabendo que a loja opera com uma taxa de juros de 4% ao mês, determine o valor de cada prestação.

27. (Unicamp-SP) O valor presente, V_p, de uma parcela de um financiamento, a ser paga daqui a n meses, é dado pela fórmula a seguir, em que r é o percentual mensal de juros ($0 \leq r \leq 100$) e p é o valor da parcela.

$$V_p = \frac{p}{\left[1 + \dfrac{r}{100}\right]^n}$$

a) Suponha que uma mercadoria seja vendida em duas parcelas iguais de R$ 200,00, uma a ser paga à vista, e outra a ser paga em 30 dias (ou seja, 1 mês). Calcule o valor presente da mercadoria, V_p, supondo uma taxa de juros de 1% ao mês.

b) Imagine que outra mercadoria, de preço 2p, seja vendida em duas parcelas iguais a p, sem entrada, com o primeiro pagamento em 30 dias (ou seja, 1 mês) e o segundo em 60 dias (ou 2 meses). Supondo, novamente, que a taxa mensal de juros é igual a 1%, determine o valor presente da mercadoria, V_p, e o percentual mínimo de desconto que a loja deve dar para que seja vantajoso, para o cliente, comprar à vista.

28. (UF-PE) Uma pessoa deve a outra a importância de R$ 17 000,00. Para a liquidação da dívida, propõe os seguintes pagamentos: R$ 9 000,00 passados três meses; R$ 6 580,00 passados sete meses, e um pagamento final em um ano. Se a taxa mensal cumulativa de juros cobrada no empréstimo será de 4%, qual o valor do último pagamento? Indique a soma dos dígitos do valor obtido. Dados: use as aproximações $1{,}04^3 \cong 1{,}125$; $1{,}04^7 \cong 1{,}316$ e $1{,}04^{12} \cong 1{,}601$.

29. Leia a tirinha e responda:

Fonte: *O Estado de S. Paulo*, 30/1/2001.

Suponha que um amigo de Calvin tenha aceitado sua proposta "genial": pagou 5,00 à vista e o saldo devedor de 5,00 concordou em pagar em três parcelas iguais (30, 60 e 90 dias) com juros (compostos) de 100% ao mês. Qual foi o valor de cada parcela?

30. (UF-ES) O Senhor Silva comprou um apartamento e, logo depois, o vendeu por R$ 476 000,00. Se ele tivesse vendido esse apartamento por R$ 640 000,00, ele teria lucrado 60%. Calcule:

a) quanto o Senhor Silva pagou pelo apartamento;

b) qual foi, de fato, o seu lucro percentual.

31. (UF-PE) Numa determinada sala de aula, antes das férias do meio do ano, havia $\dfrac{1}{3}$ de meninos; depois do retorno às aulas, entraram mais 5 meninos na turma e nenhum estudante saiu. Nesta nova configuração, temos 60% de meninas. Quantos alunos (meninos e meninas) tinha esta sala antes das férias?

32. (UF-GO) Em um determinado ano, a partir do mês de fevereiro, houve uma redução de 18% no preço da energia elétrica e um aumento de 6% no preço da gasolina. No mês de fevereiro, uma família consumiu as mesmas quantidades de energia elétrica e gasolina que em janeiro, e, coincidentemente, o valor total, em dinheiro, gasto com estes dois itens também se manteve o mesmo. Nesse sentido, determine a razão entre os valores gastos, por esta família, com energia elétrica e gasolina no mês de janeiro.

33. (UE-RJ) Para comprar os produtos A e B em uma loja, um cliente dispõe da quantia X, em reais. O preço do produto A corresponde a $\frac{2}{3}$ de X, e o do produto B corresponde à fração restante.
No momento de efetuar o pagamento, uma promoção reduziu em 10% o preço de A.
Sabendo que, com o desconto, foram gastos R$ 350,00 na compra dos produtos A e B, calcule o valor, em reais, que o cliente deixou de gastar.

34. (UF-PE) Um capital é aplicado a uma taxa anual de juros compostos e rende um montante de R$ 15 200,00 em 3 anos, e um montante de R$ 17 490,00 em 4 anos. Indique o valor inteiro mais próximo da taxa percentual e anual de juros.

35. (U.F. Juiz de Fora-MG) Uma loja virtual oferece as seguintes alternativas para o pagamento de um *notebook*:

- À vista, no boleto bancário, com 5% de desconto sobre o preço tabelado.
- No cartão de crédito, em uma única parcela, o valor de tabela.

Considerando que o consumidor tenha dinheiro para efetuar a compra à vista, e que esse dinheiro possa ser aplicado em uma instituição financeira a uma taxa de 1%, por um prazo de 30 dias, qual a opção mais vantajosa para o consumidor? Justifique sua resposta usando argumentos matemáticos.

36. (UF-GO) Os gráficos a seguir mostram o número de mortes em acidentes de trânsito na última década em Goiás e no Brasil.

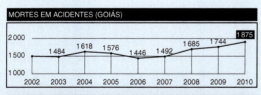

O Popular, Goiânia, 1º nov. 2011, p. 3. [Adaptado].

Considerando-se que o aumento porcentual do número de mortes em acidentes de trânsito em 2010, em relação a 2002, foi o mesmo, tanto em Goiás quanto no Brasil, qual é a quantidade de vítimas fatais em acidentes de trânsito, em 2010, no Brasil?

37. (UF-PB) A pasta de celulose, derivada da árvore do eucalipto, é hoje a principal matéria-prima para a fabricação do papel, uma vez que o eucalipto possui um dos menores ciclos de crescimento (são necessários apenas 7 anos desde o plantio da muda até a época do corte da árvore), e uma das maiores produtividades (1 hectare de terreno pode produzir até 45 m³ de madeira por ano).

(Dados disponíveis em: <www.aracruz.com.br>. Acesso em: 28 jun. 2011.)

Nesse contexto, considere que certa empresa produtora de papel, objetivando a autossuficiência em matéria-prima, dispõe de uma área de 1 300 hectares, totalmente plantada com árvores de eucalipto há mais de 7 anos. Além disso, essa empresa trabalha com a política de replantio: para cada árvore de eucalipto cortada, uma nova muda dessa árvore é colocada em seu lugar.

De acordo com seu planejamento e visando dar conta das encomendas para os próximos 7 anos, estabeleceu o seguinte cronograma:

- Em 2012, cortará e plantará 100 hectares de eucalipto na sua reserva de 1 300 hectares.
- Em 2013, cortará e plantará 20% a mais do que em 2012.
- Em 2014, cortará e plantará 20% a mais do que em 2013 e, assim, sucessivamente, até 2018.

Use:

n	1	2	3	4	5	6	7
$1,2^n$	1,20	1,44	1,73	2,07	2,49	2,99	3,58

Considerando todas as informações apresentadas, julgue os itens a seguir:

a) No período de 2012 a 2018, serão cortados mais de 1 200 hectares de eucalipto.

b) No triênio 2012-2014, serão cortados menos hectares de eucalipto do que no biênio 2017-2018.

c) No biênio 2015-2016, os cortes previstos produzirão, no máximo, 17 100 m³ de madeira de eucalipto.

d) No biênio 2015-2016, o número de hectares de eucalipto plantados será maior do que o número de hectares de eucalipto cortados no biênio 2016-2017.

e) Em 2020, o número de hectares de eucalipto disponíveis para corte será maior do que 100.

38. (UF-MG) Iraci possui vários litros de uma solução de álcool hidratado a 91%, isto é, formada por 91 partes de álcool puro e 9 partes de água pura. Com base nessas informações, e desconsiderando a contração de volume da mistura de álcool e água,

a) determine quanto de água é preciso adicionar a um litro da solução, para que a mistura resultante constitua uma solução de álcool hidratado a 70%.

b) determine quanto da solução de Iraci e quanto de água pura devem ser misturadas, para se obter um litro de solução de álcool hidratado a 70%.

39. (UF-SC) Assinale a(s) proposição(ões) correta(s).

No capítulo X, denominado Contas, do Romance *Vidas Secas*, do escritor brasileiro Graciliano Ramos, considerado por muitos como a maior obra deste autor, temos:

(01) "Fabiano recebia na partilha a quarta parte dos bezerros e a terça dos cabritos. Mas como não tinha roça e apenas limitava a semear na vazante uns punhados de feijão e milho, comia da feira, desfazia-se dos animais, não chegava a ferrar um bezerro ou assinar a orelha de um cabrito." Suponha que Fabiano tenha vendido a sua parte dos bezerros com 4% de prejuízo e a sua parte dos cabritos com 3% de prejuízo. Se o prejuízo total de Fabiano foi de Rs 400$000 (quatrocentos mil réis), então o valor total da criação de bezerros e cabritos era de Rs 40 000$000 (quarenta contos de réis, ou seja, quarenta milhões de réis).

(02) Fabiano recorda-se do dia em que fora vender um porco na cidade e o fiscal da prefeitura exigira o pagamento do imposto sobre a venda. Fabiano desconversou e disse que não iria mais vender o animal. Foi a outra rua negociar e, pego em flagrante, decidiu nunca mais criar porcos. Se o preço de venda do porco na época fosse de Rs 53$000 (cinquenta e três mil réis) e o imposto de 20% sobre o valor da venda, então Fabiano deveria pagar à prefeitura Rs 3$600 (três mil e seiscentos réis).

(04) Assim como das outras vezes, Fabiano pediu à sinha Vitória para que ela fizesse as contas. Como de costume, os números do patrão diferiam dos de sinha Vitória. Fabiano reclamou e obteve do patrão a explicação habitual de que a diferença era proveniente dos juros. Juros e prazos, palavras difíceis que os homens sabidos usavam quando queriam lograr os outros. Se Fabiano tomasse emprestado do patrão Rs 800$000 (oitocentos mil réis) à taxa de 5% ao mês, durante 6 meses, então os juros simples produzidos por este empréstimo seriam de Rs 20$000 (vinte mil réis).

(08) Desde a década de 30, em que foi publicado o romance *Vidas Secas*, até os dias de hoje, a moeda nacional do Brasil mudou de nome várias vezes, principalmente nos períodos de altos índices de inflação. Na maioria das novas denominações monetárias foram cortados três dígitos de zero, isto é, a nova moeda vale sempre 1000 vezes a antiga. Suponha que certo país troque de moeda cada vez que a inflação acumulada atinja a cifra de 700%. Se a inflação desse país for de 20% ao mês, então em um ano esse país terá uma nova moeda. (Considere: log 2 = 0,301 e log 3 = 0,477).

Indique a soma correspondente às alternativas corretas.

40. (UF-PE) Uma compra em uma loja da internet custa 1250 libras esterlinas, incluindo os custos de envio. Para o pagamento no Brasil, o valor deve ser inicialmente convertido em dólares e, em seguida, o valor em dólares é convertido para reais. Além disso, paga-se 60% de imposto de importação à Receita Federal e 6,38% de IOF para pagamento no cartão de crédito. Se uma libra esterlina custa 1,6 dólar e um dólar custa 2 reais, calcule o valor a ser pago, em reais.

41. (UF-MG) Janaína comprou um eletrodoméstico financiado, com taxa de 10% ao mês, em três prestações mensais iguais de R$ 132,00 cada, devendo a primeira prestação ser paga um mês após a compra.

Considerando essas informações, responda às questões em cada um dos seguintes contextos:

a) Janaína atrasou o pagamento da primeira prestação e vai pagá-la com a segunda prestação, quando esta vencer. Calcule o valor total que ela deverá pagar neste momento.

b) Janaína deseja quitar sua dívida na data do vencimento da segunda prestação, pagando a primeira prestação atrasada, a segunda na data correta e a terceira prestação adiantada. Calcule quanto ela deverá pagar ao todo neste momento.

c) Janaína teve alguns problemas que a impediram de pagar a primeira e a segunda prestações nas datas corretas. Calcule quanto ela deverá pagar se quiser quitar as três prestações na data de vencimento da última.

42. (FGV-SP) Segundo um analista de mercado, nos últimos 7 anos, *o preço médio dos imóveis por metro quadrado* (em R$ 100) pode ser representado pela equação abaixo (em que *t* representa o tempo, em anos, variando de t = −3 em 2004 a *t* = 3 em 2010):

Preço(t) = −3t² + 6t + 50

a) De acordo com o analista, houve uma crise no mercado imobiliário nesse período, em um ano em que o preço dos imóveis por metro quadrado atingiu o valor máximo, decaindo no ano seguinte. Em que ano ocorreu a referida crise?

b) Um investidor comprou um imóvel de 100 m² no início de 2006, ao preço médio de mercado, e o vendeu, também ao preço médio de mercado, no início de 2009. Qual teria sido a diferença no lucro auferido (em R$) se tivesse investido, durante o mesmo período de 3 anos, os recursos em um CDB que paga juros compostos de 10% ao ano?

c) Um investidor comprou um imóvel no início de 2006 e o vendeu no início de 2009. A que taxa anual de juros simples ele deveria ter investido, durante esse período de 3 anos, o valor pelo qual comprou o imóvel em 2006, para obter um lucro equivalente ao obtido com a venda do imóvel em 2009?

43. (UF-BA) Um indivíduo aplicou um capital por três períodos consecutivos de um ano. No primeiro ano, ele investiu em uma instituição financeira que remunerou seu capital a uma taxa anual de 20%, obtendo um montante de R$ 3 024,00. Em cada um dos anos seguintes, ele buscou a instituição financeira que oferecesse as melhores condições para investir o montante obtido no ano anterior.

Com base nessas informações, pode-se afirmar:

(01) O capital aplicado inicialmente foi de R$ 2 520,00.

(02) Os montantes obtidos ao final de cada período de um ano formam uma progressão geométrica se, e somente se, as taxas de juros anuais dos dois últimos anos forem iguais.

(04) Se, em comparação com o primeiro ano, a taxa anual de juros do segundo ano foi o dobro, então o rendimento anual também dobrou.

(08) Se a taxa de juros anual dos dois últimos anos foi igual a 30%, o capital acumulado ao final do terceiro ano foi de R$ 5 110,56.

(16) Supondo-se que as taxas de juros anuais para o segundo e o terceiro anos foram, respectivamente, de 30% e 10%, o montante, ao final do terceiro ano, seria o mesmo se, nos dois últimos anos, a taxa de juros anual fosse constante e igual a 20%.

Indique a soma das alternativas corretas.

44. (PUC-RJ) Responda:

a) Maria fez uma aplicação em um investimento que deu prejuízo de 10% e resgatou R$ 45 000,00. Qual foi o valor da aplicação?

b) João aplicou R$ 5 000,00 em um investimento que rendeu 10%, mas sobre o rendimento foi cobrada uma taxa de 15%. Qual foi o valor líquido que João resgatou?

c) Pedro aplicou R$ 70 000,00, parte no investimento A e parte no investimento B, e no final não teve lucro nem prejuízo. O investimento A rendeu 12%, e o investimento B deu prejuízo de 3%. Qual foi o valor que Pedro aplicou no investimento A? Qual foi o valor que Pedro aplicou no investimento B?

45. (FGV-SP) Em 1º de junho de 2009, João usou R$ 150 000,00 para comprar cotas de um fundo de investimento, pagando R$ 1,50 por cota. Três anos depois, João vendeu a totalidade de suas cotas, à taxa de R$ 2,10 cada uma. Um apartamento que valia R$ 150 000,00 em 1º de junho de 2009 valorizou-se 90% nesse mesmo período de três anos. (Nota: a informação de que a valorização do apartamento foi de 90% nesse período de três anos deve ser usada para responder a todos os itens a seguir).

a) Se, ao invés de adquirir as cotas do fundo de investimento, João tivesse investido seu dinheiro no apartamento, quanto a mais teria ganhado, em R$, no período?

b) Para que, nesse período de três anos, o ganho de João tivesse sido R$ 20 000,00 maior com o fundo de investimento, na comparação com o apartamento, por quanto cada cota deveria ter sido vendida em 1º de junho de 2012?

c) Supondo que o regime de capitalização do fundo de investimento seja o de juros simples, quanto deveria ter sido a taxa de juros simples, ao ano, para que a rentabilidade do fundo de investimento se igualasse à do apartamento, ao final do período de três anos? Apresente uma função que relacione o valor total das cotas de João (Y) com o tempo *t*, em anos.

46. (UF-ES) Joana deseja comprar, em uma loja, uma lavadora de roupas e optou por um modelo cujo preço à vista é R$ 1 324,00. Como ela deseja parcelar o pagamento, a loja lhe ofereceu alternativas de pagamento a prazo mediante a cobrança de juros sobre o saldo devedor a uma taxa mensal de 10%. Joana escolheu um plano de pagamento em três prestações mensais iguais.

MATEMÁTICA COMERCIAL E FINANCEIRA 357

a) No caso de a primeira prestação ter vencimento no ato da compra, determine qual deve ser o valor de cada prestação.

b) No caso de a primeira prestação ter vencimento um mês após o ato da compra, determine qual deve ser o valor de cada prestação.

c) Se o preço à vista da lavadora fosse R$ 1 389,00 e a primeira prestação fosse paga no ato da compra, determine qual seria a taxa mensal de juros sobre o saldo devedor para que o valor de cada uma das três prestações iguais fosse R$ 529,00.

47. (UF-BA) Desejando pagar um empréstimo de R$ 10 000,00 em cinco prestações mensais consecutivas, um cliente de uma instituição financeira tem duas opções distintas.

- **Opção 1** – Cada prestação é constituída por 20% do valor total do empréstimo acrescido de 5% de juros, calculados sobre o saldo devedor, determinado pela expressão

  $D_n = 2\,000(6 - n), n = 1, ..., 5.$

- **Opção 2** – Cada prestação é constituída por 50% do saldo devedor – exceto a última, em que o saldo deve ser pago integralmente – acrescido de 5% de juros, calculados sobre esse saldo devedor, determinado pela expressão

  $S_n = \dfrac{10\,000}{2^{n-1}}, n = 1, ..., 5.$

Considerando-se que, nos dois casos, o pagamento da primeira parcela deve ser feito um mês após a efetivação do empréstimo e sem atraso nos pagamentos, pode-se afirmar:

(01) O valor da segunda prestação, calculado pela Opção 1, corresponde a 24% do valor total do empréstimo.

(02) O montante no pagamento das três primeiras prestações, calculadas pela Opção 1, é de R$ 7 300,00.

(04) A parcela referente aos juros contidos em cada prestação, calculada pela Opção 2, pode ser obtida através da expressão $J_n = 125\,(2^{3-n})$, $n = 1, ..., 5$.

(08) O valor da menor prestação, considerando-se a Opção 2, é R$ 656,25.

(16) Sendo T_1 e T_2 os valores totais dos juros calculados pela Opção 1 e pela Opção 2, respectivamente, a diferença $T_1 - T_2$ é positiva.

(32) De acordo com a Opção 1, o valor total a ser pago é equivalente ao valor do empréstimo acrescido de juros simples de 5% ao mês.

48. (UF-MG) Um banco oferece dois planos para pagamento de um empréstimo de R$ 10 000,00, em prestações mensais iguais e com a mesma taxa mensal de juros:

- no Plano 1, o período é de 12 meses; e
- no Plano 2, o período é de 24 meses.

Contudo, a prestação de um desses planos é 80% maior que a prestação do outro.

a) Considerando essas informações, determine em qual dos dois planos – Plano 1 ou Plano 2 – o valor da prestação é maior.

b) Suponha que R$ 10 000,00 são investidos a uma taxa de capitalização mensal igual à taxa mensal de juros oferecida pelo mesmo banco, calcule o saldo da aplicação desse valor ao final de 12 meses.

TESTES

1. (Unicamp-SP) Um automóvel foi anunciado com um financiamento "taxa zero" por R$ 24 000,00 (vinte e quatro mil reais), que poderiam ser pagos em doze parcelas iguais e sem entrada. Para efetivar a compra parcelada, no entanto, o consumidor precisaria pagar R$ 720,00 (setecentos e vinte reais) para cobrir despesas do cadastro. Dessa forma, em relação ao valor anunciado, o comprador pagará um acréscimo

a) inferior a 2,5%.

b) entre 2,5% e 3,5%.

c) entre 3,5% e 4,5%.

d) superior a 4,5%.

2. (UF-PR) Numa pesquisa com 500 pessoas, 50% dos homens entrevistados responderam "sim" a uma determinada pergunta, enquanto 60% das mulheres responderam "sim" à mesma pergunta. Sabendo que, na entrevista, houve 280 respostas "sim" a essa pergunta, quantas mulheres a mais que homens foram entrevistadas?

a) 40

b) 70

c) 100

d) 120

e) 160

3. (UF-GO) Analise os gráficos a seguir.

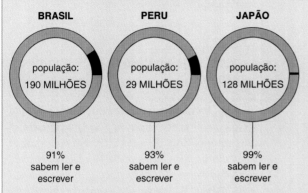

Superinteressante, São Paulo, ed. 314, jan. 2013, p. 66 (Adaptado)

De acordo com os gráficos apresentados, o número de pessoas que

a) sabem ler e escrever no Brasil é maior que no Japão.
b) sabem ler e escrever no Peru é maior que no Brasil.
c) não sabem ler e escrever no Japão é maior que no Peru.
d) não sabem ler e escrever no Japão é maior que no Brasil.
e) não sabem ler e escrever no Peru é maior que no Brasil.

4. (Cefet-MG) Atualmente, o salário mensal de um operário é o valor do salário mínimo (R$ 622,00) mais um auxílio alimentação de R$ 200,00. Em 2013, o salário mínimo será de R$ 670,95 e a empresa dará um reajuste de 10% no valor do auxílio alimentação e mais R$ 100,00 mensais de participação nos lucros.

Dessa forma, no próximo ano, o operário terá um aumento percentual em seu salário de, aproximadamente,

a) 11%   b) 16%   c) 21%   d) 26%

5. (UE-PA) Diversas pesquisas apontam o endividamento de brasileiros. O incentivo ao consumismo, mediado pelas diversas mídias, associado às facilidades de crédito consignado e ao uso desenfreado de cartões são alguns dos fatores responsáveis por essa perspectiva de endividamento.

(Fonte: Jornal O Globo, de 4 de setembro de 2011 – texto adaptado)

Suponha que um cartão de crédito cobre juros de 12% ao mês sobre o saldo devedor e que um usuário com dificuldades financeiras suspende o pagamento do seu cartão com um saldo devedor de R$ 660,00. Se a referida dívida não for paga, o tempo necessário para que o valor do saldo devedor seja triplicado sobre regime de juros compostos será de:

Dados: $\log 3 = 0,47$; $\log 1,12 = 0,05$.

a) nove meses e nove dias.
b) nove meses e dez dias.
c) nove meses e onze dias.
d) nove meses e doze dias.
e) nove meses e treze dias.

6. (UF-TO) Uma pessoa vai a uma loja comprar um aparelho celular e encontra o aparelho que deseja adquirir com duas opções de compra: à vista com 10% de desconto; ou em duas parcelas iguais e sem desconto, sendo a primeira parcela no ato da compra e a outra um mês após.

Com base nos dados de oferta deste aparelho celular, pode-se afirmar que a loja trabalha com uma taxa mensal de juros de:

a) 0%   d) 10%
b) 1%   e) 25%
c) 5%

7. (UF-RS) A massa das medalhas olímpicas de Londres 2012 está entre 375 g e 400 g. Uma medalha de ouro contém 92,5% de prata e 1,34% de ouro, com o restante em cobre. Nessa olimpíada, os Estados Unidos ganharam 46 medalhas de ouro.

Supondo que todas as medalhas de ouro obtidas pelos atletas estadunidenses tinham a massa máxima, a quantidade de ouro que esses atletas ganharam em conjunto

a) é menor do que 0,3 kg.
b) está entre 0,3 kg e 0,5 kg.
c) está entre 0,5 kg e 1 kg.
d) está entre 1 kg e 2 kg.
e) é maior do que 2 kg.

8. (PUC-RJ) Um imóvel em São Paulo foi comprado por x reais, valorizou 10% e foi vendido por R$ 495 000,00. Um imóvel em Porto Alegre foi comprado por y reais, desvalorizou 10% e também foi vendido por R$ 495 000,00.

Os valores de x e y são:

a) x = 445 500 e y = 544 500
b) x = 450 000 e y = 550 000
c) x = 450 000 e y = 540 000
d) x = 445 500 e y = 550 000
e) x = 450 000 e y = 544 500

9. (UF-CE) Uma garrafa está cheia de uma mistura, na qual $\frac{2}{3}$ do conteúdo é composto pelo produto A e $\frac{1}{3}$ pelo produto B. Uma segunda garrafa, com o dobro da capacidade da primeira, está cheia de uma mistura dos mesmos produtos da primeira garrafa, sendo agora $\frac{3}{5}$ do conteúdo composto pelo produto A e $\frac{2}{5}$ pelo produto B. O conteúdo das duas garrafas é derramado em uma terceira garrafa, com o triplo da capacidade da primeira. Que fração do conteúdo da terceira garrafa corresponde ao produto A?

a) $\frac{10}{15}$ c) $\frac{28}{45}$ e) $\frac{3}{8}$

b) $\frac{5}{15}$ d) $\frac{17}{45}$

10. (Enem-MEC) Nos últimos cinco anos, 32 mil mulheres de 20 a 24 anos foram internadas nos hospitais do SUS por causa de AVC. Entre os homens da mesma faixa etária, houve 28 mil internações pelo mesmo motivo.

Época, 26 abr. 2010 (adaptado).

Suponha que, nos próximos cinco anos, haja um acréscimo de 8 mil internações de mulheres e que o acréscimo de internações de homens por AVC ocorra na mesma proporção.

De acordo com as informações dadas, o número de homens que seriam internados por AVC, nos próximos cinco anos, corresponderia a

a) 4 mil.   c) 21 mil.   e) 39 mil.

b) 9 mil.   d) 35 mil.

11. (Enem-MEC) Um jovem investidor precisa escolher qual investimento lhe trará maior retorno financeiro em uma aplicação de R$ 500,00. Para isso, pesquisa o rendimento e o imposto a ser pago em dois investimentos: poupança e CDB (certificado de depósito bancário). As informações obtidas estão resumidas no quadro:

	Rendimento mensal (%)	IR (imposto de renda)
Poupança	0,560	isento
CDB	0,876	4% (sobre o ganho)

Para o jovem investidor, ao final de um mês, a aplicação mais vantajosa é

a) a poupança, pois totalizará um montante de R$ 502,80.

b) a poupança, pois totalizará um montante de R$ 500,56.

c) o CDB, pois totalizará um montante de R$ 504,38.

d) o CDB, pois totalizará um montante de R$ 504,21.

e) o CDB, pois totalizará um montante de R$ 500,87.

12. (UF-AM) Chama-se montante a quantia M que uma pessoa deve receber após aplicar um capital C, a juros compostos, a uma taxa *i* durante o tempo *n*. O cálculo do montante pode ser calculado pela expressão matemática $M = C(1+i)^n$. Se a quantia de R$ 10 000,00 foi aplicada a uma taxa de 2% ao mês a juros compostos, qual será o montante ao final de um trimestre?

a) R$ 10 012,08.   d) R$ 10 612,08.

b) R$ 10 412,08.   e) R$ 11 612,08.

c) R$ 10 602,08.

13. (UF-GO) O gráfico a seguir mostra, nas colunas, a quantidade de livros vendidos no Brasil em cada ano, em milhões de unidades, e destaca na parte sombreada a quantidade vendida porta a porta e o porcentual que este tipo de venda representa em relação ao total de vendas do ano.

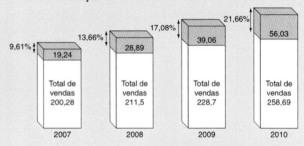

Venda de livros porta a porta deslancha.
Folha de S. Paulo, São Paulo, 25 set. 2011, p. 98. [Adaptado].

De acordo com os dados apresentados, comparando-se os valores de cada ano, a partir de 2008, com os do ano anterior, conclui-se que o

a) número de livros vendidos teve o maior aumento em 2008.

b) aumento porcentual do número de livros vendidos porta a porta, em cada um dos anos, foi maior que o triplo do aumento porcentual do total de livros vendidos.

c) maior aumento porcentual do número de livros vendidos porta a porta ocorreu em 2010.

d) aumento porcentual do número de livros vendidos porta a porta em 2009 foi maior do que em 2008.

e) número de livros vendidos porta a porta em 2009 foi menor do que o dobro do número de livros vendidos porta a porta em 2007.

14. (IF-SP) A Fundação Seade e o Dieese (Departamento Intersindical de Estatística e Estudos Socioeconômicos) pesquisaram em julho nas sete regiões metropolitanas o nível de desemprego. A pesquisa apontou que, em julho, havia 2,44 milhões de pessoas desempregadas no país, para uma PEA (População Economicamente Ativa) de 22,2 milhões. Assim sendo, pode-se afirmar que a taxa de desemprego no Brasil, em julho, ficou em torno de

a) 8% c) 15% e) 22%

b) 11% d) 17%

15. (IF-CE) João gastava mensalmente 10% do seu salário com o plano de saúde da família. Um aumento de 15% no preço desse serviço proporcionou um acréscimo de R$120,00 em suas despesas mensais. O salário de João, em reais, é

a) 12 500. c) 10 000. e) 8 000.

b) 10 850. d) 8 250.

16. (UF-GO) As ações de uma empresa sofreram uma desvalorização de 30% em 2011. Não levando em conta a inflação, para recuperar essas perdas em 2012, voltando ao valor que tinham no início de 2011, as ações precisariam ter uma valorização de, aproximadamente,

a) 30% c) 43% e) 70%

b) 33% d) 50%

17. (UF-SE) Verifique a veracidade das afirmações abaixo.

(0-0) Se R$ 1 000,00 forem aplicados a juros simples, à taxa mensal de 6%, o montante ao final de 5 meses e 20 dias será R$ 1 340,00.

(1-1) O prazo para que um capital de R$ 10 000,00, aplicado a juros compostos à taxa de 4% ao mês, gere um montante final de R$ 11 248,64 é de 3 meses.

(2-2) Se forem aplicados R$ 1 000,00 a juros simples e, ao final de 12 meses, o montante for de R$ 1 560,00, então a taxa mensal de juros terá sido de 4%.

(3-3) Uma pessoa usou todo o capital de R$ 1 500,00 na compra de 150 camisetas iguais. Vendeu $\frac{2}{3}$ do total delas com lucro de 50% sobre o preço de compra, mas as restantes foram vendidas com prejuízo de 10% sobre o valor que havia pago por elas. Nessas duas vendas, ela teve um lucro total de R$ 560,00.

(4-4) O preço normal de um livro era R$ 60,00. Em uma promoção, seu preço de venda estava com desconto de 5% sobre o preço normal. Se um comprador tinha um bônus da loja que lhe garantia 5% de desconto no valor de suas compras, ele pagaria por esse livro, na promoção, o valor de R$ 54,15.

18. (Enem-MEC) O contribuinte que vende mais de R$ 20 mil de ações em Bolsa de Valores em um mês deverá pagar Imposto de Renda. O pagamento para a Receita Federal consistirá em 15% do lucro obtido com a venda das ações.

Disponível em: <www1.folha.uol.com.br>.
Acesso em: 26 abr. 2010 (adaptado).

Um contribuinte que vende por R$ 34 mil um lote de ações que custou R$ 26 mil terá de pagar de Imposto de Renda à Receita Federal o valor de

a) R$ 900,00. d) R$ 3 900,00.

b) R$ 1 200,00. e) R$ 5 100,00.

c) R$ 2 100,00.

19. (Enem-MEC) Considere que uma pessoa decida investir uma determinada quantia e que sejam apresentadas três possibilidades de investimento, com rentabilidades líquidas garantidas pelo período de um ano, conforme descritas:

Investimento A: 3% ao mês

Investimento B: 36% ao ano

Investimento C: 18% ao semestre

As rentabilidades, para esses investimentos, incidem sobre o valor do período anterior. O quadro fornece algumas aproximações para a análise das rentabilidades.

n	$1{,}03^n$
3	1,093
6	1,194
9	1,305
12	1,426

Para escolher o investimento com maior rentabilidade anual, essa pessoa deverá:

a) escolher qualquer um dos investimentos A, B ou C, pois as suas rentabilidades anuais são iguais a 36%.

b) escolher os investimentos A ou C, pois suas rentabilidades anuais são iguais a 39%.

c) escolher o investimento A, pois a sua rentabilidade anual é maior que as rentabilidades anuais dos investimentos B e C.

d) escolher o investimento B, pois sua rentabilidade de 36% é maior que as rentabilidades de 3% do investimento A e de 18% do investimento C.

e) escolher o investimento C, pois sua rentabilidade de 39% ao ano é maior que a rentabilidade de 36% ao ano dos investimentos A e B.

20. (UF-SE) Um comerciante vende artigos nordestinos. No início deste ano ele comprou 100 redes ao preço unitário de X reais. Até o final de junho vendeu $\frac{3}{5}$ do total delas, com lucro de 40% sobre o preço da compra. Como desejava renovar o estoque, fez uma liquidação em agosto e alcançou seu intento: vendeu todas as que haviam sobrado. Entretanto, nessa segunda venda, teve um prejuízo de 10% em relação ao valor pago por elas. O total arrecadado com as vendas das 100 redes foi R$ 3 600,00.

Use o texto acima para analisar as afirmações abaixo.

a) X = 30.

b) O valor arrecadado com a venda das redes no primeiro semestre foi R$ 2 650,00.

c) O valor arrecadado com a venda das redes em agosto foi R$ 1 080,00.

d) Com a venda de todas as redes, ele teve um lucro de R$ 750,00.

e) Com a venda de todas as redes, ele teve um prejuízo de R$ 150,00.

21. (UF-RN) Maria pretende comprar um computador cujo preço é R$ 900,00. O vendedor da loja ofereceu dois planos de pagamento: parcelar o valor em quatro parcelas iguais de R$ 225,00, sem entrada, ou pagar à vista, com 5% de desconto. Sabendo que o preço do computador será o mesmo no decorrer dos próximos quatro meses, e que dispõe de R$ 855,00, ela analisou as seguintes possibilidades de compra:

Opção 1	Comprar à vista, com desconto.
Opção 2	Colocar o dinheiro em uma aplicação que rende 1% de juros compostos ao mês e comprar, no final dos quatro meses, por R$ 900,00.
Opção 3	Colocar o dinheiro em uma aplicação que rende 1% de juros compostos ao mês e comprar a prazo, retirando todo mês o valor da prestação.
Opção 4	Colocar o dinheiro em uma aplicação que rende 2,0% de juros compostos ao mês e comprar, três meses depois, pelos R$ 900,00.

Entre as opções analisadas por Maria, a que oferece maior vantagem financeira no momento é a:

a) opção 2.

b) opção 1.

c) opção 4.

d) opção 3.

22. (FGV-SP) Um mercado vende três marcas de tomate enlatado, as marcas A, B e C. Cada lata da marca A custa 50% mais do que a da marca B e contém 10% menos gramas do que a da marca C. Cada lata da marca C contém 50% mais gramas do que a da marca B e custa 25% mais do que a da marca A. Se o rendimento do produto das três marcas é o mesmo por grama, então, é mais econômico para o consumidor comprar a marca:

a) A.

b) B.

c) C.

d) A ou B, indistintamente.

e) B ou C, indistintamente.

23. (ESPM-SP) No dia 1º de abril, Paulo fez uma aplicação financeira, com capitalização mensal, no valor de R$ 1 000,00. No dia 1º de maio, depositou outros R$ 1 000,00 na mesma aplicação. No dia 1º de junho, ele resgatou toda a aplicação e, com mais R$ 690,00, comprou a tão sonhada TV digital que custava R$ 3 000,00. A taxa mensal de juros dessa aplicação era de:

a) 8%   d) 9%

b) 6%   e) 7%

c) 10%

24. (EPCAr-MG) Gabriel aplicou R$ 6 500,00 a juros simples em dois bancos.

No banco A, ele aplicou uma parte a 3% ao mês durante $\frac{5}{6}$ de um ano; no banco B, aplicou o restante a 3,5% ao mês, durante $\frac{3}{4}$ de um ano.

O total de juros que recebeu nas duas aplicações foi de R$ 2 002,50.

Com base nessas informações, é correto afirmar que:

a) é possível comprar um televisor de R$ 3 100,00 com a quantia aplicada no banco A.

b) o juro recebido com a aplicação no banco A foi menor que R$ 850,00.

c) é possível comprar uma moto de R$ 4 600,00 com a quantia recebida pela aplicação no banco B.

d) o juro recebido com a aplicação no banco B foi maior que R$ 1 110,00.

25. (Ibmec-RJ) Um recipiente contém 2 565 litros de uma mistura de combustível, sendo 4% constituídos de álcool puro. Quantos litros desse álcool devem ser adicionados ao recipiente, a fim de termos 5% de álcool na mistura?

a) 29   c) 25   e) 20
b) 27   d) 23

26. (UE-CE) Um comerciante deseja vender uma mercadoria que custou R$ 960,00, com um lucro líquido de 20% sobre o custo. Se este comerciante paga 10% de imposto sobre o preço de venda, a mercadoria deve ser vendida por:

a) R$ 1 410,00.   c) R$ 1 300,00.
b) R$ 1 340,00.   d) R$ 1 280,00.

27. (Vunesp-SP) Um quilograma de tomates é constituído por 80% de água. Essa massa de tomate (polpa + H_2O) é submetida a um processo de desidratação, no qual apenas a água é retirada, até que a participação da água na massa de tomate se reduza a 20%. Após o processo de desidratação, a massa de tomate, em gramas, será de:

a) 200   c) 250   e) 300
b) 225   d) 275

28. (FGV-SP) Um capital de R$ 10 000,00, aplicado a juro composto de 1,5% ao mês, será resgatado ao final de 1 ano e 8 meses no montante, em reais, aproximadamente igual a:

Dado:

x	x^{10}
0,8500	0,197
0,9850	0,860
0,9985	0,985
1,0015	1,015
1,0150	1,160
1,1500	4,045

a) 11 605,00.
b) 12 986,00.
c) 13 456,00.
d) 13 895,00.
e) 14 216,00.

29. (Enem-MEC) Para aumentar as vendas no início do ano, uma loja de departamentos remarcou os preços de seus produtos 20% abaixo do preço original. Quando chegam ao caixa, os clientes que possuem o cartão fidelidade da loja têm direito a um desconto adicional de 10% sobre o valor total de suas compras.

Um cliente deseja comprar um produto que custava R$ 50,00 antes da remarcação de preços. Ele não possui o cartão fidelidade da loja.

Caso esse cliente possuísse o cartão fidelidade da loja, a economia adicional que obteria ao efetuar a compra, em reais, seria de:

a) 15,00.   c) 10,00.   e) 4,00.
b) 14,00.   d) 5,00.

30. (Enem-MEC) Uma pessoa aplicou certa quantia em ações. No primeiro mês, ela perdeu 30% do total do investimento e, no segundo mês, recuperou 20% do que havia perdido. Depois desses dois meses, resolveu tirar o montante de R$ 3 800,00 gerado pela aplicação.

A quantia inicial que essa pessoa aplicou em ações corresponde ao valor de

a) R$ 4 222,22.   d) R$ 13 300,00.
b) R$ 4 523,80.   e) R$ 17 100,00.
c) R$ 5 000,00.

31. (Cefet-MG) Suponha que a população de baixa renda no Brasil gastou 15,6% de seus rendimentos mensais com energia elétrica até o final de agosto de 2012, e, no mês seguinte, o governo concedeu uma redução de 20% no preço dessa energia. Se não houve variações na renda familiar dessa classe nesse período, então a nova porcentagem de gastos com a energia será de:

a) 13,25%   c) 4,40%
b) 12,48%   d) 3,12%

32. (FGV-SP) Se uma pessoa faz hoje uma aplicação financeira a juros compostos, daqui a 10 anos o montante M será o dobro do capital aplicado C. Utilize a tabela abaixo.

x	0	0,1	0,2	0,3	0,4
2^x	1	1,0718	1,1487	1,2311	1,3195

Qual é a taxa anual de juros?

a) 6,88%
b) 6,98%
c) 7,08%
d) 7,18%
e) 7,28%

33. (UE-RJ)

Garfield, Jim Davis © 1994 Paws, Inc. All Rights Reserved/Dist. Universal Uclick

Jim Davis
blog.estantevirtual.com.br

O personagem da tira diz que, quando ameaçado, o comprimento de seu peixe aumenta 50 vezes, ou seja, 5 000%. Admita que, após uma ameaça, o comprimento desse peixe atinge 1,53 metros. O comprimento original do peixe, em centímetros, corresponde a:

a) 2,50   b) 2,75   c) 3,00   d) 3,25

34. (Unicamp-SP) Para repor o teor de sódio no corpo humano, o indivíduo deve ingerir aproximadamente 500 mg de sódio por dia. Considere que determinado refrigerante de 350 mℓ contém 35 mg de sódio. Ingerindo-se 1 500 mℓ desse refrigerante em um dia, qual é a porcentagem de sódio consumida em relação às necessidades diárias?

a) 45%
b) 60%
c) 15%
d) 30%

35. (Enem-MEC) Um laboratório realiza exames em que é possível observar a taxa de glicose de uma pessoa. Os resultados são analisados de acordo com o quadro a seguir.

Hipoglicemia	taxa de glicose menor ou igual a 70 mg/dℓ
Normal	taxa de glicose maior que 70 mg/dℓ e menor ou igual a 100 mg/dℓ
Pré-diabetes	taxa de glicose maior que 100 mg/dℓ e menor ou igual a 125 mg/dℓ
Diabetes melito	taxa de glicose maior que 125 mg/dℓ e menor ou igual a 250 mg/dℓ
Hiperglicemia	taxa de glicose maior que 250 mg/dℓ

Um paciente fez um exame de glicose nesse laboratório e comprovou que estava com hiperglicemia. Sua taxa de glicose era de 300 mg/dℓ. Seu médico prescreveu um tratamento em duas etapas. Na primeira etapa ele conseguiu reduzir sua taxa em 30% e na segunda etapa em 10%.

Ao calcular sua taxa de glicose após as duas reduções, o paciente verificou que estava na categoria de

a) hipoglicemia.
b) normal.
c) pré-diabetes.
d) diabetes melito.
e) hiperglicemia.

36. (UE-PI) Maria comprou uma blusa e uma saia em uma promoção. Ao término da promoção, o preço da blusa aumentou de 30%, e o da saia, de 20%. Se comprasse as duas peças pelo novo preço, pagaria no total 24% a mais. Quanto mais caro foi o preço da saia em relação ao preço da blusa?

a) 42%
b) 44%
c) 46%
d) 48%
e) 50%

37. (PUC-MG) Luiz pretende descobrir quanto tempo deve esperar até que seu capital triplique se aplicado a uma taxa de juros de 10% ao ano. Para estimar o tempo de espera desconsiderou, em seus cálculos, qualquer tipo de taxa ou imposto, consultou uma tábua de logaritmos decimais e usou os seguintes valores aproximados:

log (11) = 1,04 e log (3) = 0,48

Qual o tempo encontrado por Luiz?

a) 8 anos.

b) 10 anos.

c) 13 anos.

d) 20 anos.

e) 12 anos.

38. (FGV-SP) Um capital A de R$ 10 000,00 é aplicado a juros compostos, à taxa de 20% ao ano; simultaneamente, um outro capital B, de R$ 5 000,00, também é aplicado a juros compostos, à taxa de 68% ao ano.

Utilize a tabela abaixo para resolver.

x	1	2	3	4	5	6	7	8	9
log x	0	0,30	0,48	0,60	0,70	0,78	0,85	0,90	0,96

Depois de quanto tempo os montantes se igualam?

a) 22 meses.

b) 22,5 meses.

c) 23 meses.

d) 23,5 meses.

e) 24 meses.

39. (Mack-SP) Maria fez um empréstimo bancário a juros compostos de 5% ao mês.

Alguns meses após ela quitou a sua dívida, toda de uma só vez, pagando ao banco a quantia de R$ 10 584,00.

Se Maria tivesse pago a sua dívida dois meses antes, ela teria pago ao banco a quantia de

a) R$ 10 200,00.

b) R$ 9 800,00.

c) R$ 9 600,00.

d) R$ 9 200,00.

e) R$ 9 000,00.

40. (UE-PI) O número de computadores no mundo, em 2001, era 600 milhões. Se este número aumentou 10% a cada ano, em relação ao ano anterior, quan-

tos bilhões de computadores existem no mundo em 2011? Dado: use a aproximação $1,1^{10} \cong 2,6$.

a) 1,52

b) 1,53

c) 1,54

d) 1,55

e) 1,56

41. (UF-AL) Dois eletrodomésticos foram comprados por um total de R$ 3 500,00. Se um desconto de 10% fosse dado no preço do primeiro eletrodoméstico e um desconto de 8% fosse dado no preço do segundo, o preço total dos eletrodomésticos seria de R$ 3 170,00. Quanto se pagou pelo primeiro eletrodoméstico?

a) R$ 2 400,00.

b) R$ 2 500,00.

c) R$ 2 600,00.

d) R$ 2 650,00.

e) R$ 2 700,00.

42. (Enem-MEC) Arthur deseja comprar um terreno de Cléber, que lhe oferece as seguintes possibilidades de pagamento:

- Opção 1: Pagar à vista, por R$ 55 000,00.

- Opção 2: Pagar a prazo, dando uma entrada de R$ 30 000,00 e mais uma prestação de R$ 26 000,00 para dali a 6 meses.

- Opção 3: Pagar a prazo, dando uma entrada de R$ 20 000,00, mais uma prestação de R$ 20 000,00 para dali a 6 meses e outra de R$ 18 000,00 para dali a 12 meses da data da compra.

- Opção 4: Pagar a prazo dando uma entrada de R$ 15 000,00 e o restante em 1 ano da data da compra, pagando R$ 39 000,00.

- Opção 5: Pagar a prazo, dali a um ano, o valor de R$ 60 000,00.

Arthur tem o dinheiro para pagar à vista, mas avalia se não seria melhor aplicar o dinheiro do valor à vista (ou até um valor menor), em um investimento, com rentabilidade de 10% ao semestre, resgatando os valores à medida que as prestações da opção escolhida fossem vencendo.

Após avaliar a situação do ponto financeiro e das condições apresentadas, Arthur concluiu que era mais vantajoso financeiramente escolher a opção

a) 1   c) 3   e) 5

b) 2   d) 4

MATEMÁTICA COMERCIAL E FINANCEIRA **365**

43. (UF-PA) A tabela abaixo apresenta os preços pagos ao produtor de açaí, por quilograma da fruta, nos meses de julho/2011 e julho/2012 em estados da região Norte e no Maranhão.

Estados	Unidade	Julho/ 2011	Julho/ 2012
Acre (AC)	kg	0,75	1,00
Amapá (AP)	kg	1,30	1,49
Amazonas (AM)	kg	0,98	0,94
Maranhão (MA)	kg	1,21	1,37
Pará (PA)	kg	2,16	1,69
Rondônia (RO)	kg	0,65	1,25

Sobre a variação de preço, considerando-se a tabela, é correto afirmar que o(a)

a) maior variação de preço ocorreu no estado do Acre.

b) maior decrescimento de preço ocorreu no estado do Amazonas.

c) taxa de variação de preço no estado do Maranhão foi de, aproximadamente, 13%.

d) taxa de variação de preço no estado do Pará foi de, aproximadamente, −15%.

e) maior preço pago em julho/2012 foi no estado do Amapá.

44. (FGV-SP) Na venda de um produto, um comerciante adiciona ao preço de custo uma margem de lucro. O preço final de venda é igual ao preço de custo mais a margem de lucro, mais um determinado imposto.

Se o preço de custo for R$ 40,00, a margem de lucro for 60% do preço de custo e o imposto for 20% do preço de venda, podemos concluir que o imposto pago é

a) R$ 12,80.

b) R$ 13,60.

c) R$ 14,40.

d) R$ 15,20.

e) R$ 16,00.

45. (UFF-RJ) Em uma certa cidade, a tributação que incide sobre o consumo de energia elétrica residencial é de 33% sobre o valor do consumo, se a faixa de consumo estiver entre 51 kWh e 300 kWh mensais. Se, no mês de junho, em uma residência dessa cidade, foram consumidos 281 kWh e o valor total (valor cobrado pelo consumo acrescido do valor correspondente aos tributos) foi de R$ 150,29, é correto afirmar que

a) a quantia de R$ 37,29 é referente aos tributos.

b) a quantia de R$ 49,59 é referente aos tributos.

c) o valor cobrado pelo consumo é 67% do valor total.

d) o valor cobrado pelo consumo é de R$ 146,67.

e) o valor cobrado pelo consumo é de R$ 117,29.

46. (Enem-MEC) Um comerciante visita um centro de vendas para fazer cotação de preços dos produtos que deseja comprar. Verifica que se aproveita 100% da quantidade adquirida de produtos do tipo A, mas apenas 90% de produtos do tipo B. Esse comerciante deseja comprar uma quantidade de produtos, obtendo o menor custo/benefício em cada um deles. O quadro mostra o preço por quilograma, em reais, de cada produto comercializado.

Produto	Tipo A	Tipo B
Arroz	2,00	1,70
Feijão	4,50	4,10
Soja	3,80	3,50
Milho	6,00	5,30

Os tipos de arroz, feijão, soja e milho que devem ser escolhidos pelo comerciante são, respectivamente,

a) A, A, A, A.

b) A, B, A, B.

c) A, B, B, A.

d) B, A, A, B.

e) B, B, B, B.

47. (FGV-SP) Um capital C de R$ 2 000,00 é aplicado a juros simples à taxa de 2% ao mês. Quatro meses depois, um outro capital D de R$ 1 850,00 também é aplicado a juros simples, à taxa de 3% ao mês.

Depois de n meses, contados a partir da aplicação do capital C, os montantes se igualam.

Podemos afirmar que a soma dos algarismos de n é

a) 10

b) 9

c) 8

d) 7

e) 6

48. (Insper-SP) O preço de um produto na loja A é 20% maior do que na loja B, que ainda oferece 10% de desconto para pagamento à vista. Sérgio deseja comprar esse produto pagando à vista. Nesse caso, para que seja indiferente para ele optar pela loja A ou pela B, o desconto oferecido pela loja A para pagamento à vista deverá ser de

a) 10%

b) 15%

c) 20%

d) 25%

e) 30%

12 SEMELHANÇA E TRIÂNGULOS RETÂNGULOS

SEMELHANÇA ENTRE FIGURAS

Introdução

Cada uma das figuras apresenta, em escalas diferentes, o esboço de um mapa contendo o nome de algumas das capitais brasileiras.

Figura A

Brasil: algumas capitais

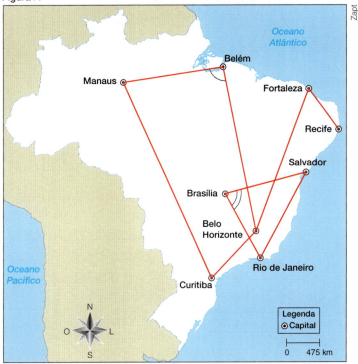

Brasil: algumas capitais

Figura B

Fonte: *Atlas Geográfico Escolar*. Rio de Janeiro. IBGE, 2007.

Vamos relacionar elementos da figura A com seus correspondentes da figura B e construir alguns conceitos importantes.

- Medindo a distância entre duas cidades quaisquer na figura A e a correspondente distância na figura B, observamos que a primeira mede o dobro da segunda.
- Ao medir um ângulo qualquer em uma das figuras e seu correspondente na outra, obteremos a mesma medida.

SEMELHANÇA E TRIÂNGULOS RETÂNGULOS   367

Por exemplo, ao medir a distância entre Belo Horizonte e Fortaleza na figura A, obtemos $d_1 = 40$ mm. Em B, a distância que separa essas duas capitais é $d'_1 = 20$ mm.

Entre o Rio de Janeiro e Salvador temos, em A, $d_2 = 26$ mm e, em B, $d'_2 = 13$ mm.

Generalizando, para essas duas figuras temos: $d_i = 2d'_i$.

Isso nos garante que existe uma constante de proporcionalidade, k, entre as medidas (lineares) da figura A e suas correspondentes na figura B; no caso, $k = \dfrac{d_i}{d'_i} = 2$. Essa constante chama-se **razão de semelhança**.

Vamos estudar agora a parte angular: tanto na figura A como na B, o ângulo com vértice em Belém mede 93°. Da mesma forma que, nas duas figuras, cada ângulo com vértice na capital federal tem 76°.

Os ângulos indicam a "forma" da figura, que se mantém quando a ampliamos ou reduzimos. O que se modifica nesses casos são apenas as medidas dos segmentos de reta.

Quando essas duas condições (medidas lineares proporcionais e medidas angulares congruentes) são satisfeitas, dizemos que duas figuras são **semelhantes**.

Exemplo 1

Dois quadrados quaisquer são semelhantes.

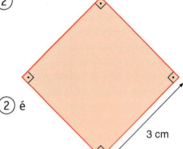

A razão de semelhança entre os quadrados ① e ② é $\dfrac{1 \text{ cm}}{3 \text{ cm}} = \dfrac{1}{3}$.

Poderíamos também ter calculado a razão de semelhança entre os quadrados ② e ①, nessa ordem, obtendo $\dfrac{3 \text{ cm}}{1 \text{ cm}} = 3$, que é o inverso de $\dfrac{1}{3}$.

Exemplo 2

Dois círculos quaisquer são semelhantes.

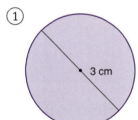

A razão de semelhança entre os círculos ① e ② é $\dfrac{3 \text{ cm}}{2 \text{ cm}} = 1{,}5$.

Exemplo 3

Dois retângulos serão semelhantes somente se a razão entre as medidas de suas bases for igual à razão entre as medidas de suas alturas.

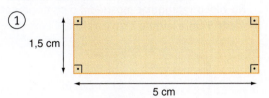
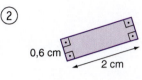

A razão de semelhança entre os retângulos ① e ② é $\dfrac{5 \text{ cm}}{2 \text{ cm}} = \dfrac{1,5 \text{ cm}}{0,6 \text{ cm}} = 2,5$.

Exemplo 4

Dois blocos retangulares (paralelepípedos retângulos) serão semelhantes somente se as razões entre as três dimensões (tomadas, por exemplo, em ordem crescente) de um deles e as correspondentes dimensões do outro forem sempre iguais.

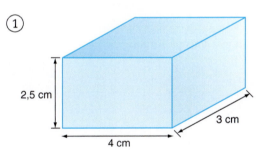
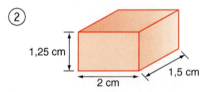

A razão de semelhança entre os paralelepípedos ① e ② é $\dfrac{2,5 \text{ cm}}{1,25 \text{ cm}} = \dfrac{3 \text{ cm}}{1,5 \text{ cm}} = \dfrac{4 \text{ cm}}{2 \text{ cm}} = 2$. Logo, eles são semelhantes.

EXERCÍCIOS

1. A escala utilizada em um mapa foi de 1 : 30 000. Qual a distância real entre duas cidades distantes 20 cm no mapa?

2. Relacione no caderno quais das seguintes afirmações são verdadeiras e quais são falsas.
   a) Dois retângulos quaisquer são semelhantes.
   b) Dois círculos quaisquer são semelhantes.
   c) Dois triângulos retângulos quaisquer são semelhantes.
   d) Dois triângulos equiláteros quaisquer são semelhantes.
   e) Dois trapézios retângulos quaisquer são semelhantes.
   f) Dois losangos quaisquer são semelhantes.

3. Dois retângulos, R_1 e R_2, são semelhantes. As medidas dos lados de R_1 são 6 cm e 10 cm. Sabendo que a razão de semelhança entre R_1 e R_2, nessa ordem, é $\dfrac{2}{3}$, determine as medidas dos lados de R_2.

4. Dois triângulos retângulos distintos possuem um ângulo de 48° e lados com medidas proporcionais. Pode-se afirmar que eles são semelhantes? Explique.

5. Quais são as medidas dos lados de um quadrilátero A'B'C'D' com perímetro de 17 cm, semelhante ao quadrilátero ABCD da figura?

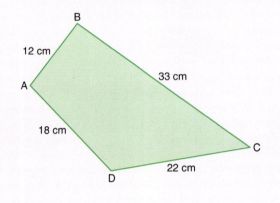

6. Dois triângulos isósceles distintos possuem um ângulo de 40°. Pode-se afirmar que eles são semelhantes? Explique.

7. No bloco retangular mostrado, o comprimento mede 8 cm, a largura 2 cm e a altura 6 cm.

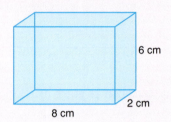

A razão de semelhança entre esse bloco e um outro nessa ordem é $\frac{1}{3}$. Quais são as dimensões desse outro bloco?

SEMELHANÇA DE TRIÂNGULOS

Introdução

Observe os triângulos ABC e DEF, construídos de modo a terem a mesma forma.

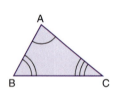 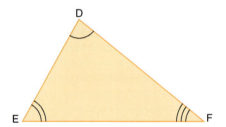

É possível colocar o triângulo menor (ABC) dentro do maior (DEF), de maneira que seus lados fiquem respectivamente paralelos.

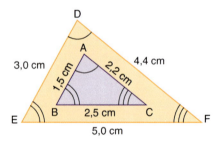

Vemos, assim, que dois triângulos com formas iguais têm necessariamente ângulos congruentes:

$$\hat{A} \equiv \hat{D} \qquad \hat{B} \equiv \hat{E} \qquad \hat{C} \equiv \hat{F}$$

Se medirmos os lados dos dois triângulos e calcularmos as razões entre os lados correspondentes, teremos:

$$\frac{AB}{DE} = \frac{1{,}5\ cm}{3{,}0\ cm} = \frac{1}{2} \qquad \frac{AC}{DF} = \frac{2{,}2\ cm}{4{,}4\ cm} = \frac{1}{2} \qquad \frac{BC}{EF} = \frac{2{,}5\ cm}{5{,}0\ cm} = \frac{1}{2}$$

Logo, as razões são todas iguais, ou seja, os lados correspondentes (homólogos) são proporcionais.

$$\frac{AB}{DE} = \frac{AC}{DF} = \frac{BC}{EF}$$

Daí, podemos estabelecer a seguinte definição:

> Dois triângulos são semelhantes quando seus ângulos correspondentes são congruentes e os lados homólogos são proporcionais.

Em símbolos matemáticos, podemos escrever:

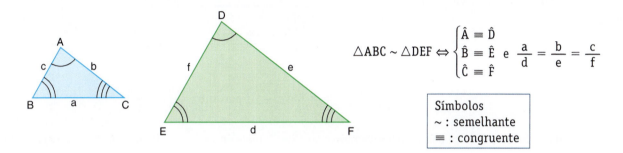

$$\triangle ABC \sim \triangle DEF \Leftrightarrow \begin{cases} \hat{A} \equiv \hat{D} \\ \hat{B} \equiv \hat{E} \\ \hat{C} \equiv \hat{F} \end{cases} \text{e} \quad \frac{a}{d} = \frac{b}{e} = \frac{c}{f}$$

Símbolos
~ : semelhante
≡ : congruente

Razão de semelhança

Quando dois triângulos são semelhantes, a razão entre as medidas dos lados correspondentes é chamada **razão de semelhança**. Nos triângulos ABC e DEF, que estão logo acima:

$$\frac{a}{d} = \frac{b}{e} = \frac{c}{f} = k, \text{ em que } k \text{ é a razão de semelhança}$$

O conceito de triângulos semelhantes fixou as seguintes condições para um triângulo ABC ser semelhante a outro A'B'C':

$\underbrace{\hat{A} \equiv \hat{A}', \hat{B} \equiv \hat{B}', \hat{C} \equiv \hat{C}'}_{\text{três congruências de ângulos}}$ e $\underbrace{\frac{AB}{A'B'} = \frac{AC}{A'C'} = \frac{BC}{B'C'}}_{\text{proporcionalidade dos três lados}}$

Mas podemos reduzir essas exigências a uma quantidade bem menor. Os casos de semelhança (ou critérios de semelhança), que estudaremos a seguir, mostram quais são as condições mínimas para dois triângulos serem semelhantes.

Para demonstrar a validade dos critérios de semelhança, precisamos rever o teorema de Tales e o teorema fundamental da semelhança.

Ao observar a figura abaixo, que mostra um feixe de paralelas com duas transversais, podemos dizer que:
- são **correspondentes** os pontos: A e A', B e B', C e C', D e D';
- são **correspondentes** os segmentos: $\overline{AB}$ e $\overline{A'B'}$, $\overline{CD}$ e $\overline{C'D'}$, $\overline{AC}$ e $\overline{A'C'}$ etc.

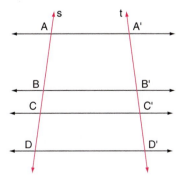

Vamos supor que existe um segmento *x* que "cabe" *p* vezes em AB e *q* vezes em CD, e que *p* e *q* são números inteiros. Na figura, p = 5 e q = 4.

Temos, então:

$$AB = p \cdot x \quad \text{e} \quad CD = q \cdot x$$

Estabelecendo a razão $\frac{AB}{CD}$, temos:

$$\frac{AB}{CD} = \frac{p \cdot x}{q \cdot x} \Rightarrow \frac{AB}{CD} = \frac{p}{q} \quad \text{①}$$

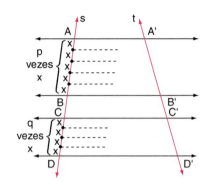

p = 5 e q = 4; portanto, $\frac{AB}{CD} = \frac{5}{4}$

Conduzindo retas do feixe pelos pontos de divisão de $\overline{AB}$ e $\overline{CD}$ (veja linhas tracejadas na figura), observamos que:
- o segmento $\overline{A'B'}$ fica dividido em *p* partes congruentes (de medida x');
- o segmento $\overline{C'D'}$ fica dividido em *q* partes congruentes (também de medida x');

$$A'B' = p \cdot x' \quad \text{e} \quad C'D' = q \cdot x'$$

- ao estabelecer a razão $\frac{A'B'}{C'D'}$, temos:

$$\frac{A'B'}{C'D'} = \frac{p \cdot x'}{q \cdot x'} \Rightarrow \frac{A'B'}{C'D'} = \frac{p}{q} \quad \text{②}$$

- comparando as igualdades ① e ②, vem:

$$\frac{AB}{CD} = \frac{A'B'}{C'D'}$$

Daí concluímos a validade do **teorema de Tales**:

> Se duas retas são transversais a um feixe de retas paralelas, então a razão entre dois segmentos quaisquer de uma delas é igual à razão entre os segmentos correspondentes da outra.

Vamos agora conhecer o teorema fundamental da semelhança de triângulos. Veja como chegamos a ele. A figura mostra um triângulo ABC, e $\overline{DE}$ é um segmento paralelo ao lado $\overline{BC}$.

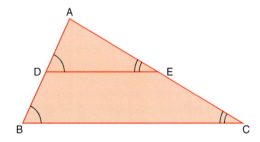

Observe os ângulos dos triângulos ADE e ABC. Do paralelismo de $\overline{DE}$ e $\overline{BC}$, temos:

$$\hat{D} \equiv \hat{B} \quad \text{e} \quad \hat{E} \equiv \hat{C}$$

Então os triângulos ADE e ABC têm os ângulos ordenadamente congruentes:

$$\hat{D} \equiv \hat{B}, \hat{E} \equiv \hat{C} \text{ e } \hat{A} \text{ é comum} \qquad ①$$

Sendo $\overleftrightarrow{DE} \parallel \overleftrightarrow{BC}$ e aplicando o teorema de Tales nas transversais $\overleftrightarrow{AB}$ e $\overleftrightarrow{AC}$, temos:

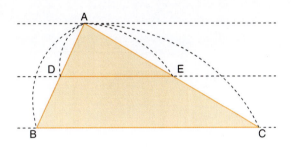

$$\frac{AD}{AB} = \frac{AE}{AC} \qquad ②$$

Pelo ponto E, vamos conduzir $\overleftrightarrow{EF}$, paralela a $\overleftrightarrow{AB}$.

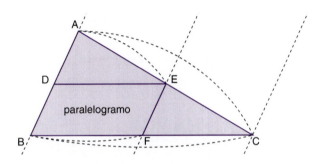

Sendo $\overleftrightarrow{EF} \parallel \overleftrightarrow{AB}$ e aplicando o teorema de Tales, temos: $\frac{AE}{AC} = \frac{BF}{BC}$.

Mas $\overline{BF} \equiv \overline{DE}$, pois BDEF é um paralelogramo; vamos então substituir BF por DE na igualdade anterior:

$$\frac{AE}{AC} = \frac{DE}{BC} \qquad ③$$

Comparando ② e ③, resulta:

$$\frac{AD}{AB} = \frac{AE}{AC} = \frac{DE}{BC} \qquad ④$$

Concluímos, assim, que os triângulos ADE e ABC têm ângulos congruentes (ver ①) e lados proporcionais (ver ④). Logo, eles são semelhantes:

$$\triangle ADE \sim \triangle ABC$$

Daí concluímos a validade do **teorema fundamental da semelhança**:

> Toda reta paralela a um lado de um triângulo, que intercepta os outros dois lados em pontos distintos, determina um novo triângulo semelhante ao primeiro.

Exemplo 5

Na figura abaixo, sendo $\overline{DE} \parallel \overline{AB}$, qual é a medida dos segmentos $\overline{CB}$ e $\overline{CE}$?

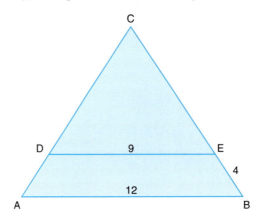

Sendo $\overline{DE} \parallel \overline{AB}$, temos: $\triangle CDE \sim \triangle CAB$.
Daí, vem:

$$\frac{CD}{CA} = \frac{CE}{CB} = \frac{DE}{AB} = \frac{9}{12} \Rightarrow \frac{CE}{CB} = \frac{9}{12} \Rightarrow \frac{CE}{CE + 4} = \frac{9}{12} \Rightarrow CE = 12$$

$$CB = CE + 4 = 12 + 4 = 16$$

CRITÉRIOS DE SEMELHANÇA

AA (ângulo – ângulo)

Observe os triângulos, ABC e A'B'C', com dois ângulos respectivamente congruentes:

$$\hat{A} \equiv \hat{A}' \quad \text{e} \quad \hat{B} \equiv \hat{B}'$$

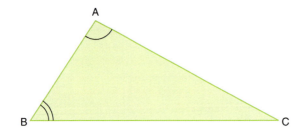
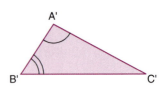

Se $\overline{AB} \equiv \overline{A'B'}$, então $\triangle ABC \equiv \triangle A'B'C'$ e, daí, $\triangle ABC \sim \triangle A'B'C'$.

Vamos supor que os triângulos não sejam congruentes e que $AB > A'B'$.

Tomemos D em $\overline{AB}$, de modo que $\overline{AD} \equiv \overline{A'B'}$, e por D vamos traçar $\overline{DE} \parallel \overline{BC}$.

Pelo caso de congruência ALA, os triângulos ADE e A'B'C' são congruentes:

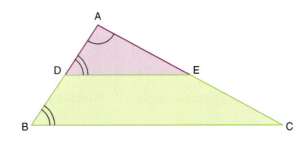

$$\triangle ADE \equiv \triangle A'B'C'$$

Pelo teorema fundamental os triângulos ADE e ABC são semelhantes:

$$\triangle ADE \sim \triangle ABC$$

Então, os triângulos A'B'C' e ABC também são semelhantes:

$$\triangle A'B'C' \sim \triangle ABC$$

> Se dois triângulos possuem dois ângulos respectivamente congruentes, então os triângulos são **semelhantes**.

LAL (lado – ângulo – lado)

Se dois triângulos têm dois lados correspondentes proporcionais e os ângulos compreendidos são congruentes, então os triângulos são semelhantes. Observe a demonstração considerando os dois triângulos ilustrados.

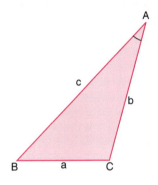
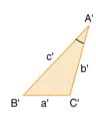

$$\left. \begin{array}{l} \dfrac{c}{c'} = \dfrac{b}{b'} \\ \hat{A} \equiv \hat{A}' \end{array} \right\} \Rightarrow \triangle ABC \sim \triangle A'B'C'$$

Note que:
- pelo caso de congruência LAL:

$$\triangle ADE \equiv \triangle A'B'C'$$

- pelo teorema fundamental:

$$\triangle ADE \sim \triangle ABC$$

Então, $\triangle A'B'C' \sim \triangle ABC$.

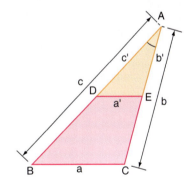

LLL (lado – lado – lado)

Se dois triângulos têm os lados correspondentes proporcionais, então os triângulos são semelhantes.

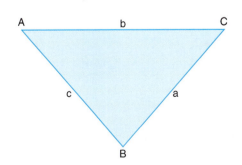

$$\dfrac{a}{a'} = \dfrac{b}{b'} = \dfrac{c}{c'} \Rightarrow \triangle ABC \sim \triangle A'B'C'$$

SEMELHANÇA E TRIÂNGULOS RETÂNGULOS

Note que:
- pelo caso de congruência LLL:

    △ADE ≡ △A'B'C'

- pelo teorema fundamental:

    △ADE ~ △ABC

Então, △A'B'C' ~ △ABC.

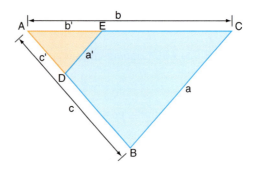

Exemplo 6

Observe os dois triângulos ilustrados. Temos:

$$\hat{G} \equiv \hat{J} \text{ e } \hat{I} \equiv \hat{L}$$

Então, pelo 1º critério de semelhança, △GHI ~ △JKL e, em consequência, seus lados homólogos são proporcionais:

$$\frac{GH}{JK} = \frac{GI}{JL} = \frac{HI}{KL}$$

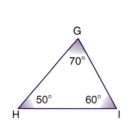
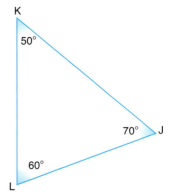

Exemplo 7

Observe os dois triângulos ilustrados.

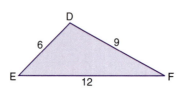

Temos: $\dfrac{AB}{DE} = \dfrac{BC}{EF} = \dfrac{CA}{FD}$

Então, pelo 3º critério de semelhança, △ABC ~ △DEF e, em consequência, seus ângulos são respectivamente congruentes:

$$\hat{A} \equiv \hat{D}, \hat{B} \equiv \hat{E} \text{ e } \hat{C} \equiv \hat{F}$$

EXERCÍCIO RESOLVIDO

1. Sabe-se que $\overline{AE} \parallel \overline{CD}$. Quais são as medidas x de $\overline{AB}$ e y de $\overline{CD}$?

Solução:

Como $\overline{AE} \parallel \overline{CD}$, há dois pares de ângulos alternos internos congruentes:

$$B\hat{A}E \equiv B\hat{C}D \text{ e } B\hat{E}A \equiv B\hat{D}C$$

Há também $A\hat{B}E \equiv C\hat{B}D$ (ângulos opostos pelo vértice). Assim, temos △ABE ~ △CBD.

Podemos escrever a proporcionalidade entre as medidas dos lados homólogos:

$$\frac{AB}{CB} = \frac{AE}{CD} = \frac{BE}{BD} \Rightarrow \frac{x}{4,5} = \frac{1,6}{y} = \frac{2}{6}$$

Vem, então, $x = \dfrac{2 \cdot 4,5}{6}$, isto é, x = 1,5 cm, além de $y = \dfrac{6 \cdot 1,6}{2}$, ou seja, y = 4,8 cm.

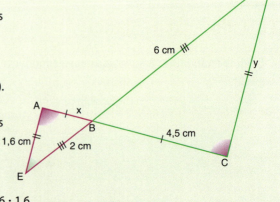

EXERCÍCIOS

8. São dados oito triângulos. Indique os pares de triângulos semelhantes e o critério de semelhança correspondente:

①   ⑤

②   ⑥

③   ⑦

④   ⑧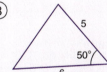

9. Determine x e y nas figuras:

a) 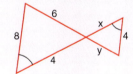   b)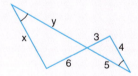

10. Determine a altura de um prédio cuja sombra tem 15 m no mesmo instante em que uma vara de 6 m, fincada em posição vertical, tem uma sombra de 2 m.

11. Determine DE, sendo $\overline{AB} \parallel \overline{CD}$, BE = 4 cm, EC = 8 cm e AC = 11 cm.

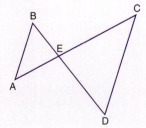

12. Os pontos D, E e F dividem o lado $\overline{AB}$ do triângulo ABC em quatro partes congruentes. Os pontos G, H e I dividem o lado $\overline{AC}$ desse triângulo em partes congruentes. Sabendo que BC = 20 cm, calcule DG, EH e FI.

13. Sendo $\overline{DE} \parallel \overline{BC}$, determine x nos casos:

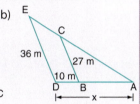

14. Determine a medida de $\overline{AB}$ em cada caso:

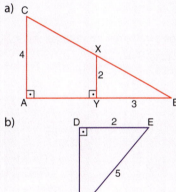

15. Verifique se há semelhança entre os triângulos ABE e ACD. Justifique sua resposta.

16. São semelhantes os triângulos AMN e PMN da figura? Justifique sua resposta.

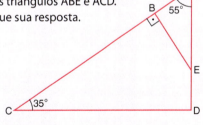

SEMELHANÇA E TRIÂNGULOS RETÂNGULOS

CONSEQUÊNCIAS DA SEMELHANÇA DE TRIÂNGULOS

Primeira consequência

Utilizando os critérios de semelhança, podemos provar que, se a razão de semelhança entre dois triângulos é k, então:

- a razão entre duas alturas homólogas é k;
- a razão entre duas bissetrizes homólogas é k;
- a razão entre duas medianas homólogas é k;
- a razão entre as áreas é k^2.

Vamos provar a última afirmação. Sejam $\triangle ABC \sim \triangle DEF$.

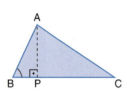
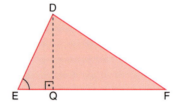

Temos:

$$\frac{AB}{DE} = \frac{BC}{EF} = \frac{CA}{FD} = k$$

Consideremos as alturas homólogas $\overline{AP}$ e $\overline{DQ}$. Os triângulos ABP e DEQ também são semelhantes (pelo primeiro critério), pois $\hat{B} \equiv \hat{E}$ e $\hat{P} \equiv \hat{Q}$.

Então:

$$\frac{AB}{DE} = \frac{AP}{DQ}, \text{ portanto } \frac{AP}{DQ} = k$$

Daí, temos:

$$\left. \begin{array}{l} \text{área } \triangle ABC = S_1 = \dfrac{BC \cdot AP}{2} \\ \text{área } \triangle DEF = S_2 = \dfrac{EF \cdot DQ}{2} \end{array} \right\} \Rightarrow \frac{S_1}{S_2} = \frac{BC \cdot AP}{EF \cdot DQ} = \frac{BC}{EF} \cdot \frac{AP}{DQ} = k \cdot k = k^2$$

Segunda consequência

Se um segmento une os pontos médios de dois lados de um triângulo, então ele é **paralelo ao terceiro lado** e é **metade do terceiro lado**.

Observe o triângulo ABC da figura em que M e N são os pontos médios de $\overline{AB}$ e $\overline{AC}$, respectivamente.

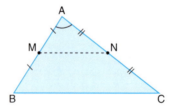

Observe os triângulos AMN e ABC. Eles têm $\hat{A}$ em comum e $\dfrac{AM}{AB} = \dfrac{AN}{AC} = \dfrac{1}{2}$.

De acordo com o segundo caso de semelhança, temos:

$$\triangle AMN \sim \triangle ABC$$

e, portanto, $\hat{M} \equiv \hat{B}$, $\hat{N} \equiv \hat{C}$ e $\dfrac{MN}{BC} = \dfrac{1}{2}$.

Assim, podemos concluir que $\overline{MN} \parallel \overline{BC}$ e $MN = \dfrac{BC}{2}$.

Terceira consequência

Se, pelo ponto médio de um lado de um triângulo, traçarmos uma reta paralela a outro de seus lados, ela encontrará o terceiro lado em seu ponto médio.

Agora, observe a figura ao lado: tomamos um triângulo ABC e marcamos M, ponto médio do lado $\overline{AB}$. Em seguida, traçamos por M a reta r, paralela ao lado $\overline{BC}$.

Pelo teorema fundamental, temos $\triangle AMN \sim \triangle ABC$; portanto, $\dfrac{AM}{AB} = \dfrac{AN}{AC} = \dfrac{MN}{BC} = \dfrac{1}{2}$, ou seja, N é o ponto médio de $\overline{AC}$, e MN é a metade de BC.

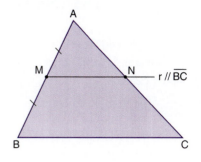

EXERCÍCIO RESOLVIDO

2. Na figura ao lado, $\overline{RS}$ é paralelo a $\overline{TV}$:

a) Determinar o valor de *x*.

b) Sendo S_1 a área do triângulo PRS e S_2 a área do triângulo PTV, encontrar uma relação entre S_1 e S_2.

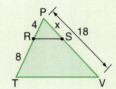

Solução:

Como $\overline{RS} // \overline{TV}$, os triângulos PRS e PTV são semelhantes.

a) Escrevendo a razão de semelhança entre os lados dos triângulos PRS e PTV, vem:

$$\dfrac{PR}{PT} = \dfrac{PS}{PV} \Rightarrow \dfrac{4}{4+8} = \dfrac{x}{18} \Rightarrow x = 6$$

b) Como a razão de semelhança entre os lados dos triângulos PRS e PTV é $\dfrac{1}{3}$, nessa ordem, concluímos que a razão entre suas áreas é $\left(\dfrac{1}{3}\right)^2 = \dfrac{1}{9}$, isto é, $\dfrac{S_1}{S_2} = \dfrac{1}{9}$.

EXERCÍCIOS

17. As medidas dos lados de um triângulo ABC são 5,2 cm, 6,5 cm e 7,3 cm. Seja MNP o triângulo cujos vértices são os pontos médios dos lados de ABC:

a) Qual é o perímetro de MNP?

b) Prove que MNP é semelhante a ABC.

18. Na figura, $\overline{DE}$ é paralelo a $\overline{BC}$.

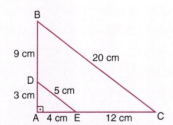

a) Qual é a razão de semelhança dos triângulos ADE e ABC, nessa ordem?

b) Qual é a razão entre os perímetros dos triângulos ADE e ABC, nessa ordem?

c) Qual é a razão entre as áreas dos triângulos ADE e ABC, nessa ordem?

d) Se a área do triângulo ADE é 6 cm², qual é a área do triângulo ABC?

19. Na figura, $\overline{AB}$ é paralelo a $\overline{DE}$. Sabendo que AB = 5 cm, h_1 = 3 cm e DE = 10 cm, determine:

a) h_2;

b) as áreas dos triângulos ABC e CDE.

20. Dois triângulos equiláteros T_1 e T_2 têm perímetros de 6 cm e 24 cm. Quantos triângulos congruentes a T_1 "cabem" em T_2?

21. Na figura, $\overline{AB} // \overline{ED}$, DE = 4 cm, e as áreas dos triângulos ABC e EDC valem, respectivamente, 36 cm² e 4 cm². Quanto mede $\overline{AB}$?

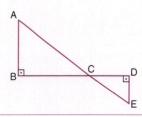

O TRIÂNGULO RETÂNGULO

Todo triângulo retângulo, além do ângulo reto, possui dois ângulos (agudos) complementares.

O maior dos três lados do triângulo é o oposto ao ângulo reto e chama-se **hipotenusa**; os outros dois lados são os **catetos**.

Semelhanças no triângulo retângulo

Conduzindo a altura $\overline{AD}$, relativa à hipotenusa de um triângulo retângulo ABC, obtemos dois outros triângulos retângulos: DBA e DAC. Observe as figuras:

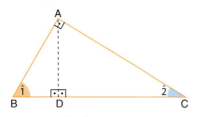  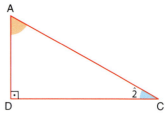

Os ângulos $\hat{1}$ e $\hat{2}$ são complementares (a soma é 90°).

O ângulo $B\hat{A}D$ é complemento do ângulo $\hat{1}$. Então, $B\hat{A}D \equiv \hat{2}$.

O ângulo $D\hat{A}C$ é complemento do ângulo $\hat{2}$. Então, $D\hat{A}C \equiv \hat{1}$.

Reunindo as conclusões, vemos que os triângulos ABC, DBA e DAC têm os ângulos respectivos congruentes e, portanto, são semelhantes:

$$\triangle ABC \sim \triangle DBA \sim \triangle DAC$$

Relações métricas

Voltemos ao triângulo ABC, retângulo em Â, com a altura $\overline{AD}$. Os segmentos $\overline{BD}$ e $\overline{DC}$ também são chamados de **projeções** dos catetos sobre a hipotenusa.

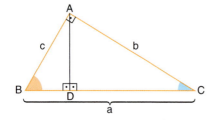 ~  ~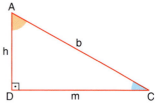

n: Projeção de $\overline{AB}$ sobre $\overline{BC}$.

m: Projeção de $\overline{AC}$ sobre $\overline{BC}$.

Explorando a semelhança dos triângulos, temos que:

$\triangle ABC \sim \triangle DBA \Rightarrow \dfrac{a}{c} = \dfrac{c}{n} \Rightarrow c^2 = a \cdot n$ (I)

$\triangle ABC \sim \triangle DAC \Rightarrow \dfrac{a}{b} = \dfrac{b}{m} \Rightarrow b^2 = a \cdot m$ (II)

$\triangle DBA \sim \triangle DAC \Rightarrow \dfrac{h}{m} = \dfrac{n}{h} \Rightarrow h^2 = m \cdot n$ (III)

As relações (I), (II) e (III) são importantes **relações métricas no triângulo retângulo**. Em qualquer triângulo retângulo, temos, portanto:

- O quadrado da medida de um cateto é igual ao produto das medidas da hipotenusa e da projeção desse cateto sobre a hipotenusa, isto é:

$$b^2 = a \cdot m \quad \text{e} \quad c^2 = a \cdot n$$

- O quadrado da medida da altura relativa à hipotenusa é igual ao produto das medidas dos segmentos que ela determina na hipotenusa:

$$h^2 = m \cdot n$$

Das relações (I), (II) e (III) decorrem outras, entre as quais vamos destacar duas:

- Multiplicando membro a membro as relações (I) e (II) e depois usando a (III), temos:

$$\left.\begin{array}{l} b^2 = a \cdot m \\ c^2 = a \cdot n \end{array}\right\} \Rightarrow b^2 \cdot c^2 = a^2 \cdot \underbrace{m \cdot n}_{(III)} \Rightarrow b^2 \cdot c^2 = a^2 \cdot h^2 \Rightarrow b \cdot c = a \cdot h$$

Em qualquer triângulo retângulo, o produto das medidas dos catetos é igual ao produto das medidas da hipotenusa e da altura relativa a ela:

$$b \cdot c = a \cdot h$$

- Somando membro a membro as relações (I) e (II) e observando que m + n = a, temos:

$$\left.\begin{array}{l} b^2 = a \cdot m \\ c^2 = a \cdot n \end{array}\right\} \Rightarrow b^2 + c^2 = a \cdot m + a \cdot n \Rightarrow b^2 + c^2 = a \cdot \underbrace{(m + n)}_{a} \Rightarrow b^2 + c^2 = a^2$$

Em qualquer triângulo retângulo, a soma dos quadrados das medidas dos catetos é igual ao quadrado da medida da hipotenusa.

$$b^2 + c^2 = a^2$$

Essa última relação é conhecida como **teorema de Pitágoras**.

Exemplo 8

Sejam 2 cm e 3 cm as medidas das projeções dos catetos de um triângulo retângulo sobre a hipotenusa (veja a figura). Vamos calcular as medidas dos catetos.

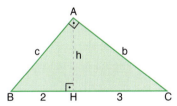

Podemos fazer:

(III): $h^2 = 2 \cdot 3 \Rightarrow h = \sqrt{6}$ cm

Como o triângulo ABH é retângulo, vale o teorema de Pitágoras:

$$c^2 = 2^2 + h^2 = 4 + 6 = 10 \Rightarrow c = \sqrt{10} \text{ cm}$$

No triângulo ACH, que é retângulo,

$$b^2 = h^2 + 3^2 = 6 + 9 = 15 \Rightarrow b = \sqrt{15} \text{ cm}$$

Exemplo 9

Em um triângulo retângulo, os catetos medem 5 cm e 12 cm. Vamos determinar as medidas da hipotenusa, das projeções dos catetos sobre a hipotenusa e da altura relativa à hipotenusa.

Inicialmente, caracterizaremos os elementos no triângulo retângulo da figura, em que a medida da hipotenusa é *x*, as das projeções são *z* e *t* e a da altura é *y*.

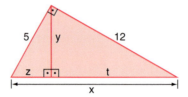

Pelo teorema de Pitágoras, temos:
$$x^2 = 5^2 + 12^2 \Rightarrow x^2 = 169 \Rightarrow x = 13 \text{ cm} \quad \text{(hipotenusa)}$$

Aplicando as relações que envolvem as projeções dos catetos, vem:
$$\left. \begin{array}{l} 5^2 = x \cdot z \Rightarrow 13 \cdot z = 25 \Rightarrow z = \dfrac{25}{13} \text{ cm} \\ 12^2 = x \cdot t \Rightarrow 13 \cdot t = 144 \Rightarrow t = \dfrac{144}{13} \text{ cm} \end{array} \right\} \text{(projeções)}$$

Aplicando a relação do produto dos catetos, vem:
$$x \cdot y = 5 \cdot 12 \Rightarrow 13 \cdot y = 60 \Rightarrow y = \dfrac{60}{13} \text{ cm (altura)}$$

Aplicações notáveis do teorema de Pitágoras

1ª) Diagonal do quadrado

Consideremos um quadrado ABCD cujo lado mede ℓ. Vamos encontrar a medida da diagonal *d* do quadrado em função de ℓ.

Basta aplicar o teorema de Pitágoras a qualquer um dos triângulos destacados:

$$d^2 = \ell^2 + \ell^2 = 2\ell^2$$

$$\boxed{d = \ell\sqrt{2}}$$

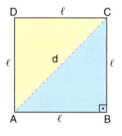

Assim, se o lado de um quadrado mede 10 cm, sua diagonal medirá $10\sqrt{2}$ cm (aproximadamente 14,1 cm).

2ª) Altura do triângulo equilátero

Consideremos um triângulo equilátero ABC cujo lado mede ℓ. Vamos expressar a medida da altura *h* do triângulo em função de ℓ.

Basta aplicar o teorema de Pitágoras ao triângulo destacado:

$$h^2 + \left(\dfrac{\ell}{2}\right)^2 = \ell^2 \Rightarrow h^2 = \ell^2 - \left(\dfrac{\ell}{2}\right)^2$$

$$h^2 = \ell^2 - \dfrac{\ell^2}{4} = \dfrac{3\ell^2}{4}$$

$$\boxed{h = \dfrac{\ell\sqrt{3}}{2}}$$

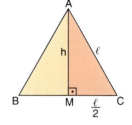

Assim, em um triângulo equilátero com lado de 6 cm, a altura relativa a qualquer um dos lados mede $\dfrac{6\sqrt{3}}{2} = 3\sqrt{3}$ cm (aproximadamente 5,2 cm).

Um pouco de História

Pitágoras de Samos

Pitágoras nasceu na ilha grega de Samos, por volta de 565 a.C.

Sua obra, depois continuada por seus discípulos, foi de enorme importância para o desenvolvimento da Matemática. Várias foram as contribuições da escola pitagórica, responsável por avanços na área do raciocínio lógico-dedutivo. Pitágoras deu também grandes contribuições ao desenvolvimento da Aritmética.

O teorema que leva seu nome – demonstrado na página 415 – já teve centenas de demonstrações diferentes. Observe a demonstração a seguir.

Tomemos o quadrado ABCD abaixo representado, de lado a + b. Podemos dividi-lo em dois trapézios congruentes pelo segmento $\overline{EF}$: o trapézio AEFD e o trapézio EBCF. A área S do trapézio AEFD pode ser calculada de duas maneiras:

- Como metade da área do quadrado ABCD:

$$S = \frac{(a + b)(a + b)}{2}$$

- Como a soma das áreas dos triângulos AEG, EGF e GFD:

$$S = \frac{ab}{2} + \frac{cc}{2} + \frac{ab}{2}$$

Então:

$$(a + b)(a + b) = ab + cc + ab$$

e daí resulta:

$$a^2 + b^2 = c^2$$

Essa demonstração se deve a James Abraham Garfield (1831-1881), vigésimo presidente dos Estados Unidos.

Pitágoras desenhando na areia o teorema que hoje leva o seu nome.

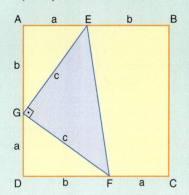

EXERCÍCIOS

22. Sabendo que $\overline{AB} \parallel \overline{CD}$, determine x e y.

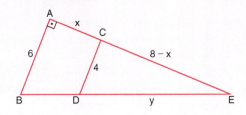

23. Determine x e y nas figuras:

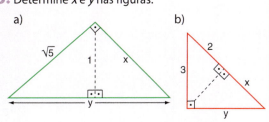

SEMELHANÇA E TRIÂNGULOS RETÂNGULOS   383

24. Determine o valor de x em cada caso:

a)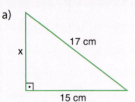

b)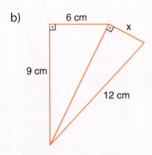

c)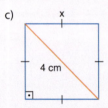

d)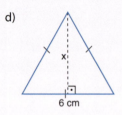

25. Quanto medem os catetos e a altura relativa à hipotenusa de um triângulo, sabendo que essa altura determina, sobre a hipotenusa, segmentos de 3 cm e 5 cm?

26. Uma piscina tem 40 m de comprimento, 20 m de largura e 2 m de profundidade. Que distância percorrerá alguém que nade na superfície, em linha reta, de um canto ao canto oposto dessa piscina?
Use a aproximação: $\sqrt{5} = 2{,}23$.

27. A figura mostra o perfil de uma escada, formada por seis degraus idênticos, cada um com 40 cm de largura. A distância do ponto mais alto da escada ao solo é 1,80 m. Qual é a medida do segmento $\overline{AB}$?

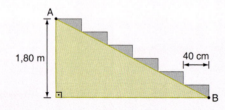

28. Calcule x em:

a)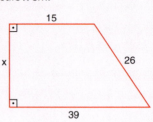

b)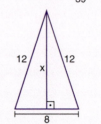

c)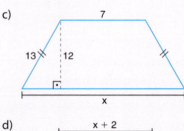

d)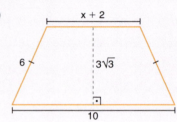

29. Para ajudar nas festas juninas de sua cidade, Paulo esticou completamente um fio de bandeirinhas, com 3,5 m de comprimento, até o topo de um poste com 4,5 m de altura. Sabemos que Paulo mede 1,70 m; a que distância ele ficou do pé do poste?

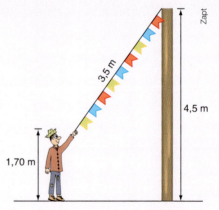

30. O perímetro de um quadrado é 36 cm. Qual é a medida da diagonal desse quadrado?

31. A altura de um triângulo equilátero mede $6\sqrt{3}$ m. Qual é o perímetro desse triângulo?

32. Dois grupos de turistas partem simultaneamente da entrada do hotel em que estão hospedados. O primeiro grupo segue na direção leste, rumo a um monumento distante 800 m do ponto de partida. O segundo parte na direção norte, rumo a um museu situado a 1 000 m do ponto de partida.

Paraty, Rio de Janeiro.

a) Qual é a distância, em metros, entre o monumento e o museu?

b) Supondo que os dois grupos caminham a uma velocidade constante de 2 km/h, qual é a distância, em metros, entre os dois grupos 15 minutos após a partida?

33. Sendo $\overline{DE}$ // $\overline{AB}$ e $\overline{DF}$ // $\overline{AC}$, quanto mede a hipotenusa $\overline{BC}$?

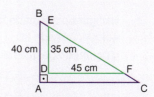

34. Entre duas paredes verticais, paralelas, há 5 m de distância. Para reparar uma delas (na região compreendida entre as paredes), um pedreiro apoia nela uma escada de 4 m, que a toca a 3 m do solo. O pé da escada está mais próximo de qual das paredes? Justifique sua resposta.

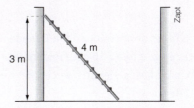

35. Leia com atenção e responda:

a) A altura relativa à hipotenusa de um triângulo atinge o ponto médio da hipotenusa. Se um cateto do triângulo mede 11 cm, quanto mede o outro?

b) A altura relativa à hipotenusa de um triângulo divide-a em partes proporcionais a 2 e 3. Se um cateto do triângulo mede 18 cm, quanto mede o outro?

DESAFIO

Considere que a seguinte sequência de figuras foi construída segundo determinado padrão.

Figura 1   Figura 2   Figura 3   Figura 4

Os números de pontos dessas figuras (1, 3, 6, 10 etc.) são chamados de números triangulares. Mantido tal padrão, qual será a soma dos oito primeiros números triangulares?

EXERCÍCIOS COMPLEMENTARES

1. Em certo trecho de um rio as margens são paralelas. Ali, a distância entre dois povoados situados na mesma margem é de 3 000 m. Esses povoados distam igualmente de um farol, situado na outra margem do rio. Sabendo que a largura do rio é 2 km, determine a distância do farol em relação a cada um dos povoados.

2. Na figura, o quadrado DEFG está inscrito no triângulo ABC. Sendo BD = 8 cm e CE = 2 cm, calcule o perímetro do quadrado.

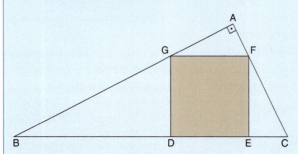

3. As bases de um trapézio ABCD medem 50 cm e 30 cm e sua altura é 10 cm. Prolongando-se os lados não paralelos, eles se interceptam num ponto E. Determine:

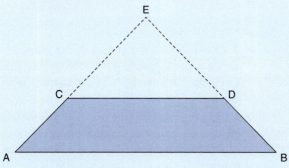

a) a medida da altura $\overline{EG}$ do triângulo CDE;

b) a razão entre as áreas dos triângulos CDE e ABE, nessa ordem;

c) a área do trapézio.

4. (Cefet-MG) Na figura abaixo, o triângulo ABC é equilátero. Sabendo-se que AM = MB = CD = 6 e $\overline{FB}$ é paralelo a $\overline{AC}$, qual é o valor de FB?

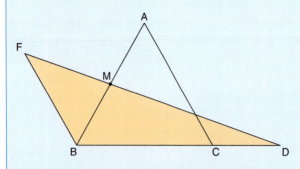

5. O lado de um triângulo equilátero ABC mede $\dfrac{\sqrt{6}}{2}$ cm e D é o ponto médio de $\overline{AB}$. Determine a distância entre D e $\overline{AC}$.

6. (Mackenzie-SP) Na figura ao lado, se AC = 5, AB = 4 e PR = 1,2, qual é o valor de RQ?

7. A figura representa três ruas paralelas (I, II e III) de um condomínio. A partir do ponto P, deseja-se puxar uma extensa rede de fios elétricos, conforme indicado por $\overline{PR}$, $\overline{PT}$, $\overline{QS}$ e $\overline{RT}$. Sabe-se que a quantidade de fio (em metros) usada para ligar os pontos Q e R é o dobro da quantidade necessária para ligar os pontos P e Q. Determine quantos metros de fio serão usados para ligar Q e S, se de R a T foram usados 84 m.

8. (U.F. Pelotas-RS) Qual é o perímetro do triângulo ABC abaixo?

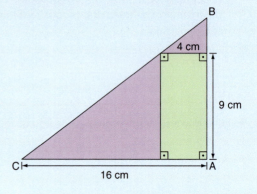

9. (UF-BA) Na figura abaixo, todos os triângulos são retângulos isósceles e ABCD é um quadrado. Determine o quociente $\dfrac{GH}{CE}$.

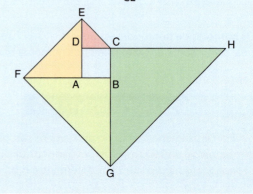

10. (Vunesp-SP) Os comprimentos dos lados de um triângulo retângulo formam uma progressão aritmética. Qual o comprimento da hipotenusa se o perímetro do triângulo mede 12?

11. Na figura, aparecem o triângulo equilátero ABC, de 6 cm de lado, e o quadrado BCDE, sendo F o pé de uma altura do triângulo ABC.

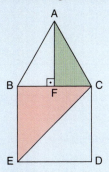

a) Tome G sobre $\overline{CE}$, de modo que o triângulo CFG seja retângulo. Determine a medida de $\overline{EG}$.

b) Sendo H o ponto médio de $\overline{AF}$, determine a medida de $\overline{EH}$.

12. (UF-PR) Uma corda de 3,9 m de comprimento conecta um ponto na base de um bloco de madeira a uma polia localizada no alto de uma elevação, conforme o esquema abaixo. Observe que o ponto mais alto dessa polia está a 1,5 m acima do plano em que esse bloco desliza. Caso a corda seja puxada 1,4 m na direção indicada abaixo, a distância x que o bloco deslizará será de:

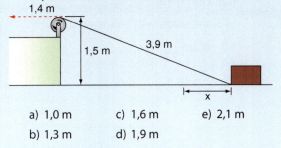

a) 1,0 m   c) 1,6 m   e) 2,1 m
b) 1,3 m   d) 1,9 m

13. A partir da figura abaixo, responda:

a) Que fração da área do triângulo ABC é ocupada pelo triângulo CDE?

b) Qual a razão entre a área do trapézio ABDE e a do triângulo CDE?

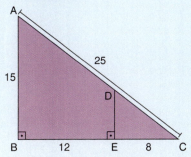

14. Os lados de um triângulo medem 4 cm, 4 cm e 6 cm. Determine as medidas das alturas desse triângulo.

15. (Unicamp-SP) Dois navios partiram ao mesmo tempo de um mesmo porto, em direções perpendiculares e a velocidades constantes. Trinta minutos após a partida, a distância entre os dois navios era de 15 km e, após mais 15 minutos, um dos navios estava 4,5 km mais longe do porto que o outro.

a) Quais as velocidades dos dois navios, em quilômetros por hora?

b) Qual a distância de cada um dos navios até o porto de saída, 270 minutos após a partida?

16. (UF-GO) Uma fonte luminosa a 25 cm do centro de uma esfera projeta sobre uma parede uma sombra circular de 28 cm de diâmetro, conforme figura a seguir.

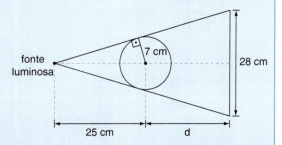

Se o raio da esfera é 7 cm, qual é a distância entre o centro da esfera e a parede?

17. (U.F. Viçosa-MG) Sob duas ruas paralelas de uma cidade serão construídos, a partir das estações A e B, passando pelas estações C e D, dois túneis retilíneos, que se encontrarão na estação X, conforme ilustra a figura abaixo.

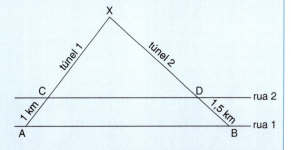

A distância entre as estações A e C é de 1 km e entre as estações B e D, de 1,5 km. Em cada um dos túneis são perfurados 12 m por dia. Sabendo que o túnel 1 demandará 250 dias para ser construído e que os túneis deverão se encontrar em X, no mesmo dia, qual o número de dias em que a construção do túnel 2 deverá anteceder à do túnel 1?

SEMELHANÇA E TRIÂNGULOS RETÂNGULOS

18. (FGV-SP) Bem no topo de uma árvore de 10,2 metros de altura, um gavião-casaca-de-couro, no ponto A da figura, observa atentamente um pequeno roedor que subiu na mesma árvore e parou preocupado no ponto B, bem abaixo do gavião, na mesma reta vertical em relação ao chão. Junto à árvore, um garoto fixa verticalmente no chão uma vareta de 14,4 centímetros de comprimento e, usando uma régua, descobre que a sombra da vareta mede 36 centímetros de comprimento.

Exatamente nesse instante ele vê, no chão, a sombra do gavião percorrer 16 metros em linha reta e ficar sobre a sombra do roedor, que não havia se movido de susto. Calcule e responda: quantos metros o gavião teve de voar para capturar o roedor, se ele voa verticalmente de A para B?

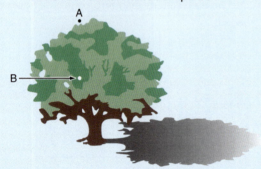

19. (Unicamp-SP) Para trocar uma lâmpada, Roberto encostou uma escada na parede de sua casa, de forma que o topo da escada ficou a uma altura de aproximadamente $\sqrt{14}$ m. Enquanto Roberto subia os degraus, a base da escada escorregou por 1 m, tocando o muro paralelo à parede, conforme a ilustração. Refeito do susto, Roberto reparou que, após deslizar, a escada passou a fazer um ângulo de 45° com a horizontal.

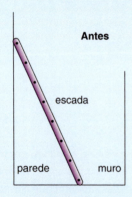 

Pergunta-se:

a) Qual é a distância entre a parede da casa e o muro?

b) Qual é o comprimento da escada de Roberto?

20. (UF-RJ) O triângulo ABC da figura a seguir tem ângulo reto em B. O segmento $\overline{BD}$ é a altura relativa a $\overline{AC}$. Os segmentos $\overline{AD}$ e $\overline{DC}$ medem 12 cm e 4 cm, respectivamente. O ponto E pertence ao lado $\overline{BC}$ e BC = 4EC.

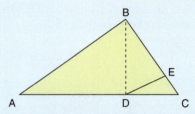

Determine o comprimento do segmento $\overline{DE}$.

21. (Vunesp-SP) O planeta Terra descreve seu movimento de translação em uma órbita aproximadamente circular em torno do Sol. Considerando o dia terrestre com 24 horas, o ano com 365 dias e a distância da Terra ao Sol aproximadamente $150\,380 \cdot 10^3$ km, determine a velocidade média, em quilômetros por hora, com que a Terra gira em torno do Sol. Use a aproximação $\pi = 3$.

22. (U.F. ABC-SP) Sobre a figura, sabe-se que:

- ABC e EFD são triângulos;
- os pontos A, C, D e E estão alinhados;
- a reta que passa por B e C é paralela à reta que passa por D e F;
- os ângulos $A\hat{B}C$ e $D\hat{F}E$ são congruentes;
- AB = 5 cm, AC = 6 cm, EF = 4,8 cm e AE = 10 cm.

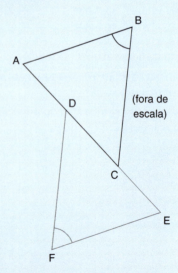

Calcule a medida do segmento $\overline{CD}$.

TESTES

1. (Enem-MEC) Um biólogo mediu a altura de cinco árvores distintas e representou-as em uma mesma malha quadriculada, utilizando escalas diferentes, conforme indicações na figura a seguir.

Qual é a árvore que apresenta a maior altura real?

a) I
b) II
c) III
d) IV
e) V

2. (Enem-MEC) O dono de um sítio pretende colocar uma haste de sustentação para melhor firmar dois postes de comprimentos iguais a 6 m e 4 m. A figura representa a situação real na qual os postes são descritos pelos segmentos $\overline{AC}$ e $\overline{BD}$ e a haste é representada pelo segmento $\overline{EF}$, todos perpendiculares ao solo, que é indicado pelo segmento de reta $\overline{AB}$. Os segmentos $\overline{AD}$ e $\overline{BC}$ representam cabos de aço que serão instalados.

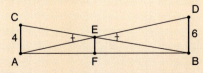

Qual deve ser o valor do comprimento da haste $\overline{EF}$?

a) 1 m
b) 2 m
c) 2,4 m
d) 3 m
e) $2\sqrt{6}$ m

3. (Enem-MEC) A figura apresenta dois mapas, em que o estado do Rio de Janeiro é visto em diferentes escalas.

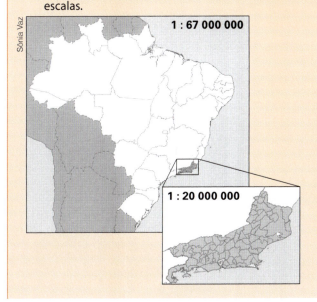

Há interesse em estimar o número de vezes que foi ampliada a área correspondente a esse estado no mapa do Brasil.

Esse número é

a) menor que 10.
b) maior que 10 e menor que 20.
c) maior que 20 e menor que 30.
d) maior que 30 e menor que 40.
e) maior que 40.

4. (FEI-SP) Num triângulo ABC, os lados medem AB = 5 cm, AC = 7 cm e BC = 8 cm. Se M é o ponto médio do lado $\overline{BC}$, então a medida do segmento $\overline{AM}$ é:

a) $\sqrt{29}$ cm
b) $2\sqrt{3}$ cm
c) $\sqrt{21}$ cm
d) 6 cm
e) $\sqrt{19}$ cm

5. (Enem-MEC) A sombra de uma pessoa que tem 1,80 m de altura mede 60 cm. No mesmo momento, a seu lado, a sombra projetada de um poste mede 2,00 m. Se, mais tarde, a sombra do poste diminuiu 50 cm, a sombra da pessoa passou a medir:

a) 30 cm
b) 45 cm
c) 50 cm
d) 80 cm
e) 90 cm

6. (UF-RN) Numa projeção de filme, o projetor foi colocado a 12 m de distância da tela. Isto fez com que aparecesse a imagem de um homem com 3 m de altura. Numa sala menor, a projeção resultou na imagem de um homem com apenas 2 m de altura. Nessa nova sala, a distância do projetor em relação à tela era de

a) 18 m
b) 8 m
c) 36 m
d) 9 m

7. (Cefet-MG) No triângulo ABC, um segmento $\overline{MN}$, paralelo a $\overline{BC}$, divide o triângulo em duas regiões de mesma área, conforme representado na figura.

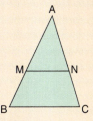

A razão $\dfrac{AM}{AB}$ é igual a:

a) $\dfrac{1}{2}$
b) $\dfrac{\sqrt{2}}{2}$
c) $\dfrac{\sqrt{3}}{2}$
d) $\dfrac{\sqrt{3}}{3}$
e) $\dfrac{\sqrt{2}+1}{3}$

8. (Enem-MEC)

Na figura apresentada, que representa o projeto de uma escada com 5 degraus de mesma altura, o comprimento total do corrimão é igual a:
a) 1,8 m   c) 2,0 m   e) 2,2 m
b) 1,9 m   d) 2,1 m

9. (Fuvest-SP) Na figura, o triângulo ABC é retângulo com catetos BC = 3 e AB = 4. Além disso, o ponto D pertence ao cateto $\overline{AB}$, o ponto E pertence ao cateto $\overline{BC}$ e o ponto F pertence à hipotenusa $\overline{AC}$, de tal forma que DECF seja um paralelogramo. Se $DE = \frac{3}{2}$, então a área do paralelogramo DECF vale

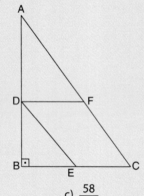

a) $\frac{63}{25}$ c) $\frac{58}{25}$ e) $\frac{11}{5}$

b) $\frac{12}{5}$ d) $\frac{56}{25}$

10. (U.F. Ouro Preto-MG) Uma pessoa, após caminhar 10,5 metros sobre uma rampa plana com inclinação de θ radianos, em relação a um piso horizontal, e altura de h metros na sua parte mais alta, está a 1,5 metro de altura em relação ao piso e a 17,5 metros do ponto mais alto da rampa.

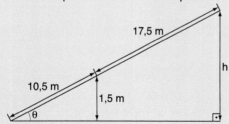

Sendo assim, a altura h da rampa, em metros, é de:
a) 2,5
b) 4,0
c) 7,0
d) 8,5

11. (UF-CE) Se os valores das medidas dos lados de um triângulo retângulo são termos de uma progressão aritmética de razão 2, então a medida da hipotenusa desse triângulo é:
a) 10 unidades de comprimento.
b) 11 unidades de comprimento.
c) 12 unidades de comprimento.
d) 13 unidades de comprimento.
e) 14 unidades de comprimento.

12. (FEI-SP) Um triângulo retângulo é isósceles e a altura baixada do vértice correspondente ao ângulo reto sobre a hipotenusa mede 5 metros. O perímetro do referido triângulo é, em metros:
a) $15\sqrt{2}$
b) $10\sqrt{5}$
c) $10(\sqrt{2} + 1)$
d) $10(\sqrt{5} + 1)$
e) 25

13. (Fuvest-SP) Na figura, ABC e CDE são triângulos retângulos, $\overline{AB} = 1$, $\overline{BC} = \sqrt{3}$ e $\overline{BE} = 2\overline{DE}$. Logo, a medida de $\overline{AE}$ é:

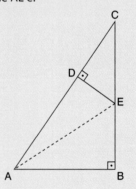

a) $\frac{\sqrt{3}}{2}$

b) $\frac{\sqrt{5}}{2}$

c) $\frac{\sqrt{7}}{2}$

d) $\frac{\sqrt{11}}{2}$

e) $\frac{\sqrt{13}}{2}$

14. (U.F. São Carlos-SP) A hipotenusa do triângulo retângulo ABC está localizada sobre a reta real, conforme indica a figura.

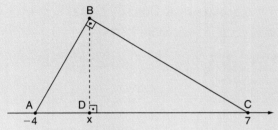

Se $x > 0$ e a medida da altura $\overline{BD}$ relativa ao lado $\overline{AC}$ do triângulo ABC é $2\sqrt{6}$, então x é o número real
a) $2\sqrt{3}$
b) 4
c) $3\sqrt{2}$
d) 5
e) $3\sqrt{3}$

15. (FEI-SP) Considere o triângulo retângulo ABC dado a seguir. Sabe-se que a medida do segmento $\overline{AB}$ é igual a 3 cm, a do $\overline{AC}$ é igual a 4 cm, a do $\overline{BC}$ é igual a 5 cm e a do $\overline{BM}$ é igual a 3 cm.

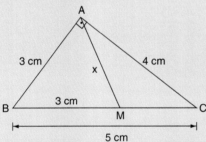

Neste caso, a medida do segmento $\overline{AM}$ é igual a:
a) $\dfrac{6}{5}$ cm
b) $\dfrac{3\sqrt{5}}{5}$ cm
c) $\dfrac{6\sqrt{5}}{5}$ cm
d) $\dfrac{36\sqrt{5}}{5}$ cm
e) $\dfrac{36}{5}$ cm

16. (Mackenzie-SP) No triângulo retângulo ABC, AB = 4 cm e AD = BC = 3 cm.

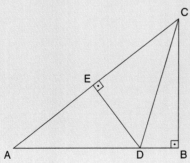

A área do triângulo CDE é:
a) $\dfrac{117}{50}$ cm²
b) $\dfrac{9}{4}$ cm²
c) $\dfrac{9\sqrt{10}}{10}$ cm²
d) $\dfrac{54}{25}$ cm²
e) $\dfrac{9}{2}$ cm²

17. (ITA-SP) Seja ABC um triângulo retângulo cujos catetos $\overline{AB}$ e $\overline{BC}$ medem 8 cm e 6 cm, respectivamente. Se D é um ponto sobre $\overline{AB}$ e o triângulo ADC é isósceles, a medida do segmento $\overline{AD}$, em cm, é igual a
a) $\dfrac{3}{4}$
b) $\dfrac{15}{6}$
c) $\dfrac{15}{4}$
d) $\dfrac{25}{4}$
e) $\dfrac{25}{2}$

18. (UE-CE) Considere em um plano o triângulo MNO, retângulo em O, e o triângulo NOP, retângulo em N. Estes triângulos são tais que o segmento $\overline{PM}$ intercepta o lado $\overline{NO}$ do triângulo MNO no ponto Q e a medida do segmento $\overline{PQ}$ é duas vezes a medida do lado $\overline{MN}$. Se a medida do ângulo $\angle$ QMO é 21°, então a medida do ângulo $\angle$ NMQ é
a) 25°   c) 35°
b) 28°   d) 42°

19. (UF-RR) Os catetos de um triângulo retângulo são iguais a *b* e *c*. Então o comprimento da bissetriz do ângulo reto é:
a) $\dfrac{\sqrt{2}\,(b+c)}{bc}$
b) $\dfrac{\sqrt{2}\,b}{b+c}$
c) $\dfrac{\sqrt{2}\,c}{b+c}$
d) $\dfrac{\sqrt{2}\,bc}{b+c}$
e) $\dfrac{\sqrt{2bc}}{b+c}$

20. (FGV-SP) No triângulo retângulo ABC, retângulo em C, tem-se que AB = $3\sqrt{3}$. Sendo P um ponto de $\overline{AB}$ tal que PC = 2 e $\overline{AB}$ perpendicular a $\overline{PC}$, a maior medida possível de $\overline{PB}$ é igual a

a) $\dfrac{3\sqrt{3} + \sqrt{11}}{2}$

b) $\sqrt{3} + \sqrt{11}$

c) $\dfrac{3(\sqrt{3} + \sqrt{5})}{2}$

d) $\dfrac{3(\sqrt{3} + \sqrt{7})}{2}$

e) $\dfrac{3(\sqrt{3} + \sqrt{11})}{2}$

21. (PUC-RJ) Considere um triângulo ABC retângulo em A, onde AB = 21 e AC = 20. $\overline{BD}$ é a bissetriz do ângulo $A\hat{B}C$. Quanto mede $\overline{AD}$?

a) $\dfrac{42}{5}$

b) $\dfrac{21}{20}$

c) $\dfrac{20}{21}$

d) 9

e) 8

22. (Cefet-PR) Considere o triângulo retângulo ABC da figura a seguir:

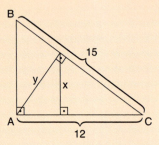

Sobre as afirmações a seguir,

I) $(x + y) \in \mathbb{N}$

II) $3^2 < x + y < 4^2$

III) $xy > 50$

IV) $\dfrac{y}{x} > 1$

pode-se afirmar que:

a) apenas a afirmação II é correta.

b) todas as afirmações são corretas.

c) as afirmações II e IV são corretas.

d) as afirmações II, III e IV são corretas.

e) as afirmações I, II e III são corretas.

23. (UE-RJ) Na figura a seguir, estão representados o triângulo retângulo ABC e os retângulos semelhantes I, II e III, de alturas h_1, h_2 e h_3 respectivamente proporcionais às bases $\overline{BC}$, $\overline{AC}$ e $\overline{AB}$.

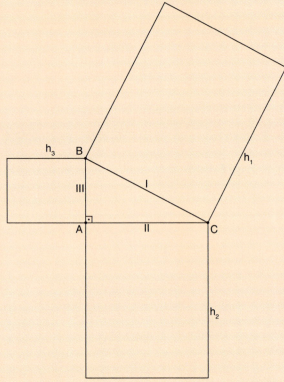

Se AC = 4 m e AB = 3 m, a razão $\dfrac{4h_2 + 3h_3}{h_1}$ é igual a:

a) 5   b) 4   c) 3   d) 2

24. (Unicamp-SP) Em um aparelho experimental, um feixe *laser* emitido no ponto P reflete internamente três vezes e chega ao ponto Q, percorrendo o trajeto PFGHQ. Na figura abaixo, considere que o comprimento do segmento $\overline{PB}$ é de 6 cm, o do lado $\overline{AB}$ é de 3 cm, o polígono ABPQ é um retângulo e os ângulos de incidência e reflexão são congruentes, como se indica em cada ponto da reflexão interna. Qual é a distância total percorrida pelo feixe luminoso no trajeto PFGHQ?

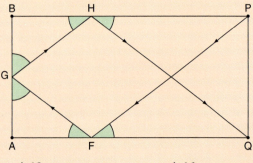

a) 12 cm   c) 16 cm

b) 15 cm   d) 18 cm

13 TRIGONOMETRIA NO TRIÂNGULO RETÂNGULO

Neste capítulo, antes de iniciar o estudo da trigonometria no triângulo retângulo, vamos conhecer um pouco da história do desenvolvimento desta importante área da Matemática.

Um pouco de História

A trigonometria

O significado da palavra **trigonometria** (do grego *trigonon*, "triângulo", e *metron*, "medida") remete-nos ao estudo dos ângulos e lados dos triângulos – figuras básicas em qualquer estudo de Geometria.

Mais amplamente, usamos a trigonometria para resolver problemas geométricos que relacionam ângulos e distâncias. A origem desses problemas nos leva a civilizações antigas do Mediterrâneo e à civilização egípcia, em que eram conhecidas regras simples de mensuração e demarcação de linhas divisórias de terrenos nas margens dos rios. Há registros de medições de ângulos e segmentos datados de 1500 a.C. no Egito, usando a razão entre a sombra de uma vara vertical (*gnomon*) sobre uma mesa graduada. Algumas dessas medições encontram-se no Museu Egípcio de Berlim.

Também teria surgido no Egito um dos primeiros instrumentos conhecidos para medir ângulos, chamado groma, que teria sido empregado na construção das grandes pirâmides.

TRIGONOMETRIA NO TRIÂNGULO RETÂNGULO 393

Os teodolitos – aparelhos hoje usados por agrimensores e engenheiros – tiveram sua "primeira versão" (com esse nome) no século XVI.

Durante muito tempo, a trigonometria esteve ligada à astronomia, devido à dificuldade natural que havia em relação às estimativas e ao cálculo de distâncias impossíveis de medir diretamente. A civilização grega, dando continuidade aos trabalhos iniciados pelos babilônios, deixou contribuições importantes nesse sentido, como, por exemplo, a medição das distâncias entre o Sol e a Terra e entre o Sol e a Lua, feita por Aristarco, por volta de 260 a.C. – mesmo que seus números estivessem muito longe dos valores modernos –, e a medição do raio da Terra, feita por Eratóstenes, por volta de 200 a.C. (veja texto no volume 2 desta coleção).

Teodolito moderno, usado para medir ângulos.

No entanto, o primeiro estudo sistemático das relações entre ângulos (ou arcos) num círculo e o comprimento da corda correspondente, que resultou na primeira tabela trigonométrica, é atribuído a Hiparco de Niceia (180-125 a.C.), que ficou conhecido como o "pai da trigonometria".

Somente no século XVIII, com a invenção do cálculo infinitesimal, a trigonometria desvinculou-se da Astronomia, passando a ser um ramo independente e em desenvolvimento da Matemática.

Nesta coleção, a abordagem da trigonometria (plana) ocorrerá da seguinte forma:
- o estudo dos triângulos retângulos, em que aparecem as razões trigonométricas, será feito no volume 1; no volume 2, serão estudados os triângulos não retângulos (acutângulos ou obtusângulos);
- o estudo das funções trigonométricas (ou circulares), em que aparecem os movimentos periódicos, será feito também no volume 2.

> Referências bibliográficas:
> - BOYER, Carl B. *História da Matemática*. Tradução Elza Gomide. Editora Edgard Blücher, 1974.
> - KENNEDY, Edward S. *Tópicos de História da Matemática para uso em sala de aula*. Tradução Hygino H. Domingues. Atual Editora, 1994.

RAZÕES TRIGONOMÉTRICAS

Introdução

Inclinação de uma rampa

De acordo com a Norma Brasileira nº 9.050 de 2004, da Associação Brasileira de Normas Técnicas (ABNT), uma pessoa com mobilidade reduzida é aquela que, temporária ou permanentemente, tem limitada a sua capacidade de se relacionar com o meio e de utilizá-lo. Entende-se por pessoa com mobilidade reduzida aquela com deficiência, a idosa, a obesa e a gestante, entre outras.

São pessoas que, por qualquer motivo, têm dificuldade de se movimentar, mesmo não sendo portadoras de deficiência.

Para que todas as pessoas, deficientes ou não, possam frequentar os mesmos lugares e usufruir dos mesmos bens e serviços é necessária a implantação de meios que possibilitem o acesso de pessoas com restrição de mobilidade e com deficiência.

A substituição de degraus por rampas de baixa inclinação, a implantação de sinalização horizontal (piso tátil), vertical (sinalização em braile) e sonorizada e remoções de barreiras em geral são intervenções que facilitam o acesso de pessoas com mobilidade reduzida.

Rampa de inclinação com piso tátil.

O decreto nº 45.904, de 19 de maio de 2005, sobre a padronização dos passeios públicos do município de São Paulo, regulamenta que:

Art. 38. Parágrafo único: Passeios com declividade acima de 8,33% não serão considerados rotas acessíveis.

Fonte: http://ww2.prefeitura.sp.gov.br/passeiolivre/pdf/Decreto.pdf. Acesso em: 25 set. 2012.

Mas o que significa uma declividade de 8,33%?

A declividade é a razão entre a variação vertical e a variação horizontal de uma rampa.

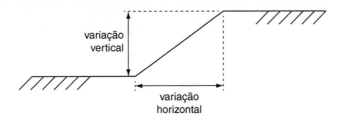

$$\text{declividade} = \frac{\text{variação vertical}}{\text{variação horizontal}}$$

Vamos trabalhar inicialmente com um exemplo simples: uma declividade de 5% equivale à razão $\frac{1}{20}$:

$$5\% = \frac{5}{100} = \frac{1}{20}$$

Isso significa que, quando houver uma variação de 1 unidade de comprimento (cm, mm, m etc.) na vertical, haverá uma variação de 20 unidades de comprimento (cm, mm, m etc.) na horizontal.

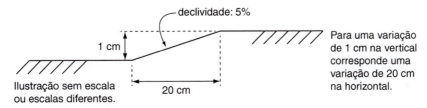

Para uma variação de 1 cm na vertical corresponde uma variação de 20 cm na horizontal.

Tangente de um ângulo agudo

Vamos agora definir a tangente de um ângulo agudo de um triângulo retângulo.

Em um triângulo retângulo, a tangente de um ângulo agudo θ (indica-se: tg θ) é dada pela razão entre a medida do cateto oposto a θ e a medida do cateto adjacente a θ.

$$\text{tg } \theta = \frac{\text{medida do cateto oposto a } \theta}{\text{medida do cateto adjacente a } \theta}$$

Exemplo 1

Seja o triângulo ABC retângulo em A, cujos catetos $\overline{AB}$ e $\overline{AC}$ medem 9 cm e 11 cm, respectivamente.

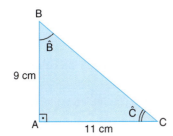

Os ângulos $\hat{B}$ e $\hat{C}$ são agudos. Temos:

$$\text{tg } \hat{B} = \frac{11 \text{ cm}}{9 \text{ cm}} = \frac{11}{9} \text{ e } \text{tg } \hat{C} = \frac{9 \text{ cm}}{11 \text{ cm}} = \frac{9}{11}$$

TRIGONOMETRIA NO TRIÂNGULO RETÂNGULO 395

Tabela de razões trigonométricas

Na figura A notamos que a cada deslocamento horizontal (à direita) de 5 u.c. (unidades de comprimento) corresponde um deslocamento vertical de 3 u.c. (para cima).

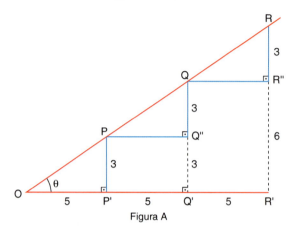

Figura A

A figura A mostra, através da semelhança entre triângulos ($\triangle OPP' \sim \triangle OQQ' \sim \triangle ORR'...$), a invariância da tangente do ângulo θ:

$$\begin{cases} \triangle OPP': \ \text{tg } \theta = \dfrac{3}{5} \\ \triangle OQQ': \ \text{tg } \theta = \dfrac{6}{10} = \dfrac{3}{5} \\ \triangle ORR': \ \text{tg } \theta = \dfrac{9}{15} = \dfrac{3}{5} \end{cases}$$

O valor de tg θ é sempre o mesmo, independentemente do triângulo retângulo considerado.

Isso sugere a existência de uma tabela; a cada medida de ângulo agudo corresponde um valor: o da respectiva tangente.

Há, de fato, uma tabela (ver página 452). Ela traz os valores aproximados das tangentes, e de outras razões trigonométricas, que serão estudadas a seguir.

Exemplo 2

Voltando ao exemplo introdutório, passeios públicos com declividade maior que 8,33% não são considerados rotas acessíveis. Qual é, então, o ângulo máximo que uma rampa forma com a horizontal para ser considerada acessível?

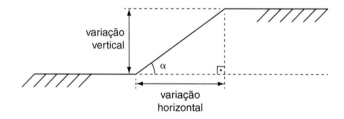

Chamando de α o ângulo máximo, devemos ter tg $\alpha = 8{,}33\% = 0{,}0833$.

Procuramos, no corpo da tabela da página 452, o valor mais próximo de 0,0833 na coluna da "Tangente", que é o valor 0,08749, correspondente ao ângulo 5°.

Assim, o ângulo máximo que uma rampa forma com a horizontal para ser considerada acessível é de aproximadamente 5°.

Exemplo 3

Voltando à figura A, temos:

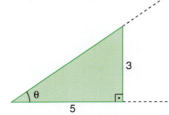

tg θ = $\frac{3}{5}$ = 0,6

O valor mais próximo de 0,6 é 0,60086, correspondente a 31°.

Assim, m(θ) = 31°, isto é, a medida de θ é 31°.

Seno e cosseno de um ângulo agudo

Na situação da figura A da página anterior, qual seria, sobre a "rampa", o deslocamento correspondente a um deslocamento horizontal de 5 u.c.?

O teorema de Pitágoras responde:

$$OP^2 = d^2 = 5^2 + 3^2 \Rightarrow d = \sqrt{34} \cong 5,83 \text{ u.c.}$$

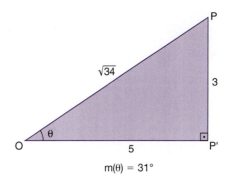

m(θ) = 31°

Fixado o ângulo θ, a cada 5 u.c. de deslocamento horizontal (ou a cada 3 u.c. de deslocamento vertical) corresponde um deslocamento, sobre a rampa, de $\sqrt{34}$ u.c.

Podemos também relacionar essas grandezas por meio das seguintes razões:

- $\frac{3}{\sqrt{34}}$ exprime a razão entre as medidas do deslocamento vertical e do deslocamento sobre a rampa;

- $\frac{5}{\sqrt{34}}$ exprime a razão entre as medidas do deslocamento horizontal e do deslocamento sobre a rampa.

A primeira razão recebe o nome de seno de θ e é indicada por sen θ = $\frac{3}{\sqrt{34}}$.

A segunda razão recebe o nome de cosseno de θ e é indicada por cos θ = $\frac{5}{\sqrt{34}}$.

Definição

De modo geral, em um triângulo retângulo, definimos o seno e o cosseno de cada um dos ângulos agudos.

- O seno de um ângulo agudo é dado pela razão entre a medida do cateto oposto a esse ângulo e a medida da hipotenusa.

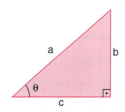

medida da hipotenusa: *a*
medida dos catetos: *b* e *c*

$$\text{sen } \theta = \frac{\text{medida do cateto oposto a } \theta}{\text{medida da hipotenusa}}$$

- O cosseno de um ângulo agudo é dado pela razão entre a medida do cateto adjacente a esse ângulo e a medida da hipotenusa.

$$\cos \theta = \frac{\text{medida do cateto adjacente a } \theta}{\text{medida da hipotenusa}}$$

Considerando θ o ângulo agudo assinalado no triângulo anterior, temos que:

$$\text{sen } \theta = \frac{b}{a} \quad \text{e} \quad \cos \theta = \frac{c}{a}$$

Exemplo 4

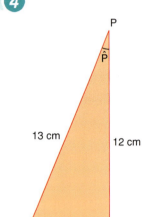

No triângulo retângulo ao lado, temos:

$$\text{sen } \hat{P} = \frac{5 \text{ cm}}{13 \text{ cm}} = \frac{5}{13} \quad \text{e} \quad \text{sen } \hat{R} = \frac{12 \text{ cm}}{13 \text{ cm}} = \frac{12}{13}$$

$$\cos \hat{P} = \frac{12 \text{ cm}}{13 \text{ cm}} = \frac{12}{13} \quad \text{e} \quad \cos \hat{R} = \frac{5 \text{ cm}}{13 \text{ cm}} = \frac{5}{13}$$

Também são invariantes o seno e o cosseno de um determinado ângulo; independentemente do triângulo retângulo tomado, cada uma das razões tem sempre o mesmo valor.

No caso da figura ao lado:

- $\text{sen } \theta = \frac{2}{3} = \frac{4}{6} = ...$
- $\cos \theta = \frac{\sqrt{5}}{3} = \frac{2\sqrt{5}}{6} = ...$

Por isso, a tabela trigonométrica apresenta também um único valor para o seno (e para o cosseno) de um ângulo.

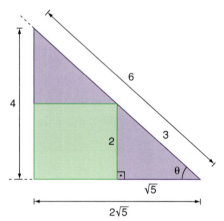

Vamos tomar, por exemplo, um ângulo θ de medida 40°. Na tabela, verificamos que:

sen 40° = 0,64279   cos 40° = 0,76604   tg 40° = 0,83910

Esses valores contêm arredondamentos e, eventualmente, dependendo do problema, podem ser arredondados ainda mais; por exemplo, utilizar a aproximação tg 40° = 0,84, em geral, não traz problemas ao nosso estudo.

Além da tabela, é possível obter também as razões trigonométricas de um ângulo agudo com uma calculadora científica.

O primeiro passo é colocá-la em uma configuração em que a medida do ângulo esteja expressa em graus. Para isso, pressionamos:

MODE ⟶ DEG

(A abreviação DEG vem do inglês *degree*, que significa "grau".)

A partir daí, digitamos a medida do ângulo e sua correspondente razão trigonométrica. Por exemplo:
- Para saber o valor de tg 40°, apertamos:

$$\boxed{TAN} \longrightarrow \boxed{4}\boxed{0} \longrightarrow \boxed{=} \longrightarrow \boxed{0{,}83910}$$

tg 40° = 0,83910
- Para conhecer o valor de sen 40°, apertamos:

$$\boxed{SIN} \longrightarrow \boxed{4}\boxed{0} \longrightarrow \boxed{=} \longrightarrow \boxed{0{,}64279}$$

sen 40° = 0,64279
- Para obter o valor de cos 40°, apertamos:

$$\boxed{COS} \longrightarrow \boxed{4}\boxed{0} \longrightarrow \boxed{=} \longrightarrow \boxed{0{,}76604}$$

cos 40° = 0,76604

Através da calculadora científica também podemos determinar a medida de um ângulo agudo a partir de uma de suas razões trigonométricas.

Veja a tecla $\boxed{sin}$ (sin⁻¹).

Acima dela aparece a opção $\sin^{-1}$, que corresponde à segunda função dessa tecla. Essa opção é ativada, em geral, através da tecla SHIFT.

Assim, por exemplo, se quisermos saber qual é o ângulo agudo cujo seno vale 0,35, basta seguir a sequência abaixo:

$$\boxed{SHIFT} \longrightarrow \boxed{sin}(\sin^{-1}) \longrightarrow \boxed{0}\boxed{,}\boxed{3}\boxed{5} \longrightarrow \boxed{=} \longrightarrow \boxed{20{,}487}$$

Isso significa que o ângulo pedido mede aproximadamente 20,5°, isto é, 20°30'.

Observe que a calculadora fornece o ângulo com uma precisão muito maior que a tabela, pois esta utiliza apenas valores inteiros em graus.

Para sabermos qual é o ângulo agudo cuja tangente vale 2,5, fazemos assim:

$$\boxed{SHIFT} \longrightarrow \boxed{tan}(\tan^{-1}) \longrightarrow \boxed{2}\boxed{,}\boxed{5} \longrightarrow \boxed{=} \longrightarrow \boxed{68{,}198}$$

O ângulo mede aproximadamente 68,2°, ou seja, 68°12'.

EXERCÍCIOS RESOLVIDOS

1. Determinar o valor de *x* na figura:

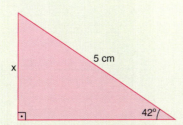

Solução:

Em relação ao ângulo de 42°, o cateto de medida *x* é o cateto oposto e 5 cm é a medida da hipotenusa. Desse modo, vamos usar a razão seno.

De fato: $\operatorname{sen} 42° = \dfrac{x}{5} \Rightarrow x = 5 \cdot \operatorname{sen} 42°$

Consultando a tabela ou utilizando uma calculadora científica, obtemos o valor de sen 42° ≅ 0,66913.

Assim, x = (5 cm) · 0,66913 ≅ 3,35 cm.

TRIGONOMETRIA NO TRIÂNGULO RETÂNGULO

2. Uma mulher, cujos olhos estão a 1,5 m do solo, avista, em um ângulo de 12°, um edifício que se encontra a 200 m dela. Qual é a altura aproximada do edifício?

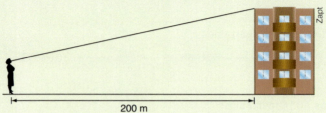

Ilustração sem escala ou em escalas direrentes. Cores artificiais.

Solução:

No triângulo retângulo da figura abaixo, temos:

$$\operatorname{tg} 12° = \frac{h}{200} \Rightarrow h = 200 \cdot \operatorname{tg} 12°$$

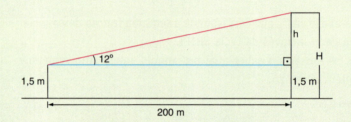

Consultando a tabela ou utilizando uma calculadora científica, encontramos $\operatorname{tg} 12° \cong 0{,}21256$. Temos então:

$$h = 200 \cdot 0{,}21256 = 42{,}512$$
$$e$$
$$H = 42{,}512 + 1{,}5 \cong 44$$

A altura aproximada do edifício é 44 m.

3. Na figura, $\cos \alpha = \frac{2}{3}$. Qual é o valor de x?

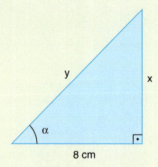

Solução:

Como $\cos \alpha = \dfrac{\text{medida do cateto adjacente a } \alpha}{\text{medida da hipotenusa}}$, é possível determinar inicialmente a medida da hipotenusa (y):

$$\cos \alpha = \frac{8}{y} \Rightarrow \frac{2}{3} = \frac{8}{y} \Rightarrow y = 12 \text{ cm}$$

Pelo teorema de Pitágoras, obtemos o valor de x:

$$12^2 = 8^2 + x^2 \Rightarrow 144 - 64 = x^2 \Rightarrow x^2 = 80 \Rightarrow x = 4\sqrt{5} \text{ cm}$$

EXERCÍCIOS

Utilize a tabela trigonométrica ou uma calculadora científica sempre que necessário.

1. Com base na figura, determine:
   a) sen Â, cos Â e tg Â
   b) sen Ĉ, cos Ĉ e tg Ĉ

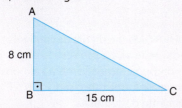

2. A figura representa uma rampa, que forma com o solo (horizontal) um ângulo θ: a um deslocamento horizontal de 6 m corresponde um deslocamento vertical de 4 m.

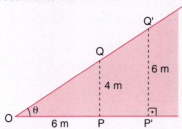

   Determine:
   a) tg θ.
   b) a distância de O a P'.

3. Determine o seno do ângulo agudo assinalado em cada caso.

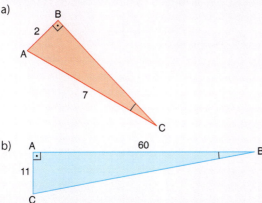

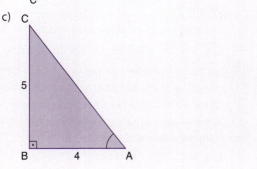

4. Cada item traz as medidas dos lados de um triângulo retângulo em que a representa a medida da hipotenusa, e b e c são as medidas dos catetos. Determine o cosseno de cada um dos ângulos agudos, B̂ e Ĉ, opostos, respectivamente, a b e a c.
   a) b = 3 cm e c = 4 cm
   b) a = 12 cm e b = 7 cm
   c) a = 25 m e b = 7 m

5. Um menino vê um monumento, situado a 250 m de distância, em um ângulo de 10°. Determine a altura aproximada do monumento, considerando desprezível a altura do menino.

6. Um barco atravessa um rio de 97 m de largura em um trecho em que as margens são paralelas. Devido à correnteza, segue uma direção que forma um ângulo de 76° com a margem de partida. Qual é a distância percorrida pelo barco?

7. Em um trecho retilíneo e inclinado de uma estrada, um automóvel percorre 441 m a cada 400 m de deslocamento horizontal. Qual é a medida do ângulo de inclinação desse trecho com a horizontal?

Autoestrada na Inglaterra, onde a mão é invertida.

8. Em uma via retilínea e inclinada, um pedestre eleva-se 250 m a cada 433 m de deslocamento horizontal. Qual é a medida do ângulo de inclinação dessa via com a horizontal?

9. Determine a tangente de cada ângulo agudo de um triângulo retângulo isósceles.

TRIGONOMETRIA NO TRIÂNGULO RETÂNGULO

10. Determine a medida aproximada de *x* em cada caso:

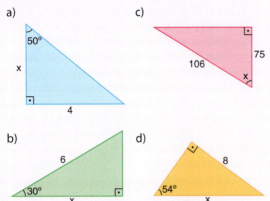

11. Um pequeno avião voa a uma altura de 3 km. O piloto planeja o procedimento de descida de modo tal que o ângulo formado pela horizontal e pela sua trajetória seja de 20°. Que distância, aproximadamente, o avião percorrerá até o pouso?

12. Em um trecho inclinado de uma estrada, as distâncias referentes aos deslocamentos horizontal e vertical de um veículo são ambas iguais a *d* unidades de comprimento (u.c.).

a) Qual é a medida do ângulo de inclinação que esse trecho da estrada faz com a horizontal?

b) Qual é, em função de *d*, a distância que o veículo percorre?

13. Duas vias de contorno retilíneo interceptam-se em um entroncamento E, formando um ângulo de 75°. Determine a menor distância entre uma das vias e uma área de refúgio, situada na outra via, a 1 200 m de E.

14. Uma região montanhosa foi mapeada por fotografias aéreas: dois pontos, P e Q, devem ser unidos por um pequeno túnel reto. Considere a reta perpendicular ao traçado do túnel, passando por P. Nela, tome o ponto T, distante 70 m de P; desse ponto, situado no mesmo plano de P e Q, seria possível avistar as extremidades do túnel sob um ângulo de 55°.
Qual será o comprimento aproximado do túnel a ser construído?

15. Considerando a aproximação cos 40° = 0,766, obtenha a medida de *x* em cada caso:

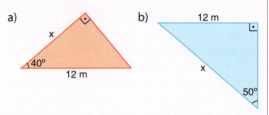

16. (UFR-RJ) Milena, diante da configuração representada, pede ajuda aos vestibulandos para calcular o comprimento da sombra *x* do poste, mas, para isso, ela informa que o sen α = 0,6. Calcule o comprimento da sombra *x*.

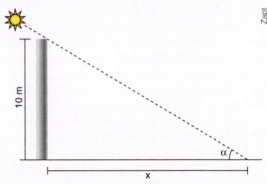

Ilustração sem escala ou em escalas diferentes. Cores artificiais.

17. Explique por que todos os valores de seno e cosseno constantes da tabela são números reais pertencentes ao intervalo]0; 1[, mas o mesmo não acontece com os valores das tangentes.

18. Na figura, AB = 6 cm e sen Ĉ = 0,2.

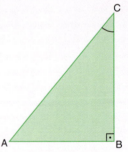

Determine:

a) a medida da hipotenusa do triângulo;

b) o seno do outro ângulo agudo do triângulo.

19. Em certo instante, um poste de 10 m de altura projeta uma sombra de *a* metros de comprimento. Obtenha, em cada caso, a medida aproximada do ângulo que os raios solares formam com o solo horizontal nesse instante.

a) a = 6   b) a = 12   c) a = 10

20. Quando Eugênio entrou em sua sala de aula, havia o seguinte problema no quadro-negro:

> Numa indústria, deseja-se construir uma rampa com inclinação de θ graus para vencer um desnível de 4 m. Qual deve ser o comprimento da rampa?
>
> $tg\ \theta = \dfrac{\sqrt{2}}{5}$

Mas o professor já havia apagado os valores de sen θ e cos θ, restando apenas $tg\ \theta = \dfrac{\sqrt{2}}{5}$. Eugênio teve de usar seus conhecimentos de trigonometria e determinar que o comprimento da rampa deveria ser $10\sqrt{2}$ m. O valor encontrado por Eugênio está correto? Explique.

21. Um jardineiro cuidadoso sabe que uma de suas plantas, que tem 1,2 m de altura (incluindo o vaso), não pode tomar sol diretamente. Os raios solares, em certo instante, incidem sobre a casa do jardineiro em um ângulo de 20° com o solo horizontal. Sabendo que a altura (máxima) da casa é de 7,2 m, qual é a maior distância da casa em que o jardineiro pode posicionar a planta para que os raios de sol não a atinjam?

RELAÇÕES ENTRE RAZÕES TRIGONOMÉTRICAS

Destacaremos nesta seção quatro relações envolvendo as razões trigonométricas estudadas. Tomando o triângulo ABC da figura, vamos inicialmente apresentar duas relações entre as razões dos ângulos complementares.

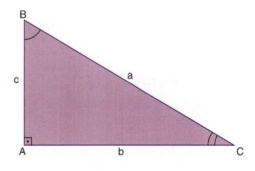

Observe que, se representarmos por x a medida de um ângulo agudo, a medida de seu complemento será representada por 90° − x.

Temos:

■ O seno de um ângulo agudo tem o mesmo valor do cosseno de seu complemento.

$$\text{sen } x = \cos(90° - x)$$

Demonstração

Considerando o triângulo retângulo ABC da figura anterior, temos:

$$\begin{cases} \text{sen } \hat{B} = \dfrac{b}{a} = \cos \hat{C} \\ \text{sen } \hat{C} = \dfrac{c}{a} = \cos \hat{B} \end{cases} \text{e, como } \hat{B} + \hat{C} = 90°, \text{ vem: } \begin{cases} \text{sen } \hat{B} = \cos(90° - \hat{B}) \\ \text{e} \\ \text{sen } \hat{C} = \cos(90° - \hat{C}) \end{cases}$$

Vejamos agora uma outra relação entre um ângulo e seu complemento.

■ A tangente de um ângulo agudo é igual ao inverso da tangente do complemento desse ângulo.

$$tg\ x = \dfrac{1}{tg(90° - x)}$$

Demonstração

Considerando o triângulo retângulo ABC anterior, temos:

$$\begin{cases} \text{tg } \hat{B} = \dfrac{b}{c} = \dfrac{1}{\frac{c}{b}} = \dfrac{1}{\text{tg } \hat{C}} \\ \text{tg } \hat{C} = \dfrac{c}{b} = \dfrac{1}{\frac{b}{c}} = \dfrac{1}{\text{tg } \hat{B}} \end{cases}$$

e, como $\hat{B} + \hat{C} = 90°$, vem:

$$\begin{cases} \text{tg } \hat{B} = \dfrac{1}{\text{tg }(90° - \hat{B})} \\ \text{e} \\ \text{tg } \hat{C} = \dfrac{1}{\text{tg }(90° - \hat{C})} \end{cases}$$

Exemplo 5

Vamos consultar a tabela completa dos valores referentes aos senos e cossenos dos ângulos (complementares) de medidas 38° e 52°.

38°	0,61566	0,78801
52°	0,78801	0,61566

Valem, para cada ângulo agudo de um triângulo retângulo, duas importantes relações, sendo a primeira delas chamada de **relação fundamental**.

■ A soma do quadrado do seno de um ângulo agudo com o quadrado do cosseno do mesmo ângulo vale 1.

$$\text{sen}^2 \, x + \cos^2 \, x = 1$$

Demonstração

Retomando o triângulo ABC inicial e considerando o ângulo agudo $\hat{B}$, por exemplo, temos:

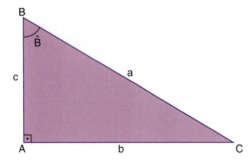

$$\text{sen } \hat{B} = \dfrac{b}{a} \quad \text{e} \quad \cos \hat{B} = \dfrac{c}{a}$$
$$\Downarrow \qquad\qquad \Downarrow$$
$$\text{sen}^2 \, \hat{B} = \dfrac{b^2}{a^2} \quad\quad \cos^2 \, \hat{B} = \dfrac{c^2}{a^2}$$

Somando membro a membro:

$$\text{sen}^2 \, \hat{B} + \cos^2 \, \hat{B} = \dfrac{b^2}{a^2} + \dfrac{c^2}{a^2} = \dfrac{b^2 + c^2}{a^2}$$

Pelo teorema de Pitágoras, temos que $a^2 = b^2 + c^2$; daí, segue que:

$$\text{sen}^2 \, \hat{B} + \cos^2 \, \hat{B} = \dfrac{a^2}{a^2} = 1$$

Exemplo 6

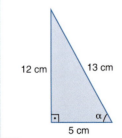

Nesse triângulo, temos:

$$\text{sen } \alpha = \dfrac{12}{13} \quad \text{e} \quad \cos \alpha = \dfrac{5}{13}$$

$$\text{sen}^2 \, \alpha + \cos^2 \, \alpha = \left(\dfrac{12}{13}\right)^2 + \left(\dfrac{5}{13}\right)^2 = \dfrac{144 + 25}{169} = 1$$

A outra relação importante é:

- A tangente de qualquer ângulo agudo é igual à razão entre o seno e o cosseno do mesmo ângulo.

$$tg\ x = \frac{sen\ x}{cos\ x}$$

Demonstração

Retomando o triângulo ABC e considerando o ângulo agudo $\hat{C}$, por exemplo, temos:

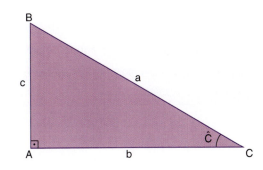

$$sen\ \hat{C} = \frac{c}{a}\ ①\quad e\quad cos\ \hat{C} = \frac{b}{a}\ ②$$

Dividindo ① por ②:

$$\frac{sen\ \hat{C}}{cos\ \hat{C}} = \frac{\frac{c}{a}}{\frac{b}{a}} = \frac{c}{a} \cdot \frac{a}{b} = \frac{c}{b} = tg\ \hat{C}$$

Exemplo 7

Seja α um ângulo de 80°, pela tabela:

$sen\ \alpha = sen\ 80° = 0{,}98481$

$cos\ \alpha = cos\ 80° = 0{,}17365$

$$\frac{sen\ \alpha}{cos\ \alpha} = \frac{sen\ 80°}{cos\ 80°} = \frac{0{,}98481}{0{,}17365} \cong \underbrace{5{,}671235243}_{tg\ 80°};\ \text{confira o valor arredondado na tabela.}$$

EXERCÍCIO RESOLVIDO

4. Seja α um ângulo agudo de um triângulo retângulo. Se $sen\ \alpha = \frac{3}{5}$, quanto vale $cos\ \alpha$? E quanto vale $tg\ \alpha$?

Solução:

Pela relação fundamental $sen^2\ x + cos^2\ x = 1$, temos:

$$\left(\frac{3}{5}\right)^2 + cos^2\ \alpha = 1 \Rightarrow cos^2\ \alpha = 1 - \frac{9}{25} = \frac{16}{25} \Rightarrow cos\ \alpha = \pm\frac{4}{5} \xrightarrow{\alpha\ \text{é agudo}} cos\ \alpha = \frac{4}{5}$$

Pela relação $tg\ x = \frac{sen\ x}{cos\ x}$, temos:

$$tg\ \alpha = \frac{sen\ \alpha}{cos\ \alpha} = \frac{\frac{3}{5}}{\frac{4}{5}} \Rightarrow tg\ \alpha = \frac{3}{4}$$

As relações aqui demonstradas para ângulos agudos são importantes e, sempre que possível, serão generalizadas para os ângulos não agudos.

EXERCÍCIOS

22. Em cada caso, sendo x um ângulo agudo de um triângulo retângulo, responda:

a) Se sen $x = \dfrac{1}{4}$, quanto vale cos x?

b) Se cos $x = \dfrac{1}{5}$, quanto vale sen x? Quanto vale tg x?

c) Se cos $x = \dfrac{4}{7}$, quanto vale tg x?

d) Se sen $x = \dfrac{\sqrt{7}}{4}$, quanto vale tg x?

23. Seja α um ângulo agudo de um triângulo retângulo. Sabendo que tg $\alpha = \dfrac{1}{2}$, qual é a relação existente entre sen α e cos α?

24. Seja α um ângulo agudo de um triângulo retângulo e tg $\alpha = 4$. Interprete geometricamente esse valor.

25. Usando a aproximação cos 25° $= \dfrac{9}{10}$, determine o valor de:

a) sen 25°

b) tg 25°

c) sen 65°

26. Sabendo que x é um ângulo agudo de um triângulo retângulo e sen (90° − x) $= \dfrac{2}{3}$, qual é o valor de tg x?

ÂNGULOS NOTÁVEIS

Os ângulos de 30°, 45° e 60°, pela frequência com que aparecem nos problemas de Geometria, são chamados de **ângulos notáveis**.

Vamos agora encontrar as razões trigonométricas desses ângulos. Talvez você estranhe ver esse assunto tratado aqui, uma vez que essas razões já aparecem na tabela completa.

Como você já percebeu, os valores encontrados na tabela (ou na calculadora científica) contêm muitas casas decimais e, a cada problema, procedemos a arredondamentos. Para os ângulos notáveis, vamos escrever esses valores de uma maneira que dispense esses arredondamentos.

Para isso, vamos nos valer de duas figuras: triângulo equilátero de lado com medida ℓ e quadrado de lado medindo ℓ.

■ Triângulo equilátero

A altura $\overline{AH}$ coincide com a mediana relativa ao lado $\overline{BC}$; assim, $\overline{HC}$ mede $\dfrac{\ell}{2}$.

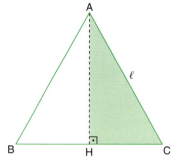

Além disso, $\overline{AH}$ mede $\dfrac{\ell\sqrt{3}}{2}$, como vimos no capítulo anterior.
Temos:

sen 30° $= \dfrac{\frac{\ell}{2}}{\ell} = \dfrac{1}{2} = $ cos 60°

cos 30° $= \dfrac{\frac{\ell\sqrt{3}}{2}}{\ell} = \dfrac{\sqrt{3}}{2} = $ sen 60°

tg 30° $= \dfrac{\frac{\ell}{2}}{\frac{\ell\sqrt{3}}{2}} = \dfrac{1}{\sqrt{3}} = \dfrac{\sqrt{3}}{3}$ e tg 60° $= \sqrt{3}$

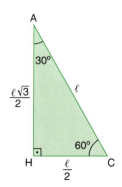

O resultado sen 30° = $\frac{1}{2}$ significa que, em um triângulo retângulo que possui um ângulo de 30°, o lado oposto a esse ângulo mede metade da medida da hipotenusa.

- Quadrado

Por Pitágoras, a diagonal mede $\ell\sqrt{2}$, conforme visto no capítulo anterior.

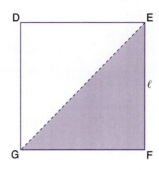

Temos:

sen 45° = cos 45° = $\frac{\ell}{\ell\sqrt{2}} = \frac{1}{\sqrt{2}} = \frac{\sqrt{2}}{2}$

tg 45° = $\frac{\ell}{\ell} = 1$

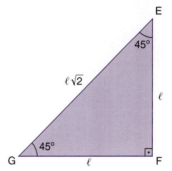

Temos, assim, a tabela:

Razão \ Ângulo	30°	45°	60°
sen	$\frac{1}{2}$	$\frac{\sqrt{2}}{2}$	$\frac{\sqrt{3}}{2}$
cos	$\frac{\sqrt{3}}{2}$	$\frac{\sqrt{2}}{2}$	$\frac{1}{2}$
tg	$\frac{\sqrt{3}}{3}$	1	$\sqrt{3}$

Observação

Geralmente, os valores constantes dessa tabela são utilizados sempre que aparece alguma razão trigonométrica de um ângulo notável no lugar dos valores que aparecem na tabela completa de razões trigonométricas.

EXERCÍCIO RESOLVIDO

5. De um ponto de observação localizado no solo, vê-se o topo de um edifício em um ângulo de 30°. Aproximando-se 50 m do prédio, o ângulo de observação passa a ser de 45°. Determinar:

a) a altura do edifício;

b) a distância do edifício ao primeiro ponto de observação.

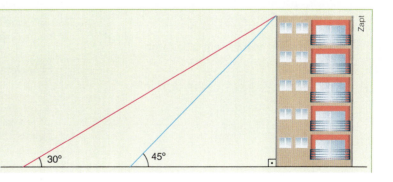

TRIGONOMETRIA NO TRIÂNGULO RETÂNGULO 407

Solução:

Observe que o triângulo BCT é isósceles, pois m(CT̂B) = 45°. Assim, temos que x = h.

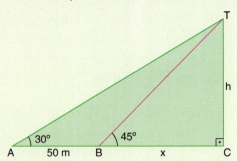

a) No triângulo retângulo ACT:

$$\text{tg } 30° = \frac{h}{50 + x} \Rightarrow \frac{\sqrt{3}}{3} = \frac{h}{50 + h} \Rightarrow 3h = \sqrt{3}(50 + h) \Rightarrow h = \frac{50\sqrt{3}}{3 - \sqrt{3}} \Rightarrow$$

$$\Rightarrow h = \frac{50 \cdot \sqrt{3}}{3 - \sqrt{3}} \cdot \frac{3 + \sqrt{3}}{3 + \sqrt{3}} \Rightarrow h = 25 \cdot (1 + \sqrt{3}) \text{ m (aproximadamente 68,3 m)}$$

b) A distância pedida é a medida de $\overline{AC}$:

$$AC = 50 + x = 50 + 25(1 + \sqrt{3}) \Rightarrow AC = 25(3 + \sqrt{3}) \text{ m (aproximadamente 118,3 m)}$$

EXERCÍCIOS

27. Encontre os valores de x em cada caso:

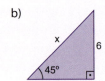

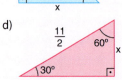

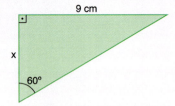

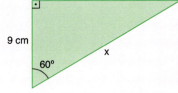

28. Uma escada de pedreiro de 6 m está apoiada em uma parede e forma com o solo um ângulo de 60°. Qual é a altura atingida pelo ponto mais alto da escada? Qual é a distância do pé da escada à parede?

29. Determine a medida x em cada caso:

a)

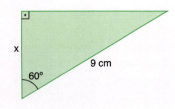

30. Em um trecho retilíneo de uma rodovia, o ângulo de aclive é 30°. Se um caminhão percorrer os 800 m desse trecho, que distância terá se deslocado verticalmente?

31. Obtenha o perímetro de um retângulo, sabendo que uma diagonal mede $5\sqrt{3}$ cm e forma ângulo de 30° com um dos lados do retângulo.

32. Determine o perímetro do paralelogramo ABCD.

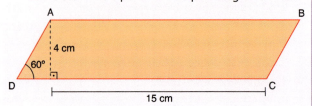

33. Se $\overline{AD}$ mede 16 cm, determine as medidas de $\overline{BC}$ e $\overline{AB}$.

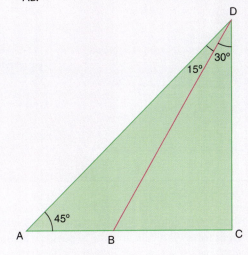

34. Com base na figura, determine:
a) a medida de $\overline{CD}$
b) m (BÂC)
c) tg (BD̂A)

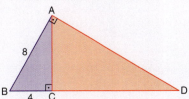

35. Um observador está situado a *x* metros do pé de um edifício. Ele consegue mirar o topo do prédio em um ângulo de 60°. Afastando-se 40 m desse ponto, ele passa a avistar o topo do edifício em um ângulo de 30°. Considerando desprezível a altura do observador, determine:
a) o valor de *x*;
b) a altura do edifício.

DESAFIO

Uma caixa contém 25 bolas azuis, 29 bolas pretas, 14 vermelhas e 9 amarelas.

Qual é o número mínimo de bolas que devemos retirar da caixa para garantir, com certeza, que pelo menos 13 sejam da mesma cor?

EXERCÍCIOS COMPLEMENTARES

1. Em certa hora do dia, os raios solares formam um ângulo de 58° com o solo. Nesse instante, um prédio de 80 m de altura projeta no solo uma sombra de comprimento s. Pergunta-se: quando o ângulo de incidência dos raios solares se reduzir à metade, a sombra do mesmo edifício terá comprimento 2s? Justifique sua resposta.

2. (FEI-SP) Duas avenidas, A e B, encontram-se em O, formando um ângulo de 30°. Na avenida A existe um supermercado que dista 3 km de O. Qual é a distância do supermercado à avenida B?

3. Duas formigas, F_1 e F_2, partem ao mesmo tempo de A, sendo que F_1 dirige-se para B, e F_2 para C. Suas velocidades são constantes, de 3 cm/s e 3,5 cm/s, fazendo com que, durante todo o seu deslocamento, elas ocupem a mesma vertical.

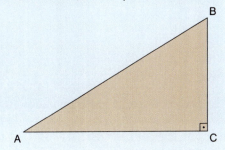

a) Qual é a medida, aproximada, de AB̂C?
b) Que distância separa as formigas após 20 s de movimento?

4. (U. E. Maringá-PR) Para obter a altura $\overline{CD}$ de uma torre, um matemático, utilizando um aparelho, estabeleceu a horizontal $\overline{AB}$ e determinou as medidas dos ângulos $\alpha = 30°$ e $\beta = 60°$ e a medida do segmento BC = 5 m, conforme especificado na figura. Nessas condições, qual é a altura da torre, em metros?

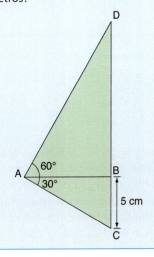

TRIGONOMETRIA NO TRIÂNGULO RETÂNGULO 409

5. (U. E. Ponta Grossa-PR) Na figura a seguir, sabe-se que sen $\alpha = \dfrac{1}{3}$, então, assinale o que for correto.

(01) $x = \dfrac{28}{9}$

(02) $y = \dfrac{16\sqrt{2}}{9}$

(04) $\cos C\hat{M}B = \dfrac{7}{9}$

(08) $\tg \alpha = \dfrac{\sqrt{2}}{4}$

(16) $\sen C\hat{M}B = \dfrac{4\sqrt{2}}{9}$

Indique a soma dos itens corretos.

6. Dois arranha-céus, cujas alturas diferem de 20 m, estão localizados na mesma horizontal de uma rua plana e distantes 200 m um do outro. Um engenheiro encontra-se em um ponto da rua, entre os dois edifícios. Com auxílio de um teodolito, ele avista o topo do prédio menor em um ângulo de 40° e o topo do maior em um ângulo de 65°.

Desprezando a altura do teodolito, determine:

a) a distância a que o engenheiro se encontra do prédio mais baixo;

b) a altura do edifício mais alto.

Considere as aproximações: tg 40° = 0,84 e tg 65° = 2,14.

7. (Unifor-CE) Em um trecho de um rio, no qual as margens são paralelas entre si, dois barcos partem de um mesmo ancoradouro (ponto A), cada qual seguindo em linha reta em direção a um respectivo ancoradouro localizado na margem oposta (pontos B e C), como está representado na figura abaixo. Se nesse trecho o rio tem 900 m de largura, qual é a distância entre os ancoradouros localizados em B e C?

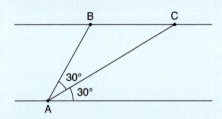

8. Uma antena de TV tem 20 m de altura e está fincada no topo de uma pequena colina, como mostra a figura a seguir. Um observador, no terreno plano, avista o topo da antena num ângulo de 35°. Aproximando-se 50 m da base da colina, ele passa a avistar o topo da antena num ângulo de 71°.

Qual é a altura aproximada da colina? Considere que o observador tem 1,73 m de altura.

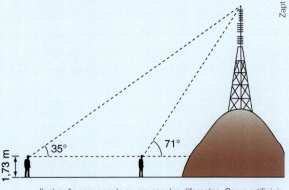

Ilustração sem escala ou em escalas diferentes. Cores artificiais.

9. Fibonacci (século XII) propôs o seguinte problema: "Duas torres verticais, uma de 30 passos e a outra de 40 passos estão a uma distância de 50 passos. Entre essas duas torres encontra-se uma fonte, para o centro da qual duas pombas, descendo dos vértices das torres, dirigem-se percorrendo uma mesma distância."

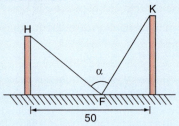

a) Determine as distâncias do centro F da fonte aos pés das duas torres.

b) Determine uma medida aproximada para o ângulo α.

10. (UF-GO) Para dar sustentação a um poste telefônico, utilizou-se um outro poste com 8 m de comprimento, fixado no solo a 4 m de distância do poste telefônico, inclinado sob um ângulo de 60°, conforme a figura.

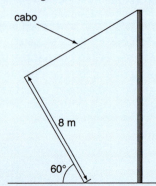

Considerando-se que foram utilizados 10 m de cabo para ligar os dois postes, determine a altura do poste telefônico em relação ao solo.

11. (U.F. Juiz de Fora-MG) Na figura a seguir, considere o retângulo ABDG. Sejam C e E pontos dos segmentos $\overline{BD}$ e $\overline{DG}$, respectivamente, e F um ponto do segmento $\overline{EC}$.

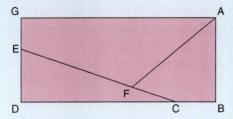

Sabendo que AB = 3 cm, BC = 1 cm, $B\hat{A}F = 45°$ e $D\hat{C}E = 30°$, determine a medida do comprimento do segmento $\overline{FC}$.

12. (UF-PR) O esquema a seguir representa uma das extremidades de uma ponte pênsil sustentada por cordas e cabos de aço. No triângulo retângulo ABC, o cabo de aço $\overline{AC}$ mede 5 m e mantém firme o poste $\overline{AB}$, que possui 3 m de altura. Para aumentar a estabilidade da ponte, um engenheiro sugeriu a instalação de mais um cabo de aço nesta extremidade, unindo o ponto A ao ponto médio M do segmento $\overline{BC}$. Qual será o comprimento aproximado do cabo $\overline{AM}$ após sua instalação?

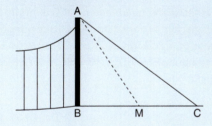

13. Para obter a altura H de uma chaminé, um engenheiro utilizou um aparelho especial com o qual estabeleceu a horizontal $\overline{AB}$ e mediu os ângulos α e β. Em seguida mediu BC = h.

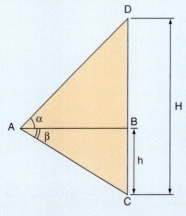

Determine a altura da chaminé.

14. (UF-RN) A figura abaixo representa uma torre de altura H equilibrada por dois cabos de comprimentos L_1 e L_2, fixados nos pontos C e D, respectivamente.

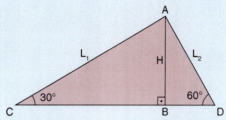

Entre os pontos B e C passa um rio, dificultando a medição de distâncias entre eles. Conhecendo a distância BD = 10 m, calcule a quantidade de cabo usado para fixar a torre.

Use a aproximação $\sqrt{3} = 1,73$.

15. (UF-BA) Na figura, os triângulos MNP e MNQ são retângulos com hipotenusa comum $\overline{MN}$; o triângulo MNP é isósceles e seus catetos medem cinco unidades de comprimento.

Considerando $tg\ \alpha = \dfrac{1}{3}$ e a área de MNQ igual a x unidades de área, determine o valor de 4x.

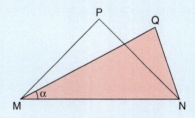

16. (Fuvest-SP) No triângulo ABC, tem-se que AB > AC, AC = 4 e $\cos \hat{C} = \dfrac{3}{8}$. Sabendo-se que o ponto R pertence ao segmento $\overline{BC}$ e é tal que AR = AC e $\dfrac{BR}{BC} = \dfrac{4}{7}$, calcule:

a) a medida da altura do triângulo ABC relativa ao lado $\overline{BC}$;

b) a área do triângulo ABR.

17. (UF-GO) Uma ducha é fixada diretamente na parede de um banheiro. O direcionamento do jato d'água é feito modificando o ângulo entre a ducha e a parede. Considerando que essa ducha produz um jato d'água retilíneo, uma pessoa em pé, diante da ducha, recebe-o na sua cabeça quando o ângulo entre a ducha e a parede é de 60°. Modificando o ângulo para 44° e mantendo a pessoa na mesma posição, o jato atinge-a 0,70 m abaixo da posição anterior.

Nessas condições, determine a distância dessa pessoa à parede, na qual está instalada a ducha.

(Dados: tg 44° = 0,96 e tg 60° = 1,73.)

18. (UF-RJ) Dois quadrados de lado L estão, inicialmente, perfeitamente sobrepostos. O quadrado de cima é branco e o de baixo, vermelho. O branco é girado de um ângulo θ em torno de seu centro O, no sentido anti-horário, deixando visíveis quatro triângulos vermelhos, como mostra a figura a seguir.

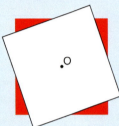

Determine a soma das áreas dos quatro triângulos vermelhos em função do ângulo θ.

19. (U.F. Viçosa-MG) Durante uma tempestade, um pequeno avião saiu da cidade A com destino à cidade C, distante 945 km. Quando o avião estava no ponto D, distante 700 km do ponto de partida, o piloto detectou que o avião se desviara do seu curso seguindo a trajetória $\overline{AE}$, conforme ilustra a figura.

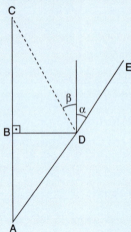

Sendo α = 30° o ângulo para um curso paralelo a $\overline{AC}$ e β o ângulo tal que α + β é o ângulo de correção para que o avião chegue à cidade C, calcule:

a) a distância entre B e D;
b) a medida do ângulo de correção.
(Considere a aproximação $\sqrt{3} = 1,7$.)

20. (UF-RN) A figura abaixo é formada por três triângulos retângulos. As medidas dos catetos do primeiro triângulo são iguais a 1. Nos demais triângulos, um dos catetos é igual à hipotenusa do triângulo anterior e o outro cateto tem medida igual a 1.

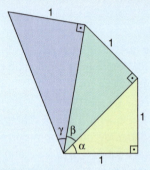

Considerando os ângulos α, β e γ, atenda às solicitações seguintes.

a) Calcule tg α, tg β e tg γ.
b) Calcule os valores de α e γ.
c) Justifique por que 105° < α + β + γ < 120°.

21. (Fuvest-SP) No quadrilátero ABCD da figura abaixo, E é um ponto sobre o lado $\overline{AD}$ tal que o ângulo $A\hat{B}E$ mede 60° e os ângulos $E\hat{B}C$ e $B\hat{C}D$ são retos. Sabe-se ainda que AB = CD = $\sqrt{3}$ e BC = 1. Determine a medida de $\overline{AD}$.

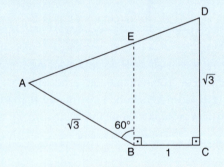

TESTES

1. (UFF-RJ) Um caminhão pipa deve transportar água da cidade A para a cidade Z. A figura ao lado ilustra os caminhos possíveis que o motorista do caminhão pode tomar. As setas indicam o sentido obrigatório de percurso. Os valores colocados próximos às setas especificam o custo de transporte (todos dados em uma mesma unidade monetária) para o trecho em questão.

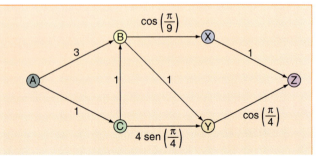

Marque a opção que indica o caminho de menor custo total de transporte de A para Z.

a) A → B → Y → Z
b) A → B → X → Z
c) A → C → B → Y → Z
d) A → C → B → X → Z
e) A → C → Y → Z

2. (Fuvest-SP) Um caminhão sobe uma ladeira com inclinação de 15°. A diferença entre a altura final e a altura inicial de um ponto determinado do caminhão, depois de percorridos 100 m da ladeira, será de, aproximadamente,

a) 7 m
b) 26 m
c) 40 m
d) 52 m
e) 67 m

Dados:
$\sqrt{3} \cong 1{,}73$
$\operatorname{sen}^2\left(\dfrac{\theta}{2}\right) = \dfrac{1 - \cos\theta}{2}$

3. (Vunesp-SP) Um ciclista sobe, em linha reta, uma rampa com inclinação de 3 graus a uma velocidade constante de 4 metros por segundo. A altura do topo da rampa em relação ao ponto de partida é 30 m.

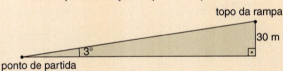

Use a aproximação sen 3° = 0,05 e responda: o tempo, em minutos, que o ciclista levou para percorrer completamente a rampa é:

a) 2,5   b) 7,5   c) 10   d) 15   e) 30

4. (UF-PR) Em uma rua, um ônibus com 12 m de comprimento e 3 m de altura está parado a 5 m de distância da base de um semáforo, o qual está a 5 m do chão. Atrás do ônibus para um carro, cujo motorista tem os olhos a 1 m do chão e a 2 m da parte frontal do carro, conforme indica a figura a seguir. Determine a menor distância (d) que o carro pode ficar do ônibus de modo que o motorista possa enxergar o semáforo inteiro.

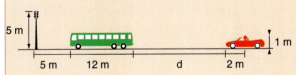

Ilustração sem escala ou em escalas diferentes. Cores artificiais.

a) 15,0 m
b) 13,5 m
c) 14,0 m
d) 14,5 m
e) 15,5 m

5. (UFF-RJ) Na figura a seguir, o triângulo ABC é retângulo em A e $\overline{CD}$ mede 10 cm.

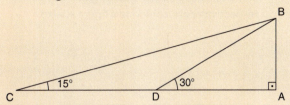

Pode-se concluir que o cateto $\overline{AB}$ mede:

a) $\dfrac{4\sqrt{3}}{3}$ cm
b) 5 cm
c) 6 cm
d) $4\sqrt{3}$ cm
e) $5\sqrt{3}$ cm

6. (UF-AM) De um pequeno barco (situado no ponto A), um observador enxerga o topo de uma montanha segundo um ângulo α.

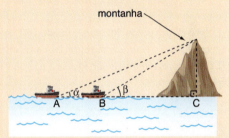

Ao aproximar-se 420 m em linha reta em direção à montanha (ponto B), passa a vê-lo segundo um ângulo β. Considerando que as dimensões do pequeno barco são desprezíveis, podemos afirmar que a altura da montanha é:

Dados: $\cos\alpha = \dfrac{2}{\sqrt{5}}$; $\operatorname{sen}\beta = \dfrac{2}{\sqrt{13}}$; $\operatorname{tg}\alpha = \dfrac{1}{2}$ e $\operatorname{tg}\beta = \dfrac{2}{3}$.

a) 420 m
b) 640 m
c) 820 m
d) 840 m
e) 940 m

7. (UE-RJ) Um foguete é lançado com velocidade igual a 180 m/s, e com um ângulo de inclinação de 60° em relação ao solo. Suponha que sua trajetória seja retilínea e sua velocidade se mantenha constante ao longo de todo o percurso. Após cinco segundos, o foguete se encontra a uma altura de *x* metros exatamente acima de um ponto no solo, a *y* metros do ponto de lançamento.

Os valores de *x* e *y* são, respectivamente:

a) 90 e $90\sqrt{3}$
b) $90\sqrt{3}$ e 90
c) 450 e $450\sqrt{3}$
d) $450\sqrt{3}$ e 450

8. (U.F. Viçosa-MG) Um passageiro em um avião avista duas cidades A e B sob ângulos de 15° e 30°, respectivamente, conforme a figura abaixo.

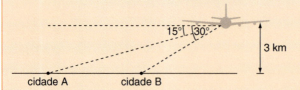

Se o avião está a uma altitude de 3 km, a distância entre as cidades A e B é:
a) 7 km
b) 5,5 km
c) 5 km
d) 6,5 km
e) 6 km

9. (Cefet-PR) Um poste deverá ser fixado verticalmente, conforme a figura a seguir, com os tirantes A e B, cujos comprimentos são iguais a $L_A = 8$ metros e $L_B = 5$ metros.

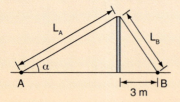

Se a distância entre o ponto B e o poste for de 3 metros, o ângulo de inclinação do tirante A (α) valerá:
a) 45°
b) 30°
c) 60°
d) 15°
e) 55°

10. (Vunesp-SP) Em uma residência, há uma área de lazer com uma piscina redonda de 5 m de diâmetro. Nessa área, há um coqueiro, representado na figura por um ponto Q.

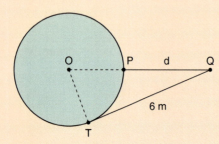

Se a distância de Q (coqueiro) ao ponto de tangência T (da piscina) é 6 m, a distância d = QP, do coqueiro à piscina, é:
a) 4 m
b) 4,5 m
c) 5 m
d) 5,5 m
e) 6 m

11. (UF-AM) A partir de um ponto, sobre uma estrada plana e horizontal que segue reta até a base de uma montanha, observa-se o cume da mesma sob um ângulo de 30° com o plano da estrada. Aproximando-se $900\sqrt{3}$ m em direção à montanha, sobre essa mesma estrada, observa-se o cume da montanha sob um ângulo de 60°, também com o plano da estrada. Nessas condições, é correto afirmar que a montanha tem altura de:
a) 1 350 m
b) 1 400 m
c) 1 500 m
d) 1 600 m
e) 1 800 m

12. (Cefet-MG) Duas pessoas A e B, numa rua plana, avistam o topo de um prédio sob ângulos de 60° e 30°, respectivamente, com a horizontal, conforme mostra a figura.

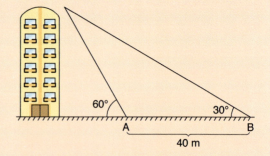

Se a distância entre os observadores é de 40 m, então, a altura do prédio, em metros, é aproximadamente igual a:
a) 34
b) 32
c) 30
d) 28

13. (UF-GO) Uma empresa de engenharia deseja construir uma estrada ligando os pontos A e B, que estão situados em lados opostos de uma reserva florestal, como mostra a figura abaixo.

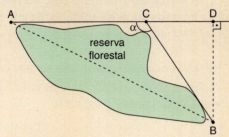

A empresa optou por construir dois trechos retilíneos, denotados pelos segmentos $\overline{AC}$ e $\overline{CB}$, ambos com o mesmo comprimento. Considerando que a distância de A até B, em linha reta, é igual ao dobro da distância de B a D, o ângulo α, formado pelos dois trechos retilíneos da estrada, mede:

a) 110°
b) 120°
c) 130°
d) 140°
e) 150°

14. (UF-PI) Sejam α e β ângulos internos de um triângulo retângulo, satisfazendo à condição sen α = 2 sen β. Se a medida do lado oposto ao ângulo α mede 20 cm, a medida, em centímetros, do lado oposto ao ângulo β é:

a) 10
b) 20
c) 30
d) 40
e) 50

15. (Fuvest-SP) Para se calcular a altura de uma torre, utilizou-se o seguinte procedimento ilustrado na figura: um aparelho (de altura desprezível) foi colocado no solo, a uma certa distância da torre, e emitiu um raio em direção ao ponto mais alto da torre. O ângulo determinado entre o raio e o solo foi de $\alpha = \dfrac{\pi}{3}$ radianos. A seguir, o aparelho foi deslocado 4 metros em direção à torre e o ângulo então obtido foi de β radianos, com tg β = $3\sqrt{3}$.

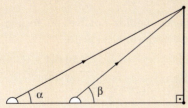

É correto afirmar que a altura da torre, em metros, é:

a) $4\sqrt{3}$
b) $5\sqrt{3}$
c) $6\sqrt{3}$
d) $7\sqrt{3}$
e) $8\sqrt{3}$

16. (U.F. Campina Grande-PB) Um rapaz deseja calcular a distância entre duas árvores que estão na outra margem de um rio, cujas margens são retas paralelas naquele trecho.

Observando o desenho, sabe-se que a largura do rio é de 100 m. Qual é a distância entre as árvores?

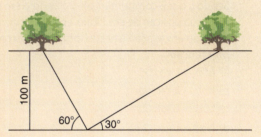

Observação: Os ângulos que aparecem na figura são de 60° e de 30°.

a) 4 m
b) $\dfrac{300\sqrt{2}}{3}$ m
c) $\dfrac{400\sqrt{3}}{3}$ m
d) $\dfrac{100}{\sqrt{3}}$ m
e) 300 m

17. (PUC-MG) Uma pessoa encontra-se no aeroporto (ponto A) e pretende ir para sua casa (ponto C), distante 20 km do aeroporto, utilizando um táxi cujo valor da corrida, em reais, é calculado pela expressão V(x) = 12 + 1,5x, em que x é o número de quilômetros percorridos. Se $\hat{B} = 90°$, $\hat{C} = 30°$ e o táxi fizer o percurso $\overline{AB} + \overline{BC}$, conforme indicado na figura, essa pessoa deverá pagar pela corrida:

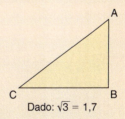

Dado: $\sqrt{3} = 1,7$

a) R$ 40,50
b) R$ 48,00
c) R$ 52,50
d) R$ 56,00

18. (PUC-RS) Ao visitar o Panteon, em Paris, Tales conheceu o Pêndulo de Foucault. O esquema abaixo indica a posição do pêndulo fixado a uma haste horizontal, num certo instante.

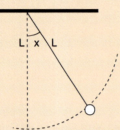

Sendo L o seu comprimento e x o ângulo em relação a sua posição de equilíbrio, então a altura h do pêndulo em relação à haste horizontal é expressa pela função:

a) h(x) = L cos (x)
b) h(x) = L sen (x)
c) h(x) = L sen (2x)
d) h(x) = L cos (2x)
e) h(x) = 2L cos (x)

19. (Cefet-SC) Um menino está empinando uma pipa e sua mão se encontra a 50 centímetros do chão. Sabendo que a linha que sustenta a pipa mede 100 m, encontra-se bem esticada e está determinando com o solo plano e horizontal um ângulo de 30°, pode-se afirmar que a altura dessa pipa em relação ao chão é:

Dados: sen 30° = 0,5; cos 30° = $\frac{\sqrt{3}}{2}$; tg 30° = $\frac{\sqrt{3}}{3}$.

a) 200 m
b) 50 m
c) 200,5 m
d) 50,5 m
e) 50√3 m

20. (U.F. Uberlândia-MG) O profissional encarregado de projetar um monumento decidiu-se pela figura a seguir, em que AB = 3 m. Para isso, está fazendo algumas simulações, a fim de definir as medidas dos demais lados e ângulos.

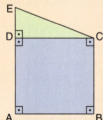

Decida se cada uma das afirmações abaixo é verdadeira (V) ou falsa (F).

a) Se o ângulo DÊC mede 60°, então, CE = 6 m.

b) Se a tangente do ângulo DĈE é igual a 1 e a figura toda tem área igual a 25 m², então, AD = 7 m.
c) Se sen DÊC = 0,2, então, sen DĈE = $\sqrt{0,96}$.
d) Se a área do triângulo DEC corresponde à metade da área total da figura, então, 2 · AD · tg DÊC = 3.

21. (UF-AM) Um prédio projeta uma sombra de 52 m conforme a figura a seguir. Sabendo que cos α = $\frac{4}{5}$, a altura H do prédio em metros é:

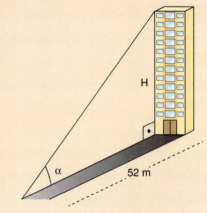

a) 31,2
b) 38,6
c) 39,0
d) 40,0
e) 41,6

22. (FGV-SP) Seja ABC um triângulo retângulo em B, tal que AC = $\frac{7\sqrt{3}}{2}$ e BP = 3, onde $\overline{BP}$ é a altura do triângulo ABC pelo vértice B.

Dado:

tg α	Valor aproximado de α em graus
$\frac{\sqrt{2}}{3}$	25,2°
$\frac{\sqrt{2}}{2}$	35,3°
$\frac{\sqrt{3}}{2}$	40,9°
$\frac{2\sqrt{2}}{3}$	43,3°
$\frac{2\sqrt{3}}{3}$	49,1°

A menor medida possível do ângulo AĈB tem aproximação inteira igual a

a) 25°
b) 35°
c) 41°
d) 43°
e) 49°

23. (Enem-MEC) Para determinar a distância de um barco até a praia, um navegante utilizou o seguinte procedimento: a partir de um ponto A, mediu o ângulo visual α fazendo mira em um ponto fixo P da praia. Mantendo o barco no mesmo sentido, ele seguiu até um ponto B, de modo que fosse possível ver o mesmo ponto P da praia, no entanto, sob um ângulo visual 2α. A figura ilustra essa situação:

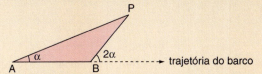

Suponha que o navegante tenha medido o ângulo α = 30° e, ao chegar ao ponto B, verificou que o barco havia percorrido a distância AB = 2 000 m. Com base nesses dados e mantendo a mesma trajetória, a menor distância do barco até o ponto fixo P será:

a) 1 000 m
b) 1 000$\sqrt{3}$ m
c) 2 000 $\dfrac{\sqrt{3}}{3}$ m
d) 2 000 m
e) 2 000$\sqrt{3}$ m

24. (Vunesp-SP) A caçamba de um caminhão basculante tem 3 m de comprimento das direções de seu ponto mais frontal P até a de seu eixo de rotação e 1 m de altura entre os pontos P e Q. Quando na posição horizontal, isto é, quando os segmentos de retas *r* e *s* coincidirem, a base do fundo da caçamba distará 1,2 m do solo. Ela pode girar, no máximo, α graus em torno de seu eixo de rotação, localizado em sua parte traseira inferior, conforme indicado na figura.

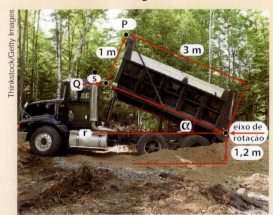

Dado cos α = 0,8, a altura, em metros, atingida pelo ponto P, em relação ao solo, quando o ângulo de giro α for máximo, é:

a) 4,8
b) 5,0
c) 3,8
d) 4,4
e) 4,0

25. (Enem-MEC) Um balão atmosférico, lançado em Bauru (343 quilômetros a Noroeste de São Paulo), na noite do último domingo, caiu nesta segunda-feira em Cuiabá Paulista, na região de Presidente Prudente, assustando agricultores da região. O artefato faz parte do programa *Projeto Hibiscus*, desenvolvido por Brasil, França, Argentina, Inglaterra e Itália, para a medição do comportamento da camada de ozônio, e sua descida se deu após o cumprimento do tempo previsto de medição.

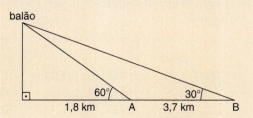

Disponível em: http://www.correiodobrasil.com.br.
Acesso em: 2 maio 2010.

Na data do acontecido, duas pessoas avistaram o balão. Uma estava a 1,8 km da posição vertical do balão e o avistou sob um ângulo de 60°; a outra estava a 5,5 km da posição vertical do balão, alinhada com a primeira, e no mesmo sentido, conforme se vê na figura, e o avistou sob um ângulo de 30°.

Qual a altura aproximada em que se encontrava o balão?

a) 1,8 km
b) 1,9 km
c) 3,1 km
d) 3,7 km
e) 5,5 km

26. (Unicamp-SP) Ao decolar, um avião deixa o solo com um ângulo constante de 15°. A 3,8 km da cabeceira da pista existe um morro íngreme. A figura abaixo ilustra a decolagem, fora de escala.

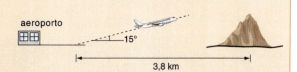

Podemos concluir que o avião ultrapassa o morro a uma altura, a partir da sua base de

a) 3,8 tg (15°) km.
b) 3,8 sen (15°) km.
c) 3,8 cos (15°) km.
d) 3,8 sec (15°) km.

Esta tabela contém valores aproximados. Os arredondamentos utilizados são de cinco casas decimais.

Tabela de razões trigonométricas

Ângulo (graus)	Seno	Cosseno	Tangente	Ângulo (graus)	Seno	Cosseno	Tangente
1	0,01745	0,99985	0,01746	46	0,71934	0,69466	1,03553
2	0,03490	0,99939	0,03492	47	0,73135	0,68200	1,07237
3	0,05234	0,99863	0,05241	48	0,74314	0,66913	1,11061
4	0,06976	0,99756	0,06993	49	0,75471	0,65606	1,15037
5	0,08716	0,99619	0,08749	50	0,76604	0,64279	1,19175
6	0,10453	0,99452	0,10510				
7	0,12187	0,99255	0,12278	51	0,77715	0,62932	1,23499
8	0,13917	0,99027	0,14054	52	0,78801	0,61566	1,27994
9	0,15643	0,98769	0,15838	53	0,79864	0,60182	1,32704
10	0,17365	0,98481	0,17633	54	0,80903	0,58779	1,37638
				55	0,81915	0,57358	1,42815
11	0,19087	0,98163	0,19438	56	0,82904	0,55919	1,48256
12	0,20791	0,97815	0,21256	57	0,83867	0,54464	1,53986
13	0,22495	0,97437	0,23087	58	0,84805	0,52992	1,60033
14	0,24192	0,97030	0,24933	59	0,85717	0,51504	1,66428
15	0,25882	0,96593	0,26795	60	0,86603	0,50000	1,73205
16	0,27564	0,96126	0,28675				
17	0,29237	0,95630	0,30573	61	0,87462	0,48481	1,80405
18	0,30902	0,95106	0,32492	62	0,88295	0,46947	1,88073
19	0,32557	0,94552	0,34433	63	0,89101	0,45399	1,96261
20	0,34202	0,93969	0,36397	64	0,89879	0,43837	2,05030
				65	0,90631	0,42262	2,14451
21	0,35837	0,93358	0,38386	66	0,91355	0,40674	2,24604
22	0,37461	0,92718	0,40403	67	0,92050	0,39073	2,35585
23	0,39073	0,92050	0,42447	68	0,92718	0,37461	2,47509
24	0,40674	0,91355	0,44523	69	0,93358	0,35837	2,60509
25	0,42262	0,90631	0,46631	70	0,93969	0,34202	2,74748
26	0,43837	0,89879	0,48773				
27	0,45399	0,89101	0,50953	71	0,94552	0,32557	2,90421
28	0,46947	0,88295	0,53171	72	0,95106	0,30902	3,07768
29	0,48481	0,87462	0,55431	73	0,95630	0,29237	3,27085
30	0,50000	0,86603	0,57735	74	0,96126	0,27564	3,48741
				75	0,96593	0,25882	3,73205
31	0,51504	0,85717	0,60086	76	0,97030	0,24192	4,01078
32	0,52992	0,84805	0,62487	77	0,97437	0,22495	4,33148
33	0,54464	0,83867	0,64941	78	0,97815	0,20791	4,70463
34	0,55919	0,82904	0,67451	79	0,98163	0,19087	5,14455
35	0,57358	0,81915	0,70021	80	0,98481	0,17365	5,67128
36	0,58779	0,80903	0,72654				
37	0,60182	0,79864	0,75355	81	0,98769	0,15643	6,31375
38	0,61566	0,78801	0,78129	82	0,99027	0,13917	7,11537
39	0,62932	0,77715	0,80978	83	0,99255	0,12187	8,14435
40	0,64279	0,76604	0,83910	84	0,99452	0,10453	9,51436
				85	0,99619	0,08716	11,43010
41	0,65606	0,75471	0,86929	86	0,99756	0,06976	14,30070
42	0,66913	0,74314	0,90040	87	0,99863	0,05234	19,08110
43	0,68200	0,73135	0,93252	88	0,99939	0,03490	28,63630
44	0,69466	0,71934	0,96569	89	0,99985	0,01745	57,29000
45	0,70711	0,70711	1,00000				

RESPOSTAS

Capítulo 1 — Noções de Conjuntos

Exercícios

1. $-4 \in A$, $\frac{1}{3} \notin A$, $3 \in A$ e $0,25 \notin A$;
   $-4 \in B$, $\frac{1}{3} \in B$, $3 \notin B$ e $0,25 \in B$;
   $-4 \notin C$, $\frac{1}{3} \in C$, $3 \notin C$ e $0,25 \notin C$;
   $-4 \notin D$, $\frac{1}{3} \notin D$, $3 \in D$ e $0,25 \in D$.

2. a) V b) F c) F d) V e) F f) V

3. $A = \{-1, 0\}$; $B = \{2\}$; $C = \{0, 4, 9\}$; $D = \{-1\}$; $E = \varnothing$

4. Unitários: B, C e D; vazios: A, E e F

5. a) V b) F c) F d) V e) V f) F g) F h) F

6. a) b) (diagrama B com A dentro, região sombreada)

7. a) V b) F c) V d) V e) V f) F

8. $C = \{2, 4\}$

9. São verdadeiras: c, e, f.

10. a) $\{1, 2, 3\}$, $\{1, 2, 4\}$, $\{1, 3, 4\}$ e $\{2, 3, 4\}$
    b) Entre outros, temos: $\{0, 2, 4, 6\}$, $\{0, 4, 6, 8\}$ e $\{2, 4, 6, 8\}$
    c) $\mathscr{P}(Z) = \{\varnothing, \{0\}, \{1\}, \{2\}, \{0, 1\}, \{0, 2\}, \{1, 2\}, \{0, 1, 2\}\}$

11. Todas são verdadeiras.

12. I. F   II. V   III. V   IV. F

13. a) $\{p, q, r, s\}$ b) $\{p, q, r, s, t\}$ c) $\{p, r, s, t\}$ d) $\{r\}$ e) $\{p\}$ f) $\{s\}$

14. a) $\{r, p, s, t\}$ b) $\varnothing$ c) $\{p, s\}$ d) $\{p, r, s, t\}$

15. a) $\{-1\}$ b) U c) $\{-2, -1, 0, 1, 2, 3, 4\}$ d) $\{-1, 0, 1\}$

16. 13 alunos.

17. a) 6 b) 38

18. a) V b) V c) V d) F e) V f) F

19. $X = \{3\}$

20. a) F b) V c) V d) F

21. a) V b) V c) F d) F e) V f) V g) F h) V i) V

22. a) $\{4, 8, 12, 14\}$ b) $\{5, 10, 15, 25\}$ c) $\varnothing$ d) $\{2\}$

23. 2

24.

25. a) $\{-1, 1, 3\}$
    b) A
    c) $\{1, 2, 3\}$
    d) $\{-2, 0\}$
    e) $\{1, 2, 3\}$
    f) Não pode ser determinado, pois $A \not\subset B$.
    g) $\{-2, 0, 2, 4\}$
    h) $\{-2, 0\}$
    i) $\{-2, -1, 0, 2\}$
    j) $\{-2, 0, 2, 5\}$
    k) $\{4, 5\}$
    l) $\{-2, 0\}$

26. a) 14 b) 14 c) 8 d) 15 e) 21 f) 29 g) 21 h) 7

Desafio

86 anos.

Exercícios complementares

1. (diagrama com conjuntos Y, X, Z)

2. a) $\{2, 4, 5\}$ b) $\{0, 2, 6, 8\}$

3. 6

4. 59

5. (1) F; (2) V; (3) V; (4) V; (5) F

6. 58

7. $(V - B) \cup (B - V)$

8. 9

9. $\{1\}$, $\{1, 2\}$, $\{1, 3\}$ e $\{1, 2, 3\}$

10. b

11. a) 78 b) 87 c) 165

12. 60%

13. I, II, III e IV

14. 70

15. Apenas II é verdadeira.

16. a) 20 b) 150

Testes

1. d	6. b	11. b	16. e
2. b	7. a	12. d	17. e
3. a	8. a	13. c	18. c
4. c	9. d	14. a	19. b
5. c	10. d	15. a	20. c

Capítulo 2 — Conjuntos Numéricos

Exercícios

1. a) $A \cap B = \{5,6\}$; $A \cup B = \mathbb{N}$
   b) $A \cap B = B$; $A \cup B = A$
   c) $A \cap B = B$; $A \cup B = A$
   d) $A \cap B = \{3\}$; $A \cup B = \{1,2,3,4,5\}$

2. a) $A = \{x \in \mathbb{N} \mid x < 5\}$, entre outros.
   b) $B = \{x \in \mathbb{N} \mid x \leq 2 \text{ ou } 7 < x < 11\}$, entre outros.
   c) $C = \{x \in \mathbb{Z} \mid -2 < x < 5\}$, entre outros.
   d) $D = \{x \in \mathbb{Z} \mid |x| = 3\}$, entre outros.

3. a) 1   c) 6   e) −2   g) 1
   b) 11   d) −9   f) 1   h) −10

4. a) −18 ou 18   b) −2, −1, 0, 1 e 2

5. 9

6. a) 2   c) −3   e) −46   g) 11
   b) −30   d) −43   f) 36   h) 14

7. 510 algarismos

8. a) V   b) F   c) V   d) F

9. a) 1 272 operadores   b) 53 operadores; 48 ingressos

10. a) V   c) F   e) F   g) F   i) F
    b) V   d) V   f) V   h) V   j) F

11. a) $-5 \in \mathbb{Q}$ b) $\frac{5}{12} \in \mathbb{Q}$

12. a) $\frac{1}{20}$ c) $-\frac{51}{5}$ e) $\frac{33}{10}$
    b) $\frac{21}{20}$ d) $\frac{33}{100}$ f) $-\frac{9}{4}$

13. a) 2,4   b) 0,57   c) 0,08   d) 0,024   e) −2,8875

14. $\frac{1}{30}, -\frac{5}{13}, \frac{4}{11}, \frac{1000}{3}$

15. 2,5

16. Respostas possíveis: −3,32; −3,375; −3,38 etc.

17. a) $\frac{4}{9}$ c) $\frac{25}{9}$ e) $\frac{337}{300}$ g) $\frac{34}{33}$
    b) $\frac{14}{99}$ d) $\frac{1\,714}{999}$ f) $\frac{23}{990}$ h) $\frac{34}{33}$

18. Não existe.

19. 1

20.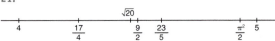

21.

São irracionais: $\sqrt{20}$ e $\frac{\pi^2}{2}$.

22. a) irracional   e) racional   i) irracional
    b) racional   f) racional   j) irracional
    c) irracional   g) racional   k) racional
    d) irracional   h) racional

23. a) F   b) F   c) F   d) V   e) F

24. a) vazio   c) unitário   e) vazio   g) unitário
    b) unitário   d) vazio   f) unitário   h) vazio

25. São irracionais: $A = \sqrt{2}$, $B = \sqrt{18}$ e $E = 4\sqrt{2}$.
    São racionais: $C = 6$ e $D = 3$.

26. Respostas possíveis:
    aproximações por falta: 1,7; 1,72; 1,73.
    aproximações por excesso: 1,733; 1,74; 1,735.

27. $a < b < d < c$

28. a), b), c), d), e), f) (representações em reta)

29. a) $\{x \in \mathbb{R} \mid x \geq -2\}$ c) $\left\{x \in \mathbb{R} \mid -\frac{1}{4} < x \leq 1\right\}$
    b) $\{x \in \mathbb{R} \mid x \leq 3\sqrt{2}\}$ d) $\left\{x \in \mathbb{R} \mid -\frac{3}{4} < x \leq 0\right\}$

30. a) $\{x \in \mathbb{R} \mid x > -3\} = \,]-3, +\infty[$
    b) $\left\{x \in \mathbb{R} \mid -2 < x \leq \frac{4}{3}\right\} = \,\left]-2, \frac{4}{3}\right]$
    c) $\left\{x \in \mathbb{R} \mid x > \frac{4}{3}\right\} = \,\left]\frac{4}{3}, +\infty\right[$
    d) $\{x \in \mathbb{R} \mid -3 < x \leq -2\} = \,]-3, -2]$

31. Três.

32. $\left[-1, \frac{3}{2}\right[\cup [2, +\infty[$

33. a) $\left\{x \in \mathbb{R} \mid \frac{1}{10} < x \leq 1\right\}$ e) $\{x \in \mathbb{R} \mid x \geq -3\}$
    b) $\left\{x \in \mathbb{R} \mid \frac{1}{10} < x \leq \frac{3}{2}\right\}$ f) $\{x \in \mathbb{R} \mid -3 \leq x < -1\}$
    c) $\left\{x \in \mathbb{R} \mid -3 \leq x \leq \frac{1}{10}\right\}$ g) $\left\{x \in \mathbb{R} \mid \frac{1}{10} < x \leq 1\right\}$
    d) $\{x \in \mathbb{R} \mid x > 1\}$ h) $\varnothing$

Desafio

15,2

Exercícios complementares

1. a) V b) V c) V d) V e) F
2. a) V b) F c) V d) F e) F
3. a) 1 : 425 000
   b) No quilômetro 34,25.
   c) 6,8 cm
4. São verdadeiras: 01, 02, 08 e 16.
5. a)   c) $\left[-1, -\frac{1}{2}\right[$

   b) $\mathbb{R}$ d) $]-\infty, -1[$
6. 70
7. 6
8. a) Para 71, z = 63; b) demonstração
   Para 30, z = 27
9. a) 48 ℓ b) $\frac{3}{8}$
10. 0,025; 0,8
11. a) 1
    b) $\left]-\frac{\pi}{2}, \frac{\pi}{4}\right[$; não existe
    c) $\left[\frac{\pi}{2}, 2\pi\right]$; não existe
12. 128
13. a) F b) F c) F d) V e) V
14. 3
15. 65
16. 73
17. x = −2
18. a) 59 b) sim
19. a) m = −5, n = −3, p = 1 e q = 6
    b) m = 40, n = 24, p = −8 e q = −48
20. (02) + (08) = 10
21. X = 3   Y = 5

Testes

1. (01) + (04) = 5
2. e
3. b
4. e
5. b
6. e
7. a
8. c
9. a
10. d
11. b
12. d
13. d
14. b
15. b
16. d
17. c
18. d
19. d
20. b
21. a) V b) F c) F d) F e) V
22. b
23. c
24. e
25. d
26. e
27. a
28. d

Capítulo 3 — Funções

Exercícios

1. a) R$ 63,00
   b) 25 quilogramas
   c) y = 14x

2. a)

nº de litros	distância (km)
0,25	2,25
0,5	4,5
2	18
3	27
10	90
25	225
40	360

   b) d = 9 ℓ

3. a)

Tempo	distância (km)
15 min	225
0,5 h	450
2 h	1 800
5 h	4 500

   b) 3 horas e 12 minutos
   c) d = 900t

4. a) 22
   b) y = 50 + 22x

5. a)

lado (cm)	1	3,5	5	8	10
perímetro (cm)	4	14	20	32	40
área (cm²)	1	12,25	25	64	100

   b) p = 4ℓ
   c) a = ℓ^2
   d) sim; não

6. a)

nº de pedreiros	1	4	6	8	12
nº de dias	24	6	4	3	2

   b) d = $\frac{24}{n}$

7. a)

nº de horas	1	2	3	4	5	6
nº de células	2	4	8	16	32	64

   b) 10 horas c) n = 2^t

8. a) sim b) sim c) não d) não

9. a) sim; y = x c) sim; y = 2x
    b) não d) não
10. a) sim b) sim c) não
11. a) sim b) sim c) não
12. a) 6 b) 8 c) 4 d) $\frac{17}{4}$ e) $10 - \sqrt{2}$
13. a) f(0) = 6; f(−2) = 4 e f(1) = 4 b) −2a
14. a) 1 d) Não existe.
    b) 1 e) 73
    c) 5
15. a) $\frac{16}{7}$ b) $-\frac{43}{2}$
16. a) 5 c) Não existe.
    b) −7 d) Não existe.
17. a) R$ 1 800 b) R$ 90 c) 6 anos
18. a) m = −10 b) $-\frac{43}{4}$ c) $\frac{8}{3}$
19. a) 250 pagantes b) R$ 32,00 c) R$ 15 750,00
20. a) 3 b) 48
21. a) −900 b) R$ 200,00
22. a)

dia	1	2	3	5	7
quantidade (mg/dℓ)	5,75	4,3	3,15	1,98	1,43

b) dia 11
23. $a = \frac{2}{3}$
24. $m = \frac{1}{2}$
25. D = A
    Contradomínio: B
    Im = {1, 2, 5}
26. B = {0, 1, 3, 6}
27. 6
28. $\mathbb{Z}_-$
29. a) $\mathbb{R}$ b) $\mathbb{R}$ c) $\mathbb{R}^*$ d) $\mathbb{R} - \{1\}$
30. a) {x ∈ ℝ | x ⩾ 2} c) {x ∈ ℝ | x > 3}
    b) ℝ d) {x ∈ ℝ | x ⩾ −1 e x ≠ 0}
31. a) $\left\{x \in \mathbb{R} \mid x \geq \frac{1}{2}\right\}$ c) {x ∈ ℝ | x ≠ −2x ≠ 0 e x ≠ 2}
    b) $\left\{x \in \mathbb{R} \mid 1 \leq x \leq \frac{5}{3}\right\}$ d) ℝ
32. a) Das 10:00 às 12:00; das 12:30 às 14:00; das 15:30 às 16:00 e das 17:00 às 18:00.
    b) Das 12:00 às 12:30; das 14:00 às 15:30; das 16:30 às 17:00.
    c) Entre R$ 9,20 e R$ 12,00.
    d) 15:00, um valor próximo das 16:00 e 17:00.
    e) alta; 2%
33. a) 1986; R$ 1 107,00.
    b) 1984; R$ 685,00.

c) 1981 a 1984; 1986 a 1988; 1989 a 1992; 1995 a 2001.
d) 1985 e 1986.
e) Não.
f) 1986; 1989; 1994 a 1999; 2006 e 2007.
34. a) V b) F c) V d) F e) F
35. a) V b) V c) F d) F e) V
36.
37. A(4, 2); B(−4, 6); C(−5, −3); D(4, −5); E(0, 4); F(−3, 0); G(0, −6); H(5, 0); I(0, 0)
38. a) x = 2 e y = −5 b) x = 1 e y = 4 c) x = 4 e y = −1
39. m = −4
40. m = 3
41. m = −1 ou m = 1
42. m = 5 e n = 2
43. a) a < 0 e b > 0 b) 1º quadrante
44. a) a > 0 e b < 0 b) 4º quadrante
45. a)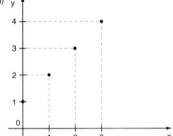

b)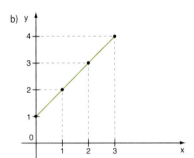

c)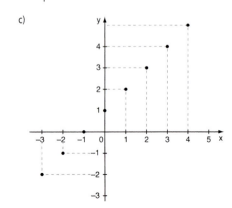

d)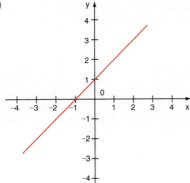

46. a) 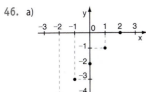   c)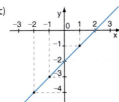

b)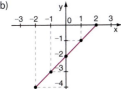

47. a)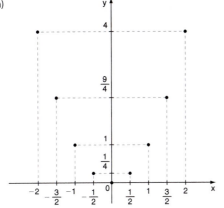

b)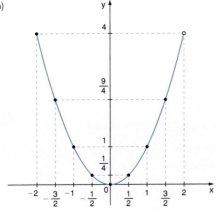

48. c)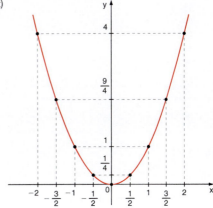

a)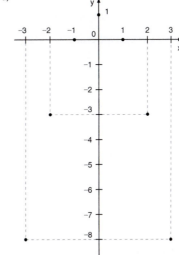

b)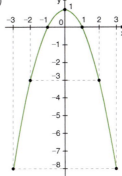

c)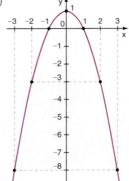

49.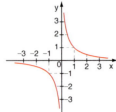

50. b = 3

51. a = 1 e b = 2

52. a = −1 e b = 3

53. c) Qualquer x < 0 está associado a dois valores de y.

d) x = −3 possui duas imagens: 1 e −1.

e) Quando x ∈] −1, 1[, não há imagem correspondente.

g) x = 1 está associado a infinitos valores de y;

x ≠ 1 não possui imagem.

54. a) f é crescente se x > 0; f é decrescente se x < 0.

b) f é crescente se x > −3; f é decrescente se x < −3.

c) f é constante se x < 2; f é crescente se x > 2.

d) f é crescente se −2 < x < 4; f é decrescente se x < −2 ou x > 4.

e) f é crescente para todo x ∈ ℝ.

55. a) raiz: −3 $\begin{cases} y > 0 \text{ quando } x > -3 \\ y < 0 \text{ quando } x < -3 \end{cases}$

b) raízes: 0 e 2 $\begin{cases} y > 0 \text{ quando } x < 0 \text{ ou } x > 2 \\ y < 0 \text{ quando } 0 < x < 2 \end{cases}$

c) raízes: −1 e 1 $\begin{cases} y > 0 \text{ quando } x < -1 \text{ ou } x > 1 \\ y < 0 \text{ quando } -1 < x < 1 \end{cases}$

d) raízes: −5, −3 e 1 $\begin{cases} y > 0 \text{ quando } -5 < x < -3 \text{ ou } x > 1 \\ y < 0 \text{ quando } x < -5 \text{ ou } -3 < x < 1 \end{cases}$

e) y > 0 para todo x ∈ ℝ

y < 0 não ocorre

não há raízes reais

f) raízes: −3 e $\frac{15}{2}$ $\begin{cases} y > 0 \text{ quando } -3 < x < \frac{15}{2} \\ y < 0 \text{ quando } x < -3 \text{ ou } x > \frac{15}{2} \end{cases}$

56. a) f(−1) = 4; f(0) = 4; f(−3) = $\frac{3}{2}$ e f(3) = 0

b)] −∞, −2[

c)] $\frac{3}{2}$, $\frac{9}{2}$ [

d) $\begin{cases} y > 0 \text{ quando } x < 3 \\ y < 0 \text{ quando } 3 < x < \frac{9}{2} \end{cases}$

e) Im = $\left\{ y \in \mathbb{R} \mid -\frac{7}{2} < y \leq 4 \right\}$

f) 3

57. Respostas possíveis:

a)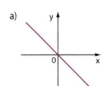

b) (gráfico)

c)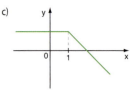

d)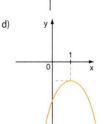

58. a) Im = {y ∈ ℝ | y ≥ 0}   c) Im = {y ∈ ℝ | y ≤ 3}

b) Im = {4}   d) Im = ℝ*

59. a) P   b) 0   c) 0   d) I   e) P

60. a) 0   b) 2   c) −3   d) 0

61. A taxa média de variação nos cinco primeiros anos é o quádruplo da taxa média de variação nos cinco últimos anos.

62. a) I) $\frac{3}{2}$ II) 4,$\overline{6}$

b) I) 4   II) 4

c) I) −1   II) −2,5

d) I) −3   II) −3

63. O ritmo de crescimento do IDH diminui no segundo período, em comparação com o primeiro (0,0043 × 0,0054).

Desafio

d

Exercícios complementares

1. 36

2. a) a = 7 e b = $\frac{1}{2}$ b) −22   c) $\frac{1}{4}$

3. a) f(0) = −3   b) f(2) = −9   c) f(4) = −33

4. a) 20 000 pessoas   c) 9 horas

b) 49 000 pessoas   d) 1,4

5. a = 100, b = 1 e c = 10

f(x) = $\frac{100x + 200}{x + 10}$

6. a) x > −1   d) x < −1 ou x > 2

b) x ≥ 2   e) x ≠ 2

c) x > $\frac{1}{2}$

7. a) x² ≠ −1, ∀ x ∈ ℝ

b) não; não

c) crescente se x < 0 e decrescente se x > 0.

d) y > 0 para todo x ∈ ℝ

y < 0 não ocorre

8. a) a = −7 e b = $\frac{31}{2}$

b) [−11, 7 [

c) −1

d) $-7 \leq x \leq 0$ ou $10 \leq x < \dfrac{31}{2}$

e) $y > 0$ quando $-2 < x < 6$ ou $12 < x < \dfrac{31}{2}$
   $y < 0$ quando $-7 \leq x < -2$ ou $6 < x < 12$

f) $-\dfrac{1}{2}$

g) $\dfrac{16}{7}$

h) $[0, 3]$

9. a) 1,64 m   b) Paulo: 56 kg e Paula: 54 kg

10. a) $f(1) = 5$ b) $f(27) = 135$

11. a) $D = \mathbb{R}$ c) $D = \{0\}$
    b) $D = \left]-\infty, -\dfrac{1}{2}\right] \cup [3, +\infty[$

12. a) $D = \{1\}$ b) $Im = \{5\}$

13. a) 346 m/s   b) 16 °C

14. Resposta pessoal.

15. a) 0,25   b) $f(x) = \dfrac{25 - x}{100 - x}$

16. a) $\dfrac{1}{x - 2}$
    b) $f(0) = -\dfrac{1}{2}; f(1) = -1; f(3) = 1$ e $f(4) = \dfrac{1}{2}$
    c)
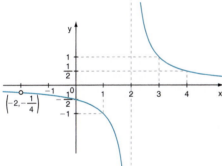

17. a) pares: I e III   b) Resposta pessoal.
    ímpares: IV e V

18. a) $x = -1$ ou $x = \dfrac{3}{2}$
    b)
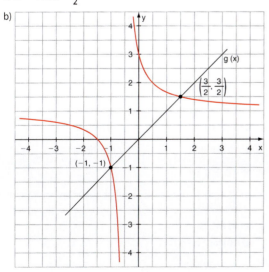

19. a) 50; 30
    b) 4,75 horas
    c) $a = 10, b = 600$ e $c = 15$; a afirmação é verdadeira.

Testes

1. d
2. a
3. c
4. c
5. a
6. b
7. b
8. $(01) + (02) + (04) = 07$
9. b
10. a, c, d, e
11. a
12. d
13. a
14. b
15. d
16. c
17. d
18. e
19. b
20. c
21. d
22. e
23. c
24. c
25. e
26. e
27. c
28. c
29. c
30. c
31. d
32. e

Capítulo 4 Função afim

Exercícios

1. a) R$ 990,00   b) 7 noites   c) $y = 780 + 70x$

2. a) 76,26 kg
   b) $p(n) = 75 + 0{,}18n$
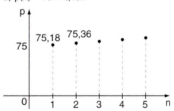
   c) Sim; após um mês ele terá 80,4 kg.

3. a) R$ 20,00; R$ 22,00 e R$ 30,00
   b) $v(x) = 20 + 0{,}1x$

4. a) 450 ℓ   c) $y = 21\,000 - 15x$
   b) $y = 15x$ litros   d) 23 horas e 20 minutos

5. a)
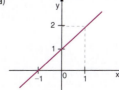
   b)

c)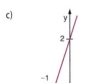

e)

d)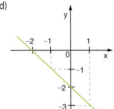

f)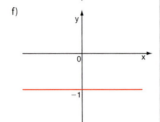

6. a)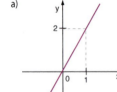

c)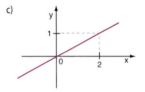

b)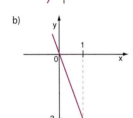

d)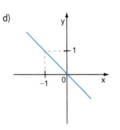

A propriedade é: todas as retas passam pela origem (0, 0).

7. $y = -3x + 2$

8. $y = \dfrac{1}{2}x + 4$

9. a) $y = -3x$ b) $y = 3x + 4$ c) $y = \dfrac{11}{3}$

10. a) $f\left(\dfrac{1}{2}\right) = 1$ b) $f(3) = 2$ c) $f\left(\dfrac{11}{2}\right) = 3{,}5$

11. 7

12. a) $y = 0{,}05x + 300$

b) R$ 300,00

c) Não, pois a parte fixa não dobra.

13. a) R$ 39 100,00   b) $v(x) = 13x + 30\,000$

14. a) 3,2   c) 4   e) 2   g) $\dfrac{1}{12}$

b) $\dfrac{1}{3}$ d) 20   f) 5   h) 16

15. a) $a = 12; b = 32; c = 8; d = 52$ d) $\dfrac{1}{6}$

b) $\dfrac{5}{2}$ e) 4 mulheres

c) $\dfrac{13}{7}$

16. a) $\dfrac{9}{2}$ b) $\dfrac{5}{7}$ c) -1 d) 4

17. a) 6000   b) 8000

18. a) $a = 4{,}2; b = 1{,}7; c = 2$ b) $a = 10; b = 40$

19. R$ 1 000,00 a P e R$ 800,00 a Q

20. sim; não

21. a) não   b) sim

22. região Z

23. a)

tempo decorrido (min)	1	2	3	4	5	10	20
distância percorrida (km)	2	4	6	8	10	20	40

b) sim

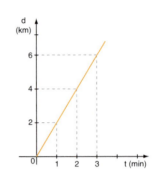

24. a) sim   b) 2,5 g/cm³   c) $m = 2{,}5 V$

25. a) sim

b)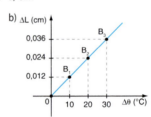

c) $0{,}000012\ (°C)^{-1}$

26. a) $\dfrac{1}{3}$ b) $\dfrac{1}{2}$ c) $\dfrac{5}{3}$ d) 0   e) $\dfrac{5}{6}$ f) 0

27. $f(3) = -\dfrac{15}{2}$

28. a) $S = \left\{\dfrac{3}{10}\right\}$ d) $S = \varnothing$

b) $S = \{6\}$ e) $S = \{-1\}$

c) $S = \{1\}$ f) $S = \left\{\dfrac{15}{11}\right\}$

29. A recebe R$ 75,00, B recebe R$ 30,00 e C recebe R$ 15,00.

30. a) Há 12 anos.   b) Daqui a 9 anos.

31. André: 15; Bruno: 18 e Carlos: 20

32. Paulo: R$ 90,00

Joana: R$ 75,00

33. a) 4   b) -3 c) 1   d) -1

34. a) 1 440 alunos   c) $y = 1\,680 - 40x$

b) 400 alunos   d) 1 430 alunos

35. a) 900 turistas   b) 1 260 turistas

36. R$ 6 000,00

37. a) R$ 4 000 é o custo fixo da empresa, que independe da quantidade produzida.

b) R$ 150,00

c) 20 litros

38. a) 26,7 °C; 34,4 °C   b) $y = 24{,}6 + 1{,}4x$

39. São crescentes: a, d, e; decrescentes: b, c, f.

40. a) m > 0 b) m < −3 c) m < 2

41. a) $\begin{cases} m > -1 \Rightarrow f \text{ é crescente} \\ m < -1 \Rightarrow f \text{ é decrescente} \\ m = -1 \Rightarrow f \text{ é constante} \end{cases}$

b) $\begin{cases} m > 0 \Rightarrow f \text{ é crescente} \\ m < 0 \Rightarrow f \text{ é decrescente} \\ m = 0 \Rightarrow f \text{ é constante} \end{cases}$

c) $\begin{cases} m < \frac{3}{2} \Rightarrow f \text{ é crescente} \\ m > \frac{3}{2} \Rightarrow f \text{ é decrescente} \\ m = \frac{3}{2} \Rightarrow f \text{ é constante} \end{cases}$

42. a) a = −2 e b = 5   d) a = 1 e b = 3
b) a = 3 e b = −1   e) $a = \frac{2}{5}$ e $b = -\frac{3}{5}$
c) a = 4 e b = 0

43. a) $a = -\frac{3}{2}$ e b = 3
b) a = 1 e b = −1

44. a) coeficiente angular: 60
coeficiente linear: 45

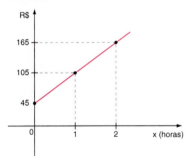

b) 4 horas e 15 minutos

45. a) 1 300 ℓ/h
b) coeficiente angular: 1 300 e coeficiente linear: 0
c) y = 1 300x, com y em litros e x em horas
d) 20 horas

46. a) y > 0 quando x > −1   y < 0 quando x < −1
b) y > 0 quando x < 2   y < 0 quando x > 2

47. a) $\begin{cases} y > 0 \text{ quando } x > -\frac{1}{4} \\ y < 0 \text{ quando } x < -\frac{1}{4} \end{cases}$

b) $\begin{cases} y > 0 \text{ quando } x < \frac{1}{3} \\ y < 0 \text{ quando } x > \frac{1}{3} \end{cases}$

c) $\begin{cases} y > 0 \text{ quando } x < 0 \\ y < 0 \text{ quando } x > 0 \end{cases}$

d) $\begin{cases} y > 0 \text{ quando } x > 3 \\ y < 0 \text{ quando } x < 3 \end{cases}$

e) $\begin{cases} y > 0 \text{ quando } x > 0 \\ y < 0 \text{ quando } x < 0 \end{cases}$

f) $\begin{cases} y > 0 \text{ quando } x < 3 \\ y < 0 \text{ quando } x > 3 \end{cases}$

48. $\begin{cases} x > -3 \Rightarrow y > 0 \\ x < -3 \Rightarrow y < 0 \end{cases}$

49. a) $S = \left\{x \in \mathbb{R} \mid x \geq \frac{1}{2}\right\}$ e) $S = \{x \in \mathbb{R} \mid x \leq 4\}$
b) $S = \left\{x \in \mathbb{R} \mid x > \frac{3}{4}\right\}$ f) $S = \{x \in \mathbb{R} \mid x \leq -1\}$
c) $S = \{x \in \mathbb{R} \mid x \geq 0\}$ g) $S = \{x \in \mathbb{R} \mid x > 1\}$
d) $S = \{x \in \mathbb{R} \mid x > -2\}$

50. a) $S = \{x \in \mathbb{R} \mid x \geq -8\}$ d) $S = \left\{x \in \mathbb{R} \mid x \leq \frac{14}{3}\right\}$
b) $S = \left\{x \in \mathbb{R} \mid x \leq \frac{97}{34}\right\}$ e) $S = \mathbb{R}$
c) $S = \varnothing$

51. Acima de 4 horas de serviço.

52. 1, 2 e 3

53. a) B; R$ 1,00   b) 201 minutos

54. maio de 2019

55. a) $S = \left\{x \in \mathbb{R} \mid -\frac{1}{2} < x \leq 2\right\}$ d) $S = \left\{x \in \mathbb{R} \mid 2 \leq x \leq \frac{5}{2}\right\}$
b) $S = \{x \in \mathbb{R} \mid 4 < x < 6\}$ e) $S = \{x \in \mathbb{R} \mid -2 \leq x \leq 3\}$
c) $S = \{x \in \mathbb{R} \mid -4 < x < 1\}$

56. a) Nos dois casos, o plano B é o melhor.   b) 84 km

57. a) $S = \{x \in \mathbb{R} \mid x \geq 1\}$ b) $S = \varnothing$

58. a) S = {1}   b) S = {−1, 0}   c) S = {8, 9, 10, 11, 12, 13, 14, 15}

59. a) $S = \{x \in \mathbb{R} \mid x \leq 1 \text{ ou } x \geq 2\}$
b) $S = \left\{x \in \mathbb{R} \mid \frac{1}{2} < x < 2\right\}$
c) $S = \left\{x \in \mathbb{R} \mid x \leq -\frac{2}{5} \text{ ou } x \geq 1\right\}$
d) $S = \left\{x \in \mathbb{R} \mid x \leq -\frac{3}{5} \text{ ou } -\frac{1}{4} \leq x \leq \frac{3}{2}\right\}$

60. dois

61. $\left\{x \in \mathbb{R} \mid x \leq 0 \text{ ou } \frac{1}{2} \leq x \leq 3\right\}$

62. a) S = {2}   b) S = ℝ − {3}   c) $S = \varnothing$

63. a) $S = \left\{x \in \mathbb{R} \mid -1 \leq x < \frac{1}{2}\right\}$
b) $S = \left\{x \in \mathbb{R} \mid x < \frac{3}{4} \text{ ou } x > \frac{3}{2}\right\}$
c) $S = \{x \in \mathbb{R} \mid 0 \leq x < 3\}$

64. a) $S = \{x \in \mathbb{R} \mid x < -1 \text{ ou } 2 < x \leq 3\}$
b) $S = \left\{x \in \mathbb{R} \mid x < -2 \text{ ou } -\frac{1}{3} < x < 0\right\}$

65. a) $S = \left\{x \in \mathbb{R} \mid \frac{1}{7} \leq x < \frac{1}{2}\right\}$
b) $S = \left\{x \in \mathbb{R} \mid x < -\frac{3}{2} \text{ ou } x > 2\right\}$
c) $S = \{x \in \mathbb{R} \mid x < 1\}$

66. a) $S = \{x \in \mathbb{R} \mid -1 \leq x \leq 2\}$ b) $S = \{x \in \mathbb{R} \mid x < -1 \text{ ou } x \geq 2\}$

67. a) $S = \{x \in \mathbb{R} \mid x < -2 \text{ ou } 1 < x \leq 7\}$ b) $S = \{x \in \mathbb{R} \mid x < 0 \text{ ou } x \geq 2\}$

Desafio

x = 80°

Exercícios complementares

1. a) m = 2 e n = −6   b) 9 unidades de área
2. 10h50min
3. a) 15 anos
   b) US$ 1 400,00
   c)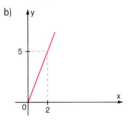
4. a) 6 minutos   b) João: 10h52min; Pedro: 11h24min
5. a) R$ 32,00   b) Metragens acima de 12,8 m.
6. a) p(t) = 5 + 0,5t; 8 kg   b) 10 < t ≤ 34
7. R$ 12 000,00 e R$ 18 000,00
8. $\frac{27}{2}$ unidades de área
9. a) Salário mínimo: y = 300 + 42x   b) 2012
   Cesta básica: y = 154 + 6x
10. a) 2   b) 9
11. a) 84 anos   b) 33 anos
12. a) S = {x ∈ ℝ | −4 < x < −2}
    b) S = $\left\{x \in \mathbb{R} \mid -1 < x \le 0 \text{ ou } \frac{1}{3} < x < 1 \text{ ou } x \ge 3\right\}$
    c) S = $\left\{x \in \mathbb{R} \mid x < \frac{a-5}{a-7}\right\}$
13. vela A: 8 cm
    vela B: 6 cm
14. R$ 1,00
15. a = 216   b = $\frac{1}{72}$ c = $\frac{3}{2}$ d = $\frac{1}{6}$
16. a) h = 3 · c + 70 (h em cm e c em cm)
    b) 1,66 m
17. a) y = $\frac{1}{2}$x + 2   b) R$ 2 milhões   c) R$ 7 milhões
18. a) 1 050 $\frac{km}{h}$ b) aproximadamente: 1 350 $\frac{km}{h}$ e 37,5 s
19. a) F(x) = $\frac{5x}{2}$
    b)
20. 200 chamadas
21. a) 50 $\frac{m}{h}$ b) 1 hora   c) 3 horas e 45 minutos
22. a) 137 domicílios   b) 834 pessoas   c) 31%
23. a) 12   b) 1 576 dias

24. a) 9 centenas de bilhões de reais
    b) 6 centenas de bilhões de reais
    c) Não
25. 2 029
26. a) 91°   b) v(x) = 0,9 · x + 2

Testes

1. b	7. a	12. c	17. c	22. d	27. c
2. b	8. a	13. b	18. b	23. c	28. a
3. b	9. a	14. e	19. a	24. a	29. e
4. a	10. d	15. c	20. d	25. c	30. c
5. b	11. e	16. a	21. c	26. b	31. b
6. d

32. (0-0) V   (1-1) V   (2-2) F   (3-3) F   (4-4) F

Capítulo 5 — Função quadrática

Exercícios

1. a) 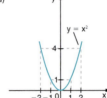   c)
   b) 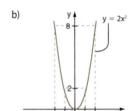   d)

2. a) 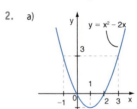   b)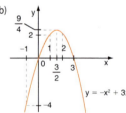

3. a) 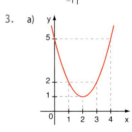   c)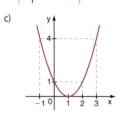
   b)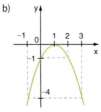

4. a) $\frac{1}{2}$ e 1   d) $\frac{1}{3}$ e $-\frac{1}{3}$ g) Não existem.
    b) 0 e 4   e) 3   h) $-\sqrt{2}$ e $\sqrt{2}$
    c) 5 e -3 f) 0   i) -2 e 3

5. a) $S = \{\sqrt{3}, 2\sqrt{3}\}$ d) $S = \left\{\frac{3-\sqrt{5}}{2}, \frac{3+\sqrt{5}}{2}\right\}$
    b) $S = \{-1, 2\}$ e) $S = \{-4, 2\}$
    c) $S = \left\{-1, -\frac{5}{2}\right\}$

6. a) $S = \{-1, 1, 2\}$ d) $S = \left\{-\frac{2}{3}, 8\right\}$
    b) $S = \left\{-\frac{1}{2}, \frac{1}{2}\right\}$ e) $S = \{0, -3, -7\}$
    c) $S = \{-5, 1\}$

7. a) $S = \{-2, -1, 1, 2\}$
    b) $S = \{-\sqrt{5}, -\sqrt{3}, \sqrt{5}, \sqrt{3}\}$
    c) $S = \{-3, 3\}$

8. a) $-\frac{9}{4}$ b) $\frac{1}{2}$ e 2

9. 2 cm e 6 cm

10. 1 ano e 7 anos

11. a) R$ 2,00   b) 90   c) 72

12. 20 pessoas

13. $p = 1$

14. $\left\{m \in \mathbb{R} \mid m < \frac{4}{5}\right\}$

15. $\begin{cases} m < 1 \Rightarrow \text{2 raízes reais e distintas} \\ m = 1 \Rightarrow \text{1 raiz real dupla} \\ m > 1 \Rightarrow \text{nenhuma raiz real} \end{cases}$

16. -1

17. $m = 1$ ou $m = -\frac{\sqrt{13}}{2}$ ou $m = \frac{\sqrt{13}}{2}$
    - Se $m = 1$, $S = \left\{-\frac{2}{3}\right\}$
    - Se $m = -\frac{\sqrt{13}}{2}$, $S = \left\{\frac{\sqrt{13}-2}{3}\right\}$
    - Se $m = \frac{\sqrt{13}}{2}$, $S = \left\{\frac{-\sqrt{13}-2}{3}\right\}$

18. a) $S = \frac{1}{3}$ e $P = -\frac{5}{3}$ d) $S = 3$ e $P = -2$
    b) $S = 6$ e $P = 5$ e) $S = -1$ e $P = -20$
    c) $S = 0$ e $P = -\frac{7}{2}$

19. a) 3   b) $\frac{3}{2}$ c) $\frac{39}{2}$ d) 2   e) 6

20. a) -8 e -3 b) $p = 24$

21. As raízes são 11 e 14; $p = 77$.

22. $m = 2\sqrt{2}$

23. $p = -12$

24. a) $S > 0$ e $P > 0$ b) $S < 0$ e $P > 0$ c) $S > 0$ e $P < 0$

25. $m = -3$

26. a) $f(x) = x \cdot (x - 8)$
    b) $f(x) = (x - 2) \cdot (x - 5)$
    c) $f(x) = -2x \cdot (x - 5)$
    d) $f(x) = -(x - 5)^2$
    e) $f(x) = 2 \cdot (x - 2) \cdot (x - 0{,}5) = (2x - 1) \cdot (x - 2)$

27. $f(x) = 2x^2 + 8x - 10$

28. a) $(3, -5)$ b) $\left(-\frac{1}{4}, \frac{25}{8}\right)$ c) $(0, -9)$

29. Leis b e c.

30. a) valor máximo = 450   c) valor máximo = -4
    b) valor mínimo = 4   d) valor mínimo = 2

31. a) $\text{Im} = \{y \in \mathbb{R} \mid y \geq -2\}$ c) $\text{Im} = \left\{y \in \mathbb{R} \mid y \leq \frac{9}{4}\right\}$
    b) $\text{Im} = \{y \in \mathbb{R} \mid y \leq 5\}$ d) $\text{Im} = \left\{y \in \mathbb{R} \mid y \geq -\frac{9}{4}\right\}$

32. $b = 30; c = -25$

33. a) 35 m   b) 3 s e 5 s   c) 80 m   d) 8 s

34. a) De 2010 a 2012.   b) R$ 3 600,00   c) Em 2020; R$ 42 000,00

35. a) V; $L(7) = L(17) = $ R$ 1 950,00   c) V; $y_v = 3 200$
    b) F; $L(5) = $ R$ 750,00   d) V; $L(4) = L(20) = 0$

36. O retângulo de área máxima é um quadrado de lado de medida 5 cm; 25 cm².

37. a) $k = \frac{33}{4}$ b) $-4\,°C$

38. $x = 1, y = -1$; a soma é igual a 2.

39. a) $\text{Im} = \{y \in \mathbb{R} \mid y \geq -1\}$ c) $\text{Im} = \{y \in \mathbb{R} \mid y \geq 0\}$

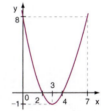
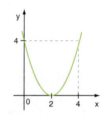

b) $\text{Im} = \{y \in \mathbb{R} \mid y \leq 2\}$ d) $\text{Im} = \left\{y \in \mathbb{R} \mid y \geq -\frac{25}{4}\right\}$

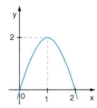
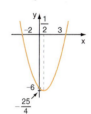

40. a) $\text{Im} = \left\{y \in \mathbb{R} \mid y \leq \frac{1}{4}\right\}$ c) $\text{Im} = \{y \in \mathbb{R} \mid y \leq 0\}$

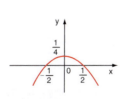

b) $\text{Im} = \{y \in \mathbb{R} \mid y \geq 4\}$

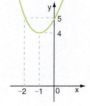

41. a) f é crescente se $x > \dfrac{1}{4}$
     f é decrescente se $x < \dfrac{1}{4}$

c) f é crescente se $x < -1$
   f é decrescente se $x > -1$

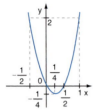

b) f é crescente se $x < 1$
   f é decrescente se $x > 1$

d) f é crescente se $x < 1$
   f é decrescente se $x > 1$

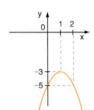 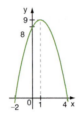

42. a) Todas possuem $x = 0$ como raiz dupla.
    b) $(0, 0)$
    c) $a > 0$ $a < 0$

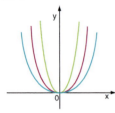 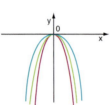

43. I: $y = x^2$ II: $y = \dfrac{1}{2}x^2$ III: $y = 2x^2$

44. Os pontos de interseção são: $(-2, 0)$ e $(5, 7)$.

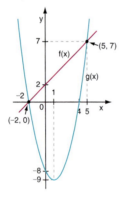

45. a) 1 cm
    b) $y = 2,5x$
    c) 5° dia; 12,5 cm
    d) 2,5 cm/dia; 2,5 cm/dia

46. $a < 0$; $b > 0$ e $c > 0$

47. a) $y = -x^2 + 2x + 15$ b) $y = 2x^2 + 2x - 4$ c) $y = 4x^2 - 12x + 5$

48. a) $y = -x^2 + 2x + 8$ b) $y = x^2 - 2x\sqrt{3} + 3$ c) $y = -2x^2 + 3x + 1$

49. a) $\begin{cases} x < -3 \text{ ou } x > \dfrac{1}{3} \Rightarrow y < 0 \\ -3 < x < \dfrac{1}{3} \Rightarrow y > 0 \end{cases}$ c) $\begin{cases} x \neq \dfrac{1}{3} \Rightarrow y > 0 \\ \nexists\, x \in \mathbb{R} \,|\, y < 0 \end{cases}$

b) $\begin{cases} x < -\dfrac{5}{4} \text{ ou } x > 1 \Rightarrow y > 0 \\ -\dfrac{5}{4} < x < 1 \Rightarrow y < 0 \end{cases}$ d) $\begin{cases} x < -\sqrt{2} \text{ ou } x > \sqrt{2} \Rightarrow y < 0 \\ -\sqrt{2} < x < \sqrt{2} \Rightarrow y > 0 \end{cases}$

50. a) $\begin{cases} x \neq 1 \Rightarrow y < 0 \\ \nexists\, x \in \mathbb{R} \,|\, y > 0 \end{cases}$ c) $\begin{cases} x < -2 \text{ ou } x > 0 \Rightarrow y > 0 \\ -2 < x < 0 \Rightarrow y < 0 \end{cases}$

b) $\forall x \in \mathbb{R}, y > 0$ d) $\begin{cases} x < 0 \text{ ou } x > 1 \Rightarrow y < 0 \\ 0 < x < 1 \Rightarrow y > 0 \end{cases}$

51. a) $\begin{cases} x < 1 \text{ ou } x > 5 \Rightarrow y < 0 \\ 1 < x < 5 \Rightarrow y > 0 \end{cases}$ c) $\begin{cases} \forall x \neq 2 \Rightarrow y > 0 \\ \nexists\, x \in \mathbb{R} \,|\, y < 0 \end{cases}$

b) $\begin{cases} \forall x \neq 0 \Rightarrow y > 0 \\ \nexists\, x \in \mathbb{R} \,|\, y < 0 \end{cases}$ d) $\forall x \in \mathbb{R} \Rightarrow y < 0$

52. a) $S = \{x \in \mathbb{R} \,|\, -3 < x < 14\}$ d) $S = \mathbb{R} - \left\{\dfrac{3}{2}\right\}$

b) $S = \left\{x \in \mathbb{R} \,|\, x < -2 \text{ ou } x > \dfrac{1}{3}\right\}$ e) $S = \mathbb{R}$

c) $S = \{x \in \mathbb{R} \,|\, -1 \leq x \leq 5\}$ f) $S = \left\{\dfrac{4}{3}\right\}$

53. a) $S = \varnothing$

b) $S = \{x \in \mathbb{R} \,|\, 3 \leq x \leq 5\}$

c) $S = \varnothing$

d) $S = \{x \in \mathbb{R} \,|\, -7 < x < 5\}$

e) $S = \{x \in \mathbb{R} \,|\, x \leq -3 \text{ ou } x \geq -1\}$

f) $S = \left\{x \in \mathbb{R} \,\Big|\, \dfrac{3 - \sqrt{13}}{2} < x < \dfrac{3 + \sqrt{13}}{2}\right\}$

54. a) $S = \{x \in \mathbb{R} \,|\, x \leq 0 \text{ ou } x \geq 3\}$ d) $S = \mathbb{R}$

b) $S = \{x \in \mathbb{R} \,|\, -4 < x < 4\}$ e) $S = \{x \in \mathbb{R} \,|\, -\sqrt{3} < x < \sqrt{3}\}$

c) $S = \left\{x \in \mathbb{R} \,|\, x \leq 0 \text{ ou } x \geq \dfrac{1}{3}\right\}$ f) $S = \left\{x \in \mathbb{R} \,|\, -\dfrac{1}{2} < x < 0\right\}$

55. a) De 1 334 a 1 999 unidades.

b) $x > 5,\overline{3}$ unidades (maior do que 5 334)

c) R$ 333 333,33

56. a) $S = \{-9, -8, -7, -6, -5, -4, -3\}$ b) $S = \{..., -7, -6, -5, -4, -1, 0, 1, ...\}$

57. a) 6 e -4

b) $f: \left(1, \dfrac{25}{6}\right)$

   $g: \left(\dfrac{5}{2}, -\dfrac{63}{80}\right)$

c) $S = \{x \in \mathbb{R} \,|\, 1 < x < 4\}$

d) $S = \{x \in \mathbb{R} \,|\, -4 \leq x \leq 6\}$

58. a) Entre 3 e 25 unidades (incluindo tais extremos).

b)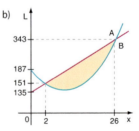

59. a) $S = \{x \in \mathbb{R} \,|\, -3 \leq x \leq -2 \text{ ou } 2 \leq x \leq 3\}$

b) $S = \{x \in \mathbb{R} \,|\, -2 \leq x \leq 2\}$

c) $S = \{x \in \mathbb{R} \,|\, -3 \leq x < -\sqrt{3} \text{ ou } \sqrt{3} < x \leq 3\}$

60. a) $S = \{x \in \mathbb{R} \,|\, -3 \leq x < -2\}$

b) $S = \{x \in \mathbb{R} \,|\, -2 < x < 1\}$

c) $S = \{x \in \mathbb{R} \,|\, -6 < x \leq -5 \text{ ou } 0 \leq x < 2\}$

61. $-2, -1, 0, 1$

62. a) 60 milhões de reais; 2015 b) De 2025 a 2027.

63. a) $S = \left\{x \in \mathbb{R} \mid x \leq -2 \text{ ou } 0 \leq x \leq \dfrac{3}{2} \text{ ou } x \geq 4\right\}$
    b) $S = \{x \in \mathbb{R} \mid -3 < x < -1 \text{ ou } 1 < x < 2\}$
    c) $S = \{x \in \mathbb{R} \mid x = -2 \text{ ou } x \geq 2\}$

64. a) $S = \left\{x \in \mathbb{R} \mid -5 < x < 0 \text{ ou } \dfrac{3}{4} < x < 2\right\}$
    b) $S = \{x \in \mathbb{R} \mid -2 \leq x \leq 2 \text{ ou } x = 3\}$
    c) $S = \left\{x \in \mathbb{R} \mid x < -3 \text{ ou } \dfrac{1}{2} < x < 4\right\}$

65. Dois; infinitos

66. $S = \{x \in \mathbb{R} \mid 0 \leq x \leq 2 \text{ ou } x = 4\}$

67. a) $S = \{x \in \mathbb{R} \mid -2 \leq x < 0 \text{ ou } 3 < x \leq 7\}$
    b) $S = \left\{x \in \mathbb{R} \mid x < -1 \text{ ou } -\dfrac{1}{4} \leq x \leq \dfrac{1}{2} \text{ ou } x > 2\right\}$
    c) $S = \{x \in \mathbb{R} \mid x < -2 \text{ ou } -1 \leq x \leq 0\}$
    d) $S = \{x \in \mathbb{R} \mid x < 1 \text{ ou } 3 < x < 7 \text{ ou } x > 8\}$

68. a) $S = \{x \in \mathbb{R} \mid x < -2 \text{ ou } -2 < x < 2 \text{ ou } x \geq 3\}$
    b) $S = \left\{x \in \mathbb{R} \mid x < -4 \text{ ou } 0 \leq x \leq \dfrac{1}{2} \text{ ou } 2 \leq x < 5\right\}$
    c) $S = \{x \in \mathbb{R} \mid x > 2\}$

69. a) $D = \{x \in \mathbb{R} \mid -4 \leq x < -1 \text{ ou } x \geq 4\}$
    b) $D = \{x \in \mathbb{R} \mid -3 \leq x \leq 3 \text{ e } x \neq 2\}$

70. a) $S = \{x \in \mathbb{R} \mid x \leq -2 \text{ ou } 0 < x \leq 6\}$
    b) $S = \{x \in \mathbb{R} \mid -1 < x < 0 \text{ ou } x > 1\}$
    c) $S = \{x \in \mathbb{R} \mid x > 2\}$

71. $\{m \in \mathbb{R} \mid m < -1\}$

72. $\{m \in \mathbb{R} \mid -2 < m < 2\}$

73. $D = \{x \in \mathbb{R} \mid x \leq 0\}$

74. Não, pois:
    se $x - 2 > 0$, então $(x - 2) \cdot (x + 3) \leq 6$
    se $x - 2 < 0$, então $(x - 2) \cdot (x + 3) \geq 6$
    O correto é:
    $(x + 3) - \dfrac{6}{x - 2} \leq 0 \Rightarrow \dfrac{x^2 + x - 12}{x - 2} \leq 0$, cuja solução é:
    $S = \{x \in \mathbb{R} \mid x \leq -4 \text{ ou } 2 < x \leq 3\}$.

Desafio

90 dias

Exercícios complementares

1. a) R$ 16 200,00 b) $y = -2{,}5x^2 + 540x$ c) 108

2. a) $a = -4$ b) 4

3. 60 artigos

4. a) $S = \{x \in \mathbb{R} \mid -1 \leq x < 0 \text{ ou } x \geq 1\}$
   b) $S = \{x \in \mathbb{R} \mid x > 1\}$
   c) $S = \{x \in \mathbb{R} \mid x \leq 0 \text{ ou } x > 1\}$

5. a) $y = x^2 + 1$ b) Não, pois teríamos $a = 0$.

6. Retângulo de base (horizontal) 4 e altura (vertical) 3.

7. 48

8. -10 e 10

9. a) $A(-1, 0), B(3, 0), V(1, 16)$ c) 36 unidades de área
   b) $C(2, 12)$

10. $0 < m < 8$

11. $20\,000$ m²

12. a) f: -1 e 5
       g: -2 e 2
    b) $h(x) > 0$ quando $-2 < x < -1$ ou $2 < x < 5$
       $h(x) < 0$ quando $x < -2$ ou $-1 < x < 2$ ou $x > 5$
    c) $S = \{x \in \mathbb{R} \mid x < -2 \text{ ou } -1 < x < 2 \text{ ou } x > 5\}$
    d) $S = \{x \in \mathbb{R} \mid -2 < x \leq -1 \text{ ou } 2 < x \leq 5\}$
    e) $\dfrac{1 - 3\sqrt{2}}{2}$ e $\dfrac{1 + 3\sqrt{2}}{2}$

13. R$ 12 500,00; soma dos dígitos: 8

14. a) $V\left(-\dfrac{m}{2}, -\dfrac{m^2}{4} + 2\right)$ c) $m = 2$
    b) $\{m \in \mathbb{R} \mid -2 \leq m \leq 2\}$ d) $x = -1 + \sqrt{y - 1}$

15. a) 6 b) R$ 1 800,00

16. a)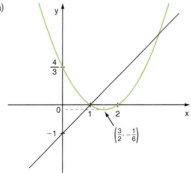

    b) $(1, 0)$ e $\left(\dfrac{7}{2}, \dfrac{5}{2}\right)$

17. a) $A(3, -1)$ b) $C(8, 0)$ c) 5 unidades de área

18. a) $S = \left\{x \in \mathbb{R} \mid x \leq -\dfrac{1}{2} \text{ ou } \dfrac{1}{2} \leq x \leq 3\right\}$
    b) $S = \left\{x \in \mathbb{R} \mid x < 0 \text{ ou } x > \dfrac{1}{2}\right\}$

19. a) Aproximadamente 9,8 anos ou 1,2 ano.
    b) $2 \leq x < \dfrac{11 + \sqrt{73}}{2}$
    c) 85%

20. a) $\{x \in \mathbb{R} \mid x < -1 \text{ ou } x > 6\}$ b) $\dfrac{49}{4}$

21. $x = 1$

22. a) 75,6 kg b) $c(v) = \dfrac{1}{2}v^2 - 40v + 1\,000$

23. $(01) + (02) + (64) = 67$

24. $g(x) = x^2 - 2x + 6$

25. 0-0) V 1-1) F 2-2) F 3-3) V 4-4) F

26. a) 12 s b) 42 litros

27. a) Duas b) $m \leq 4$ ou $m \geq 16$

28. a) R$ 800,00 b) R$ 5,50

29. 12

30. (02) + (04) + (08) = 14

31. a) $t = \dfrac{1 + \sqrt{5}}{2}$ b) $k = 1$

32. a) R$ 4 160,00   b) R$ 4 340,00   c) R$ 1,32; R$ 4 356,00

33. 18 m

34. altura máxima: 20 m
alcance: $30\sqrt{3}$ m

Testes

1. e	8. b	15. a	22. e	29. b	36. c
2. e	9. d	16. a	23. c	30. d	37. b
3. b	10. a	17. b	24. d	31. d	38. b
4. b	11. b	18. c	25. d	32. b	39. b
5. c	12. a	19. c	26. a	33. d	40. a
6. c	13. d	20. a	27. e	34. d	41. e
7. a	14. c	21. b	28. c	35. a	

Capítulo 6 — Função modular

Exercícios

1. a) −1   b) −1   c) −1   d) 1   e) 1

2. a) 1   b) 10   c) 41

3. a) −3   b) −4   c) −1

4. a) $-\dfrac{5}{2}$ ou $\dfrac{3}{2}$ b) −1

5. a) A: R$ 360,00; B: R$ 735,00 e C: R$ 960,00
b) A: R$ 90,00; B: R$ 81,60 e C: R$ 80,00
c) $y = \begin{cases} 90x; & \text{se } x \leq 4 \\ 75x + 60; & \text{se } 4 < x \leq 12 \end{cases}$ ($x \in \mathbb{N}$)

6. a) R$ 80,00; R$ 200,00
b) $y = \begin{cases} 80; & \text{se } 0 < x \leq 200 \\ 1,2x - 160; & \text{se } x > 200 \end{cases}$

7. a) 10   b) $\dfrac{1}{5}$ c) $\dfrac{3}{2}$ d) 4   e) $\dfrac{1}{6}$ f) 36

8. a) R$ 12,10
b) $p(x) = \begin{cases} 0,1x; & \text{se } 0 < x \leq 100 \\ 3 + 0,07x; & \text{se } x > 100 \end{cases}$
c) R$ 9,10
$p(x) = \begin{cases} 0,1x; & \text{se } 0 < x \leq 100 \\ 0,07x; & \text{se } x > 100 \end{cases}$

9. a) R$ 114,97; R$ 686,35 e R$ 1 923,85
b) Não; veja o salário líquido de cada uma:
Júlia: R$ 3 310,03
Joice: R$ 3 392,96

10. a) Im = {−1, 2}   b) Im = {y ∈ ℝ | y ≥ 2}

c) Im = {y ∈ ℝ | y = 4 ou y ≤ −2}

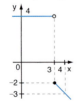

11. a) Im = {1, 2, 3}   c) Im = {y ∈ ℝ | y ≥ 0}

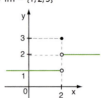   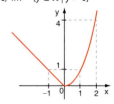

b) Im = {y ∈ ℝ | y ≥ 3}

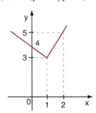

12. a)   c)

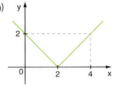   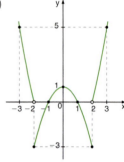

b)

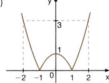

13. a) $y = \begin{cases} 3, & \text{se } x \geq -1 \\ -2, & \text{se } x < -1 \end{cases}$ b) $y = \begin{cases} 3x, & \text{se } x \geq 0 \\ 0, & \text{se } x < 0 \end{cases}$

14. a) $f(x) = \begin{cases} x + 1, & \text{se } x \geq 1 \\ -2x + 4, & \text{se } x \leq 1 \end{cases}$
b) $S = \left\{ 4, -\dfrac{1}{2} \right\}$
c) $k \geq 2$

15. a) 0   b) S = {4}
c)

16. a) 9   d) 0   g) 8
b) $\dfrac{5}{3}$ e) $\sqrt{2}$ h) 8
c) $\dfrac{1}{2}$ f) 0,83   i) $\dfrac{2}{9}$

17. a) 13   d) 0,2   g) $-\sqrt{7}$
b) 6   e) $\dfrac{2}{5}$ h) 8
c) 0,2   f) $\dfrac{1}{3}$ i) 8

18. a) $A = 0$ b) $B = 3\sqrt{2} - 1$ c) $C = \sqrt{10} - 3$

19. $E = 3$

20. a) -1 b) 4 c) 2

21. a) F; $|x + 3| = x + 3$ se $x \geq -3$ e) F; $|x|^3 = x^3$ se $x \geq 0$
b) V   f) F; $|x| < 4 \Rightarrow -4 < x < 4$
c) V   g) V
d) F; $|x| \geq 5 \Rightarrow x \leq -5$ ou $x \geq 5$

22. (I) e (II) são falsas; tome, por exemplo, $x = -5$ e $y = 4$.
(III) é verdadeira.
Sugestão da demonstração: considere todos os casos: $x \geq 0$ e $y \geq 0$; $x < 0$ e $y \geq 0$; etc.

23. a) 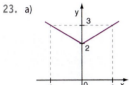   c)

b)   d)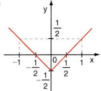

24. a) 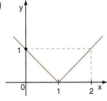   c)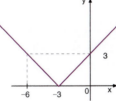

b) 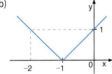   d)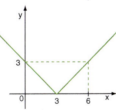

25. a)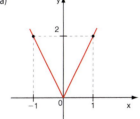

b)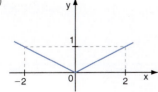

c)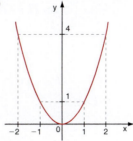

d)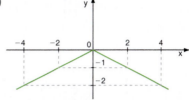

26.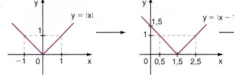

27. a) $\text{Im} = \mathbb{R}_+$ c) $\text{Im} = \{y \in \mathbb{R} \mid y \geq 1\}$

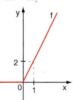   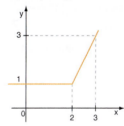

b) $\text{Im} = \mathbb{R}_+$ d) $\text{Im} = \{y \in \mathbb{R} \mid y \geq -1\}$

   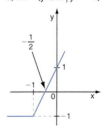

28.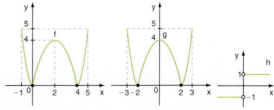

29. a) 12   b) $\text{Im} = \{y \in \mathbb{R} \mid y \geq 3\}$

30. a) $S = \{-4, 4\}$ c) $S = \{0\}$ e) $S = \varnothing$
b) $S = \left\{-\dfrac{3}{2}, \dfrac{3}{2}\right\}$ d) $S = \varnothing$ f) $S = \{-3, 3\}$

31. a) $S = \left\{1, \dfrac{1}{3}\right\}$ c) $S = \left\{-2, 4, 1-\sqrt{3}, 1+\sqrt{3}\right\}$
    b) $S = \{-2, -10\}$ d) $S = \{-3, 3\}$

32. a) $S = \left\{\dfrac{5}{3}, 5\right\}$ c) $S = \left\{\dfrac{15}{4}\right\}$ e) $S = \left\{x \in \mathbb{R} \mid x \geqslant \dfrac{1}{2}\right\}$
    b) $S = \left\{\dfrac{3}{2}, -\dfrac{1}{4}\right\}$ d) $S = \{1, -4\}$ f) $S = \{x \in \mathbb{R} \mid x \leqslant 3\}$

33. a) $S = \{-5, 5\}$ b) $S = \{-4, -6, 4, 6\}$

34. $\{p \in \mathbb{R} \mid p \geqslant 3\}$

35. a) 760 b) Nos dias 20 e 30. c) No dia 25; 300.

36. a) $S = \{3, -2\}$ c) $S = \left\{\dfrac{1}{2}\right\}$
    b) $S = \left\{-\sqrt{5}, \sqrt{5}, -\sqrt{3}, \sqrt{3}\right\}$ d) $S = \{x \in \mathbb{R} \mid x \geqslant 0\}$

37. a) $S = \{x \in \mathbb{R} \mid x < -6 \text{ ou } x > 6\}$ e) $S = \mathbb{R}$
    b) $S = \{x \in \mathbb{R} \mid -4 \leqslant x \leqslant 4\}$ f) $S = \varnothing$
    c) $S = \left\{x \in \mathbb{R} \mid -\dfrac{1}{2} < x < \dfrac{1}{2}\right\}$ g) $S = \{0\}$
    d) $S = \left\{x \in \mathbb{R} \mid x \leqslant -\sqrt{2} \text{ ou } x \geqslant \sqrt{2}\right\}$ h) $S = \mathbb{R}$

38. a) $S = \{x \in \mathbb{R} \mid x < -10 \text{ ou } x > 4\}$ c) $S = \{x \in \mathbb{R} \mid x \leqslant 0 \text{ ou } x \geqslant 2\}$
    b) $S = \{x \in \mathbb{R} \mid -1 \leqslant x \leqslant 2\}$ d) $S = \left\{x \in \mathbb{R} \mid -\dfrac{9}{5} < x < 3\right\}$

39. a) $S = \{x \in \mathbb{R} \mid -2 \leqslant x \leqslant -1 \text{ ou } 2 \leqslant x \leqslant 3\}$
    b) $S = \{x \in \mathbb{R} \mid x < -1 \text{ ou } 2 < x < 3 \text{ ou } x > 6\}$
    c) $S = \left\{x \in \mathbb{R} \mid -\sqrt{5} < x < \sqrt{5}\right\}$

40. a) Nos meses de janeiro, novembro e dezembro.
    b) Em junho; 3.

41. a) $S = \{x \in \mathbb{R} \mid x \geqslant 3\}$ c) $S = \{x \in \mathbb{R} \mid -1 \leqslant x \leqslant 1\}$
    b) $S = \{x \in \mathbb{R} \mid x < 5\}$

42. a) $D = \{x \in \mathbb{R} \mid x \leqslant -2 \text{ ou } x \geqslant 2\}$ b) $D = \mathbb{R}$

Desafio

3 minutos

Exercícios complementares

1. $S = \{-2, 4\}$
2. $S = \{x \in \mathbb{R} \mid x < 0 \text{ ou } x > 1\}$
3. 1
4. a) R$ 5,25; R$ 7,20 b) R$ 7,50
   c)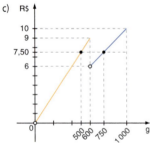

5. a) $D = \mathbb{R} - \{2\}$
   b) $D = \{x \in \mathbb{R} \mid x > -1 \text{ e } x \neq 2\}$
   c) $D = \{x \in \mathbb{R} \mid x \leqslant -1 \text{ ou } x \geqslant 6\}$

6.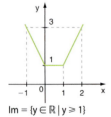
   $\text{Im} = \{y \in \mathbb{R} \mid y \geqslant 1\}$

7. a) 4 b) 3 e −1
   c)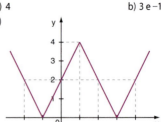

8. a) Para $500 \leqslant x \leqslant 1\,000, L = 30x - 10\,000$
      Para $1\,000 < x \leqslant 3\,000, L = -0{,}01x^2 + 40x - 10\,000$
   b) R$ 80,00
   c) 1 400

9. a) $S = \left\{\dfrac{2}{3}, 6\right\}$
   b)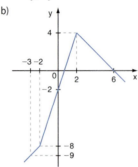

10. a) R$ 49,50 b) 6 unidades

11.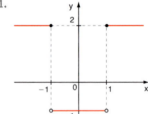

12.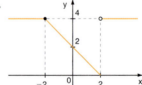

13. a)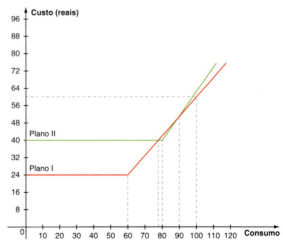
    b) $77{,}8 < x < 90$

14. 2 unidades de área

15. a) $\{x \in \mathbb{R} \mid x \leq 0\}$ b) $\{x \in \mathbb{R} \mid x \leq -1 \text{ ou } x \geq 1 \text{ ou } x = 0\}$

16. a) $S = \left\{-\dfrac{2}{5}, \dfrac{8}{5}\right\}$
    b) $S = \left\{\dfrac{3}{2}\right\}$
    c) $S = \{-2, 4\}$

17. 1

18. a) $S = \{x \in \mathbb{R} \mid 1 \leq x \leq 3\}$
    b) $S = \{x \in \mathbb{R} \mid x < 0 \text{ ou } x > 1\}$
    c) $S = \left\{x \in \mathbb{R} \mid -2 \leq x \leq \dfrac{5 - \sqrt{17}}{2}\right\}$

19. 0

20. 7 e −5

21. $S = \{1\}$

22. a) 4
    b) 1 e 3
    c)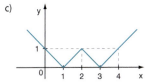
    d) $S = \{x \in \mathbb{R} \mid -1 < x < 5\}$

23. a) $S = \left\{1, \dfrac{5}{3}\right\}$ b) $S = \{x \in \mathbb{R} \mid x \leq -1 \text{ ou } x = 2\}$

24. (01) + (02) + (16) = 19

25. R$ 5,00

26.]10, 20[

27. $S = \{x \in \mathbb{R} \mid 1 \leq x \leq 4 \text{ ou } 6 \leq x \leq 9\}$

28. a)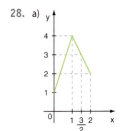
    b) $\dfrac{11}{2}$ unidades de área
    c) $\dfrac{29}{3}$

29. a) p = −1   b) x = 5

30. a) $A(x) = \begin{cases} 18, \text{ se } x \leq 10 \\ 2x - 2, \text{ se } x > 10 \end{cases}$ b) Acima de 20 m³

31. −4, −2, 0 e 6

Testes

1. a	7. b	13. a	19. a	25. c	31. d
2. b	8. b	14. c	20. a	26. e	32. a
3. d	9. c	15. c	21. d	27. d	
4. d	10. c	16. d	22. b	28. c	
5. a	11. a	17. c	23. e	29. a	
6. a	12. a	18. e	24. c	30. d	

Capítulo 7 — Função exponencial

Exercícios

1. a) 125   d) $-\dfrac{8}{27}$ g) $\dfrac{3}{2}$ j) −100
   b) −125   e) 2 500   h) 1   k) $\dfrac{1}{1\,000}$
   c) $\dfrac{1}{125}$ f) 1   i) 32   l) −4

2. a) 0,04   d) 1   g) 1,728   j) 12,5
   b) 10   e) 400   h) 10,24   k) $-\dfrac{10}{3}$
   c) 3,4   f) 0,8   i) 0,216   l) 10 000

3. a) −5   b) 7   c) $-\dfrac{15}{4}$ d) −5   e) $\dfrac{3}{2}$ f) $\dfrac{40}{9}$

4. a) 11^6 b) $2^0 = 1$ c) 10^{-1} d) 10^2

5. $B < C < A \left(-\dfrac{3}{2} < -1 < -\dfrac{1}{8}\right)$

6. a) $a^4 \cdot b^2$ c) $a^2 \cdot b^2$ e) $\left(\dfrac{a + b}{ab}\right)^2$
   b) $a^{14} \cdot b^{12}$ d) $a + b$

7. a) 2^{99} b) 3^{21} c) 2^{61} d) 5^{42}

8. a) 2   b) $\dfrac{1}{2}$ c) 750

9. $\dfrac{1}{13}$

10. a) 13   b) 8   c) $\dfrac{1}{2}$ d) $\dfrac{1}{2}$ e) $\dfrac{1}{2}$ f) 10

11. a) 12   b) 2   c) 64

12. a) $3\sqrt{2}$ b) $3\sqrt{6}$ c) $3\sqrt[3]{2}$ d) $12\sqrt{2}$ e) $2\sqrt[4]{15}$ f) $10\sqrt[3]{3}$

13. a) $9\sqrt{2}$ c) $4\sqrt[3]{2}$
    b) $-8\sqrt{2} + 2\sqrt{3}$ d) $21\sqrt{3}$

14. a) 5   b) $\dfrac{5 \cdot \sqrt[3]{2}}{2}$

15. a) 12   b) 3   c) 10   d) 4   e) 3   f) 3

16. a) $4 + 2\sqrt{3}$ d) 9
    b) $11 - 6\sqrt{2}$ e) $\sqrt{3} + 2\sqrt[4]{3} + 1$
    c) $7 + 2\sqrt{10}$ f) $20 + 14\sqrt{2}$

17. a) 2   b) 7   c) 2   d) 4

18. a) $2\sqrt{2}$ c) $\dfrac{\sqrt{6}}{2}$ e) $\dfrac{\sqrt[3]{4}}{2}$ g) $\sqrt[9]{16}$
    b) $\dfrac{3\sqrt{5}}{5}$ d) $\dfrac{\sqrt{3}}{2}$ f) $5 \cdot \sqrt[5]{125}$

19. a) $2\sqrt{2} - 2$ d) $\dfrac{7 - 2\sqrt{10}}{3}$
    b) $\sqrt{7} + \sqrt{3}$ e) $2 + \sqrt{2}$
    c) $2 + \sqrt{2}$

20. a) $\dfrac{7\sqrt{2}}{2}$ b) $5 + \dfrac{2\sqrt{3}}{3}$ c) $3 - \sqrt{6}$ d) $4 - \sqrt{2}$

21. a) 16   b) $\sqrt{2}$ c) 2   d) $\sqrt[3]{4}$

22. a) $\dfrac{2\sqrt{3} + 3\sqrt{2} + \sqrt{30}}{12}$ b) $\dfrac{4 + 2\sqrt[3]{2} + \sqrt[3]{4}}{6}$

23. a) 3   c) 2   e) 24   g) $\dfrac{3}{10}$
    b) 16   d) 4   f) $\dfrac{1}{2}$ h) $\dfrac{1}{3}$

24. a) 4   c) $\dfrac{\sqrt{5}}{5}$ e) 9   g) 8
    b) $\dfrac{1}{12}$ d) 1 024   f) $\dfrac{10}{3}$ h) $\dfrac{\sqrt{2}}{4}$

25. a) $\dfrac{\sqrt{2}}{32}$ b) $\sqrt{5}$ c) $10\,000 \cdot \sqrt{10}$ d) 500

26. 5

27. a) 1,84 m² b) 1,80 m c) 10

28. a)

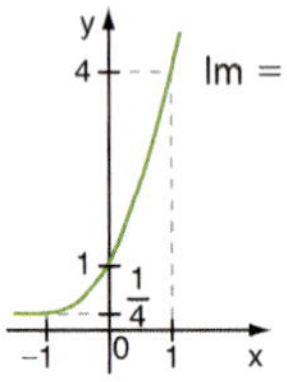

c)

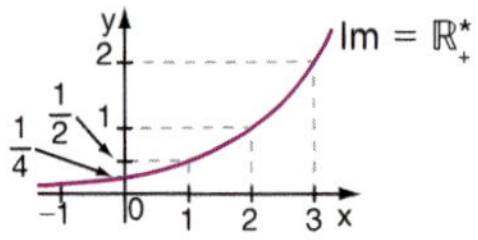

b)

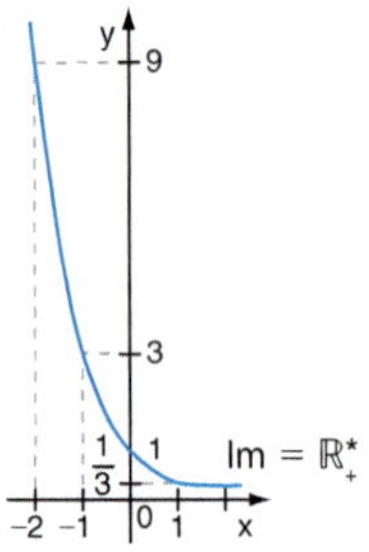

d)

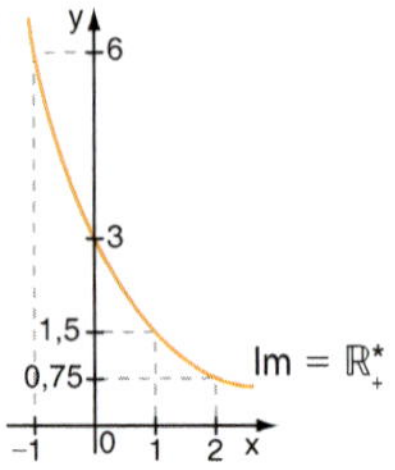

29. 3

30. a)

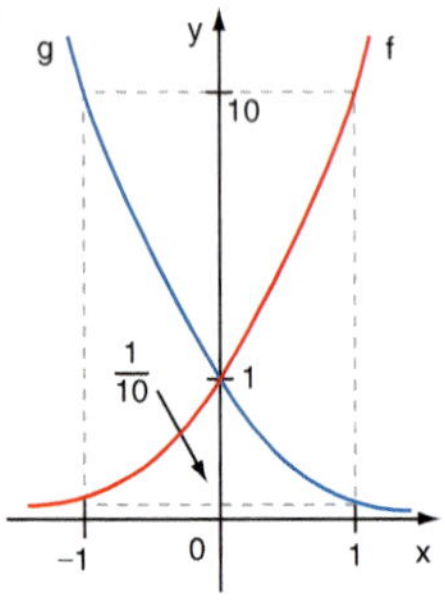

ponto de interseção: (0, 1)

b)

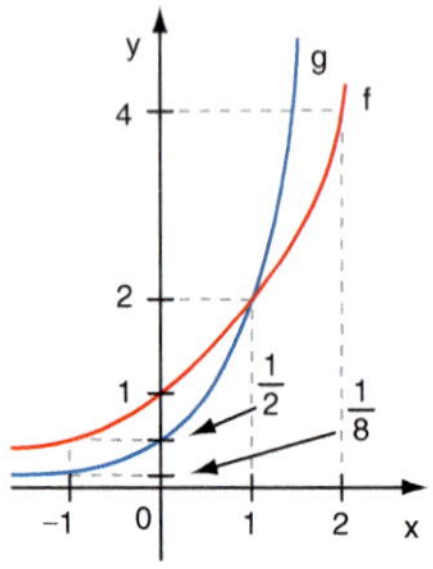

ponto de interseção: (1, 2)

31. a)

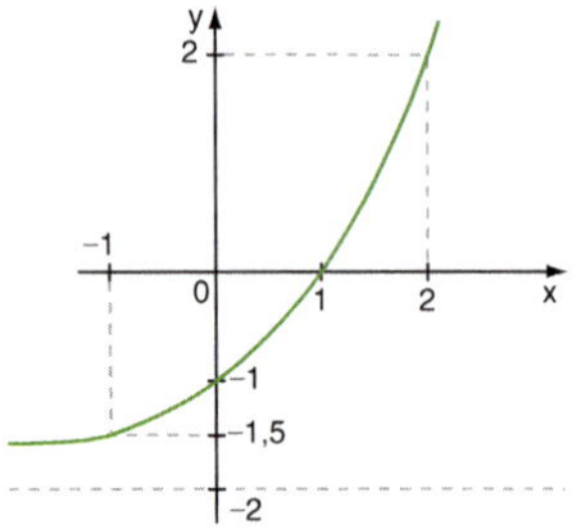

raiz: x = 1
Im = {y ∈ ℝ | y > − 2}

b)

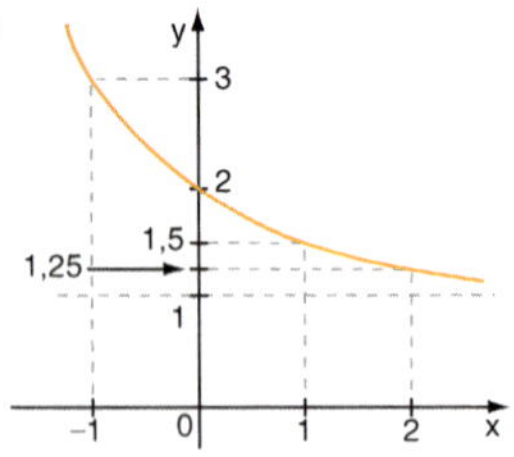

raiz: não há
Im = {y ∈ ℝ | y > 1}

c)

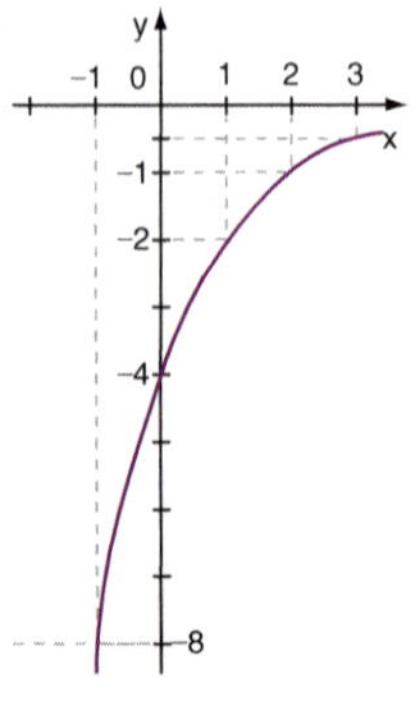

raiz: não há
Im = {y ∈ ℝ | y < 0}

d)

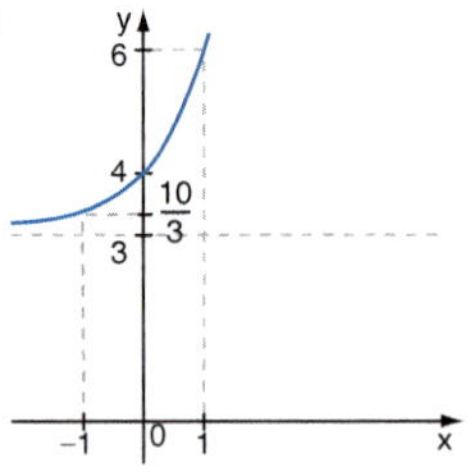

raiz: não há
Im = {y ∈ ℝ | y > 3}

32. a) a = 1 e b = 2 b) Im = {y ∈ ℝ | y > 1} c) $f(-2) = \frac{3}{2}$

33. a)

população de bactérias	100	200	400	800	1 600
tempo (em horas)	1	2	3	4	5

b) $n = 50 \cdot 2^t$

34. a)

área (m²)	7 000	12 250	21 437,5	37 515,6	65 652,3
tempo (anos)	1	2	3	4	5

b) $y = 4\,000 \cdot 1{,}75^x$

c)

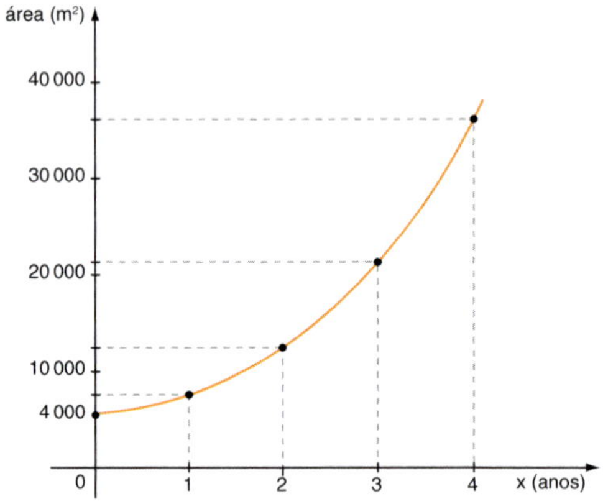

35. a) F; será de 144 000

b) F; será de 175 000

c) F; o município A terá 200 mil habitantes e o B, 207 360 habitantes.

d) F; y = 100 000 + 25 000x

e) V

36. a)

tempo (anos)	1	2	3	4
valor (reais)	1 800	1 620	1 458	1 312

b) R$ 956,60

c) $y = 2\,000 \cdot 0{,}9^t$

37. a) 25 unidades b) 4 unidades c) 55 unidades

38. a) F; $f(2a) = [f(a)]^2$ b) V c) F; $f(-a) = \frac{1}{f(a)}$

39. a) S = {4} d) S = {5} g) S = {4} j) S = ∅

b) S = {8} e) S = {1} h) S = {−1} k) S = ∅

c) S = {1} f) $S = \left\{\frac{5}{3}\right\}$ i) S = {2}

40. a) $S = \left\{\frac{4}{3}\right\}$ d) S = {2} g) $S = \left\{-\frac{3}{2}\right\}$

b) $S = \left\{\frac{2}{3}\right\}$ e) $S = \left\{-\frac{3}{2}\right\}$ h) $S = \left\{\frac{3}{2}\right\}$

c) $S = \left\{\frac{5}{2}\right\}$ f) $S = \left\{-\frac{1}{2}\right\}$ i) $S = \left\{-\frac{7}{12}\right\}$

41. a) $S = \left\{2, \frac{1}{2}\right\}$ c) S = {− 1} e) $S = \left\{\frac{9}{4}\right\}$

b) $S = \left\{-\frac{5}{6}\right\}$ d) $S = \left\{-\frac{5}{2}\right\}$ f) $S = \left\{\frac{27}{7}\right\}$

42. a) 6,40 unidades monetárias; 12,80 unidades monetárias

b) Em 2005.

43. a) 200 bactérias   b) $\dfrac{2}{3}$ c) 51 200 bactérias

44. a) $S = \left\{\dfrac{1}{2}\right\}$ d) $S = \left\{-\dfrac{1}{2}, -2\right\}$

b) $S = \{-14\}$ e) $S = \{4\}$

c) $S = \{-1\}$ f) $S = \left\{\dfrac{2}{3}\right\}$

45. a) $S = \{3\}$ b) $S = \{0\}$ c) $S = \{2\}$ d) $S = \{-1\}$

46. 7,5 meses

47. a) $S = \{(1, -2)\}$ b) $S = \{(8, 18)\}$ c) $S = \{(0, 2)\}$

48. a) A: R\$ 122 mil e B: R\$ 249,5 mil   b) B   c) 8 anos

49. a) $k = -1$ b) 33 750 habitantes

50. a) $S = \{1\}$ c) $S = \{1\}$ e) $S = \{3\}$

b) $S = \{2\}$ d) $S = \{3, -2\}$

51. 5 meses

52. a) $S = \{x \in \mathbb{R} \mid x \geqslant 7\}$ c) $S = \{x \in \mathbb{R} \mid x > 2\}$

b) $S = \{x \in \mathbb{R} \mid x < 3\}$ d) $S = \{x \in \mathbb{R} \mid x \leqslant 2\}$

53. a) $S = \{x \in \mathbb{R} \mid x \geqslant 0\}$ c) $S = \{x \in \mathbb{R} \mid x \leqslant -8\}$

b) $S = \left\{x \in \mathbb{R} \mid x < \dfrac{2}{3}\right\}$ d) $S = \left\{x \in \mathbb{R} \mid x < -\dfrac{1}{4}\right\}$

54. a) $S = \{x \in \mathbb{R} \mid x \geqslant 0\}$ c) $S = \{x \in \mathbb{R} \mid x < 1 \text{ ou } x > 2\}$

b) $S = \mathbb{R}$ d) $S = \left\{x \in \mathbb{R} \mid 0 < x < \dfrac{2}{3}\right\}$

55. a) 4995 peixes   b) $t > 4$ c) sim

56. a) R\$ 5 000

b) $t > 25$

c)

57. a) $D = \{x \in \mathbb{R} \mid x \geqslant 0\}$ c) $D = \{x \in \mathbb{R} \mid x < -2\}$

b) $D = \mathbb{R}$

58. a) $S = \{x \in \mathbb{R} \mid x < 1 \text{ ou } x > 3\}$ b) $S = \{x \in \mathbb{R} \mid x \geqslant 0\}$

Desafio

17 minutos.

Exercícios complementares

1. a) R\$ 4 374,00

b) $v(t) = \left(\dfrac{9}{10}\right)^{\frac{t}{3}} \cdot 6\,000$

c) R\$ 5 600,00

2. a) $S = \{(1, 2); (2, 1)\}$ b) $y = 1$

3. a) $a = \dfrac{3}{2}$ e $k = 2$ b) $f(0) = 2; f(3) = \dfrac{27}{4}$

4. a) $f: I; g: II$ c) $a = -\dfrac{1}{3}$

b) $k = 1 + \dfrac{\sqrt{2}}{2}$

5. a) 3,2 mg/mℓ c) 5 horas e 20 minutos

b) $c(t) = 0,4 \cdot 2^{\frac{3t}{2}}$

6. a) $S = \left\{\dfrac{1}{2}\right\}$ b) $S = \{0\}$ c) $S = \left\{\dfrac{1}{2}\right\}$

7. a) 2 m   b) 2 m

8. $x = 243$; soma dos dígitos: 9

9. a) $S = \{x \in \mathbb{R} \mid x < -1 \text{ ou } x > 1\}$

b) $S = \{x \in \mathbb{R} \mid x > 1\}$

c) $S = \{x \in \mathbb{R} \mid x < 0 \text{ ou } x > 1\}$

10. a) $k = \dfrac{1}{30}$ b) 2 120

11. 81

12. $t < 2 \Rightarrow$ não existem raízes reais

$t = 2 \Rightarrow$ uma única raíz

$t > 2 \Rightarrow$ 2 raízes reias e distintas

13. 28 000 anos

14. R\$ 2 250,00

15. $\left(\dfrac{1}{2}\right)^{\frac{1}{\pi}}$

16. -1

17. -1

18. a) $S = \{-1\}$ b) $S = \{2\}$

19. 2 minutos

20. 1,5 mm

21. a) $v(n) = 1\,000\,(1,06)^n$ c) R\$ 800,00

b) R\$ 1 500,00   d) R\$ 4 320,00

22. a) $x \geqslant 0$

b) $\sqrt[3]{2}$; $\sqrt[3]{6}$ e $\dfrac{2}{81}$

23. a) $t^2 - 2$ b) $S = \{1\}$

24. 6

25. R\$ 25 600,00

26. $(01) + (04) + (08) + (16) = 29$

27. (0-0) F,   (1-1) F,   (2-2) V,   (3-3) V,   (4-4) F

28. a) 4 anos   b) 500 pássaros

29. a) $\sqrt{2}$ b) $\sqrt[4]{2}$ e $\sqrt{\dfrac{\sqrt{2}}{2}}$ c) 2 343,75 g

30. 20

31. a) $150\sqrt{2}$ mg   b) $50\sqrt{2}$ mg

32. $S = \{4\}$

33. a) $\alpha = 54$ e $\beta = -\dfrac{1}{90}$ b) 360 minutos

Testes

1. e	4. c	7. a	10. a	12. a	14. d
2. a	5. e	8. b	11. a	13. c	15. c
3. a	6. b	9. a			

16. $(01) + (04) + (08) = 13$

17. e	22. a	27. b	32. d	37. c	42. d
18. a	23. b	28. d	33. b	38. d	43. d
19. e	24. b	29. a	34. b	39. a	44. b
20. c	25. a	30. b	35. b	40. c	
21. e	26. a	31. c	36. e	41. d	

Capítulo 8   Função logarítmica

Exercícios

1. a) 4   d) 3   g) 5
   b) 2   e) 5   h) 3
   c) 4   f) 2

2. a) -2 e) $\dfrac{1}{4}$ i) -2
   b) $\dfrac{1}{2}$ f) -2 j) -1
   c) $\dfrac{4}{3}$ g) $-\dfrac{3}{2}$
   d) $\dfrac{7}{2}$ h) $-\dfrac{2}{3}$

3. $B < D < C < A$

4. a) $-\dfrac{2}{3}$ c) $-\dfrac{3}{4}$ e) $\dfrac{1}{9}$
   b) $\dfrac{1}{6}$ d) 5   f) 4

5. a) 0   c) 6   e) $\dfrac{1}{3}$
   b) -2 d) 5   f) $\dfrac{3}{2}$

6. a) -2 c) -1 e) 3
   b) $-\dfrac{1}{2}$ d) 1   f) -4

7. a) $x = 16$ b) $x = \dfrac{1}{3}$ c) $x = 1$

8. a) $x = 81$ c) $x = 2$ e) $0 < x \neq 1$
   b) $x = 4$ d) $x = 4$

9. a) -2 c) 12   e) -1
   b) $\dfrac{1}{7}$ d) $-\dfrac{4}{9}$

10. 5^{2025}

11. $m = 16$; a raiz é -2

12. a) 128   c) 343   e) $\sqrt{7}$
   b) $\dfrac{5}{4}$ d) 16

13. $\log_7 7^{30}$

14. a) 1   b) 0   c) -1 d) 8   e) -1 f) 3   g) 8   h) 25   i) $2e^2$

15. a) 1   b) -5 c) 0   d) 7   e) $-\dfrac{3}{2}$ f) 4

16. a) $1 + \log_5 a - \log_5 b - \log_5 c$ d) $3 + \log_2 a - 3\log_2 b - 2\log_2 c$
   b) $2\log b - 1 - \log a$ e) $\dfrac{3}{2} + \log_2 a + \dfrac{3}{2}\log_2 b$
   c) $\log_3 a + 2\log_3 b - \log_3 c$

17. a) $a + b$ e) $-2a$ i) $3a + b - 3$
   b) $b - a$ f) $3a + 2b$ j) $b - 2a$
   c) $1 - a$ g) $b - 1$ k) $a + 4$
   d) $b + 1$ h) $\dfrac{1}{3}(a + 2b) - \dfrac{1}{3}$

18. a) abc b) $\dfrac{a^3 \cdot c^2}{b}$ c) $\dfrac{a}{9b}$ d) $\dfrac{\sqrt{a}}{b}$

19. a) 1   b) 1   c) -2

20. a) 60   b) $\sqrt{12}$ c) $\dfrac{1}{3}$ d) 625

21. a) 1,86   c) 0,69   e) $-1,22$ g) 2,1
   b) $-1,26$ d) 0,72   f) 1,68

22. a) 3,32   b) 8,96   c) 10,64   d) $-0,77\overline{3}$ e) $-0,96$

23. a) F   b) V   c) V   d) F   e) V   f) V

24. a) F   b) V   c) F   d) V   e) F

25. $7,29 \cdot 10^{15}$ km

26. a) 2,243   b) 1,146   c) $-0,097\overline{3}$

27. 225

28. a) $\dfrac{\log_2 3}{\log_2 5}$ b) $\dfrac{\log_2 5}{\log_2 10}$ c) $\dfrac{2}{\log_2 3}$ d) $\dfrac{\log_2 3}{\log_2 e}$

29. a) 0,625   b) 0,686   c) $2,\overline{3}$ d) $4,1\overline{6}$ e) 2,1   f) $-0,1923$

30. a) $\dfrac{1}{2}$ b) $\dfrac{1}{3}$ c) $\dfrac{1}{2}$ d) 1

31. a) 0,696   b) 3,28

32. a) $\dfrac{1}{a}$ b) $\dfrac{1}{2a}$ c) $\dfrac{1 + a}{a}$ d) $\dfrac{2}{3a}$

33. a) 1   b) $\log_6 2$ c) $\dfrac{3}{8}$ d) 11

34. a) $D = \{x \in \mathbb{R} \mid x > 1\}$ c) $D = \{x \in \mathbb{R} \mid x < -3 \text{ ou } x > 3\}$
   b) $D = \left\{x \in \mathbb{R} \mid x > \dfrac{2}{3}\right\}$ d) $D = \mathbb{R}$

35. a) $D = \{x \in \mathbb{R} \mid x > 0 \text{ e } x \neq 1\}$ b) $D = \left\{x \in \mathbb{R} \mid 1 < x < \dfrac{4}{3}\right\}$

36. a) V   c) F; $f(10x) = 1 + f(x)$ e) V
   b) V   d) V

37. a)   c)
   b)   d)

38. $a = 3$; $b = 2$

39. a) $k = -1$ b) 3 unidades de área

40. a) V   b) F   c) F   d) V   e) F   f) F

41. b, d e f

42. a) 425 funcionários   c) 3,125 funcionários/ano
   b) 25 funcionários

43. 2,6 unidades de área

44. a) $S = \{2,08\overline{3}\}$ d) $S = \{0,78\}$ g) $S = \{2,2\}$
   b) $S = \{0,8\}$ e) $S = \{2,\overline{3}\}$ h) $S = \{1,6\}$

438   RESPOSTAS

c) S = {4,8}   f) S = {0,625}

45. 4,5 anos

46. a) R$ 531,00 (aproximadamente)
    b) 50 meses (4 anos e 2 meses)

47. a) R$ 80 000,00   c) 10%
    b) R$ 8 000,00   d) 30 anos

48. a) $k = \frac{2}{3}$ b) R$ 500,00   c) 5 anos

49. a) 24 anos   b) 35 anos

50. a) $\frac{1}{29}$ b) 67,28 anos

51. 6 anos

52. a) S = {3}   b) S = {3, 7}   c) $S = \left\{\frac{11}{6}\right\}$

53. a) S = {13}   c) $S = \left\{-1, \frac{5}{2}\right\}$
    b) $S = \left\{1, \frac{1}{2}\right\}$ d) $S = \left\{\frac{3}{2}, 5\right\}$

54. a) $S = \left\{\frac{1}{8}, 32\right\}$ b) $S = \left\{\frac{1}{10}, \sqrt{10}\right\}$ c) $S = \left\{\frac{1}{e^2}, 1, e^2\right\}$

55. a) S = {4}   c) S = {1}   e) $S = \left\{\frac{1}{10}\right\}$
    b) S = {6}   d) $S = \left\{\frac{9}{8}\right\}$

56. a) $S = \left\{\frac{1}{5}, 5\right\}$ d) $S = \left\{\frac{3 + \sqrt{5}}{2}\right\}$
    b) $S = \left\{7, \frac{1}{49}\right\}$ e) S = {4}
    c) S = {7}

57. a) S = {(8, 2), (2, 8)}   b) $S = \left\{\left(3, \frac{1}{3}\right)\right\}$ c) $S = \left\{\left(2, \frac{1}{2}\right)\right\}$

58. a) $S = \mathbb{R}_+^*$ b) S = {2}

59. a) $\frac{5}{4}$ b) $\frac{1}{2}$

60. a) S = {x ∈ ℝ | 1 < x < 4}   c) S = {x ∈ ℝ | x > 6}
    b) S = {x ∈ ℝ | x ≥ 2}   d) $S = \left\{x \in \mathbb{R} \mid \frac{3}{2} \leq x < 3\right\}$

61. a) S = {x ∈ ℝ | x > 9}   c) $S = \left\{x \in \mathbb{R} \mid 0 < x < \frac{1}{4}\right\}$
    b) S = {x ∈ ℝ | 0 < x < 4}   d) $S = \left\{x \in \mathbb{R} \mid x \geq \frac{2}{5}\right\}$

62. a) S = {x ∈ ℝ | 3 ≤ x < 13}   b) S = {x ∈ ℝ | x > 5}

63. a) D = {x ∈ ℝ | x ≥ 4}   c) $D = \left\{x \in \mathbb{R} \mid 0 < x < \frac{1}{2}\right\}$
    b) D = {x ∈ ℝ | x > −4 e x ≠ −3}

64. a) $S = \left\{x \in \mathbb{R} \mid 0 < x \leq \frac{1}{3} \text{ ou } x \geq 27\right\}$ c) $S = \left\{x \in \mathbb{R} \mid \frac{1}{4} < x < 4\right\}$
    b) $S = \left\{x \in \mathbb{R} \mid 0 < x < \frac{1}{16} \text{ ou } x > 2\right\}$

65. a) $1 + \frac{\sqrt{3}}{2}; 1 - \frac{\sqrt{3}}{2}$ b) $\left\{m \in \mathbb{R} \mid 0 < m < \frac{1}{3} \text{ ou } m > 3\right\}$

66. S = {x ∈ ℝ | 1 < x < 2}

67. a) S = {x ∈ ℝ | x > 3}   b) $S = \left\{x \in \mathbb{R} \mid 0 < x < \frac{2}{3}\right\}$

68. $S = \left\{x \in \mathbb{R} \mid -1 < x < -\frac{1}{2} \text{ ou } \frac{3}{2} < x < 2\right\}$

69. a) S = {x ∈ ℝ | x > 2}   b) $S = \left\{x \in \mathbb{R} \mid \frac{1}{3} \leq x < 1\right\}$

70. a) D = {x ∈ ℝ | 0 < x ≤ 1}   c) D = {x ∈ ℝ | 1 < x ≤ 10}
    b) D = {x ∈ ℝ | x > 2}

Desafio
3 horas e 20 minutos.

Exercícios complementares

1. a) 14 000; 40 000   b) 43 dias

2. 11

3. a) k = −2   b) $12 + 2\sqrt{10}$

4. a) S = {1}   b) S = {x ∈ ℝ | 0 < x < 10^4 e x ≠ 1}

5. a) 401 °C; 202 °C   b) 4 horas e 18 minutos

6. a) $\frac{2a}{3}$ c) $\frac{3}{2a}$
   b) $-\frac{a}{3}$ d) $\frac{4 \cdot (3 - a)}{3 + a}$

7. a) 1   b) Resposta pessoal.

8. a) 20 anos   b) c = −0,019

9. a) a = 1,5 e b = 0,5   b) 3 minutos

10. a) Demonstração; use a função y = 3^x
    b) Demonstração; use a função y = $\log_{10} x$

11. a) S = {(125, 4); (625, 3)}
    b) S = {x ∈ ℝ | 0 < x < $\sqrt[10]{10}$ ou x ≠ 1}

12. 2011

13. a)

X	y'
12:00	5,6
13:00	5,7
14:00	5,4
15:00	5,3
16:00	5,0
17:00	5,1
18:00	6,0
19:00	5,0

b)

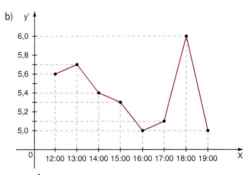

c) $y = \frac{1}{32} \cdot 10^{-4} = 0{,}000003125$

14. a) c = 125 e k = 2
    b) 1,5 h
    c) $\frac{2}{7}$ h

15. A mensagem "MATH ERROR" aparece na 5ª vez em que a tecla LOG é pressionada.

16. a) F, pois $\left(\dfrac{\sqrt{2}+1}{\sqrt{2}-1} - 2\sqrt{2}\right) = 3 + 2\sqrt{2} - 2\sqrt{2} = 3$ e $3 \in \mathbb{Q}$
    b) V, se $x = 9876$, $\dfrac{1}{x-2} = \dfrac{1}{9874}$
    c) F, pois se $x = \dfrac{1}{1000} \Rightarrow \dfrac{3}{x} = 3000$
    d) V, $x = 10^{-5} < 1$

17. a) -3
    b) $-1 < a < 2$

18. a) $g(x) = -\dfrac{1}{2}x + 3$ b) 10,5 u.a.

19. a) $S = \{7\}$ c) $S = \{27\}$ e) $S = \left\{9, \dfrac{1}{9}\right\}$
    b) $S = \{10\,000\}$ d) $S = \{25\}$

20. demonstração   21. demonstração

22. a) 68%   b) 99 minutos

23. 28 meses   24. 47   25. 46

26. a) R$ 14 800,00   b) 2009   c) 2010

27. a) $10\,000 \cdot (\pi + 24)$ m²   b) $3,\overline{3}$ meses = 3 meses e 10 dias

28. São corretos: (02), (04), (08).

29. a) 2 000   b) 0,24   c) 1,6

30. a) f: III; g: II; h: I; $p = \log_2 3$ b) $q = 22 - 8\sqrt{7}$

31. a) 4 096 000   c) $3,6\overline{3}$ dias
    b) $P(t) = \begin{cases} 1\,000; \text{ se } 0 \leq t \leq 2 \\ 1\,000 \cdot 2^{3 \cdot (t-2)}; \text{ se } t > 2 \end{cases}$

32. 20 anos

33. $S = \left\{x \in \mathbb{R} \mid -\dfrac{3}{5} < x < \dfrac{3}{5}\right\}$

34. a)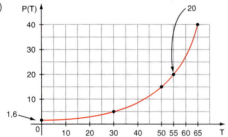
    b) $a = 1,6$; $b = \dfrac{1}{50}$

35. $p = 28$

36. a) 19 dB   b) $\dfrac{1}{100}$

37. $(02) + (08) = 10$

38. a) 6   b) 10^6 átomos   c) 6 horas

39. a) $S = \left\{(3, 4), \left(-\dfrac{7\sqrt{2}}{2}, \dfrac{\sqrt{2}}{2}\right)\right\}$
    b) $S = \left\{\left(27, \dfrac{1}{9}\right)\left(9, \dfrac{1}{27}\right)\right\}$

40. a) 29,1 °C
    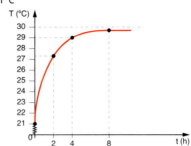
    b) 1,04 hora

41. a) R$ 20 800,00   b) Diminuir R$ 200,00

42. $S^c = \{x \in \mathbb{R} \mid x \leq -4 \text{ ou } x = -3 \text{ ou } 0 \leq x \leq \sqrt{26} \text{ ou } x > 9\}$

Testes

1. b	8. e	14. d	20. b	26. c	32. c	38. e
2. d	9. b	15. b	21. c	27. b	33. b	39. b
3. e	10. d	16. e	22. b	28. c	34. c	40. b
4. e	11. e	17. a	23. e	29. e	35. c	41. a
5. d	12. d	18. d	24. a	30. e	36. d	42. e
6. b	13. d	19. a	25. c	31. b	37. c	43. b
7. a						

Capítulo 9 — Complemento sobre funções

Exercícios

1. S   3. I   5. B   7. I   9. O
2. B   4. O   6. S   8. B   10. a, d, e

11. São sobrejetoras: a, b, c, d; são bijetoras: b, c.

12. a) sim   b) não   c) não

13. a)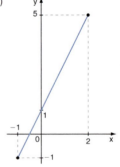
    b) $B = [-1, 5]$

14. a)
    b) não; sim; não

15. Sim; $f^{-1}(x) = \dfrac{x-3}{2}$

16. f não é inversível, pois não é injetora nem sobrejetora.
17. a) Sim.   b) Não.   c) Não.
18. Sim; $f^{-1}(x) = \dfrac{1}{x}$
19. a) Não.   b) Não.   c) Sim.
20. a)

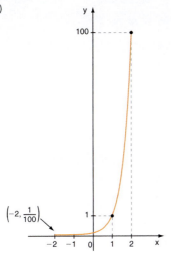

b) Sim; $f^{-1}(x) = \log x$

21. a) $f^{-1}(x) = \dfrac{1-x}{2}$ b)

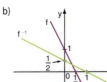

22. 1
23. a) $f^{-1}(x) = \dfrac{3+5x}{4}$ b) $f^{-1}(x) = \sqrt[3]{x}$ c) $f^{-1}(x) = \dfrac{-3x+1}{2}$
24. a) $f(x) = 2x + 1$; $f^{-1}(x) = \dfrac{x-1}{2}$ b) $(-1, -1)$
25. a) Não, pois f não é sobrejetora.   b) Sim.
26. a) f é bijetora e inversível, pois é injetora e sobrejetora; $f^{-1}(x) = \sqrt{x-2}$.
    b) $D = [2, +\infty[$
    c) $a = \dfrac{9}{4}$
    d)

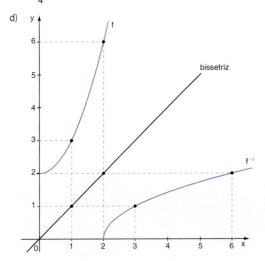

27. a) 11   b) 14   c) 2   d) 31
28. a) -3 b) 21   c) 22   d) 16
29. a) $-6x^2 + 2x - 7$ b) $12x^2 - 10x + 6$ c) $4x - 1$
30. a) 4   b) 11   c) $9x - 4$
31. $k = -\dfrac{10}{3}$
32. a) $S = \left\{0, \dfrac{1}{2}\right\}$ b) $S = \{-3\}$ c) $S = \varnothing$
33. $g(x) = 3x + 5$
34. a) $a = 20$ b) 27
35. $f(x) = 5x - 2$
36. a) $(f \circ g)(x) = \sqrt{3x^2 + 2}$
    b) $(g \circ f)(x) = 3x + 2$
    c) Não existem valores que satisfazem a expressão.

Desafio
3 cartas

Exercícios complementares

1. f é sobrejetora
2. $B = \{y \in \mathbb{R} \mid -2 \leq y < 3\}$; f não é injetora
3. a) $\dfrac{17}{7}$ b) $f^{-1}(x) = \dfrac{-3 - 2x}{x - 4}$; verificação
4. a) demonstração   b) $D = \mathbb{R} - \{2\}$
5. $f^{-1}(x) = \begin{cases} \sqrt{x-3} \text{ para } x \geq 3 \\ -\sqrt{3-x} \text{ para } x < 3 \end{cases}$
6. $f^{-1}(x) = \dfrac{9x + 1}{3x - 1}$
7. demonstração
8. $-3 \leq m \leq 0$
9. a) $(f \circ g)(0) = 2$ b) $D = [0, 2]$
   $(g \circ f)(1) = -36$
10. a) $f(x) = x + \dfrac{1}{2}$ b) 1
11. a) $a^2x^2 + 2a(b-1)x + (b^2 - 2b)$
    b) $(a = b = 0), (a = 0 \text{ e } b = 2), (a = 2 \text{ e } b = 0)$ ou $(a = -2 \text{ e } b = 2)$
    c) $(f \circ g)(x) = 4x^2 - 4x$

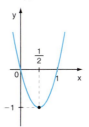

12. a) $f(x) = \dfrac{1}{2}x^2 + x - \dfrac{1}{2}$ b) $(g \circ f)(x) = x^2 + 2x - 4$
13. a) 2   b) $f(x) = \dfrac{x}{2}$ c) $x = 15$
14. a) $f(2) = -3$ b) $S = \varnothing$ c) 2011
15. a)

b)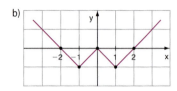

c) {−7, 7}

16. −4 ⩽ k < 0

17. 3

18. h = $\frac{y - 320}{5}$; 16 cm

19. a)

f(99) = −2

b) h(3) = 0
h(x) = 4x² − 32x + 60

Testes

1. d
2. b
3. (0-0) F, (1-1) V, (2-2) V, (3-3) V, (4-4) F
4. e
5. c
6. c
7. a
8. d
9. a
10. d
11. a
12. d
13. b
14. d
15. b
16. a
17. a
18. a
19. e
20. a
21. d
22. (01) + (08) = 09
23. (01) + (04) + (08) + (16) = 29
24. c
25. d
26. d
27. d
28. c
29. c

Capítulo 10 Progressões

Exercícios

1. a) 7 b) 17 c) 52
2. 6, 11, 18 e 27
3. a) (6, 9, 12, 15, ...) b) (3, 4, 7, 12, ...)
4. a) Sim, 5º termo. c) Não.
   b) Não. d) Sim, 48º termo.
5. 180
6. (−5, −7, −11, −19, −35, ...)
7. 486
8. (3, 13, 37, 81, 151, 253, ...)
9. a) a_n: (−190, −187, −184, −181, −178, ...). c) −4; 56º termo
   b_n: (216, 212, 208, 204, 200, ...). d) −16; 59º termo
   b) 2; 65º termo
10. a, c, d e f.
11. a) −3; decrescente. d) −10; decrescente.
    b) 6; crescente. e) $\frac{2}{3}$; crescente.
    c) 0; constante. f) 1; crescente.

12. a) 84 b) 172
13. a) −87 b) −151
14. 4
15. 26
16. a) R$ 25,00 b) R$ 520,00 c) $\frac{86}{59}$
17. a) 111 pessoas b) 61 pessoas c) 10 meses
18. (−9, 2, 13, 24, 35, 46, 57, 68, 79, ...)
19. (−20, −8, 4, 16, 28, 40, ...)
20. −8
21. a) $a_n = 2n$; n ∈ ℕ* c) $a_n = 36 − 3n$; n ∈ ℕ*
    b) $a_n = 5n − 6$; n ∈ ℕ*
22. a) 6 b) 10 c) 4 ou −$\frac{1}{2}$
23. a) R$ 280,00 b) R$ 4 560,00
24. 63
25. a) $\frac{13}{3}$ b) 49
26. (62, 67, 72, 77, 82, 87, 92, 97)
27. a) 12 b) 225
28. 198
29. 146
30. (20, 24, 28) ou (28, 24, 20)
31. 15°, 60° e 105°
32. 20
33. x = 24 cm; y = 32 cm; z = 40 cm
34. 167
35. a) Im = {1, 4, 7, 10, 13, ...}
    b)

36. 20
37. a) 156 cm b) 3 721 cm² c) 19√2 cm
38. a) 47 mesas b) 395 m c) Voltar à última mesa.
39. a) vigésima b) não; sim
40. −255
41. 50,5
42. a) plano alfa b) R$ 325,00
43. 36 000 DVDs.
44. 205
45. a) sim b) 644 colchões

46. a) R$ 247,50 b) R$ 0,42

47. (2, 7, 12, 17, ...)

48. a) 145,5 b) −190,8

49. a) 15 b) −6 c) −39

50. 26 fileiras

51. L = 12,8 m

52. a) f(x) = −2x + 5 b) (3, 1, −1, −3, ...); $a_n = -2n + 5$, para $n \in \mathbb{N}^*$

53. a, b, d, e representam progressões geométricas.

54. a) 2 b) 100 c) −3 d) −1 e) $\frac{1}{2}$ f) $\frac{1}{10}$

55. 16 384 56. $-\frac{15}{2}$ 57. $\frac{2}{5}$ 58. −320

59. a) $a_n = 2 \cdot 3^{n-1}$ b) $a_n = 3^{30-3n}$ c) $a_n = (-2) \cdot (-4)^{n-1}$

60. 152 m 61. 54

62. a) x = −6 ou x = 6 c) x = 1 ou x = 5
    b) x = 10 d) x = 16 ou x = $\frac{1}{16}$

63. As idades são 90, 60 e 40 anos.

64. a) (R$ 1 200; R$ 1 080; R$ 972; ...) b) R$ 708,00; R$ 417,72

65. a) 6,5 b) $\frac{1}{3}$

66. a) R$ 64,00 b) R$ 729,00

67. (−4, 12, −36, 108, −324, 972)

68. a) $\frac{1}{10}$ b) 20

69. a) 21 b) 8 c) 10

70. Sim; 16

71. a) R$ 364,65 b) R$ 622,08

72. 125 73. (3, 6, 12)

74. a) 16 cm b) $2^{14}\pi$ cm^2

75. x = −1 e y = −18

76. a) $\frac{1}{4}$ b) Sim; 7º termo.

77. x = 15 e y = 10

78. f: (7, 10, 13, 16, ...) P.A.; r = 3   g: ($2^7, 2^{10}, 2^{13}, 2^{16}, ...$) P.G.; q = 8

79. $\frac{135}{2} = 67,5$ 80. q = 3 81. a = b = c

82. (n = 7 e m = 5) ou (n = −5 e m = −1)

83. 42 84. 637,5

85. a) 10 b) 2 046 c) $\frac{29\,524}{59\,049}$ d) 0

86. R$ 1 536,00

87. a) R$ 1 932,61 b) R$ 9 258,73

88. a) 6,5 b) 10

89. 12 termos

90. a) 2,4 m b) $\frac{25}{16} = 1,5625$ m c) 37 m

91. 1 275 pessoas

92. a) 40 b) 100 c) $\frac{1}{900}$ d) $4\sqrt{2}$

93. a) $-\frac{125}{4}$ b) $\frac{27}{4}$ c) $-\frac{2}{3}$

94. a) $\frac{4}{9}$ b) $\frac{16}{9}$ c) $\frac{3}{11}$ d) $\frac{71}{30}$

95. a) $\frac{400}{9} = 44,\overline{4}$ cm b) $\frac{10000}{99} = 101,\overline{01}$ cm^2

96. a) $S = \left\{\frac{1}{2}, -\frac{2}{3}\right\}$ b) $S = \left\{-\frac{1}{4}\right\}$ c) S = {2}

97. a) 72 cm b) $48\sqrt{3}$ cm^2

98. 600 m 99. $3^6 \cdot 2^{15}$ 100. 10^{-12} 101. 12

102. a) $3^5 = 243$ b) $-3^{10} = -59\,049$

103. a) $Im = \left\{2, 1, \frac{1}{2}, \frac{1}{4}, ...\right\}$

b)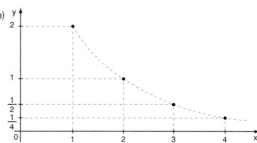

104. a) k = −1

b) $\left(\frac{1}{6}, \frac{1}{2}, \frac{3}{2}, \frac{9}{2}, ...\right)$

$a_n = \frac{1}{6} \cdot 3^{n-1}$; $n \in \mathbb{N}^*$

q = 3

Desafio

Determinando o múltiplo de 9 mais próximo da soma dos algarismos apresentados.

Exercícios complementares

1. 20 100

2. a) (a_n): (6, 12, 24, 48, ...); P.G. com q = 2
   (b_n): ($\log_2 6$, $1 + \log_2 6$, $2 + \log_2 6$, ...); P.A. com r = 1
   b) 6 138
   c) 23

3. a) $8\pi r$ b) $\frac{16\pi r^2}{7}$

4. a) 93,75% b) 10 passos

5. a) S = {10^4} b) S = {3} c) $S = \left\{\frac{1}{25}\right\}$

6. a) 3 200; 6 450 b) 12 semanas

7. 108

8. quantias: (75, 325, 575, 825); idades: (6, 26, 46, 66)

9. 2 10. 179 700 11. 1 262 500

12. a) {$2^0, 2^1, 2^2, ..., 2^{13}$} b) $2 - 2^{-13}$

13. As bases medem 4 cm e 8 cm.

14. 4 cm

15. a) x = 5 ou x = $\frac{1}{2}$ b) 7 575

16. a) (2, −6, 18) b) 16

17. 1 220

18. a) −2   b) −30

19. x = 4   20. x = −2; q = 16   21. $62 \cdot (1 + \sqrt{2})$

22. a) não; não   c) $\dfrac{\sqrt{58}}{5}$ m; 3,2144 m

     b) sim; $\dfrac{25}{7}$ b · h

23. a) 3   b) 53

24. 5 050 cubos

25. a) 164,5 m   b) 8,225 ℓ

26. a) P.A.; r = 800   b) 11ª semana

27. 1300 bactérias

28. a) (1, 1, 2, 2, 2, 6, 2, 8, 2, 10, 2, 36, 2, 14, 2, 64)   b) 2^{1225}

29. a) $\dfrac{n}{4} \cdot (2a_1 + n \cdot r)$ b) 114 termos

30. 2049   31. (01) + (02) + (04) + (16) = 23

32. 760 letras

33. a) $t(x) = 2x − 12,6 \left(\text{ou } x(t) = \dfrac{1}{2} t + 6,3 \right)$ b) 24,2 cm

34. experimento A

35. a) −10   b) 4   c) 26

36. $\sqrt{15}$ cm

37. a) −2   b) $\dfrac{3}{22}$

38. a) 361   b) demonstração

39. (02) + (04) + (08) = 14

40. $−\dfrac{1}{4}$ 41. 96,25 m

42. a) 55   b) 465   c) 13 515

43. 23 mulheres e 29 homens

44. a) $\pi \cdot \dfrac{L^2}{2^{2n}}$ b) $\dfrac{\pi \cdot L^2}{4}$

45. a) 4 641   b) 500 050

46. (02) + (04) + (08) = 14

47. a) V   b) V   c) F   d) F   e) V   f) V

48. $b \cdot h \cdot \left[1 - \left(\dfrac{1}{2} \right)^n \right]$

49. (02) + (04) + (08) = 14

Testes

1. d	8. d	15. a	22. b	28. c	34. d	40. a
2. b	9. d	16. a	23. d	29. e	35. e	41. a
3. c	10. a	17. d	24. d	30. d	36. d	42. b
4. c	11. d	18. c	25. a	31. b	37. c	43. d
5. d	12. d	19. c	26. e	32. c	38. e	44. c
6. b	13. c	20. b	27. d	33. d	39. c	45. a
7. c	14. d	21. c				

Capítulo 11   Matemática Comercial e Financeira

Exercícios

1. a) 120   e) 12,35   i) 30   m) 53,9

   b) 126   f) 140   j) 0,024   n) 2,7

   c) 36   g) 675   k) 1 600   o) 10,50

   d) 60   h) 315   l) 262,50   p) 125

2. R$ 800,00; R$ 1 200,00

3. a) 25%   b) 5%   c) 80%   d) 34%   e) 125%

4. R$ 1 200,00

5. a) 16 alunos   b) 60%

6. 66,875%   7. 77,2%   8. n = 20

9. a) 285 páginas   b) 114 páginas

10. a) 42,85%   b) 23,81%   c) 25%   d) 9,52%

11. 0,7%

12. a) paulistas: 80%; cariocas: 16%; mineiros: 4%   b) 5

13. 240 g de prata

14. a) 81,25%   b) 70 arremessos

15. 43,3%

16. a) Miguel: $\dfrac{4}{25}$

     Mônica: $\dfrac{1}{5}$

   b) Miguel: $\dfrac{16}{100} = 16\%$

     Mônica: $\dfrac{20}{100} = 20\%$

     Mônica obteve o maior rendimento percentual.

17. R$ 40,80

18. a) R$ 44,80   b) R$ 168,00

19. R$ 302,40

20. a) R$ 1,18   b) R$ 1 647,24   c) R$ 2 351,25

21. 28%   22. 11,1%

23. a) $16,\overline{6}\%$ (decréscimo)   c) 10,7% (decréscimo)

   b) 12% (acréscimo)

24. R$ 2,75

25. B < A = C (B: 20%; C: 25%)

26. a) R$ 900,00   b) R$ 948,60

27. a) R$ 480,00   b) R$ 576,00

28. a) 1,38p   c) 0,97p   e) 1,32p   g) 1,04p

   b) 1,105p   d) 0,876p   f) 0,68p   h) 1,331p

29. R$ 16,00

30. a) 33%   b) 31,43%   c) 25,38%

31. a) Sim; o cliente pagaria R$ 48,00.   b) 4%

32. a) 25%   b) $16,\overline{6}\%$ c) $22,\overline{2}\%$ d) 104%

33. 275%

34. Mais vantajosa: II; menos vantajosa: III

35. a) 12,5%   b) R$ 3,15

36. a) 3,5 kg de frango e 2 kg de lombo

b) 700 g

37. 10%

38. a) R$ 105,20   b) Aumento aproximado de 1,78%

39. a) Diminuiu; 5,5%   b) 4,76% (aproximadamente)

40. a) R$ 26,40   c) R$ 76,80

b) R$ 324,00   d) R$ 235,20

41. R$ 310,00   **42.** 5% ao mês

43. a) R$ 480,00   b) R$ 352,80   c) R$ 6 125,00

44. Aproximadamente R$ 1,02; R$ 1,09

45. 20 dias de atraso

46. a) 20 meses   b) 40 meses   c) 180 meses

47. 10 meses   **48.** 25% ao mês

49. a) R$ 2 280,00   b) 11,11% ao mês

50. a) 14,28% ao mês   b) 7,14% ao mês

51. 3,5% ao mês   **52.** R$ 30 000,00

53. a) juros = R$ 24,73   montante = R$ 324,73

b) juros = R$ 1 989,64   montante = R$ 4 489,64

c) juros = R$ 56,09   montante = R$ 156,09

54. a) R$ 540,88   b) R$ 608,76

55. R$ 500,00

56. a) R$ 8 000,00; R$ 12 800,00   b) 60%   c) 15 anos

57. a) 410   b) R$ 492,00

58. 20% ao mês

59. a) 10% ao mês   b) R$ 354,31

60. 7 anos

61. a) Banco B   b) R$ 2 276,00

62. a) R$ 270,00   b) 35%

63. $n = 12$

64. a) 3,75 anos (3 anos e 9 meses)   c) 8,75 anos (8 anos e 9 meses)

b) 6 anos   d) 12 anos

65. a) R$ 5 670,00   b) 13,4%

66. a) R$ 109,30   b) 9,30%

67. R$ 149 760,00   **68.** 20% ao ano   **69.** 41 meses

70. a) juros simples: (660, 720, 780, 840, 900)

juros compostos: (660, 726; 798, 60; 878, 966, 31)

b) P.A. de razão 60

P.G. de razão 1,1

c) R$ 66,31

71. a) R$ 400,00   c) R$ 640,00

b) juros simples; 5% ao mês

72. a) R$ 6 000,00   c) sim

b) juros compostos; 20% ao ano

73. a) simples   b) 30%   c) R$ 51 000,00

Desafio

Ari; água.

Exercícios complementares

1. $3\,\ell$ de A e $1\,\ell$ de B

2. a) 42,85%   b) 26%

3. 17,5%   **4.** 1,4 kg

5. a) 12,16%   b) 32,43%

6. 80%

7. a) Margarina   b) 43,2%   c) 4 receitas

8. a) $x = 2\,000$ b) R$ 48 000,00

9. a) 8,8%   b) 20,88%

10. 20 kg de farelo de algodão e 60 kg de farelo de soja

11. a) Loja A: R$ 45,00; Loja B: R$ 40,00

b) 20%

12. a) Cartucho Preto AR; Cartucho Colorido BR

b) R$ 1 380,00

13. $n = 125$

14. a) 3 150   b) 23,45% de aumento

15. a) Rodaria menos; redução de 5,5%

b) redução de 5,5%

16. Melhor opção: B; pior opção: A   **17.** 100% ao ano

18. a) 20%   b) 81,5%

19. a) V; (R$ 944, 16)   d) F; $(600 \cdot 1,12^6)$

b) F; $(q = 1,12)$ e) V; (247,8%)

c) V

20. a) $V(t) = 0,95^t \cdot V_0$ b) 22,6 %   c) 28 anos

21. a) 12 anos   b) R$ 356 644,00

22. a) juros simples   c) (1 435, 1 470, 1 505, 1 540, ...) P.A. $r = 35$

b) 2,5% ao mês   d) 20 meses

23. a) R$ 100,00   b) R$ 248,80   c) 18 meses

24. a) R$ 127 584,00   b) 4,5 anos

25. Jair: R$ 1 000,00   Joel: R$ 1 400,00

26. R$ 52,00

27. a) R$ 398,01   b) $V_p = 1,97p$; aproximadamente 1,5%

28. R$ 6 404,00; soma = 14   **29.** R$ 5,71

30. a) R$ 400 000,00 b) 19%

31. 45 alunos **32.** $\frac{1}{3}$

33. R$ 25,00 **34.** 15

35. Comprar à vista; argumentação

36. 41 000 vítimas fatais

37. a) V b) V c) V d) F e) V

38. a) 300 mℓ $\left(ou \ \frac{3}{10} \ de \ litro\right)$
b) $\frac{10}{13}$ ℓ da solução de Iraci e $\frac{3}{13}$ ℓ de água pura

39. (01) + (08) = 09

40. R$ 6 655,20

41. a) R$ 277,20 b) R$ 397,20 c) R$ 436,92

42. a) 2008 c) 7,32% ao ano, aproximadamente
b) R$ 45 710,00

43. (01) + (02) + (08) = 11

44. a) R$ 50 000,00 c) A: R$ 14 000,00; B: R$ 56 000,00
b) R$ 5 425,00

45. a) R$ 75 000,00 c) 30% ao ano; y = 150 000 · (1 + 0,3t)
b) R$ 3,05

46. a) R$ 484,00 c) 15% ao mês
b) R$ 532,40

47. (01) + (04) + (08) + (16) = 29

48. a) plano 1 b) R$ 12 500,00

Testes

1. b	4. c	7. a	9. c	11. d	13. b	15. e
2. c	5. d	8. b	10. d	12. d	14. b	16. c
3. a	6. e					

17. (0-0) V (1-1) V (2-2) F (3-3) F (4-4) V

18. b **19.** c

20. a) V b) F c) V d) F e) F

21. c	25. b	29. e	33. c	37. e	41. b	45. a
22. b	26. d	30. c	34. d	38. e	42. d	46. d
23. c	27. c	31. b	35. d	39. c	43. c	47. e
24. c	28. c	32. d	36. e	40. e	44. e	48. d

Capítulo 12 — Semelhança e triângulos retângulos

Exercícios

1. 6 km

2. a) F b) V c) F d) V e) F f) F

3. 9 cm e 15 cm

4. Sim, pois eles têm dois ângulos congruentes.

5. A'B' = 2,4 cm; B'C' = 6,6 cm
C'D' = 4,4 cm; D'A' = 3,6 cm

6. Não, pois o ângulo de 40° pode ser formado por dois lados congruentes ou não.

7. 24 cm; 6 cm; 18 cm

8. 1 e 8 (LAL); 2 e 5 (LLL ou AA); 3 e 6 (LLL); 4 e 7 (AA).

9. a) x = 2; y = 3 b) x = 8; y = 10

10. 45 m

11. $\frac{32}{3}$ cm

12. DG = 5 cm; EH = 10 cm; FI = 15 cm

13. a) 12 cm b) 40 m

14. a) 6 b) $\frac{4}{5}$

15. Há, pois os ângulos de cada triângulo medem 35°, 55° e 90°.

16. Não, pois $\frac{6}{8} \neq \frac{5}{6}$ e $\frac{5}{8} \neq \frac{6}{6}$.

17. a) 9,5 cm b) demonstração

18. a) $\frac{1}{4}$ b) $\frac{1}{4}$ c) $\frac{1}{16}$ d) 96 cm²

19. a) 6 cm b) 7,5 cm² e 30 cm², respectivamente.

20. 16 triângulos **21.** 12 cm

22. x = $\frac{8}{3}$; y = $\frac{20}{3}$

23. a) x = $\frac{\sqrt{5}}{2}$ e y = $\frac{5}{2}$ b) x = $\frac{5}{2}$ e y = $\frac{3\sqrt{5}}{2}$

24. a) 8 cm b) 3$\sqrt{3}$ cm c) 2$\sqrt{2}$ cm d) 3$\sqrt{3}$ cm

25. catetos 2$\sqrt{6}$ cm e 2$\sqrt{10}$ cm; altura: $\sqrt{15}$ cm

26. 44,6 m **27.** 3 m

28. a) 10 b) 8$\sqrt{2}$ c) 17 d) 2

29. 2,1 m **30.** 9$\sqrt{2}$ cm **31.** 36 m

32. a) 1 280 m (aproximadamente) b) 707 m (aproximadamente)

33. $\frac{40\sqrt{130}}{7}$ cm

34. Daquela em que não está apoiada a escada.

35. a) 11 cm b) 9$\sqrt{6}$ cm ou 6$\sqrt{6}$ cm

Desafio

120

Exercícios complementares

1. 2,5 km **2.** 16 cm

3. a) 15 cm b) $\frac{9}{25}$ c) 400 cm²

4. 9 **5.** $\frac{3\sqrt{2}}{8}$ cm **6.** 2

7. 28 m **8.** 48 cm **9.** 4 **10.** 5

11. a) 3$\sqrt{2}$ cm ou $\frac{9\sqrt{2}}{2}$ cm b) $\frac{3}{2}\sqrt{23 + 8\sqrt{3}}$ cm

12. 1,6 m

13. a) $\dfrac{4}{25}$ b) $\dfrac{21}{4}$

14. $\dfrac{\sqrt{63}}{2}$ cm, $\dfrac{\sqrt{62}}{2}$ cm e $\sqrt{7}$ cm

15. a) 1º navio: 18 km/h, 2º navio: 24 km/h

b) 1º navio: 81 km; 2º navio: 108 km

16. 28 cm 17. 125 18. 6,4 m

19. a) 3 m b) $3\sqrt{2}$ m

20. $2\sqrt{3}$ cm 21. 103 000 km/h 22. 1,76 cm

Testes

1. d	5. b	9. a	13. c	16. a	19. a	22. c
2. c	6. b	10. b	14. b	17. d	20. a	23. a
3. a	7. b	11. a	15. e	18. a	21. a	24. b
4. c	8. d	12. c				

Capítulo 13 — Trigonometria no triângulo retângulo

Exercícios

1. a) sen $\hat{A} = \dfrac{15}{17}$, cos $\hat{A} = \dfrac{8}{17}$, tg $\hat{A} = \dfrac{15}{8}$

b) sen $\hat{C} = \dfrac{8}{17}$, cos $\hat{C} = \dfrac{15}{17}$, tg $\hat{C} = \dfrac{8}{15}$

2. a) $\dfrac{2}{3}$ b) 9 m

3. a) sen $\hat{C} = \dfrac{2}{7}$ b) sen $\hat{B} = \dfrac{11}{61}$ c) sen $\hat{A} = \dfrac{5\sqrt{41}}{41}$

4. a) cos $\hat{B} = \dfrac{4}{5}$ e cos $\hat{C} = \dfrac{3}{5}$

b) cos $\hat{B} = \dfrac{\sqrt{95}}{12}$ e cos $\hat{C} = \dfrac{7}{12}$

c) cos $\hat{B} = \dfrac{24}{25}$ e cos $\hat{C} = \dfrac{7}{25}$

5. 44,08 m 6. 100 m (aproximadamente)

7. 25° 8. 30° 9. 1 e 1

10. a) 3,36 (aproximadamente) c) 45° (aproximadamente)

b) 5,19 (aproximadamente) d) 9,89 (aproximadamente)

11. 8,77 km

12. a) 45° b) $d\sqrt{2}$ u.c.

13. 1 159 m (aproximadamente) 14. 100 m (aproximadamente)

15. a) $x \cong 9{,}19$ m b) $x \cong 15{,}66$ m

16. 13,33 m (aproximadamente)

17. Como a hipotenusa corresponde ao lado de maior medida, a razão entre os catetos e a hipotenusa sempre será um número entre 0 e 1. A razão entre os catetos pode resultar em qualquer número real positivo.

18. a) 30 cm b) $\dfrac{2\sqrt{6}}{5}$

19. a) 59° (aproximadamente) c) 45°

b) 40° (aproximadamente)

20. Não. O comprimento deverá ser $6\sqrt{6}$ m.

21. 16,5 m

22. a) $\dfrac{\sqrt{15}}{4}$ b) $\dfrac{2\sqrt{6}}{5}$; $2\sqrt{6}$ c) $\dfrac{\sqrt{33}}{4}$ d) $\dfrac{\sqrt{7}}{3}$

23. cos α = 2 sen α

24. Nesse triângulo, um dos catetos mede o quádruplo do outro.

25. a) $\dfrac{\sqrt{19}}{10}$ b) $\dfrac{\sqrt{19}}{9}$ c) $\dfrac{9}{10}$

26. $\dfrac{\sqrt{5}}{2}$

27. a) 8 b) $6\sqrt{2}$ c) $3\sqrt{2}$ d) $\dfrac{11}{4}$

28. $3\sqrt{3}$ m; 3 m

29. a) $\dfrac{9}{2} = 4{,}5$ cm b) $3\sqrt{3}$ cm c) 18 cm

30. 400 m 31. $5\left(\sqrt{3}+3\right)$ cm 32. $\left(8\sqrt{3}+30\right)$ cm

33. $BC = \dfrac{8\sqrt{6}}{3}$ cm; $AB = \dfrac{8\sqrt{2}}{3}\left(3-\sqrt{3}\right)$ cm

34. a) 12 b) 30° c) $\dfrac{\sqrt{3}}{3}$

35. a) 20m b) $20\sqrt{3}$ m (aproximadamente 35 m)

Desafio

46 bolas

Exercícios complementares

1. Não; o comprimento será, aproximadamente, 2,9s.

2. 1,5 km

3. a) 59° b) 36 cm (aproximadamente)

4. 20 m

5. (01) + (02) + (04) + (08) + (16) = 31

6. a) 137 m (aproximadamente) b) 135 m (aproximadamente)

7. $600\sqrt{3}$ m 8. 27,9 m (aproximadamente)

9. a) 18 passos e 32 passos b) 71°

10. $(6 + 4\sqrt{3})$ m 11. $FC = \sqrt{8(2-\sqrt{3})}$ cm

12. 3,6 m (aproximadamente)

13. $H = h\left(\dfrac{\text{tg }\alpha}{\text{tg }\beta} + 1\right)$

14. 54,6 m (aproximadamente) 15. 30

16. a) $\dfrac{\sqrt{55}}{2}$ u.c. b) $\sqrt{55}$ u.a.

17. 1,5 m (aproximadamente) 18. $\dfrac{L^2 \text{ sen } 2\theta}{(1 + \text{sen }\theta + \cos\theta)^2}$

19. a) 350 km b) 75°

20. a) tg α = 1; tg $\beta = \dfrac{\sqrt{2}}{2}$ e tg $\gamma = \dfrac{\sqrt{3}}{3}$

b) α = 45° e γ = 30°

c) demonstração

21. $\sqrt{7}$

Testes

1. c	4. a	7. d	10. a	13. b	16. c	18. a
2. b	5. b	8. e	11. a	14. a	17. c	19. d
3. a	6. d	9. b	12. a	15. c		

20. a) F b) F c) V d) V

21. c 22. c 23. b 24. c 25. c 26. a

RESPOSTAS 447

Significado das siglas dos vestibulares

Acafe-SC — Associação Catarinense das Fundações Educacionais, Santa Catarina

Aman-RJ — Academia Militar de Agulhas Negras, Rio de Janeiro

Cefet-MG — Centro Federal de Educação Tecnológica de Minas Gerais

Cefet-SC — Centro Federal de Educação Tecnológica de Santa Catarina

Enem-MEC — Exame Nacional do Ensino Médio, Ministério da Educação

EPCAr — Escola Preparatória de Cadetes do Ar

ESPM-SP — Escola Superior de Propaganda e Marketing, São Paulo

Fatec-SP — Faculdade de Tecnologia de São Paulo

FEI-SP — Faculdade de Engenharia Industrial, São Paulo

FGV-SP — Fundação Getúlio Vargas, São Paulo

FGV-RJ — Fundação Getúlio Vargas, Rio de Janeiro

Fuvest-SP — Fundação para o Vestibular da Universidade de São Paulo

IF-AL — Instituto Federal de Alagoas

IF-BA — Instituto Federal da Bahia

IF-CE — Instituto Federal do Ceará

IF-PE — Instituto Federal de Pernambuco

IF-SP — Instituto Federal de São Paulo

IME-RJ — Instituto Militar de Engenharia, Rio de Janeiro

Insper-SP — Instituto de Ensino e Pesquisa, São Paulo

ITA-SP — Instituto Tecnológico de Aeronáutica, São Paulo

Mackenzie-SP — Universidade Presbiteriana Mackenzie de São Paulo

Obmep — Olimpíada Brasileira de Matemática das Escolas Públicas

PUC-MG — Pontifícia Universidade Católica de Minas Gerais

PUC-PR — Pontifícia Universidade Católica do Paraná

PUC-RJ — Pontifícia Universidade Católica do Rio de Janeiro

PUC-RS — Pontifícia Universidade Católica do Rio Grande do Sul

U. E. Londrina-PR — Universidade Estadual de Londrina, Paraná

U. E. Maringá-PR — Universidade Estadual de Maringá, Paraná

U. E. Ponta Grossa-PR — Universidade Estadual de Ponta Grossa, Paraná

U. F. ABC-SP — Universidade Federal do ABC, São Paulo

U. F. Campina Grande-PB — Universidade Federal de Campina Grande, Paraíba

U. F. Juiz de Fora-MG — Universidade Federal de Juiz de Fora, Minas Gerais

U. F. Lavras-MG — Universidade Federal de Lavras, Minas Gerais

U. F. Rural-PE — Universidade Federal Rural de Pernambuco

U. F. Santa Maria-RS — Universidade Federal de Santa Maria, Rio Grande do Sul

U. F. São Carlos-SP — Universidade Federal de São Carlos, São Paulo

U. F. Triângulo Mineiro-MG — Universidade Federal do Triângulo Mineiro, Minas Gerais

U. F. Uberlândia-MG — Universidade Federal de Uberlândia, Minas Gerais

U. F. Viçosa-MG — Universidade Federal de Viçosa, Minas Gerais

U. Passo Fundo-RS — Universidade de Passo Fundo, Rio Grande do Sul

Udesc-SC — Universidade do Estado de Santa Catarina

UE-CE — Universidade Estadual do Ceará

UE-PI — Universidade Estadual do Piauí

UE-RJ — Universidade do Estado do Rio de Janeiro

UE-RN — Universidade do Estado do Rio Grande do Norte

UF-AM — Universidade Federal do Amazonas

UF-BA — Universidade Federal da Bahia

UF-CE — Universidade Federal do Ceará

UF-ES — Universidade Federal do Espírito Santo

UF-GO — Universidade Federal de Goiás

UF-MA — Universidade Federal do Maranhão

UF-MG — Universidade Federal de Minas Gerais

UF-MT — Universidade Federal do Mato Grosso

UF-PA — Universidade Federal do Pará

UF-PB — Universidade Federal da Paraíba

UF-PE — Universidade Federal de Pernambuco

UF-PI — Universidade Federal do Piauí

UF-PR — Universidade Federal do Paraná

UF-RJ — Universidade Federal do Rio de Janeiro

UF-RN — Universidade Federal do Rio Grande do Norte

UF-RS — Universidade Federal do Rio Grande do Sul

UF-SE — Universidade Federal de Sergipe

UF-TO — Universidade Federal de Tocantins

UFF-RJ — Universidade Federal Fluminense, Rio de Janeiro

Unama-PA — Universidade do Amazonas, Pará

UnB-DF — Universidade de Brasília, Distrito Federal

Unicamp-SP — Universidade Estadual de Campinas, São Paulo

Unifesp-SP — Universidade Federal de São Paulo

Unifor-CE — Universidade de Fortaleza, Ceará

UPE-PE — Universidade do Estado de Pernambuco

UTF-PR — Universidade Teológica Federal do Paraná

Vunesp-SP — Fundação para o Vestibular da Universidade Estadual Paulista, São Paulo